物質の構造

―マクロ材料からナノ材料まで―

斎藤 秀俊・大塚 正久
共　訳

内田老鶴圃

The Structure of Materials

Samuel M. Allen

Edwin L. Thomas

Massachusetts Institute of Technology
Cambridge, Massachusetts

John Wiley & Sons, Inc.
New York • Chichester • Weinheim • Brisbane • Singapore • Toronto

訳者まえがき

原著“The Structure of Materials”は，マサチューセッツ工科大学のMaterials Science and Engineeringコースで使用されるテキスト群のうちの1冊として1998年に初版が発行された．訳者の1人（斎藤）が，たまたま2000年にペンシルベニア州立大学のブックストアにて，大学院の講義に用いるためのマクロ材料からナノ材料までの構造に関するテキストを探していたとき，手にした数冊のテキストのうちの優れた1冊が原著であった．長岡技術科学大学大学院および高知大学大学院などの講義で，原著に基づいて講義を行ったところ，原著を効果的に利用すると学生が物質の構造をしっかりと理解することに気づき，翻訳を思いついた．

電子材料や光エレクトロニクス材料など，近年における新機能材料の展開を見れば，材料科学研究の重要性が日ごとに増していることは明らかである．まえがきで原著者が述べているとおり，原著は幅広い分野を網羅しているばかりでなく，構造の記述法を念頭において執筆された点で優れている．特に原著はこれまでのテキストでよくやられたように，金属，セラミックス，ポリマーといった構成元素の概念枠組ではなく，構造を概念枠組に用いてしっかり解説している．この点がもっとも原著の存在価値の高さを示しているといえる．

原著では，構造を内包として物質を理解するためにさまざまな工夫がなされている．例えば構造ヒエラルキーについて，概念枠組をナノスケールからマクロスケールにいたるまでの広範囲な階層にわけている．さらに同じ階層の構造を比較するときには，同じ階層にある概念同士を比較して説明するよう工夫を凝らしている．ただ翻訳過程においてこのような原著の工夫を如何に日本語に反映させるのか，難しさがあったことをここで告白しなければならない．例えば，原著ではstructureの単語で構造ヒエラルキーを統一的に説明している．英語圏ではこの単語で構造ヒエラルキーの概念を内包した形で記述できるのに対し，日本語圏では残念ながらここに単語の階層が生じる．すなわち議論する範囲が原子の大きさに近いほど構造を，遠いほど組織を用語として使用する傾向がある．またmaterialという概念枠組において上位概念では物質，下位概念では材料という用語を使わざるを得ない．一方で，crystalline stateとnon-crystalline stateを結晶相と非晶質とそれぞれ翻訳するのが日本語的にはふさわしいところであるが，構造・組織ですべてを統一的に解説する本書では用語の対比が重要であると考え，あえて翻訳では non-crystalline state に非結晶相をあてた．このような箇所を含め読者諸兄のご批判には素直に耳を傾ける所存であるので，ぜひ率直なご意見を頂戴したい．

各章では，重要かつ基本的な事柄を平易にわかりやすく解説している．しかも構造を理解する上で重要な 3 次元構造についても，視覚的にわかりやすい工夫を随所で凝らしている．また章末には適切な演習問題が配されており，これらを解くことで本文の理解がいっそう深まるものと思われる．この理解を助けるため，原著の別冊として出版された詳細な解答集を，本書の巻末に収めた．ただし，読者はまず自分で解いてから答を見たほうがよいのはいうまでもない．

以上のように，原著は物質の構造の知識を広範囲にしかも統一的に解説したこれまであまり見られなかった本であり，今後この分野の代表的な教科書になるものと期待される．この訳書を通じて原著者の意図が読者に十分伝わり，物質科学を学んでいく上で役立てられれば幸いである．

最後に，原稿の整理をお願いした堀井綾子氏と芝浦工業大学大塚研究室のメンバーに厚く御礼申し上げる．また本書翻訳の機会を与えてくださった内田老鶴圃社長内田悟氏および編集を担当いただいた笠井千代樹氏に深く感謝するしだいである．

2003 年 7 月

訳者識す

著者まえがき

物質の構造を科学的に理解しようという試みは，1860年代にHenry Clifton Sorbyが研磨とエッチングを施した鉄鋼試料の表面を光学顕微鏡で観察したころから始まった．Sorbyの研究は含有炭素と熱処理がどのように鉄鋼の特性に影響を与えるのか，設計どおりの特性をもつ鉄鋼を生産するにはどうしたらよいか，を理解するのに重要な役割を果たした．

結晶の原子配列の研究は，von Laue（1914年ノーベル物理学賞受賞）がX線回折法を開発し，Bragg父子（William Henry Bragg，William Lawrence Bragg，1915年ノーベル物理学賞受賞）がそれを構造解析に応用してから始まった．その後，多くの金属，セラミックス，ポリマーなどの構造が分類されたものの，原子の結晶配列中の欠陥を考えることなしに結晶の性質を理解できないこともわかってきた．結晶欠陥が視認できたのは，1950年代に透過電子顕微鏡により結晶欠陥の研究が行われてからである．その後，電界イオン顕微鏡による点欠陥（格子間欠陥や空孔）の研究に発展した．

X線回折は結晶相と非結晶相を区別するための重要な武器になった．非結晶相が長距離規則性をもたない一方で，結晶では規則パラメータを定量的に測定することにより研究が進み，結晶構造モデルの研究はガラスのそれに比べて進歩した．さらに，結晶中の欠陥とガラス中の欠陥は直接対比できないため，結晶は物質科学の発展過程で特に重要視された．

1990年代には，物質の構造を研究するための多くの装置が開発された．顕微鏡のように実空間を視認するための装置，回折現象のような逆空間を扱う装置などがあげられる．物質の構成要素のもつ分光情報を駆使して，物質の組成を局所的に決定することが可能になり，科学者や技術者は工業分野で利用する新たな材料を次々に開発した．このような劇的な進歩によって，様ざまな材料の構造を詳しく記述することが可能となった．

材料科学の“多分野化”が進んだのはかなり最近のことである．National Academy of Sciences Committee on the Survey of Materials Science and Engineering（COSMAT）のレポート“Materials and Man's Needs”が出された1974年以降，結晶性金属といった特定の材料ではなく，あらゆる材料に適用できるひとまとまりの知識あるいは統一的な原理を得るために，様ざまな努力がなされてきた．しかし，こうした努力はすぐに結実しないことが多い．多くの先達の努力によって，特定クラスの物質に関する理解は深まったので，物質の普遍的な理解を深めるには多くの分野の協調が必要になる．

本書で著者らは，物質科学の1分野である物質の構造に注目し，なるべく普遍的な手法でこれを定義し，記述することに努めた．本書では3つの異なる固体凝集相（ガラス相，結晶相，液晶相）に注目し，このすべてを統一的に記述できるツールとして「構造記述子」を導入した．この手法は，そのいずれにも結晶相やガラス相があるにもかかわらず，材料をセラミックス，電子材料，金属，ポリマーという4クラスに分けて論じる従来の方法と大きく異なる．われわれの手法は，ただ便利なだけでなく，将来の科学者や技術者がもっとも有効に材料を選定し，利用するためのより合理的な方法であることが明らかとなるだろう．

著者らは，1989年以来，MITの材料科学科で「物質の構造」という名の学部授業を担当してきた．本書の手法は，この共同作業の成果であり，同じ内容を材料科学科，機械工学科，化学工学科において様ざまな形で講義して得た洞察の成果でもある．学生はわれわれの科目を履修する前に1年間の代数と物理の科目を履修し，さらに1セメスターの化学と生物の科目を履修する．材料科学専攻では，この科目を2年生秋のセメスターで熱力学と同時に履修する．学生はさらに関連する科目 Physics and Chemistry of Materials で物質の電子構造と結合を学び，Materials Characterization Laboratory で構造解析のための回折法，顕微鏡法，分光法を学ぶ．準備されたカリキュラムの時間を元に，かつ教科書を適切な量にとどめるために，内容を構造の幾何学的な見方，物理的な見方に集約し，結合や構造決定の詳細については簡単に記述するにとどめた．

本書の内容は，ガラス，結晶（国際図表による結晶構造の表記を含む），液晶，規則材料の欠陥（結晶と液晶）とミクロ構造からなる．本書を通じて，すべての物質を例示した．多くの物性は構造や組織に敏感なので，物質の構造と物性との関係を確立するために，本書では多くの題材を準備した．これにより構造を学ぶことの重要性が明らかとなり，読者にさらなる勉強を行うための動機を与えるからである．

1998年10月　マサチューセッツ州ケンブリッジにて

Samuel M. Allen
Edwin L. Thomas

謝　辞

本書を執筆するにあたり，多くの方々からご支援をいただいた．特にこの仕事を開始するにあたって，助言をいただいた Merton Flemings 教授と，大変参考になる様ざまなコメント，指摘，批判をいただいた MIT 学部学生のみなさんに感謝する．Berkeley では Tim Sands 氏に未完成な原稿を受け入れていただき，価値の高い助言を頂戴した．ティーチングアシスタント諸君には，演習問題と解答の作成をお願いした．内容のいくらかは，以前の MIT コースから引き継いだ．またわれわれになじみの薄い分野を網羅するのに同僚や友人に助けられた．特に，Bernhardt Wuensch 教授（MIT の Martin J. Buerger 教授の元指導学生）には結晶学への深い造詣で貢献していただいた．

本書で使用されている図はわれわれの研究成果に基づいている．図の作成に携わったこれまでの修了生や在校生あるいは博士研究員に感謝する．

本書の執筆中，われわれ 2 人は School of Engineering, MIT のカリキュラム開発補助金を受けた．Martha Himes 女史には初期の仕事を補佐していただいた．さらに Rachel Kemper 女史には追い込みの時期に校正，査読，John Wiley & Sons 社との連絡をお願いした．

本書の制作は John Wiley & Sons 社の Cliff Robichaud 氏の協力を得て始まったが，残念なことに同氏は 1997 年に亡くなった．Wayne Anderson 氏は強い責任感の下で業務を遂行された．Ken Santor 氏からは編集者として親身なしかも頼りになる助言をいただいた．

最後に，SMA は妻 Anne C. Fowler に，ELT は妻 Denise にそれぞれ感謝を示す．

推薦のことば

構造を理解することは物質科学の分野の中心的な作業である．Allen と Thomas が完成した本書は，幅広い分野を網羅しているばかりでなく，構造の記述を念頭において執筆された点でも優れている．本書は物質の構造を性質，プロセッシングおよび技術的応用と結びつけるために，物質の構造を中心に包括的に説明している．さらに本書はよくやられているように金属，セラミックス，ポリマーなどに分類せず，異なる物質の性質や構造を支配する基本原理を最新の材料科学カリキュラムにあわせて説こうとする．

物質研究はこの 50 年で大きく進歩した．DARPA や NSF などが支えた大学の材料研究所などで行われた研究が，異なった学問領域と技術をもった研究者集団を形成するのに大きく貢献したと認識している．物質に関する専門家間での議論は，工業界，政府，大学における創造的業務で受け入れられるモデルになっているが，物質科学の原理を教えるほどには採択されてはいない．

6 章からなる本書の内容は 300 を越す図を利用することで明快に書かれている．原子配列や，無機材料および有機材料の結合についてたくさんの例が盛り込まれている．著者らは，液体，ガラス，結晶，液晶，準結晶など広範な物質の構造を統一的に記述するための記述子の定義に努める．長距離および短距離規則性は温度の重要な役割を考慮して扱われる．2 体分布関数，配位数，充塡率は物質を区分するための方法として説明される．対称要素は国際結晶学図表によって定義された結晶学的対称性，ユークリッド群ならびに拡大対称性によって議論される．やはり構造の共通原理を作り上げるため，種々の例をあげながら拡散過程や相変態を説明している．結晶および液晶における欠陥については，それが物性の制御に果たす決定的な役割と関連づけて述べている．点欠陥，線欠陥および表面欠陥，さらに平衡ならびに非平衡状態に至るまで記述されている．イオン結晶においては Schottky 欠陥と Frenkel 欠陥がそれぞれの形成エンタルピーおよび不純物の役割とともに示されている．転位線および回位線などの線欠陥については詳細に解説されている．刃状転位，らせん転位，混合転位について，接線ベクトル，バーガースベクトルならびにバーガース回路が定義されている．液晶中の回位についても，バーガース回路の代わりに Frank-Nabarro 回路を用いて同様の説明を行い，並進規則性物質（結晶）と回転規則性物質（液晶）における欠陥の相関が理解できるよう配慮している．転位運動はすべり系，上昇，ループ，塑性変形における役割，結晶成長などを題材に記述されている．結晶の強化における重要な機構として，転位運動の阻止，つまり他の転位との交差や第2相粒子や粒界の存在を取り上げ説明している．

表面欠陥についても，等方物質では同じ値をとるが異方物質では値が異なる表面エネルギーと表面張力を明確に区別して述べている．適当な2次相が存在する場合にぬれる粒界も含めて，粒界ジャンクション，接触角，2重角，エッジ，頂点についてもやや詳しく取り扱われている．逆位相境界は長距離規則的な合金における積層欠陥の例として説明されている．著者らは，原子結晶とブロック共重合体に存在する傾角粒界の類似点と相違点を示している．傾角粒界とねじれ粒界の構造は転位モデルで理解することができる．近年，積層薄膜の複合材料を利用する機会が増えている．また半整合界面と非整合界面が重要となる．Bloch モデルと Néel モデルによって表すことのできる強磁性ドメイン壁と液晶における傾斜およびねじれ壁のように，一見関係のない構造的な話題をうまく結び付けている．

ミクロ構造を取り扱っている最終章で，著者らは物質における構造ヒエラルキーについてナノスケールからマクロスケールにいたるまで示している．この考え方には単位格子，粒径，形状，多重相，3次元的接続関係，傾斜組成などが含まれている．固溶，相変態，塑性変形過程により，工業的に重要な物質の構造と性質の複雑なヒエラルキーの例が構成される．ケーススタディでは，材料科学研究者や技術者がどのように長年デザイン工学の挑戦に合致する材料構造を発展させてきたかを示す．著者らは生体材料にも触れ，さらに人間生活の質と健康分野における材料の可能性を強調している．しかしながら，著者らはあまりこの分野について深く追求していない．生体材料に構造の原理を導入し発展させる仕事は材料科学技術者に残された仕事である．

教育的観点から，本書は例題や問題を数多く示している．各章においていろいろな物質に構造の原理を適用している．著者らは，構造による物質の普遍化に成功しており，本書は今後の材料科学分野のテキストに潜在的な影響を与えるであろう．

1998年10月

Morris Cohen
Institute Professor Emeritus
Massachusetts Institute of Technology

目　　次

第6章 ミクロ構造 353

第1章

物質の構造：概説

材料は，人類が創造してきたすべての必需品，実用品あるいは芸術品を構成する要素である．われわれは現在，様ざまな場面において多くの物質に囲まれている．建築用構造材料，車両用軽量材料，さらに導体，半導体，誘電体あるいは光学材料などの近年の情報技術を支える電子材料など枚挙にいとまがない．新しい物質は研究の成果，発明あるいは工業活動により日々生まれている．コンピュータに搭載される半導体，ディスプレイに用いられる液晶，大容量電池の中で中心的役割を担う電解質，そして低損失トランスに使われるアモルファス金属などは 1950 年代にはまったく予想できなかった材料である．歴史を振り返ると，材料は時代ごとに常に重要な役割を担ってきている．そのことは石器時代，青銅器時代，鉄器時代または情報時代のように，その時代を表現するにふさわしい材料や技術の名称が時代ごとに冠されていることからも容易に理解することができる．

材料は技術の発展を支える基本要素であるため，その研究が技術の発展をもたらす可能性がある．多くの研究によって，化学組成や結合様式などの基本事項の理解から，高品質の材料を低コストで効率的に製造する方法の開発にいたるまで，様ざまな展開が可能となる．この学問分野には，材料の構造を調べたり，プロセッシングや材料特性と構造との相関を明らかにしたりする魅力的な仕事がある（ここでは「特性」を広義にとらえ，標準的な試験で得られるデータだけでなく，工学的性能というより定性的な側面をも含めている）．**製造（プロセッシング）**，**構造**，**特性**，**性能**という 4 つの要素の間のこのような相関関係こそが材料科学に多様性をもたらしている．

これらの 4 要素を，4 面体の各頂点に置くことにより**材料科学工学**（materials science and engineering）という学問分野の特徴を示すことができる（図 1.1）．この 4 面体は材料科学工学という分野の対象範囲を定義するのに有効である．各頂点は互いに稜で連結しているので，要素と要素の間（例えば構造と製造との間）に重要な関係

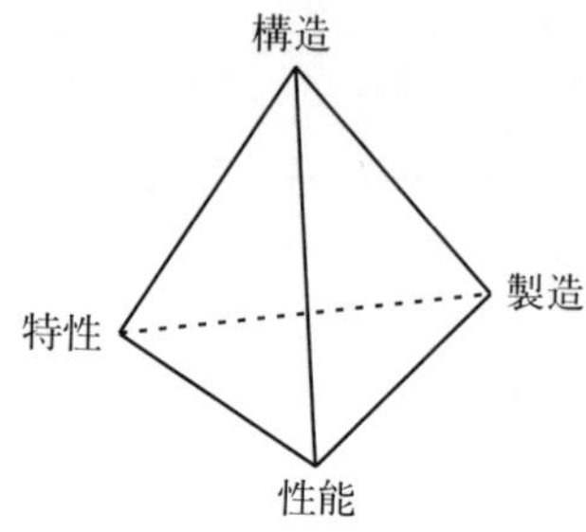

図 1.1　物質科学の 4 面体は構造，製造，特性，性能を直線でつなぐ．構造を 4 面体の頂上においた．

のあることがわかる．4 面体の上部頂点に構造を置いたのは，材料の使い手とは異なって，材料の作り手（材料科学者や材料技術者）は構造を熟知し，かつ構造の重要性を認識していると思われるからである．実際，ほとんどすべての材料テクノロジーの発展を支えているのは，構造という概念である．

構造には様ざまな側面があるので，本章ではそれらを俯瞰しながら第 2 章以下の内容を概説しよう．側面の 1 つは材料の化学組成である．材料科学者，技術者たちは材料の基本構成要素が原子であること，また化学的相互作用およびその帰結である原子の電子構造に従って形成される結合が，材料の構造と特性を決めるのに決定的な役割を演じること，を知っている．原子と原子は互いに結合しようとする傾向があるため，液相，気相，結晶相，準結晶相，液晶相などの**凝集相**が形成され，通常これらの相が**材料**と見なせるような領域を構成する．

化学組成が同じでも構造が異なると，物質の性質は異なることが多い．SiO_2 を例として挙げよう．SiO_2 の室温における安定相は低温石英と呼ばれる三斜晶系の結晶であるが，これを溶融急冷すると石英ガラスと呼ばれる非結晶相になる．石英と石英ガラスの性質を表 1.1 に示す．石英ガラスの密度は石英より 20%程度小さい．石英の熱膨張率は結晶方位によって異なり，その値は石英ガラスより 1 桁以上大きい．また石英は石英ガラスより屈折率が大きいうえ，複屈折を示す（光の伝播速度が方位によって異なる）のに対し，ガラスはただ 1 つの屈折率しかもたない．このような物質の性質を理解するために，その物質がどのように作られたか，あるいはどのような構成を有しているかを知らなくてはならない．

物質の構造とは何だろうか？　本書の末尾でこの問を再提起するが，さしあたり次

表 1.1　低温石英と石英ガラスの特性比較.

物質	密度 (g/cm³)	熱膨張率 ($10^{-6}K^{-1}$)	屈折率
低温石英，SiO_2	2.65	$\alpha_1=13$	$n_1=1.553$
		$\alpha_3=\ 8$	$n_3=1.544$
石英ガラス，SiO_2	2.20	0.5（等方性）	1.459（等方性）

のように定義する．すなわち，「物質の構造とは，様ざまな長さ尺度で，物質の構成要素の配列を定量的に記述したもの」である．しかしながら，このような定義をもってしても構造を十分に表現することはできない．その原因は，物質には厖大な数の原子が含まれることにある．例えば，食塩（NaCl）の 0.1 mm 角の立方体のひとかけら（目で見える最小単位）にすでに 10^{20} 個の原子が詰まっている．もしこの物質中でイオンが**結晶**のように完全に**規則配列**あるいは**周期配列**していれば，たとえ粒子の数は多くても物質の構造を完全に記述することができる．その場合，小さな構造単位を記述し，その周期配列方法を指示することができる．しかし実在の物質は，このような理想的な配列をとらない．上述の NaCl のように，理想的には完全規則配列をもちうる単結晶物質でも，現実には多数の欠陥を含む．結晶中の欠陥の濃度は ppm (10^{-6})～ppb (10^{-9}) 程度のごく微量であるが，それらの欠陥の位置をすべて特定するには 10^{10} ビット以上の情報量が必要になる．このような仕事を遂行するのは不可能であり，現実的ではない．

構造欠陥が物質中に自然に形成されるため，**構造階層性（ヒエラルキー）**が発生する．ここで階層性とは長さ軸を基準にしたピラミッド構造であり，より小さな欠陥が大きな構造体の中に集合することを示す．ある物質の構造を完全に記述するには，異なる空間分解能をもつ複数の実験器具が必要になる．

1.1　構造記述子と平均化

本書を通して，物質の構造を示すための**記述子**（descriptors）を使用する．この記述子の考え方を用いると，構造のある側面の正確かつ定量的なキャラクタリゼーションを行うことができる．例えば，物質中の対称要素の種類と位置を明確にしたり，半結晶ポリマー中の結晶質の占める割合を示したり，2 相からなる物質における相の連結性を特徴づけることができる．どんな材料でも，その構造を完璧に表現するには，一般にこれらの定量的な尺度が数個は必要となる．本書の中心テーマは，**非結晶相**，**液晶相**および**結晶相**の構造を規定するのに必要な記述子を体系的に定義し，応用することである．

物質中の原子は実に様ざまな方法で他の原子と結合している．結合により形成される小さな原子集団のもつ配列を表現するのに適切な構造記述子がある．**ポリアトミックアンサンブル**（polyatomic ensemble）はその構造記述子の1つである．ポリアトミックアンサンブルは物質の種類によって様ざまな形態を示す．例えば水銀は液体金属だから，ポリアトミックアンサンブルは水銀原子1個である．溶融 NaCl なら，ポリアトミックアンサンブルはナトリウムイオンと塩化物イオンの対である．NaCl 結晶は，4つのナトリウムイオンと4つの塩化物イオンが1つの**単位格子**（unit cell）を形成する*[1]．ここで単位格子とは，結晶のもつ対称性を的確に表現した中でもっとも小さい構造単位のことである．直鎖構造のポリエチレンは$\left(CH_2{-}CH_2 \right)_n$で表すことのできる構造単位の繰り返しで形成される．これはポリエチレンのポリアトミックアンサンブルである．

物質中の原子の数は非常に多いので，平均化は構造記述子の中ではもっとも利用しやすい概念である．物質中の不純物を評価するために，あちこちに不規則に存在する不純物を平均的な組成と分布によって表現することがある．統計的に正しい結果を得るためには，十分大きな体積をもち，均質な構造を有する物質で平均化しなければならない．しかし実在の物質では，完全に均一な組成をもつことは稀である．むしろ，物質にある機能をもたせるために，わざと組成を不均一にする．酸化亜鉛（ZnO）に酸化ビスマス（Bi_2O_3）を加える例がそれである．この物質では，Bi_2O_3 が母材の ZnO 結晶粒界にもぐり込み，非線形 I-V 特性を示すバリスターを構成する．このような不均一状態を表現するのに微小領域の評価手法が，よく用いられる．原子プローブ電界イオン顕微鏡など最新の研究装置を用いると，物質の微小領域における原子スケールでの組成解析が可能になる．

物質が結晶であるならば，**結晶学**の理論をもとにした記述子により，理想的で欠陥のない結晶構造を定量化することができる．この手法は平均化技術の一種であり，実在結晶を解析するときのリファレンス（基準）になる．実在結晶の構造は，理想結晶

*1　結晶構造の単位格子はポリアトミックアンサンブルの特別な例である．第3章で説明する．

の構造に関する知見と，実在結晶に存在する欠陥の個数，種類，分布の定量的測定結果の組合せで表現できる．

非結晶物質は結晶物質より扱いにくい．実在の物質と比較しうるリファレンスがないからである．ただ，非結晶物質の構造は全くランダムというわけではない．図 1.2 は A_2B_3 の化学式をもつ化合物の 2 次元的な**連続ランダムネットワーク**構造の一部を示している．このモデルは石英（SiO_2）ガラスの 3 次元構造を表現するときに使われる．この構造は，空間的な規則性をもたないから非結晶である．しかし，完全にランダムというわけでもない．A 原子は 3 つの B 原子と結合しているし，B 原子は 2 つの A 原子と結合している．さらに A–B 原子間には結合距離が存在するし，A–B–A あるいは B–A–B の結合角はほぼ一定値をとるようである．このように，ある原子の周囲における平均的な状態を**短距離規則性**（short-range order）という．短距離規則性は，非結晶物質の構造を明確に説明するためによく用いられる記述子である．液相のように構成原子，イオンあるいは分子が一定の動きをしているときには，短距離規則性を表現するのに**時間平均**構造を用いる．

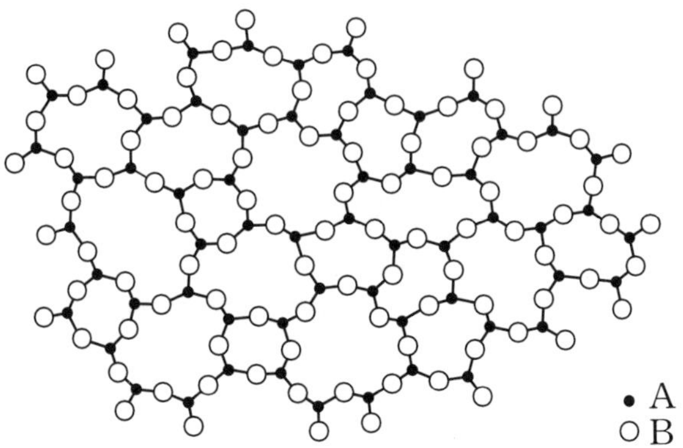

図 1.2 A_2B_3 の組成をもつ化合物の 2 次元ランダムネットワークモデル（Kingely *et al*. 1976, p. 97）.

1.2 予備知識

1.2.1 対称性

対称性理論は特に結晶性材料の構造を規定するのに有用な手段で，液晶，非結晶あるいは分子などの構造を理解するのにも役立つ．ごく小さな分子でも，マクロな大きさをもつ物質でもよいが，ある分割線，面，あるいはある中心または軸を挟んで，その逆側に同じ構成要素をもつ場合，対称性があるという．すべての物質はなんらかの対称性をもつ*2．物質が複数の対称性を有するとき，しばしばその熱膨張率や光学特性などの性質は，石英で見られるように方位に依存する．対称性理論は物質の構造を示す重要な記述子である．物質の理想構造を理解するために役立つのみならず，対称性の存在が物質の性質を拘束するからである．

対称性理論は，物質の構造を理解するために次の2つの場面で使われる．1つは，小さな構造単位を周期的に繰り返すには，どのような**対称操作**を行ったらよいかを知りたいときである．これを知ることによって複雑な構造を効率よく表現することができる．2つめは，物質中に存在する**対称要素**の位置と特性を調べるときである．対称性理論を基礎として，構造の記述子から最小の性質を識別できる．

ここで，まず4つの基本的な対称操作（並進，回転，鏡映，反転）を示す*3．これについては3.1ならびに3.2でも触れる．ある対称性をもった図形に対称操作を施すと，対称操作する前の状態とまったく見分けがつかない．このことは対称性をもった物質に対称操作を適用することは，その図形自身にそれ自身を重ね合わせることを意味する．ある対称性を有する図形または図形の集合体は，適切な対称操作を行うことで重なり合う．

並進対称（translational symmetry）は，図1.3に示すように，図形あるいは図形の集合体をベクトル $\boldsymbol{t}$ で繰り返し配列したときに得られる．並進操作により形成されるパターンは限りなく広がる．パターン全体がベクトル $\boldsymbol{t}$ だけ移動すると，それは自分自身と重なり合い，もとのパターンと区別がつかない．もし繰り返しを1方向

---

*2 恒等操作は軸のまわりで 2π 回転させることである．物質は操作の前後で位置や向きを変えない．

*3 ほかにも映進，らせん，回反などいろいろな対称操作がある．第3章で説明する．

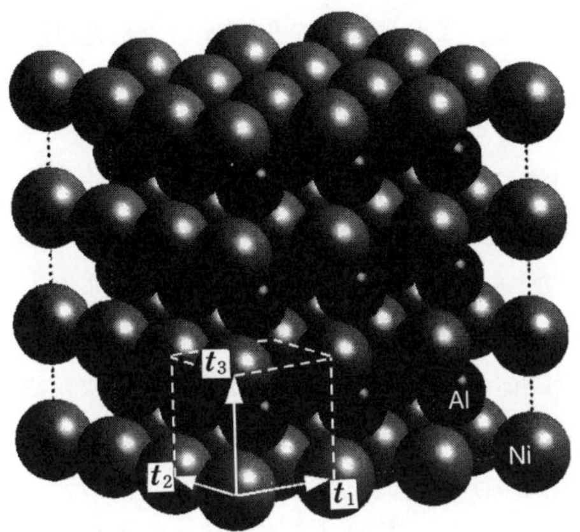

図 1.3 金属間化合物 NiAl の単位格子の繰り返し．$\boldsymbol{t}_1$，$\boldsymbol{t}_2$，$\boldsymbol{t}_3$ の並進により結晶は限りなく拡大する．

の並進ベクトル $\boldsymbol{t}$ のみを用いて行えば，パターンは 1 次元的である．2 方向の並進ベクトル $\boldsymbol{t}_1$，$\boldsymbol{t}_2$ を用いて対称操作を行えば，パターンは 2 次元的になる．さらに，3 方向の並進ベクトル $\boldsymbol{t}_1$，$\boldsymbol{t}_2$ および $\boldsymbol{t}_3$ を用いて対称操作を行えば，パターンは 3 次元的になる．

回転対称（rotational symmetry）は対称軸 A_α について繰り返される．ここで添字の α は回転の操作角である．繰り返しを周期的にするため，α を式 $\alpha=2\pi/n$（n

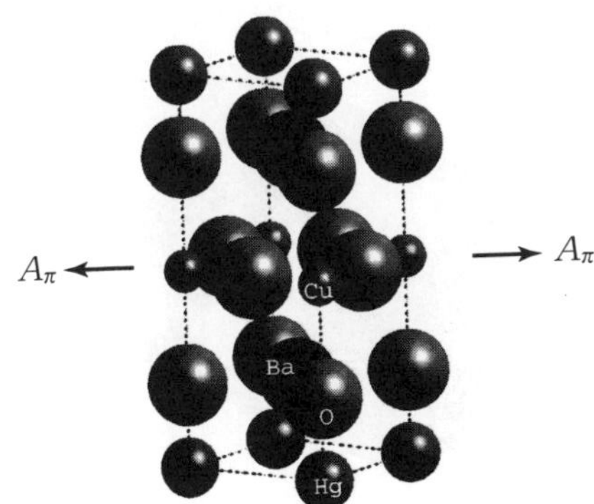

図 1.4 高温超伝導体正方晶 $HgCuBa_2O_4$ 結晶中の 2 回軸（A_π 軸）の位置．

は整数）によって定義する．これは図形を角度 α の n 倍だけ回転するとそれ自身と重なることを示している．回転対称軸 A_α のまわりに α の整数倍だけパターンを回転するとそれ自身に重なり，もとのパターンとは区別がつかなくなる．図 1.4 にある 2 回軸をもつ結晶の単位格子の例を示す．

鏡映対称（reflection symmetry）は，2 次元物体なら 1 つの直線，3 次元物体なら 1 つの面についてなりたつ．2 次元では，鏡映対称操作により，もとの対象物の鏡映像が鏡映線の反対側の等距離だけ離れた位置に作られる．図 1.5 に一例を示す．鏡映対称により，非対称な物体の左右の関係が入れかわる．3 次元における鏡映面も同じ役割を演じる．図 1.4 に示す 3 次元 $HgCuBa_2O_4$ の単位格子でも，格子の中心を通過するいくつかの鏡映面が存在する．

反転対称（inversion symmetry）は 3 次元物体に可能な対称要素で，そのような物体は反転中心（inversion center）と呼ばれる点を内部にもつ．反転中心より $\boldsymbol{t}$ だけ離れた位置にある任意の点は，反転操作によって $-\boldsymbol{t}$ の位置に配列することにな

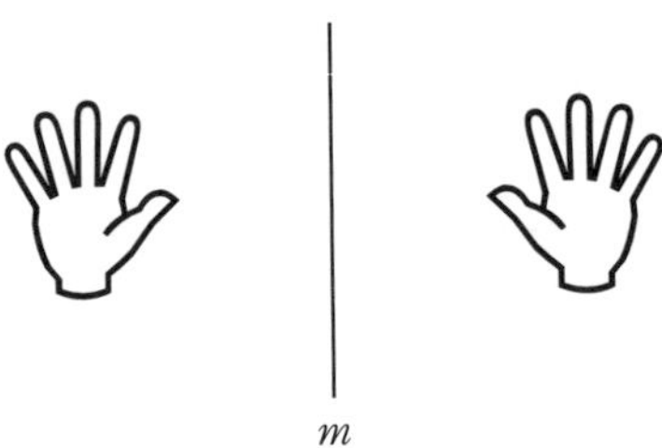

図 1.5 鏡映対称の線をまたいだ左右の手．鏡映対称要素の位置は直線で示され，記号 m がつけられる．

図 1.6 エタン（C_2H_6）のもつねじれ構造は C-C 結合の中点に反転中心をもつ．水素原子 1，2，3 は反転対称操作によって 1′，2′，3′ に移動する．

る．反転中心も鏡映面のように物体の方向変換を行う．図 1.6 は**エタン**の立体異性体の 1 つに見られる反転中心を説明している．

対称性は物質の構造を記述する重要な考え方で，物性を推測し理解するときに役立つので，物体の中に存在する対称要素を見出し，また他の対称要素の位置を確定することが重要になる．いくつかの対称性を説明するために，結晶構造を模した周期的な 2 次元パターンを次に例として示す．

例題 1

図 EP 1ⓐは並進対称要素，鏡映対称線，紙面に垂直な 1 回，2 回および 4 回軸を含む 2 次元周期構造配列の一部である．これらの対称要素の位置を示し，それがどの対称要素にあたるかを記せ．

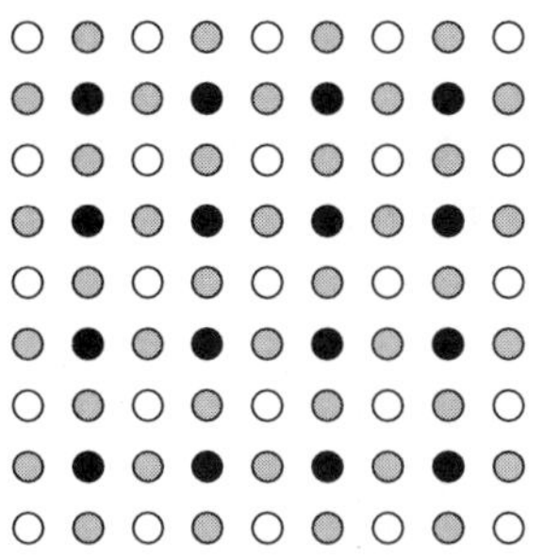

図 EP1ⓐ 3 つの成分からなる 2 次元結晶の見取図．

解 答

図 EP 1ⓑに各対称要素を示す．なお構造は大きく広がっているので，ここに

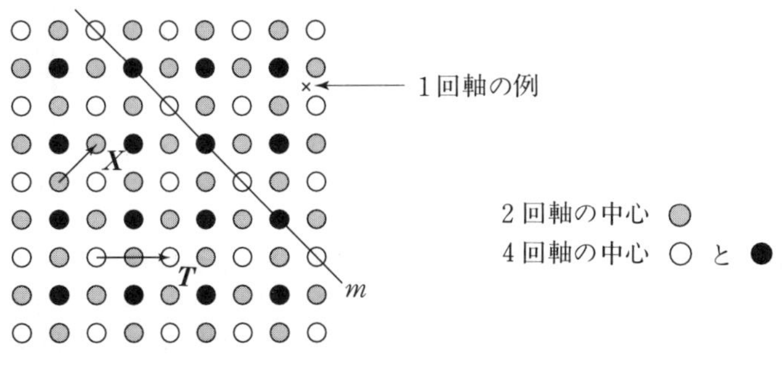

図 EP1ⓑ EP 1ⓐ中の対称要素の位置．

記した対称要素はそこだけに存在するということではなく，並進操作によっていろいろな場所にありうる性質のものである．2回や4回などのようなある特定の回転対称は，配列上のある特定の位置に存在することに注意したい．ベクトル $\boldsymbol{T}$ は配列の並進対称操作である．したがって始点と終点における周囲の配列は同一である．ベクトル $\boldsymbol{T}$ の始点は配列上のどの位置に移動してもよい．もちろん始点と終点における周囲の配列は同一でならなければならない．ベクトル $\boldsymbol{X}$ は並進対称操作にはならない．始点と終点の周囲の配列が同一でないからである．例えば，図中でベクトル $\boldsymbol{X}$ の始点の右隣は白丸で終点の右隣は黒丸になっている．

2つの対称操作が同時になりたつとき，別の対称がなりたつ場合がある．このことは第3章で詳述する．関係する例題をもう1問挙げておく．

例題 2

2次元パターン内の点Pを通る水平な鏡映対称線と，点Pを通りパターン面に垂直な2回軸がある．Pにはそのほかどのような対称要素が存在しうるか．

解　答

図 EP 2(a)に2回軸をもつ点Pが描いてある．鏡映対称の線は水平線 m に沿って2次元パターン内の点Pを通る．これ以外の対称要素を見出すために，直角3角形を図 EP 2(b)に描く．この直角3角形に対して2回軸による対称操作と水平鏡映線による対称操作を行う．その結果，図 EP 2(c)に描くようなパターンが得られる．図 EP 2(c)を見ると，最初に描いた水平な鏡映線と点Pで直交するもう1本の鏡映線があることがわかる．

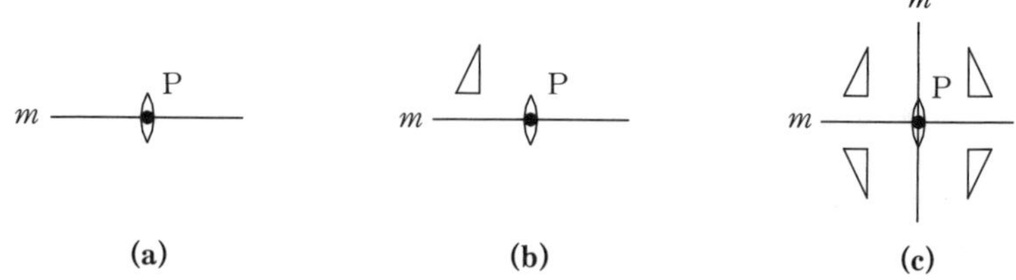

図 EP2　(a)2次元配列の点Pに2回軸があり，鏡映線がPを通る．(b)点Pの近くの任意の位置に非対称図形（この場合直角3角形）を置く．(c)2回軸まわりの回転操作と鏡映線による鏡映操作のくり返しによって4つの3角形と2つの鏡映線ができる．

この結果には一般性がある．z 軸が2回軸となる直交座標を考えよう．$z=0$ 面上の図形は C を定数として，曲線 $L(x, y)=C$ によって表せる．この図形を2回軸まわりに回転操作すると，新しい図形は軌跡 $L(-x, -y)=C$ によって表せる．これを式で表せば以下のようになる．

$$L(x, y) \xrightarrow{z\text{軸まわり2回軸}} L(-x, -y)$$

この2つの対称な図形は水平鏡映線（$y=0$）によってさらに2つの図形を形成する．

$$L(x, y) \xrightarrow{\text{鏡映 } y=0} L(x, -y)$$

$$L(-x, -y) \xrightarrow{\text{鏡映 } y=0} L(-x, y)$$

しかし，これら4つの図形を垂直な鏡映線（$x=0$）に関して対称な2対の図形と見なすこともできる．すなわち

$$L(x, y) \xrightarrow{\text{鏡映 } x=0} L(-x, y)$$

$$L(x, -y) \xrightarrow{\text{鏡映 } x=0} L(-x, -y)$$

以上のように，点Pにおける2回軸を2本の直交する鏡映線と組み合わせることができる．

図1.6に示したエタン分子のように，対称要素は図形の中に複数存在する．これに加えて並進対称が存在すると，結晶のように限りなく広がった配列が形成される．有限な図形は並進対称をもちえない．しかし回転対称，鏡映対称，反転対称，あるいはこれらの組合せをもつことができる．

1.2.2 結　合

物質の物理的，化学的性質は原子間結合や最外殻価電子の強い影響を受ける．構造化学は，化学結合の知識を使って物質の構造を決定することを目的としている．構造に関する理論が欠如している最大の原因は，原子間の結合の種類があまりにも多様なことにある．例えば $TiCl_2$ と $TiCl_4$ の2つの物質を比較してみよう．室温では $TiCl_2$ は結晶であるのに対して，$TiCl_4$ は液体である．結合の種類が異なるのは，構造の状態が異なるためである．$TiCl_2$ のチタンと塩素の結合はイオン性が強いのに対して，$TiCl_4$ のチタンと塩素の結合は，より共有性が強い．イオン結合からなる $TiCl_2$ では3次元結晶中で陽イオンと陰イオンがクーロン力によって互いにつながっているのに対して，共有性の強い結合で形成される $TiCl_4$ では各分子がファンデルワールス力によって弱くつながっているため非結晶や液体を構成する．$TiCl_4$ 分子が存在するの

に対して，$TiCl_2$ 結晶中では $TiCl_2$ を分子として認識することはできない．物質の構造を示すのに化学式は不適切なのである．

様ざまな化学結合を分類するためには物質の構造を理解する必要がある．まず原子を互いに結合する力の性質について明らかにしよう．大きく分類すると，結合は**共有結合**，**イオン結合**，**金属結合**さらに**ファンデルワールス結合**に分けられる．

共有結合，イオン結合および金属結合はきわめて強いのに対し，ファンデルワールス結合は弱い．共有結合はもっとも強く，5 eV (8×10^{-19} J) 程度のエネルギーで結合する．イオン結合は 1～3 eV 程度で，金属結合はおよそ 0.5 eV である．ファンデルワールス結合のエネルギーはそれらより相当小さく，0.001～0.1 eV である．ファンデルワールス結合は双極子-双極子，双極子-誘起双極子または誘起双極子-誘起双極子のように様ざまな引力により構成されるため，**結合エネルギー**の範囲は広くなる．

熱エネルギーや結合エネルギーは物質の構造を決定する上で重要である．原子あたりの熱エネルギーはボルツマン定数 k と絶対温度 T の積で与えられる．300 K の室温では kT はおよそ 0.03 eV で，これは共有結合をはじめとするたいていの結合エネルギーより小さい．それゆえこれらの結合は室温において熱エネルギーの影響を受けないことになる．一方，ファンデルワールス結合の多くは室温におけるエネルギーにほぼ等しく，結合は熱エネルギーによって破壊される．ファンデルワールス結合をもつ物質の多くは室温で非結晶か液体である．高温では強力な結合でも破壊されるため，物質は融解するか昇華する．溶媒は，溶質を構成する分子の共有結合を破壊することなく，分子間のファンデルワールス結合を壊して分子を溶媒中に拡散させる．例えば，加熱されたキシレンにポリエチレンが溶ける現象がそれにあたる．物質がそれ自身の内部結合より強く，しかも低い内部エネルギーを獲得できる結合を溶媒との間で形成できるときに，溶質は溶媒に溶けるのである．同時に溶媒は系のエントロピーを増加させる．

原子，イオンあるいは分子を分解，結合するために様ざまな技術が使われる．例えば加熱や溶媒を使用して物質間の結合を破壊し，一度液相あるいは気相状態にしてから物質を成形する方法が一般的である．物質を成形したのち，冷却あるいは溶媒を抜くことで，その結果回復した内部の結合力を活用して最終的な固体物質を得る．一方，固体状態での直接成形プロセスは高温で行わなければならない．熱エネルギーを与えることで，成形に必要な力を減じることができるからである．

上述の 4 つの結合は単純化されている．しかし，実際の物質は，共有結合，イオン結合，金属結合およびファンデルワールス結合の組合せからなる場合が多い．大きい分子になると，内部にいくつかの種類の結合が共存する．錯体配座を有する大きな分子はそれ自身の中で結合を組むばかりでなく，他の分子との結合も形成する．

結合の種類

互いの結合により全体のエネルギーが下がるなら，原子は集合して分子や凝集体を形成する．原子同士が接近すると，正に帯電した原子核と負に帯電した電子の相互作用によって引力と斥力が生じる．結合が安定となるのは，電子と原子核の間の正味の引力が，電子と電子または原子核と原子核の間の斥力をはるかに上まわるときである．原子間に生ずるすべての結合に最外殻価電子が関与する．最外殻電子は結合を形成するときに他の原子に与えられ，または他の原子と共有される．他方，ファンデルワールス結合では，電荷の交換は起こらず，誘起双極子あるいは永久双極子によって結合が保たれる．

共有結合は複数の原子間で価電子が共有されるときに生じ，2 つの電子が局在化した軌道を形成するため，負電荷は正電荷をもつ複数の原子核の間に集中する．1 組の複数の原子が共有結合で結ばれているものを多原子という．

価電子の電子親和力が大きく異なる原子を結合させると，原子間で電荷交換が行われ，正に帯電したイオンと負に帯電したイオンが生成する．このようなイオンは長距離クーロン力によりイオン結合を形成する．イオン結合では明確な分子は形成されない．またイオン間に働く力は最近接イオンに対して局在化されない．

相対電気陰性度はイオン結合と共有結合を区別するための記述子になる．電気陰性度は原子が電子を引き寄せる能力として定義される．結合している 2 つの原子が同じ電気陰性度を有するなら，価電子は 2 つの原子に共有されるため，結合は共有的である．しかし，2 つの原子の電気陰性度が大きく異なるなら，より電気陰性度の強い原子が隣接する他方の原子の価電子密度を大きく減少させ，イオン結合を形成する．例えば，NaCl を構成する塩素原子はナトリウム原子より電気陰性度が大きい．そのため価電子密度は塩素原子のまわりで大きくなる．電気陰性度の差がそれほど大きくないと，結合は共有結合とイオン結合の特徴をあわせもつ．これを極性共有結合という．この場合，一方の原子はより正に帯電し (δ^+)，他方はより負に帯電する (δ^-)．塩化水素は $H^{\delta+}Cl^{\delta-}$ で構成されるが，これは極性共有結合の一例である．

金属結合ではすべての原子が価電子を共有する．原子核は局在化していない電子の海につかる正電荷といえる．イオン結合物質と同様に相互作用が長距離に及ぶため，明確な分子を形成することはない．

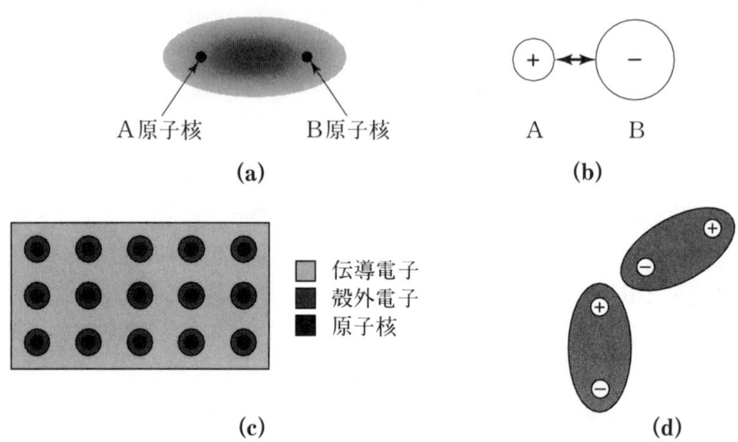

図 1.7 原子の最外殻電子がどのように分布しているのか示している．(a) 隣接する 2 つの原子が価電子を共有している共有結合．(b) A 原子からより電気陰性度の大きい B 原子への価電子の移動を伴うイオン結合．正負のイオンの間に引力が働く．(c) A 原子から放出された電子によって囲まれる A イオンからなる金属結合．(d) 永久双極子をもつ 2 つの分子間に形成されるファンデルワールス力．

ファンデルワールス結合は誘起双極子あるいは永久双極子を有する共有結合からなる分子間に生じる．結合力は近距離に制限されるため，隣接分子間に局在する．図 1.7 は 4 つの基本的な結合を図示したものである．また，図 1.8 にはそれぞれの結合で形成される分子や結晶の例を示す．

結合性物質の構造記述子

結合距離　**結合距離**は最近接間原子の中心間距離で定義される．結合距離は結合の種類を区別するのに用いられ，また物質構造をモデル化するときにきわめて有用なパラメータとなる．表 1.2 には様ざまな種類の共有結合を有する C-C 結合間距離を示したものである．3 重結合は 2 重結合より短く，2 重結合は単結合よりも短い．

表 1.3 は既出の 2 種類の化合物における Ti-Cl 結合距離を示している．1 つはイオン結合的な $TiCl_2$ で，他方は共有結合的な $TiCl_4$ である．共有結合の距離はイオン結合のそれに比べて短いことがわかる．

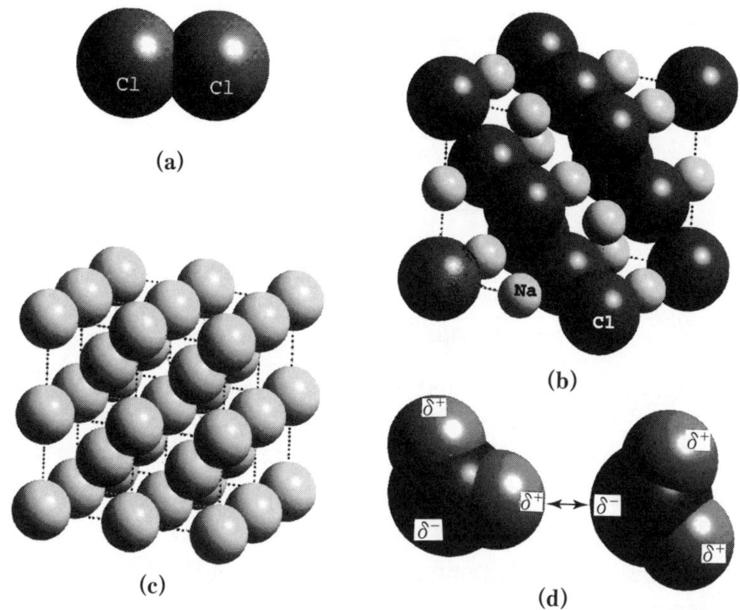

図 1.8 いくつかの物質の結合の例.（a）室温で 2 つの塩素原子の間の局在した共有結合によって結合した 2 原子塩素.（b）塩化ナトリウム（岩塩）は正電荷をもつナトリウムイオンと負電荷をもつ塩化物イオンとの間のイオン結合で形成される結晶からなる.（c）ナトリウム金属は非局在の電子と正電荷をもつナトリウムイオン格子からなる金属結合によって形成される結晶である.（d）水に見られる水素結合はファンデルワールス力の代表例である．この結合は隣接する水分子の永久双極子の相互作用によって起こる．水分子の酸素原子および水素原子がもつ部分的な電荷は δ^-, δ^+ と表記される．これらが永久双極子を形成する．水分子の H-O 結合は共有結合とイオン結合の性質を併せもつ.

結合角　**結合角**は 3 つの原子で構成される中心角度である．CO_2 のように直線分子では O-C-O 結合角は 180° である．3 角平面分子である BF_3 では，F-B-F 結合角は 120° になる．正 4 面体分子である CH_4 では，H-C-H の結合角は 109°28′ である．いくつかの原子が連なって構成される分子では，結合角のほかにねじれ角の導入が必要になる（図 2.21 にて後述).

原子とイオンの大きさ　孤立原子の大きさは原子核からの電子雲の広がりで定義

表 1.2 炭素-炭素結合距離の例.

分子	化学式	C-C（Å）
エタン	CH_3-CH_3	1.54
エチレン	$CH_2=CH_2$	1.33
アセチレン	$CH\equiv CH$	1.20
ベンゼン	C_6H_6	1.39

表 1.3 チタン-塩素結合距離の例.

物質の状態	化学式	Ti-Cl（Å）
イオン結晶固体	$TiCl_2$	2.38
液体	$TiCl_4$	2.18

する．しかしながら電子の存在確率があやふやなので，孤立原子の大きさを決めるのは難しい．原子が他の原子と結合しているとき，電子の分布状態は結合の数や種類によって大きく変わる．このため1つの原子の半径を単純に求めることはできない．それゆえ，原子の大きさは共有結合半径，イオン結合半径，金属結合半径，ファンデルワールス結合半径としてそれぞれ与えられる．また，その値は原子の置かれている状況で変わる．原子核が同じなら，原子の大きさは最近接原子間の距離の半分と定義する．金属元素なら，**金属結合半径**として原子の大きさを定義する．表1.4に金属結合半径の一部を示す．

共有結合半径は共有結合した最近接原子AとBの核間距離の半分である．単結合，2重結合および3重結合の共有結合距離は異なった分子の間でほぼ同じであるため，A-B共有結合距離で表す．さらに，共有結合のA-B間結合距離は，A-A間あるいはB-B間距離の平均値に近似できる．それゆえ，AとB2つの共有結合半径の

表 1.4 金属結合半径とイオン結合半径.

元素	金属結合半径（Å）	イオン結合半径（Å）(価数)
Li	1.52	0.78（+1）
Na	1.86	0.98（+1）
K	2.31	1.33（+1）
Mg	1.59	0.65（+2）
Fe	1.24	0.83（+2）
Ti	1.46	0.64（+4）
Au	1.44	1.37（+1）

表 1.5 共有結合半径.

原子	半径（Å）
炭素，単結合	0.77
炭素，2 重結合	0.67
炭素，3 重結合	0.60
窒素	0.70
酸素	0.66
水素*	0.28-0.37

* 水素の共有結合半径の値は化合物の種類に依存する. 例えば, HCl では核間距離は 1.27 Å なので共有結合半径は 0.28 Å となるのに対し，H_2 では核間距離 0.74 Å から共有結合半径は 0.37 Å となる.

和は AB 分子間距離にほぼ等しくなるのである. ポリマー中に多量に含まれている炭素，窒素，酸素および水素の共有結合半径を表 1.5 に示す.

イオン結合半径は，物質を構成するイオンの電荷と配列に依存する. 中性原子が陽イオン（カチオン）または陰イオン（アニオン）になるとき，そのサイズは増減する. イオンが正に帯電すると最外殻電子は欠乏してイオンは小さくなり，負に帯電す

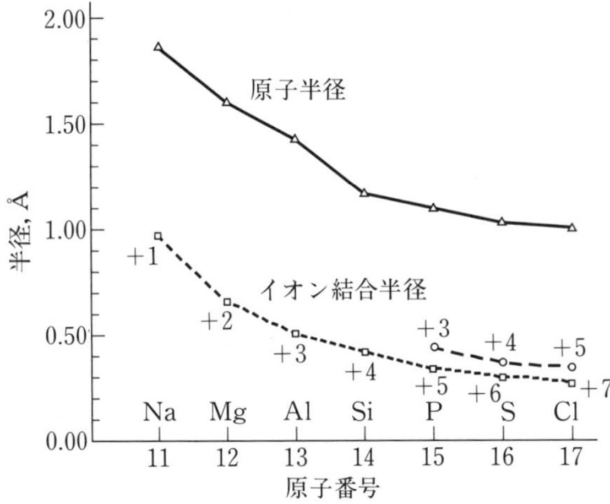

図 1.9 原子の大きさと原子番号の関係：実線は原子半径，破線はイオン結合半径である. 原子半径の多くは室温の平衡状態にある結晶の金属結合半径に同じである. イオン結合半径はイオン状態を示す 6 配位イオンのそれとなる.

ると最外殻電子は過剰になりイオンは大きくなる．図 1.9 に原子番号に対する金属結合半径とイオン結合半径を示した．電子のやりとりがイオン結合半径に大きな影響を与えていることがわかる．Na^+，Mg^{2+}，Al^{3+} イオンの大きさに注目しよう．電子数の増加にもかかわらず，Al^{3+} の半径（0.52 Å）は Na^+ のそれ（0.98 Å）のほぼ半分になっている．これはアルミニウムの原子核が最外殻電子をより強力に内側に引っ張っている証拠である．

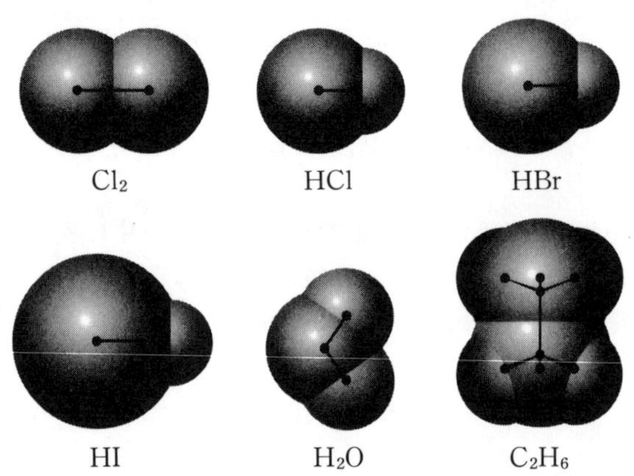

図 1.10 ファンデルワールス結合半径で描いた球状原子による共有結合分子（Pauling 1960, p. 261）．

ファンデルワールス結合半径は分子の形ばかりでなく，どのように固体相に分子が組み込まれているかを知る記述子になる．ファンデルワールス結合半径は，結合していない分子間の最近接距離で定義される．2 つの原子に共有されていない価電子の反発力はこの距離で決定できる．図 1.10 は，共有結合を有する代表的な分子の核間距離を直線で表現したものである．球状に描かれた原子の半径はファンデルワールス結合半径より求められている．

分子構造

原子，イオンおよび分子の構造は，構成成分の 3 次元的形状と結合の種類と対称性でほぼ決定される．ところが，単純な場合を除いて構成成分に関する知見だけで物質の構造を予想することはいまだ不可能である．最も単純な場合として，最密充填構造をとる希ガス固体を挙げよう．この固体は単純なポテンシャルで結合した 1 種類の原子によって構成されている．実在する物質を詳細に調べることで構造の形成原理について学ぶことができる．

原子の電子分布が球状なら，原子を表現するのに球状のモデルが使用できる．ヘリウム，ネオン，アルゴンなど電子閉殻構造をもつ原子は理想的な球に近い形状をもつ．Na^{+} や Cl^{-} などイオンもおおよそ球で表現することができる．球は 2 つの方法（面心立方構造と六方最密充塡構造）によって最密充塡することができる．実際にこのような構造を有する物質は数多くある．物質が NaCl のように 2 つの種類のイオンからなる場合，充塡構造はより複雑になる．引力を最大にし反発力を最小にするために，アニオンはカチオンによって囲まれなくてはならない．3.4 では NaCl 構造と CsCl 構造の差を用いて，アニオンとカチオンの半径比によって充塡構造が変化することを説明する．

多原子共有結合分子：電子ドメイン理論

分子の 3 次元形状は**電子ドメイン**（electron-domain, ED）理論によって予測できる．電子ドメイン理論は，与えられた原子の最外殻電子の 3 次元分布を説明するとともに，この電子がどのように他の原子の電子と結合を形成するのか明確にしてくれる．価電子は逆スピンで結合する傾向がある．これがここでいう電子ドメインである．電子ドメインには結合性と非結合性の 2 種類がある．結合性ドメインは対電子が 2 つの原子の間で共有されているときに発生する．非結合性ドメインでは対電子はある原子に所属する．一般に非結合性電子ドメインは結合性電子ドメインより広い空間を占有し，それ自身で独立しようとする．つまり，ドメインは中心原子にできるだけ近くに存在しようとし，他の電子ドメインをできるだけ避けようとする．

以上の性質から，いろいろな対称性をもつ電子ドメインが現れる．電子ドメインの形状は，90°，109°28′，120°，180° といった最近接原子間の結合角度を決定する．それゆえ，ある原子が周囲の原子に取り囲まれた構造をもつ分子の形状を予想することは実に容易で，例えばドメインが 2 つある場合，電子ドメインは 180° おきに存在する．また，3 つのドメインは 120° おきに，4 つのドメインは 109°28′ おきに存在する．

複数の原子が連なって構成する分子は，結合の回転に大きな自由度があるので様ざまな形状を示す．実際，n 個の回転可能な結合を有するポリマー分子では，形状の種類は n とともに指数関数的に増えていく．

電子ドメイン理論を使って分子の形状を予想したいくつかの応用例を図 1.11 と図 1.12 に示す．アンモニア（NH_3）は結合に関与する電子ドメインを 3 つもち，結合に参加しない電子ドメインを1つもつ．それゆえ4つの電子ドメインの配列は，図1.11(b)のように4面体になる．水分子は2つの結合電子軌道と2つの結合に関与しない電子軌道をもつ．それゆえ電子軌道の配列もまた図1.11(c)に示すように4面体構造となる．

三フッ化ホウ素（BF_3）は3つの結合電子ドメインのみを有する．したがって，電子ドメインの配列は平面3角形となる．二酸化炭素（CO_2）は結合に寄与する電子ドメインを2つもつので，直線的に配列した電子ドメインとなる．この様子を図1.12(b)に示す．

表1.6に様ざまな電子分布と分子形状の関係を示す．分子形状は結合に関与する電子ドメインの配列だけで決定されるのに対して，電子分布は結合に関与する電子ドメインと結合に関与しない電子ドメインの分布形状で決まる．もし分子構造と電子分布の幾何学配置が同じなら，取りうる分子構造は簡単に予測できる．異なるなら，構造の予測は注意して行わなければならない．例えば，孤立した水分子の共有結合の構造は平面3角形であるが，電子軌道の配置は4面体であるため，実際の凝集系における分子配置には電子分布が大きな影響を与える．水では，自由エネルギーに対する内部エネルギーの寄与がエントロピーの寄与に勝るので，水素結合の数が最大になるように整列した4面体構造を形成する．

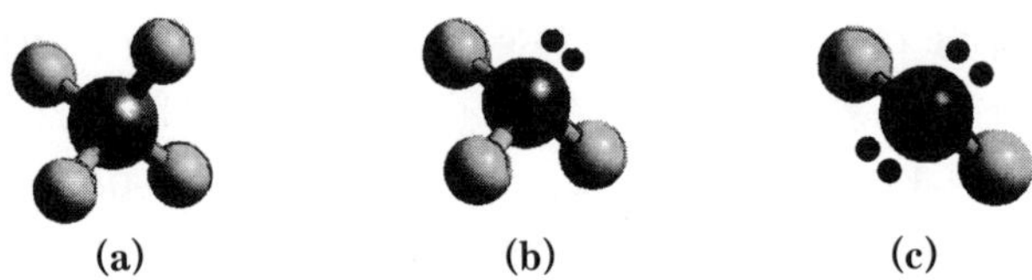

図1.11　価電子の位置は4面体構造を形成する．(a)メタン（CH_4），(b)アンモニア（NH_3），(c)水（H_2O）．アンモニアと水では，1組あるいは2組の不対価電子がそれぞれ存在する．アンモニアと水の不対電子をドット対で示した．

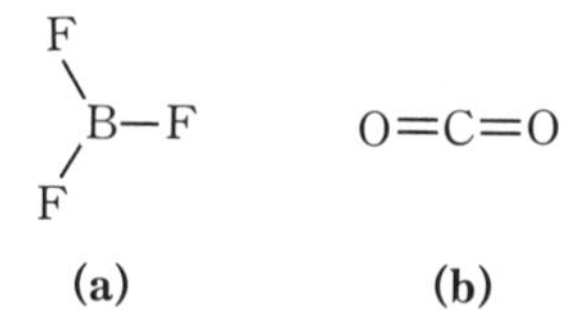

図1.12　BF_3 と CO_2 の結合状態図．

表 1.6 電子分布と分子形状.

電子ドメイン	結合性電子ドメイン	非結合性電子ドメイン	電子配置	分子の形
2 (sp)	2	0	直線	直線
	1	1	直線	直線
3 (sp^2)	3	0	平面 3 角形	平面 3 角形
	2	1	平面 3 角形	屈曲
	1	2	平面 3 角形	直線
4 (sp^3)	4	0	4 面体	4 面体
	3	1	4 面体	3 角平面
	2	2	4 面体	屈曲
	1	3	4 面体	直線

高分子と巨大分子の形態の多様性

多原子分子の原子の数が増すと，結合の回転の自由度が形態の多様性を生む．形態の多様性は分子構造にも依存する．例えば，2.3 で述べるように炭素-炭素結合の直線的連続構造は乱雑なコイル様形態をとるのに対して，6 員環は安定で単純な形態を示す．

異性体と配座異性体　**異性体**とは，組成は同じだが構造が異なる分子である．異性体同士は結合の回転方向を変えるだけでは同じ構造にはならない．他方，**配座異性体**同士は単結合のまわりに回転することで構造上一致する．単結合のまわりの回転は，配座エネルギー障壁の値と熱エネルギーの比に依存する．しかしながら 2 重結合や 3 重結合では，熱回転は室温において本質的にゼロである．

異性体には様ざまな種類がある．構造異性体，立体異性体および連続異性体は最も重要な異性体である．**構造異性体**は，結合が 2 つの配座状態間の回転転換が禁止されるような構造をもつ．ジクロロエタン（$C_2H_2Cl_2$）のシス異性体とトランス異性体を図 1.13 に示す．中心にある 2 重結合 C=C がこれら 2 つの異性体間の回転転換を阻止する．

立体異性体は単位分子がリンクした規則連続性を有する．しかし，共有結合の主鎖に対する置換基対は立体規則性あるいはタクチシチー（tacticity）という異なる配列をもつ（タクチシチーの詳細については 2.3.2 で述べる）．**連続異性体**は様ざまな単位分子が互いに連なっていろいろな規則性をもつ分子である．例えば ABAB は AABB の連続異性体である．デオキシリボ核酸（DNA）は糖とリン酸塩の主鎖に付

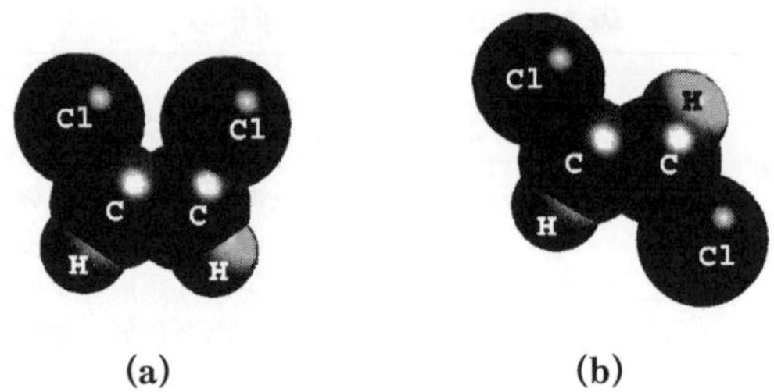

図 1.13　ジクロロエタンの構造図．(a)シス構造異性体，(b)トランス構造異性体．

加した4つの有機基すなわち，アデニン，グアニン，シトシンならびにチミンの連続からなっている．連続異性体は生物の遺伝子情報を構成する．

配座異性体の例として，図1.14(a)に示したジクロロエタン（$C_2H_4Cl_2$）分子を挙げる．それぞれの炭素原子が2つの水素と1つの塩素，さらに別の炭素と結合している．配座異性体同士では，C-C単結合のまわりに回転することで水素と塩素の位置が入れ替わった構造をとる．2つの塩素原子距離が最小のとき回転エネルギー準位は最大となるのに対して，塩素が炭素-炭素結合を介して対角線上にならぶとき回転エネルギー準位は最小となる．回転エネルギー V と角度 ϕ の関係を図1.14(b)に示

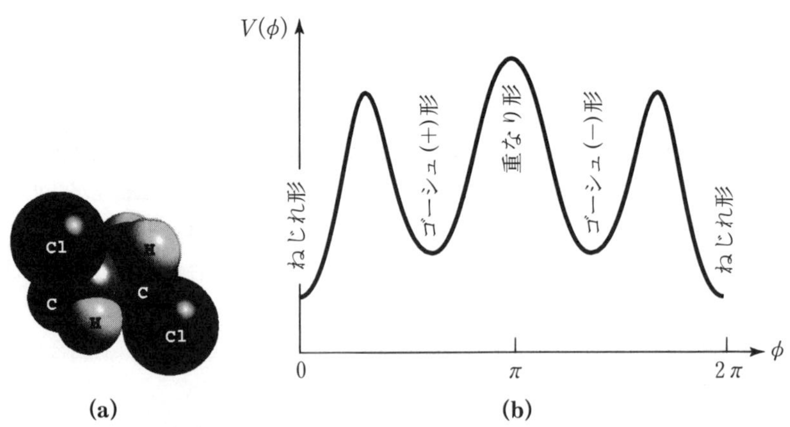

図 1.14　(a)最も低いエネルギー状態にあるジクロロエタン，(b)ジクロロエタン分子のもつ角度と回転エネルギー $V(\phi)$ の関係．

す．角度 ϕ を占める確率は $\exp(-V(\phi)/kT)$ で表される．主な配座は**ゴーシュ＋**(gauche＋)，**ゴーシュ－**(gauche－)，**トランス体**（trans）である．高い配座エネルギー準位では2つの塩素の電子ドメインが重なっており**シス体**（cis）と呼ばれる．温度にもよるが，分子は1秒間に最大 10^{10} 回も配座を変える．

1.2.3 配位数

局在構造に関する情報は**配位数**から得ることができる．配位数とは，イオン結晶中のある中心イオンと電荷の符号が異なる最近接イオンの数，ある原子と共有結合している原子の数，単元素からなる液体や非結晶質中のある1つの原子に**最近接している原子の平均数**のことである．例えば第2近接粒子数のような，より高次の配位数が有用となることがある．

配位殻は，ある原子やイオンを取り囲むすべての隣接粒子で構成される．配位殻は結晶においてより明確に定義される．第1近接粒子，第2近接粒子などがそれぞれ特定の半径の円周上に存在するからである．一方，液体やガラスでは隣接粒子の位置は統計的にしか記述できないので，**ボロノイ法**を用いて第1近接粒子，第2近接粒子などの平均数を決定する．

1.2.4 充填率

充填率 V_V は，サンプルの全体積 V_T に占める構造単位の全体積の割合である．

$$V_V = \frac{\sum_i V_i}{V_T} \tag{1.1}$$

例えば金属間化合物の場合，各構成元素の原子体積に化学量論組成比の整数を乗じたものの総和を $\sum_i V_i$ とする．サンプルの総体積と原子や分子が占める体積との差は，その構造単位が動くのに必要な空間である．

気体においては，構造単位の充填率は 1×10^{-4} 程度と非常に低く，互いに接触することが少ないので原子や分子の空間的配列は本質的に完全にランダムである．気体が高い圧縮率と低い粘度を示すのはこのことに由来する．

液体やガラスでは，充填率は0.5程度である．つまり，およそ半分の体積は原子や分子によって占められている．気体に比較して粘度ははるかに大きく，圧縮率ははるかに低い．空間的な配列は短距離規則性を示す．このように充填率が増すとある構造単位の位置が隣接する構造単位の位置により大きな影響を及ぼすようになる．

1.2.5 秩序と無秩序

温度はすべての物質の構造に重大な影響を与える．熱力学の基本的な考え方に従えば，系の平衡構造状態で自由エネルギーが最小になる．多くの物質やその合成プロセスでは，**自由エネルギー**は次のギブスの関数で示される．

$$G=E+PV-TS \tag{1.2}$$

ここで，E は内部エネルギー，P は圧力，V は体積，T は絶対温度である．S はエントロピーで，次のボルツマンの式で定義される．

$$S=k\ln\Omega \tag{1.3}$$

ここで，k はボルツマン定数，Ω は系が受入れ可能なエネルギー準位の数である．S の内訳（配置，振動，回転など）の中で，配置のエントロピーが最も構造に効いてくる．**配置エントロピー** S_c と，一定の拘束条件（例えば，原子数，内部エネルギー E，体積 V）の下での可能な配置数 Ω_c との関係はボルツマンの式で与えられる．一般的に，構造が規則的なほど，配置エントロピーは小さい．単一元素からなる完全結晶はただ1つの配列しかもたない$(\Omega_c=1)$ので，配置エントロピーはゼロである．このように，配置エントロピーは構造中の無秩序の程度を示すものといえる[*4]．

低温では，式(1.2)の TS 項は無視できるので，自由エネルギーは E が最小値をとることで最小になる．原子間ポテンシャルは，原子間距離が原子の大きさ程度になるまで，距離とともに減少する．たいていの物質は低温になるほど，より密に詰まる傾向を示す．同じ大きさの球をもっとも密に詰めるには，最密充填構造にする必要がある．ポリマー分子のように複雑な構造単位を充填する場合でも，低温では分子間力の作用により分子はより規則正しく密に詰まろうとする．このように低温における充填状態は「内部エネルギーによって安定化された状態」，「規則的状態」あるいは「規則性の高い状態」という．

他方，十分高い温度では原子（または分子）配列の規則性が低下し，エントロピーが増すことによって系の自由エネルギーは最小となる．このため，石英，岩塩あるい

---

*4 溶媒濃度が低いとき，柱状または円板状分子の規則配列に関して興味ある，しかし不可思議な現象がみられる．リオトロピック液晶におけるその実例を第4章で述べる．

はポリエチレンのような物質の結晶は十分な高温まで加熱することにより融解する．高温における規則性の乱れた状態をエントロピー的に安定であるといい，規則性は低くなる．液体はこの状態の代表例である．

融解は物質の性質が不連続的になるような相変態の例である*5．このような変化はカロリメトリーなど熱力学的測定によって捕らえることができる．多くの相変化は急激で，構造も不連続的に変わる．結晶の融解では，対称性が急激に変化して構造周期性を失う．これを対称性の破綻という．液体は長距離連続性を持たないが，**空間平均**あるいは**時間平均**では比較的高い対称性を示す．このことについては第 2 章で述べる．相変化の例にはゆっくりした構造変化もある．このような変化は**規則パラメータ**という記述子を利用して観測できる．規則パラメータの例とそれによる構造解析の例については第 4 章および第 5 章で述べる．

単一組成の物質の安定相構造は，温度によって複雑に変化する．図 1.15 は Fe のギブス自由エネルギーと温度の関係を液相および 2 つの固相すなわち面心立方構造（fcc）と体心立方構造（bcc）*6 について示したものである．Fe の自由エネルギーは，原子の空間位置にばかりでなく磁気スピンの構造的規則性にも依存する．2 つの相の自由エネルギー曲線は接近していて図上で交点を読み取るのは難しいので，計算で求めた相変化温度を併記してある．これによると，Fe の**キュリー温度**は 1042 K である．この温度以下では，磁気スピンの規則配列が起こり，鉄が強磁性を示す（第 5 章を参照）．キュリー温度以上では，スピンは不規則に配列し鉄は常磁性を示す．キュリー温度程度において，鉄の bcc 構造はほとんど変態しない*7．1185 K では fcc と bcc の自由エネルギー曲線は交差するので，それより高温側では fcc が安定相となる．そして曲線は 1667 K で再び交差する．この 2 つの交差点は対称性の変化を伴う相変態を示している．鉄の融解は 1811 K で起こるが，この温度で液相と bcc の自由エネルギー曲線が交差する．

---

*5 相変態は自由エネルギー関数の数学的特異点で起こる．融点でモル体積とモルエントロピーの不連続的な変化が通常みられる．また特異点は熱容量など自由エネルギー関数の高次導関数においても見ることができる．

*6 ここでは fcc や bcc といった略語を使用する．それぞれブラベー格子の面心立方構造と体心立方構造のことである．それぞれの結晶空間群は $Fm\bar{3}m$ と $Im\bar{3}m$ である．第 3 章を参照．

*7 鉄の強磁性状態では四面体のゆがみがわずかに生じる．

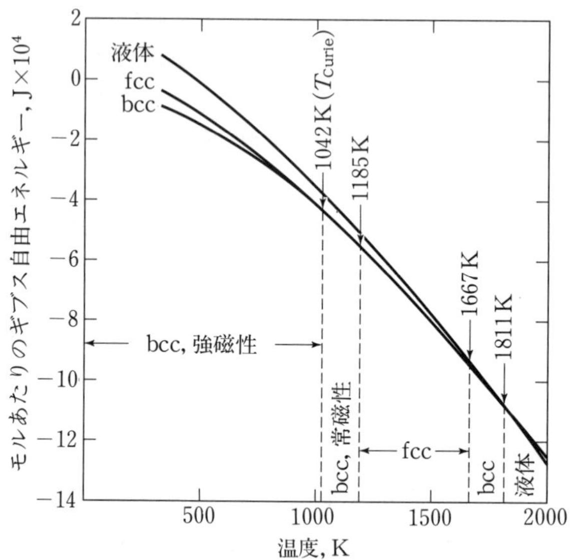

図 1.15　1気圧における鉄の液体，fcc，bcc のギブスの自由エネルギーと温度の関係．各相が安定となる温度領域を曲線の下部に示した（Thermo-Calc ソフトウエアと Royal Institute of Technology（ストックホルム）のデータベースから計算された）．

1.3　物質の構造に関するロードマップ

物質の構造を理解する上でのロードマップを図 1.16 に示す．図には 3 つの凝集体の基本的な相（非結晶相，結晶相および液晶相）が示されている．凝集体の詳細については，その応用例とともに第 2 章から第 4 章にかけて述べる．図 1.16 に示すように，非結晶相の特徴は，その**統計的な短距離規則性**にある．液体とガラスはそれぞれ非結晶相である．これらについては第 2 章で解説する．第 3 章では結晶について述べる．結晶に固有の特徴は，**並進規則性**にある*8．そこで対称性理論を用いて結晶学の

*8　ここで使用している「規則性」とは，非恒等対称の存在を示している．並進規則性とは構造が並進規則性をもつことを意味する．

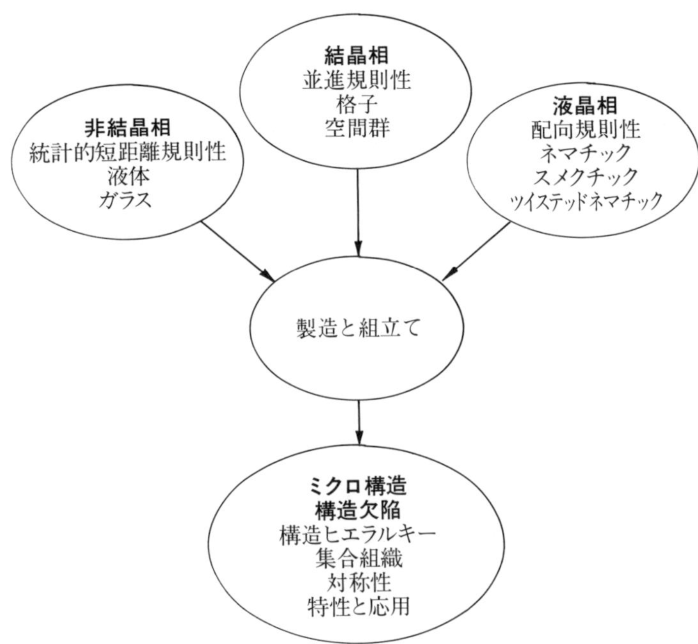

図 1.16　物質の構造に関するロードマップ．

重要な結果を導く．さらに，読者が**国際結晶学図表**（International Tables for Crystallography）の手法を使って簡単に結晶構造を決定できるよう基礎知識を与える．様ざまな対称性をもつ物質の物性の異方性の理解に有効なテンソル表記について紹介し，種々の物性がどのように方位に依存するかを述べる．第 4 章では，液晶について詳述する．液晶は柱状あるいは円板状といった非等軸的な分子によって構成されている．この種の分子の集合体は，液体状態であってもある方向に整列した構造をとろうとする．液晶を特徴づけるこの分子の整列を配向規則性という．ある種の液晶は，配向規則性のみならず 1 次元の並進規則性も有する．第 2 章から第 4 章で非結晶，結晶および液晶の 3 つの状態を扱うが，いずれも欠陥のない理想状態にあるものとする．図 1.16 の上部に示した 3 つの状態はこの点を強調している．

実在の物質は，急熱と急冷，大歪変形，異種原料の混合，などの非平衡プロセスを経て製造される．図 1.16 ではこのプロセスを製造と組立てと呼んでいる．これは図 1.1 に示した物質科学の 4 面体の 1 つの頂点を構成する．得られる物質はプロセスに由来する構造をとり，したがって第2章〜第4章で説明する理想状態にはほど遠い．これが物質のミクロ構造の特徴を形づくる（図1.16下段）．**ミクロ構造**の大きさは，原子サイズからマクロサイズまできわめて広い範囲にわたる．理想的な構造に発生する局所的欠陥については第5章で述べる．この種の欠陥は，その空間的次元によって点欠陥，線欠陥および表面欠陥などに分類される．さらに大きな集合状態においても，1種のミクロ構造と見なし得るような重要な構成要素が存在する．それらについては第6章で述べる．例えば，2つの相を含む物質のミクロ構造の特徴は，それぞれの相の大きさ，形，界面整合性，体積分率などで説明できる．

上述のように均質で欠陥のない理想的状態で材料が製造されることはほとんどない．実際，製造工程で導入されるミクロ構造は優れた性能を発揮するよう慎重に制御され，最適化されることが多い．第6章の後半でプロセシング，ミクロ構造，材料特性の間の相関に注目しつつケーススタディを行う．

物質の構造について解説しているこれまでのテキストは，物質をセラミックス，金属，ポリマーに分けた．しかし，技術の進歩により現在ではそのような区別は意味をなさなくなってきた．セラミックスとポリマーは古くから絶縁体として知られてきたが，いまやセラミックスは導電体として使われるばかりでなく高温超伝導体としても知られている．また導電性発光ポリマーなども実用化されている．長い間ポリマーは成形しやすい（弱い）材料と信じられてきたが，最強の金属よりも優れた比強度（強度対密度比）と比剛性（弾性率対密度比）をそなえたポリマー繊維も数多く登場している．

本書では，物質を構造で分類しながら議論を進める．したがって，セラミックス，金属あるいはポリマーという分類で章立てた箇所はない．しかし，例えば結晶について記述する場合には，各クラスの物質ごとに構造と特性を説明する．このように従来にない方法をとるのは，「タイプの異なる様ざまな材料の構造と特性を支配する共通の原理がある」という著者らの普遍的な考え方に基づいている．さらに，これらの原理を理解することが材料科学分野の教育に新たな体系をもたらすだろう．

参考文献

Hahn, T. (ed.), *International Tables for Crystallography*, Vol. A, 4th ed., Kluwer, Dordrecht, Holland, 1996.

Kingery, W. D., Bowen, H. K., and Uhlmann, D. R., *Introduction to Ceramics*, Wiley, New York, 1976.

Pauling, L., *The Nature of the Chemical Bond*, Cornell University Press, 3rd ed., Ithaca, NY, 1960.

さらに勉強するために

Canby, T. Y., "Advanced Materials—Reshaping Our Lives," *National Geographic 176*(6), 746–781, 1989.

Chiang, Y.-M., Birnie, D., and Kingery, W. D., *Physical Ceramics: Principles for Ceramic Science and Engineering*, Wiley, New York, 1997.

National Research Council, *Materials Science and Engineering for the 1990's: Maintaining Competitiveness in the Age of Materials*, National Academy Press, Washington, DC, 1989.

Smith, C. S., *A Search for Structure*, MIT Press, Cambridge, MA, 1981.

演習問題

1.1 2次元における原子や分子の充填について考える．等しい直径を有する皿，ペニー硬貨，小さな箱のふた，およびリンギーニ（パスタの一種）を準備して以下の実験を行う．

（**a**） 箱のふたに硬貨を入れ，それを振る．A_A を箱のふたのうち硬貨に覆われた面積とし，2次元気体，2次元液体および2次元結晶の構造を表現する典型的な A_A の値を求めよ．ある硬貨に対する最近接硬貨の数をそれぞれの場合で求めよ．

（**b**） 硬貨を取り去り，リンギーニで同様のことを繰り返す．A_A の値が次第に大きくなる様子を答えよ．

1.2 次に示す2次元配列モデル図に存在する対称要素を答えよ．

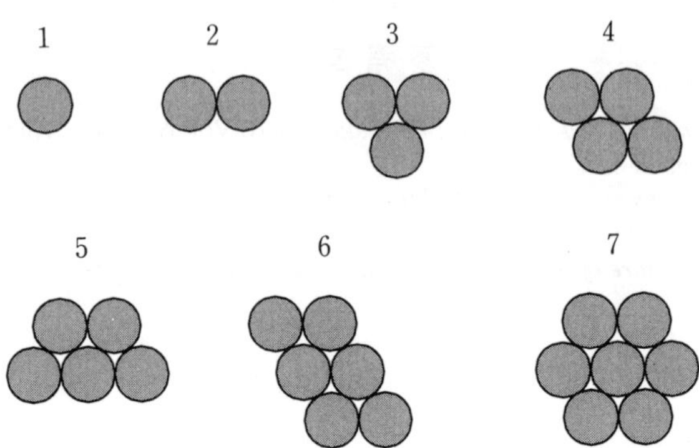

1.3　正 n 角形がある．$n=3$ と $n=8$ の正 n 角形の集合によって形成される図形の対称要素を答えよ．整数 n と対称要素との間に存在する一般則を答えよ．

1.4

（**a**）　蜂の巣状の網目構造を描け．なお，1 辺の長さは 2.5 cm で十分な並進対称をもつ．

（**b**）　その蜂の巣状構造に 6 回，3 回，2 回，1 回の回転軸を明記せよ．

（**c**）　任意の点を 1 箇所とる．その周辺の同様な位置に点を記入していく．これは規則配列上の格子点と定義できる．

（**d**）　蜂の巣状構造の鏡映対称を示す線の位置を示せ．

1.5　2 次元配列上の点 P で 2 本の鏡映線が直交するとき，点 P に 2 回軸が存在することを示せ．

1.6　2 次元配列において，4 回対称要素を含む等価な 3 角形の繰り返しにより形成される図形を描け．たくさんの可能性がある．そのうちの 3 つを示せ．
注意：どのようなパターンの繰り返しかを答えること．

1.7　塩化水素（HCl）の H–Cl 距離は 1.27×10^{-10}m である．電荷移動が完全に行われたときの双極子モーメントを計算して，実験値 3.57×10^{-30}C•m と比較せよ．

1.8　水は 6.0×10^{-30}C•m の永久双極子をもつ．水分子の中で完全に電荷移動が行われたときの O–H 長さを計算せよ．

1.9　ベンゼンにおける C–C 間距離は単結合より短く 2 重結合より長い（表 1.2 を参照）．理由を説明せよ．

1.10　X 線回折によって調べられた NaCl（図 1.8(b)）立方単位格子の 1 辺の長さ

は5.64Åである．この値とNa^+およびCl^-のイオン半径0.98Åおよび1.81Åより計算される1辺の長さとを比較せよ（NaClの結晶構造は1898年にW. Barlowによって示された．それはvon LaueがX線回折法を確立する14年も前のことである．Barlowの予想は1915年にW. L. BraggがX線回折を用いて証明した）．

1.11 s軌道の最外殻電子が原子核の周囲に形成する電子密度分布は球状である．p殻における電子密度分布は下図に示したとおりである．(a) p軌道そのものと(b) p_x，p_yおよびp_z軌道の対称性を答えよ．

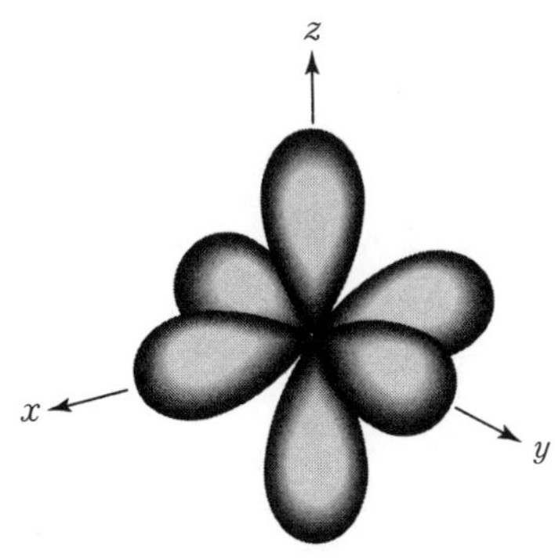

1.12 水分子は比較的強い永久双極子をもつため，電界によって簡単に配向する．このことは$\varepsilon=81$という水の誘電率の高さと水がイオン結晶や極性分子に対する溶媒になりうる理由を説明する．誘電率が半分になると相互作用する分子の間に働く相互エネルギーはどの程度減少するか．

1.13 ポリエチレンテレフタレート（PET）は実用化されている直線ポリマーである．PET鎖には300の構成単位が含まれている．10個の低エネルギー配座状態が1つの主鎖にあるときの分子あたりの配座子の数を求めよ．

第2章
非結晶相

不規則性は，非結晶相の特徴である．物質の構成要素が無秩序に位置するとき，物質は完全に不規則構造をもつ．温度上昇とともに多くの物質は融解し構造は不規則になる．液体は混沌とした構造であり，構成要素の位置が時々刻々と変化する．急冷や分子間あるいは原子間の束縛によって結晶化が阻害されると，液体は低温で非結晶固体になる．例えば，理想的な長距離規則性が阻害されるような構造や複雑なポリアトミックアンサンブルを形成することで体積膨張する．

構造を構成する要素の束縛状態によって，非結晶相は 2 つに分類することができる．1 つは低粘度の**液相**で物質の流動は自由である．他方は高粘度の**ガラス相**で，物質は固体でしかも流動しにくい．基本的には熱エネルギーが原子間結合エネルギーを上まわると物質は**液体**になるのに対し，その逆では**固体**になる．液体とガラスを構造のちがいから区別することはできないが熱力学的には区別できる．ガラスは比較的高い密度をもつ凍結された液相といえる．本章では液体とガラスの区別をつけないで，統計的なモデルを使って議論をすすめる．

非結晶物質[*1,†1]では，すべての構造単位に定まった位置を与えるような，完全で正確な構造を規定することはきわめて難しい．構造単位の位置が常に動き回るからである．原子量 50 g/mol，密度 1 g/cm^3 の単一元素からなる物質 1 cm^3 の試料は 10^{22} にも達する構造単位をもっている．また時間経過とともに構造単位は移動し，配列はつねに変化している（液体中の原子の動きはガラスのそれに比べて何桁も大きい）．

自由体積や 2 体分布関数などナノ結晶を表現する構造記述子は，大量の構造単位からなる構造の評価を行う際の空間的平均化技術となる．このような構造記述子は，典

---

*1　非結晶相をアモルファス相ともいう．

†1　訳者注　非結晶は一般的な用語ではないが，原著において結晶との対比を重要視していることから，ここでは非結晶を非晶質を示す用語として使用した．

型的な非結晶構造の定量化のみならず，3次元化にも使うことができる．物質やポリアトミックアンサンブルに対して，いろいろな構造モデルが使われる．構造中の非結晶的配列を考えるとき剛体球を単位にすると，単元素液体のように単純な物質の非結晶構造を理解するのに役立つ．ランダム配列した充塡剛体球モデルの例を2.2.1に示す．ガラスのうち重要なものとして，シリカ（SiO_2）のような酸化物とアタクチックポリスチレン

$$\left(CH_2-CH(C_6H_5)\right)_n$$

のようなポリマーガラスがある．両ガラスとも構造単位は球形から大きくかけ離れており，したがって得られる構造も球を充塡しただけの簡単なものではない．ポリスチレンのような線状ポリマーは複雑に絡み合った分子コイルからなる非結晶状態にあり，その構造は酔歩理論あるいはフラクタル理論で記述できる．物質の酔歩モデルとフラクタルモデルについては2.3および2.5で述べる．シリコン原子と酸素原子は方向性の強い結合で結ばれ配位関係が制約されているので，SiO_2 ガラスは SiO_4^{2-} の4面体の3次元ネットワークからなる．SiO_2 ガラスの構造と性質は2.4で説明する連続的なランダムネットワークの構造により理解できる．

液体あるいは溶融状態は材料科学においてかなり重要である．多くの材料が液体からの凝固過程を経て製造されるからである．ガラス状態もまた重要である．多くの材

表2.1　非結晶物質の応用．

アモルファス固体	物質例	応用	特性
酸化物ガラス	$(SiO_2)_{0.8}(Na_2O)_{0.2}$	窓ガラス	透光性，大型シート化
酸化物ガラス	$(SiO_2)_{0.9}(GeO_2)_{0.1}$	通信用光ファイバー	超透光性，高純度，ファイバー化
有機ポリマー	ポリスチレン，ポリメタクリル酸メチル	構造材料	高強度，軽量，成形性
カルコゲナイドガラス	As_2Se_3	ゼログラフィー	光導電性，大型フィルム化
アモルファス半導体	$Te_{0.8}Ge_{0.2}$	メモリー素子	電気誘起アモルファス-結晶転移
アモルファス半導体	$Si_{0.9}H_{0.1}$	太陽電池	光起電性，光学特性，大型フィルム化
金属ガラス	$Fe_{81}B_{13.5}Si_{3.5}C_2$	60 Hz 変圧器用コア	強磁性，低損失，長リボン化

出典：Zallen 1983, p. 24.

料がガラス状態で活用されているからである．表 2.1 は代表的なガラス状物質とその用途をまとめたものである．大面積のフィルムや太さの一様なファイバーなど，望みの形状に成形できるかどうかが決め手となっていることに注意されたい．

非結晶物質の構造に触れる前に，ガラスの製造方法についていくつか紹介する．構造単位レベルで本質的に不規則である物質や，溶融状態で高い粘度をもつ物質（原子あるいは分子レベルでの再配列が冷却速度より遅い物質）は溶融状態からガラス状態に転移する．しかし，不規則または高粘度という条件に合わない物質でも，極低温まで急冷すればガラスに転移する．このため，一般に溶融体をクエンチして急激に熱をうばう方法で作られる．かつてはクエンチ速度 10^3K/s でも速かったが，現在では 10^{12}K/s が達成されている．図 2.1 は幅広い冷却速度を実現できるガラス形成プロセ

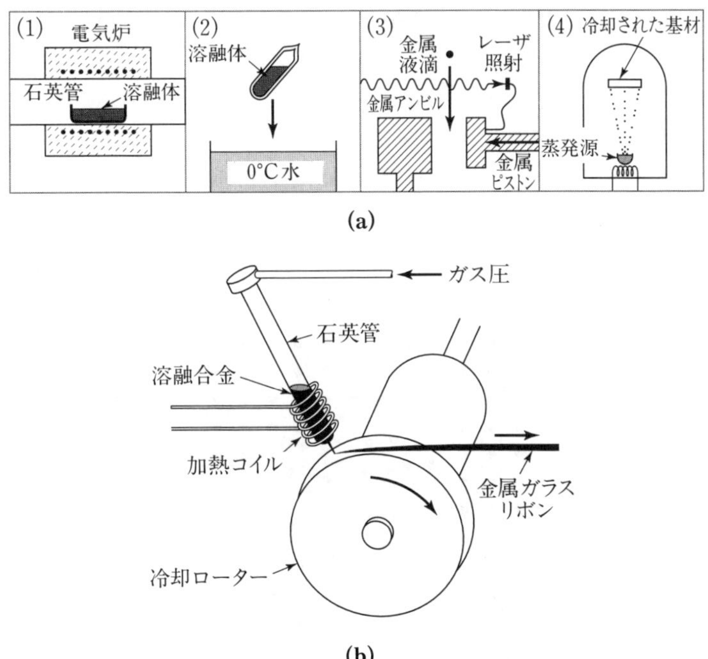

図 2.1　（a）アモルファス固体の 4 つの製造方法．（1）炉冷，（2）クエンチング，（3）急速クエンチング，（4）気体相の凝集．（b）金属ガラスの溶融スピニング法．アモルファス金属の固体リボンが毎分 1 km の速度で引き出される（Zallen 1983, pp. 7,9）．

ス技術を示している．

物質の組成と構造を改良することでガラス形成を促進できる．一般に第2元素あるいは第3元素を添加すると，ガラスが生成する．複雑な組成で規則配列を達成するには複雑な再配列過程が必要になり，再配列に要する時間が延びるので，このような手法が有効になる．また構造単位が多くの形態をとり得る場合，ガラス形成は高温の液体状態からの急速な冷却（クエンチ）により簡単に起こる．例えば，相対方位と形状を自由に変えられる分子がそれにあたる．そのような分子を有する系を急冷すると，規則構造への組み込みは完全に阻止される．なぜなら，エネルギー的には等価だが配置的にバラバラな液体中の分子の状態が低温でも保持されるからである．

ガラスは結晶性固体の放射線損傷（イオン注入や高エネルギー電子ビーム入射など）によっても形成される．高エネルギー粒子ビームとの衝突により，原子が本来の結晶格子点からずれるためである．入射粒子と衝突した原子は超高温となり，カスケードと呼ばれる多重衝突によってさらに別の原子にもエネルギーを伝える．例えば化合物半導体であるガリウムひ素（GaAs）へのネオンイオンの打ち込みによりnmサイズのアモルファス相が生成する（図2.2）．高温領域の熱は周囲の結晶により急速に奪われるため，アモルファス相の形成は狭い領域に限定される．

非結晶を扱うこの章では，剛体球ポテンシャルで結合した単純な単元素液体，ポリアトミック分子，酸化物ガラスや熱硬化性樹脂に代表される3次元ネットワーク構造について述べる．非結晶物質が大きな役割を果たす応用分野（ゼログラフィや自己制

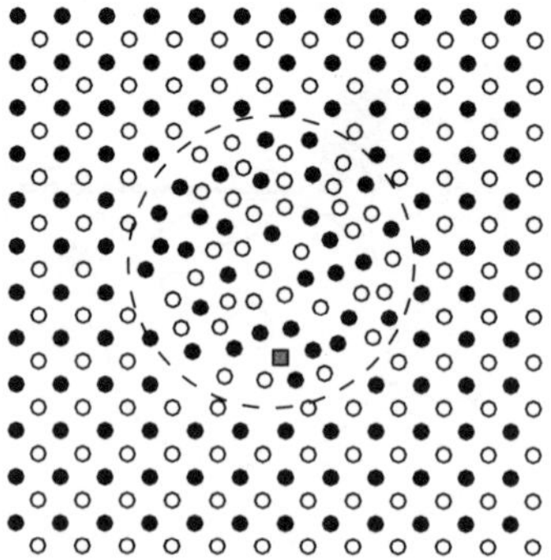

図2.2 高エネルギー粒子の突入によってエネルギーが与えられると，カスケードとして知られる多重衝突の過程を経て，微小空間がアモルファス化する．Neイオン（正方形の粒子）のイオン打ち込み法によるGaAs中のアモルファス相の形成状態を示す．

御型ヒータなど）での構造の詳細についても述べる．

2.1 一般的な構造記述子

気体，液体およびガラスはいずれも不規則構造をもつという点で，構造的に類似である．このため，ある種の構造記述子を用いてこれら3つの状態を網羅し，かつ区別することができる．ガラス転移温度や2体分布関数といった記述子の多くは一般性があり，本章の主題である非結晶物質を記述するのにも利用される．この節ではまず記述子を導入して気体，液体およびガラスという3つの非結晶状態の構造を明確にする．

2.1.1 短距離規則性

第1章では，長距離規則性の代表例である結晶の並進対称について述べた．構造単位は互いに完全に接触して並ぶように重なり合い，巨大な結晶を構成する．このような結晶は完全に**規則的**であるという．これを構造単位の動きが一定で，構造単位同士の相互作用がほとんどない気体と比べてみよう．気体では，構造単位の位置は定まっておらず位置の規則性もまったくない．実際どの瞬間にも気体の構造単位はランダムな位置にある．よって気体状態は**不規則**と見なすことができる．他方，気体よりはるかに密度が高い液体やガラスでは構造単位同士の位置関係は，気体と結晶の中間にある．このような状態を，**短距離規則的**であるという．液体やガラスが並進対称性をもたないとして，複数の構造単位の位置関係はどのようになるだろうか．なぜ規則性は短距離的といえるのだろうか．

気体では，単位体積あたりの分子の数*2 が非常に少ないので，分子間の接触は限られる．しかし，融点より少し高い温度での液体状態の密度は，多くの物質で低温での結晶状態のそれよりわずか10%程度小さいだけである（よく知られているように水と氷の関係はこの関係に従わない）．圧縮できる気体とは異なり，液体とガラスはほとんど圧縮できない．このことも，液体状態では分子はかなり密に詰まっており，周囲の分子と互いに同時に接触していることを示す．2つの分子は同時に同じ位置を

*2 ここでの議論は単一組成の分子系に限定している．多重組成系ではもっと複雑になり，より詳細な記述子が必要になる．

占めることができないので，おのずと分子の位置関係が指定される．このような状態を，**排他的体積**（excluded volume）をもつという．排他的体積が局在的な**短距離規則性**（SRO）を生む．またSROは様ざまな化学結合による影響も受ける．

非結晶物質を表現するのに，このSROを定量化する構造記述子を用いるとよい．非結晶物質の構造は結晶と気体の中間に位置するから，液相の構造記述子は規則的な結晶と不規則的な気体という極端な状態から出発して構築される．極端に多くの欠陥を含む結晶は，標準的な結晶中の欠陥の種類，数密度，配列を示す記述子で表され，非結晶モデルでは表されない．気体の密度が液体の密度に向かって増加すると，分子の接触と位置関係を確認することが可能になる．液相は沸点から凝固点[*3]あるいはガラス転移温度までの広い範囲にわたる．この領域を越えるとたいていの物質の密度は大きく変化する．しかしながら本書では固体を中心に議論を進めるので，密度の高い液相までを守備範囲として，気相はリファレンスとして使わない．

非結晶相の構造を表現するため，統計的平均値を用いる方法がある．2体分布関数法はその一例である．これによりSROを評価することができ，原子の大きさを超えた領域での原子の位置関係を知ることができる．詳細は2.1.3で述べる．

物質中では**原子間**の相互作用により隣接原子の数，種類および位置が決まり，原子同士は直接隣り合う．このような束縛の仕組みが理解できれば，与えられた物質のなかに存在するSROも理解できる．化学的相互作用は，物質の構造中に局所的な規則性を作り出す．原子間の相互作用の種類に応じて，最近接原子や分子は中心の原子や分子に多少の影響を及ぼす．例えば，単純なレナード-ジョーンズの中心力ポテンシャル[*4]を有する単元素液体では，排他的に位置決めされた原子や分子が最密充填する．またSROは特別な結合相互作用でも形成される．例えば，結合によって相互作用を及ぼしているポリアトミック構造単位は価電子，結合間距離，結合角の条件を満たすために，自分自身の位置関係を配列しようとする．

主な結合についてはすでに1.2.2で詳述したとおり，次の4つからなる．

共有結合：高度な方向性があり，決まった数の共有結合種と強力な結合を形成する．

イオン結合：中間的な結合の強さを有する．正負のイオンが交互に配列している．

金属結合：中間的な結合の強さを有する．最密充填構造をとりやすい．

---

*3 凝固点は結晶化が生じる点である．

*4 中心力ポテンシャルでは，隣接原子間の結合力は間隔のみに依存し，方向には依存しない．

ファンデルワールス結合：弱い結合である．最密充填構造をとりやすい．

2.1.2　ガラス転移と自由体積

非結晶物質のもつ重要な物性の1つにガラス転移温度 T_g がある．これは液体における自由な分子運動が終了する温度である．この温度において，熱エネルギー kT が液体の構成要素間の相互作用エネルギーを下まわることになる．そのため隣接する構造単位同士が結合し，固体を形成する．T_g では**粘度**の急激な変化が起こり，物質は粘性流体から固体に変化する．ポリスチレンのガラス転移温度は378 K である．SiO_2 ガラスのガラス転移温度はおよそ1430 K である．

1.2.4で述べた充填率に関連する概念で，ガラス転移温度を理解するための記述子となるのが物質の**自由体積**である．自由体積 V_F とは非結晶状態における試料の全比体積 V（単位質量あたりの体積）と占有体積 V_0 の差で，次式で表せる．

$$V_F = V(T) - V_0(T) \tag{2.1}$$

ここで占有体積とは，結晶状態において原子や分子が占める体積と，原子と原子の隙間の体積の和（V_{XL}）のことである．$V_0(T) \approx V_{XL}(T)$ とすることができる．

結晶，ガラス，液体の体積膨張率がそれぞれ異なるので，自由体積は温度に依存する．ガラス転移温度以上での自由体積の温度依存性は次式で表される．

$$V_F(T) = V_F(T_g) + (T - T_g)(\mathrm{d}V_F/\mathrm{d}T) \tag{2.2}$$

自由体積率 $f_F(T)$ は自由体積を全体積で除したものである．よって $T > T_g$ では次式に従う．

$$f_F(T) = f_F(T_g) + (T - T_g)\alpha_f \tag{2.3}$$

ここで，α_f は液体とガラスの体積膨張率の差（$\alpha_f = \alpha_l - \alpha_g$）である．ガラスと結晶の熱膨張率はほとんど同じなので，T_g 以下では自由体積は本質的にほぼ一定になる．すなわち $V_F(T < T_g) \approx V_F(T_g)$ である．図2.3にその様子を見ることができる．T_g 以上では，自由体積は温度とともに急激に増大し，構成要素が動くのに十分な空間が供給されるため，粘度は急激に下がる．

逆にガラス転移は自由体積がある臨界値以下になると起こるともいえる．自由体積の概念は T_g 以上における弾性率や粘度の低下の構造的要因を理解するのに有用である．相対運動に必要な空間がある限界値以下になると，系は事実上凍結されるのである．

表2.2にガラスの種類をいくつか掲げた．よく知られている SiO_2 ガラス，金属，

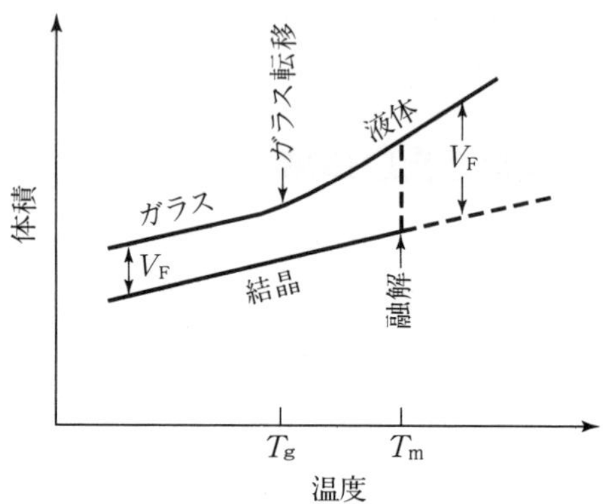

図 2.3 代表的な液体，ガラス，結晶状態の体積-温度特性．液体の冷却速度に応じて 2 つの構造的な変化が起こる．急冷によりガラス転移温度 T_g でガラスを形成する．ゆっくり冷却すると融点 T_m 付近で結晶化する（ただし，構造単位が複雑だと結晶化は不可能である）．自由体積 V_F は液体（またはガラス）状態と結晶状態の体積差として定義される．

イオン，有機ガラスが含まれている．表にはガラス転移温度も併記してある．表から，共有結合，イオン結合および金属結合のような強い結合を形成するガラス物質のガラス転移温度は，ファンデルワールス結合や水素結合のように弱い結合を作る物質のそれより高いことがわかる．このことからも原子間結合と熱エネルギーの間に相関

表 2.2 アモルファス固体の結合種とガラス転移温度．

ガラス	結合	T_g(K)
SiO_2	共有性	1430
As_2Se_3	共有性	470
Si	共有性	～800
$Pd_{0.4}Ni_{0.4}P_{0.2}$	金属性	580
$FeO_{0.82}B_{0.18}$	金属性	410
$Au_{0.8}Si_{0.2}$	金属性	290
BeF_2	イオン性	520
ポリスチレン	共有性，ファンデルワールス性	370
Se	共有性，ファンデルワールス性	310
イソペンタン	共有性，ファンデルワールス性	65
H_2O	共有性，水素結合性	140
C_2H_5OH	共有性，水素結合性	90

出典：Zallen 1983, p. 6.

関係があることがわかる．

2.1.3　2体分布関数

2体分布関数（pair-distribution function）$g(r)$とは，液体やガラス中に存在するSROを定量化するための記述子で，単位はない．この記述子の目的は，物質の典型的な構造単位について統計的な平均構造を求めることにある．ここで単純な構造モデルを挙げよう．不規則的だが密に詰まった剛体球を構造単位としてモデルを組む．もちろん長距離規則性はもちえない．これを剛体球モデルと呼び，詳しくは2.2で説明する．このようなモデルで組まれた気体，液体/ガラス，結晶のおおよその概念を図2.4に示す．液体あるいはガラスの剛体球モデルは密に詰まっているが乱雑である．剛体球の範囲内には他の剛体球が侵入できないことから，剛体球は排他的体積の規則に従って配列している．この液体あるいはガラスの剛体球モデルは，局所的に6回対称に近い構造をもっていることがわかる（図2.4(b)）．この構造は図2.4(c)に示す結晶モデルよりも広い隙間を有するが，その大きさは他の剛体球が入れるほど広くな

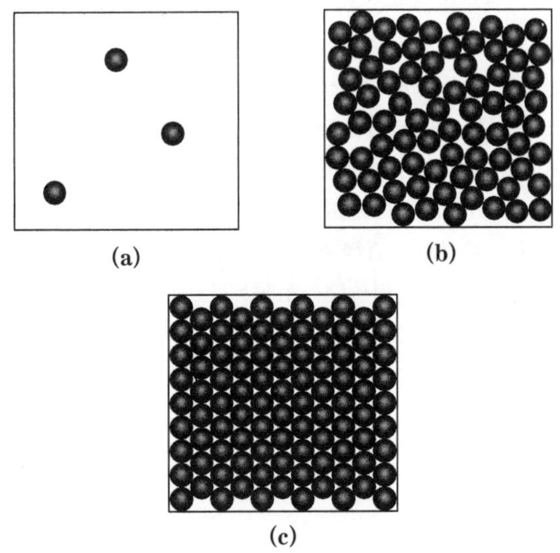

図2.4　剛体球モデル．(a)気体，(b)液体/ガラス，(c)結晶．

い.

2体分布関数 $g(r)$ は2つの原子間距離を示す.液体やガラスは等方的[*5]なので,原子間の方向よりも距離の方が議論の対象になる.原子 i と原子 j の間のスカラー距離である r_{ij} を $r_{ij}=|\boldsymbol{r}_i-\boldsymbol{r}_j|$ で表現する.組織の中の原子 $j=1, \cdots, N$ と原子 i との平均距離の集合 $\{r_{ij}\}$ を数値化することができる.

関数 $g(r)$ は,基準に選んだ原子から距離 r にある微小体積 $\mathrm{d}v$ なる球殻に含まれる原子数 $\mathrm{d}n$ を表す.ここで,球殻の微小体積は $\mathrm{d}v=4\pi r^2\mathrm{d}r$ である.関数 $g(r)$ は原子の統計的平均数 $\mathrm{d}n$ を平均粒密度の関数 $\langle\rho\rangle$ と r における微小体積 $\mathrm{d}v$ で除することにより得られる.ここで〈 〉は時間・空間平均された量である.$g(r)$ 曲線をスムージングするために,球殻の厚さ $\mathrm{d}r$ を剛体球半径 R_0 より小さくしなければならない.

$$g(r)=\frac{1}{\langle\rho\rangle}\frac{\mathrm{d}n(r, r+\mathrm{d}r)}{\mathrm{d}v(r, r+\mathrm{d}r)} \tag{2.4}$$

2体分布関数は,任意の場所における球殻の体積内に存在する構造単位の規格化された平均存在数である.関数 $g(r)$ は距離 r_{ij} が原子間距離と等しいときに大きくなる.希薄な剛体球気体の場合,剛体球間の空間に別の剛体球が特別に入り込む確率は小さく,一定である.それゆえ,原子の密度はどの位置でも一定である.$\mathrm{d}n(r, r+\mathrm{d}r)/\mathrm{d}v(r, r+\mathrm{d}r)$ は物質の平均密度 $\langle\rho\rangle$ に等しくなり,$g(r)$ は構造単位間の距離によらず一定値 $(=1)$ をとる.

図2.5に示すように液体やガラスでは,距離 r が十分遠くなるまで $g(r)$ はいくつかのブロードなピークを示す.これはSROに一致する.完全結晶では,$g(r)$ は結晶構造で決まる原子間距離に,独立したピークを示す.

剛体球モデルの2体分布関数の特徴について触れる.まず,排他的体積の概念より,$g(r)$ は構造単位の剛体球の直径 $2R_0$ より短い距離でゼロになる.次に,液体とガラスにおける相互作用は構造単位間の距離が最も短くなったときに最大となるので,$g(r)$ はほぼ $2R_0$ で最大となる.$g(r)$ におけるこの最大値は最近接構造単位が作る1番目の殻までの平均距離である.実際,$g(r)$ の第1ピークを体積積分すると,結果は最近接構造単位の平均数 $\langle NN\rangle$ にほぼ一致する.

---

*5 物性値が方位に関係なく一定であれば,物性は等方的である.

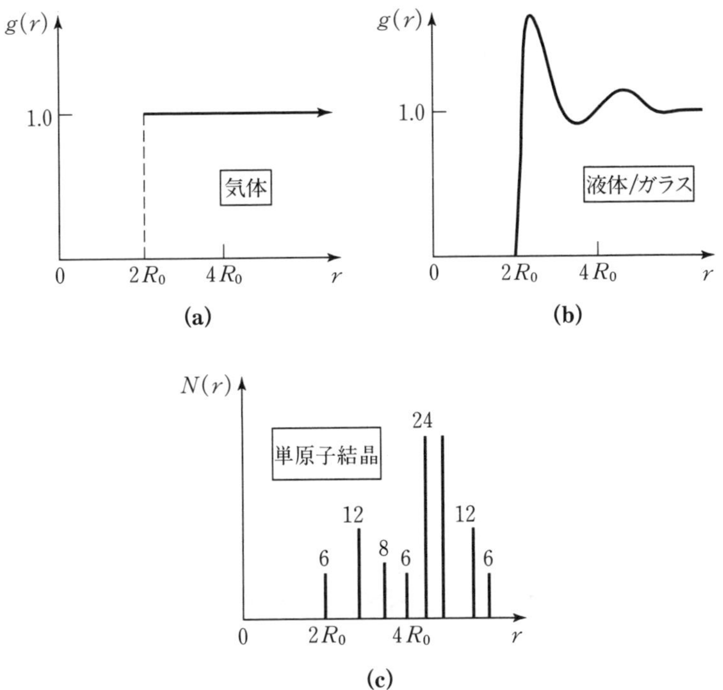

図 2.5　2 体分布関数.（a）気体,（b）液体またはガラス,（c）格子サイトに 1 つの原子をもつ単純立方結晶の隣接原子数 $N(r)$ の距離依存性.

$$\langle NN\rangle=\langle\rho\rangle\int_{\text{第1ピーク}} g(r)4\pi r^2\,\mathrm{d}r \tag{2.5}$$

第 1 ピークに続く第 2，第 3 のピークも同様に，2 番目あるいは 3 番目の殻から得られる（図 2.6）．ピークとピークの間の谷の部分では存在確率が平均以下である．なぜならピークの周辺では原子とその周辺に近接する原子の間に反発力が生じるからである．非結晶物質では，距離 r が増すと $g(r)$ は 1.0 に収束する．遠方の殻ほど，構造単位の数が平均的な構造単位の数に近づくからである．ある物質の SRO の空間的な大きさは**相関距離**（correlation distance）ξ で決まる．ξ は，ある原子の中心から分布関数が一定値に漸近するまでの距離である．ξ はまた，構造単位間の相互作用

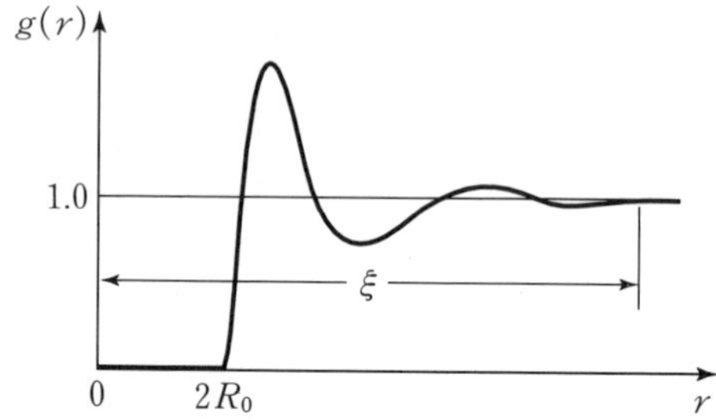

図 2.6　代表的な液体あるいはガラスの 2 体分布関数 $g(r)$．物質中の SRO の空間的広がりを示す相関距離 ξ を示している．

が消失するまでの距離といえる．もちろん完全結晶の ξ は無限に広がり，気体のそれは剛体球の直径に等しくなる．

2.1.4　ガラス構造における対称性と物性

液体とガラスの構造は長さ方向に一様で単一である．平均的な構造は任意の並進，回転および鏡映によっても変化しない．したがって，等方的な液体やガラスが取りうるもっとも高い対称性は**ユークリッド群**（Euclidean group）で，この中ではすべての並進，回転および鏡映が可能である．他のすべての凝集体構造はユークリッド群よりも少ない対称性をもつ．第 3 章で述べるとおり，構造対称性は物性の対称性に重要な影響を及ぼす．液体とガラスの空間は統計的に均一であるので，対称性はどこでも連続的であり，物性は等方的である（例えば，結晶の弾性率は方位に依存するが，ガラスのそれは方位によらず一定である）．

2.2　剛体球モデル

単純なガラス構造を記述するのに使われるのが，**統計的平均法**である．これは構造単位の 3 次元的配列の時間的および空間的平均を表したもので，2.1.3 で述べた 2 体分布関数がこれに該当する．ここでは，次のようなモデル—剛体球ポテンシャル型の相互作用に従う半径 R_0 の球状構造単位からなる，単元素の等方的な液体やガラス—

に対する単純な構造記述子について述べる．

図2.4の剛体球モデルでは原子間ポテンシャル $U(r)$ は図2.7に示すような理想的な分布をとると仮定する．距離 r だけ離れた剛体球の間の相互作用ポテンシャルは，r が剛体球の直径 $2R_0$ より大きければゼロ（相互作用は発生しない），r が $2R_0$ と同じか $2R_0$ より小さい場合には∞となる．このように $U(r)$ には最小値が存在しないから，2つの剛体球の間に好ましい距離は存在しない．もちろん，このことは剛体球の内部に他の剛体球が入り込めないことを示している．

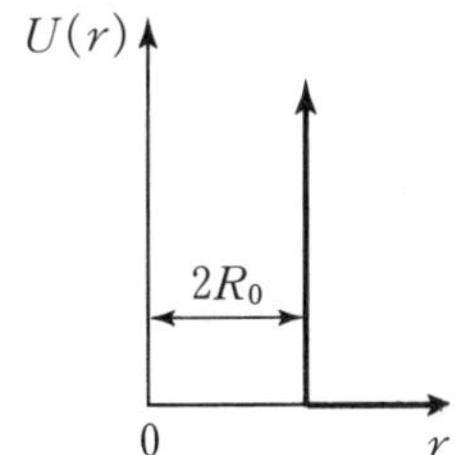

図2.7 剛体球相互作用ポテンシャル．

2.2.1 Bernalのランダム充填構造モデル

非結晶相の構造を示す定量的モデルを説明するまえに，液体やガラスの実在的な物理的モデルについて触れる．このモデルにより単純な非結晶物質でみられる様ざまな充填構造を直感的に理解することができる．1959年J.D. Bernalは**ランダム稠密充填構造**（RCPS）モデルで表現される幾何学的構造を提案した．Bernalは規則性のない剛体球充填配列を追加の剛体球が入る余地がない3次元物理モデルによって構成した．このモデルを視覚的に表現するため，Bernalはボールベアリングを不規則的な表面をもつ容器（例えば側面にへこみのついた缶など）に入れた．容器の表面が平らだと結晶性の配列領域が生じてしまうためである．今日では，同様な充填操作がコンピュータの中で再現できる．しかし原理はBernalが実験を行った当時とまったく同じである．例えば，新たに加えられる剛体球は周囲の3つ以上の剛体球と接触できる位置にこなくてはならないという規則がコンピュータシミュレーションで得られるが，この規則はBernalの実験によってはじめて明らかにされた．

Bernalの物理的RCPSモデルから，ある剛体球と接触する周囲の剛体球の平均数

(平均接触数) が 8.5 であることがわかる．Bernal は充塡された球の座標を根気よく測定し，RCPS モデルにおける充塡率が約 0.63 であることを見出した．コンピュータシミュレーションモデルによって 1000 個もの剛体球から統計的に得られた充塡率は 0.638 で，Bernal の実験より求めた結果とよい一致を示す．規則配列した充塡構造における充塡率は 0.7405 で，Bernal の作った不規則に充塡された構造の充塡率はこれより 11%だけ少ない．

おもしろいことに，物理的手法によってもコンピュータシミュレーションによっても，充塡率がランダム充塡構造の 64%と最密充塡構造の 74%の間にくるような RSCP 配列を作ることはできない．このことは，極端に異なる 2 つの構造の間で融解遷移が起こるとき，体積は少しずつ連続的に変わるのではなく，不連続に大きく変化する，という熱力学の考え方とも一致する．

この RSCP はすべての剛体球の空間的座標の集合 $\{r_i\}$ を用いれば完全に決定できる．しかし，前述したように，すべての剛体球の座標を完全に表記するのは現実的でなく，統計的数値である平均充塡率，平均最近接原子数，さらに平均最近接原子間距離を調べるほうが構造解析には都合がよい．このような数値は物質のマクロな物理的測定によって得られる．例えば，回折法は 2 体分布関数を直接求めるときに利用される．その結果より，R_0，$\langle NN \rangle$ および ξ が求められる．

例題 3

図 EP 3 ⓐに示すモデル構造より 25 個以上の原子を選び，定量測定を行って，この構造の 2 体分布関数 $g(r)$ を $r=5R_0$ まで計算せよ．続いてこの構造の $g(r)$ をプロットせよ．$r=2.3R_0$ および $r=3.1R_0$ における $g(r)$ を計算し，その結果を考察せよ．

解　答　以下に例示する．

(a)　スキャナを用いて構造をデジタル化した．

(b)　25 個の原子を含む領域を任意に選び，この領域と近接する計 75 個の原子に通し番号をつけた (図 EP 3 ⓐ)．全原子に通し番号をつけたのは，25 個の原子 1 つ 1 つと近傍の多くの原子との間隔のデータが必要だからである．距離 $5R_0$ までの範囲で統計的に解析するには，75 個の原子が必要なのである．

(c)　「イメージ」という画像解析ソフトを用いて 75 個の原子の座標を読み取り，75 行 2 列の表にまとめた．

(d)　この表を利用して，上で選択した 25 個の原子 (No. 9〜13，16〜20，

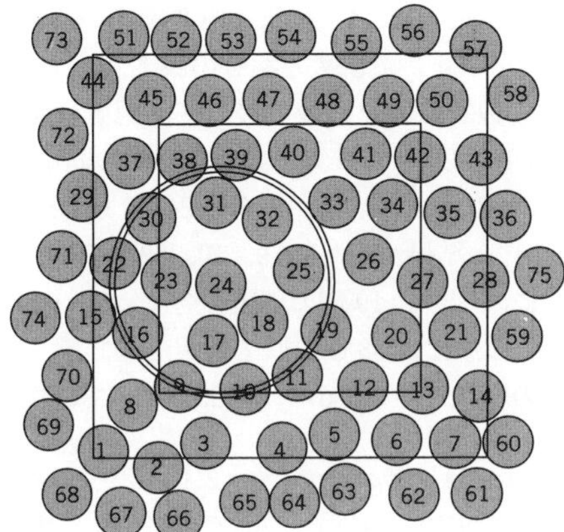

図 EP3ⓐ　剛体ディスクからなる非結晶モデルと，その構造解析のために選定された領域．関数 $g(r)$ が辺長 $10R_0$ 程度の正方形で囲まれた 25 原子について計算される．外側の正方形は，計算に必要な原子のすべてを含む．同心円は原子 24 を中心にもち，薄い殻の中にある原子の数を数えるのに使う．この場合，原子 9，10，22 の中心が殻の中にある．

23〜27，30〜34，38〜42）の 1 つ 1 つと残り 74 個の原子との距離を計算し，表示に追加した（75 行 27 列となる）．

(e)　ついで 25 個の原子 1 個ごとに，原子間距離を昇順に並べ替えた．

(f)　その中の最小値を $2R_0$ とした．「イメージ」ソフトの長さ単位を用いると，$2R_0=18.97$ であった（よって $R_0=9.49$）．

(g)　同じ長さ単位を用いると，外側の正方形の面積は 150×150であった．よって，原子の数密度の平均値は $\langle\rho\rangle=46/150^2=2.04\times10^{-3}$．これを面積充填率に換算すると，$A_A=46\times R_0/150^2=0.58$ となり，2 次元最密充填構造の充填率 0.91 よりずっと小さい．よって，図の構造は自由体積の大きな構造であることがわかる．

(h)　最初にスキャナで読み込んだデータをチェックし，75 個の原子は $r\leqq56$ $(=5.9R_0)$ の範囲で関数 $g(r)$ の平均値を求めるのに十分な数であることを確かめた．

(i)　(d) で作成した表の 3-27 列から $r\leqq5.9R_0$ のデータ（453 個）を抜き出し，「ソート」機能を用いて新しく縦 1 列の表に昇順に並べ替え，平均値を求めた．

(j)　関数 $g(r)$ を計算するには，適正な円殻幅 dr を選ぶ必要がある．そこで，まず dr=2 を用いた．(i) で求めた第2の表より，r=18〜56 の範囲で dr の殻の中にある原子の数を数えた．最近接原子間距離は 18.97 だから，r の下限値を 18 とし，円殻 18〜20 から計算を始めた．図の同心円は No. 24 に中心をもつ円殻 (r=41，dr=2，内径=40，外径=42) である．中心がこの円殻の内部にある原子は，(e) の結果から，No.9，10，22 の 3 つであった．

(k)　r=18〜56 にある合計 19 個の円殻の各々について関数 $g(r)$ を計算した．例えば，r=40〜42 の殻には 38 個の原子間距離がある．この数は対象とした 25 個の原子についての総和だから，dn=38/25．よって，次式が得られる．

$$g(r)=\frac{\mathrm{d}n}{\langle\rho\rangle \mathrm{d}A}=\frac{\mathrm{d}n}{\langle\rho\rangle 2\pi r\,\mathrm{d}r}=\frac{38/25}{2.04\times10^{-3}\cdot2\pi\cdot41\cdot2}=1.45$$

(l)　このようにして求めた $g(r)$ を R_0 で規格化した距離 (r/R_0) に対してプロットした結果が図 EP 3 ⓑである．

(m)　dr=4 に対する関数 $g(r)$ の値を dr=2 のデータを組み合わせて求めた．その結果を図 EP 3 ⓑ実線で併記した．

dr=2 の曲線にはノイズが多い．円殻の幅が狭いため原子の計算誤差が大きいことが主因である．25 個より多くの原子について解析すればノイズはもっと減

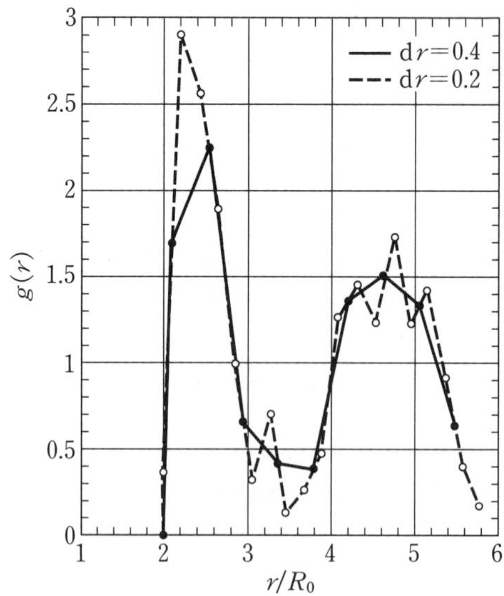

図 EP3ⓑ　図 EP 3ⓐの小さい正方形の内側にある剛体ディスク原子の 2 次元 2 体分布関数 $g(r)$.

ったであろう．また，$\mathrm{d}r=4$ とすれば曲線 $g(r)$ はより滑らかになったであろう．円殻に含まれる原子間距離の数が多くなるからである．しかし，$\mathrm{d}r$ が大きすぎると平均化すべき殻の幅が広すぎて，$g(r)$ 曲線は平坦化されピークが消えてしまうだろう．平坦化の傾向は $\mathrm{d}r$ がピークの半値幅を上回ると，顕著になる．この構造に対する半値幅は約 $0.8\ r/R_0$ だから，$\mathrm{d}r=0.4$（「イメージ」の単位では $\mathrm{d}r=4$）が許容できる円殻幅の上限となる．

図 EP 3 ⓑから，$g(2.3R_0)\cong 2.5$ および $g(3.1R_0)=0.5$ が求まる．$2.3R_0$ が最近接原子間距離よりやや大きいこと，および原子の充塡密度が非常に高いことから，第 1 ピークが $2R_0$ の少し外側に出現したことは予想と一致する．第 2 のピークは最近接原子の殻の外側に第 2 近接原子の殻があることに由来する．この第 2 ピークの出現位置は $2\sqrt{3}\,R_0$ よりやや大きい．よって，$3.1R_0$ は第 1 ピークと第 2 ピークの間にある．また，排他的体積の効果により原子の中心が $3.1R_0$ にくる可能性は低い．

2.2.2 ボロノイ多面体

ボロノイ多面体を用いて液体やガラスの構造を表現する方法がある．この方法では組織を構成するある原子または分子の周囲に多面体を形成し，その多面体の幾何学構造を統計的に解析して，局所構造を決定する．単純な剛体球液体あるいはガラスについてボロノイ多面体を作ってみよう．まず任意に剛体球を 1 つ選び，この剛体球と近傍のすべての剛体球を直線で結ぶ．次に各直線の垂直 2 等分面を作る．すると，最初に選んだ剛体球を取り囲む平面は凸形の多面体を形成する．これがボロノイ多面体である．多面体の配置と幾何学構造を決定することで構造解析が行われる．

図 2.8 は 2 次元モデルにおけるボロノイ多面体である．多角形内部のどの点を選んでもその多角形の中心に，最近接の剛体球が存在する．3 次元モデルにおいても多面体は面，陵さらに頂点で囲まれている．多面体内部のどの点においても多面体に属する剛体球がもっとも近い剛体球となる．平均の充塡率は $\langle V_v\rangle=(4/3)\pi r^3/\langle V_{\mathrm{cell}}\rangle$ と表すことができる．ここで V_{cell} はボロノイ多面体の平均体積である．多面体の各面はちょうど 2 つの剛体球から等距離にあるので，多面体の面の平均数は最近接原子の平均数に等しくなる．3 次元ボロノイ多面体を構成する面はすべて多角形である．もし剛体球が規則配列していれば，ボロノイ多面体は結晶物理学で用いる**ウイグナー-サイツ格子**に一致する．

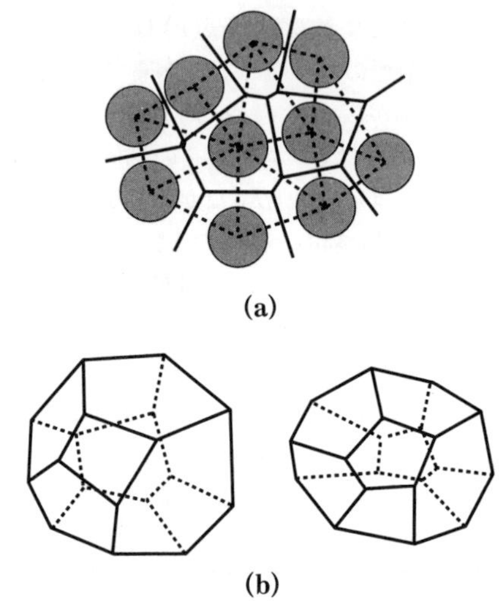

図 2.8 (a)2 次元ボロノイ多角形の作図．点線は剛体球の中心を結んでいる．ボロノイセルを構成する実線のネットワークは，点線を垂直に 2 等分する線からなる．ボロノイセルは多角形になる．(b)3 次元ボロノイ多面体の例．面は n 角形である．

ボロノイ多面体を描くことにより得られる原子間距離の集合 $\{r_{ij}\}$ から，存在する多面体の集合を幾何学的に解析する方法がある．この構造解析の方法により，平均的な多面体の体積，面の数，面あたりの稜線の本数など幾何学的パラメータを決定することができる．しかし，3 次元ボロノイ多面体の統計学的解析はかなり難解であるので，いくつかの重要な解析例を示すにとどめる．ここでは Bernal (1959) の RCPS 構造にボロノイ多面体を応用した Finney (1970) の例と，レナード-ジョーンズポテンシャルを用いたアルゴン非結晶構造のシミュレーションにボロノイ多面体を応用した Rahman (1966) の例を示す．

Finney (1970) は，Bernal が構築した RCPS モデルをボロノイ法で解析し，多面体の面の平均数が 14.251 であることを示した．ここで，ある剛体球と接触する剛体球の数は 8.5 である，という Bernal の結果を思い起こそう．非結晶性物質において，ある剛体球と接触する球の数が近傍にある球の数より少ないのは，その剛体球から離れるほど多くの球を配置できる，という自明の理由によっている．曲線 $g(r)$ の最初のピークが接触距離 $(2R_0)$ より遠い位置に現れるのはこのためである．Finney はまた，多面体の面あたりの辺（エッジ）の数が 5.158 であること，局所的な充塡率は平均 0.636 のまわりに約 25%であることを見出している．

コンピュータシミュレーションによって得られたアルゴンの構造についても，ボロノイ多面体が作られている．Rahman (1966) は分子動力学計算によりアルゴンの非結晶構造を解析した．すなわち，改良レナード-ジョーンズ分子間ポテンシャルを組込んだニュートンの運動方程式を解いて，原子の位置を決め，ボロノイ多面体を求めたのである．図 2.9 に，多面体 1 個あたりの面の数と稜線の数の分布を 3 次元非結晶

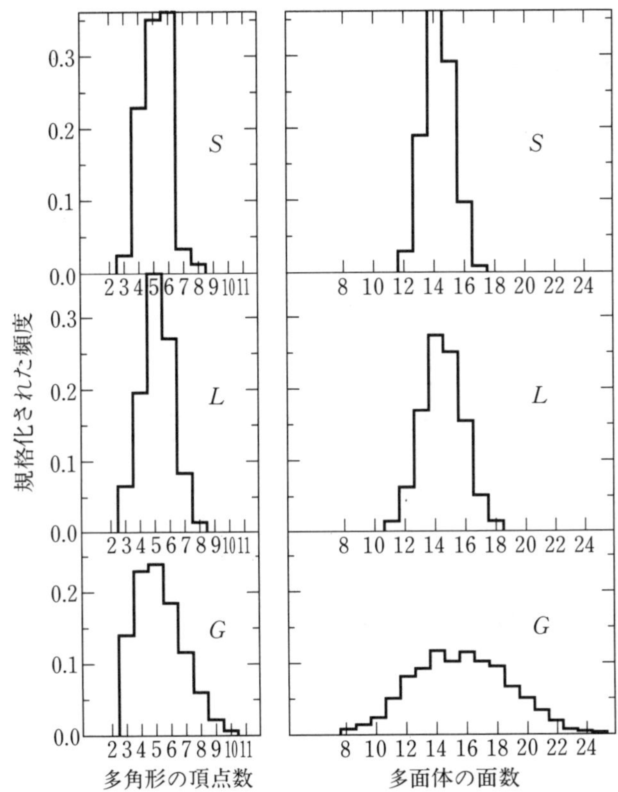

図 2.9 アルゴンの 3 つの状態におけるボロノイ多面体の稜と面数の分布．ここで，S は固体アルゴンガラスの高密度状態である．L は液体アルゴンの密度で，G はランダムな気体状態である．多面体の稜の平均数は S で 5.235，L で 5.169，G で 5.158 である．隣接原子の平均数は面の数に等しく，S で 14.26，L で 14.45，G で 15.67 である (Rahman 1966, p. 2586)．

構造をもつ固体(S)，液体(L)および気体(G)に分けて示す．

図2.9より，多面体1個あたりの面の数と稜線の本数は状態によって特徴のあることがわかる．多面体あたりの面の平均数は，S状態で14.26，L状態で14.45，G状態で15.67となり，密度の増加ともに減少している．気体における多面体あたりの面の数の理論値は，3次元空間における任意の点のポアソン分布から求めることができ，その値は15.54となる．これはRahmanが見出したシミュレーション気体の値15.67とほぼ一致している．なお3.4.1で述べるように，剛体球の最密充塡構造中では最近接球の数は12個である（ウイグナー-サイツ格子も12面体になる）．

ボロノイモデルの局所構造パラメータのゆらぎは，構造組織のもつ統計的特徴を表すのに対し，2体分布関数は剛体球中心から距離rにある薄い殻に存在する剛体球の平均数しか表していない．平均値の周囲の分布に関する情報は，2体分布関数からは得られないのである．

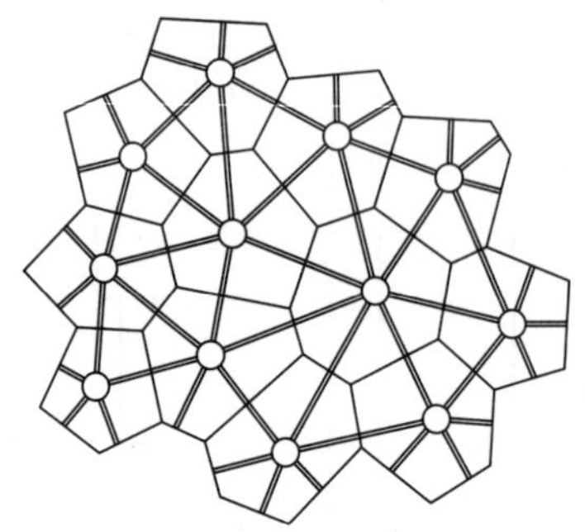

図2.10 構造図形は隣接する球の間の結合の組合せからなり，平均結合距離と結合角を計算するのに利用できる．この2次元構造の例では，配位数，結合距離，結合角度とも一定でない．

ボロノイモデルから構造記述子が得られる．**構造図形**はその1つで，剛体球同士を結んだ線により形成されるネットワークである．図2.10と図2.8(a)にそのネットワークを示す．構造図形に描かれた節点間の距離や節点間の結合角を調べることで，剛体球間の結合距離や結合角を決定することができる．例えば，RCPSモデルにおける剛体球間の距離は$2R_0$から$2.3R_0$の間にある．

2.3　酔歩モデル

連続するステップの間に特徴的な関係がまったくない n ステップからなる運動を**酔歩**（random walk）という．酔歩は材料科学において，次のような解析に応用されている．1つはフレキシブルなポリマー分子の形状解析で，もう1つは拡散粒子の**ブラウン運動**解析である．n ステップの酔歩が起こると，出発点からみた移動距離の平均値はゼロになる．なぜなら，ステップがすべての方向に同じ確率で起こるからである．つまり，ベクトル $\boldsymbol{r}$ の方向におけるステップはベクトル $-\boldsymbol{r}$ によって打ち消される．酔歩は1次元，2次元および3次元空間で生じ，ステップが一定でも一定でなくても，また格子に拘束されても（格子運動）されなくても（非格子運動）起こる．

2.3.1　ブラウン運動

物理的には，単純立方構造の結晶中に存在する空孔の拡散経路は一定長のランダム格子間移動といえる．なぜなら，空孔は原子が占めるべき位置（格子点）にしか存在

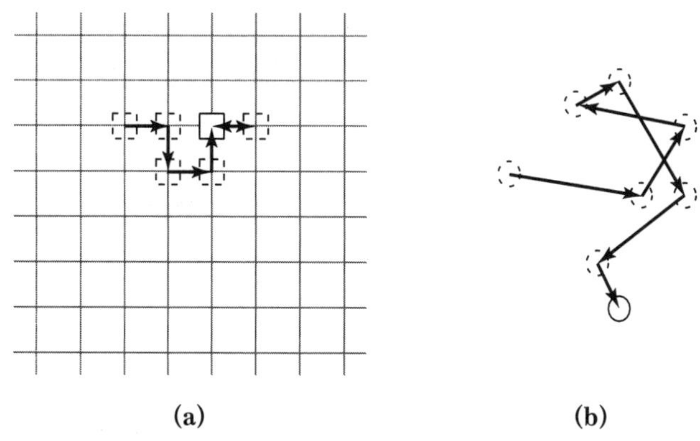

図2.11　物理的な酔歩の例．(a)空孔：ステップ長さは一定，ステップ角度に制約あり．(b)ガス分子：ステップ長さ，ステップ角度とも可変．

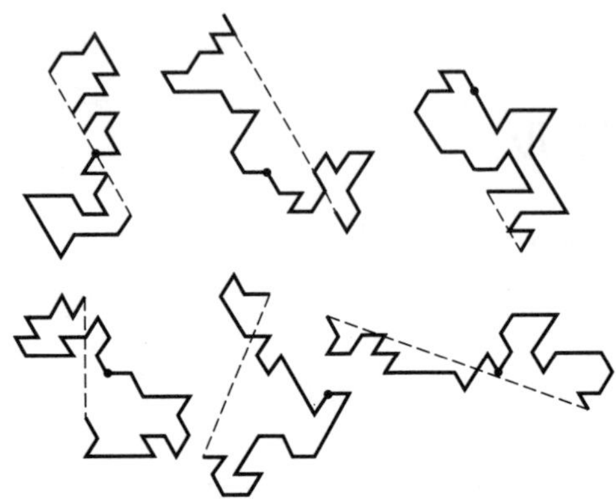

図 2.12 2 次元 6 角格子上の 6 つの酔歩（自己排除的）．$n=30$．始点から終点までの距離 $\boldsymbol{R}_n$ を破線で示した．黒丸は 15 ステップ後の位置を示す（Elias 1985, p. 73）．

しないからである．空孔は隣接する原子との位置交換で動く．一方，気体分子の拡散経路はすべての方向でまったく自由である．他の気体分子と衝突したときだけ，方向転換する．これはステップが一定でない酔歩の一例である．

図 2.12 は 2 次元 6 角形格子に拘束された酔歩の一例である．破線は 30 ステップ後の始点と終点を結んでいる．黒丸は 15 ステップ目に相当する位置を示している．

もし連続するステップの間に特徴的な関係がまったくなければ，次のステップが前進するか後退するかは同じ確率で起こる．ベクトル $\boldsymbol{r}$ の方向はランダムなので，n ステップの酔歩を何回も行ったときのベクトル変位の調和平均は 0 となる．すなわち，

$$\langle \boldsymbol{r} \rangle = 0 \tag{2.6}$$

さらに一般化すると，ステップ長さ l なる n ステップの酔歩において，始点と終点の距離 $\boldsymbol{R}_n$ は次式で表すことができる．

$$\begin{gathered} \boldsymbol{R}_n = \sum_{i=1}^{n} \boldsymbol{r}_i \\ l = |\boldsymbol{r}_i| \end{gathered} \tag{2.7}$$

様ざまな $\boldsymbol{R}_n$ ベクトルにおいてステップベクトルの総和はゼロになるのに対し，実際の集合 $\{R_n\}$ はある数値を中心としてブロードな分布を示す（最小値は 0 で最大値は nl）．これはある空孔が n ステップ後に動くことのできる距離（平均**動径距離**）であ

る．このスカラー量を**rms(根2乗平均)距離**といい，$\langle R_n^2\rangle^{1/2}=\langle \boldsymbol{R}_n\cdot\boldsymbol{R}_n\rangle^{1/2}$ で定義される．酔歩を計測するときには，rmsの端から端までの距離がもっとも利用しやすい．

式(2.7)よりrmsは次式のように簡略化できる．

$$\langle R_n^2\rangle=\sum_{i=1}^{n}\sum_{j=1}^{n}\boldsymbol{r}_i\cdot\boldsymbol{r}_j \tag{2.8}$$

式(2.8)のスカラー式は，ベクトル $\boldsymbol{r}_i$ とベクトル $\boldsymbol{r}_j$ の間の余弦角 $\cos\theta_{ij}$ を含む．すべてのステップ長さが l で一定であるならば，式(2.8)は次のようになる．

$$\langle R_n^2\rangle=l^2\sum_{i=1}^{n}\sum_{j=1}^{n}\cos\theta_{ij} \tag{2.9}$$

式(2.9)の余弦項は，$i=j$ のときと $i\neq j$ のときで異なる．前者の場合 $\cos\theta=1$ の項が n 個ある．また後者の場合は大きい n についての総和はゼロになる．なぜなら $\cos\theta_{ij}$ の値は結晶構造によって決まる固定角に依存するからである．またこの角度の余弦項の正負の値の絶対値は等しい．よって次式を得る．

$$\langle R_n^2\rangle=l^2\sum_{i=1}^{n}(1)=l^2 n \tag{2.10}$$

これよりrms移動距離は次のようになる．

$$\langle R_n^2\rangle^{1/2}=ln^{1/2} \tag{2.11}$$

式(2.11)は運動のステップ数の平方根と始点から終点までの移動距離のrms値の関係を示す．式(2.11)右辺の n にかかる指数を**スケーリング指数**という．

酔歩に何らかの条件を導入すると**自己排除性**をもつようになる．言い換えると，もしある物体が互いに侵入することのできない構造単位のランダムな積み重ねでできているとすると，自分自身と交差するようなステップは許されない*6．図2.13は正方格子上の2次元酔歩の結果を示している．図2.13(a)は拘束を受けない酔歩の例，図2.13(b)は自己排除性をもつ酔歩の例である．後者では軌跡の広がりが大きくなる．3次元空間では，自己排除性はかなり強い拘束条件になる．

前述したように，酔歩は結晶中の空孔の拡散を記述するときに使われる（この場合には自己排除性をもちえない）．また，コロイド中の粒子の熱運動もブラウン運動という酔歩で表せる．これらの場合，基準点から時間 t の間に拡散する粒子のrms移動距離は次式で与えられる．

$$\langle R_n^2(t)\rangle^{1/2}=\langle l\rangle\langle n(t)\rangle^{1/2}$$

ここで，$\langle l\rangle$ は平均の移動距離で，$\langle n(t)\rangle$ は時間 t における平均ステップ数である．

---

*6　これは線状ポリマーの成形時に起こる重合反応で見られる．

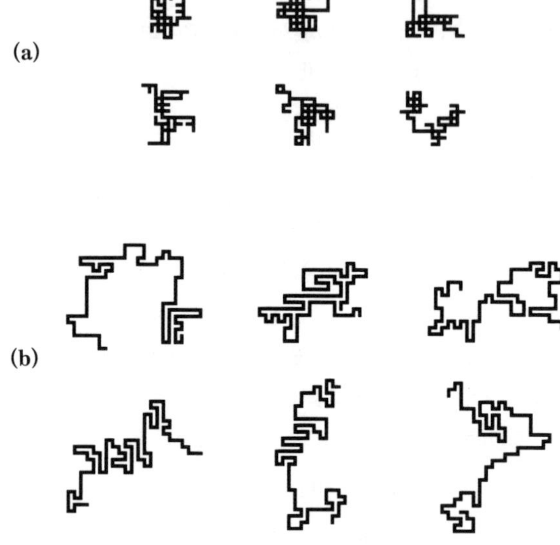

図 2.13 正方格子上の 2 次元酔歩．(a)理想的な酔歩，(b)自己排除性酔歩．スケールは(a)と(b)で同じである．ステップ数 n も 100 で統一されている．

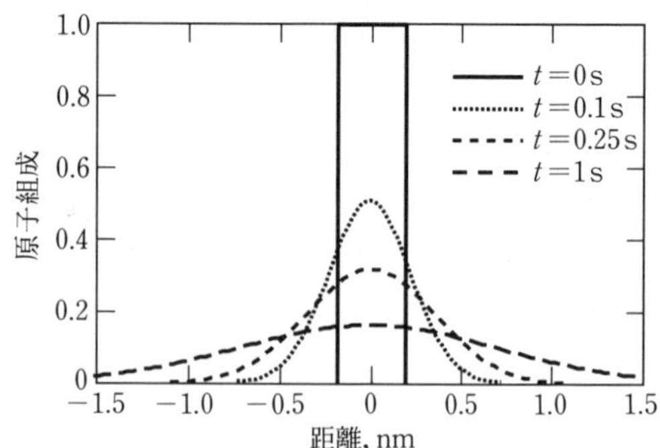

図 2.14 酔歩モデルは拡散モデルに利用できる．曲線は酔歩物体が時間 0 で原点から出発し，時間 t で点 $x \sim x+dx$ にいたる確率を示している．時間の増加とともに，酔歩物体の位置は不正確になることが曲線がフラットになることからわかる．曲線の形はガウス分布で，曲線の下の面積はそれぞれ同じである（実際には描かれていない分布のすそを含む）．

この式は次のように書き直すことができる．

$$\langle R^2(t)\rangle^{1/2}=\sqrt{6Dt} \tag{2.12}$$

ここで，D は**拡散係数**，t は拡散時間である．図2.14 は $x=0$ における拡散物質の濃度分布の時間変化を示す．濃度分布 $C(x, t)$ は次のガウス分布で近似できる．

$$C(x, t)=\frac{a}{\sqrt{Dt}}\exp\left(-\frac{x^2}{4Dt}\right) \tag{2.13}$$

ここで，a は正の定数である．

2.3.2 ポリマーガラスとその溶融体

ポリマーは共有結合でつながった多数の構造単位で構成されている．エチレンモノマー $CH_2=CH_2$ の重合によって形成されるポリエチレンの構造は次のように表せる．

$$-\!\!\left(CH_2-CH_2\right)\!\!-_n$$

ここで，n は**重合度**で，ポリマーを構成するモノマーの数を表す．典型的なポリエチレン(PE)は 10^5-10^6g/mol の分子量をもつが，エチレンモノマー(2 炭素原子と 4 水素原子)の分子量は 28 g/mol であるから，n は $5\times(10^5\text{-}10^6)/28$ に達することがわかる．PE の主鎖と結合している水素はごく少量であるから，モノマーはC-C 結合の長さと角度を維持しつつ主鎖のまわりにかなり自由に回転できる．このフレキシブルなポリマーの分子レベルでの構造は酔歩モデルで表すことができる．例えば PE の場合，10000 ステップに及ぶ格子非拘束型自己排除的酔歩としてモデル化できる．ここで 1 ステップは構造単位 1 個（数Å）に相当する．このようなポリマーが取りうる形態の種類はきわめて多い．酔歩モデルに従うポリマー分子の大きさは始点から終点までの rms 距離によって決まり，$n^{1/2}$ に比例する（式(2.11)）．ポリマー溶融体およびガラスにおける主鎖の長さと $n^{1/2}$ の関係は，中性子散乱実験によって厳密に確かめられている．

単鎖分子の単位体積あたりの質量は，ゆるく詰まった酔歩構造のため非常に小さい．単鎖のおよその充塡率 $V_\mathrm{v}^{\mathrm{chain}}$ は，鎖の全体積をポリマー鎖の酔歩フラクタルモデル（2.5.3 を参照のこと）の大きさに等しい辺長をもつ立方体の体積で除したものである．ここで鎖が直径 D_0 なる n 個の球の連続からなるとすれば，単鎖の充塡率は以下の式で表される．

$$V_\mathrm{v}^{\mathrm{chain}}=\frac{n\pi D_0^3/6}{(n^{1/2}D_0)^3}=\left(\frac{\pi}{6}\right)n^{-1/2} \tag{2.14}$$

この式は，nが大きくなると充塡率がゼロに近づくことを意味している．ポリマー鎖のもつ空隙のために，ポリマー溶融体やガラスでは鎖が**互いに侵入し合うか絡み合う**ことになる．この種のポリマー鎖は大きな皿に盛ったスパゲッティのような様相を示していると考えてよい．このような絡み合い構造のために，ポリマー溶融体は高い弾性率と粘度をもつ．分子あたりの絡み合いの数はポリマーが長くなるほど増大する．これは分子量の増加とともに溶融体の粘度が極端に増加する原因にもなる．

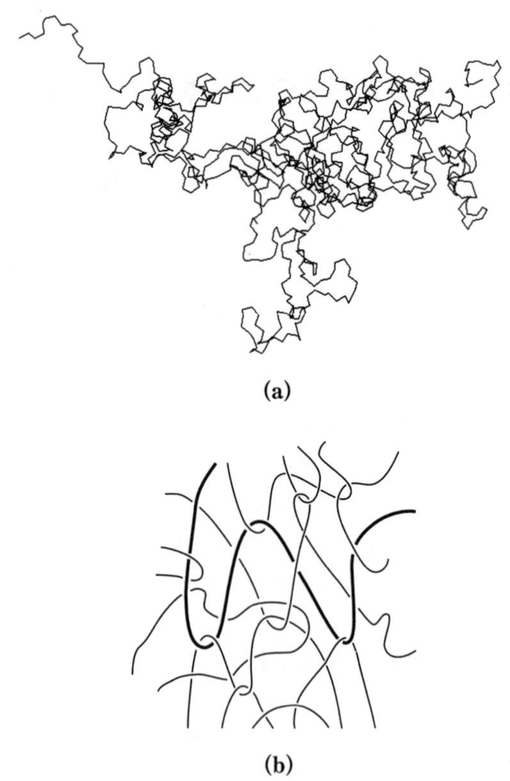

(a)

(b)

図 2.15 重合度 500 の(a)ポリエチレンにおける 3 次元格子外自己排除型酔歩シミュレーションの結果．2 つの鎖端が図の左上と右上に確認できる．密度の高いポリマー溶融体では他の多くの分子が鎖の中に入り込み，結果的に，絡み合い構造が増える．(b)ポリマー溶融体の絡み合い構造の拡大図．1 つの鎖を太くして示している．鎖の動きは隣接する鎖の存在で制限される．溶融体の流動性は高く，自己拡散係数は小さい．

ポリマーガラスの形成は結晶の形成に比較して容易である．ポリマー溶融体の特徴は，高粘度，鎖形態の多様性ならびに配向性にある．このため，急冷により高温の溶融体の構造が保持される．利用できる熱エネルギー(kT)が結合の内部あるいは外部エネルギーより小さいからである．温度がガラス転移点以下に維持される限り，ポリマーはこの準安定状態のまま保たれる．

非結晶ポリマー固体を確実に形成するには，アタクチックポリマーを使うとよい．このポリマーは種類の異なるモノマーがランダム配列した構造をもつため，分子鎖が規則配列できないからである．図2.15(a)は単一のポリマー分子の酔歩運動をシミュレーションした結果を，また同図(b)は線状ポリマー分子鎖の絡み合い構造を示している．

熱可塑性ポリマー

熱可塑性（thermoplastic）はギリシア語のthermosとplastikosの2つの言葉が語源である．それぞれ「熱い」と「成形できる」を意味する．熱可塑性ポリマーは熱を加えることで目的とする形に力学的に変形することのできるポリマーである．表2.3に代表的な熱可塑性ポリマーの化学的構造と応用例を示す．熱可塑性ポリマーは，直鎖状分子で側鎖を含むことを特徴とする．共有結合のネットワークは熱可塑性をことごとく阻害する．絡み合い構造を有する高粘度ポリマーガラスを変形させるにはガラス転移温度(T_g)以上に加熱する必要がある．半結晶性のポリマーなら，融点(T_m)以上に加熱しなければならない．これらの温度域ではじめて熱エネルギーが隣接する分子鎖間の2次結合に打ち勝つからである．T_gあるいはT_m以上に加熱すると，ポリマーは比較的大きい自由体積を得て，分子鎖は外力によりすべることができ，最初の絡み合い構造を離れて定められた形に成形されていく．

熱可塑性ポリマーはほとんど例外なく，加熱，金型注入，T_m(あるいはT_g)以下への冷却を経て成形される．この種の方法としてインジェクション（射出）成形，押出し成形，ファイバースピニング成形，ブロー成形，あるいはフィルムブロー成形などが挙げられる．熱可塑性の部品の内部には，成形前の構造が残ることがある．初期の絡み合い構造が十分に崩れなかったためで，新しい3次元酔歩構造に移行できなかったときに見られる．もし冷却過程が絡み合い構造の緩和時間より速ければ，鎖はまったく移動することなく変形状態に落ちる．このような物質は異方的で構造記憶をもつ．例えば急激な熱可塑性加工と急激な冷却を行えば，複屈折をもつ物質ができる．複屈折とは，流動方向と横方向で屈折率が異なる現象である．そのような物質がT_g

表 2.3 熱可塑性ポリマーの化学構造と代表的な応用例.

略号	ポリマー名称	構造単位	応用例
PE	ポリエチレン	$-(CH_2-CH_2)-$	包装フィルム，ボトル，電線被覆
PP	ポリプロピレン	$-(CH_2-CH(CH_3))-$	自動車部品,パイプ,屋外カーペット
PS	ポリスチレン	$-(CH_2-CH(C_6H_5))-$	ビーカー，テレビ外枠,玩具,耐熱容器
PVC	ポリ塩化ビニル	$-(CH_2-CH(Cl))-$	管，チューブ，人工皮革，雨具，シートカバー
PVDC	ポリ塩化ビニリデン	$-(CH_2-CCl_2)-$	包装フィルム
PMMA	ポリメタクリル酸メチル	$-(CH_2-C(CH_3)(COOCH_3))-$	筐体，表示板，窓
PTFE	ポリテトラフロロエチレン	$-(CF_2-CF_2)-$	絶縁体，非接着性コート
POM	ポリアセタール	$-(O-CH_2)-$	精密部品
PET	ポリエチレンテレフタレート	$-(O-(CH_2)_2-O-CO-C_6H_4-CO)-$	ファイバー，ボトル
PA 6	ポリアミド 6（ナイロン 6）	$-(NH-(CH_2)_5-CO)-$	ファイバー，ギヤ

出典：Elias 1985, pp. 128-129.

以上で再加熱されると変形ネットワークの鎖流動性があがり，ポリマー鎖が十分に絡み合った構造に戻る．温度に依存したこのような構造変化は，食品パック用の収縮性ラップフィルムや窓の熱バリア膜などの製品に応用されている．

ポリマーの形態

2 つの極端な形状をもつポリマーを仮定しよう．一方はフレキシブルコイル型で他方は強固なロッド型である．図 2.16(a)に重合度 50 のポリエチレンポリマーフレキシブルコイルの剛体球構造モデル(右)と概念図(左)を示す．また図 2.16(b)に重合度 5 の *p*-ポリエチレンベンゾビスイミダゾール液晶の強固なロッドの剛体球構造モデル(右)と概念図(左)を示す．もちろん，大方のポリマー鎖は完全にフレキシブルでもなく，強固でもない．さらに空間的な構造はその化学的構造，温度そして溶媒の種

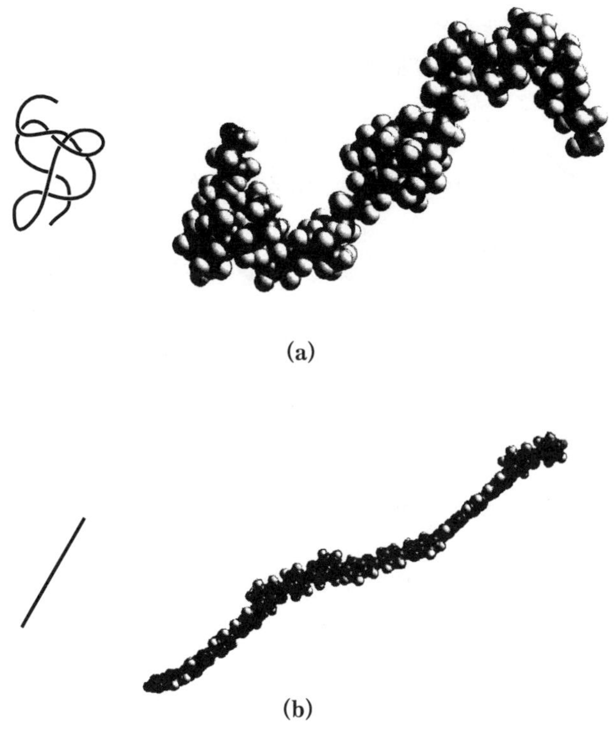

図 2.16　ポリマー鎖の 2 つの理想的な形状．(a)フレキシブルコイル，(b)剛直ロッド．左の図は単純化した構造図である．右の図は実在物質の分子構造のシミュレーションである．(b)のスケールは(a)の 1/3 である．

類と濃度に依存する．ポリマー溶融体では，充填率は 0.5 程度であり長鎖コイルは絡み合っている．このため個々の鎖の構造は理想的な酔歩構造に近い．高い充填率を達成するために，強固なロッド型ポリマー溶融体では鎖が整列し，等方的な液体よりも配向性の高い液晶が形成される．

ポリマーの組成，構造，タクチシチー

数百から数千個の共有結合の構造単位からなる様ざまなポリマーが合成できる．一種類のモノマーだけで合成されたポリマーはホモポリマー(homopolymer) と呼ばれる．共重合体 (copolymer) は 2 種類あるいはそれ以上のモノマーを重合することに

より得られる．化学種と重合プロセスに依存して，図 2.17 に示すように**ランダム型，ブロック型，グラフト型**および**星型**の分子鎖構造が形成される．

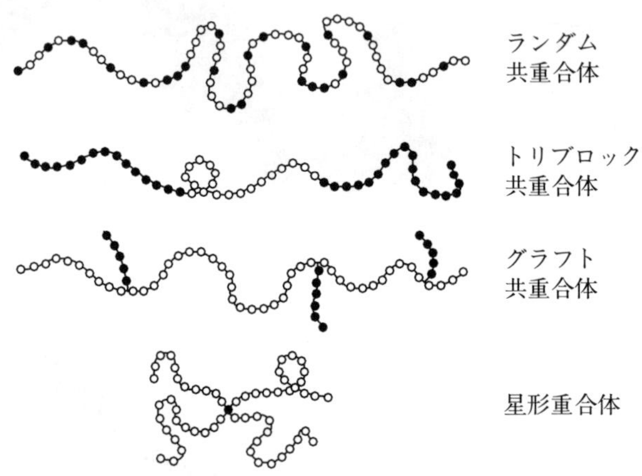

図 2.17 種々のポリマー鎖構造．白丸および黒丸は化学的に異なるモノマーを示している．

ランダム共重合体は，モノマーの化学反応性が成長末端モノマーの種類に依存しない条件で得られる．直鎖構造に沿って，あるモノマー x が取り込まれる確率は x のモル濃度に等しい．ランダム共重合体の平均組成は各モノマー種のモル組成によって決まる．ブロック共重合体はモノマーの反応性が成長鎖構造の末端モノマーに依存するとき，あるいは同種のモノマーがまず集合してから重合するときに得られる．後者はよく見られ，様ざまな共重合体が合成されている．グラフト共重合体は，第 1 のポリマーと比較的短い第 2 のポリマーとの反応によって生成する．この分子では，主鎖とは異なるモノマーが枝分かれ構造を構成する．星型分子は中心にくる多価数リンク体に様ざまな鎖が結びついた構造をもつ．

直鎖構造のみならず，側鎖構造，架橋ネットワーク構造，星型構造，環状構造なども特別な用途のために合成される．例えば，星型構造分子はエンジンオイルの粘度修飾に広く使われている．

ポリマーの**立体構造**はポリマー鎖の構造を表す（ランダムコイルと強固なロッドは直鎖構造の極端な立体構造の例である）．ポリマーの **1 次構造**は直鎖に沿って配列しているモノマーの立体化学で決定される．CH_2=CXY の一般形で表されるモノマー

（ここでXとYは異なる原子であり，1つは水素でもよい）は，鎖を構成する際，様ざまな幾何学的配置をとる．これを**チェーンタクチシチー**(chain tacticity) という*7．チェーンタクチシチーは，重合時に特別な触媒を用いてモノマーの幾何学的配置を変えることで起こる．図2.18に**イソタクチック** (isotactic)，**シンジオタクチック** (syndiotactic)，**アタクチック** (atactic) の立体化学的形態を示す．これらが鎖構造と充填率に重要な影響を与える．イソタクチックポリマーではX原子とY原子が鎖に対して同一の立体的配置をとる．シンジオタクチックポリマーではXとYの配置が交互に変わる．さらに，アタクチックポリマーではモノマーの並び方がまったくランダムである．イソタクチックポリマーとシンジオタクチックポリマーは結晶化することができるが，アタクチックポリマーでは周期性をもたないため結晶相を形成することができない．

ポリマー鎖の立体化学は異性体の構造にも依存する．

例えば1,4ブタジエンモノマー（1と4はブタジエンモノマーの4つの炭素に沿う

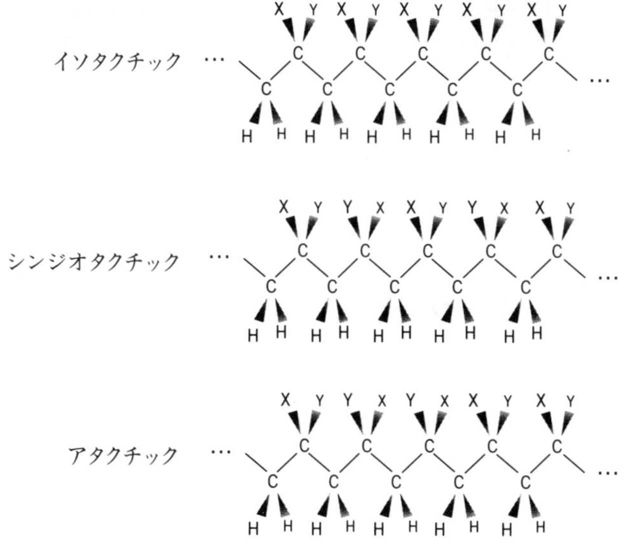

図 2.18　CH_2=CXY モノマーから発生するポリマーの投影図．

---

*7　鎖や加えられたモノマーの成長方向を制御するステレオスペシフィック触媒．

2つの2重結合の位置を示す）は図2.19に示すように2つの異性体をもつ．同様にSiO_2（シリカガラスと石英）では化学組成が同じでも構造状態が異なれば物性も異なる．なお，トランスポリブタジエンは硬質の半結晶物質であり，シスポリブタジエンは軟質なゴム状物質である．

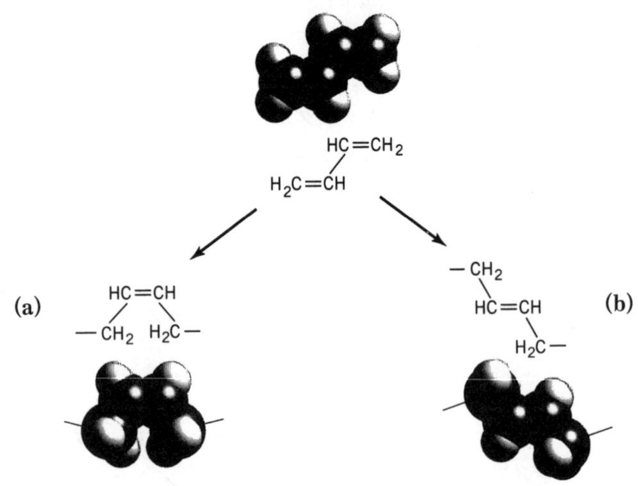

図2.19 1,4-ブタジエンの重合は2つの異性体を形成する．(a)シス型異性体，(b)トランス型異性体．繰り返し単位についてそれぞれ描いてある．

2.4 ネットワークモデル

非結晶物質の多くは，剛体球ポテンシャルで相互に結合した剛体球モデルに比べて複雑である．例えばシリカガラスや熱硬化性ポリマーは3次元配列した1次結合からなっている．このような多成分のネットワークは，排他的体積の相関とは別に，成分間の特殊な結合由来する付加的なSROをかなり多く含む．

共有結合物質の局部的結合条件は非常に特殊で，一定数の隣接原子がほぼ一定の結合距離と結合角度の位置に存在していなくてはならない．まず構造が共有結合の数と結合の種類(例えば表1.6に示したsp^2とsp^3混成軌道)に依存するような単一成分系を考えよう．つまり結合を軌道としてとらえるのではなく，数で考える．この結合の数

表 2.4　官能性で決る単元素構造.

配位	構造
単官能性	A—A
2 官能性	—B—B—B—B—B—B—
3 官能性	|　　　　| —C—C—C—C— |　| —C—C—C— | —C—

を構造単位の**官能性**[†2]という．表 2.4 に価数で分けたいくつかの単元素構造を示す．

単官能性単位が形成するのはダイマー（2 つの構造単位を単結合でつないだもの）のみである．この種の 2 原子液体あるいはガラスは，分子内構造（A-A 間の距離）と分子間構造（分子間のポテンシャルで考えれば，回転楕円体のランダム稠密充填と類似の非結晶構造）の両方を反映している．他方，**2 官能性**単位は，多数の構造単位からなる長鎖を形成し，ポリマーと呼ばれる．3 あるいはそれ以上の官能性では，ネットワークが形成される．このネットワークはボロノイ多面体や立体投影図形で表すことができる．

連続で不規則なネットワークを形成する 1 つの方法が，結合角や結合距離を様ざまに変えて規則性ネットワークを歪ませることである．1932 年，W. H. Zachariasen は酸化物ガラスの構造を**連続ランダムネットワーク**（CRN）モデルで示した．CRN モデルは並進対称の崩れた構造単位からなる 3 次元ネットワークである．モデルは図 2.20(a)に示すように 2 次元 6 角形ネットワークで視覚的に表すことができる．**3 官能性**のネットワークを形成するために，2 次元 CRN 構造では 6 角形を n 角形に置換する．しかし，頂点に必ず 3 つの結合が存在しなければネットワークは崩れる．規則的な 6 角形ネットワークでは，結合が形成する角は 120° で結合長さがすべて等しいが，このネットワークでは長さと角度が任意である 3 つの結合に置換される（図 2.20(b)を参照）．この置換によってもネットワーク構造は保持され，**末端結合**の形成も避けられる．このような構造は短距離規則性をもつが，長範囲規則性をもたない．この CRN モデルを用いれば，どのようなネットワークでも，結合価数や立体的な結合方位を理解できる．例えば 3 次元アモルファスシリコンモデルは 4 配位結合

†2　訳者注　一般的に，無機材料では「官能性」より「価数」を使用するが，原著の特徴として有機材料と無機材料の構造を同じ用語で説明しているので，それにならった．

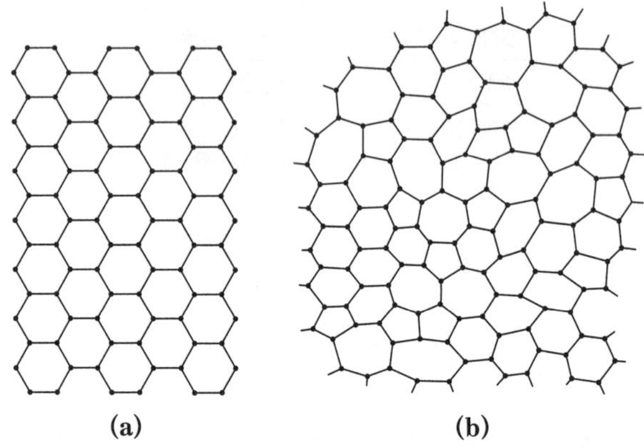

図 2.20 (a)長距離規則性をもつ2次元結晶の図.(b)配位数3のCRN. 両方とも3次元構造をもち得る.しかし,CRNモデルは特に決まった長さと角度をもたない.

で,結合角と結合長さは,結晶Si中のSi-Si結合長さと109°28′の**正4面体結合角**(正4面体の任意の2つの面の間の角)よりずれる(図3.70と図1.11(a)のメタン分子の構造を参照).

2.4.1 酸化物ガラス

純粋な石英ガラス(溶融石英)はSiO_2の化学組成をもつ.SiO_2中のシリコン原子は4官能性で,酸素原子は2官能性である.4つの酸素と隣り合うシリコンは図2.21に示すように,一定の酸素-シリコン-酸素間角度$\phi=109°28'$で結合している.この構成単位が連続ランダムネットワーク構造を形成すると,溶融酸化物イオン結晶のよ

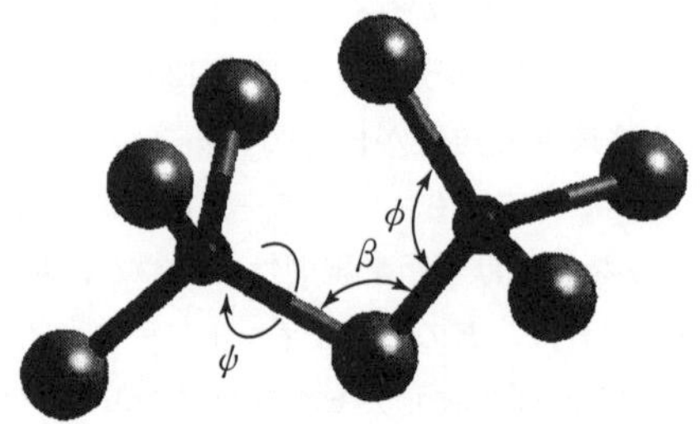

図 2.21 SiO_2ガラスの構造はSi-O結合距離と3つの角度ϕ,β,ψで表すことができる.2つのSiO_4正4面体構造の角度とSi-O結合を示す.

うに SiO_4 正 4 面体の頂点で結合角のゆらぎを生じる．非結晶では，SiO_4 正 4 面体間の Si-O-Si の角度 β は任意である．正 4 面体の相互の配向は角度 ψ で定義される．

Mozzi と Warren (1969) は X 線回折法により石英ガラスの $g(r)$，Si-O，Si-Si および O-O 結合距離を決定し，β の範囲を導出した．それによると，β の範囲は $130° \leqq \beta \leqq 160°$ で平均値は $\langle\beta\rangle = 144°$ であった．角度 ψ は $0° \leqq \psi \leqq 180°$ の範囲で一様に変化するので，個々の正 4 面体の配向は互いに無関係である．Si-O 距離は 1.6 Å，O-O 距離も 2.6 Å と一定であった．これらの結合長さは SiO_2 結晶で観測される結合長さと同等である．実際 SiO_2 ガラスの密度は SiO_2 結晶とほぼ同じである．2 つの構造モデルを図 2.22 に示した．

Zachariasen (1932) は，酸化物ガラスがランダムネットワーク構造を形成するための基本的条件を提案している．彼は中心のカチオンを取り囲むように配置した酸素アニオンで形成される多面体の重要性を強調した．条件は次のとおりである．

1．酸素アニオンは 2 個以上のカチオンと結合しない．
2．中心のカチオンの価数は小さい．
3．酸素多面体頂点を共有するがエッジや面は共有しない．
4．多面体の少なくとも 3 つの頂点が共有される．

酸化物ガラスを形成するカチオンは 3 官能性あるいは 4 官能性で，枝分かれしたネットワーク構造を作ることから**ネットワーク形成酸化物**といわれている．このような構造の概念図を図 2.23 に示す．図 2.23(a) は 2 次元結晶 A_2X_3 で，3 官能性のカチオン (A) と 2 官能性のアニオン (X) からなっている．図 2.23(b) は 2 次元連続ランダムネットワーク構造を示す．アニオンとカチオンの官能性は図 2.23(a) の場合と同じである．しかし，多面体はもはや 6 面体でなく，結合距離と結合角が一定でないため，この構造は非結晶である．

SiO_2 ガラスのネットワーク構造では，酸化物イオンが 2 つのシリコンイオンと結合している．どの結合も末端をもたないため，密度は高く，1430 K という高いガラス転移温度を示す．SiO_2 ガラスのガラス転移温度は，**ネットワーク修飾剤**として知られる他の酸化物を添加することで低くできる．この種の修飾剤は，Si に取ってかわって酸化物イオンと結合し，SiO_2 の純粋な結合を脆弱化する．修飾ガラスの中では，いくつかの酸素原子はシリコン原子と強いイオン-共有結合を作らず，隣接する修飾剤とイオン的に結合する．温度が上昇し熱エネルギーがイオン結合エネルギーを上まわると，ガラスは成形できる．例えば，SiO_2 にイオン塩である酸化ナトリウム (Na_2O) を加えると，比較的低い T_g をもつソーダシリケートガラスが合成できる．

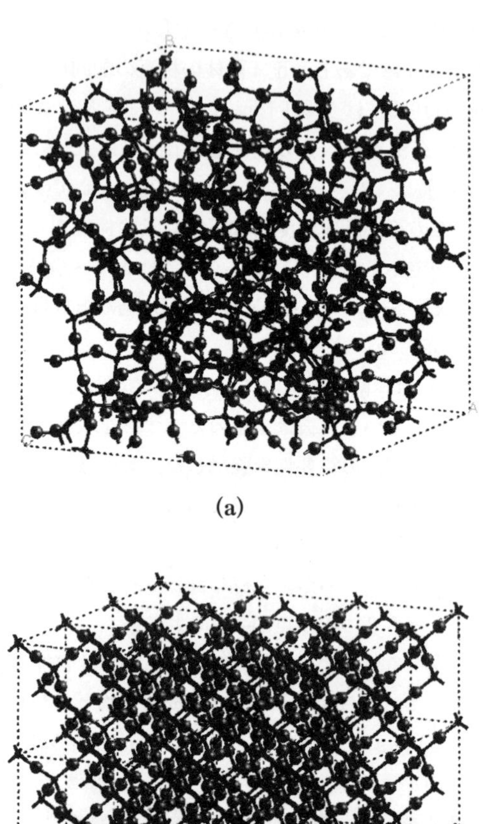

(a)

(b)

図 2. 22 （a）シリカガラスのネットワーク構造を示すモデル．角度 β と ϕ が様ざまな値をとる．（b）SiO_2 結晶の構造モデル（高温クリストバライト構造，空間群 $Fd\bar{3}m$．シリコン原子はサイト $8a$ を占め，酸素は $16c$ を占める）．SiO_2 の結晶構造を詳細に調べ，シリコン原子と 4 つの酸素原子からなる 4 面体構造を示し，SiO_4^{2-} 4 面体構造の角の酸素が共有されていること，β と ϕ がある一定値に固定されていることを確認せよ．

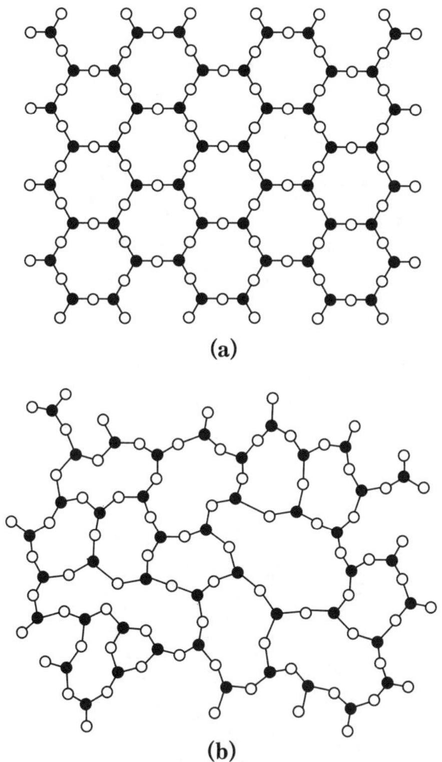

図 2.23　(a) 3 官能性（黒丸）と 2 官能性（白丸）からなる 2 次元結晶配列．(b) (a) と同じ配位数をもつ 2 次元連続ランダムネットワーク．

SiO_2 ネットワークに過剰な酸化物イオンを加えることで生じる電荷は，近くに混入したナトリウムイオンによって相殺される．図 2.24 にソーダシリケートガラスの 2 次元モデルを示す．図 2.23 (b) に描かれたモデルに比べて共有結合 A-X のネットワークが失われていることがわかる．3 官能性あるいはそれ以上の構造単位間の平均距離が増すなど，ネットワークはゆるやかになる．非共有結合性の結合で構造が保たれているからである．このため，修飾されたガラスはもとのガラスに比べ，T_g，弾性率とも低くなる．

市販のガラスは複雑な組成をもつ．窓ガラスに共通する組成は，重量％で 72％ SiO_2，14.3％Na_2O，8.2％CaO，3.5％MgO，1.3％Al_2O_3，0.3％K_2O，0.3％SO_3

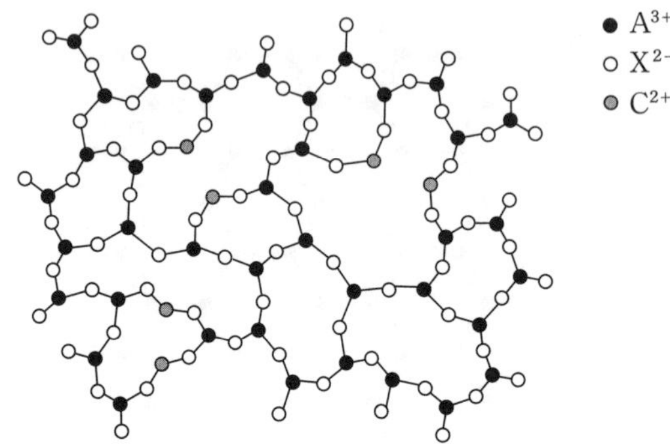

図 2.24　ソーダシリケートガラスの2次元構造．A_2X_3 構造に入った CX 化合物の影響が示してある（図 2.23(b)と比較せよ）．C^{2+} を添加することで官能性の低下が引き起こされ，3官能性の A^{3+} の位置に代わりにもぐりこんでいることがわかる．

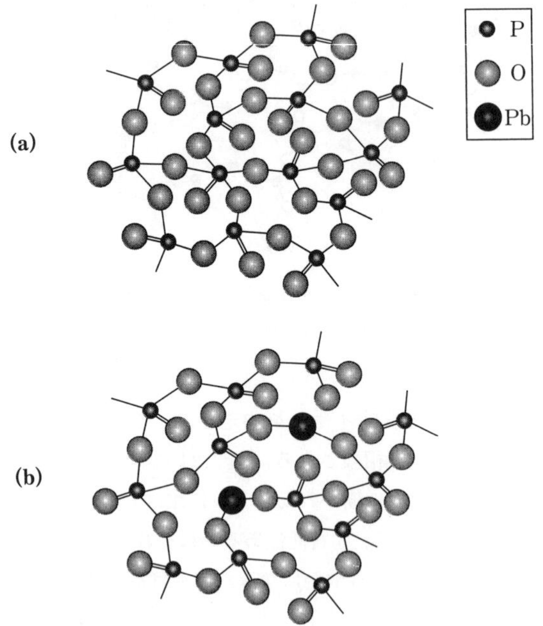

図 2.25　リン酸ガラスにおける鉛とリンの組成比の効果を示した図．(a) リン酸ガラス（P_2O_5）のネットワーク構造．(b) PbO の添加が P_2O_5 のネットワーク構造に与える影響．

である．組成制御により，T_gが低く，特殊な色を帯び，あるいは透明度の高いガラスが得られる．

ガラスを形成する酸化物として，リン酸（P_2O_5）もある．リン原子は図2.25(a)に示すように5官能性で酸素と結合する．P_2O_5ガラス中でネットワーク修飾酸化物となる酸化鉛（PbO）の振舞いについて，図2.25(b)に示す．

2.4.2 熱硬化性ポリマー

熱可塑性ポリマーが直鎖状ポリマーから構成されているのに対し，**熱硬化性**ポリマーは3次元分子ネットワークからなっている．熱硬化性ポリマーでは，3官能性あるいはそれ以下のモノマーの多量添加により鎖同士が架橋しあっており，きわめて大きい分子量をもつ**巨大分子**となる．鎖構造に共有結合の架橋が存在することから，加熱しても架橋が分子のずれを防ぐため成形が困難である．表2.5に熱硬化性ポリマーの一覧を示す．

ポリマーの物性はポリマー鎖の構造に依存する．**ゴム弾性**は，変形されたフレキシブルな鎖の中のゆるやかに架橋したネットワークに起因する復元力によって生じる．

表2.5 熱硬化性ポリマーの化学構造と代表的な応用例．

略号	ポリマー名称	構造単位	応用例
PUR	ポリウレタン	—R—NH—COO—R′—OOC—NH— 3価の架橋済を添加	自動車部品，エラストマー，ファイバー
SIR	シリコーン	—O—Si(CH_3)(CH_3)— 3価の架橋済を添加	エラストマー，インプラント，防水コート
UP	不飽和ポリエステル	—O—(CH_2)$_2$—O—CO—CH—CH—CO—	貯蔵タンク，ボート胴体
PF	フェノール樹脂	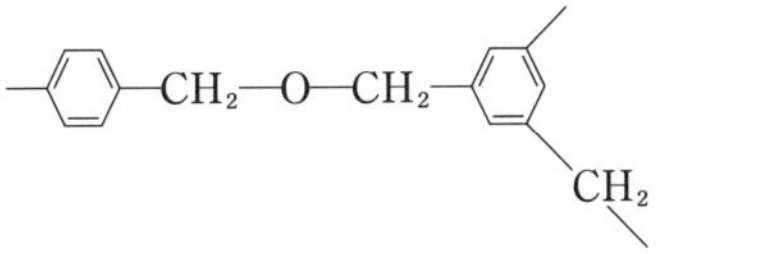 —C$_6$H$_4$—CH_2—O—CH_2—C$_6$H$_3$(—)(—CH_2—)	絶縁体，ナイフの柄
UF	ユリア樹脂	—NH—CO—N—CH_2—N—CO—NH—	フォーム

出典：Elias 1985, p. 129.

ゴムは架橋剤（3官能性あるいはそれ以上のネットワーク形成剤）を直鎖ポリマー溶融体に添加することで合成される．架橋された物質を伸ばすと，ネットワークが変形し，ランダムな形状のコイル状鎖が伸びて，酔歩構造から乖離する．エントロピーはもとの酔歩構造に鎖を戻そうとするので，これがゴム弾性の復元力となる（図2.26を参照）．

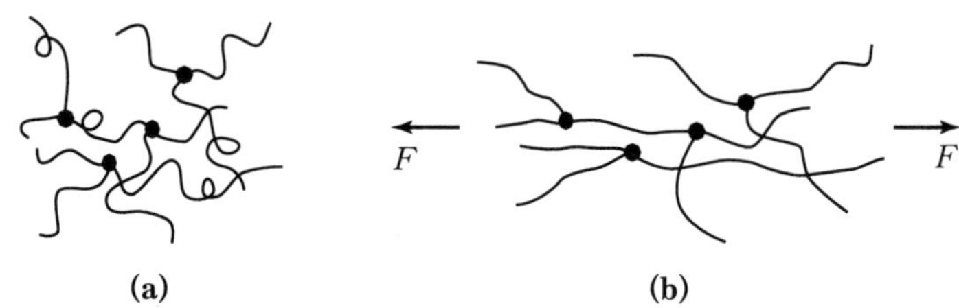

図2.26 (a)共有結合の交点をもつ自由なポリマーネットワーク．交点は3官能性で1つの巨大分子において自由な複数の鎖が接続している．(b)変形したポリマーネットワーク．接続点同士は離れ，コイルは引張り方向にひき伸ばされている．ゴムの元の分子構造（酔歩構造）の状態に戻らせようとして外力 F と同じ大きさで逆向きの復元力が作用する．

2.4.3 カルコゲナイドガラス

酸素，イオウ，セレンおよびテルルは**カルコゲン**に属し，いずれも2官能性である．酸素は2重結合のダイマーを形成するが，他のカルコゲンは直線構造を作る．イオウは優先的に S_8 分子からなる環状構造をとり，規則配列を容易に起こす．したがって，イオウは通常結晶性でもろい．セレンとテルルは長鎖構造となり，溶融状態では互いに絡み合う．分子量の大きな長鎖分子が作る絡み合い構造は溶融状態で高い粘度を示す．セレンやテルル分子では，移動度が低いために溶融状態からの急冷でガラスを形成することが可能である．T_g 以下に冷却すると，結晶を形成するのに必要な移動度が得られないからである．しかし，T_g 以上に加熱し T_m 以下に保つと結晶化する．結晶化を防止し安定した非結晶を得るためには，セレンやテルルの溶融体にネットワーク形成剤を添加すればよい．このようにして**カルコゲナイドガラス**が合成される．カルコゲナイドガラスは2元素あるいはそれ以上のカルコゲンとネットワーク形成剤の混合体である．ネットワーク形成剤には3官能性かそれ以上の元素を使う．例えば，図2.27に示すように4官能性のゲルマニウムと3官能性のヒ素はその例で

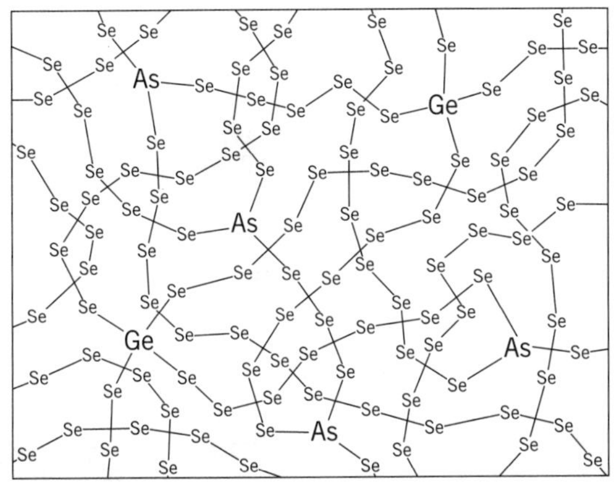

図 2.27 $Se_{1-x-y}As_xGe_y$ カルコゲナイドネットワークガラスの構造模式図 (Zallen 1983, p. 98).

ある．物質内で直鎖構造が大きく変わるため，溶融体は高い粘度と結晶化を阻害するランダムなネットワーク結合を保つ．

ゼログラフィー：非結晶半導体の応用

非結晶物質は応用面から考えて結晶物質と同程度重要である．表 2.1 には非結晶物質の応用例が記載されている．ゼログラフィー（乾式複写）は非結晶物質の典型的な応用例である．ゼログラフィー過程では 2 つの非結晶物質，As_2Se_3 などカルコゲナイドガラスの光導電性薄膜材料と，スチレンやブタジエンのランダム共重合体のアモルファスポリマーを扱う．暗状態で**光導電体**は絶縁体である．光の照射によってフォトンが吸収され，電子-正孔対が生成する．電子-正孔対は電荷を中和するために光導電体の表面に移動する．コピーの過程を次に示す．

1. カルコゲナイドガラス光導電体の表面に，均一に正の電荷が加わるようにコロナ放電を行う．これで光導電体と金属基材の界面に負の電荷が集まり，50 μm の光導電層には 10^5 V/cm の電界が発生する．
2. コピーする書類のイメージが光導電体に焦点を結ぶ．大光量フォトンで照射された部分は，電子-正孔対の生成とその移動により放電する．フォトンの照射されなかった部分には電界が残る．したがって，イメージ情報は電荷の残留の有無によって記憶されたことになる．

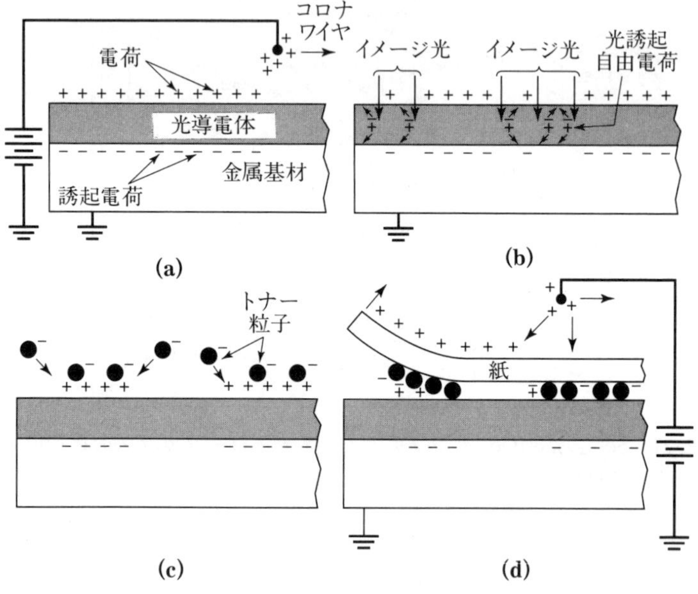

図 2.28 ゼログラフィーの大面積光導電層に使うアモルファス物質．ゼログラフィーの工程は(a)電荷付加，(b)露光，(c)現像，(d)焼付けからなる（Zallen 1983, p. 29）．

3. トナー(T_g が 60〜70℃のアモルファスポリマーと**カーボンブラック**の混合物)は負に帯電し，光導電体に供給される．トナーは正に帯電している部位に集合する．
4. 白紙（半結晶性ポリマーであるセルロースの溶融ファイバーのシート）もまたコロナ放電によって正に帯電する．そして光導電体に接触する．トナー粒子は白紙に静電的に吸着する．白紙とトナーは 150℃程度に加熱され，ポリマー粒子はカーボンブラックと紙に溶融して混じる．そしてイメージは紙に固定される．
5. 冷却後，残留したトナーはブラシで落され，光導電体はもとに戻る．

2.5 フラクタルモデル

構造の特徴を表す小さな素片を定め，形態をわかりやすく記述するのに用いることができる．結晶では，単位格子がそれにあたる．しかし，このような方法では表現できない．不規則かつ断片的な形状の物体も多くある．例えば，火成シリカ（シリカの煤-液体の粘度を高めるために加えられる）を顕微鏡観察すると図 2.29 に示すような構造であることがわかる．

図 2.29　枝分かれした拡散律速集合体の 2 次元構造．拡散律速集合体過程では，ランダムに到達する粒子が集まって集合体を成長させる．その結果，このような枝分かれ構造になる．

粒子状，レース状などの形状記述子は日常生活においてもよく使用される．最近，構造が**成長過程の速度論**で決まるような様ざまな不規則構造をもつ物質を定量的に理解する手段として**フラクタル幾何学**が注目されている．自然界には様ざまなフラクタルの例が存在する（Hayes 1994）．

2.5.1　拡大対称とフラクタル次数

粒子の拡散やフレキシブルポリマーを酔歩モデルで表現する手法についてはすでに述べた．これらは大きさが変化しても不変であるという特徴を示す．結果的に拡大しようと縮小しようと，もとの酔歩モデルと同じようにみえる[*8]．拡大率を変えてもその形

---

*8　もちろん，このアイディアは分子の原子構造によって制限される．しかし，実在する物質は大きくなっても長さのスケールで自己同一性を示す．

態が変わらないことを**自己相似性**(self-similar)という．このような物体は**拡大対称**(dilation symmetry)という新しい対称性を生む．自己相似性物体はその大きさと物体の質量との間を関係づける単純な数値で表現できる．この数値をフラクタル次元といい，D で表す．物体の質量 M と大きさ R の関係は D を用いると次式で表現できる．

$$M \sim R^D \tag{2.15}$$

一様な密度をもつ**小さな物体**では，D は物体が置かれた空間の次元に等しい．例えば，1 次元空間では物体は棒状で質量は長さに比例する．3 次元では剛体球の大きさは半径の 3 乗に比例する．一方，**フラクタル物体**では，次数は空間の次数より小さくなる傾向がある．フラクタル図形のフラクタル次数を調べるために，物体の質量に対する物体の大きさの関係を両対数としてとる．このとき，グラフが示す傾きがフラクタル次元となる．

フラクタル次元は物質の形態を数値化するための記述子である．例えば，小さい D はより開いている枝状構造を示す．D は単独では構造を示すのに十分な記述子になりえないが，構造の変化に非常に敏感である．シミュレーションとモデリングの組合せにおいて，D は煤(すす)，ジェル，コロイドの集合体など，不規則物質の速度論的成長過程パラメータとなることが知られている．

フラクタル図形には，フラクタルサイズが大きくなると物体の密度が減少するという不思議な性質がある．密度が大きさによらず一定のコンパクトな（枝分かれしていない）物体とは異なり，大きさが増すにつれて，フラクタル物体の密度は寸法が増すほどゼロに近づく．これは体積が R^3 で変化するのに対し，質量は R^D でしか増えないためである．

2.5.2　規則フラクタル

規則フラクタルは拡大対称に回転対称と鏡映対称を加えたものである．まず拡大対称（自己対称）について規則フラクタルモデルを使って解説する．**メンジャースポンジ**を例にとろう．

例題 4

メンジャースポンジのフラクタル次元を計算せよ．メンジャースポンジは図 EP 4 の(a)に示すように x, y および z 方向に正方形の断面をもつ 3 つのトンネルを面心位置にもつ．

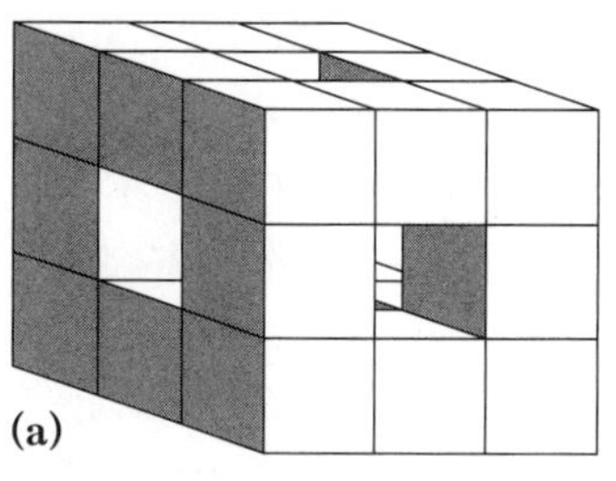

図 EP4　(a)1次のメンジャースポンジ．(b)2次のメンジャースポンジ．フラクタル次元 D=2.7268 である．(b)における大きさの違いに注意すること．

解　答

まずこの大きさの立方体の質量を求めなくてはならない．単位長さと単位質量をもつ9つの立方体からなる段階1のスポンジを考えると n=1 のメンジャースポンジは辺の長さ3で質量20を有することになる．n=2 の段階2のスポンジでは20個の立方体で1つの大きな立方体を形成することになる．このスポンジは辺の長さ9で質量400を有する．このことより段階 n のスポンジでは次の関係がなりたつ．

$$M \sim 20^n \quad R \sim 3$$

また $M \sim R^D$ なので

$$D = \ln 20/\ln 3 = 2.7268\cdots$$

予想した通り，フラクタル次元 D は空間の次元（3次元）より小さくなる．なお段階 n のメンジャースポンジは高倍率でも低倍率でも同じにみえる．したがって自己相似性を有する．

2.5.3　不規則フラクタル

フレキシブルポリマー鎖と拡散粒子は，並進対称性をもたないことから，3次元不規則フラクタルである．**不規則フラクタル**は統計的には重ね合わすことができる．フラクタルが不規則なら，大きさと質量の関係は統計的に有効なサンプルについて決定しなくてはならない．

フレキシブルポリマー鎖と拡散粒子を表現するための有効な記述子が酔歩モデルであることは2.3で示した．このような物体を**酔歩フラクタル**という．ポリマーコイルがフラクタルであることは，n 個のモノマーから形成されるポリマー鎖の質量が n に比例することからわかる．コイルの端から端までの距離の rms は $n^{1/2}$ に比例するので，3 次元ポリマーコイルの質量はその長さの 2 乗に比例することになる．これは，フラクタル次元が 2 のフラクタル物質である．フラクタル次元がたまたま整数になったが，$D<3$ なのでポリマーコイルはフラクタルである．

フラクタルは空隙のある物体である．したがって不規則フラクタルの高密度体を作るには少々作業が必要になる．もしこの作業を行わなければ密度の低い物質がえられるし，行えば結晶にならず絡み合い構造をもつ粘性の高い物質になる．

2.5.4 拡散律速集合体

図 2.29 に示す煙粒子からなるクラスター(煤)はランダムな過程を経て形成されたとみることができる．Witten と Sander（1981）は，このような形成過程で得られるクラスターを**拡散律速集合体**（DLA, diffusion limited aggregation）のモデルで近似した．実際のクラスターはコンピュータシミュレーションで作られる．適切な大きさの核となる粒子を準備し，別の粒子（モノマー）を核から等距離の位置に分散させて酔歩させる．酔歩している粒子が核に近づくと，そこで停止して成長クラスターに取り込まれる．次の粒子もクラスターに同様な過程を経て取り込まれ，クラスターは周辺に向かって成長していく．最終的には細線状の枝構造が形成され，空隙もできあがる．このようなクラスター成長は電着過程でもみられる．

図 2.30 は 2000 に及ぶ正方格子に沿って中心核より成長する 2 次元 DLA 過程の 2 つの例である．粒子の移動度が異なるため，2 つの例では最終的な形態が少々異なる．図 2.30(a)はある 1 つの結合手にだけ粒子が結合する例である．ここでは次の粒子が結合するための結合手は 4 つある．図 2.30(b)は 2 つの結合手に粒子が結合するときの例である．これより，フラクタル次元は粒子の吸着アルゴリズムに依存することがわかる．粒子吸着サイトが多いと，得られる構造はよりコンパクトでより高いフラクタル次元をもつことになる．

Witten-Sander モデルは**クラスター-クラスター集合体**（cluster-cluster aggregation）あるいは**拡散律速クラスター集合体**（diffusion-limited cluster aggregation, DLCA）に拡張することができる．DLCA は速度論的成長過程を表現するためのシミュレーションで，**モノマー-クラスター集合体**（monomer-cluster aggregation）または DLA では単一のモノマーがクラスターを形成するのに対し，多数のモノマー

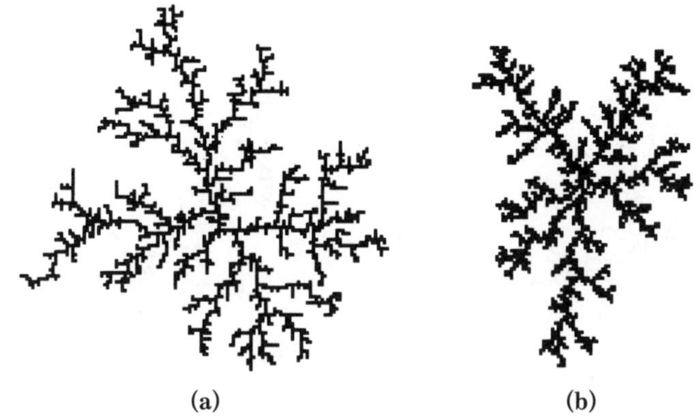

図 2.30 正方格子上の2000個の粒子の酔歩による DLA モデル．(a)1つのサイトにだけ粒子が吸着するモデル．(b)2つのサイトに粒子が吸着するモデル．(b)の構造では，よりコンパクトで密に詰まったフラクタルとなる．

が多数のクラスターに同時に加えられていくモデルである．DLAC では独立したクラスターがモノマー同士の接触で成長していく（いくつかの粒子が同時に同じ場所を共有する）．加えて，できあがった粒子グループ（ダイマー，トリマーなど）は他のクラスターと衝突するまで拡散していく．そしてクラスターはより大きい集合体となる．このようにして得られる構造体はモノマー-クラスター DLA より多くの空隙をもつ．Witten-Sander DLA と DLCA の構造体のフラクタル次元はコンピュータシミュレーションによってそれぞれ 2.5 および 1.8 であることがわかっている（図 2.31 参照のこと）．次元の低いフラクタルはより空隙の大きい構造を示す．

クラスターのフラクタル次元を決定するのに，成長時の構造観察に用いられるダイナミック X 線散乱法が利用される．この手法は粒子成長をつかさどる速度論的機構を見出すのに威力を発揮する．成長過程が明らかになると，プロセス条件を適正化して，成長の特徴を制御することができる．例えば，枝分かれ構造を形成することで，溶液の粘度を大きくすることができる．

分散した導電性粒子を含む絶縁体は，粒子が導電性のフラクタル構造でつながれば，粒子が微量でも導電性を示す．このような導電性構造体はポリエチレンとカーボンブラックの複合体である自己保証型ヒーターに使われている．この複合体はカーボンブラックを含有したポリエチレンでできている．界面エネルギーに差があるため，

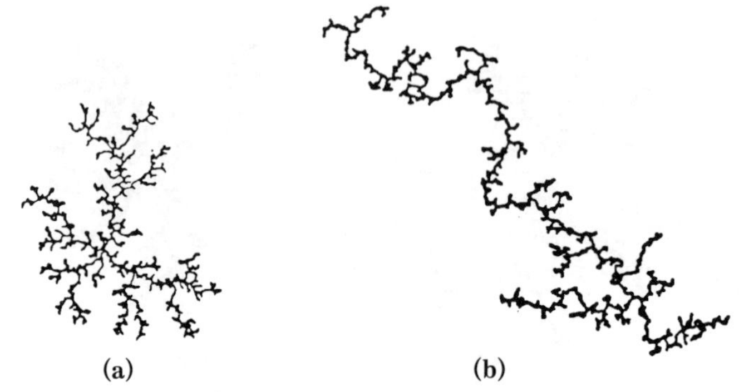

図 2.31 DLA の 3 次元シミュレーションの結果.(a)シリカ煤の Witten-Sander DLA シミュレーション.$D=2.5$ である.図 2.29 と比較するとよい.(b)クラスター-クラスター集合体(DLCA)はより少ない分岐をもつ.$D=1.8$ である(Schaefer 1988, p. 23).

炭素はポリエチレンと必要以上の接触を避けようとする.適切な量のカーボンブラックが存在すると,粒子は選択的に結合し,ポリエチレン母材の中で導電性ネットワークを形成する.電圧が印加されると電流はカーボンブラックネットワークを加熱し,温度上昇を引き起こす.ポリエチレンは比較的高い熱膨張率をもつため,ポリエチレン母材はカーボンブラック以上に熱膨張する.そのときカーボンブラックのネットワークをも拡張しようとするから,導電ネットワークが切断される.その瞬間に導電率がいっきにゼロに近づき,加熱が停止し,温度が低下する.温度低下によってポリエチレンが縮小し,再度導電ネットワークがつながり始めると電流が流れ出し,温度が上昇することになる.この過程を繰り返すことで印加電圧に応じた安定した温度が得られるのである.自己保証型ヒーター構造体は,構造と物性の関係を示すよい例である.

2.5.5 フラクタルと破壊

脆性材料の靱性に関するこれまでの研究により,**破壊表面**のフラクタル次元と破壊靱性の間に関係があることが見出されている.酸化物,シリサイドおよびカルコゲナイドなどの脆性材料の靱性を増すには,クラックが成長する際に曲がりくねった経路をとり,いろいろな結合を切らなければならないようにミクロ構造を設計すればよい．クラック湾曲の程度は破壊表面でのフラクタル次元によって定量化できる．様ざまな研究により，フラクタル次元が大きくなれば，靱性も上がることがわかっている．**表面フラクタル次元**（surface fractal dimension）D_s は，破面の面積 A と破面の特徴的寸法 R の間の関係 $A=R^{D_s}$ を解析することによって，先と同様に求めることができる．表面フラクタル次元 D_s はコンパクト物体（$A \sim R^2$）の指数 2 より大きくなる．

参考文献

Bernal, J. D., "A Geometrical Approach to the Structure of Liquids," *Nature 183*, 141–147, 1959.

Elias, H. G., *Megamolecules*, Springer-Verlag, Berlin, 1985.

Finney, J. L., "Random Packings and the Structure of Simple Liquids—I. The Geometry of Random Close Packing," *Proc. Roy. Soc. A319*, 479–493, 1970.

Hayes, B., "Nature's Algorithms," *Am. Sci. 82*, 206–210, 1994.

Mozzi, R. L., and Warren, B. E., "The Structure of Vitreous Silica," *J. Appl. Crystallogr. 2*, 164–172, 1969.

Rahman, A., "Liquid Structure and Self Diffusion," *J. Chem. Phys. 45*, 2585–2592, 1966.

Schaefer, D. W., "Fractal Models and the Structure of Materials," *MRS Bull.*, 22–27, Feb. 1988.

Witten, T. A. and Sander, L. M., "Diffusion-Limited Aggregation, a Kinetic Critical Phenomenon," *Phys. Rev. Lett. 47*, 1400–1403, 1981.

Wyckoff, R. W. G., "Die Kristallstruktur von β-Cristobalit SiO_2," *Kristallogr. 62*, 189–200, 1925.

Yarnell, J. L., Katz, M. J., and Wenzel, R. G., "Structure Factor and Radial Distribution Function for Liquid Argon at 85° K," *Phys. Rev. A.* 7(6), 2130–44, 1973.

Zachariasen, W. H., "The Atomic Arrangement in Glass," *J. Am. Ceram. Soc. 54*, 3841–3851, 1932.

Zallen, R., *The Physics of Amorphous Solids*, Wiley, New York, 1983.

さらに勉強するために

Brodsky, M. H., Kirkpatrick, S., and Weaire, D., eds. *Tetrahedrally Bonded Amorphous Semiconductors*, American Institute for Physics, New York, 1974.

Chiang, Y. M., Birnie, D. P., and Kingery, W. D., *Physical Ceramics: Principles for Ceramics Science and Engineering*, Wiley, New York, 1996.

Coxeter, H. S. M., *An Introduction to Geometry*, Wiley, New York, 1961.

Mandelbrot, B., *The Fractal Geometry of Nature*, Freeman, New York, 1977.

Voronoi, G. F., "Nouvelles applications des paramètres continus à la théorie des formes quadratiques. Recherches sur les paralleloedres primitifs." *J. Reine Agnew. Math 134*, 198–287, 1925.

Wood, W. W., in: *Physics of Simple Liquids*, H. N. V. Temperley, J. S. Rowlinson, and G. S. Rushbrooke, eds., Wiley, New York, 115–230, 1968.

Ziman, J. M., *Models of Disorder*, Cambridge University Press, Cambridge, England, 1979.

練習問題

2.1　図 2.23(a)と(b)に示されている 2 つの構造について次の問いに答えよ．

（**a**）　この 2 つの構造を表現するのに適切な記述子はなにか．

（**b**）　2 つの構造に共通な特徴をあげよ．

（**c**）　2 つの構造の差をあげよ．

2.2　共重合体は目的の物性に合わせて使用される．例えば，コピートナーはポリスチレン(T_g=105℃)とポリブタジエン(T_g=−60℃) のランダム共重合体である．トナーの T_g を 60℃として，トナーのおよその組成を複合則より求めよ．

2.3　アルゴンに関する次の問いに答えよ．

（**a**）　アルゴンの結晶は格子定数 5.43Åの fcc 構造で単位格子に 4 つの原子を含有する．アルゴンの剛体球半径を求めよ．

（**b**）　標準状態でのアルゴンガスの密度は 1.784 g/l である．標準状態でのアルゴンガスの充塡率 V_v を求めよ．

（**c**）　融点におけるアルゴン液体の密度は 1.40 g/cm³ である．アルゴン液体の V_v を求めよ．

2.4　ガラス転移温度の前後でのアモルファス物質の本質的な物性と構造のちがいについて説明せよ．

2.5　下の図は粒子の 2 次元配列モデルである．正方形を 4 分割し，さらに 4 分割を繰り返して，64 個の小さな正方形を形成している．それぞれの正方形の内部には

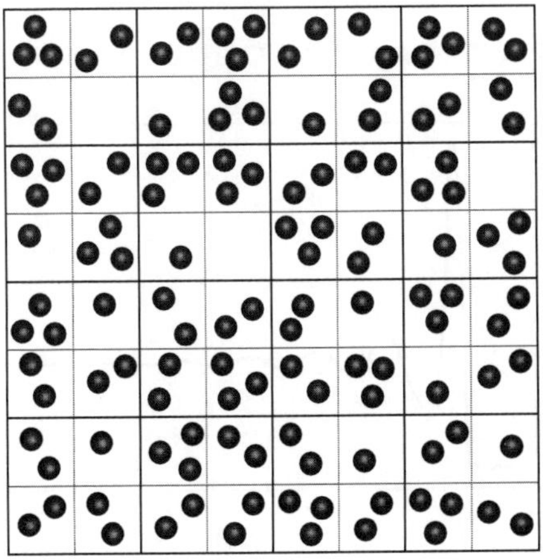

粒子が適当に分散している．この粒子の空間的分布を決定するための 2 つの構造記述子について定義せよ．注意：正方形は系に存在する粒子の間の物理的な壁を意味しているのではなく，便宜上形成されているものである．

2.6 下の図は 2 次元円を集合させた構造である．

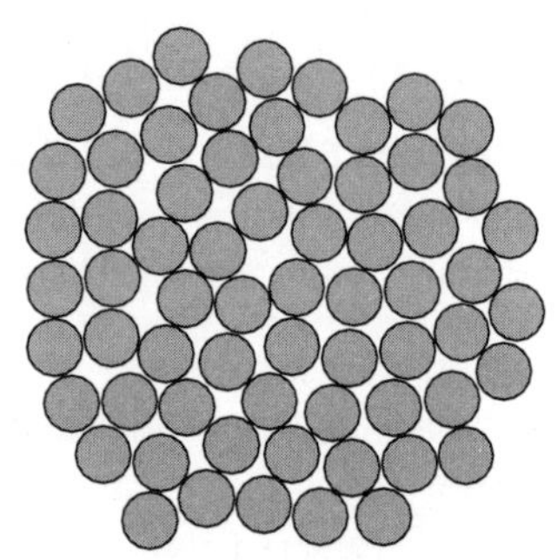

（**a**） 定規を使ってこの構造中の円の直径，平均第 1 近接距離および平均第 2 近接距離を決定せよ．

（**b**） この構造の平均数密度（単位面積あたりの円の数）を求めよ．

（**c**） 円間距離が 15 mm 以上に達する距離の一覧を作成して，0.5 mm の幅で円間距離と円の対の数との関係を表したヒストグラムを作成せよ．できるだけ広い面積でこの作業を行うと，グラフは滑らかな曲線となる．

（**d**） この構造の 2 体分布関数 $g(r)$ を $\mathrm{d}r=0.5$ mm でプロットせよ．

（**e**） (a)から(d)で得られた結果を考察せよ．

（**f**） ボロノイ多角形を使って，この構造の平均最近接円数を求めよ．

2.7 85 K におけるアルゴン液体の 2 体分布関数は，Yarnell *et al*. (1973, p. 2137)

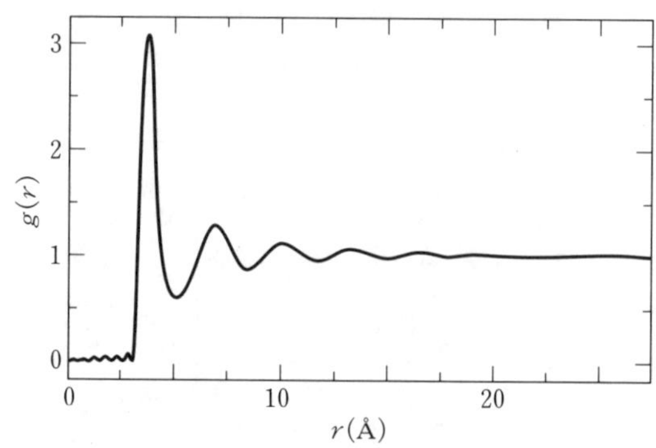

によって中性子回折法を用いて求められている．

（**a**） アルゴン原子の剛体球直径を求めよ．

（**b**） $g(r)$ のいくつかあるピークの由来について説明せよ．

（**c**） この液体の短距離規則性の到達距離を求めよ．

2.8 次の問いに答えよ．

（**a**） 最密充塡した（接触している円の個数が最大である）2 次元円モデルを描け．

（**b**） この構造において，ある円を中心として第 1 から第 4 近接円までのベクトルを描け．またそれぞれの距離における配位数を求めよ．

（**c**） この構造の充塡率と自由体積を求めよ．

2.9 次の問いに答えよ．

（**a**） 2 体分布関数の式を記せ．またパラメータそれぞれについて物理的意味を答えよ．

（**b**） 下の図は気体，液体および結晶に対する 1 次元 2 体分布関数である．それぞれ

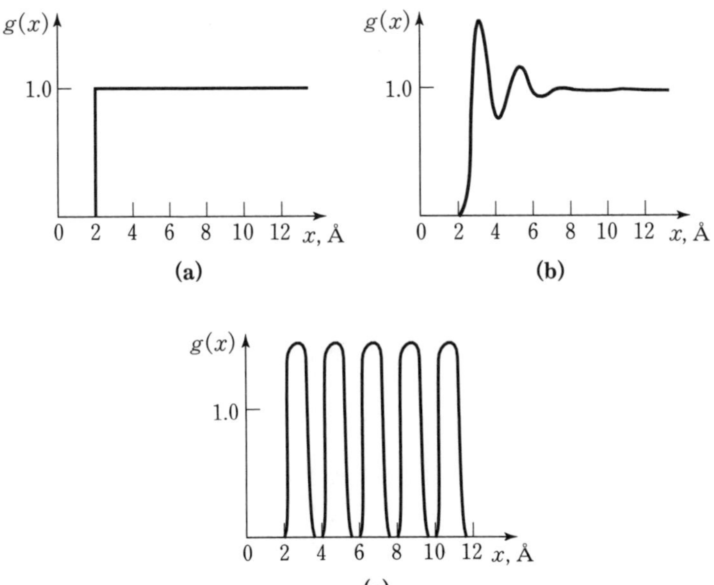

がどの2体分布関数を示すか答え，相互作用距離を求めよ．

2.10　純粋なシリコンを急冷したり，冷却された基材上に蒸着したりするとアモルファス固体となる．非結晶物質はシリコン結晶が示すような半導体特性を示す．シリコンに10%程度の水素を含有させると応用性に富んだアモルファス半導体になる．アモルファスシリコン太陽電池の典型的な組成，プロセス条件，膜の厚さおよび動作特性について調べよ．

2.11　デュポン社製ケブラーは高強度，高弾性ファイバーである．構造式は

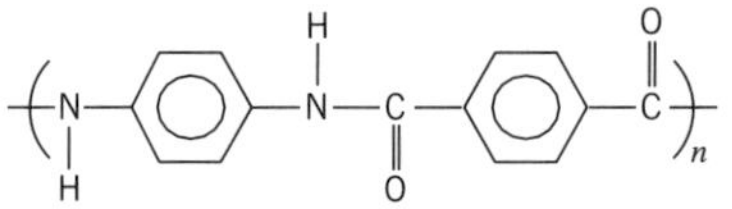

$$\left(\underset{\mathrm{H}}{\mathrm{N}} - \mathrm{C_6H_4} - \overset{\mathrm{H}}{\mathrm{N}} - \underset{\mathrm{O}}{\overset{\|}{\mathrm{C}}} - \mathrm{C_6H_4} - \overset{\mathrm{O}}{\overset{\|}{\mathrm{C}}} \right)_n$$

結合距離
C—C＝1.54 Å
C＝C＝1.33 Å
N—C＝1.47 Å

である．

（**a**）　ケブラーを構成する構成単位の分子量を求めよ．

（**b**）　分子量140000 g/molのポリマーの重合度 n を求めよ．

（**c**）　ケブラーが剛直なロッドであると仮定して，分子量140000 g/molのポリマーの端から端までの距離を求めよ．

（**d**）　ケブラーは結晶性の高い固体である．ケブラーと同じ組成をもつ非結晶質固体の合成方法について答えよ．

2.12　次の問いに答えよ．

（**a**）　チューブ状の非結晶フレキシブルポリマー鎖が T_g 以上で加熱され（状態1），すばやく型の中で成形され（状態2），室温で急冷された（状態3）．1〜3までの状態を区別するために適切な構造記述子を2つ答えよ．またそれを利用してそれぞれの状態における構造の差異について答えよ．

（**b**）　上述した熱可塑性ポリマーを T_g 以上で加熱するときに，なにがどのような理由で起こるのか，答えよ．

2.13　次の問いに答えよ．

（**a**）　多角形の面数 F，辺数 E および頂点数 V の関係はEulerの式で表される．適当な多角形をモデルにしてその式を導出せよ．式の形は $F \pm E \pm V = C$ で，C は定数である．符号が＋，－のいずれか，また定数 C はいくらか，を答えよ．

（**b**）　得られた式を満足するような2つのボロノイ多角形を図2.8(b)にならって示せ．

2.14 格子定数 $a=4$ Å の 2 次元正方基本格子の単位格子は時間 $t=0$ においてある位置に空孔をもつ．600℃における実験で空孔は移動を開始するが，その平均距離は 10^4 秒後で 1000 Å に達する．空孔が最近接原子との位置交換で移動すると仮定して，10^4 秒間におけるステップ数を求め方と合わせて答えよ．

2.15 次の問いに答えよ．

（**a**） 10000 のモノマーからなるフレキシブルポリマー鎖分子のコイルサイズを計算せよ．モノマーの繰り返し単位長さは 6 Å である．

（**b**） 拡散係数が 10^2 Å^2/s であるとき，100 s 間で粒子が拡散する距離を算出せよ．

2.16 次の問いに答えよ．

（**a**） 重合度 $n=40000$ のポリエチレン分子の長さを算出せよ．なお，分子は直鎖状で結合距離は表 1.2 に示したとおりである．

（**b**） 重合度 $n=40000$ の 1 個のポリエチレン分子の端から端までの距離を求めよ．ただし分子は溶融状態にあるものとする．

2.17 次の問いに答えよ．

（**a**） 代表的な 10 種類のプラスチックをあげ，そのリサイクリングコードを調べよ．いくつかのコードを得ること．例えばヨーグルトの容器の底には以下のような記号がかかれている．数字の 5 と PP の文字はこの容器がポリプロピレンからなっていることを示している．

（**b**） リサイクル製品のリストをもとに，熱可塑性物質と熱硬化性物質のリサイクル性に差があるか，検討せよ．なお，表 2.3 および表 2.5 を参考にせよ．

（**c**） 新聞や雑誌（あるいはインターネット）をみて，プラスチックリサイクルに関する記事を集めよ．記事がよい内容か悪い内容か吟味せよ．

2.18 Zachariasen（1932）は酸化物ガラスの構造モデルが，カチオンが酸素アニオンによって囲まれているポリアトミックアンサンブルからなることを提案した．A_xO_y ガラスの 2 次元構造を図 2.23（b）に示す．

（**a**） この物質の化学量論的化学式を示せ．

（**b**） ガラスを形成するために原子団がどのように配列しているか，また多面体がどのように結合して配向しているか，答えよ．

（**c**） 短距離規則性をもつ構造の特徴について述べよ．

（**d**）　この構造に関して2種類の2体分布関数 $g(r)$ を作れ．1つは A カチオンを中心にして，もう1つは酸素アニオンを中心としてプロットせよ．なおプロットは同じ長さ軸 r で行うこと．構造の特徴を示すピークを分布関数の中に見出せ．

2.19　Na_2O などのネットワーク修飾剤はガラス転移温度を低下させるのに対し，Si_3N_4 や SiO_2 などの添加はガラス転移温度を上昇させ，ガラスの密度，強度さらに硬さを増す．分光的解析法によると窒素原子は3官能性であった．石英ガラスと窒素酸化物ガラスのモデルを描き，シリコン，酸素および窒素原子の結合配列について描いて説明せよ．

2.20　次の図は2つのフラクタル図形を示す．

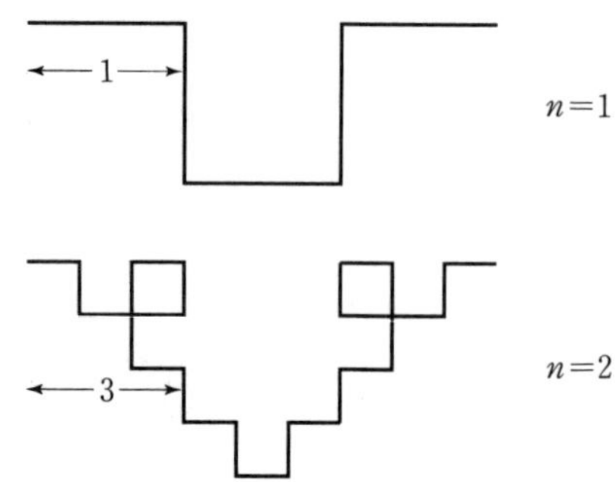

（**a**）　3次のフラクタル図形を描け．

（**b**）　この図形のフラクタル次元 D を計算せよ．

2.21　次の図は1次から5次までのフラクタル図形を示す．

（**a**）　n 次の図形で，網かけの3角形によって占められる面積を求めよ．

（**b**）　この図形のフラクタル次元 D を求めよ．

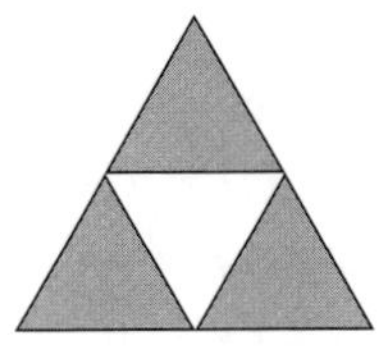

$n=1$

$n=2$

$n=3$

$n=4$

$n=5$

2. 22　次の図は1次と2次のフラクタル図形を示す．

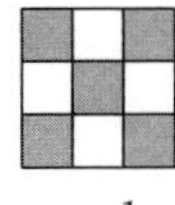

$n=1$

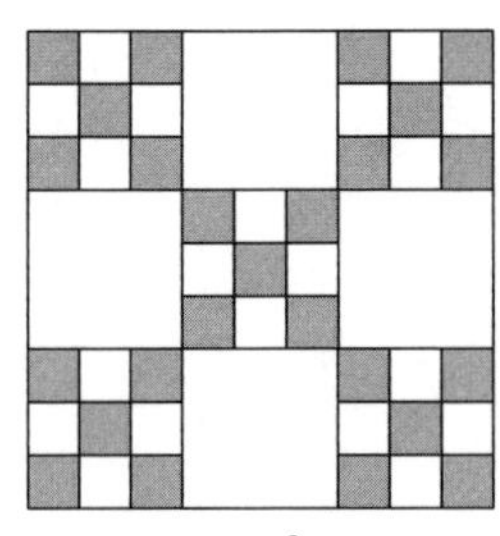

$n=2$

（**a**）　この図形のフラクタル次元 D を求めよ．

（**b**）　1次のときの黒抜き正方形の面積 A_A を計算せよ．また n 次の一般式を示せ．

2. 23　次の問いに答えよ．

（**a**）　すべての規則的，不規則的フラクタル図形の対称性の種類を挙げよ．

（**b**）　フラクタル次元 D を定義する式を示し，それぞれの変数について説明せよ．

（**c**）　次の図に2つのフラクタル図形を示す．n 次フラクタル図形におけるもっとも高い対称性が存在する位置と種類を答えよ．

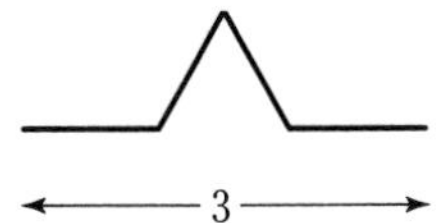

（d） 図に示したフラクタル次元 D を計算せよ．

2.24 これまで2体分布関数（PDF）モデル，ランダム最密充塡剛体球（RCPS）モデル，ボロノイ多面体（VP）モデル，連続ランダムネットワーク（CRN）モデル，酔歩（RW）モデルおよびフラクタル(F)モデルなど様ざまなモデルを見てきた．以下に示す非結晶物質に適切なモデルを適用せよ．またその理由を述べよ．

（a） アモルファスシリコン

（b） アモルファスセレン

（c） ネットワーク修飾剤として3 mol%の Ge をドープしたアモルファスセレン

（d） アモルファスポリスチレン

（e） アモルファス $Pd_{0.4}Ni_{0.4}P_{0.2}$

（f） アモルファスシリカ煤

2.25 ゼログラフィーに用いられる4つの物質は As_2Se_3，スチレン-ブタジエン，カーボンブラックおよびセルロースである．それぞれの物質に適切な記述子を選べ．

2.26 次の物質に適切な構造モデルを答えよ．

（1） 液体アルゴン	（A） フラクタルモデル
（2） 枝分かれフレキシブルポリマー	（B） 連続ランダムネットワークモデル
（3） 溶融石英	（C） ボロノイ多面体

第3章

結　晶　相

原子間力あるいは分子間力は物体の凝集に必要で，物質を構成する基礎であると考えられている．一般にこれらは原子直径程度の距離（約2Å）では引力となる．原子間や分子間の相互作用は単純な形態を有するので，原子や分子の集団は低温で高密度となり，空間を効率よく占有するために規則的な配列をとる傾向がある．このような構造は並進対称性を有し，結晶相といわれる（1章を参照）．

金属，セラミックス，ポリマーおよび生体物質などおよそすべての物質は結晶相をもつ．このため材料科学の分野では，結晶状態を理解するために，記述子が基本的な知識となる．結晶相を示す代表的な記述子は，結晶学で決められている．結晶学は空間的な規則性，すなわち完全長距離規則性の理論である．結晶学は結晶物質の構造を位置づけるための体系ともいえる．結晶学は，以下に示す理由で重要な理論である．

- 結晶学は結晶物質の構造を記述するための共通言語で，材料科学，化学，物理学および分子生物学の分野で利用されている．材料科学の分野でコミュニケーションを図るためには結晶学の習得が欠かせない．
- 結晶構造は結晶の物性に影響を与える．例えば立方晶の結晶は異方的な弾性率をもつが，対称性によって等方的な導電性や光学特性を示す．
- X線，電子線，および中性子線による回折法や，光学顕微鏡，透過電子顕微鏡および原子間力顕微鏡などの観察手法を用いると，結晶構造と回折物理学の関係から構造を決定することができる．
- 結晶学の理論により，結晶の理想的で完全な規則構造を厳密に表現することができる．これは実在結晶のリファレンスになりうる．結晶の不完全性はしばしばその物性を決定する重要な要素になる．
- 結晶学はエレガントな科学である．結晶構造をきちんと分類することができる．ここで使用される分類法は正確で，凝集体を扱う他の分野，例えば固体物理学の分野でも利用できる.

この章では結晶の基礎から順に内容をひもとく.目標は国際結晶学図表（Hahn, 1996）で使用されている知識について理解することである.さらに結晶の物性を支配する対称理論について触れ，結晶の異方的な物性を定量的に理解するために応用する.最後に剛体球の充塡原理と結晶構造の関係について述べる.これはイオン結晶の構造形成を理解するのに役立つ.

結晶学の理論には問題解決にあたって2つのアプローチがある.第1は幾何学的アプローチである.この手法では3次元空間の理解が必要になり，それを2次元投影図などに変換しなければならない難しさがある.第2は幾何学と**群論**を合わせて考える手法で，正確なうえすっきりしているので，幾何学的手法に必要な物理的洞察を使わなくてすむ.この章では，第1の幾何学的手法に焦点を当てる.群論とその結晶学への応用についてはBuerger（1978）が詳述しているのでそちらを参考にしてほしい.

結晶学理論を学ぶにあたって，まず2次元配列について考えよう.モデルの描写が単純で，学ぶべき概念が明確だからである.しかも，結晶学の典型的な要素を論理的に展開できるし，理論体系も構築できる.3次元配列に移行するときは，2次元で構築した体系にいくつかの概念を加えればよい.

ここでは，Buerger（1978）の理論に沿って記述を展開する.Buergerの手法はより詳細を極めているので，詳しく理論を学びたい場合（空間群に関する系統的展開など）には，その著書を読むことを勧める.できればより詳細な理論を学んで力をつけてほしい.

3.1 2次元の結晶学

ここでは2次元配列の対称操作から内容をひもとこう.配列をある状態から最終的な状態まで移動しても両者の区別がつかない場合，その操作を対称操作という.対称操作には，並進，鏡映および回転がある.例えばある軸のまわりで，円の中心について行われる任意の角度の回転は，その中心における円の対称操作である.対称操作は，規則配列における特徴であるといえる.さらに対称操作は，配列中に現れる他の対称操作とも両立し得る.そのような状態を，対称性が**自己一致**（self-consistent）の原則に従う，という.

規則配列は，ある物体の規則周期か，あるいは異なった物体からなる群で構成される．このように規則的に配列している物体を**モチーフ**と呼ぶ．結晶物質では，モチーフは原子，イオン対，分子，原子の一部のことである．結晶学では**非対称性物体**と呼ばれるそれ自身対称性をもたないモチーフをよく使う．国際結晶学図表では非対称性物体を円（○）で表記する．非対称性物体が結晶構造に存在する対称操作，すなわち**空間群**によって周期構造を構成すると，モチーフの規則配列が空間を満たすことになる．

3.1.1　並進対称

原点Oよりみた周囲が，Oを起点とするベクトル $\boldsymbol{t}$ で表現されるとき，配列は並進対称を有するという．並進対称を有する規則配列は必然的に等価な点を多数形成するために無限に広がる．ベクトル $\boldsymbol{t}$ が配列の並進対称操作であるなら，すべてのベクトル $\boldsymbol{T}=n\boldsymbol{t}$ はすべての整数 n の並進対称操作を示している．配列は並進ベクトル $\boldsymbol{t}$ の**正規部分群**（invariant）であるといわれる．

格　　子

配列中に並進対称が存在すると，その中には**格子点**の周期配列が存在する．配列中のある任意の点を原点Oとすると，配列中にはOを中心として様ざまな点が位置することになる．この場合，配列は無限に続いていると考えてよい．様ざまな点が格子点となり，格子点の集合が**格子**を形成する．格子点を定義するのに使用した原点Oは配列中の特定の点（例えば原子中心など）に一致する必要はない．格子は単に配列の並進対称に従っているだけである．つまり並進対称は**空間**を考えているだけで，規則的に位置する何かを意味しているのではない．

例をいくつか示そう．図3.1(a)は不等辺3角形の1次元周期配列を示している．不等辺3角形は非対称性物体の一例である．配列中のある1点を原点に選択する（3角形の右上の小点）と，周囲の点はベクトル $\boldsymbol{t}_1$ の整数倍で展開されていく．この配列を有する格子は $\boldsymbol{t}_1$ で繰り返される直線状構造となる．ここでモチーフは不等辺3角形である．繰り返し距離 $a\equiv|\boldsymbol{t}_1|$ は**格子定数**（lattice constant）と呼ばれる．図3.1(b)は図3.1(a)を国際結晶学図表の記号で表記したものである．

図3.1(c)はより複雑な1次元並進対称性配列の例を示している．しかし，周期性は図3.1(a)の場合と変わらない．原点を3角形と正方形の間にとると，並進操作後の格子点も3角形と正方形の間に位置する．したがって，この配列の格子は図

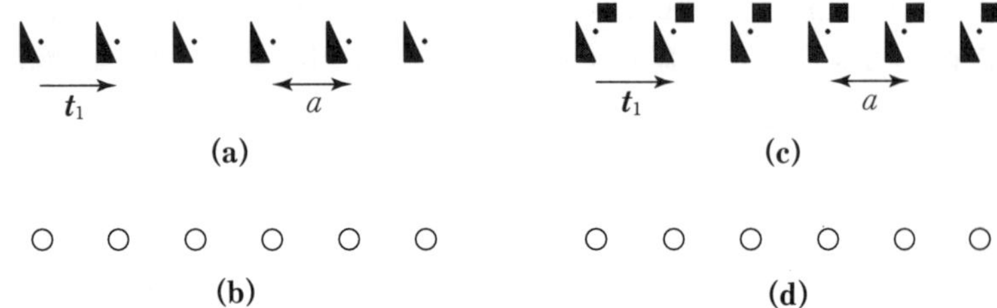

図 3.1 (a)1 次元周期格子の無限配列の一部．(b)(a)を国際結晶学図表で使われる記号を用いて表したもの．(c)別の 1 次元無限配列の一部．(d)(c)を国際結晶学図表に従って示したもの．(b)と同じになることに注意したい．

3.1(a)と同じになる．この場合，3 角形と正方形の 2 つの物体から成るモチーフの繰り返しといえる．図 3.1(d)は図 3.1(c)の配列が国際結晶学図表ではどのように表記されるかを示している．この表記は図 3.1(b)のそれと何ら変わらない．ここで記号○は 3 角形と正方形の対を示している．

これまで 1 次元格子が並進ベクトル $\boldsymbol{t}_1$ をもち，間隔 $|\boldsymbol{t}_1|$ でベクトル方向に無限に広がっていることを説明した．2 次元格子はこの 1 次元格子に別のベクトル $\boldsymbol{t}_2$ を加えることで構成することができる．したがって，ベクトル $\boldsymbol{t}_1$ で構成される格子点の列がベクトル $\boldsymbol{t}_2$ の方向に $\boldsymbol{t}_2$ の整数倍だけ広がることになる．図 3.2 に 2 次元格子を示す．どの 2 次元格子も平行でない 2 つのベクトルによって表現される．与えられた格子には，無限に広がるベクトル $\boldsymbol{t}_1$ と $\boldsymbol{t}_2$ の組合せが存在し，これが格子を定義する．格子の並進と座標系を結晶学的に定義するときに用いるのが**基本ベクトル**である．

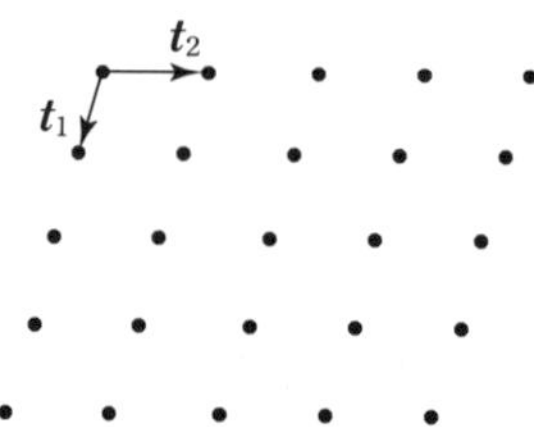

図 3.2 2 次元格子．並進 $\boldsymbol{t}_1$ で繰り返す格子点の列が並進 $\boldsymbol{t}_2$ で繰り返す．ここで $\boldsymbol{t}_1$ と $\boldsymbol{t}_2$ は平行ではない．

基本格子，多重格子，単位格子

格子の基本ベクトルはできるだけ小さく選ばれる．格子に特別な空間対称性が存在しない場合（例えば並進ベクトルに直交性がないとき）もっとも短い並進ベクトルを $\boldsymbol{t}_1$ にあて，2番目に短い並進ベクトルを $\boldsymbol{t}_2$ にあてる．そして $\boldsymbol{t}_1$ と $\boldsymbol{t}_2$ の間の鈍角を γ とする．2次元格子では，格子定数は a と b で表記され，それぞれ $a\equiv|\boldsymbol{t}_1|$，$b\equiv|\boldsymbol{t}_2|$ で与えられる．もし $|\boldsymbol{t}_1|\equiv|\boldsymbol{t}_2|$ なら，格子定数には a だけが与えられる．また $\boldsymbol{t}_1\perp\boldsymbol{t}_2$ なら，基本ベクトルは回転対称など他の対称性も含むことになる．これについては3.1.5でさらに詳しく説明する．図3.3に基本ベクトルの割り当て方の例を示す．

格子の基本ベクトルは，並進の連続によって空間に周期配列して作られる**平行4辺格子**で定義する（平行4辺格子はタイルとも呼ばれる．床に隙間なく埋め込んだタイルとよく似ているからである）．2つの基本ベクトルは3角格子の定義としても使える．しかし，3角格子では周期構造にギャップを生じる場合があるので*1，平行4辺格子が利用される．

基本ベクトルは任意に選択できるので，様ざまな平行4辺格子が可能である．例えば，格子あたりの格子点の数が1の格子を**基本格子**（primitive cell），2つの格子点を含むものを**2重格子**（double　cell），多数の格子点を含むものを**多重格子**（multiple cell）と呼ぶ．

任意の格子について，単純格子と多重格子の形成過程を眺めてみよう．ある2つの格子点を結ぶベクトルを $\boldsymbol{t}_1$ と定義する．この $\boldsymbol{t}_1$ は格子点が形成する列の一部である．基本格子はベクトル $\boldsymbol{t}_1$ と，$\boldsymbol{t}_1$ を含む格子点列上のある点と隣接する列上の別の格子

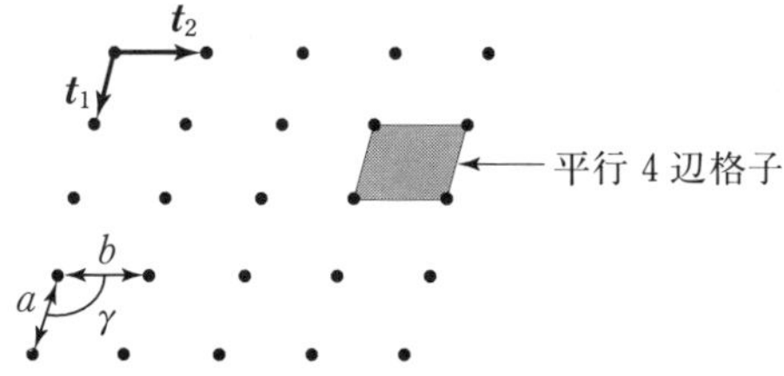

図3.3　2次元格子の基本ベクトル $\boldsymbol{t}_1$，$\boldsymbol{t}_2$，格子定数 a，b，軸間角 γ．$\boldsymbol{t}_1$，$\boldsymbol{t}_2$ は $|\boldsymbol{t}_1|<|\boldsymbol{t}_2|$ の条件で，γ は鈍角を選ぶ．

*1　もちろん他の対称操作を使えば3角形で埋めることも可能である．

点とを結ぶベクトル $\boldsymbol{t}_2$ により構成される．2重格子も同様に定義される．すなわち $\boldsymbol{t}_1$ はそのままで，$\boldsymbol{t}_2$ は $\boldsymbol{t}_1$ で定義された列と，列を1つ飛び越えた次の格子点列にある格子点を結ぶように定義する．図3.4に基本格子と多重格子の定義を示した．

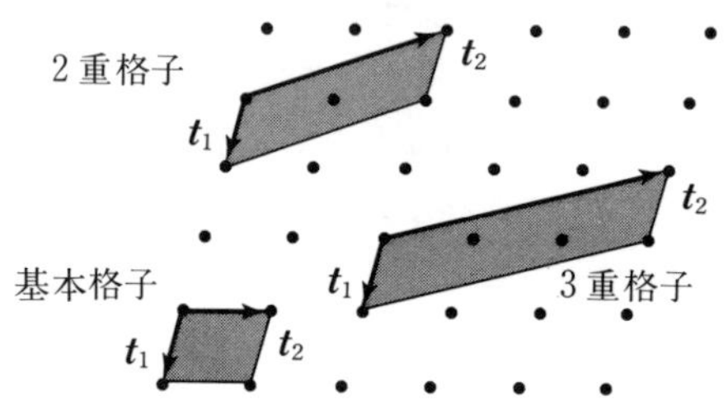

図3.4 基本格子，2重格子，3重格子の定義．基本ベクトルは γ が鈍角になるように選ぶ．

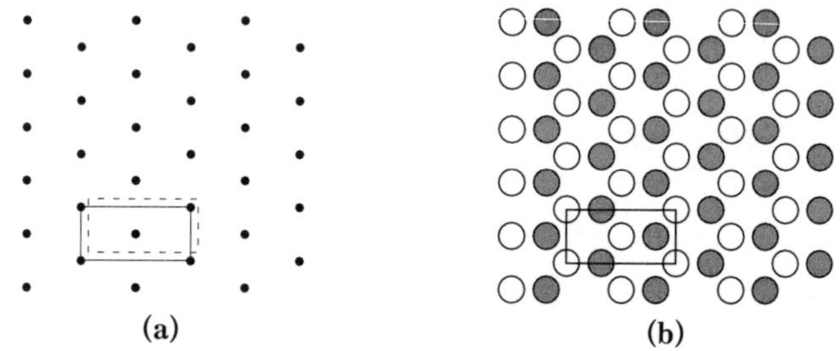

図3.5 基本格子でない格子．(a)原点をずらすと格子が2重格子であることがわかる．(b)(a)の格子対称を基本とする2成分結晶．格子の境界で区切られ内側の部分は，単位格子に含まれる原子の数を計算するのに使われる．長方形内部には正味で2つの白丸原子と2つの黒丸原子が含まれる．

格子あたりに含まれる格子点を数えるときに誤解を生じることがある．図3.5(a)のように格子を頂点で表記した場合，頂点を結ぶ直線を破線の位置まで移動すると，中に2つの格子点が含まれていることが容易に理解できる．同様に格子の頂点が格子点の中心に位置するときには，格子点が円の中心にあると考える．格子の境界線がその円をいくつかの断片に分割しているとみなし，断片の和をとると，円の正味数を示す整数になり，格子点の数に一致する．

図3.5(b)は2種類の原子からなる結晶の規則配列の一部分を示している．格子点が白丸原子の中心にあるとき，頂点で単位格子に含まれる部分だけを分割し，断片を作る．これらの断片を格子の中で足し合せる．例えば図3.5(b)では，格子は正味2つの白丸原子を含む．1つは格子の隅にある4つの四分円であり，もう1つは中心に存在する．格子は黒丸原子も正味2つ含む．1つは2つの半円であり，もう1つはやや右側に存在する．結局，この格子には2つの白丸原子と2つの黒丸原子の計4個が含まれる．

結晶学では，様ざまな対称操作をもつ格子を定義するための規則（例えば回転対称軸の位置など）を決めている．典型的な格子の1つが単位格子で，単位格子は基本格子であったり，多重格子であったりする．多重格子は格子に存在する高い対称性を得るために用いることが多い．国際結晶学図表では種々の単位格子が定義されている．与えられた配列中の単位格子の位置は，構造の対称要素の位置によって決まる．詳細は3.1.7で述べる．

有理点と有理線の記号

結晶の構造に関する情報は，格子定数を単位として定義される基本ベクトルに平行な座標系で与えられる．単位格子に含まれる情報を理解するには，原点および座標を決定し，単位格子に含まれる格子点も規定しなければならない．単位格子内部の任意の点は基本ベクトル $\boldsymbol{t}_1$ と $\boldsymbol{t}_2$ に平行な格子定数 a と b に係数をかけ，間をカンマで区切った座標で表記する．図3.6に単位格子とその内部の点の座標を示す．

結晶における方位はベクトルで表記することができる．**有理線**（rational line）は1つ以上の格子点を通過する線である．2次元格子での有理線はベクトル $\boldsymbol{T}$ で表される．

$$\boldsymbol{T} = u\boldsymbol{t}_1 + v\boldsymbol{t}_2 \tag{3.1}$$

ここで，u と v は直線の**指数**と呼ばれる．線は有理であるため，u と v は整数である．慣例的に線の指数は［　］を用いて表す．カンマやコロンは使用しない．負号を必要とする場合は，数字の上に横棒を引く．

$$[3\bar{1}] = 3\boldsymbol{t}_1 - \boldsymbol{t}_2 \tag{3.2}$$

結晶学ではある方位に沿った長さではなくて，方位そのものが重要である．例えば，3次元結晶における2つの面に沿った方位を決定する場合，得られた指数を最大公約数で除することが多い．すなわち[390]の代わりに[130]を用いる．

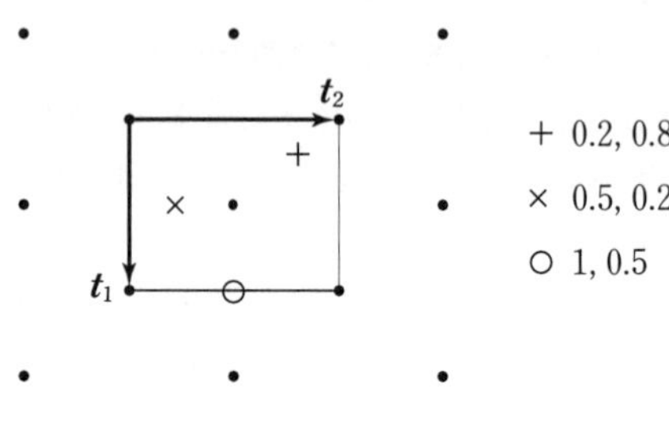

図 3.6 単位格子と格子中の任意の点の座標．基本ベクトルの交点を原点 0,0 とする．

例題 5

（a） 蜂の巣の 2 次元格子を描け．

（b） 描いた図形の上に原点を記入せよ．また格子点を記入せよ（この図形を無限大と仮定せよ）．

（c） この構造の基本格子を規定せよ．

（d） 点 $0, \frac{1}{2}$ と $\frac{1}{3}, \frac{2}{3}$ を記入せよ．

（e） 基本格子の中で，[11] と [10] のなす角を求めよ．

解 答

(a〜d) 図 EP 5 に示すように，蜂の巣状の格子は 6 角形の周期的規則配列を形

図 EP5 蜂の巣状格子は 6 角格子で，2 次元面を隙間なく覆う．

成する．ここで，6角形の辺の長さを L とする．周囲から等価な点を選択するなら，6角形の中心に点の位置を選択するとよい．これでこの構造の格子点は最近接格子点間距離 $a=\sqrt{3}L$ で配列することになる．図EP5に示したように，基本格子に与えられた選択は基本ベクトルとしての長さ a の独立した2つのベクトルを選ぶことである．よって基本ベクトルは $\gamma=120°$ の角度関係をもつ2つが選ばれる．単位格子として120°菱形格子が選ばれる．

格子の中の点の座標は基本ベクトルで表現することができる．したがって，点 $0, \frac{1}{2}$ は $\frac{1}{2}\boldsymbol{t}_2$ の先にある．点 $\frac{1}{3}, \frac{2}{3}$ はベクトル $\frac{1}{3}\boldsymbol{t}_1+\frac{2}{3}\boldsymbol{t}_2$ の先端にある．

(e) ベクトル[11]は単位格子を対角で横切る．そして，[10]は $\boldsymbol{t}_1$ に等しくなる．これらはすべて図EP5に記載されている．正方格子では[11]と[10]の間の角は45°になる．

3.1.2 鏡映対称と映進対称

鏡映対称も対称性の1つである．2次元配列では，**鏡映線**（mirror line）という特定の線で対称性を表現し，3次元配列では，**鏡映面**（mirror plane）という特定の面で表現する．鏡映線が存在すると，配列中のすべての物体は鏡映線に対して適当な位置に鏡映像を表す．鏡映線は鏡映線から等距離の反対側に両手の関係で別の像を作り出す．

右手2つあるいは左手2つのように同じ物体の像は，回転や並進によって重ね合わすことができる．このような関係を**コングルエント**という．それ自身の鏡映像がもとの像と一致しないとき，そのような物体を**キラル**という．重ならない物体もキラルである．キラルという用語は化学の分野で互いに鏡映像の関係にある非対称の分子を表現する．キラルの類義語として**鏡像異性**（enantiomorphic）がある．これは結晶学にて鏡映関係にある結晶をさす言葉である．キラル分子は両手の関係にある鏡像異性な結晶を形成する．

国際結晶学図表では，鏡映対称を示す線を太い実線で表す．鏡映対称操作を記号 m で表す．3.1で述べたように，国際結晶学図表では非対称モチーフを円で表現するが，鏡映対称操作によって得られたモチーフを円の中にカンマを入れて（⊙）表す．

図3.7(a)に鏡映対称操作によって生じた配列を示す．図3.7(b)では，モチーフがどのように配列され，また，国際結晶学図表に従うと図3.7(a)の対称操作がどのように表記されるかを表している．2次元周期性規則配列を図3.7(c)に示す．ま

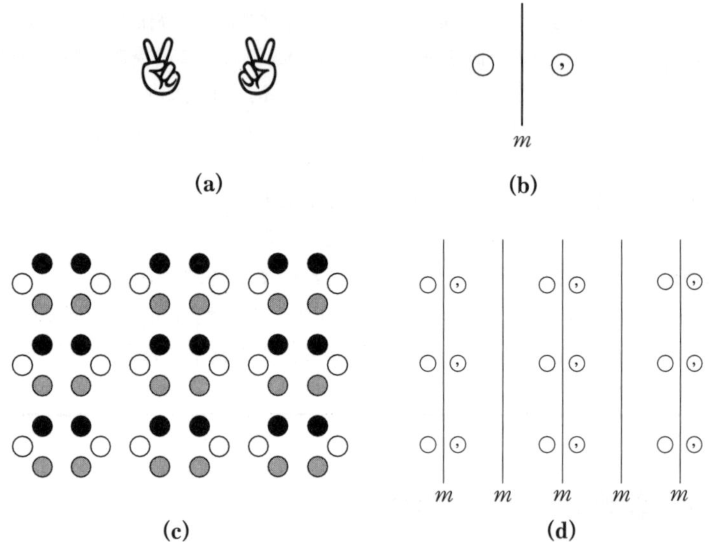

図 3.7 鏡映対称．(a)単純モチーフの鏡映．(b)モチーフと鏡映像を示す記号．(c)鏡映線を含む 2 次元周期配列．(d)配列(c)を示す記号．

た，図 3.7(d)は図 3.7(c)の対称要素を国際結晶学図表にのっとって表現した例である．

デカルト直交座標では，物体は曲面 $L(x, y)=C$ で表すことができる．ここで C は定数である．軌跡 $L(x, -y)=C$ で定義される物体はもとの物体から x 軸をまたぐように操作された鏡映の結果得られる．軌跡 $L(-x, y)=C$ で定義される物体はもとの物体から y 軸をまたぐように操作された鏡映の結果得られる．さらに軌跡 $L(-x, -y)=C$ で定義される物体は，もとの物体から 180° 回転対称操作した結果として得られる．

映進対称操作（glide symmetry）は複合対称操作である．これは並進対称 $\boldsymbol{T}$ と並進に平行に進む鏡映線との組合せである．モチーフを映進線とともに準備し，以下のように周期配列を完成させる．

まずモチーフを**シフトベクトル** $\boldsymbol{\tau}$ だけ**映進線**に沿って移動し，そして映進線で鏡映をとる．このとき像は逆手の関係にある．これを永久に繰り返す．図 3.8(a)はこの過程を示したものである．方位 $\boldsymbol{\tau}$ に沿って得られた配列の周期性は並進 $\boldsymbol{T}=2\boldsymbol{\tau}$ で

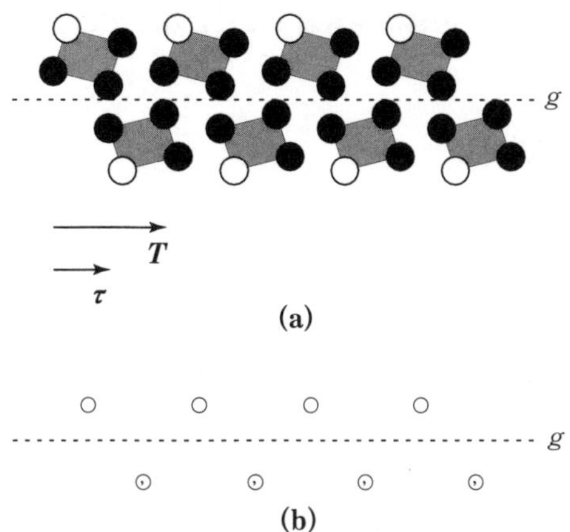

図 3.8　(a)映進面をもつ配列．シフトベクトル $\boldsymbol{\tau}$ はベクトル $\boldsymbol{T}$ の半分である．鏡映操作は $\boldsymbol{\tau}$ に平行に破線をまたぎながら行われる．(b)(a)の配列を記号で表した．

あることがわかる[*2]．映進対称を含む周期構造に重ねると，映進対称をもつ線は破線で表され，記号 g あるいは g_τ で表される．図 3.8(b)は図 3.8(a)の図形を規則に従って記号で表した．図 3.9 に方向の異なる映進線を含む 2 次元周期配列を示す．各

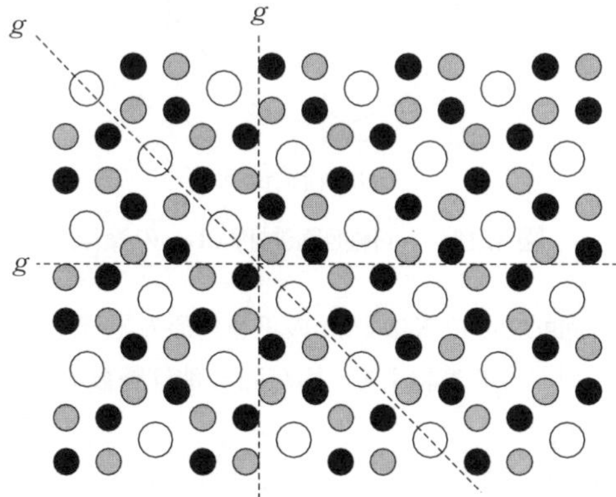

図 3.9　映進対称を示す破線を入れた 2 次元規則配列．鏡映線も存在する．

*2　基本格子ならば，シフトベクトル $\boldsymbol{\tau}$ は並進ベクトルの半分である．格子が基本格子とならない映進面をもつ 3 次元結晶の場合，映進面は並進ベクトルの 1/4 のシフトベクトルをもつ．詳細は 3.2.6 を参照のこと．

映進線は対称操作で配列のどの特徴をも表すようになっている．

3.1.3 回転対称

真性回転軸

真性回転対称軸（proper rotational symmetry axis）A_α とは角度 α で連続的に回転する軸 A である[*3]．回転軸には決まった回転方向はない．しかし，3.2.1 で 3 次元結晶におけるらせん回転軸について解説するように，らせんでは回転方向が重要になる．モチーフは n 回の連続した回転によりはじめの位置で重なる必要があるから，$2\pi/\alpha$ は整数でなければならない．A_π 軸の周囲ではモチーフが 2 回回転のあとではじめの位置に戻るので 2 回軸と呼ばれる．同様に $A_{2\pi/3}$ は 3 回軸である．図 3.10 に 4 回軸 $A_{\pi/2}$ を示す．

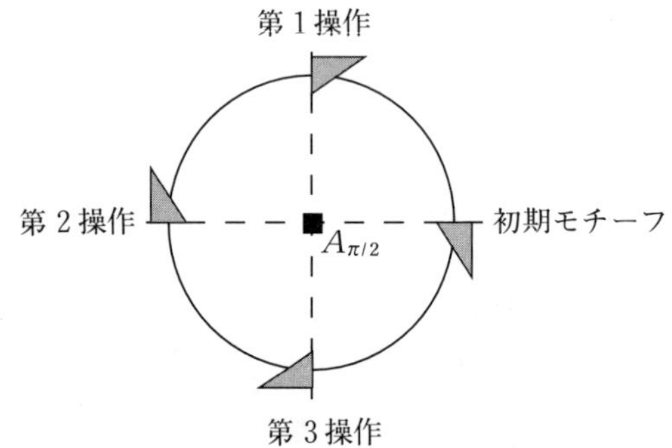

図 3.10 4 回軸回転対称 $A_{\pi/2}$ の操作．

規則配列における回転軸の位置は $2\pi/\alpha$ の正多角形の記号で表記する．ただし 2 回軸の場合，凸レンズ型記号で表記する．固有回転軸は整数 n でも表現される．ここで整数 $n=2\pi/\alpha$ である．

図 3.11 は真性回転軸 1，2，3，4，5，6，7，8 を示している．ここではモチーフとして，不等辺 3 角形が描かれている．整数は対称操作を示し，正多角形は対称操作の

*3 真性回転軸に加えて，非真性回転軸も存在する．これは 3 次元空間では回映と回反対称を含む．3.2.1 で詳細に説明する．なお，非真性は禁止を意味するものではない．

位置を示している．なお結晶における回転対称は1，2，3，4，6のみで，5，7，8は回転軸になり得ないことを以下に示す．

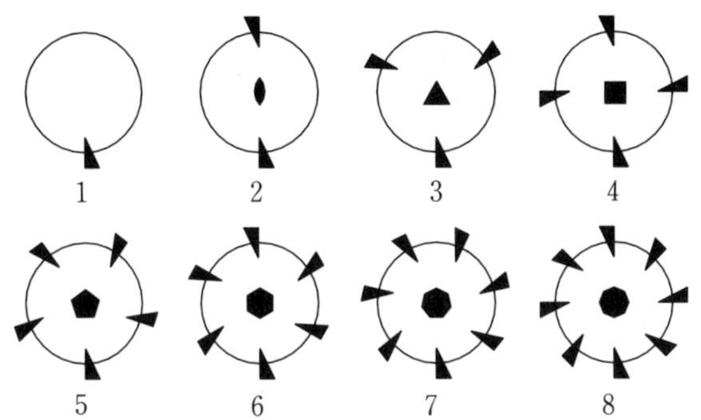

図 3.11　回転軸によって生成する配列.

結晶における回転対称の並進規則性による制限

2次元配列において，真性回転軸と並進対称が同時に存在することに由来する制約について考えよう．2つの異なった対称性が入り込むことによって全体の対称性がどのような影響を受けるのかを確認する．これは結晶学の学習を進めるにあたって適当な例題である．

図3.12に示すように真性回転軸 A_α と並進 $\boldsymbol{T}$ の組合せを考えよう．この2つの対称操作より以下のことが明らかになる．

1. $\boldsymbol{T}$ によって A_α を並進させると回転軸 A'_α が発生する．
2. A_α 軸を中心に反時計方向に回転角 α で回転軸 A'_α の回転を行うと回転軸 B_α が生じる．
3. A' 軸は角度 α の回転対称軸だから，A_α を A'_α 軸まわりに角度 $-\alpha$ だけ（時計方向に）回転することで回転軸 B'_α が生じる．
4. AとA′，AとB，A′とB′の距離はすべて T に等しい．T は格子並進ベクトル $\boldsymbol{T}$ のスカラー量である．
5. 並進対称操作 $\boldsymbol{T}$ により，BとB′間の距離は T の整数倍でなければならない．この距離を mT とすると次式が得られる．

$$mT = T - 2(T\cos\alpha) \tag{3.3}$$

ここで，m は整数である．よって α のとり得る値は次式から決定される．

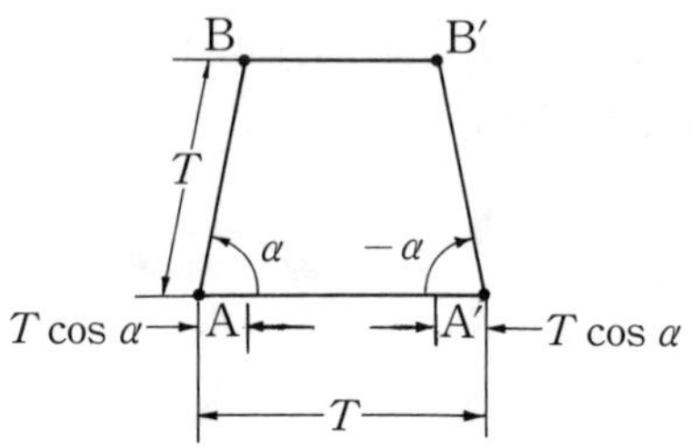

図 3.12 2次元格子中で結晶学的に許される回転対称により発生する幾何学構造.

$$m=1-2\cos\alpha \tag{3.4}$$

$m=-1, 0, 1, 2, 3$ に応じて，α の値は $2\pi, \pi/3, \pi/2, 2\pi/3$，そして π となる．これらの回転角度は n 回軸に一致する．ここで，$n=2\pi/\alpha=1, 6, 4, 3, 2$ である．図 3.13 は式(3.4)を利用して得た解について図 3.12 を書き換えた構造である．

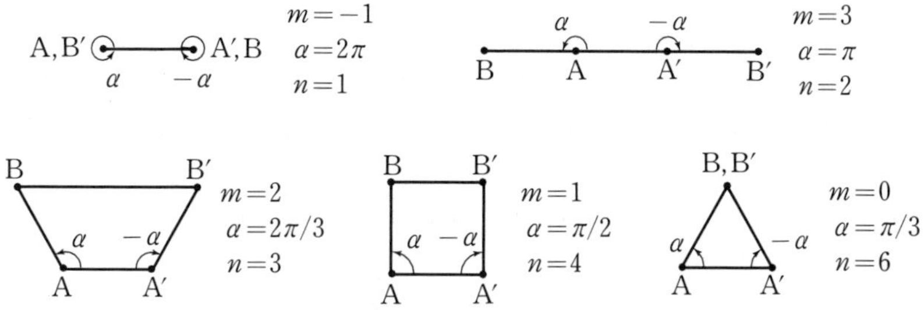

図 3.13 式(3.4)の5つの整数解に対応する図.

以上の結果は，並進対称性のある2次元配列が回転対称を $\{1, 2, 3, 4, 6\}$ に制限するという結晶学にとって重要な約束を導きだす．この結果は3次元配列にもあてはまる．また以上の結果は結晶学的規則配列の種類は有限であるという事実も示している．対称要素は常に相互に関連しあう．そのため空間における対称要素の配列方法も常に制約を受けるのである．

3.1.4 面 点 群

空間に存在するある点から眺めた周囲の対称性を**点対称**（point symmetry）という．一般的な配列をもつ有限の物体には無限に続く点対称が存在する．図3.11は無限にある回転周期配列を n 回軸の操作で表現することが可能であることを示している．結晶学では並進操作も加わるので，無限種類の周期配列が可能となるのである．前項では並進対称性がある場合，回転軸に許される n の値は1，2，3，4，6であることを明らかにした．その結果2次元配列には5つの点対称（1回軸，2回軸，3回軸，4回軸および6回軸）が存在することを述べた．結晶中の可能な点対称をすべて列挙するには，すべての n 回軸と鏡映面の組合せを考えなくてはならない．結晶のもつ自己同一的な点対称の組合せを**結晶学的点群**（crystallographic point group）という．ここでは，2次元における点群すなわち**面点群**（plane point group）を挙げる．10個の面点群は3次元では32個の点群に拡張される．2次元では点対称は回転軸と鏡映線によって構成される．3次元では点群は回転軸と鏡映面と反転中心からなる．点対称は空間における固定された点であるから，並進操作を考える必要はない．

鏡映と回転の組合せによる面点群

並進対称を有する2次元配列では，点対称 $\{1, 2, 3, 4, 6\}$ のすべてが可能である．この5つの回転対称は10個の面点群のうちの5つになる．加えて，並進対称をもつ2次元配列は図3.7(c)のような鏡映対称をもつこともできる．ゆえに残りの5つは，鏡映対称と回転軸の組合せで規定することができる[*4]．

鏡映対称をもつ線と回転軸はある交点で結合している（Buerger 1978, pp. 55–56)．図3.14に，点Aにおいて角度 μ で交差する鏡映対称をもつ平行でない2本の線 m_1 と m_2 を示す．任意の点1にあるモチーフ○の m_1 と m_2 の連続的な操作により，点2では⊙，点3では○となる（前述したように記号○と⊙はモチーフの右手と左手の関係にあり，ある物体に鏡映対称操作を行った前後の状態を示す)．2つの m_1 と m_2 の対称操作の組合せは点Aにおける回転対称操作と等価になる．図3.14を参考にする

---

*4　2次元配列では，回転軸は配列面に垂直に位置する．鏡映対称は2次元配列面で直線として位置する．したがって鏡映対称を示す直線は回転軸に垂直に位置することになる．同様に2次元配列中の並進対称も回転軸に対して垂直になる．

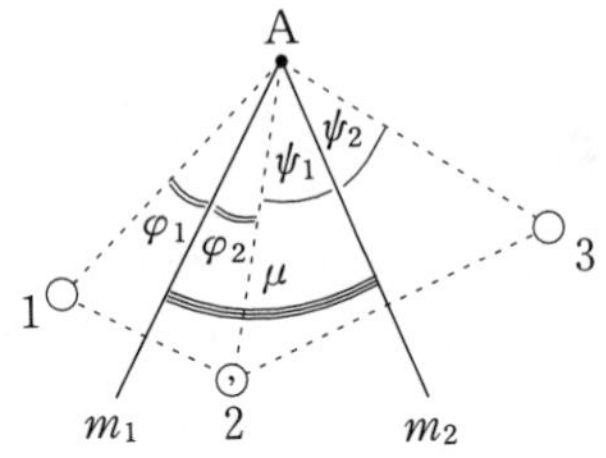

図 3.14 点 A における鏡映対称 m_1 と m_2 の交点は A に関する回転対称に一致する．

と m_1 と m_2 の対称操作より次式が得られる．

$$\phi_1=\phi_2 \qquad \psi_1=\psi_2$$

図 3.14 より鏡映線 m_1 と m_2 のなす角は次式で与えられる．

$$\mu=\phi_2+\psi_1$$

それゆえ点 1 と点 3 にあるモチーフを A のまわりに回転させると，

$$\phi_1+\phi_2+\psi_1+\psi_2=2\mu \tag{3.5}$$

この結果は次式で表される．

$$\langle m_1\cdot m_2\rangle_{\mu}=A_{2\mu} \quad \text{または} \quad \langle m_1\cdot m_2\rangle_{\alpha/2}=A_{\alpha} \tag{3.6}$$

ここで，演算子ドット「・」は相互に関係する対称性が共存していることを示す．

式(3.6)は以下のように理解できる．角度 $\alpha/2$ で交差する鏡映線 m_1 と m_2 の組合せは，m_1 と m_2 の交点に存在する角度 α なる回転軸と等価である．このことは次式で表される．

$$A_{\alpha}\cdot m_2=m_{1,\,\alpha/2} \tag{3.7}$$

式(3.7)は，回転軸 A_{α} とそれに交わる鏡映線 m_2 の組合せが，もう 1 つの鏡映線 m_1

図 3.15 1 回軸と垂直鏡映線は点対称 m を与える．

と等価であることを示す．鏡映線 m_1 も A_α を通過し，m_2 と角度 $\alpha/2$ をなす．これは，独立した対称操作に関する組合せの別の例である．

式(3.7)よりすべての面点群を導出することができる．まず，図 3.15 に示すように鏡映線と交差する 1 回軸 $A_{2\pi}$ の組合せを考える．式(3.7)は 2 番目の鏡映線が最初の鏡映線と π の角度関係で存在することを示している．しかし $\alpha=2\pi$ なので，2 番目の鏡映線ははじめの線に一致する．それゆえ，点対称 1 に鏡映線を加えても鏡映線は 1 つしか存在しない．この組合せは国際記号 m で示される 6 番目の面点群となる．

次に 2 回軸 A_π と鏡映線 m_1 の組合せを考えよう．式(3.7)より m_1 と $\pi/2$ の角度をなす 2 番目の鏡映線 m_2 が存在しなければならないことがわかる．図 3.16 にその結

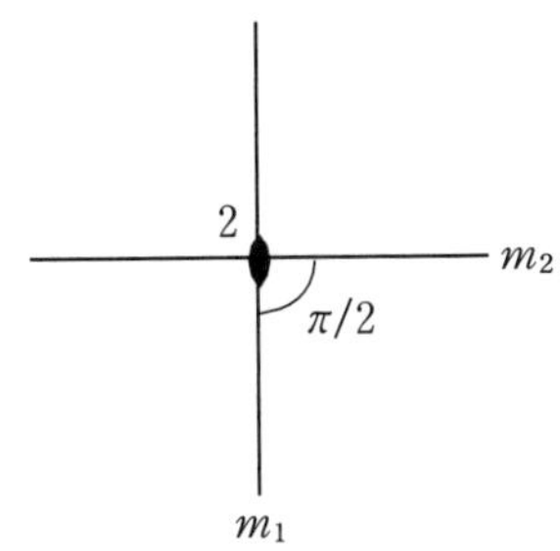

図 3.16　回転軸 A_π と鏡映線の組合せは最初の鏡映線と直交する第 2 の鏡映線を生成する．

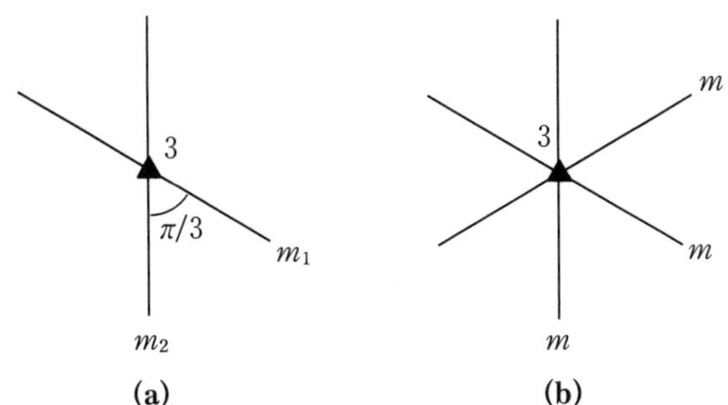

図 3.17　(a) $A_{2\pi/3}$ と鏡映線 m_1 の組合せは 2 番目の鏡映線 m_2 を生成する．(b)回転軸 $A_{2\pi/3}$ の操作は A を通過する 3 番目の鏡映線を生成し，点群 $3m$ が得られる．

果を示す．この組合せは $2mm$ で表記される 7 番目の面点群になる．

回転軸 $A_{2\pi/3}$ と m_1 の組合せは，式(3.7)より m_1 と角度 $\pi/3$ をなす m_2 の存在を意味する．この組合せを図 3.17(a)に示す．$A_{2\pi/3}$ は $2\pi/3$ の回転関係にある鏡映線 m_1 と m_2 で生じる．この場合，$A_{2\pi/3}$ 軸とともに鏡映線の回転は図 3.17(b)に示すように A 軸に関して 3 つの鏡映線を生み出す．この組合せは $3m$ で表記される 8 番目の面点群になる．

回転軸 $A_{\pi/2}$ と $A_{\pi/3}$ の交差に式(3.7)を同様に適用することで，それぞれ $4mm$ と $6mm$ の面点群が得られ，10 の面点群がすべてそろうことになる．面点群すべての対称要素の配列を図 3.18 に示す．

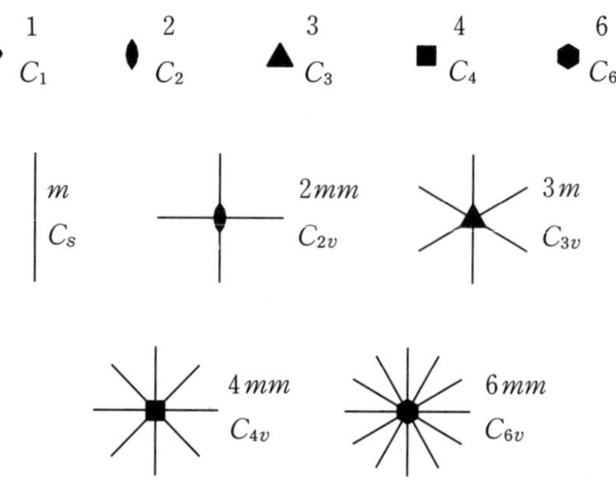

図 3.18 10 個の結晶学的面点群．上の記号は国際記号，下の記号はシェーンフリース記号を示す（本文を参照のこと）．

一般位置と特定位置

配列中の位置には対称要素で説明できるものと，できないものの 2 種類しか存在しない．前者を**特定位置**，後者を**一般位置**という．一般位置は平凡な点群対称である 1 回軸をもつ．○で表される非対称物体は座標 x，y の一般位置に置かなければならない．いいかえれば○を特定位置に置くことはない．しかし○のもつ点対称が特定位置の対称性と等しいかそれを超えるとき，○は特定位置に置いてもよい．

国際記号とシェーンフリース記号

結晶対称性を示すシステムには，**ヘルマン-モーガン記号**と**シェーンフリース記号**という異なる表記が使われる．国際結晶学図表では国際記号としてのヘルマン-モーガン記号が主に使用される．国際記号は材料科学の分野で，シェーンフリース記号は主に物理学や化学の分野で使用される．両記号とも，回転軸を表記するのにアラビア数字を用いる．数字は回転軸の回転操作の数に一致する（例えば $2\pi/3$ の繰り返し角では数字 3 が使われる．3 は 3 回軸を示す）．

国際記号では，鏡映線を含まないときの面点群は 1，2，3，4 および 6 と表記される．1 回軸と 1 つの鏡映線の組合せで点対称 m と表記される．鏡映線と 1 回軸以外の回転軸の組合せとして，$2mm$，$3m$，$4mm$ および $6mm$ がある．

鏡映線を含む面点群の表記に関して，mm は $2mm$，$4mm$および $6mm$ で使用されるが m と $3m$ では使用されない．鏡映線が互いに重なり合うとき，つまり鏡の間にある角度間隔が点群の回転軸の半分であるときにだけ mm が用いられる．点群 $4mm$ では鏡の間の角度は $\pi/4$ である．点群 $3m$ ではすべての鏡がもともとの鏡映線に重なるように $A_{2\pi/3}$ の回転操作で出現する．つまり式(3.7)により出現した新たな鏡映線は回転軸 $A_{2\pi/3}$ でもともと出現している鏡映線に重なってしまうのである．

シェーンフリース記号では，$\{C, D, T, O, S\}$ の記号と下つき記号を用いる．すべての面点群は周期（cyclic）を意味する記号 C で表される（配列面に垂直な軸のまわりでの回転という意味である）[*5]．すべての C 面点群は回転軸を含み，**単軸群**と呼ばれる．面点群の下つき記号には n 回軸を示す整数 1，2，3，4，6 が使われる．鏡映線が交差しなければ，面点群対称は C_1，C_2，C_3，C_4 および C_6 と表記される．2 回，3 回，4 回および 6 回軸と鏡映線との組合せには記号 C_{2v}，C_{3v}，C_{4v} および C_{6v} が用いられる．下つきの v は垂直方向の鏡映面を示す．したがって，3 次元では垂直な鏡映面が長さ方向で回転軸と交わる．記号 C_s は 1 回軸と交差する鏡映線を示す．ここで s はドイツ語の鏡を示す Spiegel の頭文字である．図 3.18 に 10 種類の面点群に対する国際記号とシェーンフリース記号を示してある．

---

*5　3 次元対称では C で表記される他の点群もある．それについては 3.2.4 で説明する．

3.1.5 5つの面格子

回転軸と鏡映線の組合せに並進操作を加えることで，系統的な議論が可能になる．まずここで5つの**面格子**（plane lattice）について説明し，さらに回転軸と鏡映面が単位格子の中でどのように広がるかに触れる．

2次元において，結晶学的面点群対称に並進対称が加わると基本的な5つの面格子ができる．回転軸や鏡映線などの対称要素の存在が基本ベクトル $\boldsymbol{t}_1$，$\boldsymbol{t}_2$ およびそのなす角 γ によって制限される．一般に，基本ベクトル $\boldsymbol{t}_1$ と $\boldsymbol{t}_2$ が平行4辺格子を組むとき，特別な制限はまったくない．図3.3に示した平行4辺格子は2回軸をもつことがわかる．

最初に，3.1.3で示した回転軸と並進対称の組合せを考えよう．図3.19は回転軸 A_α と並進 $\boldsymbol{t}$ を示している．直線1は $\boldsymbol{t}$ に垂直な直線から $\alpha/2$ の角度で描かれている．軸 A_α 回転操作で，直線1上の点 P_1 が直線2の P_2 に移動する．並進操作 $\boldsymbol{t}$ で点 P_2 と直線2が点 P_3 と直線3にそれぞれ移動する．図3.19を考えると，回転軸 A_α と $\boldsymbol{t}$ の組合せは，直線1と3の間に回転軸 B_α を生じることになる．回転軸 B は回転軸 A と同じ角度 α で，同じ方向に回転する．回転軸 B の位置は，角 α と $|\boldsymbol{t}|$ に依存する．一般化された定義は以下のとおりである(Buerger 1978, p. 72)．回転軸 A のまわりの角度 α の回転と軸に垂直な並進 $\boldsymbol{t}$ の組合せは，新しく発生した回転軸 B のまわりの角度 α の回転と等価である．回転軸 B はAとA′の間のAA′より距離 $d=(|\boldsymbol{t}|/2)\cot(\alpha/2)$ だけ離れたところに存在する．

この対称操作の組合せは次の式で表される．

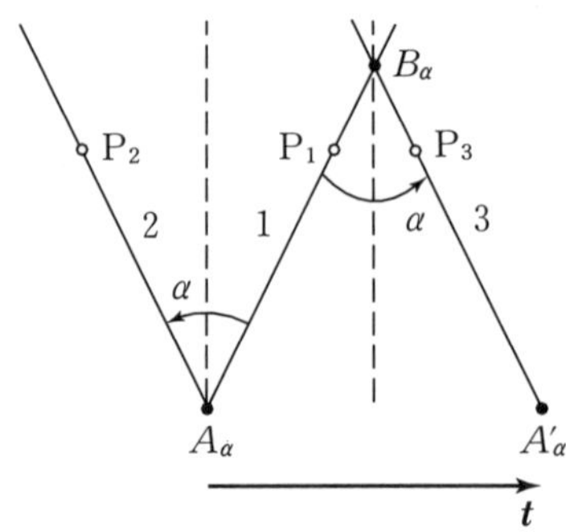

図3.19 $A_\alpha\cdot\boldsymbol{t}$ の組合せは，回転軸 B_α に等しい（Buerger 1978, p. 71）．

$$A_\alpha \cdot \boldsymbol{t} = B_\alpha \tag{3.8}$$

n 回軸 A_α は $\alpha(=2\pi/n)$，2α，…，$n\alpha$ がすべての対称操作である回転を示す軸である．したがって，式(3.8)を回転軸 A_α に完全に適用するためには，それぞれの n 回軸に制限を加えなければならない．例えば，$A_{\pi/2}\cdot\boldsymbol{t}$ の組合せでは，基本格子に4回軸と2回軸が加えられる．

結晶学的回転軸と並進により形成される面格子網

2次元における回転軸と並進の組合せにより $\boldsymbol{t}_1$，$\boldsymbol{t}_2$ および角度 γ が制約を受け，5つの2次元格子網のうち，3つが完成する．基本格子に含まれるすべての回転軸を定義するため，式(3.8)を $\boldsymbol{t}_1$，$\boldsymbol{t}_2$ および $\boldsymbol{t}_1+\boldsymbol{t}_2$ に適用する．なぜならこれら3つのベクトルの終点と始点によって格子の頂点が定義されるからである．このすべての組合せについては Buerger（1978, pp. 72-78）の著書に詳しく記載されている．ここでは，2回軸と4回軸を例に，基本的な導出法について解説する．

$A_\pi\cdot\boldsymbol{t}$ の組合せを考えよう．図3.20は回転軸 A，ベクトル $\boldsymbol{t}$，および 並進 $\boldsymbol{t}$ を経て生じた回転軸 A' を示している．式(3.8)より，B_π は線分 AA′ の間に垂直に向くように位置することがわかる．線分 AA′ から回転軸 B_π までの距離は $\cot(\alpha/2)=\cot(\pi/2)=0$ に比例する．任意の基本ベクトル $\boldsymbol{t}_1$ と $\boldsymbol{t}_2$ は2回軸を有する平行4辺格子を定義するから，2回軸は $\boldsymbol{t}_1$ の中点になければならない．さらに同様に2回軸は $\boldsymbol{t}_2$ の中点と $\boldsymbol{t}_1+\boldsymbol{t}_2$ の中点にも存在しなければならない．図3.21は得られた基本格子と格子中に存在するすべての回転軸を示している．原点にある2回軸は $\boldsymbol{t}_2$ になんら制限を加えない．したがって，基本格子は平行4辺格子になる（2回軸記号⬮は図3.21において4つの異なる方向を向く．これは軸が結晶学的に等価でないことを表している．すなわち，格子中の4つの領域は異なる．以下にいくつかの例を示す）．

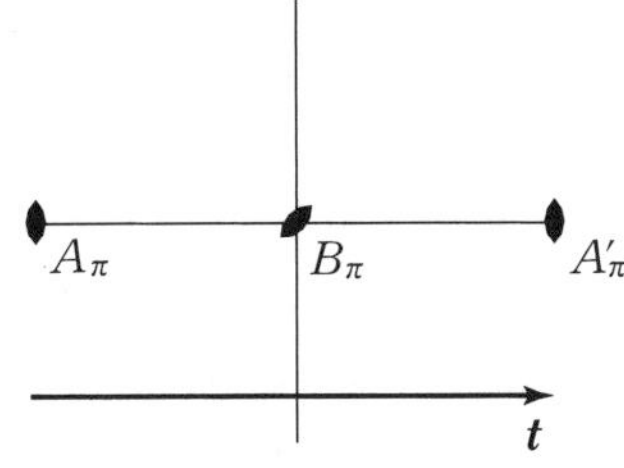

図3.20　$A_\pi\cdot\boldsymbol{t}$ は線分 AA′ の中点で2回軸 B_π を与える．

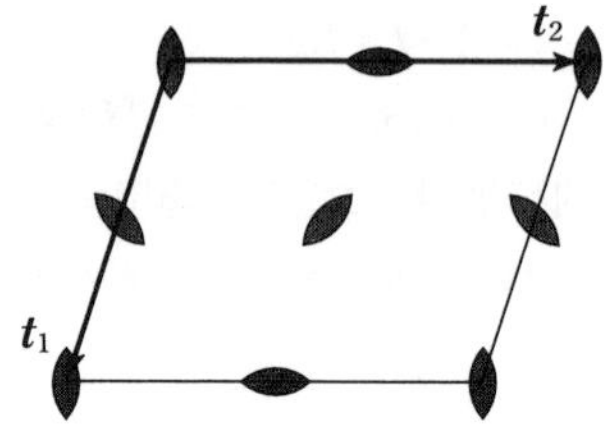

図 3.21 A_π と非垂直並進の組合せで得られる基本格子．格子の角の他，格子の枠の中点と面心位置にも 2 回軸がある．

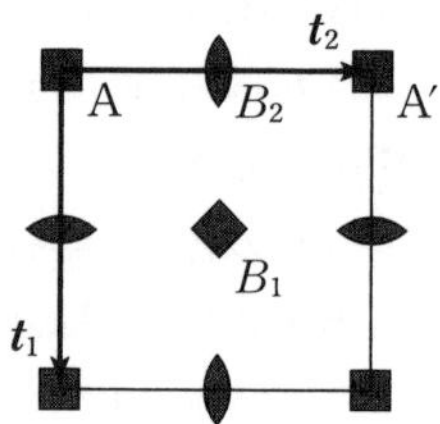

図 3.22 $A_{\pi/2}$ と垂直並進の組合せによって得られる基本格子．格子の角と面心に 4 回軸が，枠の中点に 2 回軸が存在する．

次に 4 回軸と $\boldsymbol{t}$ の組合せについてみてみよう．4 回軸は $A_{\pi/2}$，A_π，$A_{3\pi/2}$，$A_{2\pi}$ の 4 つの回転をもつ．基本格子のベクトル $\boldsymbol{t}_1$ と $\boldsymbol{t}_2$ は直交し等しい大きさをもつから，正方格子を形成する．まず $A_{\pi/2}\cdot\boldsymbol{t}_1$ を考えよう．式(3.8)より 4 回軸は AA′ の間の距離 (AA′/2)cot(π/4)＝AA′/2 の位置にある．図 3.22 に示すように B_1 軸が基本格子の中心に生じる．$A_{\pi/2}\cdot\boldsymbol{t}_2$ と $A_{\pi/2}\cdot(\boldsymbol{t}_1+\boldsymbol{t}_2)$ の組合せは特に新しい結果をもたらさない．次に回転 A_π は 4 回軸の副群であるから，図 3.20 で議論したように $A_\pi\cdot\boldsymbol{t}_2$ についても考えなければならない．この組合せは新たな 2 回軸を AA′ の中点に形成する．図 3.22 にはこれを B_2 として示した．図 3.22 の残りの 2 回軸に関しても同様な理由で導出できる．

3 回軸を含む面格子についても式(3.8)を用いて解析することができる．得られる格子は **120° 菱形格子**（rhombus lattice）である．したがって角度 γ は特定の値をもち，かつ $|\boldsymbol{t}_1|=|\boldsymbol{t}_2|$ となる．6 回軸と並進を組み合わせて得られる格子もまた 120° 菱形となるが，6 回軸に加え，3 回軸と 2 回軸が格子中に出現する．$A_{2\pi/3}$ と A_π が回転 $A_{2\pi/6}$ の副群になるからである．得られる格子と格子中の回転軸の位置関係を図 3.23

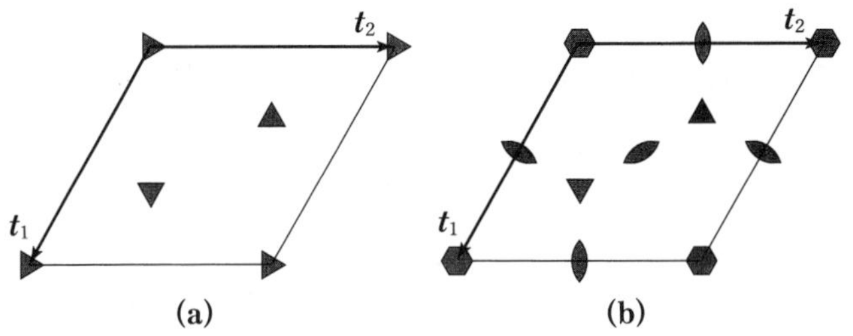

図 3.23　垂直並進と（a）$A_{2\pi/3}$，（b）$A_{\pi/3}$ との組合せ．両方とも 120° 菱形格子を生じる．記号の向きが異なるのは対称要素が単位格子の中で等価な位置にないことを示す．

に示す．

回転対称 1，2，3，4，6 と並進の組合せについてまとめると，鏡映対称がない条件では 3 つの**2 次元面格子**，すなわち平行 4 辺格子，120° 菱形格子および正方格子が存在する．

例題 6

図 3.22 の対称要素を図 EP 6（a）の周期構造に重ね合わせよ．図 3.22 に示した 4 回軸と 2 回軸が図 EP 6（a）でなりたつことを確認せよ．

(a)　(b)

図 EP6　（a）2 回軸および 4 回軸を含む配列．（b）配列（a）に単位格子を重ね合わせた．

解　答

図 3.22 を重ねると図 EP 6（b）のようになる．まず 4 回軸に 2 つの非等価位置があることを確認する．1 つは小さなモチーフの中心に位置し，もう 1 つは 4 つの隣り合ったモチーフの中心にある．両方ともこの配列の基本格子の原点となりうる．

鏡映線と並進により形成される格子網

鏡映対称が存在し，1回軸あるいは2回軸が最も高い回転対称であるとき，2つの新しい2次元格子を形成する．図3.24(a)に示すように，並進ベクトル $\boldsymbol{t}_1$ と鏡映線 m の**1次元的**な組合せを考えることでこの2つの格子が導き出せる*6．次項の式(3.9)で述べるが，並進ベクトル $\boldsymbol{t}_1$ と鏡映線 m の組合せは図3.24(b)に示すように格子並進の周期の半分の間隔で鏡映線が周期配列を形成する．図3.24(a)と図3.24(b)の点は格子点を示す．格子点の間隔は鏡映対称の直線の間隔の2倍になる．図3.24(c)は図3.24(b)の対称要素を含んだ周期配列である．図3.24(c)の配列（並進ベクトル $\boldsymbol{t}_1$）が1次元であるのに対し，繰り返された物体（2等辺3角形）は2次元である．

図3.24(b)の配列に第2の並進ベクトル $\boldsymbol{t}_2$ を加えると，配列の周期が1次元から2次元に拡張される．最終的には鏡映操作を2次元配列に組み込みたいのであるから，1次元の鏡映対称の点は2次元の鏡映線対称に拡張される．鏡映線が存在するためには，$\boldsymbol{t}_2$ は次の2つのうちいずれかの条件で制約されなければならない．すなわち $\boldsymbol{t}_2$ に垂直であるか，あるいは $\boldsymbol{t}_1$ に平行な要素が $\boldsymbol{t}_1/2$ でなければならない．両方の場合について図3.25に示す．図3.25(a)は $\boldsymbol{t}_2$ に垂直な場合を示す．対称要素の配列と格子点の配列を左図に，この配列を含む周期パターンを右図に描いてある．得られた

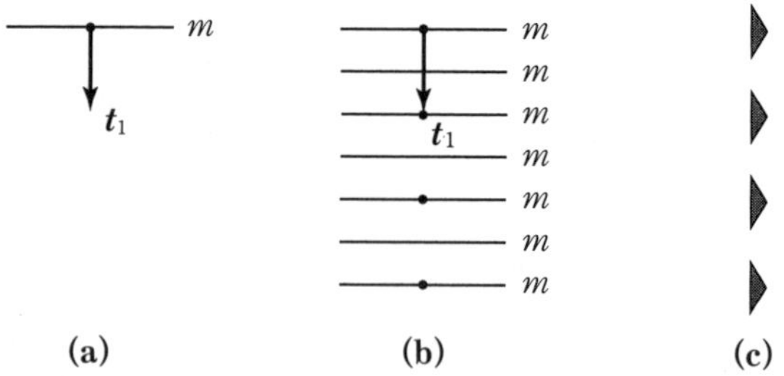

図3.24　(a)格子並進 $\boldsymbol{t}_1$ とそれに垂直な鏡映線の組合せ．(b)並進対称ベクトルの大きさの半分に鏡映線が新たに生成する．(c)(b)で描いた対称要素の配列を周期配列で示した．

*6　得られる配列が1次元の周期性をもつために，格子並進が鏡映線に対して垂直になるべきである．90°以外の角度で鏡映 m が t に対して配向すると2次元面心長方格子となる．

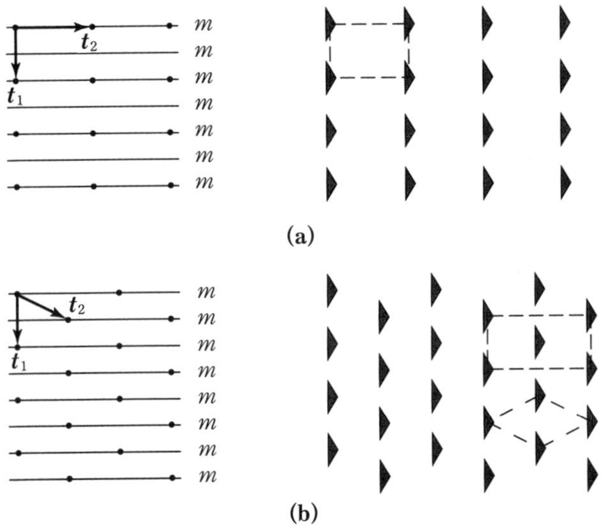

図 3.25　(a)図 3.24(b)の配列に第 2 の並進を与えることで長方格子を拡張した．この場合，鏡映対称は $\boldsymbol{t}_1$ に垂直に $\boldsymbol{t}_2$ をとることで得られる．左は対称要素の配列で，右はこの対称の配列を単位格子を加えて示したものである．(b)面心長方格子の拡張．$\boldsymbol{t}_2$ は左に示すように格子点の中間に鏡映線で制約される．この対称配列における格子を 2 重格子で右上に示す．この格子網を面心長方格子という．右下に示す基本格子はダイヤモンド格子あるいは菱形格子として知られる．

格子網は長方格子で，基本格子は図 3.25(a)右図に重ねて描いてあるように**単純長方格子**（primitive rectangular cell）である．$\boldsymbol{t}_1$ に平行な要素が $\boldsymbol{t}_1/2$ である場合を図 3.25(b)に示す．$\boldsymbol{t}_2$ に制約されていることから，2 つの単位格子で定義することができる．図 3.25(b)の右上に示したのが**面心長方格子**（centered rectangular lattice）である．これは対称要素の配列を示す基本格子である．長方格子のもう 1 つの単位格子の取り方が図 3.25(b)右下に図示してある．この場合，基本ベクトルは等しい長さで，格子は**ダイヤモンド格子**（diamond lattice）あるいは**菱形格子**（rhombus lattice）として知られる単純格子になる（菱形の軸間角 γ は制約されないことに注意する）．

格子に鏡面対称の直線を加えることで，もはやそれ以上の格子は出現しない．それゆえ，面格子としては斜方格子，120° 菱形格子，正方格子，長方格子および面心長方格子の 5 つが規定される．面格子に関する情報について表 3.1 にまとめた．さらに

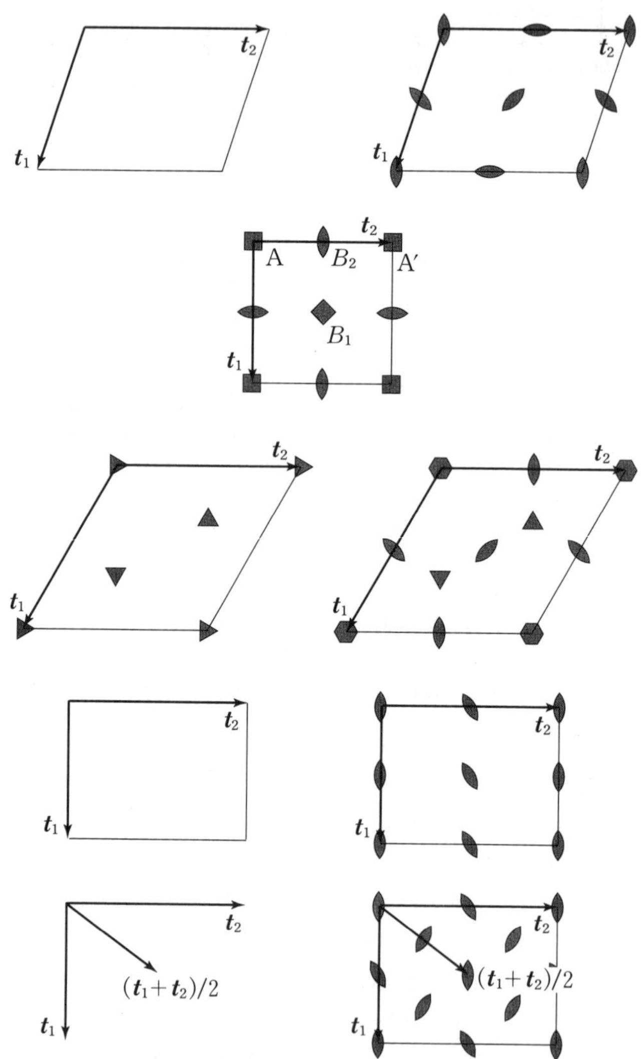

図 3.26 5つの面格子—平行4辺格子，正方格子，120°菱形格子，長方格子，面心長方格子—と回転軸．鏡映線は描かれていない．

表 3.1　5 つの面格子と 10 の結晶学的面点群.

高次点群表記	格子[a]
1, 2	平行 4 辺格子
$m, 2mm$[b]	長方格子
$m, 2mm$[b]	面心長方格子
$4, 4mm$	正方格子
$3, 3m, 6, 6mm$	120° 菱形格子

[a] 可能な面格子.

[b] 並進 1/2, 1/2 が m または 2 mm を含む配列に加えられたときの結晶学的に区別される配列結果.

その中でもっとも高い対称性を有する点群についても示した．図 3.26 は 5 つの面格子について，基本ベクトルの選び方と基本ベクトルと対称要素の関係を示したものである．

3 回回転操作と 6 回回転操作をもつ 120° 菱形格子は長方格子の特別な形であることに注意しよう．軸間角 120° は 3 回回転操作にも 6 回回転操作にも存在し，それらは面心長方格子の 2 回回転操作あるいは鏡映操作よりも高い対称性をもつ．3 回回転操作あるいは 6 回回転操作が存在するとき，より高い対称操作を表すための基本格子として 120° 菱形格子を用いる．

3.1.6　面　　群

ここまで，10 の面点群と 5 の面格子について述べてきた．面格子の形を学ぶとともに，回転対称軸は単位格子の中に存在し，その位置は完全に知られることも理解できたはずである．ここでは，これまでの対称操作に反転対称と映進（並進-反転）対称を加える．最後に 17 の面群を決定する．その中に結晶の対称要素とは明らかに異なる組合せを見ることができる．2 次元並進対称をもつすべての配列は 17 の**面群**（plane group）のいずれかの対称要素をもっている．2 次元結晶構造において，単位格子の中に含まれる原子の種類や配位と面群は所定の記号により完全に表記することができる．

面格子への鏡映対称の適用

長方格子やダイヤモンド格子の並進操作に鏡映対称のラインを加える．まず図

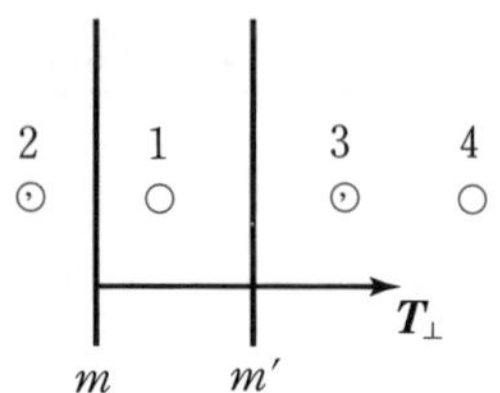

図 3.27　鏡映線 m とそれに垂直な並進 $T_\perp$ により 2 番目の鏡映線 m' が生成する．

3.27 に示すように鏡映線 m と m に垂直な並進 $T_\perp$ の組合せを考えよう．点 1 にあるモチーフ○は鏡映線 m によって点 2 にあるモチーフ⨀に位置する．並進 $T_\perp$ は点 1 の○を点 2 の⨀に移す．さらなる対称操作によって点 3 にあるモチーフ⨀は点 4 にある○に移る．図 3.27 より，$(T_\perp \cdot m)$ の組合せにより m から距離 $T_\perp/2$ にある m に平行な m' を形成することがわかる．式を用いるとこの関係は $T_\perp/2$ において次のように表現できる．

$$T_\perp \cdot m = m' \tag{3.9}$$

次に，一般的な並進 T と鏡映線 m の組合せについて考えてみよう．図 3.28 に示すように，T を鏡映線 m に垂直な成分 $T_\perp$ と平行な成分 $T_{/\!/}$ に分ける．点 1 のモチーフ○は m によって点 2 の⨀に移る．そしてこれらは T によって点 4 の○と点 3 の⨀に移る．この操作により m から距離 $T_\perp/2$ で m と平行に位置する映進 g_τ と $T_{/\!/}$ に平行な映進並進の大きさが決まる．この結果は $T_\perp/2$ において $\tau = T_{/\!/}$ の条件のもとに次のように表現される．

$$T \cdot m = g_\tau \tag{3.10}$$

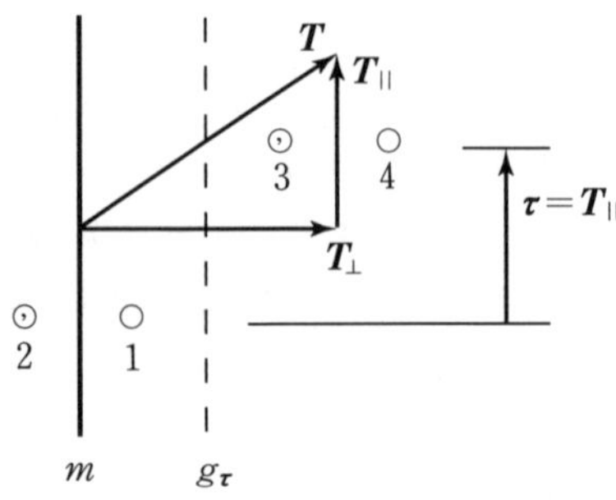

図 3.28　鏡映線 m と並進 T により映進線 g_τ が生成する．

$\boldsymbol{T}_{/\!/}=0$ で $\boldsymbol{\tau}=0$ のとき，式(3.9)が適用される．

図 3.29 に示すように映進線 g_τ と並進 $\boldsymbol{T}$ の組合せは，$\boldsymbol{T}_\perp/2$ において次式で表される．

$$\boldsymbol{T}\cdot g_\tau = g_{\tau+T_{/\!/}} \tag{3.11}$$

このような操作を通じて，17 の面群を組み立てていくことができる．以下では，2 つの例を通してその過程を説明する．

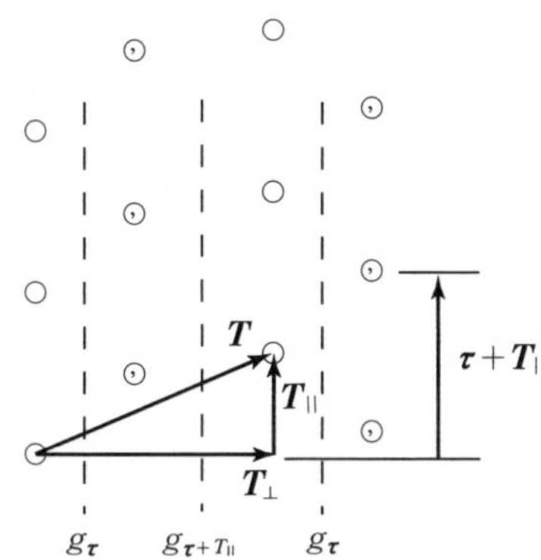

図 3.29　映進線 g_τ と並進 $\boldsymbol{T}$ により映進線 $g_{\tau+T_{/\!/}}$ が $\boldsymbol{T}_\perp/2$ に生成する．

17 の結晶面群

結晶面群は並進的な 2 次元規則配列における対称要素の組合せである．取り得る面群対称は次の 4 つからなる．

- 並進
- 回転
- 鏡映
- 映進

面群は小文字あるいは数字で表される．接頭にはつねに単位格子の単純や体心あるいは面心を示す p や c のアルファベットがくる（ダイヤモンド格子を除いたすべての基本格子は単純格子である）．2 番目の記号はアラビア数字で，パターンの中に見られる最も高い回転対称軸を示している．ただし，もっとも高い回転対称が 1 の場合と鏡映線あるいは映進線が存在するときはこの限りではない．残りの記号は鏡映線 m，映進線 g が存在するなら，それらを示す．例えば，2 つの特別な記号 $p31m$ と

$p3m1$ がある．$p31m$ の 3 回軸は点群 3 と点群 $3m$ をもつのに対して，$p3m1$ の 3 回軸はすべて点群 $3m$ をもっている．

3.1.5 では，回転軸とそれと垂直な並進の組合せがいくつかの 2 次元格子網：斜方格子，120° 菱形格子，正方格子，長方格子および面心長方格子を導き出すことについて触れた．これで 17 の面群のうちの 5 つ，$p1$，$p2$，$p3$，$p4$ および $p6$ が完成する．この面群に存在する対称操作は並進と回転である．残りの 12 面群は鏡映と映進対称をもつ．

国際結晶学図表より引用した 17 面群を付録 A に示した．おのおのの面群には 1～17 までの数字と上述した記号が割り振られている．ここで，付録の右図について説明していく．この図はおのおのの面群における単位格子中の対称操作の位置を示す．面群 1 は恒等操作（1 回対称）が斜方格子の唯一の対称操作であることを示している．面群 2，10，13 および 16 は 2 回，4 回，3 回および 6 回回転操作だけを含んでいる（もちろん並進操作に加えて）．図 3.21～3.23 にそれぞれの操作を示す．残りの面群は鏡映操作と映進操作を含んでいて，それに回転操作が組み合わされている（式(3.9)～(3.11)）．

単純長方格子に鏡映線を加えることでさらに組合せは増える（図 3.25(a)）．長方格子を規定するために $\boldsymbol{t}_1$ と $\boldsymbol{t}_2$ を並進ベクトルとして選べば，式(3.9)と式(3.10)が利用できる．図 3.30 にその様子を描いた．元の m が $\boldsymbol{t}_1$ に重なるので，式(3.9)は $\boldsymbol{t}_1/2$ において次のようになる．

$$\boldsymbol{t}_1 \cdot m = m' \tag{3.12}$$

新しい鏡映線 m' は格子の中央で m に平行に位置する．$\boldsymbol{t}_2 \cdot m$ の組合せで $\boldsymbol{t}_2$ に沿った 0 において，次式が得られる．

$$\boldsymbol{t}_2 \cdot m = g_{t_2} \tag{3.13}$$

すなわち，式(3.10)は m の存在する位置において $\boldsymbol{\tau} = \boldsymbol{t}_2$ の映進であることを示して

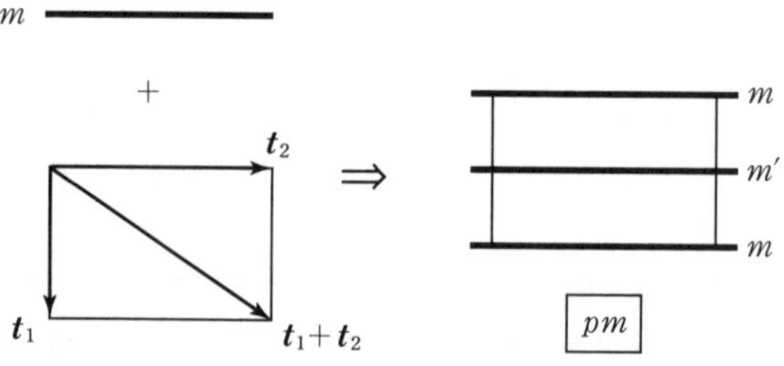

図 3.30　鏡映線 m と長方格子により結晶学的面群 pm が生成する．

いる．しかしながら鏡映線 m がすでに存在しているので，図には映進が記載されていない．最後に，組合せ $(\boldsymbol{t}_1+\boldsymbol{t}_2)\cdot m$ を考えよう．これは描くまでもなく面群 pm，付録 A の No. 3 に一致する．

面心長方格子に鏡映線 m を加えた図 3.31 を考えよう．図 3.31 の組合せより，まず pm が適用できることに気がつく．さらに鏡映線 m と重心を示す $(\boldsymbol{t}_1+\boldsymbol{t}_2)/2$ を考えると，式(3.10)より $\boldsymbol{t}_1$ に沿った 1/4 において次の関係が導き出せる．

$$(\boldsymbol{t}_1+\boldsymbol{t}_2)/2\cdot m=g_{t_2/2} \tag{3.14}$$

図 3.31 に示すように鏡映線 m の中間で m に平行に位置する映進線の存在を示している．付録 A の 17 面群の中で，これは cm，No. 5 に一致する．

残りの面群についても同様な方法で導出することができる．

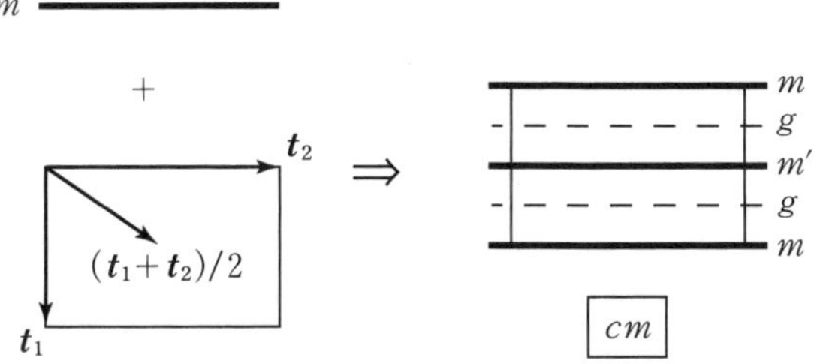

図 3.31　鏡映線 m と面心長方格子により結晶学的面群 cm が生成する．

3.1.7　国際結晶学図表：面群

国際結晶学図表は結晶構造の理解に必要な標準的な表記法を与える．新しい物質が創製され構造が決定されると，国際図表の中で定義されている記号を使って構造が報告される．国際図表中に記載された結晶対称性は，結晶の性質を明らかにするときや，散乱法によって構造を決定するときに利用される．

記号と表記

国際結晶学図表*7 より図 3.32 のように抜粋し，説明をつけた．以下のポイントを押さえるとよい．

*7　国際結晶学図表には 2 つの版がある．X 線結晶学国際図表は古く，簡単に書いてある．最近の国際結晶学図表（1996）は，より複雑な記号を用いた重要な内容を含む．

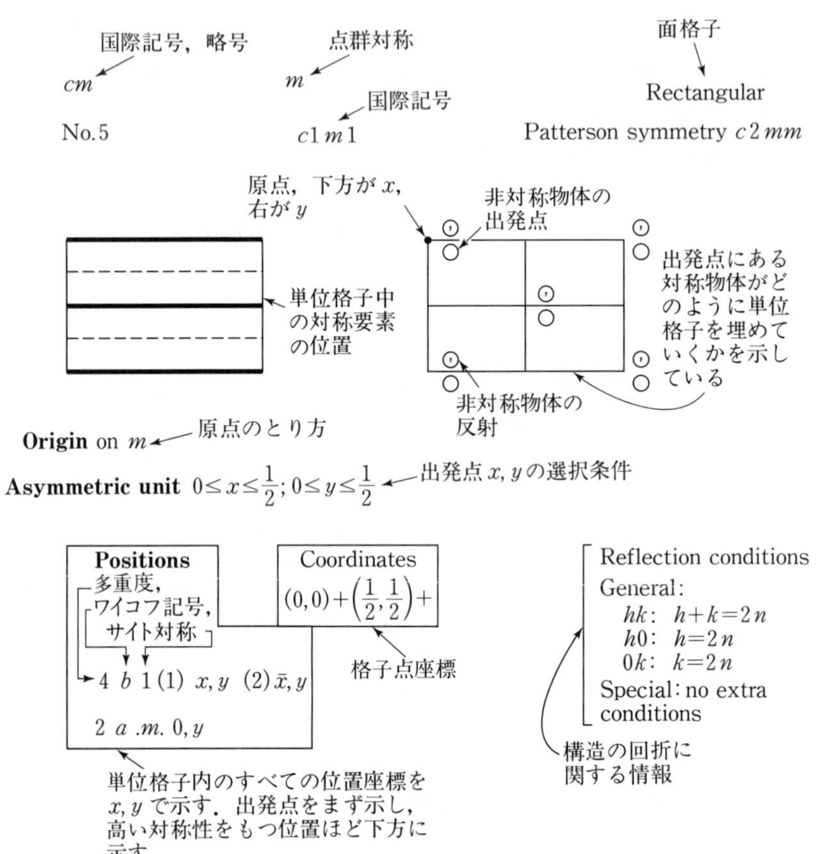

図 3.32 国際結晶学図表にある面群 No. 5，*cm* の表記．

1. 表の第1行目には面群の国際記号が正式，略記号および 1-17（面群），1-230（空間群）の数字表記で与えられる．また面格子の種類と点群対称と面群を併記したパターソン対称（Patterson symmetry）が記載されている．
2. 小円を伴った図はある1個の物体○をもつ単位格子を示す．これは面群の中に存在する対称要素によって形成される非対称の繰り返しと，もとの物体を示している．単なる○は非対称物体で，単位格子の等価な点に位置する．また内部にカンマをもつ⨀は非対称物体の鏡映像を示す．
3. 国際図表における座標軸の方位の取り決めによれば，原点を単位格子の左上隅にもってくる．x 軸は格子の左の稜線に沿っておろし，y 軸は格子上端の稜線に沿って右方向にもっていく．

4. 単位格子の基準は図のほぼ中央にもってくる．
5. もし単位格子が面心をもつなら，格子点が格子の重心に位置する．Coordinates 欄にある表記(0, 0)+　(1/2, 1/2)+ は，格子にあるどの位置でも並進ベクトル [1/2, 1/2] の繰り返しであることを示す．これはすべての位置が左下方に形成されることを意味する．
6. 左側の図は一般的な記号により，対称要素の位置を示している．鏡映線は太線で表記されるが，ときどき通常の線と区別がつかないことがある．図の左下の小さな表の中の**サイト対称**は左側の図において鏡映線が明確にわからないときに，鏡映線の位置を表すものである．映進線は破線で示される．国際図表では記号 m と g は鏡映線と映進線を表すために使われないことに注意しなければならない．
7. 左下方の小さな表は単位格子中にある原子位置を示している．Positions 欄それぞれについて確認すると，(ｉ)**多重度**は対称性による単位格子中のある種類の原子の数を示している，(ii)Wyckoff 記号は表の下の列から a，b の順でつけられる記号である．(iii)サイト対称はその位置にある点群対称，(iv)位置座標は x と y で示される．国際図表では点群にドットが見られる（例えば，面群 No. 6, $p2mm$ の位置 $2e$ を見よ．点群が m で示されている)．ドットは面群の主たる対称要素にかまわずに決まる点群要素の配向に関する情報を与える．それ以上の情報については国際図表の 2.12（pp. 26–27）を参照せよ．

表のもっとも上の行には，単位格子の一般的な位置について書かれている．すなわち点群対称 1 と相対座標 x，y である．単位格子の対称操作は座標 x，y の繰り返しを生む．格子に存在する対称が 1 だけの場合，繰り返してもそれ自身に重なる．もし他の対称が格子に存在するなら，点 x，y は格子のどこかに繰り返していく．例えば，原点の 2 回軸により第 2 の点 x，y は格子の外に形成されるが，$\boldsymbol{t}_1$ と $\boldsymbol{t}_2$ と組み合わされれば，単位格子の中に形成される．形成されたすべての点は，格子の**等価点**（equipoint）であるという．与えられた面群の等価点の数は一般位置の重なりの数に等しくなる．

点群対称 1 をもつ格子の一般的な位置を除けば，他のサイトはすべてより高い対称性を有する．表の下方の行ではサイトの点群対称に従って並んでいる．下にゆくほど対称性は高まり，最下欄で最高となる（Wyckoff 記号は常に a となる)．

8. 右下方コーナーの Reflection conditions 欄の情報は，この面群をもつ結晶の回折条件を面指数で示している．

結晶学的データによる２次元配列の表記

2 次元結晶配列を結晶学的に完全に表記するには次の手順を経ればよい．

1. 単位格子をすべて含めるために原子・分子配列の十分に大きな図を描き，そこにすべての対称要素を書き加える．
2. 配列の面群を決定し，単位格子に描き入れ，格子定数 a，b および軸間角 γ を与える．
3. 国際図表の情報を利用して単位格子にあるすべての原子の位置を決定し，Wyckoff 記号を決定する（原子座標が単位格子上にないとき，適当な並進ベクトルによって単位格子の等価な点に移動する）．

次の例題 7 はある条件に上記の手順を適用した例である．

例題 7

図 EP 7 ⓐにある配列の面群を決定せよ．基本格子を描き入れ，Wyckoff 記号を用いて単位格子を理解せよ（配列は永遠に続くと仮定する）．

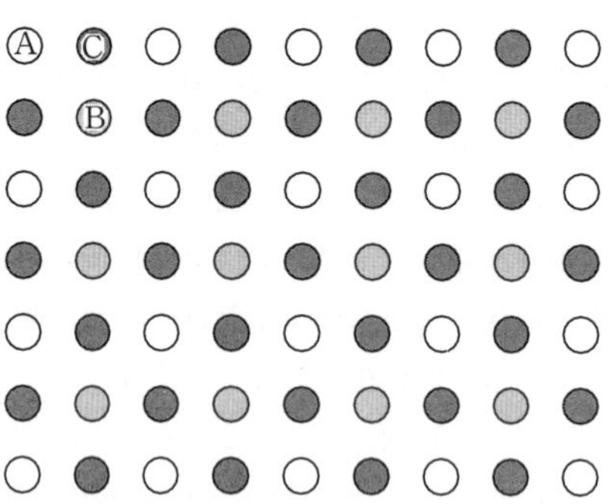

図 EP7ⓐ 2 次元結晶化合物 ABC_2.

解 答

(a) まずこの配列の対称要素を書き入れる（図 EP 7 ⓑ）．このとき，決められた記号を使用する．

(b) 17 の面群と(a)で導き出した対称要素を比較する．4 回軸が存在するの

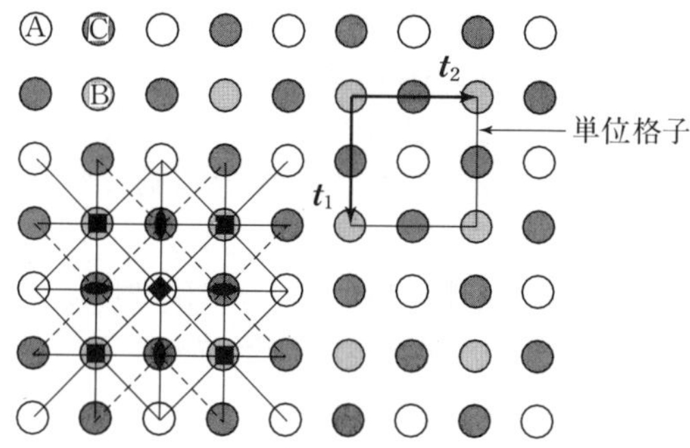

図 EP7ⓑ　化合物 ABC_2 における対称要素の位置と単位格子．

で，選択は No. 10-12 のうちからになる．ここで No. 10 は除外される．なぜなら与えられた配列には鏡映対称があるのに，面群にはないからである．No. 11 と No. 12 にはいくつかの違いがある．いちばんわかりやすい例では，No. 12 では点対称が 4 であるのに対し，No. 11 では $4mm$ の点群が 4 回軸に存在する．他の相違点は映進線の位置である．したがって配列の面群は No. 11，$p4mm$ である．

（c）　この面群の基本単位格子は 4 回軸に原点を有する．すると，原点の取り方は 2 通りある．白丸の A 原子を取る方法と灰色の B 原子を取る方法である．ここでは B 原子を原点に選択し，基本ベクトルを国際図表の面群 $p4mm$ の表記に従った単位格子とともに描き入れる．得られた格子を右上に描いた．

（d）　国際図表のうち，位置に関する情報を探す．そこではサイト $1a$ が原点の位置であることがわかる．格子の中心にある A 原子の位置はサイト $1b$ となる．格子エッジの中間点 C 原子の位置はサイト $2c$ である．まとめると，面群 $p4mm$ は

$1b$ に A 原子

$1a$ に B 原子

$2c$ に C 原子

化学量論比は Wyckoff サイト記号の数字によって与えられるので，$A_1B_1C_2$ あるいは ABC_2 となる．

結晶学的データから形成される 2 次元配列

前述したステップを逆に遡ると，面群と原子座標を与えるだけで結晶構造を形成できる．

1. 配列の面群を示す表に記載されている格子の種類，格子定数 a と b，軸間角 γ を使って方眼紙に単位格子の概略を描く．
2. Wyckoff 記号と位置より，単位格子に存在するすべての原子の位置を決定する．原子座標が単位格子と一致しなければ，適切な並進ベクトルを用いて格子内の等価な位置に移動する．
3. 対称要素のすべてが格子の中に存在することを確認する．
4. 化合物の化学量論と得られた配列のそれが一致することを確認する．

例題 8 にこの手順を掲げる．

例題 8

結晶構造について，次の情報が与えられている．構造を描け．

面群 cm の格子で，格子定数 a=10 Å，b=5 Å

$2a$ に位置する A 原子の座標は，0，y で y=0.5 である．

$4b$ に位置する B 原子の座標は，x，y；$\bar{x}$，y で x=0.125，y=0.25 である．

解 答

(a) 単位格子の概略を方眼紙に描く．この場合，国際図表によれば格子が面心長方格子であること，格子定数 a と b が格子の大きさを決めていることがわかる．ここで，a は下方へ向かった格子の長さで，b は右方へ向かった格子の長さである．格子中のすべての原子位置を示すために，対称要素を書き入れる．図 EP 8 に連続的に描いた格子を示す．

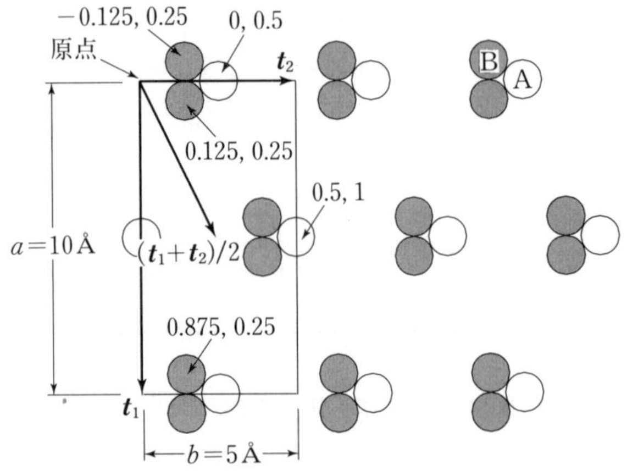

図 EP8 単位格子とそこに含まれる原子および周囲の原子．

(b)　格子中のA原子の位置を記入する．原子は2個あり，この位置を $2a$ と表記する．国際図表から1番目の原子は0，0.5に位置することがわかる．2番目の位置は1番目の位置に並進操作0.5を加えることで得られるので，2番目の原子位置は0.5，1である．これらの2つの位置から，結晶中の他のA原子サイトすべてが基本ベクトル $\boldsymbol{t}_1$ と $\boldsymbol{t}_2$ によって与えられることがわかる．

(c)　同様にB原子は国際図表の中では，サイト $4b$ に位置することになっている．そのうちの1つは0.125，0.25で，他方は −0.125と0.25である．この2番目の位置は格子の外側に飛び出るので，ベクトル $\boldsymbol{t}_1$ を用いて格子の内側に移動する．すなわちそれらは0.875と0.25となる．B原子に占拠された他の2つの位置は0.5だけの並進操作を行うことで表現できる．まず0.5だけずらして，必要なら基本ベクトル $\boldsymbol{t}_1$ と $\boldsymbol{t}_2$ を使って，並進操作で格子内に戻す．

面群に関するまとめ

表3.2に17の面群，10の面点群，5の面格子の関係についてまとめた．

表3.2　2次元格子，点群，面群．

結晶系と格子記号	高次点群対称	2次元面群記号		2次元面群番号
		正式	略式	
平行4辺格子	1	$p1$	$p1$	1
(基本，p)	2	$p211$	$p2$	2
長方格子	m	$p1m1$	pm	3
(基本，p と		$p1g1$	pg	4
面心，c)		$c1m1$	cm	5
	$2mm$	$p2mm$	pmm	6
		$p2mg$	pmg	7
		$p2gg$	pgg	8
		$c2mm$	cmm	9
正方格子	4	$p4$	$p4$	10
(基本，p)	$4mm$	$p4mm$	$p4m$	11
		$p4gm$	$p4g$	12
120°菱形格子	3	$p3$	$p3$	13
(基本，p)	$3m$	$p3m1$	$p3m1$	14
		$p31m$	$p31m$	15
	6	$p6$	$p6$	16
	$6mm$	$p6mm$	$p6m$	17

3.2 3次元の結晶学

前節では，結晶学の基礎を幾何学的に述べた．基本格子を2次元に限定したので，構造の単一性と発散性は制限されていた．本節では2次元配列に必要な理論を加えることによって3次元への拡張を行う．3次元結晶を結晶学的理論に基づいて展開することは少々難しいが，ここでは代表的な例をいくつか示しながら解説する．

3次元に特有ないくつかの新しい対称操作を示した後，回転軸の組合せについて述べる．まず32個の結晶点群，ついで14個のブラベー格子について述べる．最後に230個の空間群を紹介し，国際図表にある空間群の表記から実際の結晶構造を定量するための手法について説明する．

3.2.1 3次元に特徴的な対称操作

3次元に特徴的な4つの対称操作について紹介する．反転対称は3次元空間の点に関する操作である．回転対称は反転および鏡映対称と組み合わされて，回反あるいは回映軸を作り出す．らせん軸は回転対称と並進操作の組合せの結果である．これらの新しい対称要素は3.1で概説した3次元への拡張の手法に含まれている．

反　転

軌跡 $L(x, y, z)=C$ によって表される3次元空間内の物体を原点に対して反転したものは $L(-x, -y, -z)=C$ と表される．原点を**反転中心**（inversion center）あるいは**対称中心**（center of symmetry）という．反転においては，物体のどの位置 (x, y, z) も反転中心によって $(-x, -y, -z)$ に移動し，物体は左右が入れかわる．図3.33は反転関係にある右手と左手を示し，反転中心は中央部にある．2次元では反転操作は存在しない．2次元では $L(x, y)=C$ は原点まわりの2回回転操作によって $L(-x, -y)=C$ に移動し，左右変換がありえないからである．結晶学においては，反転中心を示すのに小さな白丸○を使うのが慣例である．

回　反

3.1.3においてすでに真性回転について述べた．真性回転軸は左右変換を行わな

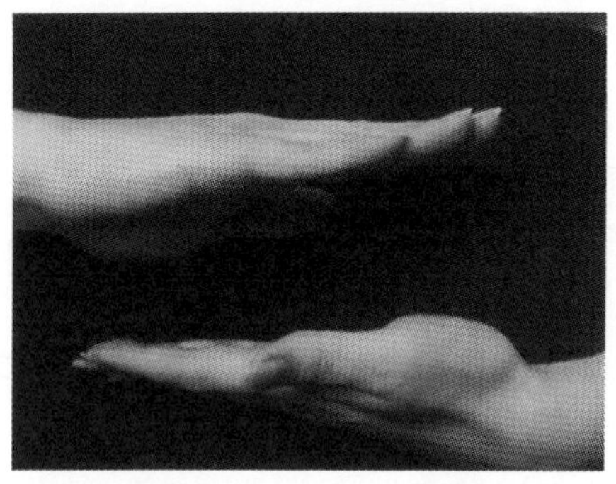

図 3.33　図のように配列すると反転中心は右手と左手の中間に形成される．

い．しかし，回転と鏡映あるいは反転を組み合わせた回反軸を使うと，物体は左右変換される．3 次元配列では，回転軸と反転中心が重なると，回反軸が形成される．加えて，回転対称の軸は鏡映面と組み合わさることでも回反軸を形成する．

回反軸（rotoinversion axis）は，軸上の点 O における反転中心と回転軸との組合せである．n 回の回反軸を操作することで以下のように物体が形成されていく．まず $2\pi/n$ で物体を回転する．それを反転中心 O によって反転し，物体の反転像を描く（この時点で最初の物体に比較して左右変換はない）．同じ操作を，物体が開始位置に同じ向きで戻るまで続ける．n が偶数なら，n 回繰り返すと物体は元に戻るのに対し，奇数だと $2n$ 回繰り返さなければ元に戻らない．回反を示すのにアッパーラインが用いられる（例：$\bar{6}$）．

図 3.34 に 4 回の回反軸 $\bar{4}$ の操作の例を示す．軸を見下ろした図も 2 次元表記で描いてある．対称操作 $\bar{4}$ は副群として真性回転 4 をもたないが 2 回軸を副群としてもっている．なお回反軸 $\bar{1}$ は反転操作 i に等しい．

図 3.35 に $\bar{1}$，$\bar{2}$，$\bar{3}$，$\bar{4}$，$\bar{6}$ 結晶軸の操作について描いた．これらを図 3.11 に描いてある真性回転軸の操作と比較してみよう．回反軸 $\bar{1}$，$\bar{3}$，$\bar{4}$，$\bar{6}$ は真性回転で使われる記号とは異なる記号で表記される．これらは図 3.35 に示してある（$\bar{2}$ には特別な記号はない．なぜならこれは水平鏡映面に同じである）．

回反対称の例として，図 1.6 で示したジグザグ配置のエタン分子 C_2H_6 が挙げられる．このエタンの形態は C-C 結合からなる $\bar{3}$ 軸をもち，結合の中点に反転中心を有する．図 1.6 と図 3.35 の $\bar{3}$ 軸を比較するとより明確になる．

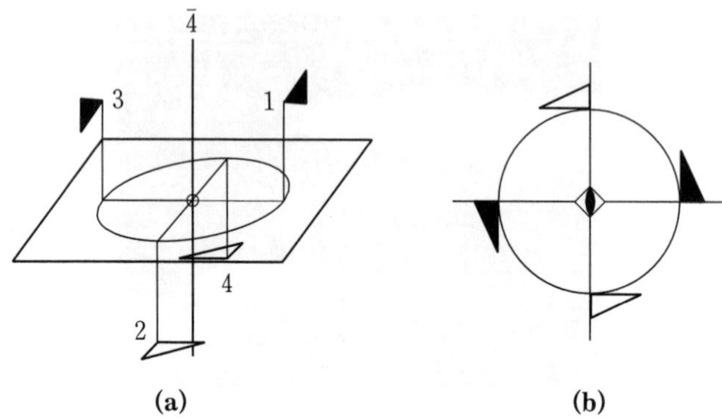

図 3. 34 4回回反軸の操作．(a)透視図，(b)軸に沿った投影図．白3角形と黒3角形は両手の関係にある．レンズ模様のある白4角形は $\bar{4}$ 対称要素を示す．

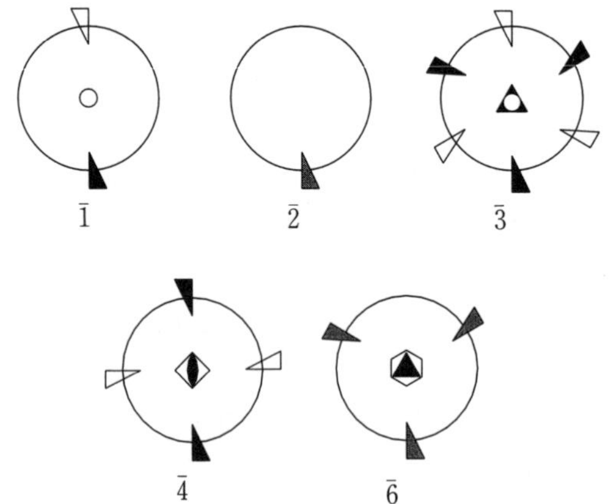

図 3. 35 回反軸によって生成した配列．大きい円は赤道を示す．黒3角形は赤道の上方にある．白3角形は下方にある．双方の3角形が重なり合う場所では灰色に描いた．黒3角形と白3角形はそれぞれ両手の関係にある．図の中央にある記号は回反軸の種類を示す．

回　　映

回映軸 (rotoreflection axis) は組合せの対称操作である．n 回軸を原点 O で鏡映面 m と垂直に交わるように配置する．回映によると物体は $2\pi/n$ で回転し，次に鏡映

面 m で鏡映する．手順は物体が出発位置に戻るまで続けられる．n が偶数なら，物体は n 回目で出発の物体に完全に戻るのに対し，奇数なら $2n$ 回繰り返さなければ元に戻らない．回映軸は $\tilde{3}$ のように数字の上に波線をつけて表す．図3.36に3回軸 $\tilde{3}$ の操作の様子を示す．軸方向に見下ろした投影図も描いてあるので参考にしてほしい．$\tilde{1}$, $\tilde{2}$, $\tilde{3}$, $\tilde{4}$, $\tilde{6}$ については図3.37に示しておいた．次に図3.11および図3.35を比較してみよう．

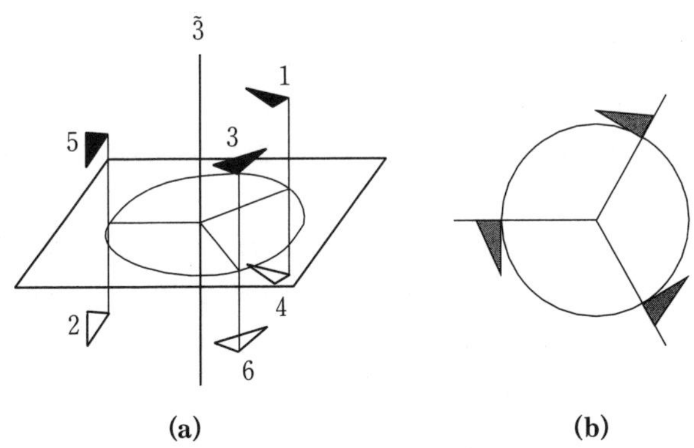

図3.36　3回回反軸の操作．(a)透視図，(b)軸に沿った投影図．3角形は重なっているので灰色に描かれている．

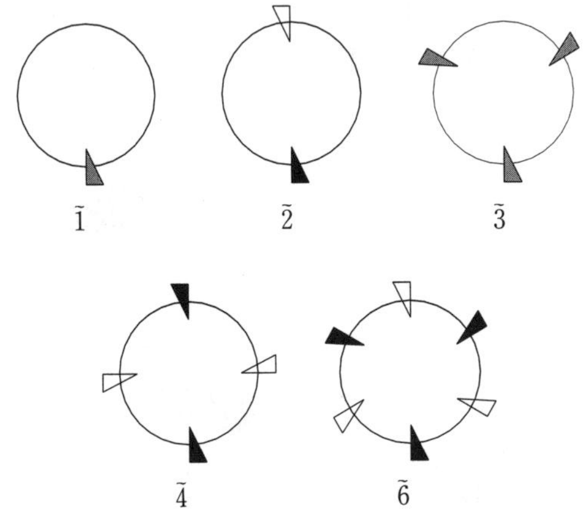

図3.37　回映軸によって生成した配列．大きい円は鏡映面を示す．黒3角形と白3角形が重なり合う場所では灰色に描いた．黒3角形と白3角形はそれぞれ鏡映面の上方および下方にある．

図3.11，3.35および3.37を比べると，回映軸は回反軸と等価であることがわかる．例えば，$\bar{1}=\tilde{1}$ である．これらと回反軸の等価性についてはBuerger（1978, pp. 27-30）によって議論されているし，3.2.4で詳述する予定である．回映軸は真性回転と垂直な鏡映面によって代用できることが多いので，特別な記号は存在しない（例えば $\tilde{4}=\bar{4}$ は特別である）．

らせん軸

らせん軸（screw axis）は，真性回転と並進操作が合わさった対称操作である．同様な操作の2次元の例については3.1.3と3.1.5ですでに述べたが，そこでの対称操作は回転対称軸に垂直な並進に限定されていた．ここでは回転軸と回転軸に平行な並進を組み合わせて考える．

図3.38に回転軸 A_α とそれに平行な並進 $\boldsymbol{\tau}$ の組合せを示す．点Pに位置する物体（この場合原子集団）は点Qに繰り返し，ついで点Rに移動する．回転と並進の進行に従ってPVQあるいはPUQと表記する．すなわち回転と並進の組合せは交換可能である．そのような組合せは，らせん運動を示す．これを式で示せば次のようになる．

$$A_\alpha \cdot \boldsymbol{\tau} = A_{\alpha,\tau} \tag{3.15}$$

ここで，記号 $A_{\alpha,\tau}$ はらせん軸を示す．α をらせん軸の**回転要素**，$\boldsymbol{\tau}$ をらせん軸の**並進要素**という．らせん対称が物体に適用できると，結果としてヘリカル型の構造となる．自然界ではヘリカル対称をよく見かける．例えば，多くの3次元結晶構造には1

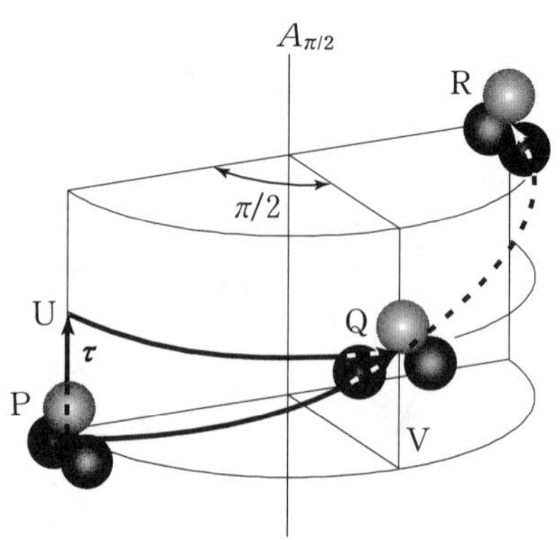

図3.38 回転軸 $A_{\pi/2}$ とそれに平行な並進 $\boldsymbol{\tau}$ の組合せを示す．Pの最初の繰返しがQとRにくる．

つ以上のらせん軸がある．

結晶学的ならせん軸に許される回転要素は，真性回転 2π，π，$2\pi/3$，$\pi/2$，$\pi/3$ と同じである．らせん軸の並進要素は任意ではない．したがって n 回転の後，すべての回転は 2π に戻らなければならない．これは $n\boldsymbol{\tau}$ だけ並進が進むことを示しており，進行はらせん軸に平行な格子並進 $\boldsymbol{T}_{/\!/}$ の整数倍 m でなければならない．したがって，$n\boldsymbol{\tau}=m\boldsymbol{T}_{/\!/}$，または次式で示される．

$$\boldsymbol{\tau}=\frac{m}{n}\boldsymbol{T}_{/\!/} \tag{3.16}$$

表 3.3　結晶学的に許されるらせん軸．

n	要素	真性回転軸	11個のらせん軸				
1	α	0（または 2π）					
	τ	0（または $\boldsymbol{T}_{/\!/}$）					
	記号	1					
2	α	π	π				
	τ	0	$\frac{1}{2}\boldsymbol{T}_{/\!/}$				
	記号	2	2_1				
3	α	$\frac{2}{3}\pi$	$\frac{2}{3}\pi$	$\frac{2}{3}\pi$			
	τ	0	$\frac{1}{3}\boldsymbol{T}_{/\!/}$	$\frac{2}{3}\boldsymbol{T}_{/\!/}$			
	記号	3	3_1	3_2			
4	α	$\frac{1}{2}\pi$	$\frac{1}{2}\pi$	$\frac{1}{2}\pi$	$\frac{1}{2}\pi$		
	τ	0	$\frac{1}{4}\boldsymbol{T}_{/\!/}$	$\frac{2}{4}\boldsymbol{T}_{/\!/}$	$\frac{3}{4}\boldsymbol{T}_{/\!/}$		
	記号	4	4_1	4_2	4_3		
6	α	$\frac{1}{3}\pi$	$\frac{1}{3}\pi$	$\frac{1}{3}\pi$	$\frac{1}{3}\pi$	$\frac{1}{3}\pi$	$\frac{1}{3}\pi$
	τ	0	$\frac{1}{6}\boldsymbol{T}_{/\!/}$	$\frac{2}{6}\boldsymbol{T}_{/\!/}$	$\frac{3}{6}\boldsymbol{T}_{/\!/}$	$\frac{4}{6}\boldsymbol{T}_{/\!/}$	$\frac{5}{6}\boldsymbol{T}_{/\!/}$
	記号	6	6_1	6_2	6_3	6_4	6_5

出典：Buerger 1978, p. 204.

式(3.16)の m だけが 0 から $n-1$ の範囲にある（Buerger 1978, p. 203）．結晶学的に可能ならせん軸に対する n と $\boldsymbol{\tau}$ に許される値を表 3.3 に示す．国際記号では，らせん軸は回転対称を示す数字の右下に m 値を付して表す（例えば 6_3 らせん軸の n は 6，m は 3）．

図 3.39 は結晶学的に可能な 4 回らせん軸を示す．図 3.39(a)は 4_1 軸である．軸

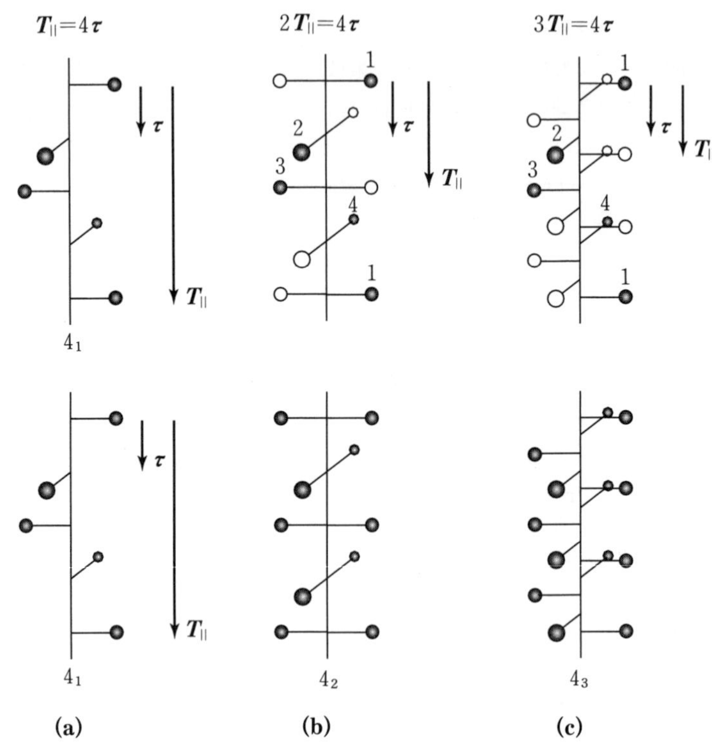

図 3.39　4_1，4_2，4_3 らせん軸操作による物体の繰り返し（枝は軸と垂直）．下の図はらせん対称によって生成したすべての物体に $\boldsymbol{T}_{/\!/}$ を適用した後の最終的な配列を示す．回転の向きは上から見て反時計方向．縦方向のスケールが(a)(b)(c)の順に縮まっていること（すなわち，$\boldsymbol{T}_{/\!/}$ が減少していること）に注意．

の上に物体を描き入れると，時計まわりに $\pi/2$ だけ回転するとともに軸に沿って $\boldsymbol{\tau}$ だけ移動する．この手順を全移動量が $\boldsymbol{T}_{/\!/}=4\boldsymbol{\tau}$ になるまで3回繰り返すと物体はもとの位置にもどる．これは，方向の等しい同一の物体が $\boldsymbol{T}_{/\!/}$ の整数倍のところに存在するという要件を満たしている．この 4_1 らせん軸は物体の**右手系**ヘリカル構造を形成することに注意したい．

図3.39(b)は 4_2 対称をもつ配列を形成する手順を示している．定義によって 4_2 らせん軸では，軸に平行な並進は $\boldsymbol{T}_{/\!/}/2$ である．モチーフは $\pi/2$ の回転と $\boldsymbol{T}_{/\!/}/2$ の並進

を繰り返して降りていく（上から見ると時計まわりである）．連続した位置は1，2，3，4の順である．このらせん軸の m は2だから，360°の回転を得るには $2\boldsymbol{T}_{//}$ 進まなければならない．しかし並進対称操作 $\boldsymbol{T}_{//}$ は配列すべてに適用されるので，図

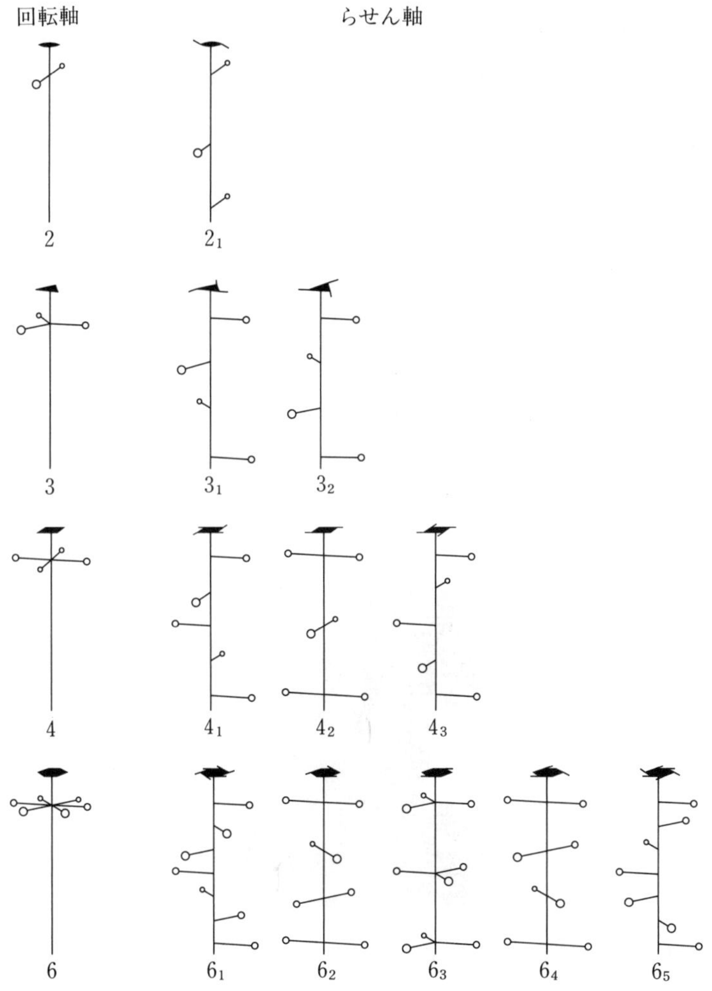

図 3.40　らせん軸まわりの物体（白丸）の移動．白丸の大小は遠近を表す (Buerger 1978, p. 205)．

3.39(b)下に示すように，2，3，4の物体しか形成されない（対称操作によって生ずる任意の物体に基本格子並進を適用することによって新たな物体が形成される）．図3.39(b)からわかるように，4_2 らせん軸は中間で物体には回転要素が見られない．実際，4_2 らせん軸は2回軸を含む．

図3.39(c)は 4_3 対称の形成過程を1，2，3，4で示す．ここで軸に平行な並進は $\frac{3}{4}\boldsymbol{T}_{/\!/}$ である．このらせん軸の m は3だから，360°の回転に伴う並進量は $3\boldsymbol{T}_{/\!/}$ である．この結果は，**左手系**で進むことを除けば 4_1 らせん軸によく似ている．

らせん軸が右手系か左手系かは m と n の大きさで決まり，次の関係に従う．

$\boldsymbol{\tau}<\frac{1}{2}\boldsymbol{T}_{/\!/}$ のとき，右手系らせん軸

$\boldsymbol{\tau}=\frac{1}{2}\boldsymbol{T}_{/\!/}$ のとき，中間らせん軸

$\boldsymbol{\tau}>\frac{1}{2}\boldsymbol{T}_{/\!/}$ のとき，左手系らせん軸

結晶学的ならせん軸によって形成される物質を一般記号とともに図3.40に示す．らせん軸は突起のある回転軸記号で表され，突起は回転方向も表記するようになっている．

ポリマー分子はしばしば**ヘリカル対称**を示す．例えば斜方晶系のポリエチレンは主鎖に平行な 2_1 らせん軸をもつ．図3.41は c 軸（主鎖に平行）にとった単位格子を示している．2_1 らせん軸は $-CH_2-$ 単位の配向からなる．イソタクチックなポリプ

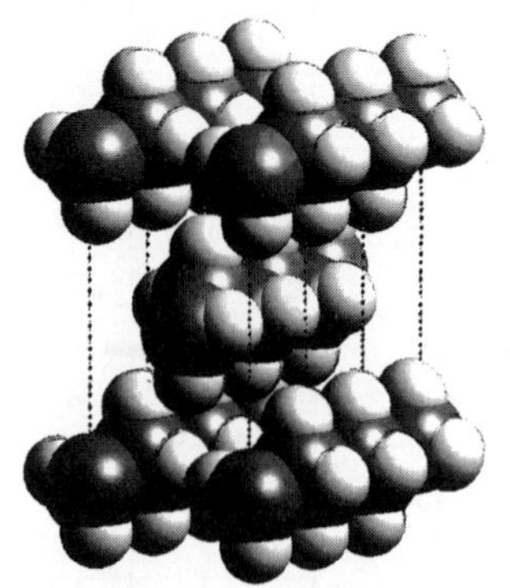

図3.41 ポリエチレンの結晶構造では分子鎖に沿って 2_1 らせん軸がある．この方向からの観察では，ポリエチレン結晶の一部は斜方晶格子を示す．らせん軸は単位格子の c 軸に平行．この結晶の空間群の国際記号は $P2_1/n\ 2_1/a\ 2_1/m$ である．

ロピレンの 3 つの結晶系[*8] はすべて主鎖に平行な 3 回らせん軸を有する．もう 1 つの例が黒鉛である．黒鉛は基本格子として六方晶ブラベー格子をもち（3.2.5 を参照のこと），**底面**とそれに垂直な c 軸からなる．c 軸に平行に 6_3 と 2_1 らせん軸が存在する．同様ならせん軸は六方最密充填構造（例えばマグネシウム）にも見られる．2 重へリカル構造は DNA にも見られる．これはもっとも有名ならせん対称であろう．

3.2.2　3 次元空間解析法

3 次元空間で点，線および面を考えることはきわめて難しい．そのため 3 次元を解析するための方法を知る必要がある．ここでは，空間 3 角法を紹介する．3 次元物体を 2 次元図上で扱うことができ，3 次元空間がより理解しやすくなる．

有理面：ミラー指数

3.1.1 において，並進ベクトル $\boldsymbol{t}_1$ と $\boldsymbol{t}_2$ から成る座標系による 2 次元格子内の点や線の表記法を紹介した．3 次元格子では，第 3 の軸が加わるだけでなく，2 次元面をも扱わなくてはならない．同じ配向を有する面の集団を表すのに有効なのが以下に述べる**ミラー指数**（Miller index）である．

格子点をつなぐ面の一群を**有理面**という．3 次元の面の式は次のように求められる．格子の基本ベクトルを $\boldsymbol{t}_1$，$\boldsymbol{t}_2$，$\boldsymbol{t}_3$ とし，対応する格子定数を a，b，c とする．$\boldsymbol{t}_1$，$\boldsymbol{t}_2$，$\boldsymbol{t}_3$ に平行な x，y，z 座標系を定める．また a，b，c をそれぞれ x，y，z に沿った単位距離と定義する．面と x，y，z 軸との切片の長さを P，Q，R とすれば，次の関係が導かれる．

$$\frac{x}{P}+\frac{y}{Q}+\frac{z}{R}=1 \tag{3.17}$$

式(3.17)で x，y，z にかかる係数が面の配向を表す．式(3.17)の両辺に PQR を乗じ，これらの係数を整数化することができる．$h=QR$，$k=RP$，$l=PQ$ とおいて，次式を得る．

$$hx+ky+lz=PQR \tag{3.18}$$

式(3.18)は有理面すなわち P，Q，R を切片とする面の方程式である．面は (hkl)

*8　複数の結晶系をもつ物質を多形であるという．

のようにかっこで挟んだ整数 h，k，l により表すことができる．(hkl) を面のミラー指数という．ミラー指数表記では，負の整数は数字の上にバーをつけることで表現する．したがって，$h=-3$，$k=2$，$l=5$ の面のミラー指数は $(\bar{3}25)$ となる．h，k，l が公約数をもつ場合，公約数でそれぞれの数字を除する．例えば (633) は (211) と表記する．もしある面がある座標軸と平行なら，その軸とは永遠に交わらない．それゆえ対応するミラー指数はゼロになる．

格子並進のもっとも小さい基本ベクトルをもつように単位格子を選ぶと，ミラー指数 h，k，l がもっとも小さい面は，面間隔がもっとも小さく単位面積あたりの格子点数がもっとも大きい面となる．そのような面は晶癖をもつ結晶を形成する面で，欠陥の動きによって結晶の塑性変形を引き起こすのに重要な役割を果たす．

ミラー指数の定義はデカルト直交座標系でなくても適応できる．すなわち，x，y，z 軸のなす角は任意でよく，各軸に沿う格子定数は異なってもよい．例えば，図3.42 は x，y，z 軸と A=3，B=9，C=6 で交わる面を示している．式(3.17)は次のようになる．

$$\frac{x}{3}+\frac{y}{9}+\frac{z}{6}=1 \tag{3.19}$$

そして，式(3.18)は次のようになる．

$$54x+18y+27z=162 \tag{3.20}$$

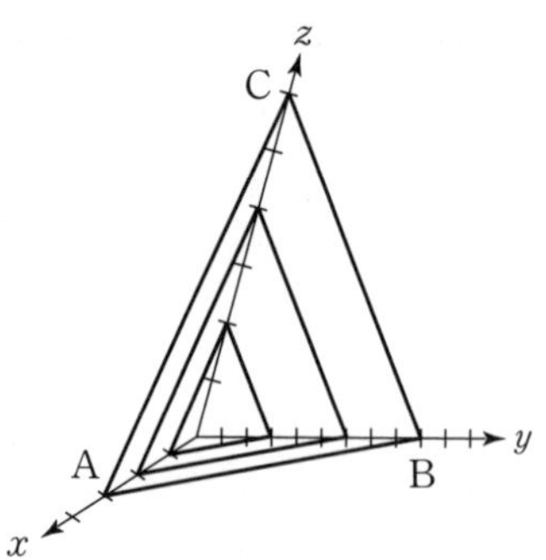

図 3.42 {623} に属する有理面の平行積層．

ミラー指数は最大公約数（この場合 9）で除することになっているので，図 3.42 の 3 角形 ABC の最終的なミラー指数は（623）となる．図 3.42 に示す 3 つの面は互いに平行であり，いずれもすべて同じミラー指数（623）を有する．図 3.43 はいくつかの

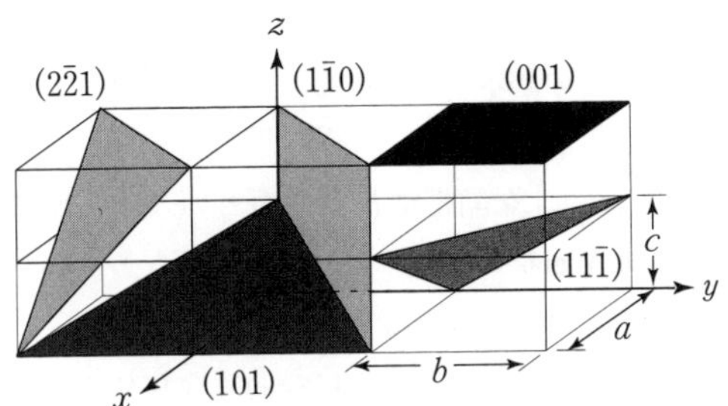

図 3.43　いくつかの有理面のミラー指数.

面についてミラー指数を示したものである.

面族とは，原子配列は同じで配向を異にする面の総称である.（すなわち，面族は結晶学的には等価である）. 面族は｛　｝かっこで定義する. 例えば，hkl 族は $\{hkl\}$ と表す. 立方晶系では，$\{111\}$ 面族は 4 つの異なる方向をもつ面 (111)，$(11\bar{1})$，$(1\bar{1}1)$，$(1\bar{1}\bar{1})$ をすべて含む. 高い対称性をもたない結晶では，ミラー指数を並び替えると面の原子配列が変化する. 例えば，格子定数が a，b，c で交角が α，β，γ に特別な条件のない結晶では，(hkl) 面と (hlk) 面とは幾何学的に異なる. この場合，(hkl) と (hlk) は同じ族にはならない.

3.1.1 では，2 次元における線や点の表記方法を示した. 同じアプローチは 3 次元格子にも適用できる. 例えば線のベクトル表記は次のようになる.

$$\boldsymbol{r} = u\boldsymbol{t}_1 + v\boldsymbol{t}_2 + w\boldsymbol{t}_3 \tag{3.21}$$

この線の方向は $[uvw]$ と表す. ここで，整数 u，v，w は分数を整数化するか，整数を最大公約数で除することにより得られる. 結晶学的に等価な方位の族は〈　〉かっこでくくった数 $\langle uvw \rangle$ で表記する.

2 つの面に共通な方位，晶帯軸，Weiss ゾーン則

平行でない 2 つの面は，両者に共通な方向に沿って交わる. 2 つの面のミラー指数を $(h_1k_1l_1)$，$(h_2k_2l_2)$ とすると，共通な方向 $[uvw]$ の成分は次式で表すことができる.

$$u = k_1l_2 - l_1k_2 \quad v = l_1h_2 - h_1l_2 \quad w = h_1k_2 - k_1h_2 \tag{3.22}$$

式(3.22)で与えられる方向 $[uvw]$ を 2 つの面の**晶帯軸**（Zone axis）という. 晶帯軸は $(h_1k_1l_1)$ と $(h_2k_2l_2)$ の両方に垂直な線に沿っている. 式(3.22)からわかるように u，v，w は 2 つのベクトル $[h_1k_1l_1]$ と $[h_2k_2l_2]$ の外積の 3 成分に等しい，と憶えておくと

便利である．しかし，特に強調したいのは，(hkl)が先に定義したミラー指数を表している限り，式(3.22)は任意の基本ベクトルをもつ格子に対しても適応できる，ということである．

$[uvw]$方向を含む面を$[uvw]$を晶帯軸とする面という．(hkl)が$[uvw]$**晶帯に属する面**となるためには次の**Weissの法則**に従わなければならない．

$$hu+kv+lw=0 \tag{3.23}$$

式(3.23)は式(3.21)と同様，任意のベクトルについてなりたつ．立方晶系に対する式(3.23)の妥当性は明らかだろう．方向$[hkl]$は面(hkl)に垂直であるから，$[hkl]$と(hkl)面上の任意のベクトル$[uvw]$との内積は常に0に等しい．

例題 9

3つの直交する軸からなる正方晶系結晶がある．格子定数は$a_1=3$Å，$a_2=3$Å，$c=7$Å である．

(a) 複数の単位格子からなる図を描いてこの結晶を示せ．ミラー指数(110)，$(3\bar{2}1)$，$(0\bar{1}1)$の面を描き入れよ．

(b) ミラー指数に用いる数字が ±1，±1，0 の組合せからなる6つの異なる面を示せ．この正方晶において，結晶学的に等価な面だけをそこから選び出せ．

(c) 次の2つの方向がなす角度を計算せよ．

[110]と$[1\bar{1}0]$　　[110]と$[10\bar{1}]$　　[100]と[111]

(d) この結晶における$(1\bar{1}0)$と$(11\bar{1})$面の晶帯軸はどのように表されるか．複数の単位格子を描いて，両方の面と晶帯軸を示せ．

解 答

(a) 面を図EP 9(a)に描いた．交わる点はミラー指数h，k，lの逆数に比例している．3つの結晶軸に沿った単位長さは格子定数a_1，a_2，cに等しくなる．

(b) 6つの面として，(110)，$(1\bar{1}0)$，(101)，$(10\bar{1})$，(011)，$(01\bar{1})$が挙げられる(面(hkl)と$(\bar{h}\bar{k}\bar{l})$は同じ方向である．そのため12ではなく6つの面が存在するだけである．しかしながら結晶を囲む面を表記するときには面(hkl)と$(\bar{h}\bar{k}\bar{l})$は異なった面として区別することもある)．正方晶系においてc軸は特別である．6つの面は2組に大きく分けられる．すなわちc軸に平行な，(110)，$(1\bar{1}0)$とc軸と鋭角に交わる(101)，$(10\bar{1})$，(011)，$(01\bar{1})$である．c軸と平行な前者の2つの面もまた[001]が4回対称軸であることと両立する．c軸が4回対称軸であることに対応して，後者の4つの面は互いに等価である．

(c) 直交座標をもつ結晶系では，方位間の角度は内積公式を用いて計算できる．正方晶では格子定数が同一でないため，これを考慮してベクトルを表示しな

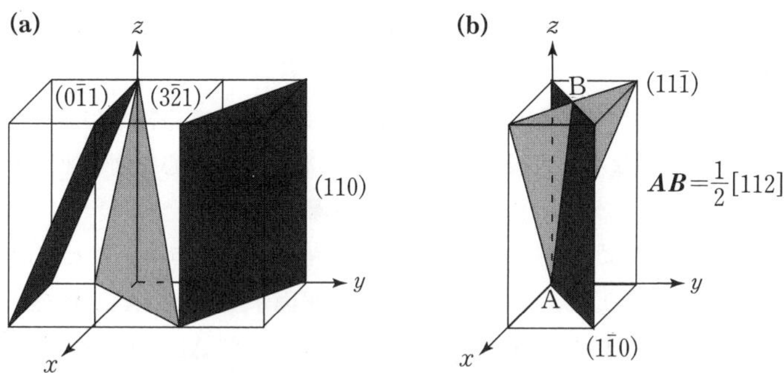

図 EP9　(a)いくつかの面とそのミラー指数を書き入れた正方晶格子．正方晶では軸方向の単位長さが相等しくなる必要はないことに注意．(b)正方晶の基本格子に$(1\bar{1}0)$面，$(11\bar{1})$面およびその交線（すなわち晶帯軸）を書き込んだもの．

くてはならない．

第1問

$$\boldsymbol{A}=[110]=a\hat{x}+a\hat{y} \qquad \boldsymbol{B}=[1\bar{1}0]=a\hat{x}-a\hat{y}$$

これより，$\hat{A}\cdot\hat{B}=0$，よって $\theta=90°$．

第2問

$$\boldsymbol{A}=[110]=a\hat{x}+a\hat{y} \qquad \boldsymbol{B}=[10\bar{1}]=a\hat{x}-c\hat{z}$$

これより，$\hat{A}\cdot\hat{B}=a^2$，よって$\theta=\cos^{-1}[a^2/(\sqrt{2}\,a\sqrt{a^2+c^2})]$ より $\theta=73.83°$．

第3問

$$\boldsymbol{A}=[100]=a\hat{x} \qquad \boldsymbol{B}=[111]=a\hat{x}+b\hat{y}+c\hat{z}$$

これより，$\hat{A}\cdot\hat{B}=a^2$，よって $\theta=\cos^{-1}[a^2/(a\sqrt{2a^2+c^2})]$ より $\theta=68.50°$．

(d)　Weiss則より晶帯軸は式(3.22)で与えられる．

$$[uvw]=\begin{vmatrix} i & j & k \\ 1 & \bar{1} & 0 \\ 1 & 1 & \bar{1} \end{vmatrix}=i+j+2k=[112]$$

これらの面とその晶帯軸 $\boldsymbol{AB}$ を図EP 9(b)に描く．

球面3角法

結晶学では，3次元の方位関係を2次元で表記しなければならないことが多い．変換は，**球面幾何学**の原理を用いて平行でない対称軸の相対方位を表現するなどして定量的に行われる．3.2.4 で 32 個の 3 次元結晶点群を求める際にもこの考え方を利用する．

球面 3 角法では，単位半径 $r=1$ の球の表面にあるすべての特徴がユークリッド面幾何学のそれとは異なる．**大円**（great circle）は，球の中心を通る平面と球との交線の円として定義される．大円の一部をなす曲線を geodesic という*9．

図 3.44 に示すように球面上の 2 点 A と B を考えよう．点 A，B と球の中心 O の 3 点によって，中心を通り，大円で球と交わる平面が決まる．A と B を結ぶ大円上の 2 つの円弧のうち短い方を A と B の距離と定義し，弧 AB を見込む角（∠AOB）を θ とする（この定義によれば，球の半径によらず距離の定義を行うことができる．さらに長さが角度で測定されると，長さの 3 角関数を使うことができる）．AB 間の弧の長さは図 3.44 において**弧角**（arc angle）c によって定義される．もちろんこの角度は θ に等しい．単位球の角度と距離を考えればよいので，弧 AB の長さは $c \equiv r\theta = \theta$ で与えられる．ここで角度 θ はラジアンで測定される．

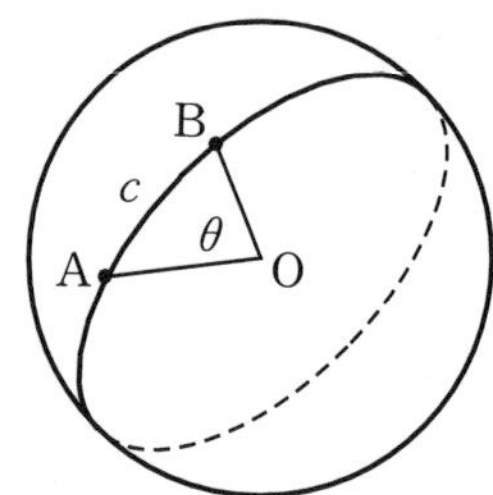

図 3.44　単位球上の点 A と B の 2 点を結んだ最小距離は A と B を通る赤道上にある．A と B の間の距離は角度 θ または弧 c に等しい．

図 3.45 に示すように，球の中心を通り AB を含む大円に垂直な直線と球面との交点を弧 AB の**極**と定義する（例えば赤道に対する北極を考えればよい）．極は大円のどの点からも $\pi/2$ の距離にある．結晶学では，球体上の点は結晶面の極として考える．

球面上の 3 つの点 A，B，C を考えよう．各 2 点を大円でつなぐことにより**球面 3 角形**が作られる．図 3.46 に示すように弧 BC$=a$，弧 AC$=b$，弧 AB$=c$ とする．

図 3.47 に示すように，球面 3 角形における**球角** ∠BAC を，弧 BA と弧 AC を含

*9　球の中心を通らない平面と球との交線を小円という．

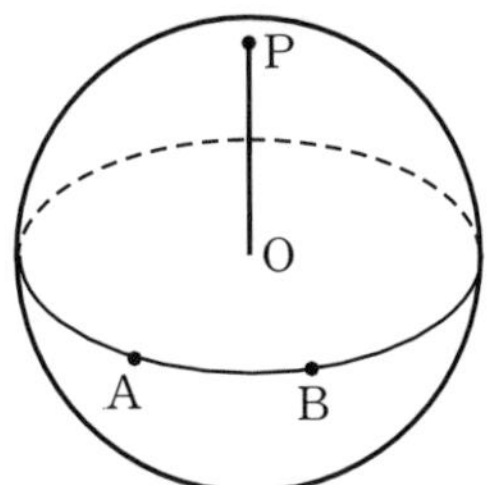

図 3.45　単位球上の弧 AB の極 P.

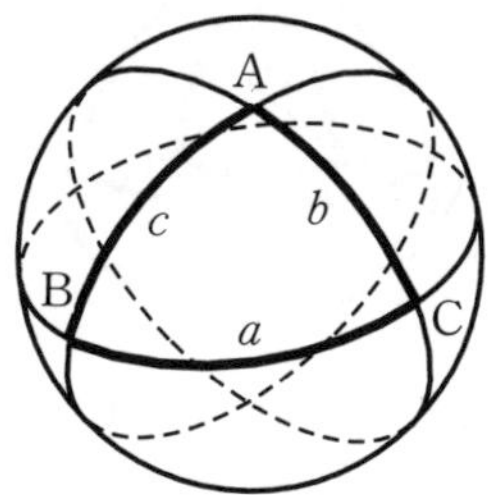

図 3.46　球面 3 角形 ABC は辺 a, b, c をもつ.

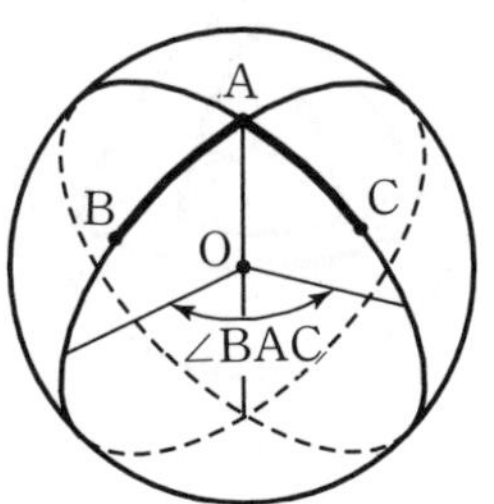

図 3.47　球状角 BAC.

む大円の **2 面角**として定義する．球角はその頂点に位置するアルファベットで表記する．例えば ∠BAC の球面角は A である．2 面角はそれぞれの面がもつ極の間の角に一致する．

図 3.48 に示す球面 3 角形 ABC を考えよう．弧 BC に対する極を A′，弧 AC に対する極を B′，弧 AB に対する極を C′ とする．大円の弧と同様に A′，B′，C′ をつな

いで得られる球面3角形A′B′C′を3角形ABCの**極3角形**という．2つの3角形は互いに極性であるという．すなわち，もしA′B′C′がABCの極3角形ならABCもA′B′C′の極3角形である．

極3角形の理論について証明を省いて言及すると，2つの極3角形において，一方の2面角は他方の別の弧角に対する補角となる．すなわち図3.49において，次の関係が成り立つ．$\angle\mathrm{BAC}+\angle\mathrm{B'OC'}=A+a'=180°$．

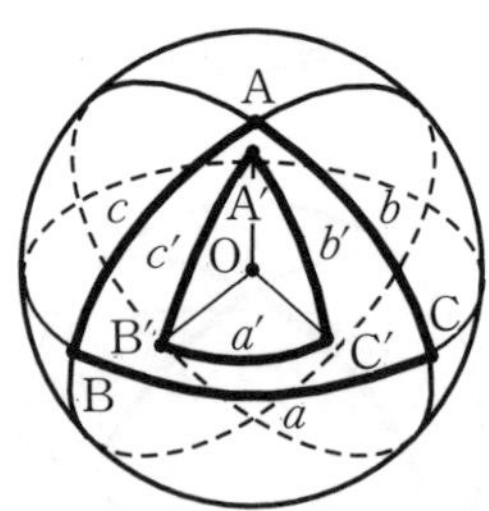

図3.48 球面3角形ABCの極角はA′B′C′で，逆もまた同じである．

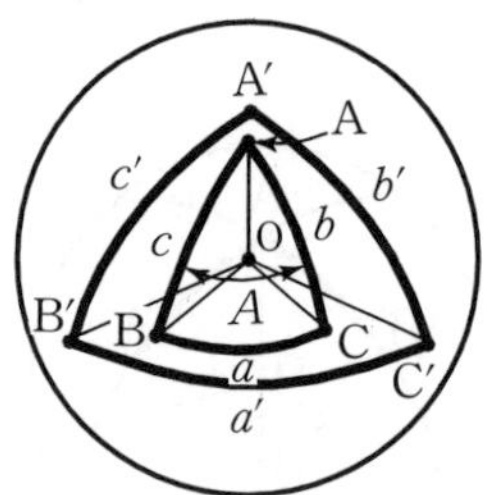

図3.49 A′B′C′がABCの極3角形なら，$A+a'=180°$である．

平面幾何学の，**余弦則**によれば3角形の一辺の長さは他の二辺の長さとそれらの間の角度によって決まる（式(3.24)）．類似する関係は球面3角形にも存在する式(3.25)．図3.50にそれぞれの場合に対する幾何学的関係を示す．

$$a^2=b^2+c^2-2bc\cos A \quad \text{（平面幾何学）} \tag{3.24}$$

$$\cos a=\cos b\cos c+\sin b\sin c\cos A \quad \text{（球面幾何学）} \tag{3.25}$$

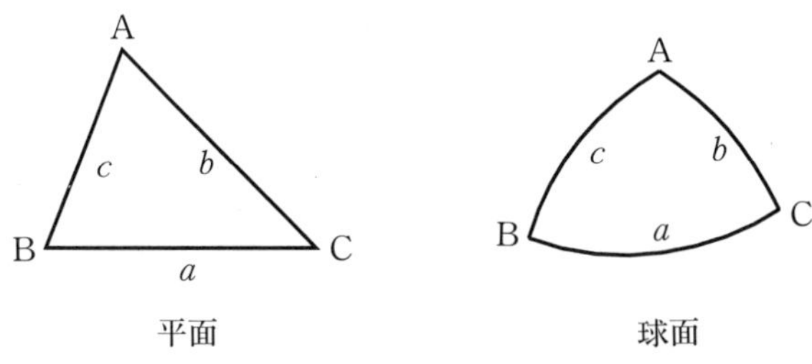

図 3.50　平面 3 角形と球面 3 角形.

ステレオ投影

ステレオ投影は 3 次元の方位関係を 2 次元の方位と結晶学的面の関係で表現する定量的方法である．図 3.51 に示すように，球の中心に立方体結晶を置く．結晶学的な方位に平行なベクトルを球の中心から引き（立方体の表面から垂直に），球の表面まで伸ばす．このようにして得られる構成を**球面投影**と呼ぶ．球面に投影された点は結晶学的な方向を表す．いいかえれば，各投影点はミラー指数 (hkl) なる平面の法線を表す．立方晶の場合 $[hkl]$ は (hkl) に垂直だから，1 つの球面投影で面法線と方向を同時に表せることに注意したい．

3 次元球体投影を 2 次元投影に変換する方法はいろいろある．地球の地図を作る方法がいろいろあるのと同じである．**ステレオ投影**は図 3.52 に示す手順で行う．基本円と呼ばれるある大円を投影面として選ぶ．基本円の 1 つの極を S とする．球面上の点 P_1 は，基本円の面と直線 P_1S が交わる点 P_1' に投影される．

上記の手順を踏むと，図 3.52 に描いた上半球のすべての方位は基本円上に投影できる．下半球の点にこの手順を用いると，例えば図 3.52 の P_2 のように，基本円の外側に投影されてしまう（例えば，図中の点 P_2'）．このため，上半球の頂点にある極（図の N）を用いて点を投影することが慣例である．ステレオ投影では，基本円の上下から投影される点をそれぞれ黒丸と白丸で表記する（図 3.52 の P_1' と P_2'' がそれにあたる）．

ステレオ投影の幾何学的定義を用いると，正確に投影を描くための定量的関係が導き出される．詳細については他書（Kelly and Groves 1970, pp. 40–50）を参照されたい．ステレオ投影は **Wulff** ネットと呼ばれる図形的手法を利用して，容易に描くこ

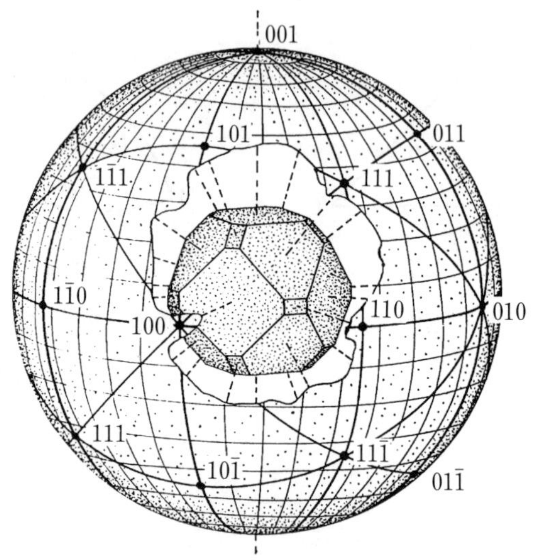

図 3. 51　角を切り取った立方体の球面投影（Wahlstrom 1979, p. 11）.

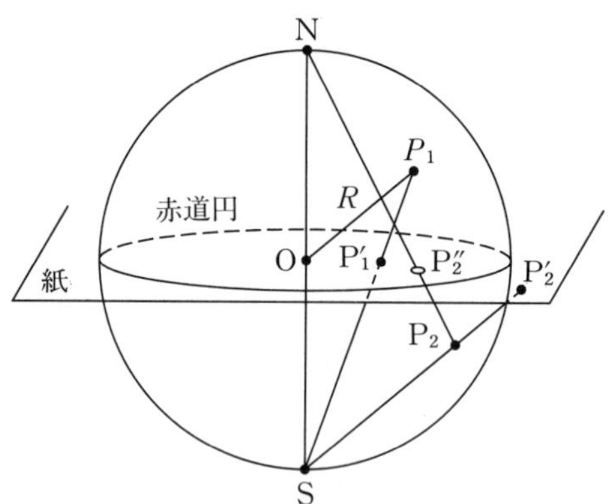

図 3. 52　ステレオ投影の原理（Kelly and Groves 1970, p. 42）. 球面上の極 P_1 は点 P'_1 に投影される.

とができる. ステレオ投影には補助線が等角度で描かれている. また Wulff ネットは, 結晶中のいろいろな面の面角や方位を測定するのに用いられる. Wulff ネットの詳細な利用法については, 参考書があるので, それを参照されたい（Kelly and

Groves 1970, pp. 50–55 ; Reed-Hill 1973, pp. 25–30).

[100] を基本円の北極 N として描いた立方晶のステレオ投影を図 3.53 に示す．図中の線は球面投影における大円をステレオ投影したものである．ある大円の極が晶帯軸とすれば，大円上に存在する点は，この晶帯のいくつかの面のミラー指数として理解できる．例えば，図 3.53 の水平線は [001] を晶帯軸とする面の極を結んだものである．

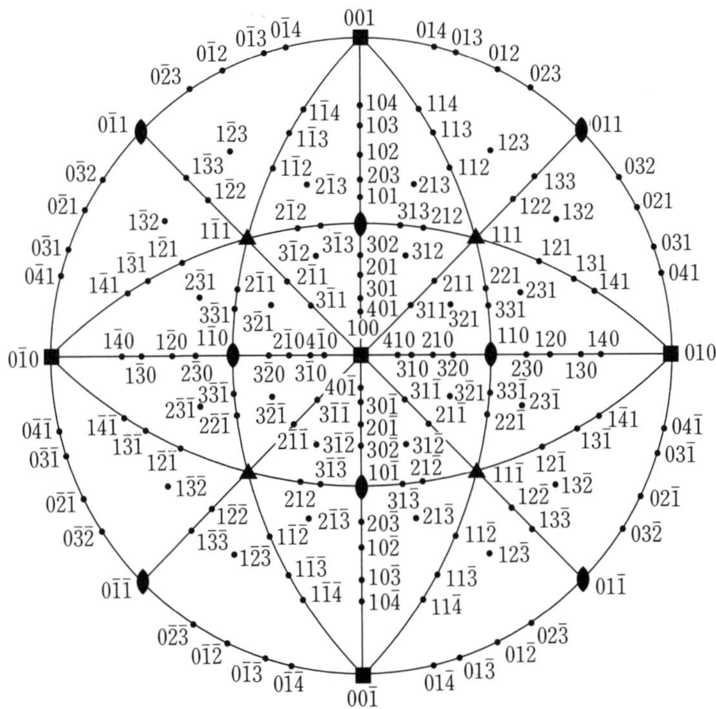

図 3.53　立方晶の [100] ステレオ投影図．

3.2.3 回転対称の軸の組合せ

同時に存在する回転対称

3次元物体は，ある点を通る非平行な複数の回転対称軸をもつ*10．例えば，長方平行6面体は体心を通過する3本の直交した2回軸をもっている．メタン（CH_4）やベンゼン（C_6H_6）のような分子は，3次元の点対称を示す．いくつかの対称性が共存する場合，互いの対称性を乱さないことが前提となる．この節では幾何学的に，ある点を通過する複数の回転軸について解説する．

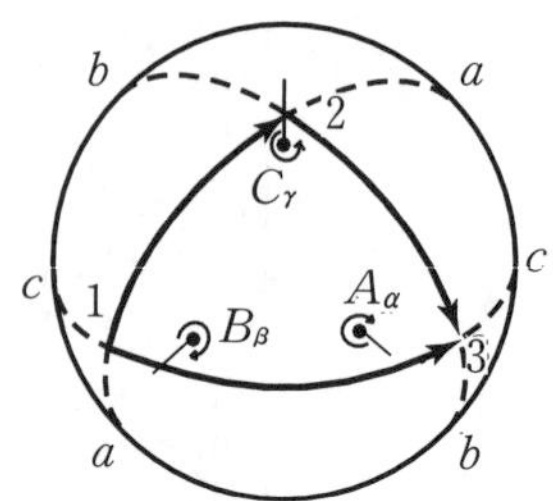

図3.54 A_α と B_β の回転対称操作の組合せは回転 C_γ に等しい（Buerger 1978, p. 35）．

図3.54に示すように，非平行回転軸 A_α と B_β の2つの対称操作によって球体表面の任意の点を移動させよう．球体の中心は極Aと極Bに交わっており，AとBを極とする大円をそれぞれ *aa* および *bb* とする．回転 A_α により点1は大円 *aa* 円に沿って2へ移動する．回転 B_β により点2は大円 *bb* に沿って3まで移動する．1から3への直接的な移動は *C* を極とする円 *cc* に沿って行われる．したがって $A_\alpha \cdot B_\beta$ は回転 C_γ と等価である．以上から，一般論として，交わる2軸のまわりの2回の回転操作は唯一解でなく，これと等価な第3の回転対称軸が必ず存在する．

A_α，B_β，C_γ の軸間の空間的関係は**オイラーの作図**により確認できる．図3.54の関係は図3.55の球面3角形のように表現することができる．頂点A，B，Cの間の2

*10 3次元結晶の単位格子は交差しない非平行回転軸を含むことができる．

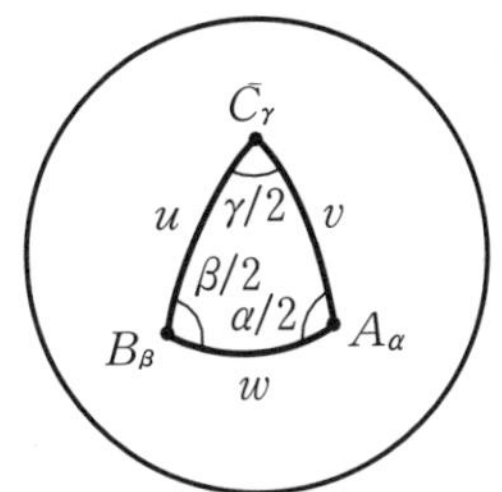

図 3.55　球面 3 角形 ABC のオイラーの関係.

面角は軸回転の角度 α, β, γ の半分である. この球面 3 角形に余弦則を適用し, 図 3.49 の結果を用いれば, 次式が得られる.

$$\cos u = \frac{\cos(\alpha/2) + \cos(\beta/2)\cos(\gamma/2)}{\sin(\beta/2)\sin(\gamma/2)} \tag{3.26 a}$$

$$\cos v = \frac{\cos(\beta/2) + \cos(\gamma/2)\cos(\alpha/2)}{\sin(\gamma/2)\sin(\alpha/2)} \tag{3.26 b}$$

$$\cos w = \frac{\cos(\gamma/2) + \cos(\alpha/2)\cos(\beta/2)}{\sin(\alpha/2)\sin(\beta/2)} \tag{3.26 c}$$

3 本の軸 A_α, B_β, C_γ に対応する結晶学的に可能な角度 α, β, γ が決まれば, u, v, w が決まる（例えば, 3 本の回転軸がすべて 4 回軸なら, $\alpha=\beta=\gamma=\pi/2$ となる）. 可能な**軸の組合せ**により -1 から 1 までの値をもつ余弦関数が得られる. これらの組合せ以外の値は幾何学的に選択することが不可能である. 軸間角 u, v, w は交点における軸の空間的配置を表す.

3 次元結晶における回転軸の可能な組合せ

可能な回転対称の組合せは $\{1, 2, 3, 4, 6\}$ である. それゆえ, ある点を通過する回転軸の組合せを決定するには, このうち 3 つの可能な組合せを選択し, 式(3.26)から $\cos u$, $\cos v$, $\cos w$ の解を求める. 3 つの解が有効なとき, 軸の組合せが結晶に許される. さらに, u, v, w の値は 3 つの軸に対して任意の方向を決定する. 表 3.4 に同時に 3 つ選択することのできる結晶学的な回転対称の組合せをまとめて示した. 結晶学的に可能な組合せとは, 表 3.4 の軸のうち式(3.26)を満足する 3 つの組合せの集合である.

3 本の 2 回軸 222 を考えよう. 回転角 α, β, γ は π に等しいから $\sin(\alpha/2)=$

表3.4 3つの結晶回転軸の組合せ.

	1回	2回	3回	4回	6回
1回	111				
	112				
	113				
	114				
	116				
2回	212	222			
	213	223			
	214	224			
	216	226			
3回	313	323	333		
	314	324	334		
	316	326	336		
4回	414	424	434	444	
	416	426	436	446	
6回	616	626	636	646	666

$\sin(\beta/2)=\sin(\gamma/2)=1$, $\cos(\alpha/2)=\cos(\beta/2)=\cos(\gamma/2)=0$ となる．したがって，式(3.26)より $u=v=w=\pi/2$．このため，互いに垂直な3本の2回軸は結晶学的に可能な軸の組合せになることがわかる．この組合せは，長方平行6面体に見ることができる．各面とも2回軸をもち，互いに直交する．そして2回軸はすべて体心で交わる．

余弦値が -1 から1の範囲を逸脱する軸の組合せは不可能である．例えば，$\alpha=2\pi/3$，$\beta=\gamma=\pi/3$ の366では，式(3.26 c)の $\cos w$ が3になってしまう．

333の組合せは $u=v=w=0$ の解をもつ．この組合せは単純な3回軸と等価だから，独立した組合せになり得ない．

式(3.26)で有効な解をもつ組合せは，222，223，224，226，233，234である．表3.5は式(3.26)より求めた回転軸の組合せと回転角および軸間角をまとめたものである．

得られた6つの軸の空間的配列図を図3.56に示す．

222，223，224，226の組合せは，2つの2回軸をもつ．3番目の軸 (2, 3, 4, 6) は他の2つに垂直である（図3.56を参照)．2つの2回軸をもつため，これらの組合せは，**2面点群**と呼ばれる構造を形成する．

表 3.5　結晶学的に許される回転軸の組合せと回転角および軸間角.

軸組合せ	α	β	γ	$\angle AOB = w$	$\angle BOC = u$	$\angle AOC = v$
222	180°	180°	180°	90°	90°	90°
223	180°	180°	120°	60°	90°	90°
224	180°	180°	90°	45°	90°	90°
226	180°	180°	60°	30°	90°	90°
233	180°	120°	120°	54° 44′	70° 32′	54° 44′
234	180°	120°	90°	35° 16′	54° 44′	45°

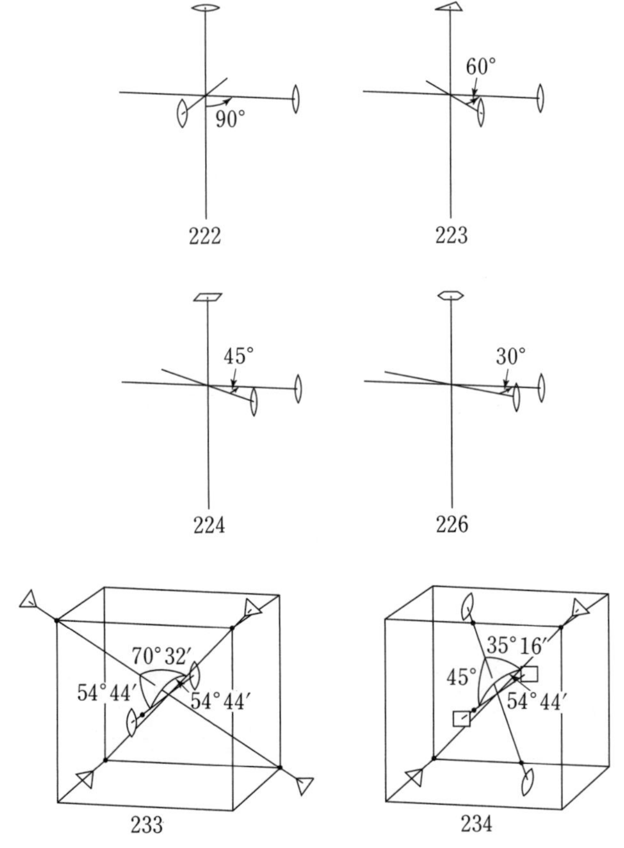

図 3.56　結晶中の 3 つの回転軸の 6 つの組合せの空間配列（Buerger 1978, p. 43）.

233 と 234 の軸の組合せは，立方体に特徴的な軸間角をもつ（図 3.56 を参照）．後述するように，この組合せは**アイソメトリックな点群**を含む．ここまで，1 点で交わる 3 つの回転軸を考えた．しかし，3 本以上の軸が 1 点で交差することも可能である．例えば，図 3.56 に示すように組合せ 223 に 3 本の回転軸を許すなら，さらに別の 1 本の 2 回軸が存在することになる．同様に 3 本の基本軸より回転軸をすべて描くと，図 3.57 に示すように多くの回転軸が並ぶようになる．

図 3.57 の組合せ 233 をよく見ると，3 本の 2 回軸と 4 本の 3 回軸が 1 点で交わることがわかる．ここで可能といわれる 333 が存在しないことに注意してほしい．もし 333 が式(3.26)を満たせば，3 回軸はある点で交わるただ 1 つの回転軸となる．そして，いくつかの 3 回軸がある点を通過するとき，それらは他の回転軸と重なり合う．

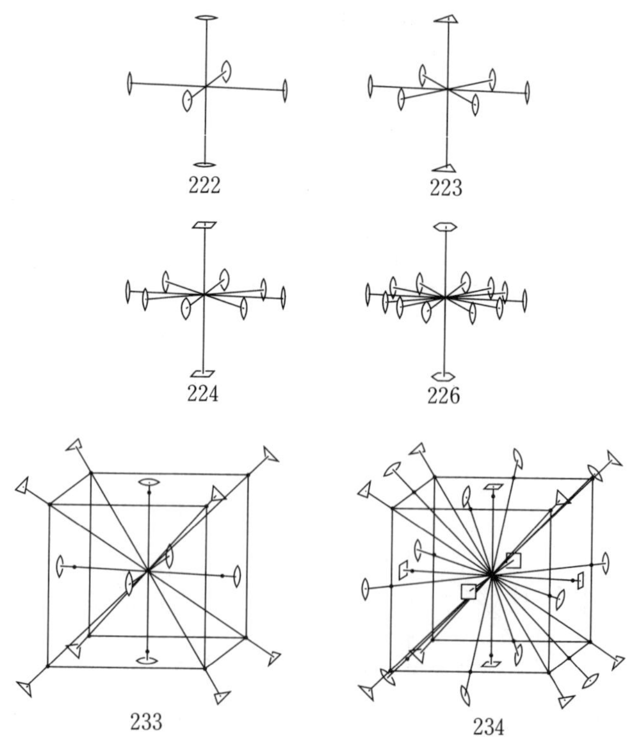

図 3.57　結晶中の回転軸の 6 つの組合せの空間配列．すべての回転繰り返しを行ったあとの図（Buerger 1978, p. 43）．

233においては2回軸，234においては2回軸と4回軸がそれにあたる．

特定の点で交差しない非平行な回転軸の組合せも可能である．このような組合せでは，らせん対称軸を形成する並進対称が導入される（例えば，Buerger 1978, p. 229を参照のこと）．ある点でのらせん軸のなす角，またはらせん軸と回転軸の間の角は，6つの許可された結晶学的軸の組合せと同じになる．

3.2.4　32の結晶点群

3.1.4において10個の結晶学的面点群を挙げた．定義により，点群対称は並進対称を含まない．2次元で可能な対称操作は回転，並進，鏡映，映進の4つであった．回転と鏡映は並進を含まない対称操作である．10個の結晶学的面点群対称は，ある点において単独あるいは組合せで存在する回転対称あるいは鏡映対称から得られた．

ここで，結晶学的点群のつくり方をもう1つ解説する．可能な真性回転より出発し，これに他の対称操作を**拡張子**として加えていく手法である．2次元では5つの回転対称に鏡映対称を追加した．3.1.4ではこの手法を用いて新たな2次元点群対称の可能性を示した．この手法は3次元でも使えるが，以下の理由から空間的な自由度に比べてさらに大きな自由度を与えなければならない．

- 3次元のある点における回転対称がいくつかの回転対称の交点を含む．3.2.3で述べたとおりこれは立方体の中心で直交する3本の4回対称軸があることから明白である．これにより回転対称を含む新たな点群が導き出される．
- 3次元では，ある点での回転対称は鏡映対称を加えた反転対称によって増える．
- 3次元では，鏡映対称と回転対称とがいろいろな角度で組み合わされる（2次元では，3.1.4で述べたとおり鏡映は垂直方向に加えられるだけであった）．

3次元点群を構築するには，結晶学的に可能な回転対称すなわち単独の回転軸1，2，3，4，6および組合せ回転軸222，223，224，226，233，234に反転中心や鏡映面を組み合わせたものが必要になる．回転対称軸が回映軸となる場合，すなわち回映と回反が許される場合には他の点群が形成される．以下では少し脱線して，回映対称$\bar{4}$が回転と鏡映あるいは反転との組合せと等価な組合せをもっていることを示そう．

回映軸，回反軸の分解

1つの例外を除き，結晶学的回映軸は真性回転軸とそれに垂直な鏡映面，あるいは真性回転軸と反転中心に分けることができる．ここで，同時操作のできる2種類の対称を含む組合せと，2段階操作と呼ばれる回映と回反の組合せを明確に分けなくてはならない（それぞれ3.1.2と3.2.1を参照）．n回軸と垂直な鏡映面の組合せは国際記号でn/mと定義される．n回軸と反転対称の組合せは$n \cdot i$と表される．図3.35に示した回反軸nを分解すると，結晶学的回反軸は次のように説明できる．

- $\bar{1}$：真性1回軸と反転中心の組合せに等価．つまり$\bar{1}=1 \cdot i$.
- $\bar{2}$：真性1回軸とそれに垂直な鏡映面の組合せに等価．つまり$\bar{2}=1/m$.
- $\bar{3}$：真性3回軸と反転中心の組合せに等価．つまり$\bar{3}=3 \cdot i$.
- $\bar{4}$：この回映軸は単純な組合せに分解できない．図3.37と比較せよ．$\bar{4}=\tilde{4}$.
- $\bar{6}$：真性3回軸とそれに垂直な鏡映面の組合せに等価．つまり$\bar{6}=3/m$.

同様に図3.37の結晶学的回映軸nは以下のように説明できる．

- $\tilde{1}$：真性1回軸とそれに垂直な鏡映面の組合せに等価．つまり$\tilde{1}=1/m$.
- $\tilde{2}$：真性1回軸と反転中心の組合せに等価．つまり$\tilde{2}=1 \cdot i$.
- $\tilde{3}$：真性3回軸とそれに垂直な鏡映面の組合せに等価．つまり$\tilde{3}=3/m$.
- $\tilde{4}$：この回映軸は単純な組合せに分解できない．
- $\tilde{6}$：真性3回軸と反転中心の組合せに等価．つまり$\tilde{6}=3 \cdot i$.

$\bar{4}=\tilde{4}$を除いてすべての結晶学的回映軸は，真性回転軸とそれに垂直な鏡映面に，あるいは真性回転軸と反転中心に分けることができる．それゆえ，反転中心と垂直な鏡映面を拡張子として考えれば，回映軸を考えることなく点群の可能性を探索することができる．$\bar{4}=\tilde{4}$についても考えなければならない．

点群に拡張子を加えることで許される軸の組合せ

3.1.4において，平行な鏡映面と回転軸の関係について議論した（回転軸は鏡映面の中の直線で，**垂直鏡映面**と呼ばれる）．そのような鏡映面を導く1つの方法を拡張子という．もちろん回転軸に垂直な鏡映面も拡張子である．以下に**対角鏡映面**と**水平鏡映面**について拡張子を使って表現する．

32の結晶点群のすべてを表現するよりも，むしろ以下に選んだ群について表す方がよい．32の結晶点群のすべてについては図3.58に示してある．表の横方向は12の基本的な回転軸の組合せ：1，2，3，4，6，222，322，422，622，233，234，$\bar{4}$で

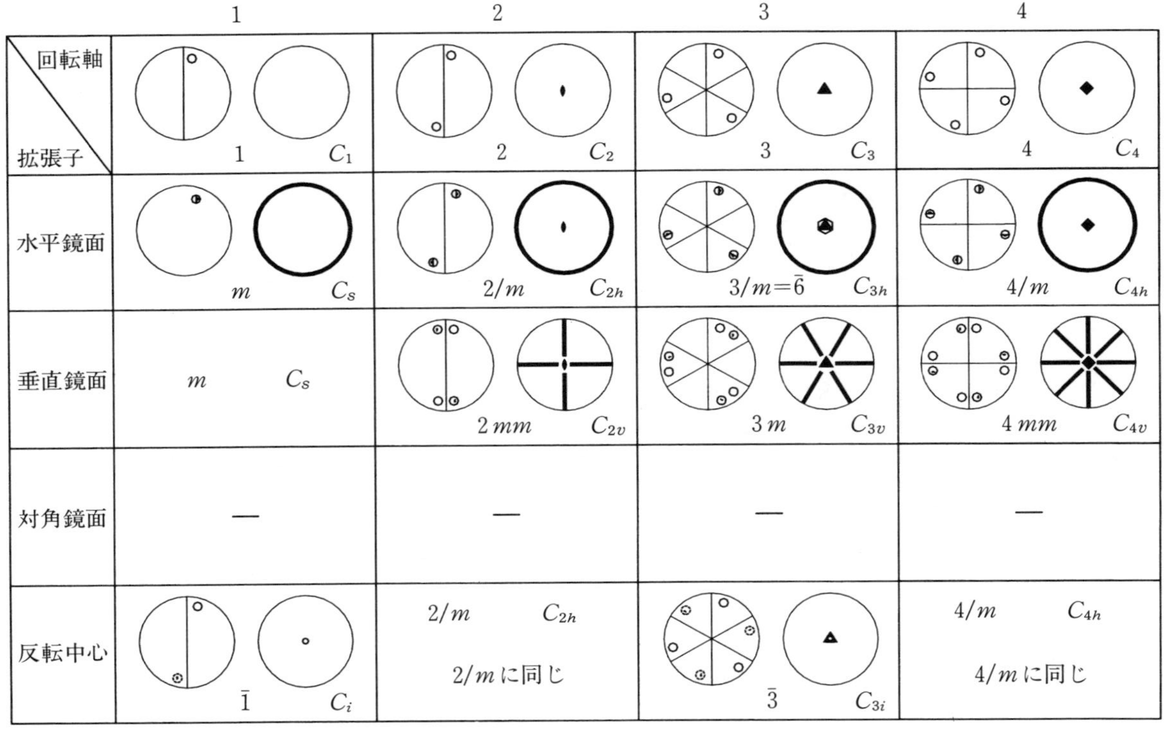

図 3.58　32の結晶点群.

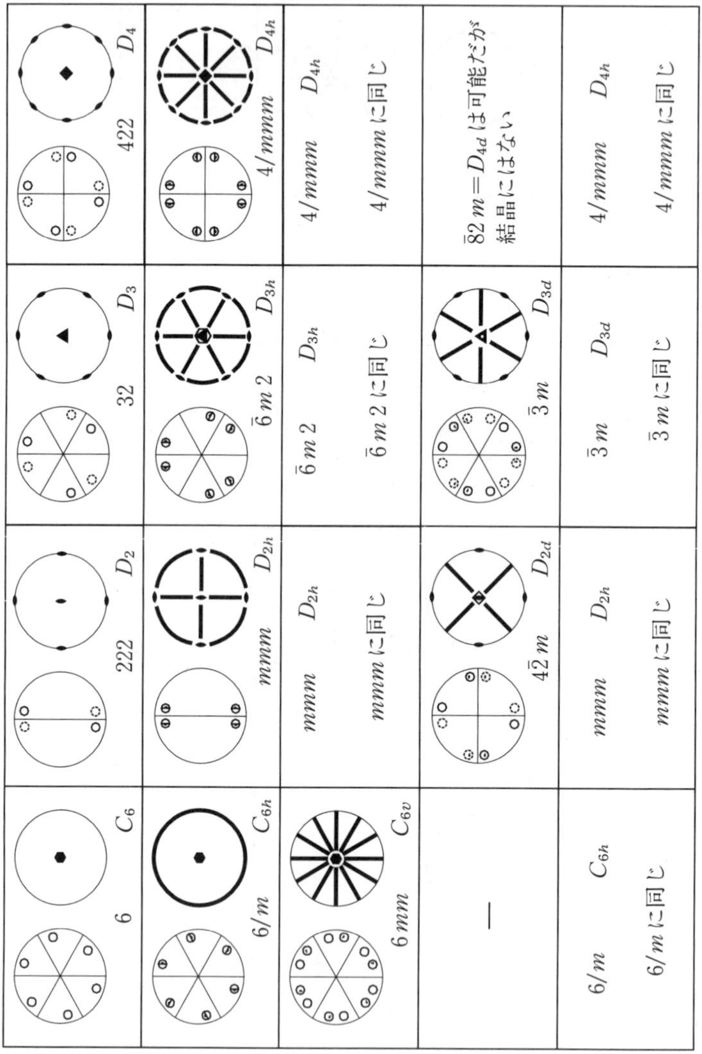

6	222	322	422
6 C_6	222 D_2	32 D_3	422 D_4
$6/m$ C_{6h}	mmm D_{2h}	$\bar{6}m2$ D_{3h}	$4/mmm$ D_{4h}
$6mm$ C_{6v}	mmm D_{2h} mmm に同じ	$\bar{6}m2$ D_{3h} $\bar{6}m2$ に同じ	$4/mmm$ D_{4h} $4/mmm$ に同じ
—	$4\bar{2}m$ D_{2d}	$\bar{3}m$ D_{3d}	$\bar{8}2m=D_{4d}$ は可能だが結晶にはない
$6/m$ C_{6h} $6/m$ に同じ	mmm D_{2h} mmm に同じ	$\bar{3}m$ D_{3d} $\bar{3}m$ に同じ	$4/mmm$ D_{4h} $4/mmm$ に同じ

図 3.58 （続き）

622	233	432	$\bar{4}$
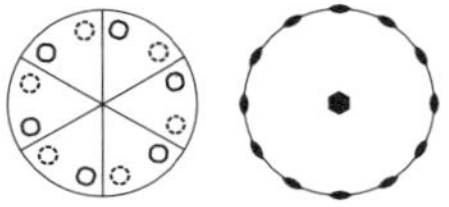 622 D_6	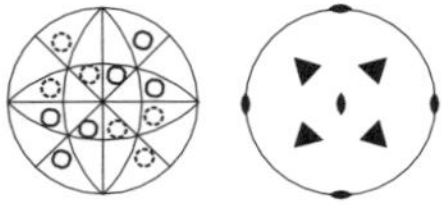 23 T	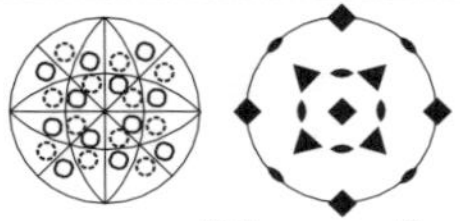 432 O	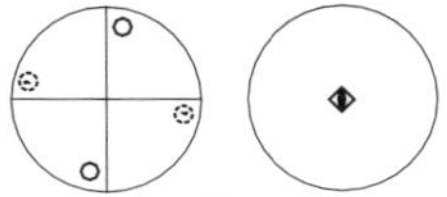 $\bar{4}$ S_4
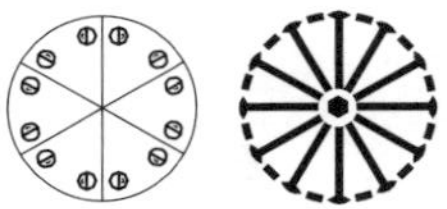 $6/mmm$ D_{6h}	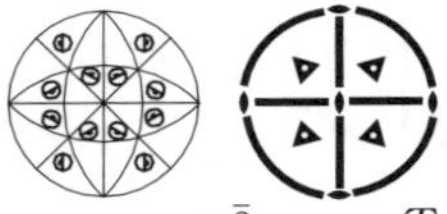 $m\bar{3}$ T_h	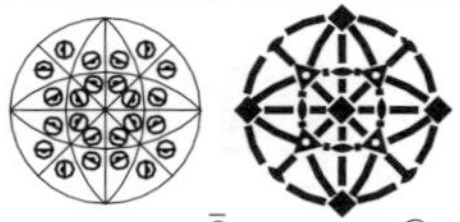 $m\bar{3}m$ O_h	$4/m$ C_{4h}
$6/mmm$ D_{6h} $6/mmm$ に同じ	$m\bar{3}$ T_h $m\bar{3}$ に同じ	$m\bar{3}m$ O_h $m\bar{3}m$ に同じ	$\bar{4}2m$ D_{2d}
$2m=D_{6d}$ は可能だが結晶にはない	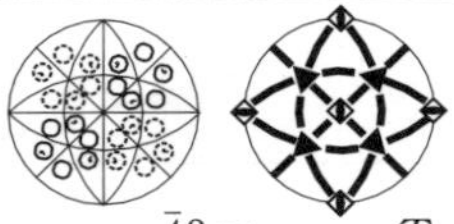 $\bar{4}3m$ T_d	隣接する回転軸が異なるので不可能	—
$6/mmm$ D_{6h} $6/mmm$ に同じ	$m\bar{3}$ T_h $m\bar{3}$ に同じ	$m\bar{3}m$ O_h $m\bar{3}m$ に同じ	$4/m$ C_{4h}

図 3.58 (続き)

ある．一方，表の縦方向には，拡張子として平面鏡映面，垂直鏡映面，対角鏡映面，反転対称が記入されている．拡張子が新たな点群対称を形成するときは，いつもこの表に従う．

図 3.59 に図 3.58 の見方を説明してある．どのように非対称な物体が点群の対称操作によって繰り返しを得るのかを記述したステレオ描写，それぞれの点群の対称操作表現のステレオ投影，そして点群それぞれに国際記号およびシェーンフリース記号を与えてある．

軸対称と拡張子の組合せ例は，点群が対称性のもとに導かれることを示している．いくつかの例について点群の表し方を考察してみよう．

例 1：1 回軸と水平鏡映面の組合せ．1 は普通の回転対称であるから導入される鏡映面は単に加えられた対称要素である．しかしこの組合せは単純に点群 $m(=C_s)$ で

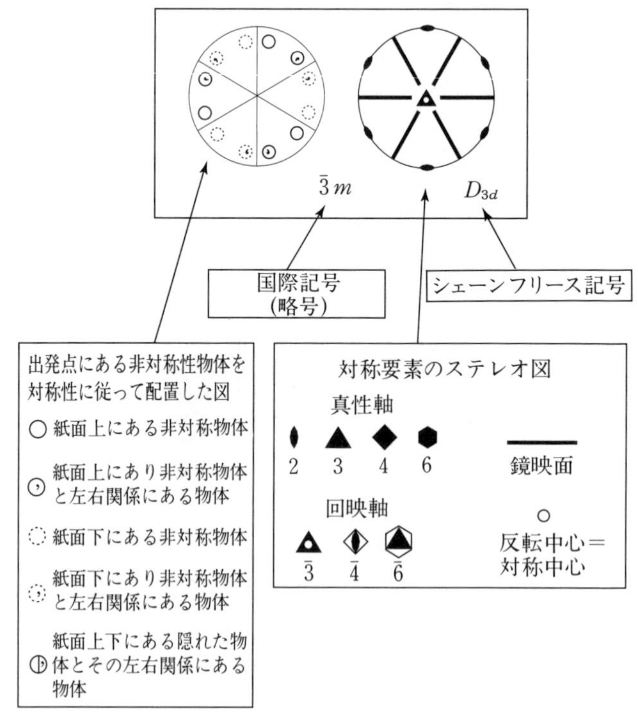

図 3.59 図 3.58 の説明．

ある．これは2次元配列で可能な点群としてすでに紹介した．

例2：垂直鏡映面と1回軸の組合せ．例1のように導入された鏡映面は単に加えられた対称要素である．この対称は例1と配向だけが異なるだけで，等価である．点群は $m(=C_s)$ である．

例3：反転対称と1回軸の組合せ．1が普通の回転対称なので，反転中心は加えられた対称要素である．したがってこの組合せは点群 $\bar{1}(=C_i)$ を形成する．

例4：2回軸と水平鏡映面の組合せ．定義により，水平鏡映面は2回軸に垂直なので，点群対称は $2/m(=C_{2h})$ である．図3.58の点群 $2/m$ の投影図からこの対称の組合せは反転対称を含むことがわかる．

例5：2回軸と垂直鏡映面の組合せ．定義により，垂直鏡映面は2回軸を含む．2回軸を含む1番目の鏡映面に垂直な2番目の鏡映面が存在する．この点群対称は $2mm(=C_{2v})$ である．

例6：2回軸と反転中心の組合せ．この組合せには2回軸と反転中心が同時に存在する．また反転中心を通る2回軸に垂直な鏡映面も存在する．この組合せは例4の $2/m$ 群に等価である．

例7：222軸と水平鏡映面との組合せ．定義により水平鏡映面は2回軸の1つに垂直である．この組合せの点群対称は $\frac{2}{m}\frac{2}{m}\frac{2}{m}$ ［国際表記では $mmm(=D_{2h})$ ］である．図3.58から，この組合せは反転中心をもつことがわかる．

例8：222軸と垂直鏡映面との組合せ．式(3.7)は2つの直交した鏡映面は垂直2回軸に沿って交差することを示す．それらは222のすべての軸に共通なので，鏡映面が2本の2回軸をもつ垂直方位と鏡映面がただ1つの2回軸をもつ対角方位の2つに区別できる．垂直方位との組合せは点群 mmm に一致する．さらに対角鏡映面との組合せは $\bar{4}2m(=D_{2d})$ と呼ばれる新たな点群対称を与える．対角鏡映面を導入すると，垂直2回軸は $\bar{4}$ 軸になることを注意しなければならない．

例9：234軸と水平鏡映面との組合せ．この組合せはもっとも高い対称性をもつ結晶点群となる．国際記号では $4/m\,\bar{3}\,2/m$ と呼ばれ，$m\bar{3}m(=O_h)$ と表記される立方晶である[*11]．

---

*11　$m\bar{3}m$ は $m3m$ とも書かれる．両方ともよく使われる．

結晶点群におけるシェーンフリース記号

一般的な表記は A_{nx} で，それぞれ以下のような文字が入る．

・A：$\{C, D, T, O, S\}$

・n：$\{\_, 2, 3, 4, 6\}$，ここで“_”は何もないことを示す記号である．

・x：$\{\_, s, i, h, v, d\}$

主たる記号 A は次のように説明される．

・C：“cyclic”で軸群を表す．ただし $\bar{4}$ を除く．

・D：“dihedral”で直角に2回軸が3番目の軸としてある場合である．

・T：“tetrahedral”で軸の組合せ233である．

・O：“octahedral”で軸の組合せ234である．

・S：$\bar{4}$ にだけ使用する．

添字 n はもっとも高い回転対称の次数を示す．$A=T$ や O のとき，あるいは $x=s$ または i などの特別な場合は使わない．

添字 x は $n=1$ のときに使う．ここで $\bar{1}$ のときは $x=i$（inversion）で，m のときは $x=s$（Spiegel ドイツ語で鏡）である．また他の添字，$x=h$，$x=v$，$x=d$ は水平，垂直，および対角鏡映面がそれぞれ存在していることを示す．もしなにも存在しなければ，添字は付けない．

式(3.26 a)～(3.26 c)で許される組合せのうち，**非結晶学的**軸の組合せはかなり特殊である．並進対称がない物体の点対称が意味をもち，その物体の回転対称が {1, 2, 3, 4, 6} に制限されない場合，式(3.26 a)～(3.26 c)を用いて，そのような組合せの軸間角を可能とすることができる．例えばもっともよく知られている非結晶学的組合せは235であろう．これはサッカーボールの配列で，**バッキーボール** C_{60} 分子の点群である．

表3.6は32結晶点群についての追加情報である．そこにはシェーンフリース記号と国際記号の両方が記載されている．また，**結晶系**に一致する点群をグループ化してある．

ラウエ群

対称中心をもつ結晶点群は**ラウエ群**と呼ばれる．32の結晶点群のうち，11の点群は基本的な対称操作に加えて反転中心をもつ．表3.6は32の結晶点群のうち，ラウエ群について並べてある．

結晶回折パターンの点群は11のラウエ群のいずれかでなければならない．なぜなら，もっとも一般的な回折手法では，結晶中にそれがなくても回折現象が回折パターンの中に存在する対称中心を生むからである．結晶の多くの物理学的特性には対称中心が必要なものがある．それらはもちろん11ラウエ群の1つでなければならない．詳しくは3.3を参照されたい．

3.2.5 空間格子

3.1.5で5つの面格子を説明した．大別すると，一方は垂直並進と回転軸の組合せによって制約され（平行4辺形，120°菱形，正方形），他方は垂直並進と鏡映線に組合せによって制約される（長方形と面心長方形）．3次元格子は基本ベクトル $\boldsymbol{t}_1$ と $\boldsymbol{t}_2$ をもつ2次元格子面（または格子網，面網と呼ばれる）を平行に積層する方法で定義できる．3次元**空間格子**は，2次元格子に3番目の基本ベクトル $\boldsymbol{t}_3$ を加えることで形成される．

3.1.5で述べたように，対称性が格子網の種類を決定する．例えば，点群4の格子は正方形である．点群4には対称性4が存在するからである．また，最も高い点群が m なら，格子網は長方格子（単純あるいは面心）である．

2次元格子は格子面に垂直な回転対称軸をもつので，平行格子網の積層のもつ対称性は，もとの2次元格子網にあった回転軸をそのまま保持するか，あるいはしないかのいずれかになる．それは積層の方法に依存する．一般に17の面群のうち，1つの面をもつ平行面の積層を考えることができる．各面に存在する特別な対称性を維持することが，結晶学的に区別できる3次元格子の数を制限するのに必要である．3次元格子で面群対称を維持するためには，面群に存在する対称要素が空間格子を構成するすべての平行面の対称要素に一致するよう $\boldsymbol{t}_3$ を規定しなければならない．

17の面群の対称要素を積層することで，空間格子のすべてを導き出すことができる．並進と回転を対称要素にもつ面格子の積層を使って空間格子のいくつかを導き出してみよう．以下では，ベクトル $\boldsymbol{t}_3$ を成分 x，y，z で表す．ここで，x と y は単位長さ a，b をもつ $\boldsymbol{t}_1$，$\boldsymbol{t}_2$ に平行な成分である．z は $\boldsymbol{t}_1$ と $\boldsymbol{t}_2$ の面に垂直に測った長さで，その大きさは任意にとる．本節の最後に完全解すなわち14のブラベー格子をまとめる．

表3.6 32の結晶点群．シェーンフリース記号と国際記号の関係．

結晶系	シェーンフリース記号	国際記号	ラウエ群
三斜晶	C_1	1	$\bar{1}$
	C_i	$\bar{1}$	
単斜晶	C_2	2	$\frac{2}{m}$
	C_s	m	
	C_{2h}	$\frac{2}{m}$	
斜方晶	D_2	222	mmm
	C_{2v}	$2mm$	
	D_{2h}	$\frac{2}{m}\frac{2}{m}\frac{2}{m}$ (mmm)	
正方晶	C_4	4	$\frac{4}{m}$
	S_4	$\bar{4}$	
	C_{4h}	$\frac{4}{m}$	
	D_4	422	$\frac{4}{m}mm$
	C_{4v}	$4mm$	
	D_{2d}	$\bar{4}2m$ or $\bar{4}m2$	
	D_{4h}	$\frac{4}{m}\frac{2}{m}\frac{2}{m}\left(\frac{4}{m}mm\right)$	

面格子の積層による空間格子の導出

1回軸に垂直な格子網の積層：平行4辺形網は任意の並進ベクトル $\boldsymbol{t}_1$ と $\boldsymbol{t}_2$ をもつ．恒等な回転対称1が存在しているので，格子網を重ねていっても $\boldsymbol{t}_3$ がなんらかの条件に制約されることはない．得られる空間格子の基本格子は平行6面体すなわち三斜晶系（triclinic）である．つまり格子定数 a，b，c も軸間角 α，β，γ もすべて任意である．図3.60(a)に $\boldsymbol{t}_1$ と $\boldsymbol{t}_2$ の面に垂直な方向からみた図を示す．透視図を図3.60(b)に示す．

2回軸に垂直な格子網の積層：2回軸（鏡映対称のない状態で）をもつ図形は，任意の基本ベクトル $\boldsymbol{t}_1$ と $\boldsymbol{t}_2$ をもつ平行4辺形である．$\boldsymbol{t}_3$ を任意にとると，網に垂直な2回軸は乱されるので得られる空間格子は上の例と同じく**三斜格子**である．積層網にある2回対称性は $\boldsymbol{t}_3$ をある条件で制約することによって維持される．その条件とは，

表 3.6(続き)　32 の結晶点群．シェーンフリース記号と国際記号の関係．

結晶系	シェーンフリース記号	国際記号	ラウエ群
六方晶	C_3	3	$\bar{3}$
	C_{3i}	$\bar{3}$	
	D_3	32	$\bar{3}m$
	C_{3v}	$3m$	
	D_{3d}	$\bar{3}\frac{2}{m}(\bar{3}m)$	
	C_6	6	$\frac{6}{m}$
	C_{3h}	$\bar{6}$	
	C_{6h}	$\frac{6}{m}$	
	D_6	622	$\frac{6}{m}mm$
	C_{6v}	$6mm$	
	D_{3h}	$\bar{6}m2$ or $\bar{6}2m$	
	D_{6h}	$\frac{6}{m}\frac{2}{m}\frac{2}{m}(\frac{6}{m}mm)$	
立方晶	T	23	$m\bar{3}$
	T_h	$\frac{2}{m}\bar{3}\ (m\bar{3})$	
	O	432	$m\bar{3}m$
	T_d	$\bar{4}3m$	
	O_h	$\frac{4}{m}\bar{3}\frac{2}{m}\ (m\bar{3}m)$	

積層の 2 番目の面が積層の 1 番目の面がもつ対称性に一致する 2 回対称の位置にあることである．あるいは空間格子の平面すべてに一致する 2 回軸をもたなければならない．2 次元基本格子には 4 つの位置で 2 回対称をもつので（図 3.21），格子網に 4 つの積層の方法がある．最初の 1 つは，図 3.61 に示すように，各格子網が重なった基本格子をもつ．この配置では，$\boldsymbol{t}_3$ は長さは任意であるが $\boldsymbol{t}_1$ と $\boldsymbol{t}_2$ の面に垂直でなければならない．すなわち $\boldsymbol{t}_3$ は $[00z]$ を形成する．得られる基本格子は**単斜格子**（monoclinic cell）である．3 つの格子定数 a，b，c は任意で，γ も任意である．しかし，$\alpha=\beta=\pi/2$ の制約条件がつく．

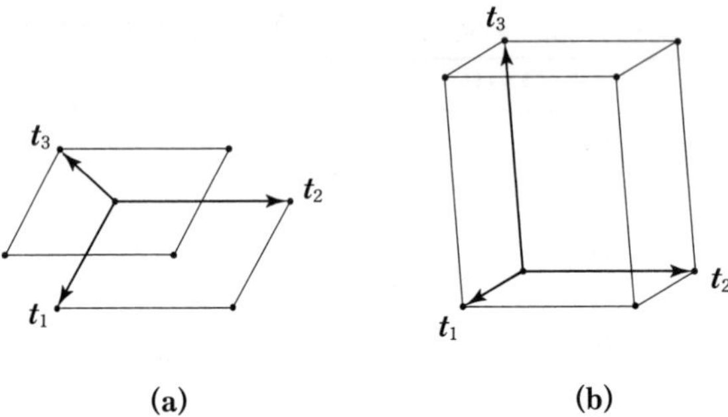

図 3.60 三斜格子.（a）紙面上にある $\boldsymbol{t}_1$ と $\boldsymbol{t}_2$ に対する平面図.（b）透視図.

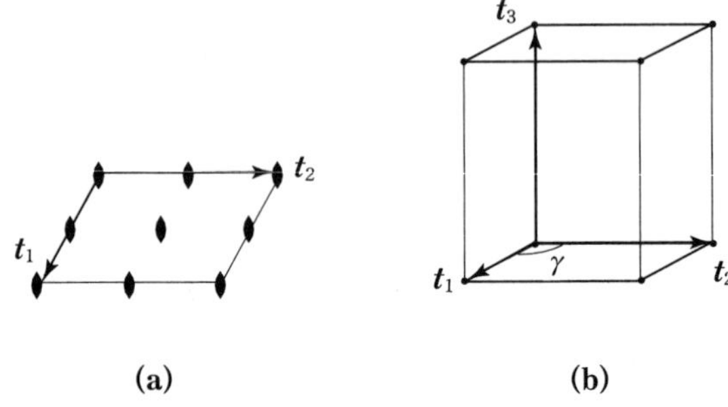

図 3.61 単斜格子.（a）2 回軸をもつ面が $-\boldsymbol{t}_3$ に沿って積層する方向から見た平面図.（b）基本格子の透視図.

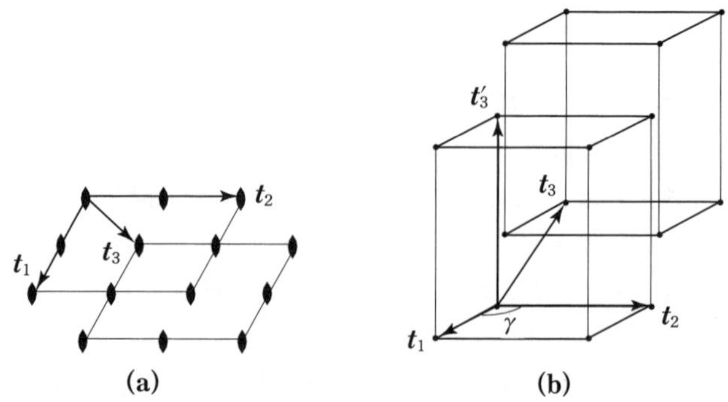

図 3.62 体心単斜格子.（a）$-\boldsymbol{t}'_3$ に沿って見た平面図,（b）体心単斜格子の透視図. ベクトル $\boldsymbol{t}_3$ は格子の体対角線に沿っている.

2回回転対称性を維持する第2の積層方法を，図3.62に示す．ここで $\boldsymbol{t}_3$ は $[\frac{1}{2}\frac{1}{2}z]$ である．第2層の格子の中心にある2回軸は，第1層の格子の原点で2回軸と重なる．第3層の格子は1番目の格子に重なり，第4の格子は第2の格子に重なる．結果として図3.62(a)のような平面配置が得られる．図3.62(b)は，$\boldsymbol{t}_1$，$\boldsymbol{t}_2$，$\boldsymbol{t}_3$ で定義される単位格子を示す．並進 $\boldsymbol{t}_3'=[002z]$ は $\boldsymbol{t}_1$ と $\boldsymbol{t}_2$ の面に垂直である．このような単位格子を2重格子と定義する．この単位格子はその中心と頂点に格子点をもっており，**体心格子**と呼ばれる．3つの格子定数 a，b，c は任意，γ も任意だが α と β はともに $\pi/2$ である．これは**体心単斜格子**（body-centered monoclinic cell）である．

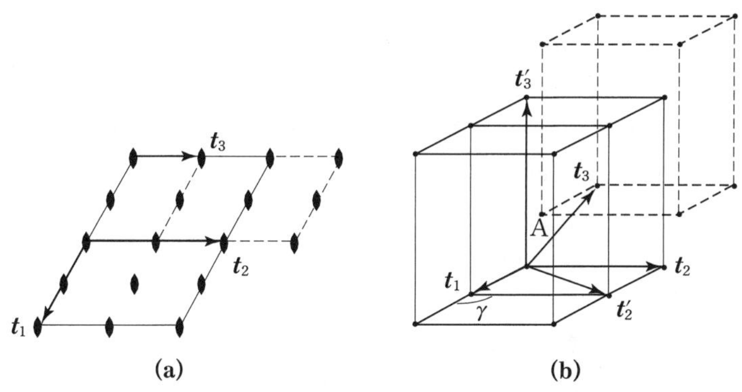

図3.63 $\boldsymbol{t}_3$ をもつ平行4辺形網の積層は体心単斜格子を形成する．新たな基本ベクトルが定義できる．点 A は $\boldsymbol{t}_1$，$\boldsymbol{t}_2'$，$\boldsymbol{t}_3'$ として定義した格子の体心に出現する．

$\boldsymbol{t}_3=[0\,\frac{1}{2}z]$ と $\boldsymbol{t}_3=[\frac{1}{2}0z]$ の2つの並進を使うと，2回軸を含む平行4辺形網の残り2つの積層が得られる．2番目の層は，格子の辺の中点にある2回軸が1番目の層の格子の原点に直接くる．その様子を図3.63に示す．図3.63(a)には1番目の層に隣接した格子を示した．2番目の層の格子が重なっている．図3.63(b)の透視図には3番目と4番目の層が加わっている．$\boldsymbol{t}_1$，$\boldsymbol{t}_2$，$\boldsymbol{t}_3'=[002z]$ で定義される格子は**底心格子**（side-centered cell）の例である．底心格子は2つの格子点をもつ．一方は頂点に，他方は1組の面にある．図3.63(b)を検討すると，基本ベクトル $\boldsymbol{t}_1$，$\boldsymbol{t}_2'=\boldsymbol{t}_1+\boldsymbol{t}_2$, $\boldsymbol{t}_3'$ によって体心単斜晶格子を定義することが可能となる．このため，積層は図3.62と結晶学的に等価な空間格子を形成する．国際図表によれば，C-面心単斜格子がそれにあたる．このため，14の**ブラベー格子**をまとめた図3.66には**底心単斜格子**のみが示されている．しかし，後出の表3.7と図3.66において，体心単斜格子と底心単斜格子の等価性に注意したい．以上から，2つの可能な単斜空間格子（一方は単位格子内に1個の格子点をもつ基本格子，他方は2個の格子点をもつ体心格子）が導かれた．単斜晶系の格子を構成するのはこの2つだけである．

$2mm$ 対称性をもつ面心長方格子網の積層：この種の格子を積層する方法は2つある．第1は，図3.64に示すように網の面に垂直になるように $\boldsymbol{t}_3$ をとる．得られる格子は任意の格子定数 a，b，c と軸間角 $\alpha=\beta=\gamma=\pi/2$ をもつ．これは**斜方格子**（orthorhombic cell）である．元の格子網は面心長方格子で，図3.64の破線で示した格子は2重格子になり，格子点は中心位置と図3.64の(001)面に存在する．これを**C-底心斜方格子**（C-centered orthorhombic cell）という．ここで，記号Cは斜方晶の(001)面を示し，Bは(010)面を示し，Aは(100)面を示す．どの面の面心に2番目の格子点を置こうとも，結晶学的には1つの格子，**底心斜方格子**（side-centered orthorhombic cell）と定義する．

面心長方格子積層の第2の方法は，$\boldsymbol{t}_3$ を $[0\ \frac{1}{2}\ z]$ にとる方法である．図3.65にこれを示す．得られた単位格子は基本ベクトル $\boldsymbol{t}_1$，$\boldsymbol{t}_2$，$\boldsymbol{t}_3$ で定義され，各面の中心に格子

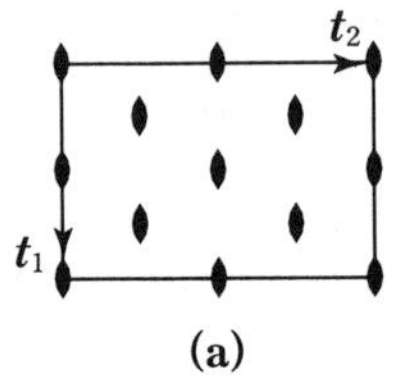

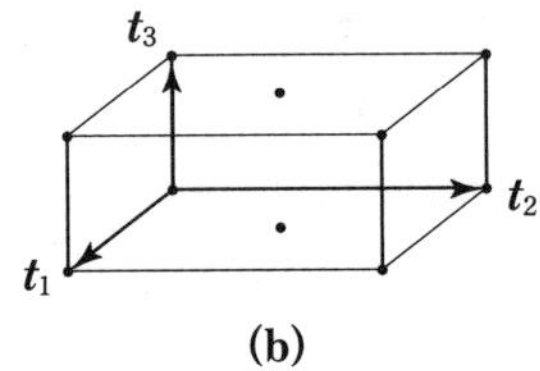

図3.64　C-底心斜方格子．(a)2回軸の位置を示した平面図．(b)2重格子．

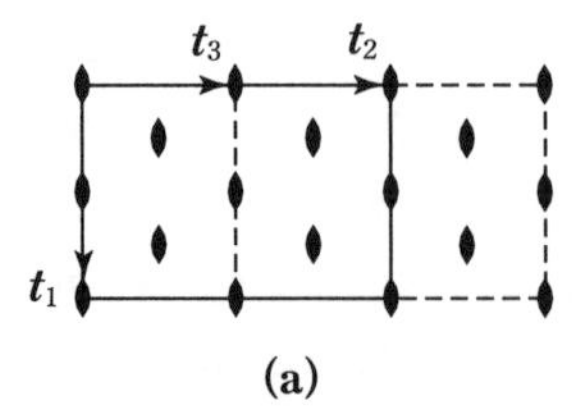

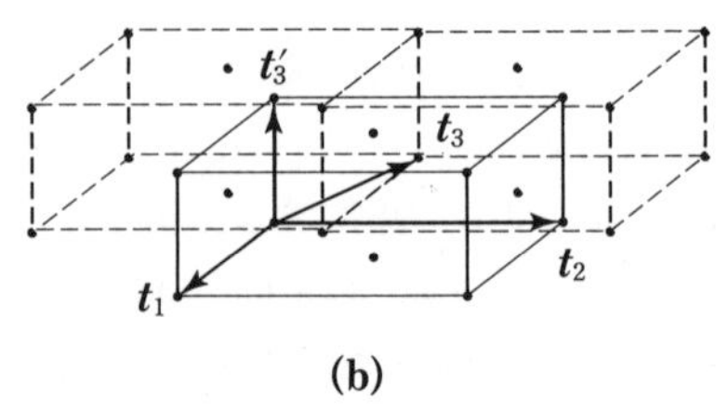

図3.65　面心斜方格子．(a)平面図．(b)4重格子は並進 $\boldsymbol{t}_1$，$\boldsymbol{t}_2$，$\boldsymbol{t}_3'$ で定義される面心．

点をもつ4重の斜方晶からなる．これを**面心斜方格子**（face-centered orthorhombic cell）と呼ぶ．

以上に，5つの異なる空間格子の求め方を説明した．同じ手法で17面群の積層を解析すると，32の3次元結晶点群のうちの10（すなわち本質的に2次元の性質をもつ1軸の点群）を含む計11の空間格子が導き出される．残りの3つの空間格子は233と234軸を伴った点群で形成される．これらの組合せは式(3.26)によって予想される軸間角の2つが $\pi/2$ をとることを許さない軸間角を含むので（すなわち単軸ばかりでなく2面角の組合せもない），組合せ233と234では $\boldsymbol{t}_3$ の z 成分に拘束が発生する．得られる3つの空間格子はすべて等方的である．以上の手順によって，14のブラベー格子が得られたことになる*12．これが空間格子のすべてであることを確認するためには，32の結晶点群の1つが少なくとも14のうちの1つの格子に含まれることを証明する必要がある．

14のブラベー格子と6つの結晶系

14のブラベー格子の透視図を図3.66に示す．縦方向には，慣用的な単位格子の形すなわち三斜晶系，単斜晶系，斜方晶系，正方晶系，六方晶系および立方晶系に分類されている．これら6つの格子の形は，結晶系という分類法で分けられている．横方向には可能な格子が表記されている．第1列には単純格子が国際記号 P として表されている．第2列には2重格子である体心格子が国際記号 I として示されている．第3列には2重格子である底心格子が国際記号 C として表されている．第4列には4重格子である面心格子が国際記号 F として表されている．最後に菱面体格子が国際記号 R として表現されている*13．図には14の図が描かれており，それぞれがブラベー格子となる．

結晶系とブラベー格子に関する定量的な情報を表3.7に示す．6つの結晶系の各々について，格子定数と軸間角についての制約，格子の種類，空間格子を形成する結晶点群が記されている．最右列には，もっとも対称性の高い点群とブラベー格子の関係を示している．

---

*12 この格子群は，1854年に3次元格子の組合せを初めて完成させたA. Bravaisにちなんで名付けられた．

*13 菱面体ブラベー格子は図3.66に示すように6回軸で表現されると3重格子となる．図3.67は菱面体ブラベー格子の基本格子を示している．

表 3.7　6 つの結晶系，14 のブラベー格子，それらのもつ 3 次元点群．

結晶系	ブラベー格子	帰属する点群
三斜晶： $a \neq b \neq c$, $\alpha \neq \beta \neq \gamma$	基本格子	$1, \bar{1}$
単斜晶： $a \neq b \neq c$, $\alpha \equiv \beta \equiv 90^\circ \neq \gamma$	基本，底心≡体心	$2, m, \frac{2}{m}$
斜方晶： $a \neq b \neq c$, $\alpha \equiv \beta \equiv \gamma \equiv 90^\circ$	基本，底心，体心，面心	$222, 2mm, \frac{2}{m}\frac{2}{m}\frac{2}{m}$
正方晶： $a_1 \equiv a_2 \neq c$, $\alpha \equiv \beta \equiv \gamma \equiv 90^\circ$	基本，体心	$4, \bar{4}, \frac{4}{m}, 422, 4m\,m, \bar{4}\,2m, \frac{4}{m}\frac{2}{m}\frac{2}{m}$
六方晶 “六方晶”： $a_1 \equiv a_1 \neq c$, $\alpha \equiv \beta \equiv 90^\circ$, $\gamma \equiv 120^\circ$	基本のみ	$6, \frac{3}{m}, \frac{6}{m}, 622, 6m\,m, \bar{6}2m, \frac{6}{m}\frac{2}{m}\frac{2}{m}$
“菱面体晶”： $a_1 \equiv a_2 \equiv a_3$, $\alpha_1 \equiv \alpha_2 \equiv \alpha_3$	六方基本格子に属さないか菱面体格子（表記法に依存）	$3, \bar{3}, 32, 3\,m, \bar{3}\,\frac{2}{m}$
立方晶： $a_1 \equiv a_2 \equiv a_3$, $\alpha \equiv \beta \equiv \gamma \equiv 90^\circ$	基本，体心，面心	$23, \frac{2}{m}\bar{3}, 432, \bar{4}3m, \frac{4}{m}\bar{3}\frac{2}{m}$

六方晶あるいは菱面体（いわゆる三方晶）ブラベー格子について追記する．ともに図 3.67(a)の六方座標系で構造を表記できる．図 3.67(a)の単純六方ブラベー格子は点群 $\frac{6}{m}\frac{2}{m}\frac{2}{m}$ とその副群を形成する（表 3.7 を参照のこと）．この六方ブラベー格子の基本単位格子の格子定数と軸間角は $a_1=a_2\neq$c，$\alpha=\beta=\pi/2$，$\gamma=2\pi/3$ である．菱面体ブラベー格子の単純格子を図 3.67(b)に破線で示す．これは体対角線に沿って描いたゆがんだ立方体と等価で，辺長はすべて同じである．単純菱面体格子の格子定数は $a_1'=a_2'=a_3'$ で $\alpha=\beta=\gamma\neq\pi/2$ である．菱面体ブラベー格子を六方座標系で表せば，**基本単位格子**は 3 重格子となる（図 3.66 および 3.67(b)を参照のこと）．

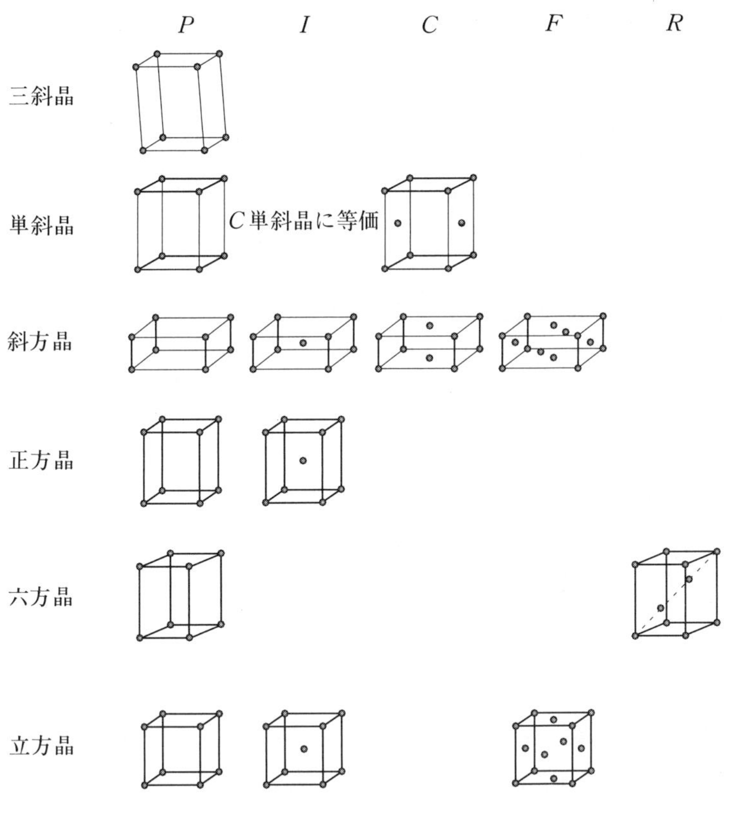

図 3.66　14のブラベー格子と6つの結晶系．

結晶格子の基本単位格子

ここでは，6つの結晶系の基本ベクトルを定義する．これに関しては従来いろいろな定義が試みられたが，最新の国際結晶学図表を標準とすべきである．1996年版の第9章では，以下のように標準化されている．

- 共通定義：基本ベクトルは，原点からベクトルに平行な格子点の列の中でもっとも近い格子点を結ぶベクトルとする．3つの基本ベクトルは右手座標系で表現する．
- 三斜晶：$a<b<c$ であり，α，β，γ は鋭角か鈍角である．
- 単斜晶：基本ベクトル $\boldsymbol{t}_2$ は単一の対称軸である．このため，b はこの方位に平行なもっとも短い格子並進の大きさである．$\boldsymbol{t}_1$ と $\boldsymbol{t}_3$ は $\boldsymbol{t}_2$ に垂直な面の中のもっとも

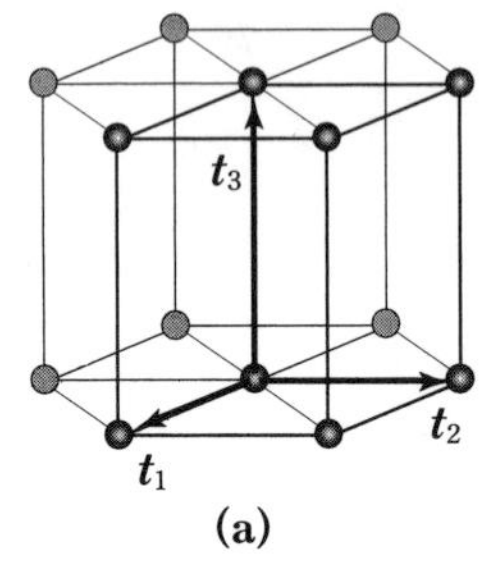

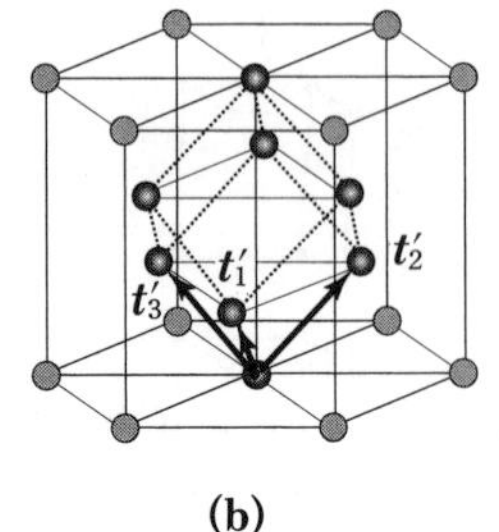

図3.67　六方晶の2つの単位格子の表現．(a)ベクトル $\boldsymbol{t}_1$, $\boldsymbol{t}_2$, $\boldsymbol{t}_3$ によって定義される基本六方格子．(b)菱面体ブラベー格子は六方晶基本ベクトルによって定義できる．基本格子とはならない．菱面体格子の基本格子は $\boldsymbol{t}'_1$, $\boldsymbol{t}'_2$, $\boldsymbol{t}'_3$ によって定義される．

短い2つの格子ベクトルである．β は鈍角である．

- 斜方晶：基本ベクトルを2回軸に沿って選ぶ．
- 正方晶：$\boldsymbol{t}_3$ は4回軸に沿う．$\boldsymbol{t}_1$ と $\boldsymbol{t}_2$ は $\boldsymbol{t}_3$ に垂直な2回軸のより短い組に平行である．
- 六方晶：$\boldsymbol{t}_3$ を6回軸と平行に選ぶ．$\boldsymbol{t}_1$ と $\boldsymbol{t}_2$ は $\boldsymbol{t}_3$ に垂直な2回軸のより短い組に平行である．$\gamma=120°$ である．
- 菱面体：六方晶の軸を使う場合，$\boldsymbol{t}_3$ は3回軸と平行に，$\boldsymbol{t}_1$ と $\boldsymbol{t}_2$ は2回軸と平行に選ぶ．$\gamma=120°$ で格子点は $0,0,0$；$\frac{2}{3},\frac{1}{3},\frac{1}{3}$；$\frac{1}{3},\frac{2}{3},\frac{2}{3}$ にある．なお，菱面体軸を用いる場合，3回対称をもち，かつ同一の面内にない最短の格子ベクトルを $\boldsymbol{t}_1$, $\boldsymbol{t}_2$, $\boldsymbol{t}_3$ とする．
- 立方晶：$\boldsymbol{t}_1$, $\boldsymbol{t}_2$, $\boldsymbol{t}_3$ は4回軸に平行である．点群23あるいは $m\bar{3}$ に属する結晶の場合は2回軸に平行である．

3.2.6 空　間　群

230の結晶空間群は並進と点群を組み合わせることで導くことができる．組合せにより，新しい対称要素が発生する．例えば，鏡映面は映進面になり，回転軸はらせん軸，回映軸になる．このような組合せの理論についてはすでに示した．回転軸と垂直な並進の組合せについては3.1.5で述べた（図3.19参照）．また，鏡面対称と並進の組合せについては図 3.24，図 3.25，式(3.9)，式(3.10)で示した．

映　進　面

3次元結晶における映進対称は面について形成される．映進並進 $\boldsymbol{\tau}$ は，結晶の対称性によってある値に決定される（2次元では，$\boldsymbol{\tau}$ は格子並進の半分になる）．3次元結晶の映進の種類は3つのカテゴリーに分けられる．**軸映進**（axial glide）（国際記号 a，b，c），**対角映進**（diagonal glide）（国際記号 n）そして**ダイヤモンド映進**（diamond glide）（国際記号 d）である．これらは $\boldsymbol{\tau}$ の配向と構造の基本ベクトル $\boldsymbol{t}_1$，$\boldsymbol{t}_2$，$\boldsymbol{t}_3$ によって決定される（表 3.8 参照）．

軸映進は格子並進 $\boldsymbol{t}_1$，$\boldsymbol{t}_2$，$\boldsymbol{t}_3$ の半分に等しい $\boldsymbol{\tau}$ の値をもっており，大きさはそれぞれ $a/2$，$b/2$，$c/2$ となる．したがって映進並進は，単位格子の基本ベクトルのどれかに平行になる．

対角映進は格子並進 $\boldsymbol{t}_1+\boldsymbol{t}_2$，$\boldsymbol{t}_2+\boldsymbol{t}_3$，$\boldsymbol{t}_1+\boldsymbol{t}_3$ の半分に等しい $\boldsymbol{\tau}$ 値をもち，大きさはそれぞれ $(a+b)/2$，$(b+c)/2$，$(a+c)/2$ となる．したがって，対角映進は単位格子の面対角線のどれかに平行になる．

ダイヤモンド映進の大きさは，それぞれ格子並進の 1/4 に等しい．単位格子が単純でなければ，格子の真性並進対称を生むことができる．以上に掲げた映進の詳細を表 3.8 に示す．

表 3.8　軸映進面，対角映進面およびダイヤモンド映進面のシフトベクトル．

種類	国際記号	シフトベクトル $\boldsymbol{\tau}$
軸映進	a	$\boldsymbol{\tau}=\boldsymbol{a}/2$
	b	$\boldsymbol{\tau}=\boldsymbol{b}/2$
	c	$\boldsymbol{\tau}=\boldsymbol{c}/2$
対角映進	n	$\boldsymbol{\tau}=(\boldsymbol{a}\pm\boldsymbol{b})/2$
		$\boldsymbol{\tau}=(\boldsymbol{b}\pm\boldsymbol{c})/2$
		$\boldsymbol{\tau}=(\boldsymbol{c}\pm\boldsymbol{a})/2$
ダイヤモンド映進[a]	d	$\boldsymbol{\tau}=(\boldsymbol{a}\pm\boldsymbol{b})/4$
		$\boldsymbol{\tau}=(\boldsymbol{b}\pm\boldsymbol{c})/4$
		$\boldsymbol{\tau}=(\boldsymbol{c}\pm\boldsymbol{a})/4$
		$\boldsymbol{\tau}=(\boldsymbol{a}\pm\boldsymbol{b}\pm\boldsymbol{c})/4$[b]

[a] d-映進は，斜方晶 F 空間群，正方晶 I 空間群，立方晶 I，F 空間群にだけ見られる．

[b] 正方晶 I 空間群と立方晶 I 空間群にだけ見られる．

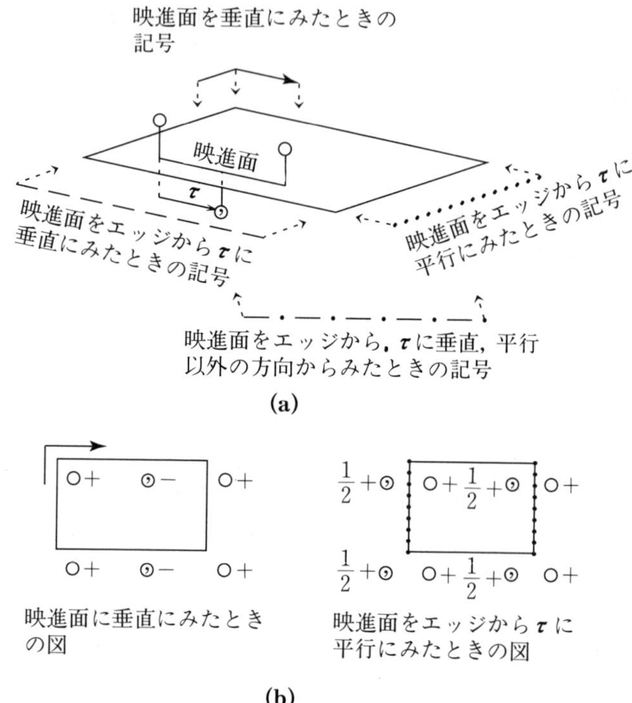

図 3.68 結晶中の映進面に関する記号と用語．(a)映進面の透視図．平面図での映進面の方向を示す国際記号を示してある．(b)空間群で映進面がどのように表されるかを示した平面図．

図 3.68 は国際図表に現れる映進面を説明している．国際図表は対称要素の 2 次元投影を示しているので，**映進面**は投影図では面あるいは辺として表される．$\boldsymbol{\tau}$ の方位を示すために国際図表で使われるいろいろな記号について，図 3.68 で説明する．図 3.68(a)は映進対称によって繰り返される非対称物体（円記号○によって表されている）を示す．図 3.68(b)は映進面を見下ろすと国際図表によりどのように見えるのか示している．単位格子は破線で示されている．⊙は非対称物体を示している．図 3.68 では，これらは映進操作によって発現する．左図において，上からのぞくと，記号＋と－が映進面の上下に等しい距離にある物体の位置を示す．右図では，（$\boldsymbol{\tau}$ に沿って見ている）記号＋と $\frac{1}{2}$＋は物体が格子並進の 1/2 に一致する位置にある．

映進記号 a，b，c，n，d は，もし対称要素が空間群で示されるなら，国際記号の点群記号 m におきかえられる．したがって空間群 $P\,2/a$ の中なら，a 軸に平行な移動ベクトルとともに軸映進面に垂直に 2 回軸が存在する．P 記号と表 3.7 の記号により（すなわち 1 本の 2 回軸）この空間群は単純単斜格子をもつことがわかる．

空間群の導出法

2 次元面群を導出したときに利用した方法を空間群の導出にも用いることができる．14 のブラベー格子を構成する点群対称についてはすでに表 3.7 で述べた．その点群対称は 230 の空間群にも含まれている．3.1.6 で 2 次元について行ったように，点対称と並進対称の組合せを 3 次元でも調べる．3 次元における新たな自由度はらせん軸と映進軸に現れる．さらに，回転対称の軸の組合せは数々の可能性を生み出す（いくつかの軸がらせん軸になる）．なお，Buerger（1978, pp. 199–459）はこのことについて系統だてて説明している．

ここで，結晶学理論の構築法について一度まとめよう．われわれの目的は実在物質の結晶構造を記述するため，国際結晶学図表の中の情報を利用することである．同時に，基本原理を結晶学の対称理論に転換しなければならない．

表 3.9 に示すように，230 の空間群は 6 つの結晶系に分けることができる．元素の 70%は面心立方格子 ($Fm\bar{3}m$)，体心立方格子 ($Im\bar{3}m$)，六方最密充填 ($P6_3/mmc$) またはダイヤモンド立方 ($Fd\bar{3}m$) 結晶構造が占めている．有機化合物結晶の 60%は，$P\,2_1/c$，$P1$，$C\,2/c$，$Pbca$，$P2_12_12_1$，$P2_1$ の 6 つの空間群の 1 つである．

表 3.9　6 つの結晶系に所属する空間群の数．

結晶系	空間群の数
三斜晶	2
単斜晶	13
斜方晶	59
正方晶	68
六方晶-三方晶	52
立方晶	36

3.2.7 国際結晶学図表：空間群

先に概略説明した技術を応用すると，230の空間群すべてが導出できる．すべての結晶構造が230の空間群のどれかに属する．国際結晶学図表は，空間群それぞれについて情報を表記している．表記形式は17の面群のそれと同様である．

付録Bに示した例は，国際図表に記載されているあるページの抜粋である．これらには厖大な情報が含まれている．国際結晶学図表を用いて結晶構造の定量的表現を行うことができる．構造モデルと空間群知見を使うとWyckoff記号で単位格子に含まれる原子や分子を表現することが可能になる．あるいは空間群と結晶の化学量論を与えて構造モデルを形成することが可能になり，結晶構造の透視図が描けるようになる．

付録Bの例は，次の空間群についてWyckoff記号の表と単位格子の座標位置を示している．No. 123，$P4/mmm$；No. 141，$I4_1/amd$；No. 194，$P6_3/mmc$；No. 216，$F\bar{4}3m$；No. 221，$Pm\bar{3}m$；No. 223，$Pm\bar{3}n$；No. 224，$Pn\bar{3}m$；No. 225，$Fm\bar{3}m$；No. 227，$Fd\bar{3}m$；No. 229，$Im\bar{3}m$がある．これらは以下で例題に用いる．

例えばNo. 194の空間群，国際記号$P6_3/mmc$に単位格子の配列の投影と非対称物体の繰り返しが示されている．これは面群の表に掲げられた情報に似ている．結晶構造における3次元情報が図に含まれているから空間群には複雑な手順が存在する．空間群における位置は$\boldsymbol{t}_3$に沿うので，分数の指数が使われる．$P6_3/mmc$における回転軸の基本位置は面群$p6$のそれと同じである（図3.23(b)を参照のこと）．この場合，6回軸が6_3らせん軸である．3回軸は$\bar{6}$で，2回軸は2_1らせん軸になる．また空間群垂直鏡映面（連続直線）を有する．映進面は配向によって直線，点線，破線，1点鎖線などいろいろな表記で表される．

空間群$P6_3/mmc$の下の表は単位格子の中での非対称物体の境界位置を示す．単位格子内の残りは非対称物体を空間群の対称要素で操作すると生じる．空間群の表の第2ページ目には，単位格子の位置座標，Wyckoff記号，点群，座標が面群と同様の手順で記されている．さらに，この空間群をもつ結晶から得られる回折パターンの指数の条件が盛り込まれている．

空間群に利用される国際記号は，2つの例外を除いて，面群に使われる記号で表現される．最初のアルファベットは大文字で，図3.66で説明したように$\{P, I, C, F, R\}$から選ばれる．2番目の新たな記号は空間群に映進面があるときに用いられ，$\{a,$

$b, c, n, d\}$ で表される．それらはそれぞれ，軸，対角映進またはダイヤモンド映進を示す（表3.8を参照）．したがって，$P6_3/mmc$ という簡略化された国際記号は1つの軸映進面をもち，$\boldsymbol{t}_3$ に平行な移動ベクトル $\boldsymbol{\tau}$ を伴う．図では，この映進面を点線で示している．この空間群の正式な表記は $P6_3/m\,2/m\,2/c$ で，らせん軸が2回軸に垂直にあることを示す．

結晶構造表記のために，国際図表の使用方法を次に示す．

例題 10

チタン酸バリウム（$BaTiO_3$）は重要な強誘電体材料である．強誘電体は電場を印加すると配向が変わる永久電気双極子モーメントをもつ．強誘電体的な挙動は，特異な結晶方位をもつ対称中心のない10の点群のいずれか1つに属する結晶構造でのみ見られる[*14]．チタン酸バリウムはキュリー温度393 K以下で強誘電体となる．高温で安定な常誘電体相から，低温で安定な強誘電体（正方晶）に

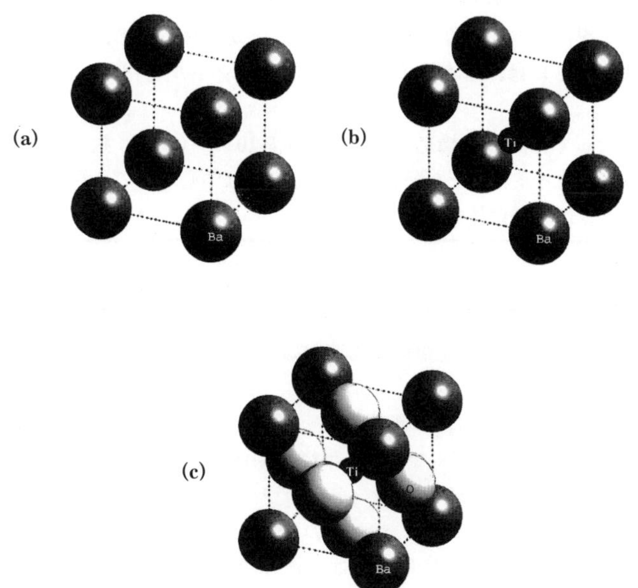

図 EP10　チタン酸バリウム $BaTiO_3$ の高温形．(a)基本立方格子 Ba^{2+} が $1a$ サイトに入っている．(b)Ti^{4+} イオンが $1b$ サイトに入る．(c)3cサイトへの O^{2-} イオンの添加で構造が完成する．

変態するためである．次のデータよりチタン酸バリウムの立方晶の透視図を描け．

- 空間群 $Pm\bar{3}m$ 格子定数 $a=4.009$ Å
- Ba^{+} は $1a$ サイト
- Ti^{4+} は $1b$ サイト
- O_2^{-} は $3c$ サイトにそれぞれ入る．

解 答

Wyckoff 記号の数字が化合物の化学量論組成に一致することにまず注意する．$Pm\bar{3}m$ （No. 221）の空間群表のヘッダー記載されている情報によれば，この構造のブラベー格子は単純 (P) 立方である．表の中の「位置」欄から，各イオンが以下のような座標をもつことがわかる．

- Ba^{+} は 0, 0, 0
- Ti^{4+} は $\frac{1}{2}, \frac{1}{2}, \frac{1}{2}$
- O^{2-} は $0, \frac{1}{2}, \frac{1}{2}$,　$\frac{1}{2}, 0, \frac{1}{2}$,　$\frac{1}{2}, \frac{1}{2}, 0$ にそれぞれ入る

これらの情報に基づき構造の透視図を描くことができる．単位胞内のすべてのサイトを決定するには，基本格子に関する並進ベクトルを用いなくてはならない．

このようにして作図した構造モデルを図 EP 10 (a)〜(c)に示す．この立方構造を通常**ペロブスカイト構造**という．この単位格子は中心対称であり，立方晶のチタン酸バリウムは常誘電体である．

例題 11

Wyckoff 記号を用いて閃亜鉛鉱型構造の硫化亜鉛 ZnS の単位格子の内容を表記せよ．

ZnS の閃亜鉛鉱型構造の単位格子を図 EP 11 の(a)，(b)に示す．図 EP 11(a)は構造の球体モデルでイオン半径を剛体球の半径の大きさで表現している．図 EP 11(b)は剛体球-スティックモデルで，イオン半径はやや小さめに描いてある．棒は結合を表し，イオンの配位を表す．この構造の空間群は $F\bar{4}3m$ （No. 216）である．S^{2-} イオンは Zn^{2+} に対して 4 面体的な配位をとる．

---

*14 前頁注 方位はベクトルによって表現される．結晶の点群対称が別の方向に新たなベクトルを生成しないのなら，方位は単一である．単一な方位をもつ対称中心のない点群は 1, 2, 3, 4, 6, m, $2mm$, $3m$, $4mm$, $6mm$ である（Nye 1957, pp. 78-81）．

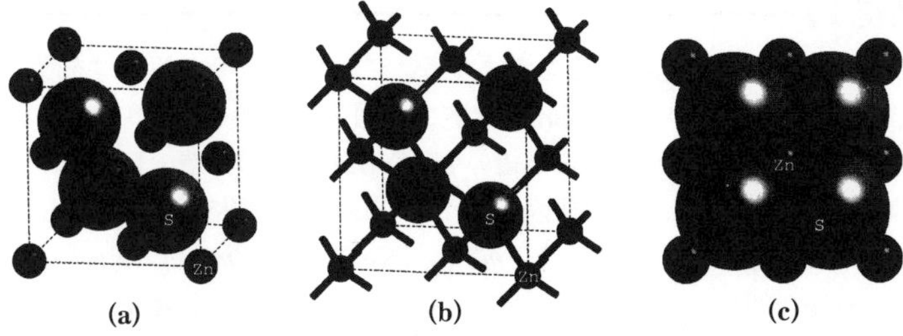

図 EP11　硫化亜鉛 ZnS の立方晶閃亜鉛鉱型構造．(a)単位格子の大きさに比例して描かれた剛体球モデル．(b)イオンの配位を示した剛体球-スティックモデル．(c)硫化亜鉛の閃亜鉛構造．$\bar{4}$ 軸に平行に見ている．S^{2-} イオンのジグザグ構造に注意せよ．

解　答

空間群記号より，この構造のブラベー格子は面心立方格子(F)であることがわかる．したがって単位格子には 4 つの格子点が存在する．この空間群を示す表の positions 欄の最初には，4 つの座標が与えられる．これらは空間群の並進対称である．図 EP 11 の(a),(b)より Zn^{2+} イオンは単位格子の面心と頂点に位置することがわかる．表では，頂点 0, 0, 0，サイト $4b$ で表されている．この位置に座標を追加することで，単位格子にある 4 つのサイトの座標が形成され，面心立方ブラベー格子となる．

単位格子には 4 つの S^{2-} イオンが存在する．Wyckoff 記号 $F\bar{4}3m$ によれば，$4b$，$4c$，$4d$ の 3 つのいずれかのサイトを占有する可能性がある．吟味すると，$4c$ または $4d$ が S^{2-} イオンの位置となるが，原点の取り方によっていずれかになる．位置 $4b$ はこの構造では占められることはない．いま原点を EP 11(a)～(c)の下方左の奥にとると，S^{2-} は 1/4, 1/4, 1/4 の位置にくる．このサイトとそれにかかわる他の 3 つのサイトは，$4c$ の位置を示す．結局サイトの占有状況は次のようになる．

$4a$ には Zn^{2+}

$4c$ には S^{2-}

閃亜鉛鉱型構造が空間群 $Fm\bar{3}m$ (No. 225) である可能性を考えよう．$F\bar{4}3m$ (No. 216) と $Fm\bar{3}m$ (No. 225) の 2 つの空間群間の差異は，空間群の正式表記の中に記されている．空間群を判別するための簡単な方法は，$F\bar{4}3m$ の 4 回回反軸と，$Fm\bar{3}m$ の垂直な鏡面と 4 回軸を検査することである．図 EP 11(c)は閃亜鉛鉱型構造を表している．⟨100⟩ に平行な 4 回軸はない．

例題 12

よく知られている**A 15 構造**を考えよう．これは強磁場で超伝導を示すことから工業的に使われているNb_3Snの構造で，図 EP 12(a)，(b)に示すような原子配置をとる．互いに直交する3組のNb-Nb対がこの構造の特徴で，この種の化合物が超伝導を示す重要な要因ともなっている．単位格子内の原子位置に基づいて，この構造が3つの空間群 $Pm\bar{3}m$ (No. 221)，$Pm\bar{3}m$ (No. 223) または $Im\bar{3}m$ (No. 229) のいずれに属するか答えよ．Wyckoff記号を用いて，単位格子内の原子位置を特定せよ．

解　答

はじめに，原子の種類，単位格子の中にあるそれぞれの原子の数と点群対称をもつ原子の数を決める．そしてWyckoffサイト数の情報と点群対称を比較する．図 EP 12 を調べると，単位格子に2個のスズ原子があることがわかる．1つは0, 0, 0の位置で，もう1つは$\frac{1}{2}, \frac{1}{2}, \frac{1}{2}$の位置である．$Nb_3Sn$の化学量論組成は6つのニオブ原子を含む，総数8つの原子が単位格子に含まれることを意味する．格子のそれぞれの面には，2つのニオブ原子があり，単位格子に所属する原子は，$\frac{1}{2}\times2\times6=6$ ニオブ原子となる．ニオブの占めるサイトは$\frac{1}{2}, \frac{1}{4}, 0$；$\frac{1}{2}, \frac{3}{4}, 0$；$0, \frac{1}{2}, \frac{1}{4}$；$0, \frac{1}{2}, \frac{1}{4}$；$\frac{1}{4}, 0, \frac{1}{2}$；$\frac{3}{4}, 0, \frac{1}{2}$である．ここで考え得る空間群を挙げていこう．

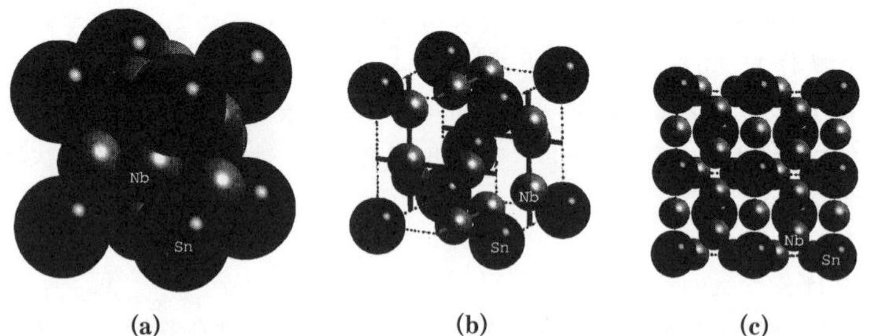

図 EP12　金属超伝導体 Nb_3Sn A15構造．(a)単位格子の大きさに比例して描かれた剛体球モデル．(b)イオンの配位を示した剛体球-スティックモデル．(c)4_2らせん軸に沿ってみたNb_3Sn A15構造の単位格子4つ分．この構造の空間群は$Pm\bar{3}n$, No. 223である．

$Pm\bar{3}m$：この空間群の4回軸は$4/m$である．これらの軸は4つの垂直鏡映面の交線に位置する．図EP 12を検討した結果，異なった対称性が頂点と単位格子の面心に存在するので，これはこの構造の空間群ではない．

$Im\bar{3}m$：2個のスズ原子の位置を考えると，頂点と体心位置が区別つかないのにもかかわらずNb_3Snのブラベー格子が体心立方格子であると考えられる．さらに，空間群$Pm\bar{3}m$の場合，この空間群の4回軸は$4/m$であることがわかる．軸は4つの垂直鏡映面の交点に位置する．このため空間群は$Im\bar{3}m$ではないことがわかる．

$Pm\bar{3}n$：この空間群の図と図EP 12(b)に示した構造を比較し一致点を見出す．格子頂点と面心における〈100〉軸はこの空間群では2回軸をもつ．加えて，2つの垂直な鏡映面の交線による格子辺に沿った中点に4_2らせん軸が存在する．構造が図EP 12(c)に描いたように〈100〉方向に平行に見える．この構造の単位格子に占められるサイトは次のようになる．

$2a$ の Sn

$6c$ または $6d$ にある Nb

Wyckoffの記号より，サイトの多重度が$\underline{2}a$と$\underline{6}c$であることから，求められた化学量論比とそれぞれの種類の原子の数が一致することを確認できた．

3.3 物性を拘束する対称性

すべての結晶は特性の異方性を示す――J. F. Nye, 1957

対称性に関する知見は，構造と物性を考えるうえで欠くことができない．ある方向に沿って測定された物性が，他の方向の物性と同じならば，その物質は**等方的**(isotropic) であるという．ほとんどの液体やすべての気体は等方的である．立方晶結晶は光学的には等方的であるが，他の性質，例えば弾性率などは測定方向に大きく依存する．物質の構造において，物理的性質と対称性は**Neumannの原理**で説明される．Neumannの原理は次のとおりである(Nye 1957, p. 20)．

「ある方向に沿って物性が測定されているとき，点群の対称要素の1つの方向に新たな方向が一致するようにその物質を回転，反転，鏡映するとき，ある方向に沿って測定された物理的性質の大きさは変わらない．」

いいかえると，物質の構造はその対称性に関しては不変であるから，構造によって決まる物理的性質も不変である．物理的性質は物質の点群に従う．物理的性質は点群対称をもたなければならない．このため物質の物理的特性と対称性との関係を知ることが重要になる（例えば，Nye 1957）．

物理的性質は研究室の座標系と独立でなければならない．ある物理的性質がサンプルの位置や方向に依存しないとき，その特性は 0 次テンソル，または**スカラー**であるという．例えば，一様な物質の密度はスカラー量である．一方，結晶の特性のほとんどは測定方向に依存する．方向に依存する特性をもつ物質を**異方的**（anisotropic）であるという．特性を求めるには標準的な参照軸と構成成分の組が必要になる．独立した構成成分の数は，物理的性質と結晶の対称性に依存する．例えば，電界印加状態にある三斜晶系の分極 P_i は，1 次のテンソルであるベクトルの 3 つの構成成分で表現できる．三斜晶結晶の導電率 σ_{ij} は 9 つの成分からなる 2 次のテンソルで表せる．この中の 6 つの成分は独立している．

結晶の物理的性質の構成成分を計算するため，デカルト直交座標の上に任意の参照軸を選ぶ．参照軸がある方向に回転しても，物理的性質は変わらないように構成成分の値が変換できる．例えば，初期直交座標系を x_1，x_2，x_3，新たな座標系を x_1'，x_2'，x_3' とする．2 軸間の関係は次のように表現できる．

$$\begin{aligned} x_1' &= l_{11}x_1 + l_{12}x_2 + l_{13}x_3 \\ x_2' &= l_{21}x_1 + l_{22}x_2 + l_{23}x_3 \\ x_3' &= l_{31}x_1 + l_{32}x_2 + l_{33}x_3 \end{aligned} \tag{3.27}$$

または

$$x_i' = \sum_j l_{ij}x_j \tag{3.28}$$

ここで，l_{ij} は x_i' と x_j の間の角の余弦である．l_{ij} を x_j に関する x_i' の**方向余弦**という．図 3.69 に 2 つの座標系の幾何学的関係を示す．

式(3.27)と(3.28)は二者の完全な関係として理解できる．x_1，x_2，x_3 座標系の点

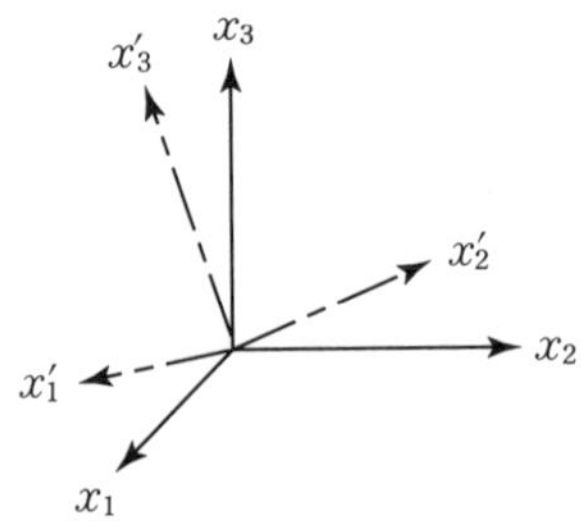

図 3.69 座標軸 x_1，x_2，x_3 と変換軸 x_1'，x_2'，x_3'．

を与えると，同じ点が座標系 x_1'，x_2'，x_3' に変換される．x_1，x_2，x_3 を第1の座標系の単位基本ベクトルとすれば，式(3.27)と(3.28)は第2の座標系の単位基本ベクトル x_1'，x_2'，x_3' を与える．

3.3.1　ベクトル変換

ベクトルは3次元座標軸方向の成分で表すことができる．例えば，電場 $\boldsymbol{E}$ は選択した座標系に応じて (E_1, E_2, E_3) または (E_1', E_2', E_3') などと表現することができる．ある座標から他の座標にベクトル成分を変換する関係式は式(3.27)および(3.28)と同様に余弦を含む．よって成分 E_1' は次のように与えられる．

$$E_1' = l_{11}E_1 + l_{12}E_2 + l_{13}E_3$$

他の2つの成分も同様に表される．3つの式は次のように一括表示できる．

$$E'_i = \sum_{j=1}^{3} l_{ij}E_j \tag{3.29}$$

ベクトルの始点が原点にあるとき，ベクトル (E_1, E_2, E_3) は終点の座標によって表されるので，式(3.29)は式(3.28)から導き出せる．

3.3.2　テンソル変換

テンソルは数学的変換が可能な成分をもつ物理的性質の次数である．r 次のテンソルは 3^r 個の成分をもつ．ベクトルは1次のテンソルで，3つの成分は式(3.29)で変換される．

2次のテンソルは9個の成分をもち，各成分はそれぞれ参照軸の選び方によって決まる物理的性質を示す．9個の成分に沿って変換される2次のテンソルの成分は次のように表される．

$$T'_{ij} = \sum_{p=1}^{3}\sum_{q=1}^{3} l_{ip}l_{jq}T_{pq} \tag{3.30}$$

同様に3次のテンソルは27個の成分をもち，次式で変換される．

$$T'_{ijk} = \sum_{p=1}^{3}\sum_{q=1}^{3}\sum_{r=1}^{3} l_{ip}l_{jq}l_{kr}T_{pqr} \tag{3.31}$$

なお，われわれが扱う最高次のテンソル特性は4次である．

3.3.3 物質のテンソル特性

物質の物理的性質は，多くの場合独立変数(刺激)と依存変数(応答)を結び付ける．変数はそれに付随する比例係数とともにテンソルになりうる．一般的に，m 次テンソルによって表される量と n 次テンソルによって表される量は $m+n$ ランクのテンソルを含む．

この考え方は以下の例を通して理解することができる．ベクトル電界 $E_i=(E_1, E_2, E_3)$ が物質に印加されると，ベクトル電流 $J_i=(J_1, J_2, J_3)$ が流れる．これらの量は1次テンソルなので，2次テンソルすなわち導電率 σ_{ij} によって結び付けられる．もちろん**導電率テンソル**は物質固有の特性である．これらの量は次の関係で表される．

$$J_i=\sum_{j=1}^{3}\sigma_{ij}E_j \tag{3.32}$$

各ベクトル成分は次のように表される．

$$J_1=\sigma_{11}E_1+\sigma_{12}E_2+\sigma_{13}E_3$$
$$J_2=\sigma_{21}E_1+\sigma_{22}E_2+\sigma_{23}E_3$$
$$J_3=\sigma_{31}E_1+\sigma_{32}E_2+\sigma_{33}E_3$$

これを行列式になおすと次のようになる．

$$\begin{pmatrix} J_1 \\ J_2 \\ J_3 \end{pmatrix}=\begin{pmatrix} \sigma_{11} & \sigma_{12} & \sigma_{13} \\ \sigma_{21} & \sigma_{22} & \sigma_{23} \\ \sigma_{31} & \sigma_{32} & \sigma_{33} \end{pmatrix}\begin{pmatrix} E_1 \\ E_2 \\ E_3 \end{pmatrix}$$

もし非対角成分が $a_{ij}=a_{ji}$ の条件を満たすとき，2次テンソルは対称的である．誘電率，誘電分極，磁化率，伝導度，熱伝導率などの物理的性質を示す多くの2次のテンソルは対称性であり，6つの独立した成分を有する．興味ある物理的特性をよく示す2次テンソルは中心対称である．なぜなら q_i と p_i の方向が逆転しても，T_{ij} の成分は次の関係により変わらないからである．

$$J_i=\sum_{j=1}^{3}T_{ij}q_j \tag{3.33}$$

式(3.33)は一般式で，物質におけるすべての2次テンソルで表される物理的性質は，対称中心をもたない結晶も含めて，中心対称であることを示す．これは物質が物質の点群と同等か，あるいは高い対称性を示す物理的性質を必要とするという

Neumann の原理に一致する．

例題 13

正方晶スズ（Sn）結晶は格子定数 $a=5.82\,\text{Å}$ と $c=3.17\,\text{Å}$ をもつ．正方晶軸に一致するデカルト直交座標軸 x_1，x_2，x_3 に対して導電率テンソル σ_{ij} は次によって示される．

$$\sigma_{ij}=\begin{pmatrix}10 & 0 & 0\\ 0 & 10 & 0\\ 0 & 0 & 7\end{pmatrix}\times 10^6\,(\Omega\cdot\text{m})^{-1}$$

0.1 V/m の電界 E が正方結晶の [011] 方向に沿って印加される．デカルト直交座標の電界ベクトル $\boldsymbol{E}$ と電流密度ベクトル $\boldsymbol{J}$ を答えよ．また新しい座標系 x_1'，x_2'，x_3' で $\boldsymbol{E}$，σ_{ij}，$\boldsymbol{J}$ を答えよ．ここで，プライムのない座標系から x_1 に関して反時計まわりに回転して得たのが，新しい座標系 x_1'，x_2'，x_3' である．軸 x_2' が正方晶 [011] 軸に一致する．

解　答

x_1，x_2，x_3 の座標フレームで $\boldsymbol{E}$ を表現するために，[011] 方向を余弦の方向 (0.0,0.878,0.478) で示す（図 EP 13(a) を参照のこと，[011] 方位はこの正方結晶の (011) 面に垂直ではない）．したがって x_1，x_2，x_3 座標に関係して，$\boldsymbol{E}$ は次のように表現できる．

$$E=(0.0,\,0.878,\,0.478)\ \text{V/m}$$

得られる電流密度 J は次の式で与えられる．

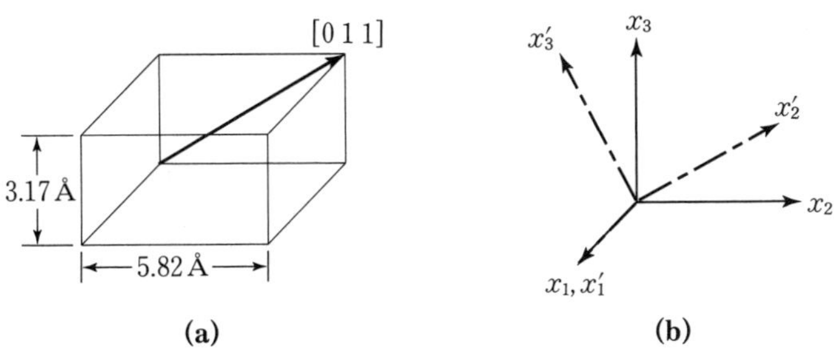

図 EP13　(a) [011] 方向からみたスズの正方格子．(b) 変換軸は x_1 軸に関して回転され，x_2' 軸が [011] 軸に一致した．これは電場ベクトル $\boldsymbol{E}$ に平行である．

$$\boldsymbol{J}_{ij}=\begin{pmatrix}10&0&0\\0&10&0\\0&0&7\end{pmatrix}\begin{pmatrix}0\\0.0878\\0.0478\end{pmatrix}\times10^6\ \mathrm{A/m^2}=\begin{pmatrix}0\\8.78\\3.35\end{pmatrix}\times10^5\ \mathrm{A/m^2}$$

ここで，図 EP 13 に示すようにプライムのない座標より x_1'，x_2'，x_3' という新しい座標システムで同様な物理的問題が解析できる．2 つの座標フレームに関係する行列を次に示す．

$$l_{ij}=\begin{pmatrix}1&0&0\\0&0.878&0.478\\0&-0.478&0.878\end{pmatrix}$$

式(3.33)を応用すると，新たな座標軸で電界ベクトルを表現することができる．

$$E'=\begin{pmatrix}1&0&0\\0&0.878&0.478\\0&-0.478&0.878\end{pmatrix}\begin{pmatrix}0\\0.0878\\0.0478\end{pmatrix}\mathrm{V/m}=\begin{pmatrix}0\\1\\0\end{pmatrix}\times10^{-1}\ \mathrm{V/m}$$

この結果から，修正された位置 E' は結晶の [011] 方位に平行であることがわかる（すなわち x_2' 軸に平行である）．

導電率テンソルは式(3.30)によりプライムの座標で表現できる．以下に示すように σ_{ij}' の 2 つの係数は次式となる．

$$\begin{aligned}\sigma_{11}'=&\,l_{11}{}^2\sigma_{11}+l_{11}l_{12}\sigma_{12}+l_{11}l_{13}\sigma_{13}\\&+l_{12}l_{11}\sigma_{21}+l_{12}{}^2\sigma_{22}+l_{12}l_{13}\sigma_{23}\\&+l_{13}l_{11}\sigma_{31}+l_{13}l_{12}\sigma_{12}+l_{13}{}^2\sigma_{33}\end{aligned}$$

ゼロでない成分が最初の行にきて，次式が得られる．

$$\sigma_{11}'=l_{11}{}^2\sigma_{11}=10^7\,(\Omega\cdot\mathrm{m})^{-1}$$

式(3.30)を使って対角でない成分の 1 つを考える．

$$\begin{aligned}\sigma_{23}'=&\,l_{21}l_{31}\sigma_{11}+l_{21}l_{32}\sigma_{12}+l_{21}l_{33}\sigma_{13}\\&+l_{22}l_{31}\sigma_{21}+l_{22}l_{32}\sigma_{22}+l_{22}l_{33}\sigma_{23}\\&+l_{23}l_{31}\sigma_{31}+l_{23}l_{32}\sigma_{12}+l_{23}l_{33}\sigma_{33}\end{aligned}$$

これらはこの式の中でゼロでない成分である．よって次の式が与えられる．

$$\sigma_{23}'=l_{32}l_{22}\sigma_{22}+l_{33}l_{23}\sigma_{33}=-1.26\times10^6\,(\Omega\cdot\mathrm{m})^{-1}$$

他の 7 つの係数は同様に評価され，次の結果が得られる．

$$\sigma_{ij}'=\begin{pmatrix}10&0&0\\0&9.31&-1.26\\0&-1.26&7.86\end{pmatrix}\times10^6\,(\Omega\cdot\mathrm{m})^{-1}$$

プライムフレームの電流密度は以下で表される．

$$J'=\begin{pmatrix}10 & 0 & 0\\ 0 & 9.31 & -1.26\\ 0 & -1.26 & 7.86\end{pmatrix}\begin{pmatrix}0\\ 0.1\\ 0\end{pmatrix}\times 10^6\ \mathrm{A/m^2}=\begin{pmatrix}0\\ 9.31\\ -1.26\end{pmatrix}\times 10^5\ \mathrm{A/m^2}$$

以下の3点に注意する．はじめにテンソル σ_{ij} と σ'_{ij} は対称的である．2番目に，座標フレームにかかわらず $|\boldsymbol{J}|=|\boldsymbol{J}'|$ であることが示される．最後に，この異方的結晶のために電流密度ベクトル $\boldsymbol{J}$ は電界 $\boldsymbol{E}$ に平行ではない．これは上のベクトル $\boldsymbol{J}'$ とベクトル $\boldsymbol{E}'$ で得られた値を比較することで明らかになる．

3.3.4　対称拘束

Neumannの原理は結晶や液晶など異方性物質の構造と特性の関係を調べるときに利用できる．このような異方性を活用するために物質の設計が行われる．単結晶サンプルを研究室で育成できる場合には，物理的性質の異方性を測定することができる．対称性が必要な実験の数をどのように制限するか，測定の正確さをどのようにチェックするかを描くために，ここではテンソル次数に対する対称性の制約について述べる．

a_{ij} で表現される2次のテンソルがある場合について考えてみよう．なお同様な手順は高次のテンソルにも適用できる．a_{ij} の独立成分の数を決定する方法とそれらの間の関係は

1. 結晶の結晶点群を決定する
2. 完全な点群対称を形成する対称操作のすべてを選ぶ（生成群という）*15
3. 座標軸を選び，選ばれた座標軸を用いた生成群の中で，対称要素によって a_{ij} のすべての成分を変換する
4. もとの成分 a_{ij} と変換された成分 a'_{ij} 成分の間の関係に注意する．a_{ij} の一定成分はゼロに等しい．そうすればNeumannの原理 $a'_{ij}=a_{ij}$ に矛盾しない．

a_{ij} 変換の成分を点検する際に，デカルト直交座標の r の産物としての r 次元のテンソル変換が役立つ．式(3.29)に示した2次のテンソル変換式は次のようになる．

$$a'_{ij}=\sum_{p=1}^{3}\sum_{q=1}^{3} l_{ip}l_{jq}a_{pq} \tag{3.34}$$

2つのデカルト直交座標 $x'_i x'_j$ に同様に変換される．

---

*15　最小限の対称操作を選ぶ（単一である必要はない）．例えば，結晶学的点群 $4/m\ 2/m\ 2/m$ は $42i1$ 群で表記される．

$$x'_i=\sum_{p=1}^{3} l_{ip}x_p \quad \text{および} \quad x'_j=\sum_{q=1}^{3} l_{jq}x_q \tag{3.35}$$

$$x'_i x'_j=\sum_{p=1}^{3} l_{ip}x_p \sum_{q=1}^{3} l_{jq}x_q=\sum_{p=1}^{3}\sum_{q=1}^{3} l_{ip}l_{jq}x_p x_q \tag{3.36}$$

したがって a'_{ij} と a_{ij} の間の関係は，座標変換が結晶に与えられた後に，座標軸変数 $x'_i x'_j$ と $x_i x_j$ の生成物を表現する式として得られる．

例題 14

点群対称 $2/m$ をもつ単斜晶系結晶について 2 次テンソルの成分に対する制約を決定せよ．

解　答

単斜晶の結晶は 2，m または $2/m$ 点群対称をもつ．ここで $2/m$ を考えよう．これは恒等，2 回軸，反転対称 $(2\cdot i=2/m)$ をもつ．もちろん，恒等操作はすべての i に対して $x'_i=x$ を与える．ここで x_3 に平行な 2 回軸を選び，x_i 変換式を次のように決める．

$$x, x_2, x_3 \xrightarrow{x_3\text{に平行な 2 回軸}} \bar{x}_1, \bar{x}_2, x_3$$

反転中心は座標軸を次のように変換する．

$$x_1, x_2, x_3 \xrightarrow{i} \bar{x}_1, \bar{x}_2, \bar{x}_3$$

ここで，生成群の対称操作のすべてについて積 $x'_i x'_j$ と $x_i x_j$ を調べる必要がある．

$x'_1=x_1$	$x'_2=x_2$	$x'_3=x_3$	恒等操作
$x'_1=-x_1$	$x'_2=-x_2$	$x'_3=x_3$	2 回軸操作
$x'_1=-x_1$	$x'_2=-x_2$	$x'_3=-x_3$	反転操作

各成分の積を書き出し，その結果から a'_{ij} と a_{ij} の関係を調べてみよう．まず 1 回軸ではすべての i と j の組合せについて $a'_{ij}=a_{ij}$ であることは明白である．また，2 回軸では次のようになる．

$$x'_1x'_1=(-x_1)(-x_1)=x_1x_1 \Rightarrow a'_{11}=a_{11}$$
$$x'_2x'_2=(-x_2)(-x_2)=x_2x_2 \Rightarrow a'_{22}=a_{22}$$
$$x'_3x'_3=x_3x_3 \Rightarrow a'_{33}=a_{33}$$
$$x'_1x'_2=(-x_1)(-x_2)=x_1x_2 \Rightarrow a'_{12}=a_{12}$$
$$x'_1x'_3=-x_1x_3 \Rightarrow a'_{13}=-a_{13}$$
$$x'_2x'_3=-x_2x_3 \Rightarrow a'_{23}=-a_{23}$$

さらに，反転中心では，以下の関係を得る．

$$x'_1x'_1=(-x_1)(-x_1)=x_1x_1 \Rightarrow a'_{11}=a_{11}$$
$$x'_2x'_2=(-x_2)(-x_2)=x_2x_2 \Rightarrow a'_{22}=a_{22}$$

$$x_3'x_3' = (-x_3)(-x_3) = x_3x_3 \Rightarrow a_{33}' = a_{33}$$
$$x_1'x_2' = (-x_1)(-x_2) = x_1x_2 \Rightarrow a_{12}' = a_{12}$$
$$x_1'x_3' = (-x_1)(-x_3) = x_1x_3 \Rightarrow a_{13}' = a_{13}$$
$$x_2'x_3' = (-x_2)(-x_3) = x_2x_3 \Rightarrow a_{23}' = a_{23}$$

変換されるテンソル成分と変換されない成分との関係は，a_{13}' と a_{23}' を除き自己完結である．a_{13}' と a_{23}' の関係には矛盾が現れる．

$$a_{13}' = -a_{13} \quad と \quad a_{13}' = a_{13}$$
$$a_{23}' = -a_{23} \quad と \quad a_{23}' = a_{23}$$

Neumann の原理に反しないためには，$a_{13}' = a_{13} = 0$ かつ $a_{23}' = a_{23} = 0$ でなければならない．以上をまとめると，点群対称 $2/m$ は導電率の 2 次テンソルを 4 つの独立変数で制限する．

$$a_{ij} = \begin{pmatrix} a_{11} & a_{12} & 0 \\ a_{12} & a_{22} & 0 \\ 0 & 0 & a_{33} \end{pmatrix} \text{(単斜晶系結晶)}$$

単斜晶系結晶の他の 2 つの点群は 2 と m であるから，すべての単斜晶系結晶は分極テンソルとして 4 つの独立成分を示すであろう．この 2 次テンソルは対称であることに注意したい．

結晶点群対称の知識により，テンソル特性と Neumann の原理からもっとも効率的な実験的なプロトコルを与えて，結晶の物理的性質を決定する．

- いくつの値を測定すべきか
- どの結晶の方向がもっとも単純な測定結果を与えるか
- どの方向で 2 重の結果が与えられるか

Neumann の原理は物理的特性の対称性と初期の結晶の秩序だった対称性とを結び付けているのに対して，**キュリーの原理**は外部の影響が適用されたあとの対称性を検証している．キュリーの原理によれば，外部からの影響を受ける結晶の対称性は，結晶と外部の影響の両方に共通な対称要素だけを考えればよい．ここで，**磁歪**として知られている結晶の特性におけるキュリーの原理を説明する．磁歪は外部磁場の影響下にある結晶のひずみ応答である．

磁歪にキュリーの原理を適用するために，ベクトル $\boldsymbol{B}$ によって表現される均一磁場の転群対称を決定しなければならない．均一ベクトル場は特別な軸と軸に沿った方向をもっているため，無限の回転軸が $\boldsymbol{B}$ に平行に存在する．それは無限の垂直鏡映面に沿っているが，$\boldsymbol{B}$ に垂直な鏡映面対称は存在しない．この点群に対する国際図表は，∞mm（**極ベクトル群**）である．数学的には $\boldsymbol{B}$ は成分 B_i をもつ 1 次のテンソルである．

結晶の形態変化は**ひずみテンソル**によって表される．ひずみテンソルは2次のテンソル ε_{ij} で，その成分は長さの変化と角度変化を定量化する．ここで単結晶鉄の立方体の塊を考えよう．鉄の結晶の点群は $\frac{4}{m}\bar{3}\frac{2}{m}(m\bar{3}m)$ で $\{100\}$ 面で囲まれるようにカットされている．結晶の[100]強い磁場が印加されているとしよう．キュリーの原理を用いて，磁場中の鉄の点群は次のように表現される．鉄の結晶の[100]軸は4回軸で，磁場をかけられた結晶対称は $\frac{4}{m}\bar{3}\frac{2}{m}$ 点群対称と $\boldsymbol{B}$ の点群対称の交点にある．$\boldsymbol{B}$ は鉄結晶の4回軸に沿っている．鉄の結晶と $\boldsymbol{B}$ に共通な点群は4で，立方結晶の点群を図3.58で確認すると，$\boldsymbol{B}$ の無限垂直鏡映面の4つが $\frac{4}{m}\bar{3}\frac{2}{m}$ に共通である．したがって，キュリーの原理より，磁場中の立方結晶の点群対称は $4mm$ と結論される．

磁歪のテンソル λ の次数はそれにかかわるテンソルの次数の総和で決定される．例えば，$\boldsymbol{B}$ が1次のテンソルで ε_{ij} が2次のテンソルとすれば λ は3次のテンソルになる．これらのテンソルの関係は次式で示される．

$$\varepsilon_{ij}=\lambda_{ijk}B_k \tag{3.37}$$

式(3.37)で結晶のひずみ応答は左辺にあり，結晶特性（磁歪）と外部影響（磁場）は積として右辺にくる．これが関係式の一般的表現法である．

3.4 剛体球充塡と結晶構造

結晶構造を理解するための概念として，対称性を説明した．また結晶学国際図表を参考にしながら対称性理論を説明した．さらに結晶の対称性によって制約された物理的性質を説明した．これらの知識をもってしても，元素や化合物が特定の結晶構造をもつ理由までは説明できない．

結晶物質はある決まった構造をとる．それは電子構造や結合様式によって決まる(1.1.2を参照のこと)．固体化学により化学結合を表現するための基礎が理解できる．しかし，多数の原子を含む実在物質の電子構造はかなり複雑であるため，方向性をもつ単純な構造（イオン結合，金属結合，ファンデルワールス結合と共有結合）を用いて法則を単純化し，結晶構造をより容易に解釈する．多くの結晶構造は複雑であるが，幸いなことに単純化されたモデルで理解することができる．

炭素，シリコン，ゲルマニウムの**ダイヤモンド構造**は強い共有結合をもつ物質の1

つの例である．得られる構造は共有結合の幾何学的配置で理想的に説明できる．これらは sp^3 混成軌道に 4 つの殻外電子をもつので，4 つの等しいエネルギーをもつ結合が結合角 109.28 でそれぞれの方向に向いている．結合構造は 4 面体配位でそれぞれの原子が結合している．すなわち，結合角が 4 面体の頂点と中心を結ぶ直線のなす角に一致する．シリコンのダイヤモンド構造を図 3.70 に示す．各原子サイトに結合配位を残した．構造の空間群は $Fd\bar{3}m$（No. 277）で，サイト $8a$（サイト対称性 $43m$）が満たされている．

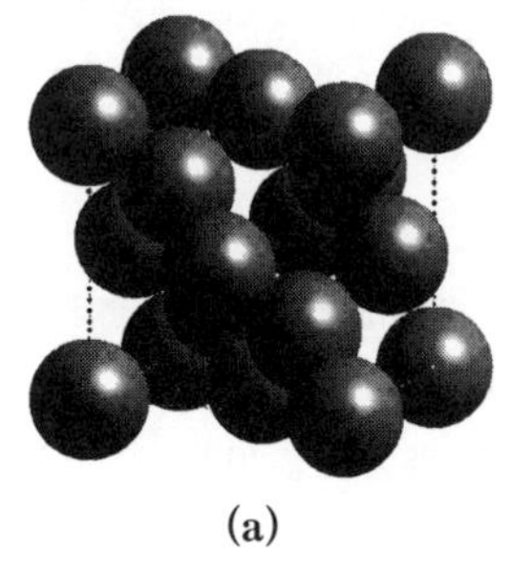
(a)

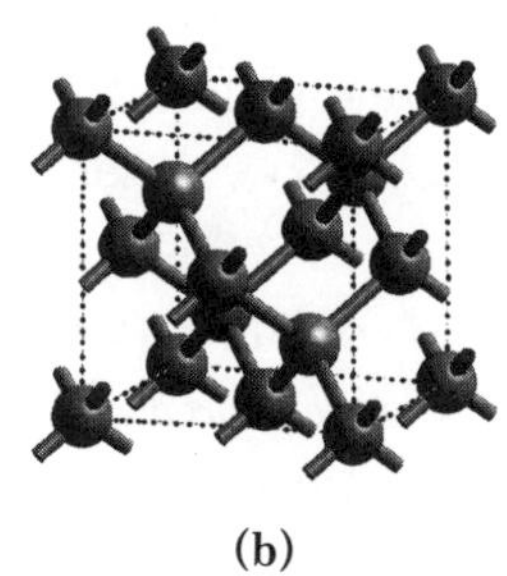
(b)

図 3.70　シリコンのダイヤモンド構造．空間群は $Fd\bar{3}m$ である．単位格子に 8 つの原子がある．(a)剛体球モデル．(b)剛体球-スティックモデル．

既出の図 EP 11 に示した閃亜鉛鉱型構造 ZnS もやはり 4 面体配位をとる．化合物ガリウムヒ素（GaAs）も閃亜鉛鉱型構造をもつ．

多くの結晶物質は非方向性結合をもっている．そのような物質は密度増加があると原子やイオンの短距離反発力が発生するまでエネルギーを減少させる．したがって方向性のない結合の構造を解釈するのに，剛体球で表した球状原子やイオンの充塡モデルを使って，球がもっとも充塡した構造を探すとよい．充塡率 V_v は球によって占められる空間の比率で，詳細については 1.2.4 ですでに述べた（単位格子などのある体積に対する球の体積の比率である）．剛体球モデルの構造に影響を与える要因として，原子半径あるいはイオン半径，イオン電荷，化学量論比，イオンの配位数などが挙げられる．

3.4.1　最密充塡構造

金属結合の元素（Cu, Au, Mg など）の結晶構造や希ガス（Ar, Ne など）の固体状態の結晶構造を大きさの同じ球の充填を使った剛体球モデルで構築しよう．まず平面内に球を充填した単層を考える．図 3.71 に示すように，もっとも密に充填した状態での配位数は 6 である．単位格子は 120° 菱形格子で並進ベクトル $\boldsymbol{t}_1$ と $\boldsymbol{t}_2$ からなる．この構造を **2 次元最密充填構造**という．結晶構造には原子やイオンの**格子間位置**がある．この空間には不純物として，より小さい原子やイオンが入る．図 3.71 の単位格子には 2 つの格子間サイトが存在する．一方は 2/3，1/3 で他方は 1/3，2/3 であり，それぞれを δ，ε とする．この 2 つの格子間位置を囲む原子は特に区別しない．

3 次元最密充填構造は 2 次元充填剛体球によって構成できる．充填構造を得るために，2 段目の球の中心に向かう並進ベクトルは 1 段目のくぼみに 2 段目がおさまるようにしなければならない．結果的に，3 つのすべての並進ベクトルは同じ長さになる．図 3.72 のように，2 段目の原子を δ サイトに置く．3 つの等しい長さのベクトル $\boldsymbol{t}_1$，$\boldsymbol{t}_2$，$\boldsymbol{t}_3$ は高い対称性をもつ単純菱面体格子を構成する．複合されたセルにより**面心立方格子**（face-centered cubic, fcc）を組むことが可能である．これは何層か同様な層を積むと理解できる．第 1 層目の原子を記号 A で表現し，第 2 層目の原子を

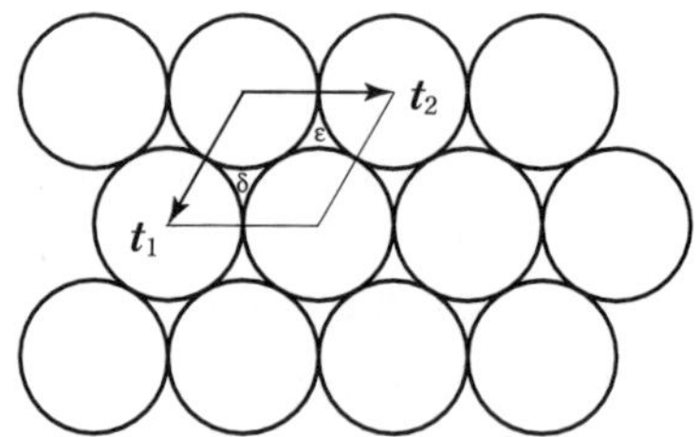

図 3. 71 面上の単一剛体球充填構造．格子間位置として δ および ε がある．

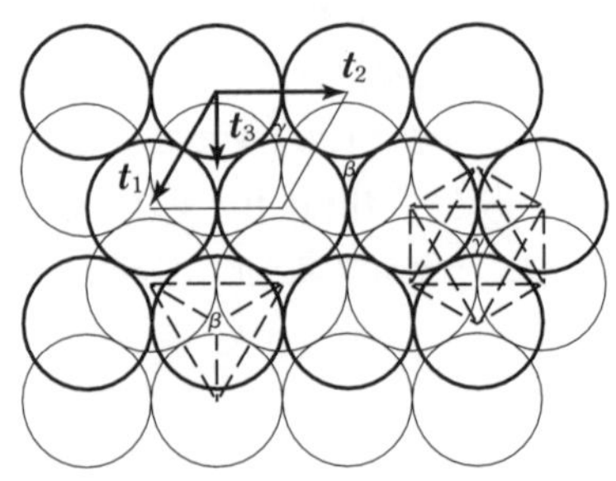

図 3. 72 3 次元最密充填構造を得るための 2 層充填構造．A 層は太線，B 層は細線で表現している．

記号 B で表現すると，（図 3.71 の δ サイト）$2\boldsymbol{t}_3$ による繰り返しは C と呼ぶ 3 番目の層を図 3.71 の ε サイトに積むことになる．4 番目の層はまた A 層である．これは第 1 層の真上に位置する．結果として積層は ABCABC… となる．

単原子面心立方格子の見取り図を図 3.73 に示す．この構造の空間群は $Fm\bar{3}m$（No. 225）であり，サイト $4a$ が満たされている．充塡層は $\{111\}$ 面上に横たわっている．ある充塡層内では**最密充塡方向**（close-packed direction）は $\langle 110 \rangle$ である．これは球が接触している方向である．立方対称なので，構造中に 4 つの方向に配向した最密面 (111)，$(11\bar{1})$，$(1\bar{1}1)$，$(1\bar{1}\bar{1})$ が存在する．この構造の配位数は 12 で，最密面に 6 個，上下の面にそれぞれ 3 個ずつ接触する球が存在する．この構造の充塡率は $\sqrt{2}\,\pi/6$ すなわち 0.74 である．

3 次元で交互に積層する充塡構造は ABABAB… と表すことができる．この場合，面外の並進ベクトル $\boldsymbol{t}_3$ は $\boldsymbol{t}_3=[00\sqrt{8/3}]$ で形成され，得られる構造は**六方最密充塡**（hexagonal close-packed, hcp）構造と呼ばれる．単原子 hcp 剛体球構造を図 3.74 に示す．充塡層はある 1 つの方向にしかなく，この方向を底面とする．単位格子のブラベー格子は単純六方で，空間群は $P6_3/mmc$（No. 194）である．サイト $2c$ が満たされている．充塡率は単原子 $Fm\bar{3}m$ 構造と同じ $\sqrt{2}\,\pi/6$ で，配位数は 12 である．

六方充塡格子の面や方位を表すには，4 指数記号を使うのが一般的である．底面に平行で同一面内にある 3 本の軸を a_1，a_2，a_3 で示す．4 番目の軸は底面に垂直で，c 軸と呼ばれる．面はミラー指数で $(hkil)$ と表記され，h，k，i，l は 3.2.2 で説明し

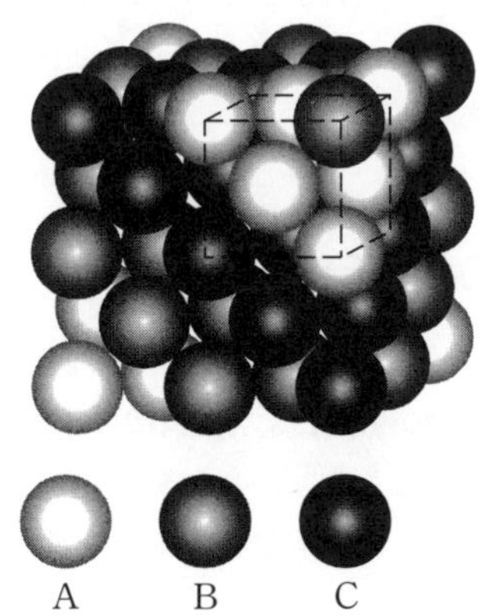

図 3.73　剛体球で配列した面心立方晶の単位格子（点線）．充塡構造は ABCABC の積層繰り返しからなる．

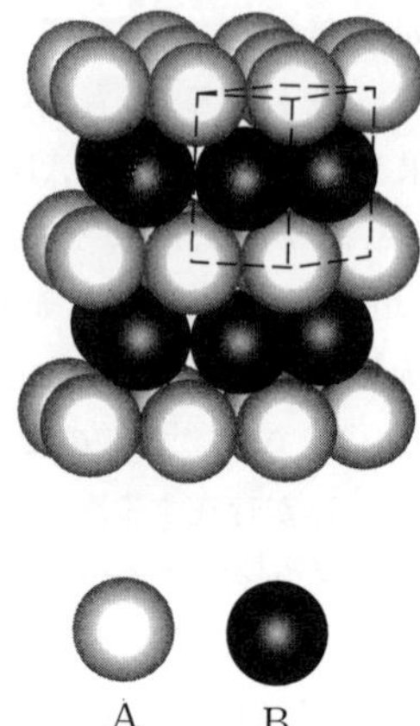

図 3.74　剛体球で配列した六方晶の基本格子．充填構造は ABAB の積層繰り返しで形成されている．

た方法で求められる．4 つの指数のうち，1 つは余る．指数間には次の関係がある．

$$h+k+i=0 \tag{3.38}$$

六方格子の方位もまた 4 軸系によって与えられる．方位は一般記号で（$uvtw$）で表され，$u+v+t=0$ の関係がある（詳細は，Kelly and Groves 1970, pp. 69-70 と Reed-Hill 1973, pp. 19-21）．

充填構造に長距離の繰り返しを作ることができる．例えば ABACABAC… とか ABABCABABC… などで，これらは**超格子**（superlattice）と呼ばれる[*16]．一般的な充填構造は fcc と hcp である．

3.4.2　充填構造の格子間サイト

充填構造にはまだ多くの空隙がある．球心をつなぐ直線上では球は接触しているものの，それ以外の場所には空隙がある．3 次元構造において，この空隙はより小さい原子やイオンを含有することができる．このような空隙を**格子間サイト**という．窒素強化オーステナイト鋼などのように，重要な工業材料ではここに特定の元素が入る．

*16　最密充填は，もとになる層に落ち込んだ「巣」が必要になる．そのため，ABBCABBC のように同じ記号が続くことは最密充填構造にはあり得ない．

本章では，fcc と hcp の剛体球モデルの格子間サイトを考える．これらの構造は充填層構造をもつので，層間にできた空隙について考えることができる．

図 3.75 は隣接する 2 層の充填層に存在する球を重ねて示している．ここには 2 種類の格子間サイトが存在する．図ではそれぞれを β および γ と表記する．β サイトは隣接する 4 つの球により形成された正 4 面体の体心位置に存在する．これらは **4 面体サイト**と呼ばれる．一方，γ サイトは隣接する 6 つの球によって形成される正 8 面体の体心位置に存在する．これらは **8 面体サイト**と呼ばれる．この言葉は hcp と fcc の両方に使われる格子間サイトの隣接球の数を基準にしている．

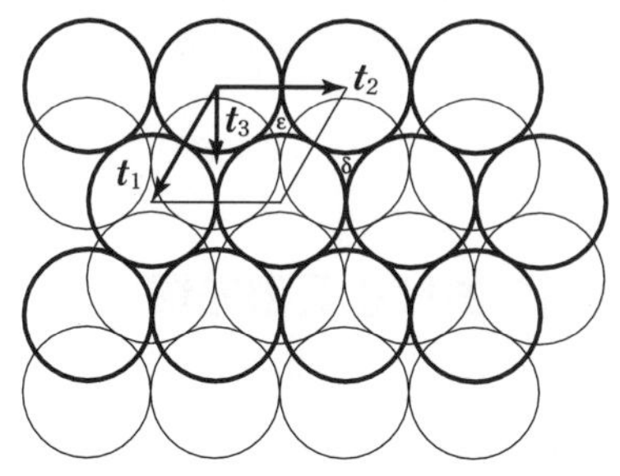

図 3.75　結晶学的に区別できる 2 つの格子間位置に重なった充填構造．β サイトは 4 面体サイトで γ サイトは 8 面体サイトである．A 層は太線，B 層は細線で表現している．

fcc 構造の単位格子である 8 面体サイトと 4 面体サイトを図 3.76 に示す．8 面体サイトはより大きい．R を fcc サイトの球の半径とすれば，8 面体サイトに無理なく半径 r の球が入るための臨界値は次で示される．

$$r=(\sqrt{2}-1)R\approx 0.41R \tag{3.39}$$

空間群 $Fm\bar{3}m$ の 4 面体サイトはサイト $4b$ で，座標 $\frac{1}{2},\frac{1}{2},\frac{1}{2}$ (+F 並進) と面群対称 $m\bar{3}m$ をもつ．面心格子並進では，この種類の位置は格子辺の中点のサイトと等価である．図 3.76(a) にその様子を示す．

空間群 $Fm\bar{3}m$ の 4 面体サイトはサイト $8c$ で，座標 $\frac{1}{4},\frac{1}{4},\frac{1}{4}$ と $\frac{1}{4},\frac{1}{4},\frac{3}{4}$ (+F 並進) と面群対称 $\bar{4}3m$ をもつ．4 面体サイトに無理なく半径 r の球が入るための臨界値は次で示される．

$$r=(\sqrt{3/2}-1)R\approx 0.23R \tag{3.40}$$

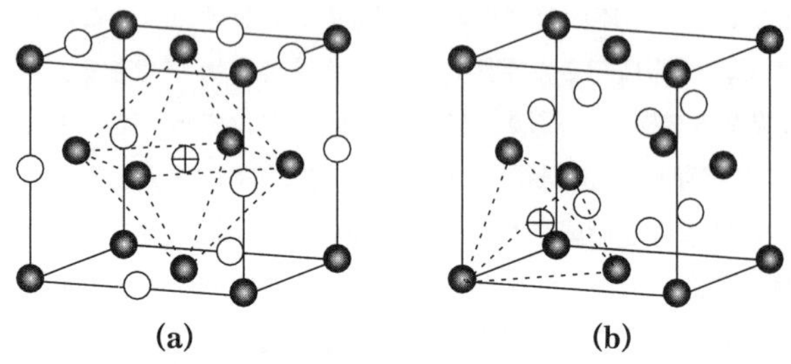

図 3.76　fcc 格子の格子間位置．(a)8 面体，(b)4 面体．通常の fcc サイトを灰色球で示している．結晶学的に等価な位置は白丸で示している．8 面体と四面体の体心位置を＋記号で示してある．

3.4.3　イオン結晶における最密充填

ほとんどのイオン化合物で，アニオンの半径はカチオンの半径より大きい．多くのイオン結晶構造は，最密充填した大きいアニオンとその格子間に入り込んだ小さいカチオンからなると考えてよい．例えば，塩化ナトリウム（NaCl）では，イオン半径が 1.81 Å の Cl^- アニオンの fcc 格子の 8 面体サイトを半径 1.02 Å の Na^+ カチオンが占める構造になっている．$Fm\bar{3}m$ 空間群では，アニオンは $4a$ を占め，カチオンは $4b$ サイトを占める．両サイトとも正味で計 4 個のイオンがあるので，構造は厳密に 1：1 の化学量論組成をもつ．図 3.77 は NaCl 構造を剛体球モデルで示したものである．この構造は**岩塩構造**とも呼ばれる．酸化マグネシウム（MgO）もこの構造をとる．最密充填したアニオンとその格子間に入り込んだカチオンの構造については

図 3.77　NaCl や MgO の岩塩構造の単位格子．格子の大きさとイオン半径は NaCl に合わせてある．

Kingery らが詳述している（1976, pp. 61-70）．

3.5 準 結 晶

周期的な長距離並進規則性は結晶状態の特徴である．また短距離並進規則性は非結晶状態の特徴である．物質の固体状態は，周期結晶と非周期ガラスの 2 つの領域に分けられる．1984 年，急冷した Al-Mn 合金の電子顕微鏡観察により，複雑な回折図形が得られた（Schectman *et al.* 1984）．図 3.78 に示すように，図形は結晶を示す明確な回折点を示していたが，それは 10 回対称であった．5 回（10 回）回転対称を示す（2 回軸をもつ）図形が得られたことは，周期構造の回転対称を許す法則に従わないことを意味する．このような結晶を**準結晶**（quasicrystal）と呼ぶ．図 3.79 は菱面体晶癖を示す Al-Li-Cu 合金の顕微鏡像である．最初の発見以来，準結晶は Al-Cu-Ru，Al-Fe-Cu，Al-Cu-Li，Al-Pd-Mn など様ざまな合金で見出されている．合金から得られた 5 回対称の回折とその顕微鏡像から，この新しい固体物質における充填構造と結合を理解するための研究が始まった．

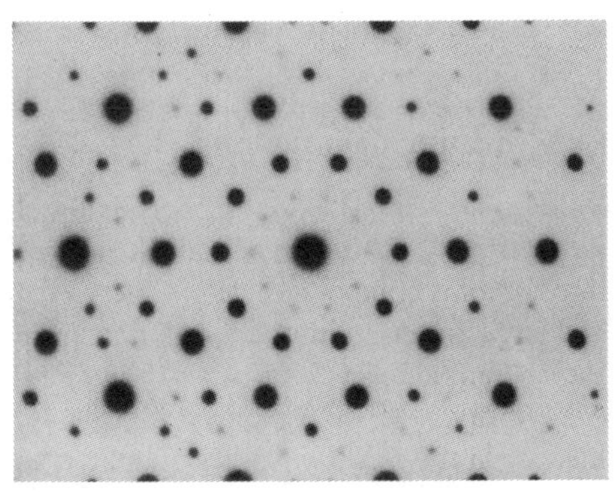

図 3.78 Al-Mn 薄膜結晶の電子線回折．中心において非結晶的な 10 回対称が示されている．

3.5.1 非周期的タイリングパターン

準結晶の構造は数学的な非周期パターンを用いて説明できる．面の非周期タイリン

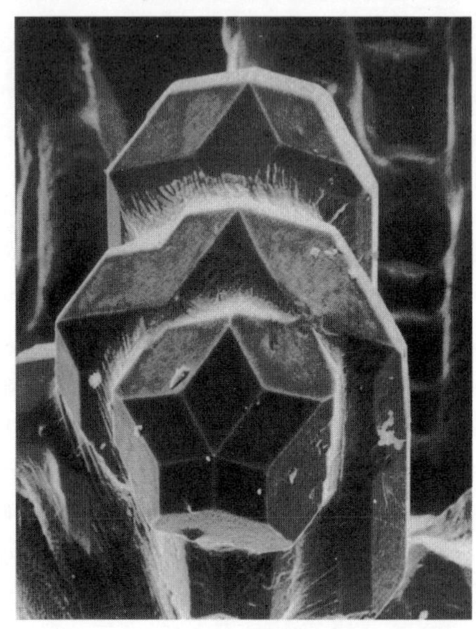

図 3.79 準結晶 Al-Li-Cu の走査電子顕微鏡像．30 面体の晶癖が見られる．30 面体には 30 の面があり，それぞれ菱形である（F. W. Gayle の好意による）．

グは近年の研究対象となっている．非周期パターンに関する基本図形とその充填規則については 1960 年ごろから研究が始まった．それによると，充填規則に従って，面の非周期タイリングを形成するために少なくとも 2 つの基本図形が選択される．これを**プロトタイル**という．プロトタイルは面に対してタイルの取りうる無限大の配列をとるという性質をもたなければならない．周期をもつものは存在しない．すなわち，プロトタイルを用いたタイリングと辺のマッチングに関するある規則が非周期配列を組むのに必要となる．これによりプロトタイルの形が制限される．例えば 2：1 長方形を用いてある規則のもとで非周期タイリングを形成しようと試みてもタイリングは非周期配列にならない．加えて，そのプロトタイルによって形成されたパターンには並進対称がなくても長距離回転対称が存在する．準結晶の発見と共に，非周期タイリングを扱う数学の研究分野が高度な構造材料科学に取り入れられた．

プロトタイルの非周期充填構造で注目すべきことは，5 回回転対称に長距離性が現れることである．このことは R. Penrose が 1970 年代の初めに発見した．図 3.80 は Penrose が使った基本的な 2 つのプロトタイルを示す（一方をカイト，他方をダート

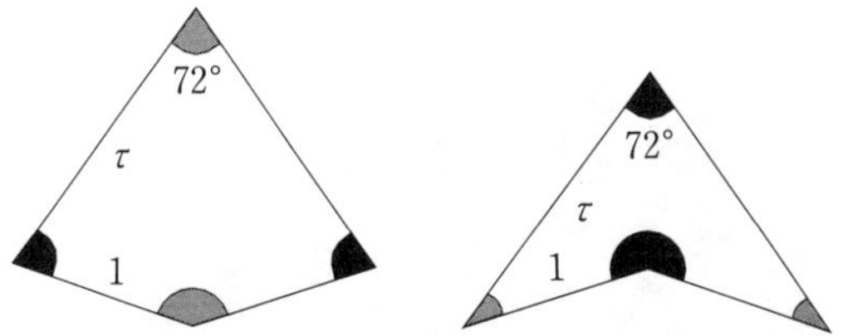

図 3.80　Penrose により 2 次元非周期配列を作るときに用いられたカイトとダートのプロトタイル．ここで τ は**黄金比** $2\cos 36°=1.618034$ である．タイルは黒色と灰色の円を完成させるように組み合わされる．

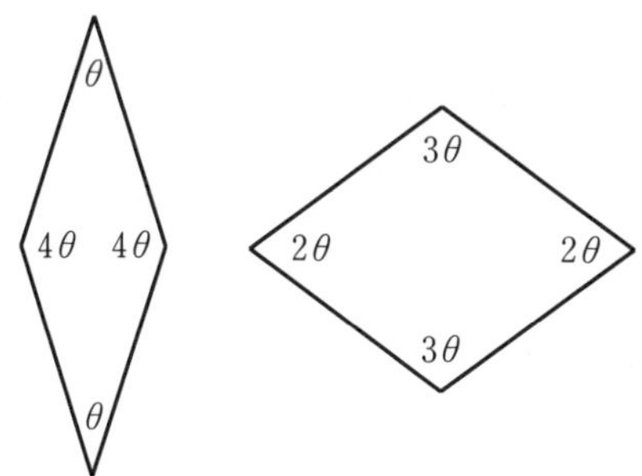

図 3.81　Penrose タイルを形成するために使われる 2 つの菱形プロトタイル．角度 θ は $\pi/5$ ですべての辺の長さは等しい．図 3.82 はこれらのプロトタイルがどのように組まれて非結晶 5 回対称図形を形成するか示している．

と呼ぶ)．Penrose タイリングでは，2 つの形が重なりも空隙も作らず面全体を覆うように充填される．周期パターンを避けながら，しかし長距離配向規則を維持している．並進規則性のない 5 回対称パターンは R. Ammann によっても発見されている(図 3.81 を参照)．Ammann は図 3.82 に示すように，組み合わせたときに一致するように 2 種類のタイリングにある線をひき回転対称をわかりやすく表現している．この図を用いて長距離並進規則性がないことを説明した．

非周期タイリングを組む 2 つのタイルの形は無理数で表現される．例えば Penrose の 5 回対称は，黄金比 $\tau=(1+\sqrt{5})/3=1.618034\cdots$ の無理数を示す．正 5 角形において，短い方の対角線の長さと 1 辺の長さの比が黄金比に一致する．図 3.80 におけるダートの辺長は 1 と τ である．

無理数を理解すると，周期的な長距離規則性をもたない準結晶がどのように長距離

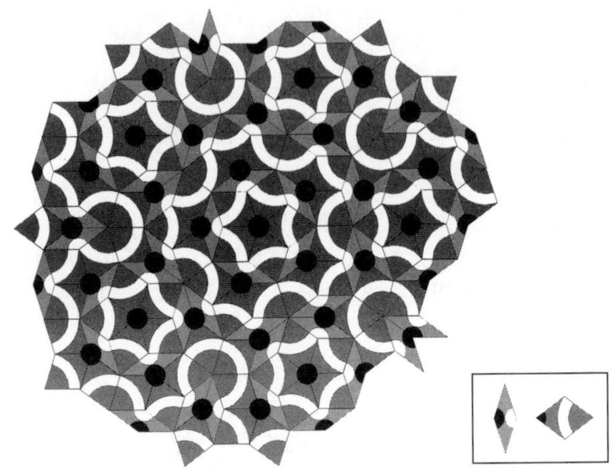

図 3.82　2次元 Penrose タイリングの図．右下の図はタイルの構成要素を示す．タイルには，並進同期性が失われることを示すためにパターン（R. Ammann による）が施されている．5回対称であることは図の中心を見るとわかる．

的であり得るかわかる．1次元パターンでは簡単に理解することができる．まず周期 λ_1 と λ_2 をもつ2つの1次元周期構造を図3.83(a)，(b)と考える．2つのパターンを図3.83(c)に示すように重ね合わせると，2つの構造の総和は長距離的である．なぜなら無限大パターンの各点における位置は単純な規則によって固定されているからである．しかし，得られる構造からは $\alpha\equiv\lambda_2/\lambda_1$ が回転数になるものの並進対称がなくなる．これは，長さスケールをもっている2つのパターンが規則的に重なるともいえる．α が有理数ならもちろん規則的になるが，$\alpha=\sqrt{3}/2$ は無理数なので，図3.83(c)にある重ね合わせの構造は非周期となる．

3次元では，Penrose タイルは多面体である．図3.84に示すように2つの菱面体を用いて20面体対称の3次元多面体を組み立てることが可能である．欠陥を作らずに長距離20面体対称をもつ非周期構造を構築するための2種類のプロトタイルの組合せは2次元の場合よりも複雑である．異なる2種類のクラスター（3次元のプロトタイル）を充填して多数の規則を含む複雑な組合せに沿って大きなクラスターを形成しなければならないとき，この種のモデルでは準結晶の実際の成長が速いことを説明できない．

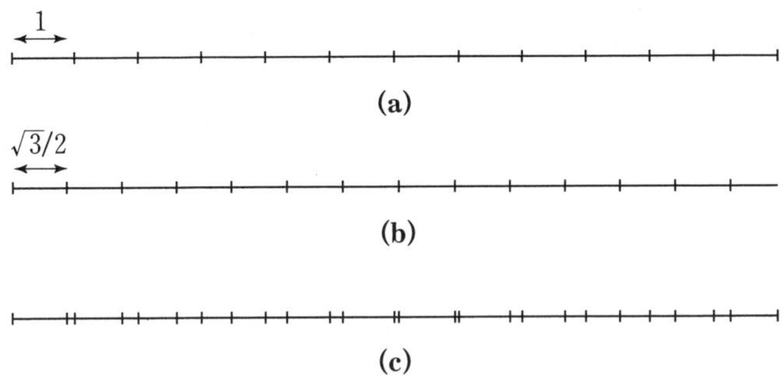

図 3.83 2 つの 1 次元周期配列の重ね合わせによって形成された準規則的な単純な 1 次元例．ここで周期比率 $\lambda_2/\lambda_1 \neq$ 有理数である．(a)周期 λ_1 の 1 次元配列．(b)周期 λ_2 の 1 次元配列．(c)2 つの配列を重ね合わせた結果，規則的だが非周期的な配列が生成する．ここで $\alpha \equiv \lambda_2/\lambda_1$ は非有理数である．この構造は自己同一性をもつ．

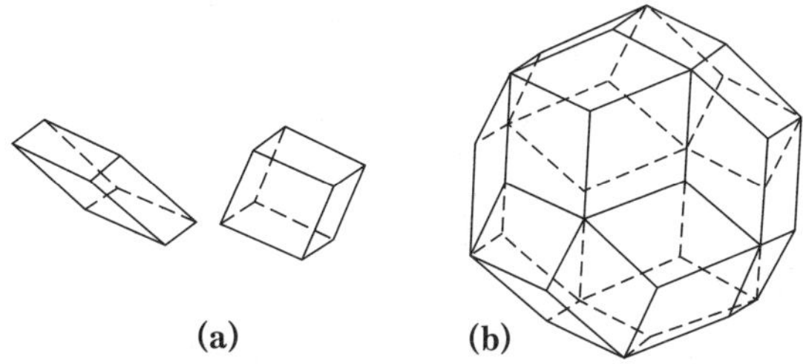

図 3.84 (a)2 種類の菱面体構造により(b)に示すような 3 次元 20 面体対称をもつ 30 面体ができる (Peterson 1990)．

最近，1 種類のプロトタイル充塡で，2 次元 Penrose 充塡が得られている (Steinhardt and Jeong 1996)．この成長パターンの鍵は，2 つのタイルのもっとも外側の部分を共有することで，これは実在の物質では 2 つのクラスター間のもっとも外側の原子を共有することに相当する．準結晶構造の研究は活発になされている．結晶状態の特徴から準結晶の特性をどのように導くかがトピックスとして議論されている．実験データから，準結晶は硬く，すべり摩擦係数が小さいことがわかっている．また結晶体に比較して抵抗は高く熱伝導率は低いこともわかっている．この新たな物質の構造と特性との基本的な関係を理解するために，cm サイズの単準結晶が育成されている．

3.5.2　結晶中の 20 面体構造

半径 R の球のまわりに配置することのできる同じ大きさの球の数は，最大で 12 である．12 個の球は通常の 20 面体の頂点に配置される．20 面体構造は $MoAl_{12}$，WAl_{12}，$Mn_{0.5}Cr_{0.5}Al_{12}$ など金属間化合物結晶で確認できる．20 面体の対称は点群 235 で，12 の 5 回軸と，20 の 3 回軸と，30 の 2 回軸がある．図 3.85 は立方晶 $MoAl_{12}$ の単位格子における原子充填の様子を示している．結晶の対称性は $Im\bar{3}$ である．$MoAl_{12}$ 単位格子は 3 回軸と 2 回軸を結晶中で保持している．しかし，$MoAl_{12}$ の個々の単位格子では 5 回軸が結晶対称性から失われている．

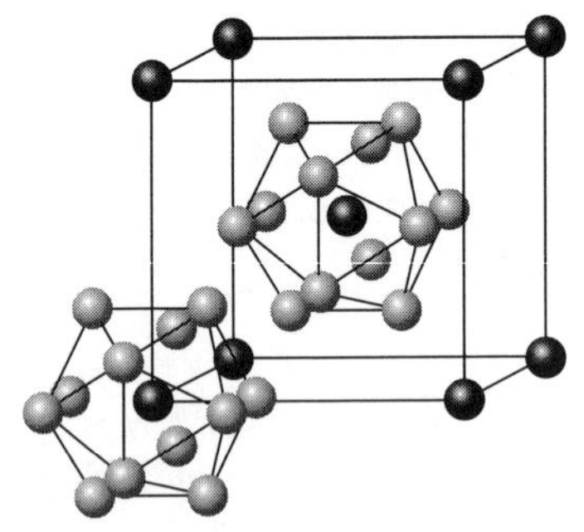

図 3.85　$MoAl_{12}$ の結晶構造．空間群は $Im\bar{3}$ である．モリブデン原子の位置は頂点と体心である．モリブデン原子は 20 面体配列した 12 個のアルミニウム原子によって囲まれている（Adam and Rich 1954）．

準結晶の 20 面体配置は，20 面体対称をもち，様ざまな大きさからなる原子を有するクラスターから構成された固体にみられる．例えば，13 あるいは 55 あるいはもっと多くの原子を含むクラスターの集合が固体を形成する．**Frank-Kasper 相**と呼ばれるこのような物質は，複雑な 20 面体単位格子の中に多数の原子を含む．おそらく，準結晶の構造は，クラスター単位で動くことのできる空間（多くの等価な充塡から比較的高いエントロピー）を伴った原子結合（低い内部エネルギー）の局部的な最適化によって得られる．これらの物質の原子構造に関するさらなる研究によって答えが得られるだろう．

参考文献

Adam, J., and Rich, J. B., "The Crystal Structure of WAl_{12}, $MoAl_{12}$, and $(Mn,Cr)Al_{12}$" *Acta Cryst. 7*, 813–816, 1954.

Buerger, M. J., *Elementary Crystallography*, MIT Press, Cambridge, MA, 1978.

Hahn, T. (ed.), *International Tables for Crystallography*, Vol. A, 4th ed., Kluwer, Dordrecht, Holland, 1996.

Kelly, A., and Groves, G. W., *Crystallography and Crystal Defects*, Addison-Wesley, Reading, MA, 1970.

Kingery, W. D., Bowen, H. K., and Uhlmann, D. R., *Introduction to Ceramics*, Wiley, New York, 1976.

Nye, J. F., *Physical Properties of Crystals*, Clarendon, Oxford, 1957.

Peterson, I., *Islands of Truth*, Freeman, New York, 1990.

Reed-Hill, R. E., *Physical Metallurgy Principles*, Second Edition, Van Nostrand, New York, 1973.

Schechtman, D., Bloch, I., Gratias, D., and Cahn, J. W., "Metallic Phase with Long-Range Orientational Order And No Translational Symmetry," Phys. Rev. Lett. 53, 1951–1953, 1984.

Steinhardt, P., and Jeong, J.-C. "A Simpler Approach to Penrose Tiling with Implications for Quasicrystal Formation," *Nature 382*, 431–433, 1996.

Wahlstrom, E., *Optical Crystallography*, 5th ed., Wiley, New York, 1979.

さらに勉強するために

Buerger, M. J., *Introduction to Crystal Geometry*, McGraw-Hill, New York, 1971.

Hammond, C., *Introduction to Crystallography*, Royal Microscopy Society, Oxford, 1990.

Heilbronner, E. and Dunitz, J. D., *Reflections on Symmetry: in Chemistry—and Elsewhere*, Verlag, Basel, 1993.

Hilbert, D. and Cohn-Vossen, S., *Geometry and the Imagination*, Chelsea, New York, 1952.

La Brecque, M., "Quasicrystals, Opening the Door to Forbidden Symmetries," in *MOSAIC 18*, W. Kornberg ed., National Science Foundation, Washington, DC, pp. 2–23, 1987.

Pauling, L., *The Nature of the Chemical Bond*, 3rd ed., Cornell University Press, Ithaca, NY, 1960.

演習問題

3.1　結晶相の構造上の特徴について定義せよ．

3.2　同じ格子点配列を示している図3.3と図3.4を見よ．格子定数 a，b，γ が図3.3に描かれた基本格子に定義されている．a，b，γ の値 y より，図3.4に示した2重格子は平行4辺格子であることがわかる．基本格子に定義される a，b，γ の間の関係について答えよ．この条件は長方格子である2重格子を定義することが可能であることを示す．

3.3　面格子において，最も高い点対称をもつ点の位置を示せ．その点における面点群対称を答えよ．

3.4　17の面群を低い対称をもつものから高い対称をもつものまで並べよ．基本格子の等価点の数をもとにして，それぞれの面群を分類せよ．

3.5　次の問いにより，次の2次元結晶を表現した図を解析せよ．

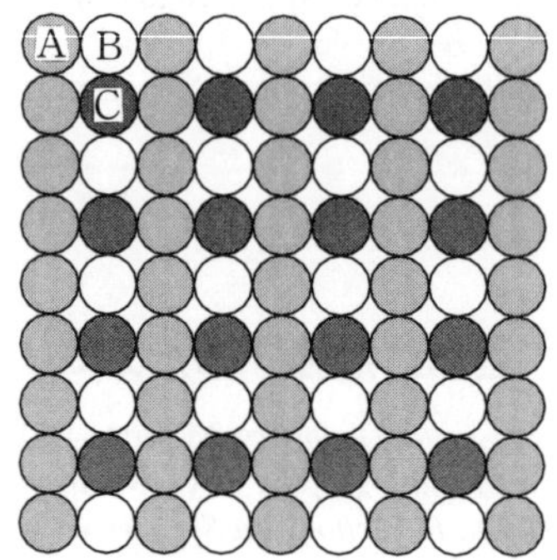

(**a**)　パターンを形成する格子点の組みを点線によって明示せよ．

(**b**)　この構造の基本格子を示す基本ベクトル $\boldsymbol{t}_1$ と $\boldsymbol{t}_2$ を選択せよ．得られた格子にそれを記入せよ．

(**c**)　(b)で定義した基本格子にいくつの格子点が含まれているか．

(**d**)　(b)で定義した基本格子のなかでそれぞれの種類の原子はいくつずつ存在するか．

(**e**)　このパターンに対称要素｛1回軸，2回軸，4回軸，鏡映線，映進線｝のいずれかが存在する．パターン上にそれらを示せ．

(**f**)　この構造の単位格子の格子定数 a，b，γ を制約する対象はどれになるか．言い換えると，上で得られた対称要素を含む面格子はなにか，またそれがどのように

a，b，γ を束縛するのか．

3.6　次に示したパターンについて次の問いに答えよ．

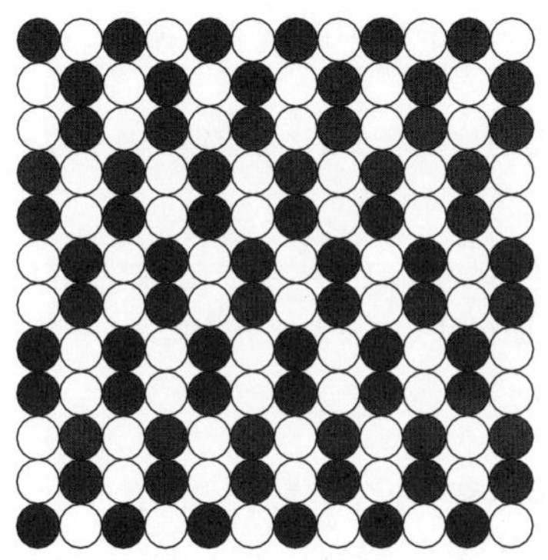

（**a**）　存在する真性回転軸，鏡映線，映進線の位置を記せ．

（**b**）　このパターンの面群対称を答えよ．

（**c**）　このパターンの基本格子を示し，基本ベクトル $\boldsymbol{t}_1$ と $\boldsymbol{t}_2$ を図示せよ．

（**d**）　単位格子に含まれる操作を Wyckoff 記号によって示せ（A 原子を白丸，B 原子を灰丸とせよ）．

3.7　2 次元格子を示す次の図に関する（a）～（f）までの問いに答えよ．

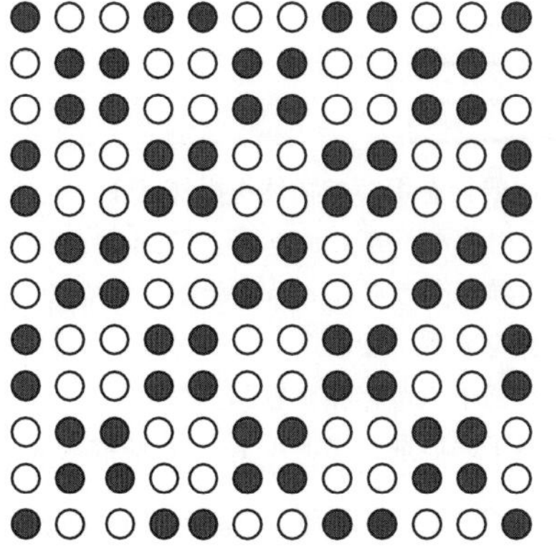

（**a**）　パターンすべてを表現できる単位格子を図示せよ．真性回転対称の位置を図示せよ．

（**b**）　この構造の面群を答えよ．

(c) この構造の基本ベクトルを示す基本ベクトル $\boldsymbol{t}_1$ と $\boldsymbol{t}_2$ を描き入れ，得られる格子を明示せよ．

(d) 単位格子に含まれる操作を Wyckoff 記号によって示せ．

(e) 基本格子中にいくつの原子が存在するか，種類ごとに答えよ．この結晶の化学量論比を求めよ．

(f) この格子に存在する対称要素はなにを束縛するか答えよ．これは原子配列に対して変わることがないか？

3.8 格子定数 a=6Å で空間群 $p3m1$ をもつ 2 次元結晶がある．この中には 2 種類の原子 A と B が含まれ，直径はそれぞれ 1.5 Å である．Wyckoff 位置は以下の通り占められている．

A は $1b$　B は $1c$

(a) 少なくとも 4 つの基本格子を含む構造を描け．

(b) A 原子と B 原子の配位数を求めよ．

(c) A と B の原子間距離を求めよ．

(d) この構造は 5 つの面格子のうちどれをもつか．

(e) もし Wyckoff 位置 $1b$ と $1c$ が同じ種類の原子によって占められるなら，この構造は面群 $p3m1$ を保ちつづけるか．

3.9 面群 No. 5，cm の単位格子にある対称要素が以下に示されている．右図には非対称物体が白丸として任意の座標におかれている．

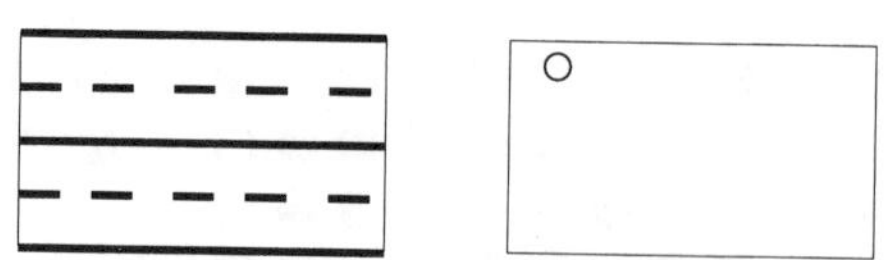

(a) 面群に示されている対称要素を用いて物体を操作せよ．

(b) 一般座標 x，y における対称を示せ．また 1/2，1/4 における対称を示せ．

(c) 一般座標 x，y がこの面群で占められているなら，単位格子に存在する対称操作の結果得られる物体の座標をすべて示せ．

(d) 単位格子の中にいくつの格子点が存在するか．

(e) この図のコピーに基本格子の並進ベクトル $\boldsymbol{t}_1$ と $\boldsymbol{t}_2$ を描き入れよ．

3.10 格子定数 a=5.60Å，c=3.13Å の体心正方晶の(100)面と(101)面の間の角を求めよ．

3.11 小さな体心立方単結晶が単位面積あたりの不均一な表面自由エネルギーのために {110} 面だけで囲まれる多面体を形成した．2 つの面で形成される交線に沿った

2種類の方位をミラー指数で表せ．

3.12　正方晶スズ（Sn）の格子定数は $a=b=5.82$ Å，$c=3.17$ Å で $\alpha=\beta=\gamma=90°$ である．

（**a**）　正方晶 Sn の単位格子の透視図を描け．Sn 原子は描かなくてよい．

（**b**）　（a）で描いた図に（001）面と（011）面を書き入れよ．

（**c**）　正方晶 Sn で（001）面と（011）面に共通する方位は何か．

（**d**）　正方晶 Sn で [011] 方位と [011] 方位の間の角を求めよ．

3.13　Miller-Bravais *hkil* 記号は6方晶の面や方位を表現するのに使う．2つの基本ベクトル $\boldsymbol{a}_1$ と $\boldsymbol{a}_2$ は $2\pi/3$ の角度で交わり，3回あるいは6回軸は3つめのベクトル $\boldsymbol{a}_3$ を形成する．これは $\boldsymbol{a}_1$，$\boldsymbol{a}_2$ と同じ面内に位置する．4つ目の軸 c は3回あるいは6回軸と平行である．指数に加えられている i を用いることによって，六方晶系の対称等価な面や方位に適切な指数を与えることができる．

（**1**）　Miller-Bravais 系における $1/3[2\bar{1}\bar{1}0]$ 方位に一致する [100] 方位を求めよ．

（**2**）　3つの六方格子を用いて [0001] を描け．$\{2\bar{1}\bar{1}0\}$ と $\langle 2\bar{1}\bar{1}0\rangle$ の面と方位に対称等価な面と方位を描け．

3.14　次の3次元物体の点群対称を答えよ．

（**a**）　立方体．

（**b**）　正4面体．

（**c**）　図1.6に示したエタン分子．

3.15　次の立方体の図について，次の問いに答えよ．

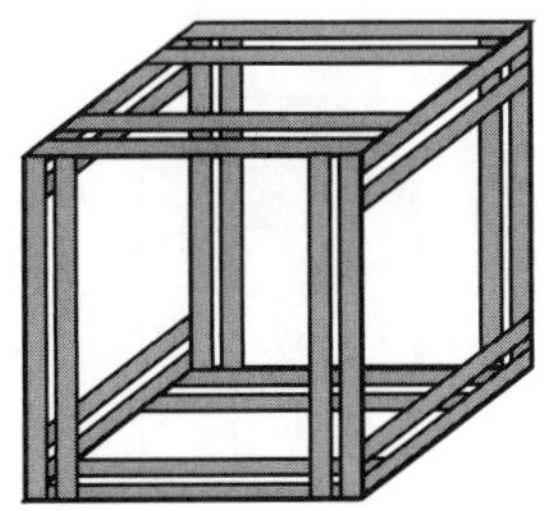

（**a**）　⟨100⟩ 軸に平行な回転対称．

（**b**）　⟨110⟩ 軸に平行な回転対称．

（**c**）　⟨111⟩ 軸に平行な回転対称．

（**d**）　この立体の点群対称を答えよ．

3.16　トランス体の2つの直鎖炭化水素分子を考えよ．この2つの分子の違いは炭素原子の数である（最初は C_5H_{12} で 2 番目は C_3H_{14}）．左の図は分子を横から見た図で，右は終点から見た図である．もっとも高い 3 次元点群対称を決定せよ．

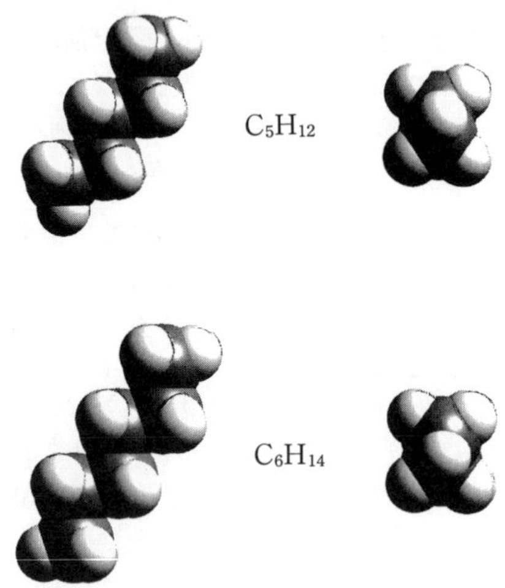

3. 17 32 の結晶点群を高い対称性をもつものから低い対称要素をもつものまで等価点の数を考えて並べよ．基本格子あたりの等価点の数をもとに比較せよ．

3. 18 マークが入っている正方プリズムが下に図示されている．図の構造の点群は 4 である．この図のコピーを作り，次に示す対称要素を加えたときに，この図がどのように変化するのか，描け．

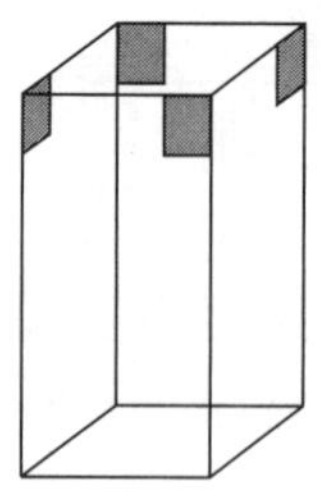

（**a**） この図の中心を通る水平鏡映面を加えよ．正方プリズムに現れるすべてのマークを描き入れよ．このプリズムの点群を国際記号で示せ．

（**b**） 点群対称 422 をもつ正方プリズムをもとのプリズムに重ね合わせよ．

（**c**） 422 点群対称に反転中心を加えよ．得られる点群対称を表す国際記号を図示せよ．

3.19 $2/m$，$2mm$，そして $2/m\,2/m\,2/m$ の点群対称の回転と鏡映対称要素を示すステレオ投影図を描け．それぞれの投影図の中心に 2 回軸を描け．

3.20 サッカーボールのパターンは結晶ではあり得ない点群対称 235 である．これはバックミンスターフラーレンといわれる C_{60} 分子の構造である．

（**a**） サッカーボールの中心を通る真性回転軸は何本あるか．

（**b**） 2 回軸，3 回軸および 5 回軸のなす角を計算せよ．

（**c**） バックミンスターフラーレンとはなにか，C_{60} がどのように発見されたか調べよ．

3.21 立方晶で，2 回軸，3 回軸，4 回軸が $\langle 110\rangle$，$\langle 111\rangle$，$\langle 100\rangle$ 方位に沿っている．その様子を図 3.53 のステレオ図に示している．

（**a**） 立方晶の [010] ステレオ投影図を図 3.53 を参考に描け．2 回軸，3 回軸，4 回軸をミラー指数と国際記号を用いて示せ．(001) 極を頂上にするようにステレオ投影図の向きを変えよ．

（**b**） (a) の [010] 投影図が単位円だと仮定して，(132) 極を示すステレオ投影図の点の座標 (x, y) を計算せよ．

（**c**） (a) のステレオ投影図において，[101] 晶帯の面につながる線を描け．

3.22 次に示す図を描くために国際図表を用いよ．

（**a**） β 黄銅構造 CuZn，空間群 $Pm\bar{3}m$，$1a$ に Cu，$1b$ に Zn が位置する．

（**b**） 蛍石構造 CaF_2，空間群 $Fm\bar{3}m$，$4a$ に Ca，$8c$ に F が位置する．

（**c**） GaAs の構造，空間群 $F\bar{4}3m$ 群，$4a$ に Ga，$4c$ に As が位置する．

3.23

（**a**） 3 斜晶単位格子に矛盾しない 3 次元点群対称の可能な例を 2 つ挙げよ．

（**b**） 次の空間群の単位格子あたりの格子点の数を求めよ．

$Pm\bar{3}m$　　$I4_1/amd$　　$C\,2/c$

（**c**） $I\,4/m\,\bar{3}\,2/m$ あるいは $F\,4/m\,\bar{3}\,2/m$，いずれの空間群の対称性が高いか．

（**d**） 空間群 $C\,2/c$ をもつ結晶のブラベー格子を推測せよ．

（**e**） 次の国際記号で示される対称グループ（点，面，空間）の種類を決定せよ．
（i） $2/m\,\bar{3}$；(ii) $p\,2\,gg$；(iii) $I4_1/acd$．

3.24 ニッケルヒ素 NiAs は空間群 $P6_3/mmc$ （No. 194）を有する．NiAs の模式図を以下に示す．上の 2 つは，基本格子である．それぞれ透視図と上から見た図（c 軸に沿った図）である．下の 2 つは 8 つの単位格子を含んでいる．これも透視図と上から見た図である．

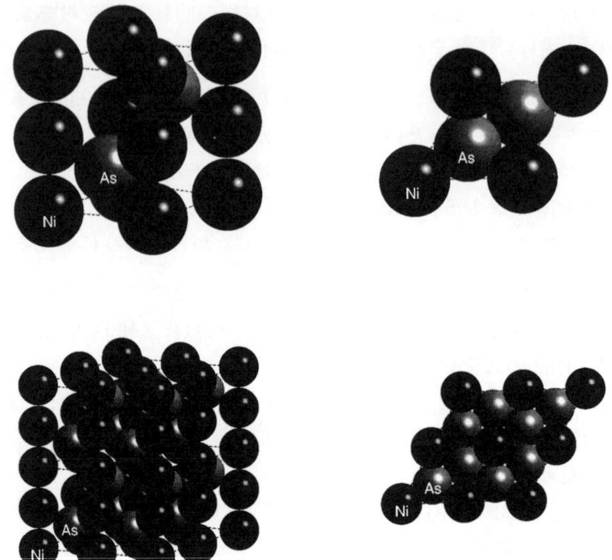

（**a**） この化合物のブラベー格子を答えよ．

（**b**） NiAs 構造の単位格子にはいくつの格子点が含まれているか．

（**c**） この空間群はどのような回転軸の組合せの上に成り立つか．

（**d**） Wyckoff 記号を用いて，占められたサイトを示せ．

（**e**） 単位格子のなかにいくつの原子が含まれるか．

（**f**） As 原子に最近接する Ni 原子の数を求めよ．

（**g**） 隣り合う Ni 原子と As 原子の中心間距離を求めよ．

3.25 Hg-Ba-Cu 酸化物超伝導結晶の単位格子を示す．この空間群は No. 123 で，$P4/mmm$ である．

（**a**） 空間群はどのような回転軸の組合せでなりたっているか．

（**b**） Wyckoff 記号を用いて，単位格子に含まれる内容を示せ．

（**c**） この化合物の化学量論式を示せ．

（**d**） この構造の映進面のミラー指数とこの映進面が通過する単位格子内の点の座標を与えよ．

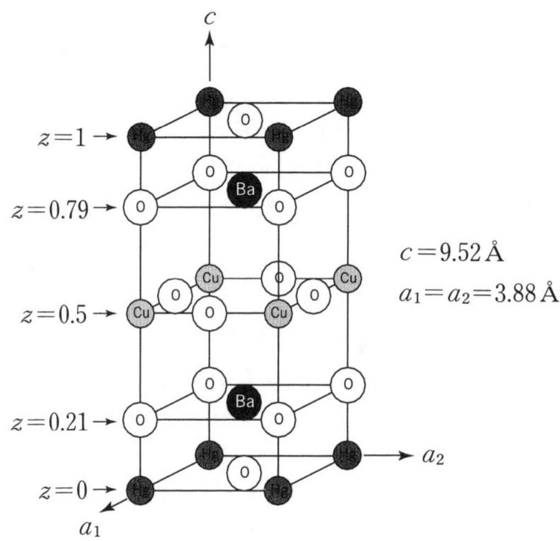

3.26　理想的な球からなる六方最密充塡構造の格子間サイトについて調べる．

（**a**）　幾何学的に異なるサイトの種類はいくつあるか．

（**b**）　格子間サイトの周囲の配位を元にその名前を答えよ．

3.27　黒鉛の空間群は $P6_3/mmc$ （No. 194）である．

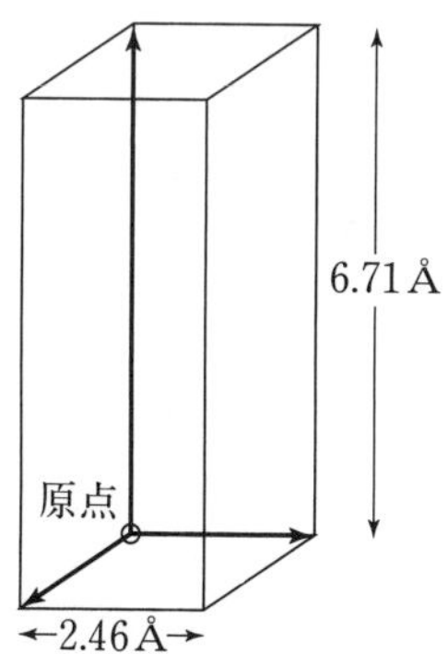

（**a**）　黒鉛の格子定数は a=2.46 Å，c=6.71 Å である．炭素原子は Wyckoff 位置の $2b$，$2c$ を占める．図を参考に，黒鉛の単位格子のなかで占められる位置を示せ．

（**b**）　c 軸は黒鉛の底面に垂直に位置する．グラファイト底面にある炭素原子の 2 次元配列を描け．いくつかの単位格子を含む図を作れ．

（c） 底面において隣接する炭素原子間距離を求めよ．

（d） 黒鉛の単位格子の原点になぜ炭素原子が存在しないのか．

（e） 黒鉛の単位格子中にいくつの格子点が存在するか．

（f） 次の対称要素のうち，黒鉛構造に見られないものはどれか．並進，回転，鏡映，反転中心，映進面，らせん軸，回反軸．

（g） 空間群にある記号 c の意味を説明せよ．この特徴は空間群表の左にある図でどのように表現されるか．

3.28 2階のテンソル S_{ij} で示した結晶特性の大きさは結晶の方位によって異なる．直交する軸 x_1，x_2，x_3 に関する特徴の配向依存性は次の表面式で示される．

$$S_{11}x_1^2+S_{12}x_1x_2+S_{13}x_1x_3+S_{21}x_2x_1+S_{22}x_2^2+S_{23}x_2x_3+S_{31}x_3x_1+S_{32}x_3x_2+S_{33}x_3^2=1.$$

この表面は2次曲面として知られる（Nye 1957, p. 16 ff）．

（a） 例題13で示した正方晶スズの電気伝導の2次曲面式を書け．軸は x_1，x_2，x_3 である．

（b） （a）より2次曲面の形を説明せよ．どの方位で電気伝導が最大になるか．またどの方位で電気伝導が最小になるか．

（c） 正方晶スズの空間群対称 $I4_1/amd$ である．そしてそれは点群対称 $4/mmm$ にも属する．正方晶スズの電気伝導の異方性が Neumann の原理にどのように一致するのか説明せよ．

3.29 熱伝導 k_{ij} は熱フラックス h と温度勾配 ∇T を関係づける．

$$h_i=k_{ij}\frac{\mathrm{d}T}{\mathrm{d}x_j}$$

黒鉛結晶の熱伝導は次のように示される．

$$k_{ij}=\begin{pmatrix}355 & 0 & 0\\ 0 & 355 & 0\\ 0 & 0 & 89\end{pmatrix}\quad \mathrm{j/(m\cdot s\cdot K)}$$

x_1 と x_2 が底面にあり，x_3 が結晶の c 軸に沿うような直交座標系に関連付けられる．

（a） 黒鉛単結晶の熱フラックス h_1，h_2，h_3 の3つの成分を表現する式を書き出せ．

（b） 黒鉛の薄い層は熱伝導を最小にするときに使われる．このために，黒鉛のどの方向を準備すればよいか．

（c） 結晶配向に伴う黒鉛の熱伝導の違いを言葉あるいは図で説明せよ．

（d） 黒鉛の結晶構造対称要素と黒鉛の熱伝導により示される対称要素との間の違いについて説明せよ．

(e) 問 3.27 の黒鉛の結晶構造を考える．黒鉛構造のいくつかの特徴と熱伝導との間の関係について結論せよ．

第4章

液晶相

液晶は液体のような流動性をもつ．しかし，成分である分子が異方的に配列するので，**長距離配向規則性**をもち，結晶で見られる長距離位置規則性を示す．液晶の充塡率は等方的な液体より少し大きく，その異方的構造が特異な異方的物性を示す．さらに分子の配向は電界印加により簡単に制御できる．液晶は液晶ディスプレイなどオプトエレクトロニクス素子として利用されている．また，液晶ポリマーからなる高強度ファイバーも重要な応用例である．

1889年，オーストリアの植物学者 Friedrich Reinitzer は，**コレステロールエステル**の溶融実験中に145.5°Cで結晶が溶けて白濁した液体のようになることを発見した．この液体は178.5°Cで透明な液相に転換するまでこの状態を保った．得られた液相は光を強く散乱し，33°Cまで安定だった．Reinitzer によるこの発見は物質構造の研究分野に新しい道を切り開いた．1890年，Lehman はこれを Flussige Kristalle（ドイツ語で液晶）と呼んだ．その後，液体のように振舞いながら結晶に近い物質が数多く発見された．1922年，Friedel はこれらの物質を**メゾ相**（mesophase）と名づけた（接頭語 meso は中間という意味のギリシア語）．これら液晶の構造と安定温度領域が結晶と液体のちょうど中間にあるからである．Friedel は液晶が**ネマチック**（nematic），**コレステリック**（cholesteric），**スメクチック**（smectic）の3つに構造分類できることを示した．4番目の構造状態は柱状構造で，後年に発見された．液晶相の構造と対称性については4.1で触れる．

液晶が存在するためには，分子構造に異方性がなくてはならない．**メソゲン**（mesogen）基をもつ分子（液晶の性質をもつ分子）は硬く曲がりにくい．しかも長さ対直径比（L/D）あるいは直径対厚さ比（D/H）が大きい．その概観図を図4.1に示す．さらに液晶分子構造を図4.2に示す．

高分子化学の分野では**液晶ポリマー**が発見されている．この物質はメソゲン基を含

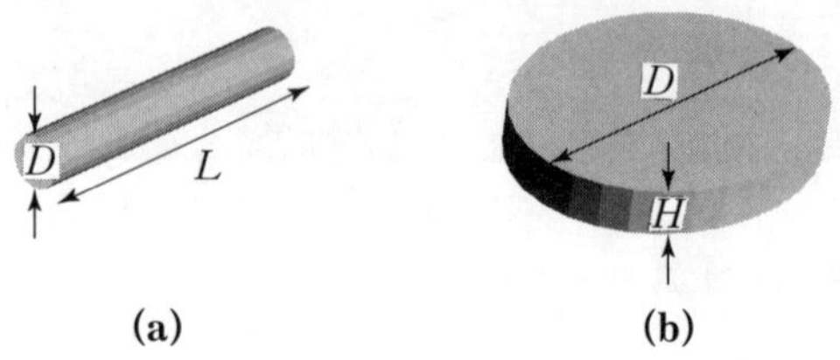

図 4.1 構造異方性をもつ2種類のメソゲン構造．(a)柱状，(b)円板状．

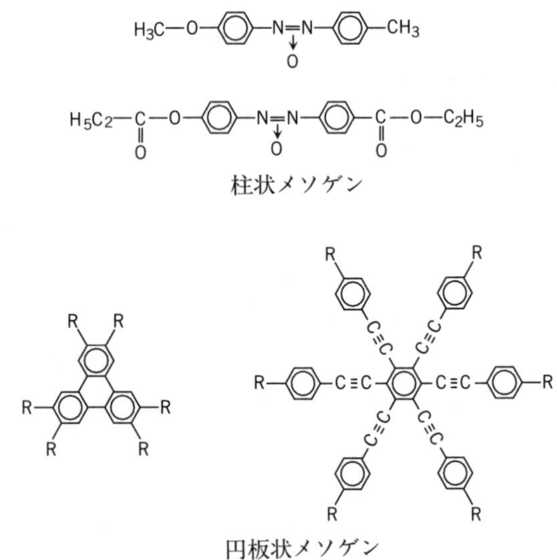

図 4.2 液晶を形成する，異方性をもつ柱状，円板状低モル質量分子．柱状メソゲンにおいて，矢印は窒素原子が酸素との共有結合を示す．

む長鎖分子からなる．メソゲン基を長鎖につなぐ方法は2つある．第1は構造単位の端と端を結び単純な鎖を作る方法である．第2はすでに存在するポリマー鎖の横にメソゲン基を吊り下げる方法である．図4.3(a)は柱状および**円板状分子**を用いた主鎖および側鎖液晶ポリマーの例である．柱状および円板状メソゲン基をもつ液晶ポリマー (LCP) の例を図4.3(b)と(c)に示す．

液晶物質は，等方的液体から異方的液晶への相転移の仕方によりさらに細かく分類

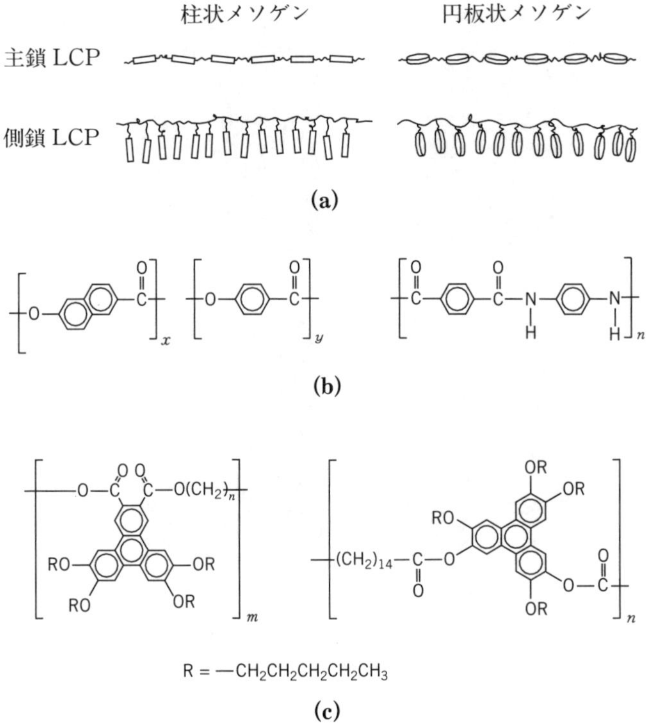

柱状メソゲン　円板状メソゲン

主鎖 LCP

側鎖 LCP

(a)

(b)

$R = —CH_2CH_2CH_2CH_2CH_3$

(c)

図 4.3　(a)メソゲン単位構造が長鎖の中で共有結合で入り込んだ液晶ポリマー（LCP）．LCP の主鎖と側鎖は，それぞれメソゲンが主鎖と側鎖に入り込むことによって形成される．(b)柱状メソゲンをもつ主鎖 LCP の 2 つの例．ベクトラ(左)はナフトエ酸あるいはベンゼン酸のランダム共重合体で，熱硬化性 LCP である．一方，ケブラー(右)はテレフタル酸とフェニルジアミンの共重合体で，リオトロピック LCP である（通常，硫酸に可溶である）．(c)LCP の円板状メソゲンをもつ 2 つの主鎖の例．

される．**サーモトロピック**液晶は Reinitzer が調べたコレステロールに代表され，結晶性固体と融解するか，または高温の等方的液相を冷却することによって得られる非等方的な液晶相である（図 4.4(a)参照）．他方，**リオトロピック**液晶は，一定の温度で溶液中のメソゲン基分子の濃度を上昇すると形成される非等方的な液晶相である(図 4.4(b)参照)．このため，サーモトロピック液晶はある温度範囲にわたって存在するのに対し，リオトロピック液晶はある濃度範囲内で存在する．いずれの結晶にお

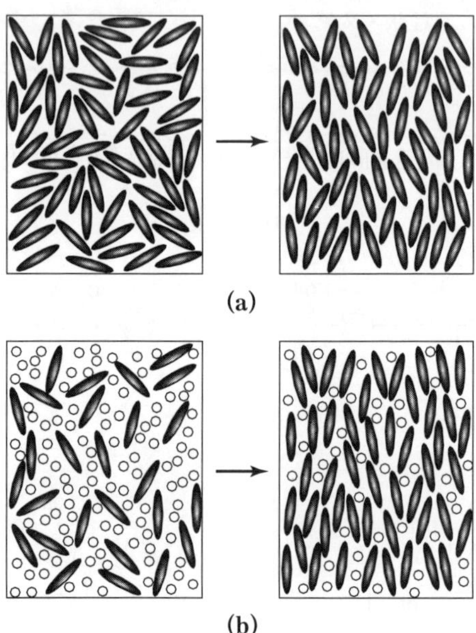

図4.4 冷却あるいはメソゲン濃度の増加により液晶状態になる.(a)イソトロピックから液晶へのサーモトロピック遷移.(b)イソトロピックから液晶へのリオトロピック遷移.

いても,液晶への相転移は,形状異方性が強く柔軟性のない分子を隙間なくつめ込むときに起こる分子の配向変化によって誘発される.リオトロピック液晶では,この種の異方形状分子の濃度が高くなると整列が起こる.これに対しサーモトロピック液晶では,温度が低くなると,熱エネルギーが減り分子が回転しにくくなること,細長い分子の数が増えること,などの理由で,分子は柔軟性を失う.しかも低温では分子間相互作用エネルギーが熱エネルギーより大きい.それゆえ,分子は一方向に整列して密につまった方がエネルギー的により安定となる.

リオトロピック液晶相は,4.4で詳しく述べるように,広く応用されている.例えば,超強力繊維である**ケブラー**(Kevlar)は**ポリパラフェニレンテレフタルアミド**のリオトロピック溶液を強い酸の中でスピニングすることで得られる.リオトロピック液晶は等方的な溶媒の中で両性分子の溶液からも得られる.例えば,純粋な石けんは**サーモトロピックスメクチックA**液晶を形成する(4.4を参照のこと).石けんに水を加えると,水が石けん分子の極グループと相互作用して極性水分子が入り込み,第1層が膨らむ（逆に油を石けんに加えると，非極性の油が非極性炭化水素末端の部分を膨張させる）．このような2重成分系はリオトロピックスメクチック液晶相を形成する．

液晶相を形成するメソゲン基は一般に次の5つに分類される．

1. 針状分子
2. 円板状分子
3. 柱状ポリマー
4. 軟らかい主鎖あるいは側鎖ポリマー
5. 両性分子

上述のように，強い形状異方性を示す小さな有機分子は通常サーモトロピック液晶相を形成する．加えて，メゾ分子と長鎖が接合すると，やわらかな主鎖あるいは側鎖LCPが形成される．やわらかなLCPはおおむねサーモトロピックである．柱状分子もまた液晶相を形成し，溶液中ではリオトロピックとなる．両性と呼ばれる分子は4.1.3で述べる通り，液晶を形成する．**両性分子**自体は強い形状異方性を示さないが，配向と位置の規則性を示す高度な構造を自己形成する．このような物質はサーモトロピック液晶にもリオトロピック液晶にもなる．

液晶が存在する環境下で規則性物質を形成するために，様ざまな相互作用が組み合わされている（Muthukumar 1997）．例えば，イオン相互作用と形状異方分子を組み合わせて低温で自己配向する液晶が開発されている．そのような物質は，まず熱あるいは溶液を加え，イオン的性質と液晶分子の相互作用をつぶしてから，冷却（サーモトロピック液晶）あるいは蒸発（リオトロピック液晶）することで合成される．

4.1　液晶の構造分類

結晶は位置および配向の長距離規則性を示す．一方，液体やガラスはきわめて短い位置的規則性をもつ．液晶はその形状異方性により，分子軸の配向方向に長距離規則性（または円板状液晶の場合，分子面に対して垂直な配向規則性）を示すので，液体（体積に比べて短い並進規則性）と結晶（長距離配向規則性）の両方を併せもつ．スメクチック液晶とコレステリック液晶は，長距離配向規則性の他に1次元の並進規則性をもち，柱状液晶は2次元の長距離並進規則性を示す．高い規則性を有するスメクチックは層間に2次元の位置的規則性をもつ．

液晶の構造は**ダイレクタ**（配向子）で表現される．液晶中の分子に沿った優先軸が局在的に配向しているなら，構造は位置に依存する**単位非極ベクトル**によって定義される．単位非極ベクトルは配向を示す単位長さの線素である．液晶におけるダイレクタ場はベクトル場というよりは直線場である．ネマチック，コレステリック，スメクチック，柱状液晶相はそれぞれ固有のダイレクタ場をもっている．

ここで，$\hat{\boldsymbol{p}}_i$ を i 番目の分子に沿った単位非極ベクトルと定義する（円板状メソゲンには，円板面の法線に平行に $\hat{\boldsymbol{p}}_i$ をとる）．ダイレクタ直線場 $\hat{\boldsymbol{n}}(\boldsymbol{r})$ は位置 $\boldsymbol{r}$ における各分子軸の平均方位によって決まる．$\hat{\boldsymbol{n}}(\boldsymbol{r})$ の配向は，5.2.2 と 5.3.4 で述べる回位や面状欠陥などの構造欠陥部では不連続または急変するが，欠陥部以外では連続的に変化する．欠陥のない液晶の平衡状態では，広い範囲で分子がほぼ同じ方向に並んでいる．これを**モノドメイン**という．ネマチック液晶のモノドメインでは，ダイレクタ配列は一方向に向き，分子の配向は図 4.5 に示すように試料全体を通してわずかにゆらぐ程度である．

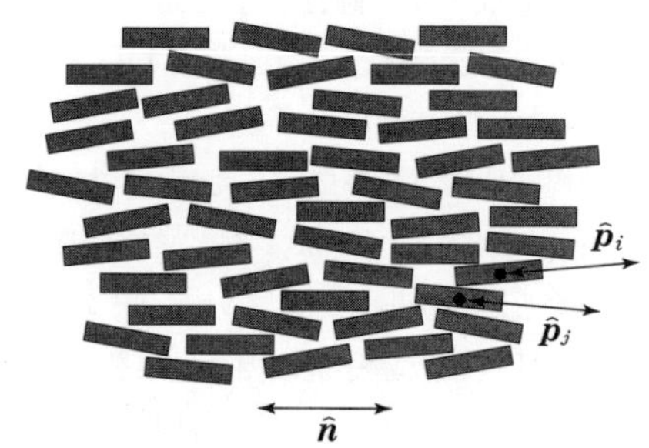

図 4.5　ネマチック液晶において，分子の配向がほぼ等しい領域をモノドメインという．線素の集合は非極方位場を示す．モノドメインは液晶の平衡状態である．

表面は分子の局在的な配向の影響を受ける．一般的に液晶には，次の 2 種類の表面構造がある．**ホモジニアス**配列は試料表面に平行に分子ダイレクタが向いている状態である．**ホメオトロピック**配列は試料の表面に対して垂直に分子が配向している状態である．この状態を図 4.6 に示す．表面は内部にわたって分子の配向に影響を及ぼす．この効果を**表面アンカリング**と呼ぶ．基板をベルベット布などで一方向にこすると表面にミクロサイズの溝が形成される．液晶がそのような表面に接触すると，液晶分子は摩擦方向に平行に配列する．こうして，表面においてホモジニアス配列を得る

図 4.6　基材と接触した液晶の 2 種類の境界条件.（a）ホモジニアス,（b）ホメオトロピック.

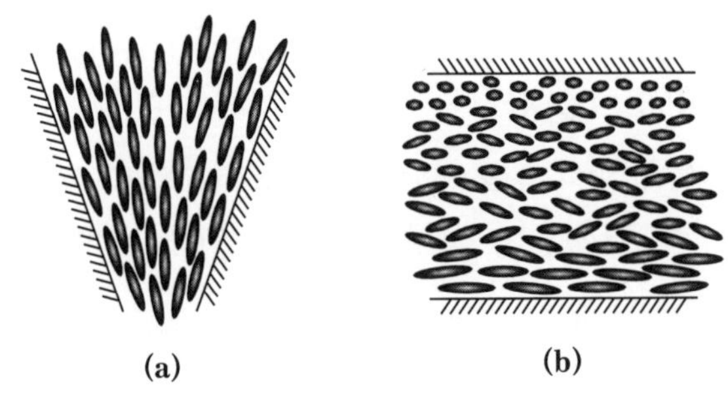

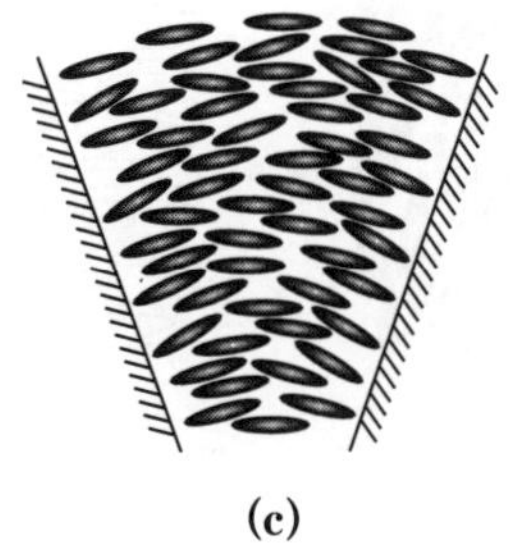

図 4.7　ダイレクタ場における配列.（a）スプレー,（b）ねじれ,（c）ベンド.（b）の分子の配向は，底から上方に向かうにつれ横向きから縦向きに徐々に変わる.

ことができる.

液晶に外力を加えると，分子したがってダイレクタには 3 種類のたわみが生じる. これを**スプレー変形**，**ねじれ変形**および**ベンド変形**と呼び，Frank の**弾性定数** k_{11}, k_{22}, k_{33} を用いて表す. 図 4.7 はダイレクタ場における各変形の特徴を示している.

スプレー変形はダイレクタ場に発散があるときに起こる．ねじれ変形は進展するに従って少しずつ回転軸に無配向性が生じる変形である．ベンド変形は分子あるいはダイレクタ場に曲げを生ずる．典型的なネマチックではフランク弾性定数は 10^{-6} dyne 程度である．外部場，例えば，せん断流動，磁場あるいは電場は分子に影響を与え，ダイレクタ場全体に並進あるいは回転の動きを起こし，ある特定の方向にモノドメイン構造を与える．この現象は光学特性を変化させるのに利用される．

以下では，ネマチック相，ねじれネマチック相，スメクチック相または柱状液晶相のダイレクタ場の特徴を述べる．

4.1.1 ネマチック相

ネマチック相（記号 N）は，図 4.8 に示すように短距離規則的な並進性と長距離配向規則性を併せもつ．ネマチックの語源はギリシア語の nematos（糸）に由来す

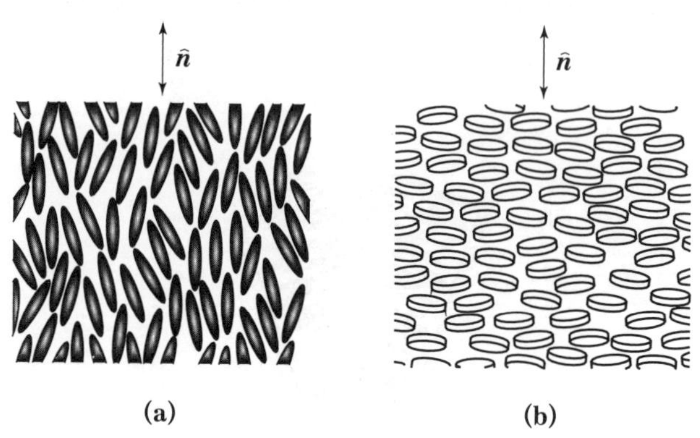

図 4.8 ネマチック液晶．(a)メソゲン単位構造は柱状である．(b)メソゲン単位構造は円板状である．図はメソゲン分子を示すともいえるし，そのような分子からなる大きな集合のもつ平均的な配向を示すともいえる．

る．J. Friedel はこの相がもつ特徴からこれをネマチックと名づけた．ネマチック内の**回位**（disclination）と呼ばれる線状の欠陥が，液体の表面に浮かぶ糸のように見えたからである（回位については 5.2.2 で説明する）．ネマチック液晶の対称群としては，恒等操作，すべての並進，平均的なダイレクタに平行な無限回転軸，平均的な

ダイレクタに垂直な多数の2回軸，平均的なダイレクタに平行な鏡映面，平均的なダイレクタに垂直な鏡映面などがある．ネマチック相の点群はシェーンフリース記号で $D_{\infty h}$，国際記号で ∞/mm である．ネマチック液晶の代表例はパラアゾキサニゾールで，これは 116〜136℃でネマチック相を形成する．この分子は図 4.2 に示すように比較的短いメソゲンからなる．

4.1.2 ねじれネマチック相

ねじれネマチック相（記号 N*）は Reinitzer が発見した物質にちなんだコレステリック液晶としてより広く知られている．すべてのコレステリック液晶がコレステロールから得られるわけではなく，キラル分子からなる場合もあるので，ここではねじれネマチックあるいはキラルネマチックと呼ぶ[*1]．

ねじれネマチック相はメソゲン分子の充塡からなる．分子は，ダイレクタの垂直方向にわずかにねじれたネマチック配向を有する．また分子の形状により，ねじれ方向が右になるか左になるかが決まる．配列のパターンはらせん状にねじれる．

ねじれネマチック相のダイレクタ $\hat{\boldsymbol{n}}$ の成分 (n_x, n_y, n_z) は次のらせんの式によって表される．

$$n_x = n\cos\left(\frac{2\pi z}{\lambda}+\phi\right) \qquad n_y = n\sin\left(\frac{2\pi z}{\lambda}+\phi\right) \qquad n_z = 0 \tag{4.1}$$

ここで，λ はらせん周期，ϕ はダイレクタの方向と座標系によって決まる角度である（図 4.9）．式(4.1)は回転軸に沿った単位並進あたりの回転角を制限しないので，非結晶学的ならせん対称は任意の λ について記述できる．ねじれネマチック相の点群対称はシェーンフリース記号では D_2，国際記号では 222 となる．コレステリック相におけるダイレクタは非極性 $(\hat{\boldsymbol{n}} = -\hat{\boldsymbol{n}})$ であることに注意されたい．

多くのねじれネマチック相はキラル炭化水素分子からなる．図 4.10 に示すブロモクロロフルオロメタンはキラル分子の例である．*d*-ブロモクロロフルオロメタンは偏光面をその鏡面像に対して右に回転し（*d* = dextrorotary），*l*-ブロモクロロフルオロメタンは左に回転する（*l* = levorotary）．*d*-分子と *l*-分子は**鏡像異性体**の関係にある．なお鏡映の英語 enantiomer はギリシア語の enantios（反対という意味）に

---

*1 キラル物体はそれ自身を映し出すには非コングルエントである．最近の研究によれば，バナナ状のキラル分子はキラル規則性をもつ集合体を形成することができる（Link *et al*. 1977，p. 1924）．

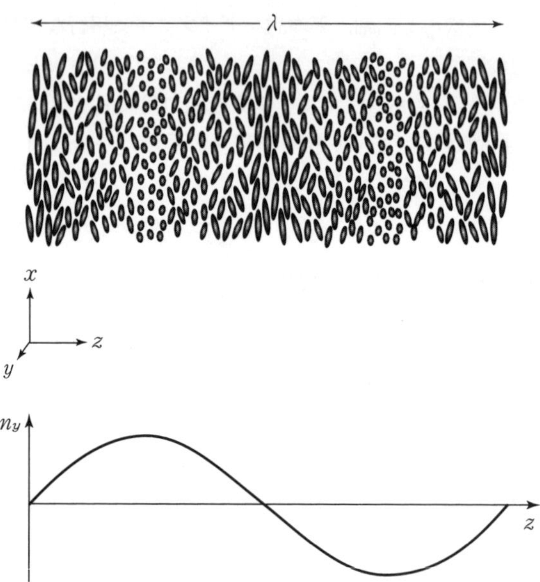

図 4.9　ねじれネマチック相(N*)．らせんの波長は λ．$\hat{\boldsymbol{n}}=-\hat{\boldsymbol{n}}$ であるから空間的繰り返しは $\lambda/2$ である．投影図の $z=\lambda/4, 3\lambda/4$ の付近に円を描いてあるのは，楕円体を 90° だけねじって長軸方向から見るとほぼ円に見えるためである．

由来する．キラルメソゲン基分子（コレステロール）を図 4.10(b)に示す．

多くのねじれネマチック物質は光の波長とほぼ同じ長さの周期 λ をもつ．分子配向の変化とともに屈折率が系統的に変化する．このような光学特性の周期的変化に起因して，入射白色光はピッチの大きさに依存して様ざまな色に回折される．N* 物質のピッチは温度に敏感なので，ねじれネマチック液晶は色応答ディスプレイの活性物質に利用される．この物質の色反射特性は空間的な分解能をもち，極めて小さい温度変化($\Delta T \approx 0.001 \sim 0.01$°C)にも応答する．そのためプリント基板の検査（接触不良による局部的な加熱検査）と**イントロスコピー**（introscopy）といった感染部位の炎症を検査するための医療技術に応用されている．

等量の右旋回分子と左旋回分子を混ぜると（**ラセミック混合**（racemic mixture）），ねじれのないネマチック相が得られる．ねじれネマチック相のエネルギーのねじれ成分は非常に小さい($\approx 10^{-5}$)ので，ねじれネマチック物質をわずか数%加え

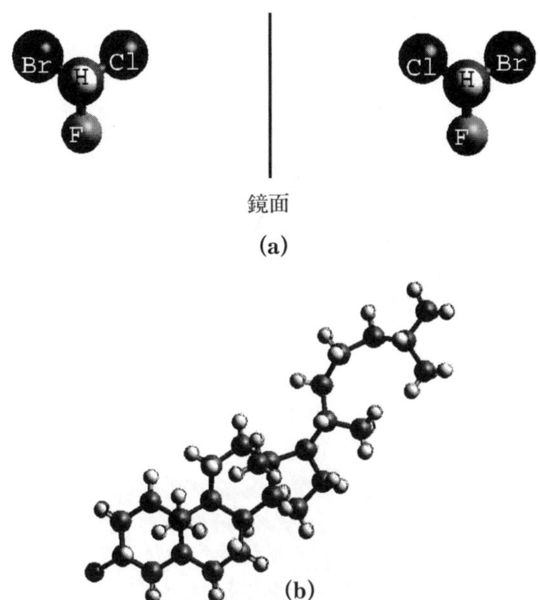

図 4.10　(a) d-と l-ブロモクロロフルオロメタンの剛体球-スティックモデル．2 種類の分子は鏡像異性体の関係にある．(b) コレステロールは，ねじれネマチック相を形成するキラルメソゲン分子である．

るだけで，ネマチック相をねじれネマチック相に変えることができる．4.4.3 で述べるように，ねじれネマチック相はネマチック液の薄い層に適切な境界条件を与えるだけでも得られる．

4.1.3　スメクチック相

スメクチック液晶相の分子は，配向規則性をもちながら層状に積層する．したがってスメクチック相 SM は長距離配向規則性に加えて，長距離 1 次元並進規則性を有する．様ざまな分子がスメクチック相を形成する．図 4.11 は代表的なスメクチック A 相とスメクチック C 相である．スメクチック A 相の分子は平均的に層に垂直な方向に長軸を合わせ，スメクチック C 相では分子軸が層に垂直な方向から平均角 ϕ だけ傾く．

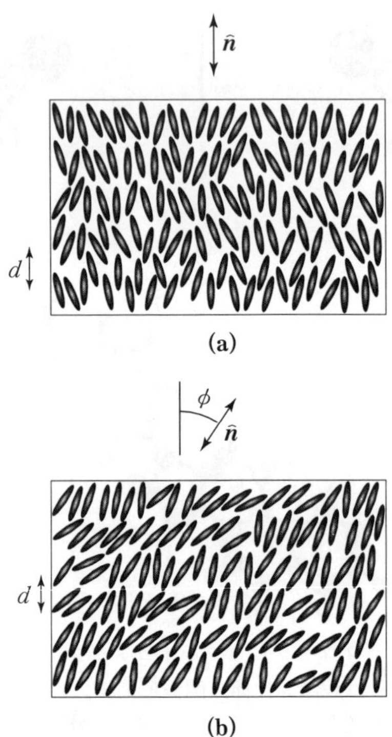

図 4.11　スメクチック A 相とスメクチック C 相の図．スメクチックの層間距離を d とする．(a)スメクチック A 相の分子は層に垂直な方向 z に沿っている．(b)スメクチック C 相の分子は層に垂直な方向から平均角 ϕ だけ傾いて x-z 平面を埋める．

Friedel はこの層状の液晶物質をスメクチックと名づけた．「洗浄する」という意味のラテン語とギリシア語にちなんだものである．代表的なスメクチック液晶相はパラアゾキシベンゼン酸で，114°Cで溶けてスメクチック A 相を形成し，120°Cでイソトロピック相に変換する（図 4.2 の上の分子を参照のこと）．一般的な石けんもスメクチック A 相である．石けん分子，例えばステアリン酸（$C_{18}H_{36}O_2$）は脂肪酸炭化水素で，長くて疎水性の炭化水素末端と親水性の極性ヘッドをもつ（図 4.12(a)参照のこと）．石けんの洗浄力により小さな油滴が包み込まれ水溶液中に拡散する．水，油，石けんの混合物があると両極性分子は炭化水素末端を油に向け，極性ヘッドを水側に向け層状に自己配列する（図 4.12(b)）．ステアリン酸分子を観察すると，それ

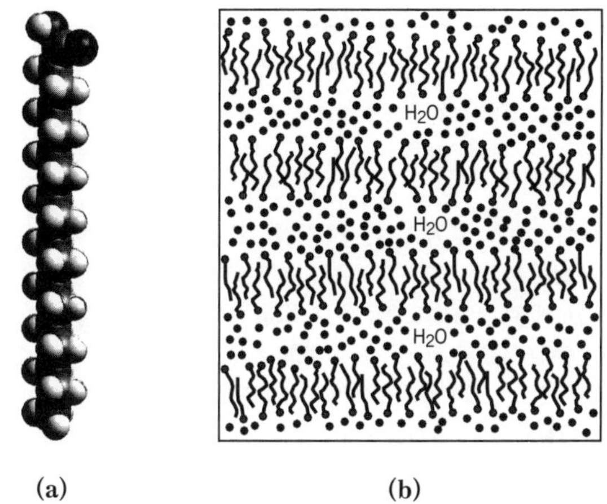

図 4.12　(a)ステアリン酸分子．分子は疎水性末端と親水性末端をもつ．(b)ステアリン酸のスメクチック A 相．層状液晶相は，形状異方性ではなく両性分子の自己配列によって形成される．図は鎖が層にほぼ垂直に配向している様子を示す．極性ヘッドは水の層と向かいあっている．

は完全にフレキシブルで，一定の形状を示さないことがわかる．

なぜそのようにやわらかい分子が液晶を形成できるのであろうか．相互作用や自己配列機能をもつことがなれけば，やわらかな分子は様ざまな複雑な形状を示す．単分子が極性および非極性領域で並列するので多くの分子の極性末端は極性末端同士，非極性末端は非極性末端同士で並ぶことになる．その結果，極性領域と非極性領域がきれいに分かれる．自己配列した親水性の分子は層を形成し，得られた積層は液晶的に振舞う．なぜなら，大きな構造単位が相互充填すると層の形状異方性に影響を与えるためである．他のやわらかい親水性分子，例えば，ブロック共重合体などにも自己配列する物質があり，やはりスメクチック A 相を形成する．

スメクチック相はネマチック相やコレステリック相よりも構造的な規則性が高いので，スメクチック液晶相は一般に低温，高濃度の条件で生じる．温度上昇に伴って，結晶相→スメクチック相→ネマチック相→等方相，という相転移を示す物質もある．これは温度の上昇とともに分子の並進規則性や配向規則性がしだいに失われることを意味している．

例題 15

スメクチック A 相におけるダイレクタ分布 2 次元図を図 4.11 に示す．パターンが永久に続くとして，3 次元スメクチック液晶の対称性を決定せよ．

解 答

まず並進対称性について考える．楕円層の周期積層は，厚さ $t=md$ の層に垂直な方向の並進対称によって表される．ここで d は層間距離 m は整数である．並進対称は，層に垂直な方向に平均的な構造を単位に繰り返される．鏡映対称も存在する．層に垂直な鏡映面と，層の中間に存在する層と平行な鏡映面がそれである．回転対称として，層に垂直な無限の回転対称軸と，層の中間に層と平行な 2 回軸がある．反転中心は 2 回軸と平均的なダイレクタに平行な鏡映面の交点に存在する．スメクチック A 相の点群対称は $D_{\infty h}$ で，ネマチック相と同じである．

4.1.4 柱 状 相

円柱状分子の形状異方性を利用して，最初の柱状液晶物質が得られたのはやっと 1977 年になってからである．図 4.8(b)に示すように，円柱状物質はネマチック相を形成し，低温・高濃度では新しいメゾ相を形成することが知られている．これを**柱状メゾ相**（columnar mesophase）という（図 4.13(a)参照）．柱状メゾ相は円板状ネマチック相より規則的である．柱は 2 次元長距離六方充塡（面群 $p6mm$）構造からなる．柱の内部では，分子が液体状面最密充塡構造をとる．柱状メゾ相はブロック共重合体でも起こる（図 4.13(b)参照）．A/B ブロック共重合体では，いずれの構成要素も結晶化しない柔軟なコイルであるが，少ない方の要素の組成が 20〜30%のときに円柱の六方充塡構造が得られる．A/B 接合（2 つのブロックは共有結合でつながっている）は両ブロックの界面に存在し，鎖の端と端を結ぶベクトルは柱の軸に垂直となる．ブロック共重合体は，メゾ相の形成が分子の形状異方性ではなく親水性によって支配されることを示すもう 1 つの事例である．

柱状メゾ相は，熱可塑性エラストマーに応用される．例えばトリブロック A/B/A 共重合体は**高温溶融型接着剤**である．2 つの端部は少数要素であるポリスチレン（T_g ≈105℃）などのガラス的な熱可塑性物質で占められる．ブロックの中間の多数成分はポリブタジエン（T_g=−60℃）のようなゴム状物質である．熱溶融接着剤は，ブロ

(a)

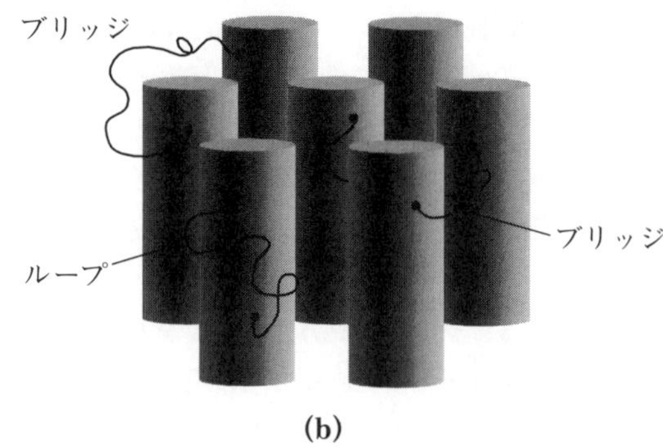

(b)

図 4.13　(a)柱状メゾ相は円板状メソゲンの積層によって形成される．(b) A/B/A トリブロック共重合体の柱状メゾ相．成分の少ないブロックが集まって成分の多いマトリックス中に円柱状のミクロドメインを形成する．隣接する 2 つのシリンダをつなぐ中央ブロック単位はブリッジ構造をとる．他方，ブロックの両端が単一の円柱状マイクロドメイン内にあれば，中央ブロックはループを形成する．

ック成分のミクロ相が柱状相に分離している高温流動性等方液体状態で使用される．中間ブロックは柱間をつなぐブリッジや，ある柱に絡むループを形成する．室温ではゴムブロックはガラス状の柱内部に固定されたブロックの終端によって物理的に接続される．ゴム的な中間ブロックの物理的な接続によりゴム弾性的な特性が与えられる．

4.2　液晶の記述子

4.2.1　2 体分布関数

2.1.3 で，等方的ガラスや液体の短距離連続性を理解するため，スカラーの 2 体分布関数 $g(r)$ を説明した．等方状態では，$g(r)$ は薄い殻で囲まれた球の内側の任意の単位（点）から距離 r だけ離れた位置にある構造単位を見出す確率に比例する．液晶状態を 2 体分布関数によって表すことはできるが，液晶に配向規則性を加えると，2 体分布関数は分子対の間隔と相互の配向に依存し，$g(\boldsymbol{r}_{12}, \hat{\boldsymbol{p}}_1, \hat{\boldsymbol{p}}_2)$ と表される．ここで $\boldsymbol{r}_{12}$ は単位 1 と 2 の間の非極性ベクトルで，$\hat{\boldsymbol{p}}_1$ と $\hat{\boldsymbol{p}}_2$ は単位 1 と単位 2 の配向で規定される非極性単位ベクトルである．液晶は位置の規則性と配向の規則性をもつので，すべての液晶の配向関係を長距離配向規則性パラメータで表すことができる（4.2.2を参照のこと）．

ネマチック相は連続した並進対称性をもち，いかなる並進も可能となるため，長距離位置規則性が存在しない．すなわち，$g(\boldsymbol{r}_{ij}, \hat{\boldsymbol{p}}_i, \hat{\boldsymbol{p}}_j)$ はふつうの等方的液体の場合と同様に，単位距離の2〜3倍のところで1に近づく．しかし，短距離における分布は成分である分子の形状異方性の影響を大きく受ける．例えば，柱状分子の分子軸方向の規則性が分子軸に垂直な方向の規則性に比べて高い．もちろん分子軸に沿った分子間距離が分子の長さを超えると，この方向の規則性は悪くなる．このように規則性は分子間の非極性ベクトル距離の関数であることがわかる．

スメクチック状態では，分子軸に垂直な方向へのいかなる並進も許されるので，この方位ではネマチック相のような長距離位置規則性は存在しない（4.1で述べたとおり，いくつかの高い規則性をもつスメクチック相は特別な例である）．しかし，層の形成により層と垂直方向の並進対称が乱される．スメクチック層に垂直な方向の1次元規則性の程度は温度に依存する．スメクチック状態での位置関係は，1次元並進規則性パラメータによって決定される（4.2.3を参照のこと）．このパラメータはスメクチック-ネマチック遷移温度で徐々にゼロに近づく．

4.2.2　配向規則パラメータ

液晶状態の表現方法として，分子の形状異方性とメゾ相の対称性とは別に，分子相互の配向の程度を定量的に評価する手法がある．この手法を利用すれば，配向規則性を**分子軸分布**と**配向規則パラメータ**の2つで表せる．分子軸の配向分布は球座標の関数 $P(\theta, \phi)$ である．関数は個々の分子の配向 $\{\hat{\boldsymbol{p}}_i\}$ の値を極 θ と方位角 ϕ で表す．スカラー量の配向規則パラメータ S は次式で示される．

$$S=\frac{(3\langle \hat{\boldsymbol{n}}\cdot\hat{\boldsymbol{p}}_i\rangle^2)_V-1}{2} \tag{4.2}$$

ここで，$\hat{\boldsymbol{n}}\cdot\hat{\boldsymbol{p}}_i=n_1p_1+n_2p_2+n_3p_3=|\hat{\boldsymbol{n}}||\hat{\boldsymbol{p}}_i|\cos\theta=\cos\theta$ で，θ は単位長さの線素 $\hat{\boldsymbol{n}}$ と $\hat{\boldsymbol{p}}_i$ のなす角である．ネマチック液晶の配向規則パラメータ S_{N} は次式で与えられる．

$$S_{\mathrm{N}}=\frac{3\langle\cos^2\theta\rangle-1}{2} \tag{4.3}$$

S_Nは分子配向分布関数 $P(\theta, \phi)$ と，次の式でつながっている．

$$\langle\cos^2\theta\rangle=\frac{\int_0^{\pi}\int_0^{2\pi}\cos^2\theta P(\theta,\phi)\sin\theta\ \mathrm{d}\phi\mathrm{d}\theta}{\int_0^{\pi}\int_0^{2\pi}P(\theta,\phi)\sin\theta\ \mathrm{d}\phi\mathrm{d}\theta} \tag{4.4}$$

S_N を決定するための，ダイレクタ $\hat{\boldsymbol{n}}$ への分子の時間平均配向は，多数の分子が含まれるある体積 V における平均的な配向で決まる．式(4.2)の数値定数は，3 次元結晶のようにすべてのダイレクタが完全な配向を示す場合に $S_N=1$，等方的液体のようにダイレクタ軸の配向が完全にランダムな場合に $S_N=0$ となるように選ばれている．S_N の実験値はネマチック相の液晶状態で 0.6 から 0.8 の間になる．配向規則パラメータは図 4.14 に示すように温度の上昇とともに減少し，ネマチック液晶が等方的な液体になる遷移温度 (T_C) の直下で 0.4 程度になる．

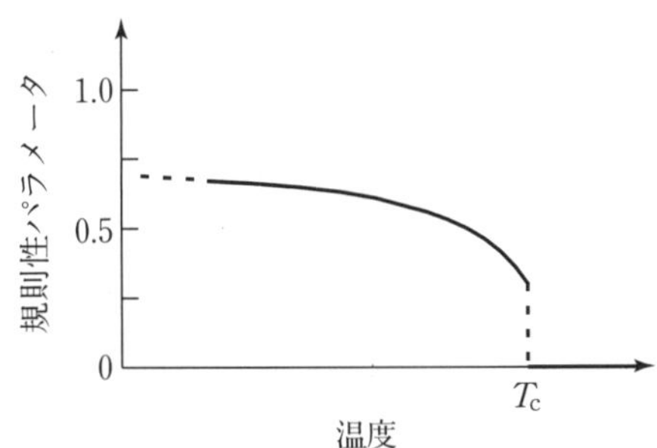

図 4.14 ネマチック-イソトロピック相変態の配向規則パラメータの温度依存性 $S(T)$.

例題 16

2 次元ネマチック液晶を考える．2 次元の配向規則パラメータは次式で示されることを示せ．

$$S=2\langle(\hat{\boldsymbol{n}}\cdot\hat{\boldsymbol{p}}_i)^2\rangle-1$$

解　答

S が適切な規則パラメータであることを示さなければならない．すなわち，配向が完全に規則的（すべての分子が平行）な場合には $S=1$，完全に不規則な（分子が乱雑に配列する）場合には $S=0$ となる．分子軸の方位 $\hat{\boldsymbol{p}}_i$ と平均ダイレ

クタ $\hat{\boldsymbol{n}}$ の間の角度関係は図 EP 16 のようになる．

図 EP16　個々の分子は平均的な方位（ダイレクタ）$\hat{\boldsymbol{n}}$ と様ざまな角度 θ をなす．

3 次元では $\hat{\boldsymbol{n}}\cdot\hat{\boldsymbol{p}}_i=|\hat{\boldsymbol{n}}||\hat{\boldsymbol{p}}_i|\cos\theta_i=\cos\theta_i$ である．しかし 2 次元では極角の変化がないので，分子軸の分布関数は単純に $P(\theta)$ となる．次式を用いて $\langle\cos^2\theta\rangle$ を求める．

$$\langle\cos^2\theta\rangle=\frac{\int_0^\pi \cos^2\theta\, P(\theta)\mathrm{d}\theta}{\int_0^\pi P(\theta)\mathrm{d}\theta}$$

分子が完全な配向を示すとき，関数 $P(\theta)$ は次式で表される．

$$P(\theta)=\begin{cases}1 & (\theta=0)\\ 0 & (\theta\neq 0)\end{cases}$$

よって

$$\langle\cos^2\theta\rangle=1 \quad より \quad S=2(1)-1=1$$

他方，分子の配向がランダムなとき，

$$P(\theta)=K\ (一定)$$

それゆえ，次式がえられる．

$$\langle\cos^2\theta\rangle=\frac{\int_0^\pi \cos^2\theta K\mathrm{d}\theta}{\int_0^\pi K\mathrm{d}\theta}=\frac{K\int_0^\pi \cos^2\theta\,\mathrm{d}\theta}{K\pi}$$

ここで

$$\cos^2\theta=\frac{\cos 2\theta+1}{2}$$

を用いると，

$$\langle\cos^2\theta\rangle=\frac{(K/2)\int_0^\pi(\cos 2\theta+1)\mathrm{d}\theta}{K\pi}=\frac{K\pi/2}{K\pi}=\frac{1}{2}$$

ゆえに $S=2(1/2)-1=0$ となる．

4.2.3　並進規則パラメータ

ネマチック液晶とスメクチック液晶の根本的な違いは，後者に分子層が存在することである．図 4.11 に示す通り，スメクチック相は分子の位置的な条件で示される．スメクチック相の規則パラメータは層と垂直な方向 z に沿う分子の存在確率で表される．そのため一次元並進規則パラメータ Σ_{SM} を次式で与える．

$$\Sigma_{\mathrm{SM}}=\left\langle\cos\frac{2\pi z}{a}\right\rangle=\frac{\int_{-a/2}^{a/2}\cos(2\pi z/a)P(z)\mathrm{d}z}{\int_{-a/2}^{a/2}P(z)\mathrm{d}z} \tag{4.5}$$

ここで，a は層間距離，z は層に垂直に測った距離，$P(z)$ は z 方向の分子単位の質量中心の密度を示す 1 次元関数である．$P(z)$ が一定のとき，余弦関数の平均は 0 となり S_{SM} も 0 となるので存在しない（すなわち液晶はネマチックである）．他方 $P(z)$ が周期関数なら，Σ_{SM} は 0 にならず，層が存在する．

スメクチック相の完全な規則パラメータ S_{SM} は，配向規則性と並進規則性を同時に認識するものでなくてはならない．S_{SM} は並進規則パラメータ Σ_{SM} と配向規則パラメータ S の単純な積とみなせる．すなわち，

$$S_{\mathrm{SM}}=\Sigma_{\mathrm{SM}}S \tag{4.6}$$

Σ_{SM} と S は温度上昇とともに減少し，Σ_{SM} はスメクチック-ネマチック遷移温度でゼロになる．その様子を図 4.15 に示す．

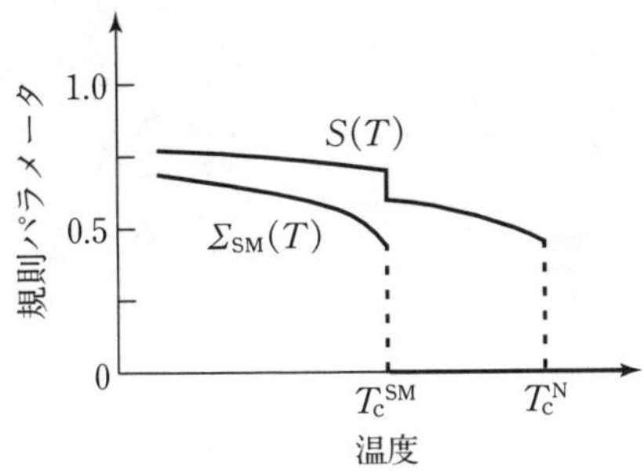

図 4.15　配向規則パラメータ $S(T)$ と 1 次元並進規則パラメータ $\Sigma_{\mathrm{SM}}(T)$ の温度依存性．スメクチック-ネマチック遷移とネマチック-イソトロピック遷移を示している（McMillan 1972）．

4.3 メゾ相集合組織と液晶相の確認

光学的異方性と位置的規則性は物質によって異なるので，液晶の構造を解明するために加熱ステージつき偏光顕微鏡やX線回折装置が長い間用いられている．試料全

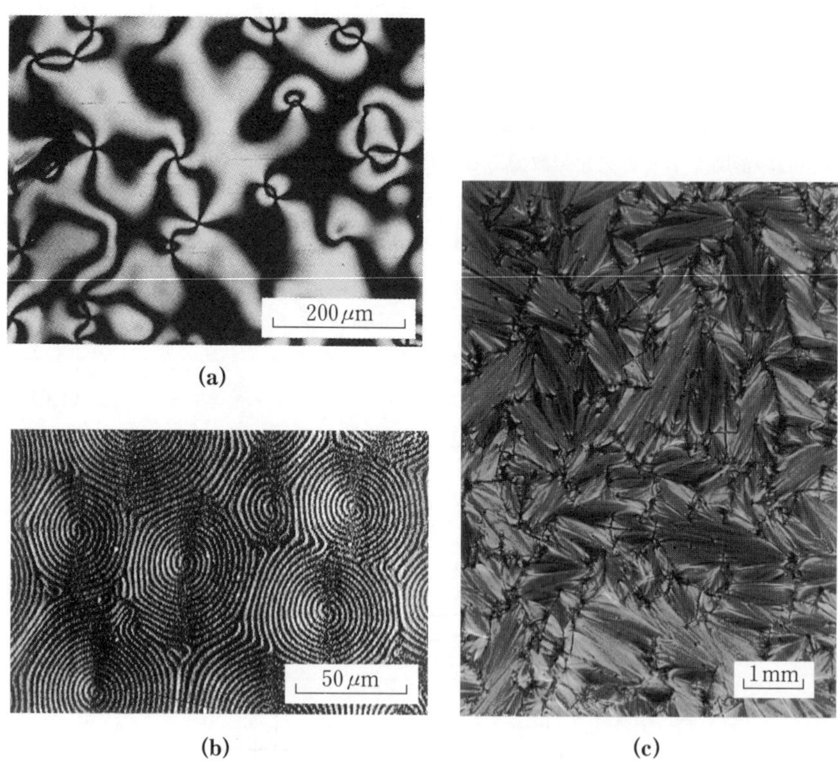

図4.16 液晶膜の顕微鏡像．(a)代表的なネマチック液晶のシュリーレン集合組織の偏光顕微鏡像．試料は液晶ポリエステルである（J. Guntherの好意による）．(b)スメクチック相およびコレステリック相の円錐焦点集合組織はコレステリックポリシロキサンの自由表面の原子間力顕微鏡でも見られる（T. Bunningの好意による）．(c)偏光顕微鏡でみたスメクチックA液晶の扇形集合組織（J. Plantの好意による）．

体の構造はメゾ相の種類，メソゲン基分子の温度と濃度，欠陥の数と配列，試料の厚さおよび容器壁との境界条件に依存する．光学顕微鏡を用いると，欠陥の種類や相の安定温度範囲により 4 つの異なる液晶相を識別できる．特定の欠陥に由来するパターンからメゾ相の種類を同定できる．**シリューレン**（schlieren）（ドイツ語で不均一という意味）**集合組織**は多くの糸状の回位欠陥を含むネマチックメゾ相に特有のものである．ダイレクタ分布は各欠陥のまわりですばやく再配列するので，偏光顕微鏡や原子間力顕微鏡でこれを簡単に確認できる（5.2.2 を参照）．スメクチック相とコレステリック相の代表的な集合組織は**円錐焦点**（focal conic）集合組織，または**指紋**（fingerprint）集合組織と呼ばれる．この集合組織も偏光顕微鏡で確認することができる（図 4.16）．種々のメゾ相のより定量的なキャラクタリゼーションは X 線回折法を用いて行うことができる．X 線回折法によって分子の配向規則性のみならず並進規則性についても定量的に計測することができる．

4.4　液晶の応用

4.4.1　界面活性剤

混ざり合わない液体同士（水と油など）の界面で活動する分子を**界面活性剤**（surfactant）という．界面活性剤は様ざまな重要なプロセスや製品に用いられる．油の生産過程に界面活性剤を使用するときには，基本構造に関する知識と水-油-界面活性剤系の振舞いに関する知識が必要になる．例えば，ポーラスな砂岩に浸み込んだ油を抜きとるために界面活性剤の水溶液を注入すると，3 成分からなる不規則で 2 連続性（bicontinuous）の相が形成される．その際，界面活性剤分子は，水と油の界面に薄い層を形成する．この相の界面張力は非常に小さいので，多量の油を含んだ混合液を砂岩から容易に汲み出せる．

油-水-界面活性剤の 3 成分系は複雑な相の振舞いを示す．図 4.17 は 11 の異なる相をもつ 3 成分相図を示している．相図のマイクロエマルジョン領域は界面活性剤を用いた油製品のなかに見られる構造に一致する．2 成分，3 成分系のなかに存在する相のうち興味あるのは，立方晶の 3 次元周期構造にみられるサドル状の層からなる相である．図 4.18 は立方晶の典型的な構造で，中にたくさんの接続部があるので「配管工の悪夢」とも呼ばれる．この相は長範囲の，互いに連結した 3 次元周期的層構造をもつので結晶性である．ただし，分子は局部的には弱い配向規則性と層の内部で液体

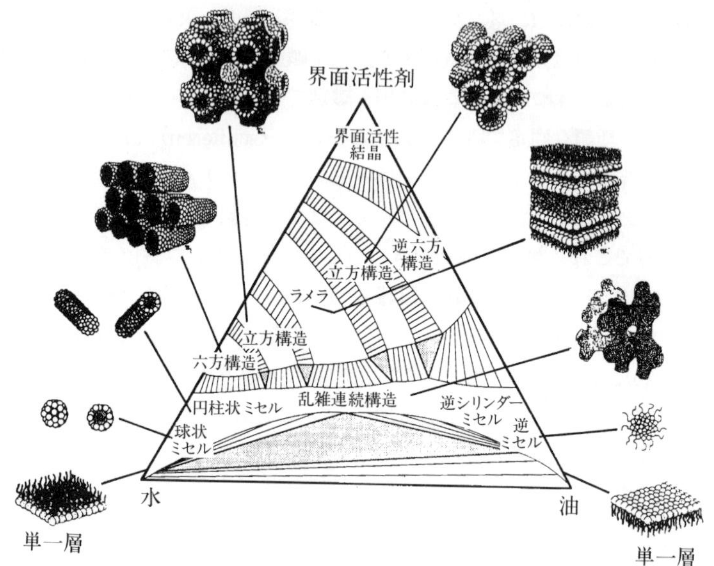

図 4.17 仮想的な3元（油-水-界面活性剤）の状態図．液晶-結晶線，結晶，非結晶のうち得られる相を示している．線引きの部分では2元相，点線の部分は3元相である．多くはスメクチック A 相のラメラ構造で占められる（Davis *et al*. 1987 の許可により転載）．

に特有の短範囲の並進規則性を示す．

互いに連結した立方体構造はブロック共重合体系でも生じる．図 4.18(c)はポリスチレン-ポリイソプレン（PS-PI）ジブロック共重合体にみられる**2重ジャイロイド**（double-gyroid）構造の単位格子2つ分を示している．この構造の空間群は $Ia\bar{3}d$ で，代表的な格子定数は PS-PI ジブロックの分子量にも依存するが約 800Å である．

水-界面活性剤-油の混合比を変えると，柱状および球状ミセル相が形成される（図 4.19 を参照のこと）．**ミセル**（micelle）は液体に囲まれた親水性分子からなっている．例えば過剰な水を加えるとステアリン酸分子は柱状ミセルを形成する．中心部に向かって疎水性炭化水素末端があり，親水性ヘッドは水との界面に向いている．柱状ミセルの形状異方性により，柱状のリオトロピック液晶相が発生する．3成分状態図の柱状領域あるいはラメラ状領域は柱状液晶相とスメクチック A 液晶相のそれぞれに対応する．

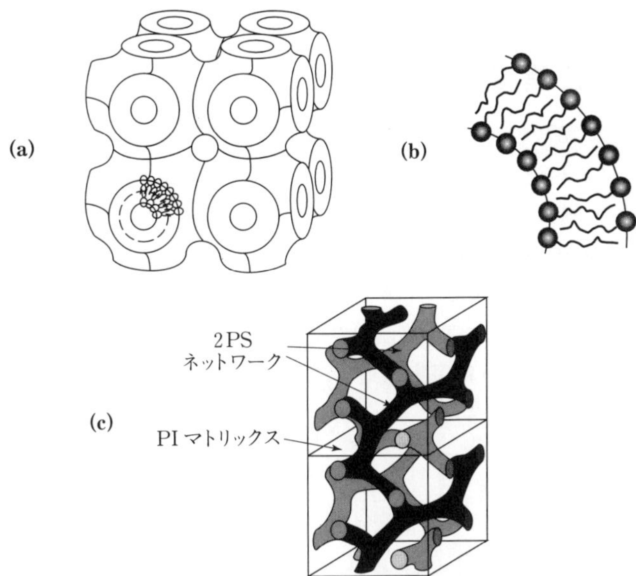

図 4.18　(a)適正な組成にあると，曲率をもつ3次元的な層において界面活性剤と水の高度な規則配列が生じる．構造は「**配管工の悪夢**」と呼ばれ，$Pm\bar{3}m$ 対称をもつ．(b)(a)の一部の拡大図により2重層が両極性分子によって形成されていることがわかる．図4.12(b)（Anderson *et al.* 1988）で示した同様な2重層と比較するとよい．(c)PS-PI ジブロック共重合体の立方晶相はポリイソプレンマトリックス中のポリスチレンの3次元ネットワークを有する．

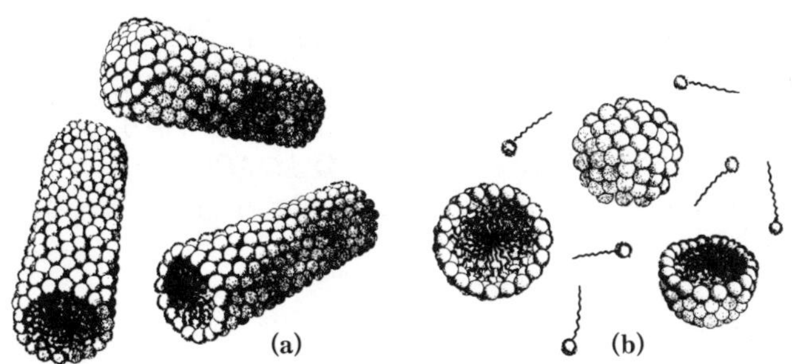

図 4.19　水と石けんあるいは油と石けんの2元系でミセル構造が形成される．(a)円柱状ミセル，(b)球状ミセル（Brown *et al.* 1971）．

4.4.2 液晶繊維

液晶ポリマー溶液から優れた高強度，高剛性をもつポリマー繊維が製造される．拡張されたコンフォメーションと硬い棒状ポリマーの骨格が平行に配列し，炭素―炭素結合が本来もつ強度と剛性が活用できる（図 4.20 参照）．ケブラーはリオトロピック液晶溶液から紡糸される材料の例である．ケブラー繊維は防弾チョッキからアメリカズ・カップ用ヨットの帆までハイテクノロジー分野で広く利用されている．ケブラー繊維とカーボン繊維は高強度，高剛性の複合材料（グラファイト-エポキシ，第6章参照）でも使われ，さらに宇宙構造体や高品質なスポーツ用品にも用いられる（6.3.2 を参照のこと）．

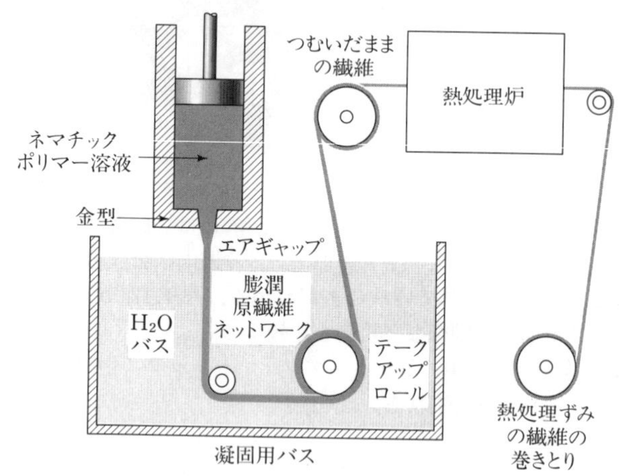

図 4.20　高剛性な針状繊維の製造工程は剛直分子のリオトロピック溶液からの引き出しに始まる．ポリマー溶液は金型から空気中に押し出され，水中で凝固する．ポリマーはテークアップロールからの張力によってエアギャップの部分で大きく引き伸ばされる．凝固のあと，乾燥し，引っ張りながら 500°C に過熱する．この作業によって繊維中のかたい棒状分子の配向をそろえる．

4.4.3 液晶ディスプレイ

液晶ディスプレイ（LCD）が広く普及している．LCD に関する研究はアメリカ，日本，ヨーロッパで活発に行われ，より高性能な製品が製造されている．高スイッチ速度，高解像度，大面積フラットパネルカラーディスプレイへの要求が研究を支えている．LCD は電極のついた 2 枚の基板に挟まれた液晶の薄い層からなる．少なくとも一方の電極は透明であり，両電極の表面には液晶分子が整列するよう例えばラビング法による微小溝つけなどの表面処理が施されている（4.1 参照）．液晶と接触する 2 枚のガラス基板の表面には導電性アモルファス Sn：In_2O_3（ITO）の薄膜がスパッタ法で蒸着されている．電極は電極構造をパターニングするためにエッチングされている．

液晶に要求される特性として，化学的あるいは電気的に安定で，粘性が低く，誘電率の異方性が大きく，室温で電界に瞬時に応答し，鮮明な画像を提供しなければならない．例えば，柱状メソゲンの分極は分子の長軸方向でもっとも大きい．分子が強電場に置かれると，方位は印加電界の方向を向くことになる．**誘電異方性**とは，電界を分子軸と垂直方向に印加したときと，平行に印加したときの分子分極性の差を意味する．分極の差が大きいほど，誘電異方性が大きく，印加電界によってより簡単に分子が配向し，光をより強く旋回する．リオトロピック液晶物質は一般に電界内で分解される極性溶媒に溶解しているので，実用デバイス向けの液晶物質としては室温サーモ

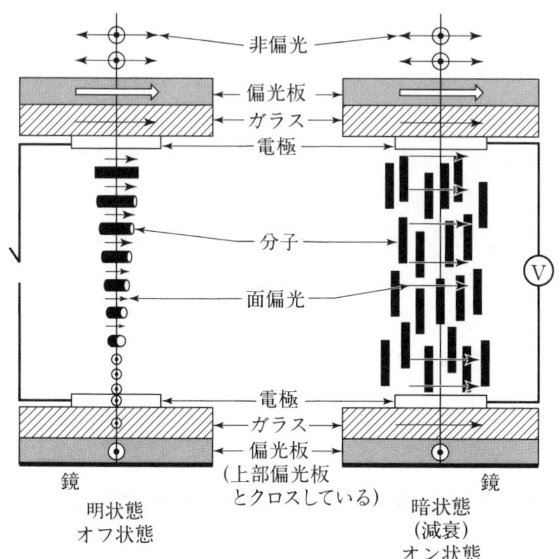

図 4.21　ねじれネマチック液晶ディスプレイの構造（Goodby 1987）．

トロピック液晶が選ばれる．

TN/LCD（ねじれネマチック液晶ディスプレイ）は1967年に英国ケント州立大学の液晶研究所で開発され，工業的な標準となった．上下2枚の電極に挟まれた液体を含む領域に注目すると，ディスプレイがどのように働くのかがわかる．各電極の表面の境界条件は一様であるが，優先配向は90°ずれている（図4.21）．このため，印加電圧が0のとき，ネマチック相は厚さ方向に沿って一様にねじれている（この構造は厚さの4倍の波長をもつキラルネマチック液晶物質の一部の構造とよく似ている）．電圧が印加されると，液晶分子は誘電異方性により電場の方向に向く．この効果は基板表面の分子の強い**アンカリング効果**によって減殺される．しかし，印加電圧が十分大きく，液晶層が十分な厚さを有し，かつアンカリング効果の強い遷移境界領域が液晶層より十分薄ければ，液体の中心では印加電圧の方向（基板に垂直方向）に分子がよく配向する．電圧を0にすると，境界層でのカップリングにより，配向していた分子がもとの面内ねじれ構造に戻る．このデバイスが本来の性能を発揮するためには，応答時間はミリ秒以下でなくてはならない．スイッチング電圧が低いため消費電力は少なく，寿命が長く，バッテリーもちのよいディスプレイとなる．

このディスプレイにおける反射光の結像原理は以下の通りである．上下のガラス基板の表面に，溝の方向偏光の方向が一致するように偏光板が装着されている．また下部の基板の下側には反射率の高い鏡面が施されている．デバイスの上部から入射する未偏光の光は上部偏光板によって偏光される（図4.21では水平方向）．電極の印加電圧がオフのとき，光はデバイスの内部を進行する間に，ねじれた液晶分子の配向に従って90°偏光される．そして下部偏光板に到達し，鏡で反射され，再び90°の偏光を逆向きに受けながら，上部基板に戻る．このためディスプレイのオフの像領域は明るい．電極がオンの状態では，液晶分子は基板に対して垂直に配置する．この配向では，液晶は入射光に対して光学的に一軸性で，入射光が液晶層を通過する間に，偏光方位の回転は起こらない．このため光は下部偏光板を通過せず，したがって反射される光もないので，オン領域では像が暗くなる．このオン，オフ時の光の強度差がディスプレイに優れたコントラストを与える．

4.4.4 次世代フレキシブル液晶ディスプレイ

モル質量の小さい結晶ほど電界に対する応答性がよい．もちろんそれらは液体なので，4.4.3で示したとおりディスプレイの基板の間に挟まれている．前述のとおり，ブロック共重合体もまた液晶相を形成する．LCD の最新技術として，同一の物質に，液晶性とミクロ相分離性を兼備させる試みがある（Mao *et al*. 1998)．液晶ブロックコイルブロック共重合体は優れた光電子材料となり得る．分子量が大きく，互いに物性の異なる小さなドメインに相分離できるからである．ブロックにメソゲンが入ることにより液晶ブロックコイルブロック共重合体は，分子質量の小さい液晶に特有の早い応答速度とブロックに特有の固体膜形成能を併せもつようになる．得られる物質は，ガラスポリマー母相中に小さな液晶相が均一に分布した高度に組織化された固体である．図 4.22 にいわゆる「高分子類似化学」により容易に合成されるこの種の物質の例を示す．

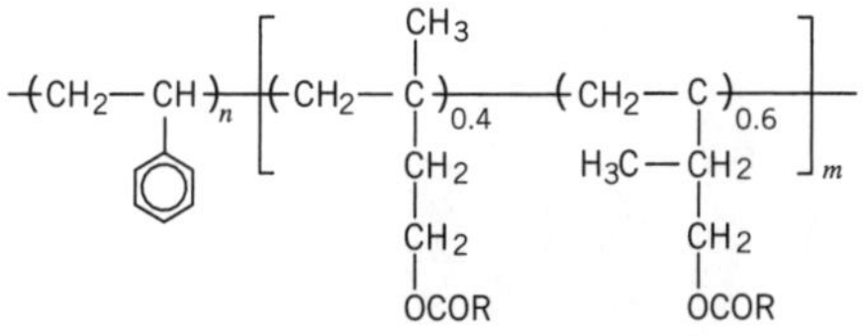

(a)

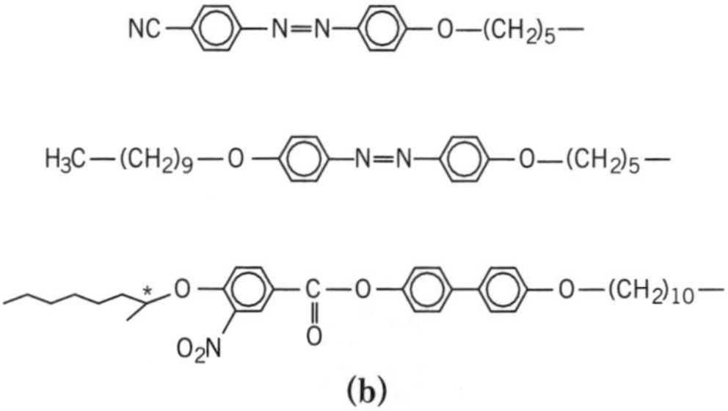

(b)

図 4.22　(a)液晶ブロックコイルブロック共重合体の合成は「高分子類似化学」で行われる．まず，単純なジブロック共重合体がスチレンやイソプレンのようなモノマーのアニオン重合で作られる．ここでイソプレンブロックは 2 種類の異性体のランダム混合からなる．だいたい 4：6 の比率になる．続いて 1 つのブロック，この場合，ポリイソプレンブロックが各モノマー単位に 2 重結合でメソゲンを結合することで機能化される（液晶構造単位は R で示される)．得られた機能化ポリイソプレンブロックは側鎖液晶物質である．(b)ポリイソプレンに付加することのできるメソゲン構造単位の 3 つの例（Mao *et al*. 1998)．最も大きいメソゲンはキラルでそのキラル中心は記号＊で示してある．

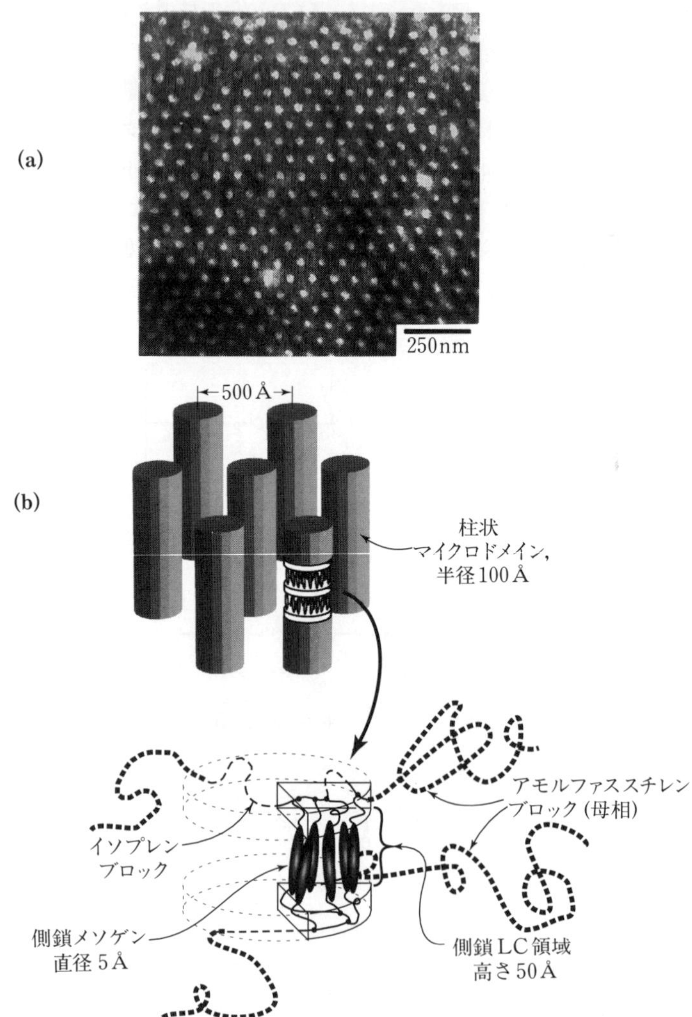

図4.23 (a)側鎖液晶ブロックコイルブロック共重合体の透過電子顕微鏡像．マトリックス暗部はポリスチレンで白丸の領域は2次元の六方的に充填された，側鎖液晶ブロックを含むシリンダー形状のマイクロドメインの断面である．(b)一様な境界条件を有すると仮定したシリンダー型マイクロドメインをもつメソゲン側鎖の充填構造を表した図である（J. Chenの好意による）．構造の大きさは5～500Åである．

末端を機能化されたメソゲンはペンダント状2重結合でPS-PIブロック共重合体の中のポリイソプレンにつながっている．通常 R ユニットはメソゲングループをポリマー主鎖から効果的に取り除けるように，—CH_2—からなる柔軟なスペーサーを含んでいる．この方法を用いると電圧の印加に伴い，より早くメソゲンを再配列させることができる．図4.23(a)はブロックコイルブロック共重合体の透過電子顕微鏡像である．この物質は，液晶ブロックがスメクチックA相を形成する過程と同様に，液晶ブロックが柱状メゾ相を形成する反応によって得られた．これは物質の構造ヒエラルキーの1つのよい例である（第6章参照）．シリンダ内に液晶の層が積み重なっており，シリンダ自体は2次元の六方配列に従っているからである．

4.5 プラスチック結晶

最後に，この章を終わるにあたって，結晶状態に極めて近い構造をもつ他の物質を紹介する．プラスチック結晶は3次元並進規則性をもっているが，図4.24に示すように配向に規則性がない．したがって，配向の規則性はあるが，並進規則性がないネマチック液晶と反対の性質をもつといってもよい．Timmermans は1938年にこれらの物質をプラスチック結晶（cristaux plastiques）と名づけた．その理由はこの物質が非常に大きなひずみまでたやすく成形できるからである．

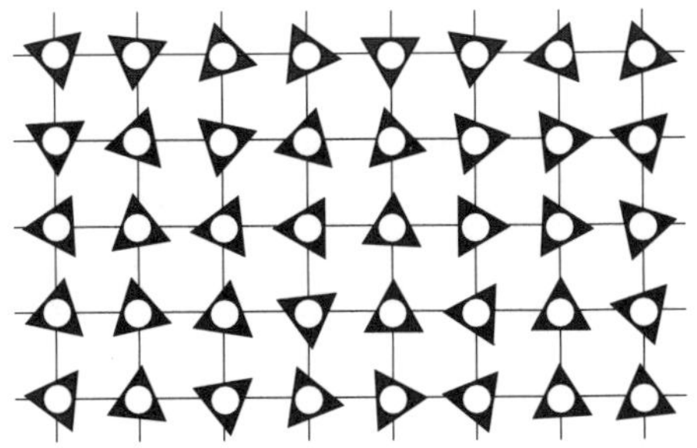

図4.24 回転不規則性結晶の2次元図．正方格子は構造単位の中心部をつないで規則性を表すために描かれている．

代表的なプラスチック結晶物質に CBr_4，C_2Cl_6，C_8H_8（キュバン）などの球状分子がある．この種の分子は極めて低い温度で，結晶の単位格子の中で優先配向する．

しかし，結晶プラスチック結晶遷移温度において分子が質量中心のまわりに回転して結晶の対称性が増すため，大きなひずみまで容易に変形できるようになる．ちなみに，キュバンの結晶-プラスチック結晶遷移は 120°C付近で起こり，体積膨張を伴う．

参考文献

Anderson, D. M., Gruner, S. M., and Leibler, S., "Geometrical Aspects of the Frustration in the Cubic Phases of Lyotropic Liquid Crystals," *Proc. Acad. Sci. USA 85*, 5364–5374, 1988.

Avgeropoulos, A., Dair, B. J., Hadjichristidis, N., and Thomas, E. L., "The Tricontinuous Double Gyroid Cubic Phase in Triblock Copolymers of the ABA-Type," *Macromolecules 30*, 5634–5642, 1997.

Brown, G. H., Doane, J. W., and Neff, V. D., *A Review of the Structure and Physical Properties of Liquid Crystals*, CRC Press, Cleveland, OH, 1971.

Davis, H. T., Bodet, J. F., Scriven, L. E., and Miller, W. G., in *Physics of Amphiphilic Layers*, D. Langevin and J. Meunier, eds., Springer-Verlag, New York, 1987.

Link, D. R., Natale, G., Shao, R. F., Maclennan, J. E., Clark, N. A., Körblova, E., and Walba, D. M., "Spontaneous Formation of Macroscopic Chiral Domains in a Fluid Smectic Phase of Achiral Molecules," *Science 278*, 1924–1927, 1997.

Goodby, J. W., "Melting Phenomena and Liquid Crystalline Behavior," *Chemalog Hi-Lites*, Feb. 1987.

Mao, G., Wang, J., Ober, C., Brehmer, M., O'Rourke, M., and Thomas, E. L., "Microphase Stabilized Ferroelectric Liquid Crystals (MFSLC): Bistable Switching of FLC-Coil Diblock Copolymers," *Chem. Mater. 10*, 1538–1545, June 1998.

Martin, D. C., "Direct Imaging of Deformation and Disorder in Extended-Chain Polymers," Ph.D. Thesis, University of Massachusetts at Amherst, MA, 1990.

McMillan, W. L. "X-Ray Scattering from Liquid Crystals—I: Cholesterol Nonanoate and Myristate," *Phys. Rev. A6*, 936, 1972.

Muthukumar, M., Ober, C., and Thomas, E., "Competing Interactions and Levels of Ordering in Self-Organizing Materials," *Science 277*, 1225, 1997.

さらに勉強するために

Chandrasekhar, S., *Liquid Crystals*, 2nd ed., Cambridge University Press, New York, 1992.

de Gennes, P.-G., and Prost, J., *The Physics of Liquid Crystals*, 2nd ed., Oxford University Press, Oxford, 1993.

Demus, D., and Richter, L., *Textures of Liquid Crystals*, Verlag Chemie, Weinheim, Germany, 1978.

Depp, S. W., and Howard, W. E., "Flat-Panel Displays," *Sci. Am. 253*, 90–97, 1993.

Donald, A. M., and Windle, A. H., *Liquid Crystalline Polymers*, Cambridge University Press, Cambridge, England, 1992.

Lodish, H., Baltimore, D., Berk, A., Zipursky, S. L., Matsudaira, P., and Darnell, J., *Molecular Cell Biology*, 3rd ed., Scientific American Books, New York, 1995.

演習問題

4.1

（a）　液晶の振舞いをするために必要な分子の特徴を挙げよ．

（b）　等方的な構造の液体から液晶に遷移するのに2つの相変態過程がある．それぞれの名称を答えよ．また等方的状態から液晶になる過程を基本的な分子レベルで簡単に説明せよ．

4.2　スメクチック液晶の形態に対する構造パラメータを決定し，適当な図を描け．なお分子の配向規則性と質量中心並進規則性に注意して答えよ．

4.3

（a）　以下の表を完成せよ．この表は構造状態に存在する規則性の種類を示している．なお第1行はすでに記入されている．

	位置的 LRO	位置的 SRO	配向規則性
結　晶	Yes	Yes	Yes
液　晶			
ガラス			
液　体			

（b）　それぞれの Yes について，この特徴をもつ物質の例を答えよ．例えば，結晶/配向規則性では，直線状の分子（O=C=O）が低温で配向性の結晶となる．

4.4　加熱したときに溶解する剛直，異方性分子からなる固体がある．取りうる4つの構造の2次元表記図を示した．この図で示される3次元物質に対する問いに答えよ．

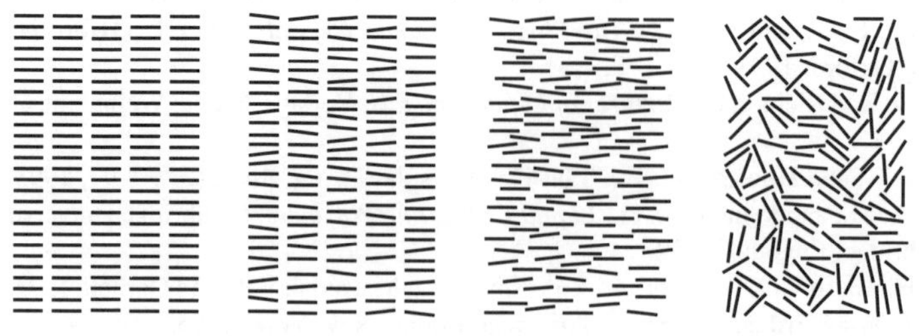

（a）　4つの構造の名称と記述子を答えよ．

（b）　4つの構造の3次元における分子の並進および回転に対する自由度を答えよ．

4.5　物質を構成する成分の位置および配向はその自由度によって制限される．その成分の並進および回転の自由度に存在する制限によって構造を分類することができる．もっとも一般的な場合，気体はもっとも大きい自由度 3 を並進および回転において有している．物質の成分が並進の自由度 i と回転の自由度 j をもつとき，記号 T_i と R_j で示す．4 つの並進の自由度 T_0-T_3 と，4 つの回転の自由度 R_0-R_3 が存在する．したがって，T_i と R_j のペアで 16 の可能な組合せが出現する．例えば，T_3 と R_3 のペアは気体における自由度を示す．

T_i と R_j それぞれの 16 の組合せを考える．可能な構造の組合せについて文章あるいはスケッチで解答せよ．成分を考えるのに，ペンのような形を考えるとよい．注意：提案された構造のいくつかは，実在する物質とはあい入れない場合がある．

4.6　次の構造を描け．

(a)　柱状分子の濃密溶液

(b)　柱状分子の希薄溶液

(c)　(a)と(b)で配向規則パラメータの計算方法を答えよ．

4.7　マクロ分子は柔軟であるか剛直である．

(a)　コイル状分子の等方融体に比べて，棒状分子を含むリオトロピック溶液からの方がなぜ高配向，鎖結合ファイバーが得られるのか説明せよ．

(b)　(a)に示した 2 つの物質の配向構造を描き，違いをのべよ．

4.8

(a)　ネマチック液晶の球状液滴を考えよ．分子が表面においてホメオトロピック配向を好むことを確認せよ．液滴の中心において生じる欠陥の種類について図示して説明せよ．

(b)　分子が液滴の境界で一様な配向を好む理由を考えよ．同様に液滴の中心にある 2 つの種類の欠陥について描け．

4.9　式(4.3)と(4.4)は液晶のスカラー配向規則パラメータ S と分子配向分布関数 $P(\theta, \phi)$ の関係を示している．

(a)　等方的な状態において $P(\theta, \phi)$ が $0<\theta<\pi$ と $0<\phi<2\pi$ であるときゼロになることを示せ．

(b)　$P(\theta, \phi)$ が ϕ に依存しない（1 軸性）と仮定して，

$$P(\theta)=\begin{cases}\cos\theta & 0\leqq\theta\leqq\pi/2\\ 0 & \theta\ \text{その他}\end{cases}$$

のときの，ネマスチック状態の分布 $P(\theta, \phi)$ を計算せよ．またパラメータ S を求めよ．

（c） 結晶からスメクチックへは110°C，スメクチックからネマチックへは130°C，ネマチックから等方性液晶へは170°Cで変態するとする．配向パラメータ $s(T)$ を示すプロットを示せ．4つの状態について，角度依存2体分布関数 $g(r, \phi)$ も描け．

4.10 液晶ディスプレイはネマチック液相の配向を変えるために電場を用いている．磁場も使うことができるが，相当強い磁場が必要である．最近単磁区に分散した Fe_2O_3 ウイスカー入りのネマチック液晶相の低磁場スイッチングに関する特許が権利化された．酸化鉄ウイスカーの存在により，より磁場に対して分子が配列しやすくなった理由を分子レベルで説明せよ．

4.11 ねじれネマチック液晶の膜の色はそれを見る角度に依存する．この効果はヘリカル軸が膜の面に垂直に配向しているときに起こる．Bragg回折の原理を用いて，なぜより長い波長の色が低角で見られるのか，説明せよ．

4.12 スメクチック液晶の並進規則パラメータは次の式で定義される．

$$\Sigma_{\mathrm{SM}}=\left\langle\cos\frac{2\pi z}{a}\right\rangle\equiv\frac{\int_{-a/2}^{a/2}(\cos 2\pi z/a)P(z)\mathrm{d}z}{\int_{-a/2}^{a/2}P(z)\mathrm{d}z}$$

ここで，a は層間距離，$P(z)$ はスメクチック層の垂直方向における質量中心分布関数で以下の図のようになる．

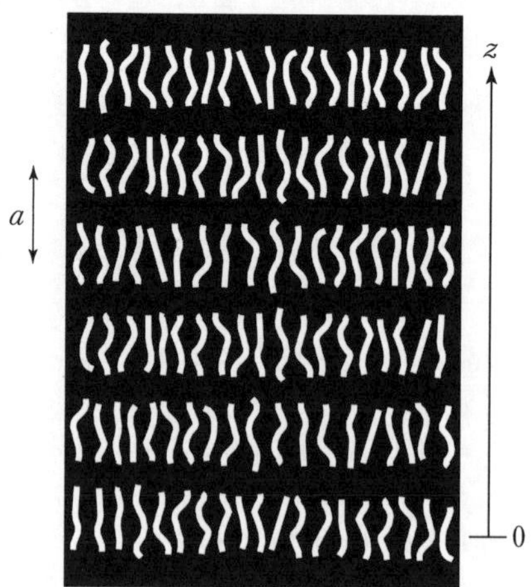

（a） $P(z)$ が定数のとき，すなわち層の垂直方向に沿って分子の質量中心の優先的分離がない条件（液晶がスメクチックでなく，ネマチックであるということ）で，$\Sigma_{\mathrm{SM}}=0$ になることを示せ．

(**b**) 次の分布関数で示される部分的に規則的な層をもつ液晶状態の Σ_{SM} を計算せよ．

$$P(z)=\begin{cases}\cos(2\pi z/a) & -a/4<z<a/4\\ 0 & \text{上記条件以外}\end{cases}$$

注意：$\cos 2x=2\cos^2 x-1$ の関係を使うとよい．

4.13 ポリシクロヘキサンの合成過程を示した．構造単位数は $n=6$ である．この分子から生じるであろう液晶相の性質について答えよ．

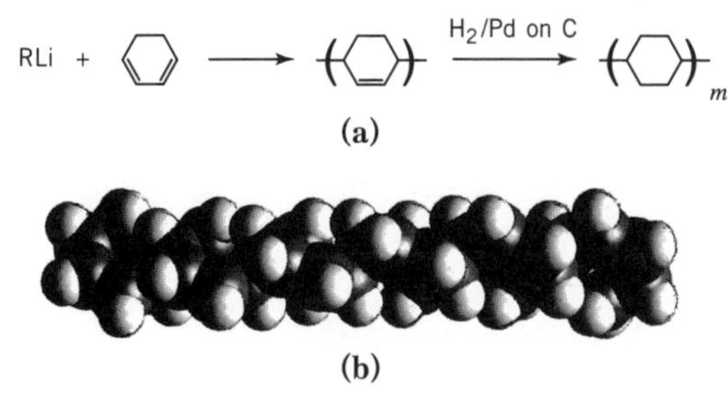

4.14 図 4.24 を参照せよ．

(**a**) すべての 3 角形が単位格子のエッジに平行な方向にある頂点が配向するなら，構造の 2 次元面群は何になるか．パターンは無限に続くと仮定せよ．

(**b**) 単位構造は自由に回転するとして，面対称群の時間平均はなにか．

4.15

(**a**) キュバン C_8H_8 の単分子の構造を描け．キュバンにおける炭素原子の結合のどこが異常か．

(**b**) キュバン分子の点群対称はなにか．

(**a**) 結晶性キュバンが空間群 $Pm\bar{3}m$ 立方晶で，単位格子に 1 つの分子を含んでいる．結晶からプラスチック結晶状態に相変態すると体積変化はどのくらいになるか計算せよ．

第5章

規則構造媒質中の欠陥

規則構造をもつ物質には例外なく何らかの欠陥が含まれる．欠陥はその近傍の対称性を乱すから，乱れた構造を欠陥のない理想的な参照構造と比べることにより欠陥の特徴がわかる．結晶についてみれば，その理想的な参照構造を結晶学の手法により描くことができる．一方，液晶では規則的媒質が流体なので様相がまったく異なる．すなわち，分子は 1 方向もしくは 2 方向に配向規則性または場合によって並進規則性を有する．結晶中の原子が平衡位置から少ししか振動しないのに対し，液晶中の分子はその平均ダイレクタのまわりに相当大きくゆらぐ．このため液晶の理想構造とは（分子の）時間的かつ空間的な平均位置でなくてはならない．統計的にみれば，非結晶性の物質にも連続的な並進対称性，回転対称性，および鏡映対称性がある．時間的，空間的に平均化すると，この参照状態は均質で一様な媒質である．実際の物質は厖大な数の原子や分子からなり，これらが理想的な参照状態によってよく表される位置を占める．数はかなり少なくても，欠陥は物質の諸性質を決める重要な役割を演じる．このため，欠陥は構造研究において特別に重視される．

欠陥を分類するのに便利なものさしがその**次元性**である．どの物質にも存在する熱振動とは別に，エントロピー（とくに原子と空格子点の混合のエントロピー）の増加により高温で空格子点が存在する．すなわち高温ではこの種の**点欠陥**（point imperfections）が結晶性物質の平衡状態の一部をなす．結晶成長が乱されたり，結晶が応力を受ける場合には，**線欠陥**（line imperfections）が存在し，1 次元曲線として表せるその平均位置のまわりで結晶は大きくゆがむ．同様に外部表面（自由表面）や内部の界面のような 2 次元的な**表面欠陥**（surfece imperfections）も存在しうる．いずれの欠陥も，規則的な参照状態のもつある種の対称状態をこわす．

洞察力の鋭い読者は，例えば，2 相物質において各構成相の配列の仕方に起因した 3 次元的欠陥が存在しうるのではないかと考えるだろう．これらは真性の欠陥として分類されることはまれで，むしろ物質のミクロ構造の一種とみなされる（第6章参照）．物質内のあらゆる欠陥の種類，密度，配列なども広義の**ミクロ構造**に含まれる．代表的な欠陥の寸法は何けたもの範囲にわたる．材料科学工学（MSE）の目標の1つは，製造工程でミクロ構造を制御し，際立った性能をもつ材料を創製することにある．

結晶性物質および液晶物質に関する広範な研究によると，物理的な過程や性質は欠陥の数と分布の影響を非常に強く受けることが多い．例えば，結晶中の主要な物質輸送機構である拡散を支配するのは点欠陥の運動である．固溶体中の析出過程には拡散が必要だし，イオン結晶の導電性を決めているのもイオンの拡散である．

また，外力の作用下で結晶の永久変形が可能となるのは，線欠陥（すなわち転位）の存在による．ミクロ構造を制御することにより転位運動を制御することができ（第6章），ひいては超高強度材料開発への道が拓かれる．線欠陥は液晶においても重要な役割を果たす．液晶を構成するスメクチック相，ねじれネマチック相，柱状相は少なくも1次元の並進規則性をもつので，転位が存在しうる．回位は液晶の配向規則性を乱す線欠陥であり，液晶を構成する4つのすべての相に存在しうる．回位は，等方的な液体が液晶に変態する際だけでなく，通電中の液晶が変形する際にも生成する．

表面特性は超微細粒子の挙動にとりわけ強い影響を及ぼす．重要なネットシェイプ加工の1つに，粉体を所定の形状をもつ金型に圧入してから**焼結**（sintering）により固化する方法（粉末冶金法）がある．表面欠陥に由来する余分のエネルギーが焼結の駆動力となる．**再配向壁**（reorientation wall）は液晶によくみられる表面欠陥で強磁性結晶における磁壁とよく似ている．いずれも電場や磁場の作用で運動するからである．

規則化された媒質が平衡な欠陥を含むことができるかどうかは，欠陥生成に伴うエンタルピー増加およびエントロピー増加の競合により決まる．それによると，点欠陥は熱平衡に存在できるが，線欠陥と面欠陥はバルク状態で非平衡な欠陥である（ただし，多くの場合何らかの固着作用がはたらいて，多数の線欠陥や面欠陥が存在する）．

5.1 点 欠 陥

結晶における点欠陥は空格子点（以下，空孔）と格子間原子に大別できる．結晶は

自由エネルギー $G \equiv H - TS$ が最小のときに熱力学的な平衡状態にある．結晶がまったく欠陥を含まないとき，エンタルピー H は最小で，構成相の間の結合エネルギーは最大となる．よってこれは絶対 0 度での平衡状態である．これに点欠陥が導入されるとエントロピー S が増大する．したがって，絶対 0 度以外の温度では平衡状態で欠陥が存在する．欠陥の平衡濃度は，結晶への欠陥の導入に伴う自由エネルギー変化 ΔG から解析的に計算できる．このため，欠陥生成のエンタルピー変化 ΔH_{f} のみならず，欠陥の導入によるエントロピー変化 ΔS も考慮する必要がある．エントロピー利得がエンタルピー増加を上まわれば，0 K 以外の温度で欠陥は平衡状態で存在する．以下では，この方法を用いて空孔の平衡濃度を計算しよう．

5.1.1 空　　孔

完全結晶内の本来原子が占めるべき位置が空いているとき，**空孔**（vacancy）が存在するという．例えば，原子を格子間位置，転位芯，粒界または自由表面に強制的に移動させることにより空孔を作ることができる．図 5.1 に結晶内部から表面に移行する過程を示す．図の 2 次元結晶では内部の原子は 4 配位状態にある（最近接原子が 4 つ）．これを表面へ移動すると配位数は 2 となる．配位数の減少によって空孔の生成エンタルピー Δh_{f} は正となる（最近接原子との相互作用のみを考える「対相互作用モデル」に従えば，2 つ分の最近接結合を断ち切るのに必要なエネルギーが Δh_{f} に相当する）．

空孔の平衡濃度を計算するには，$(N+n)$ 個の格子点からなる結晶中に N 個の原子と n 個の空孔が生成したときの自由エネルギー変化 ΔG の表式を求める必要がある[*1]．今の場合，参照状態とは N 個の原子を含む完全結晶表面に n 個の互いに連なった空格子点が存在する状態であり，新しい状態とは N 個の原子と n 個の空孔が混ざり合った結晶をいう．エンタルピー変化の総量は次式で与えられる．

$$\Delta H_{\mathrm{f}} = n\Delta h_{\mathrm{f}} \tag{5.1}$$

ここに，Δh_{f} は単一空孔の生成エンタルピーである．結晶内に空孔を導入する際のエントロピー変化は 2 つの項からなる．第 1 は混合のエントロピーに起因するもので配置のエントロピー ΔS_{c} と呼ばれ，第 2 は空孔近傍の原子の振動エネルギーの変化に

---

*1　熱力学的関数を ΔG のように大文字で書くときは総量（今の場合ギブス自由エネルギー）を表し，Δg のように小文字で書くときは空孔 1 個あたりの自由エネルギーを表す．

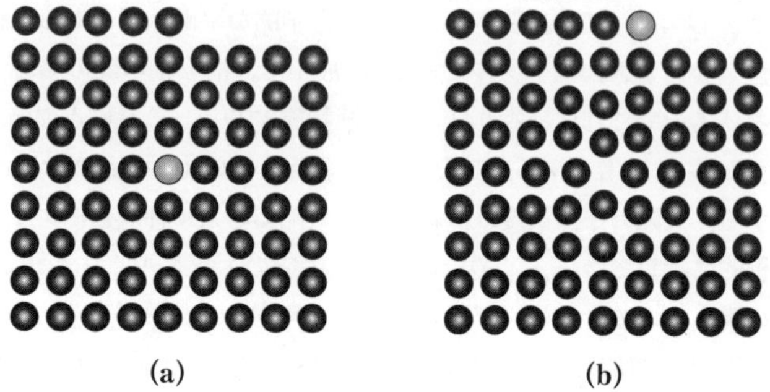

図5.1　(a)表面にステップをもつ完全結晶．白い原子を表面に移動する．(b)内部の原子を表面へ移動することによって空孔が形成される．近傍の原子が空孔に向かって緩和しているのがわかる．

起因するもので振動のエントロピー Δs_v と呼ばれる．

配置エントロピー ΔS_c は次のボルツマンの式で表される．

$$\Delta S_c = S_{mix} - S_{ref} = k\ln\left(\frac{\Omega_m}{\Omega_{ref}}\right)$$

$\Omega_{ref}=1$ だから

$$\Delta S_c = k\ln\Omega_m = k\ln\frac{(N+n)!}{N!n!} \tag{5.2}$$

ただし，Ω_m は $(N+n)$ 個の格子点に N 個の原子と n 個の空孔を配置する場合の数であり，Ω_{ref} は理想的な参照状態における配置の数である．n 個の空孔を導入したときの全自由エネルギー変化は，$n \ll N$ を考慮すると

$$\begin{aligned}\Delta G &= \Delta H - T\Delta S \\ &= n(\Delta h_f - T\Delta s_v) - kT[(N+n)\ln(N+n) - N\ln N - n\ln n]\end{aligned} \tag{5.3}$$

ただし，ΔS_c を簡素化するため Sterling 公式 $\ln X! \approx X\ln X - X$ を用いた．ある温度で平衡状態にある空孔の数は，ΔG が最小となる条件から求められる．すなわち

$$\frac{\partial \Delta G}{\partial n} = \Delta h_f - T\Delta s_v + kT\ln\frac{n}{n+N} = 0 \quad かつ \quad \frac{\partial^2 \Delta G}{\partial n^2} > 0 \tag{5.4}$$

よって空孔の平衡濃度 x_v は

$$x_v = \frac{n}{n+N} = \exp\left(\frac{\Delta s_v}{k}\right)\exp\left(-\frac{\Delta h_f}{kT}\right) \tag{5.5}$$

式(5.5)より空孔濃度は $x_v \sim \exp(-q/kT)$ のように温度とともに指数関数的に変化することがわかる（q は**活性化エネルギー**）．このような温度依存性を**アレニウス**

の法則という．$\ln x_v$ を $1/T$ に対してプロットすると直線となり，その勾配は $-q/k$ に等しい．この種の片対数プロットを**アレニウスプロット**という．

様ざまな原子直視型顕微鏡の発達により，今日では空孔を直接観察することができる．このような観察は1950年代には不可能であった．しかし，直接的方法ではないがSimmonsとBalluffi（1960）の古典的実験によって空孔の実在がみごとに証明された（この実験の詳細についてはBalluffi（1991）の優れた解説を参照のこと）．彼らは立方体結晶を種々の温度に加熱したときの長さの変化率 $\Delta L/L_0$ を膨張計を用いて精密測定するとともに格子定数の変化率 $\Delta a/a_0$ をX線回折法により測定した．なお，L_0 と a_0 はそれぞれ参照温度における試料長さと格子定数，ΔL と Δa はそれぞれ実験温度と参照温度での長さ変化および格子定数変化である．この熱膨張をもたらしているのは，温度上昇に伴う格子定数の増加と格子点の増加（すなわち空孔の生成）である．よって次式のように表される．

$$\left(\frac{\Delta L}{L_0}\right)_{\mathrm{tot}}=\left(\frac{\Delta L}{L_0}\right)_{\Delta a}+\left(\frac{\Delta L}{L_0}\right)_{\mathrm{vac}} \tag{5.6}$$

右辺第1項は格子定数の変化，第2項は空孔の生成に由来する[*2]．長さ変化の代わりに単位格子の数の変化を考えると，空孔濃度 x_v を表す簡単な式が以下のようにして求まる．まず参照状態における単位格子の数 N_c を，試料の長さ L_0 および格子定数 a_0 の比として次のように定義する．

$$N_c\equiv\frac{L_0}{a_0} \tag{5.7}$$

加熱により空孔が増加するので単位格子の数は $N+\Delta N_0$ になり，これは次式のように表すことができる．

$$N_c+\Delta N_c\equiv\frac{L_0+\Delta L}{a_0+\Delta a} \tag{5.8}$$

第1近似を行うと，

$$N_c+\Delta N_c\cong\frac{L_0}{a_0}\left(1+\frac{\Delta L}{L_0}\right)\left(1-\frac{\Delta a}{a_0}\right)\cong N_c\left(1+\frac{\Delta L}{L_0}-\frac{\Delta a}{a_0}\right) \tag{5.9}$$

空孔濃度は $(\Delta N_c/N_c)^3$ に等しいから，結局次式が得られる．

$$x_v\cong 3\left(\frac{\Delta L}{L_0}-\frac{\Delta a}{a_0}\right) \tag{5.10}$$

SimmonsとBalluffiは数種類の金属について $\Delta L/L_0$ および $\Delta a/a_0$ の温度依存性

*2 熱膨張の第3の要因として，点欠陥のまわりの格子緩和がある．この緩和は式(5.6)の左辺および右辺第1項に同じ量だけ寄与する．よって，格子緩和の影響は以下の解析には現れない．

を調べた．図5.2にアルミニウムの測定結果を示す．これによりアルミニウムの主要な点欠陥は空孔であることが実証された．同時に，空孔の生成エンタルピー Δh_f と移動のエンタルピー Δh_m が決定された（5.1.4参照）．

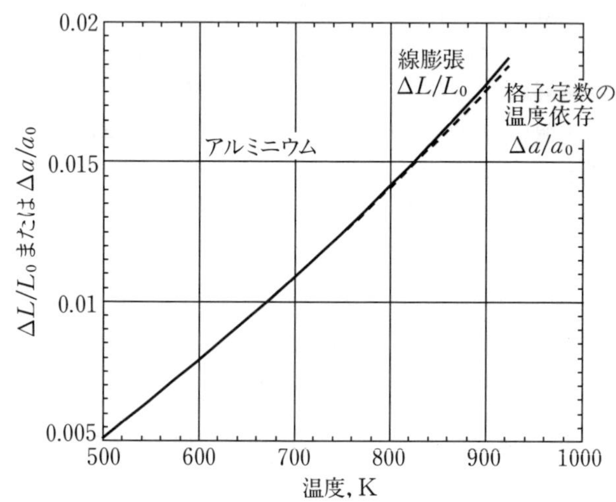

図5.2 アルミニウムにおける試料長さと格子定数の相対変化率の温度依存性（Simmons and Balluffi 1960）．

空孔の平衡濃度が温度に強く依存することを理解するには，式(5.5)に適当なパラメータを用いて実際に計算してみればよい．まず，$\exp(\Delta s_v/k)\sim 1$ と仮定する．

表5.1は Δh_f が0.5 eVおよび2.0 eVのときの空孔濃度 x_v を示している．なお，ボルツマン定数 k は $8.617\times 10^{-5}\mathrm{eV\cdot atom^{-1}\cdot K^{-1}}$ である．表5.1よりわかるように，空孔濃度は温度上昇とともに急増し，Δh_f が増すと激減する．これは x_v が指数関数型のアレニウス則（式(5.5)）に従うためである．Al以外の金属に関する実験結果も $\Delta h_f = 0.4\sim 4$ eVおよび $\exp(\Delta s_v/k)\sim 1$ であることを示している．

表5.2はいくつかの金属の Δh_f, Δs_v および融点をまとめたものである．表5.2に見られるように空孔の生成エンタルピーが高い金属では原子間結合が強く，したがって融点も高くなるので，融点近くでの空孔濃度はどの金属も大体 $10^{-3}\sim 10^{-4}$ の範囲に入る．

表 5.1 空孔の平衡濃度．2 つの空孔生成のエンタルピー変化（Δh_f）について式 $x_v \approx \exp(-\Delta h_f/kT)$ より計算したもの．

温度 K	x_v	
	$\Delta h_f=0.5$ eV	$\Delta h_f=2.0$ eV
500	9.12×10^{-6}	6.92×10^{-21}
1000	3.02×10^{-3}	8.32×10^{-11}
1500	2.09×10^{-2}	1.91×10^{-7}
2000	5.50×10^{-2}	9.12×10^{-6}
2500	9.82×10^{-2}	9.29×10^{-5}
3000	1.45×10^{-1}	4.37×10^{-4}

表 5.2 代表的金属における空孔生成のエンタルピーおよびエントロピー．

元素	結晶構造	Δh_f (eV)	$\Delta s_f/k$	融点 (K)
Al	$Fm\bar{3}m$	0.68	1	933
Au	$Fm\bar{3}m$	0.97	1	1336
Cd	$P6_3/mmc$	0.41	—	594
Cu	$Fm\bar{3}m$	1.22	2	1356
α-Fe	$Im\bar{3}m$	1.5	—	1808
Mo	$Im\bar{3}m$	3.2	—	2883
Ni	$Fm\bar{3}m$	1.6	—	1726
Pb	$Fm\bar{3}m$	0.58	2	600
W	$Im\bar{3}m$	3.7	2	3653
Zn	$P6_3/mmc$	0.53	—	693

出典：Wollenberger 1983, pp. 1146-1150.

5.1.2 格子間原子

格子間原子は結晶において空孔に次いで重要な点欠陥である．格子間原子は前述の空孔と類似の過程を経て作られる．すなわち，表面からはぎ取った 1 個の原子を正規の格子点と格子点の間に押し込めばよい．この様子を示したものが図 5.3 である．このように，母結晶と同じ原子からなる格子間原子を**自己格子間原子**（self-interstitial）という．式(5.1)〜式(5.5)で空孔について行ったのと同様の定義と計算

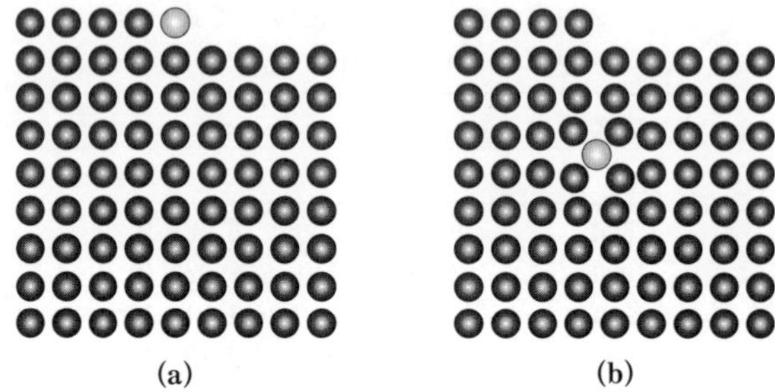

図5.3　(a)表面にステップのある完全結晶．(b)表面の白い原子を内部へ移動することによって格子間原子が形成される．このように同種の原子からなるモデル結晶中に自己格子間原子を作るには，格子を局部的に大きく歪める必要がある．

を行うことにより，格子間原子の平衡濃度を次式で表すことができる．

$$x_{\mathrm{i}}=\frac{n}{n+N}=\exp\left(\frac{\Delta s_{\mathrm{v}}}{k}\right)\exp\left(-\frac{\Delta h_{\mathrm{f}}}{kT}\right) \tag{5.11}$$

ここに，Δs_{v} と Δh_{f} はそれぞれ格子間原子生成のための振動エントロピーとエンタルピーである．図5.3から明らかなように，稠密度の高い結晶では自己格子間原子のまわりの格子のゆがみは，空孔のまわりのゆがみより大きい．このため，金属のような稠密構造体での格子間原子の生成エンタルピーは空孔のそれよりずっと大きい（約5倍）．この種の材料では格子間原子の平衡濃度は，融点直下でも無視しうるほど低い(表5.1参照)．

稠密度の低い結晶では格子間原子の生成エネルギーも低いので，高温では熱平衡状態においても格子間原子が重要な点欠陥となりうる．剛体球モデルを仮定すると例えば，イオン結晶の多くは金属に比べてイオン充塡率が低く，格子間位置のまわりの空隙も金属よりずっと広い．さらにある種の結晶では，特殊な点群対称性と多重度をもつ Wyckoff サイトが2個以上存在し，低温ではそのうちの1個だけが占有される．その一例が例題11にあげた閃亜鉛鉱構造の ZnS である（空間群は $F\bar{4}3m$）．より大きな陰イオン S^{2-} が fcc 格子の $4a$ サイトを占め，より小さな陽イオン Zn^{2+} が $4c$ サイトを占める（これらのサイトはそれぞれ fcc ブラベー格子のすべての正4面体位置の半分にあたる）．他方，高温では単位格子のいくつかは Wyckoff サイト $4c$ に空孔が存在し，Wyckoff サイト $4d$ にはそれと同数の格子間原子が存在する（なお $4c$ サ

イトも $4d$ サイトも共に $\bar{4}3m$ 点群対称性をもつ). このような空孔-格子間イオン(原子) 対を生成するのに必要なエネルギーは比較的少なくてすむ.

ここまでは熱平衡状態での空孔濃度および格子間原子濃度を取り扱った. しかし, 平衡濃度よりはるかに大量の**非平衡点欠陥**を導入する方法がいくつかある. その代表的なものを以下に列挙する.

1. **高温で焼鈍 (annealing, 熱力学的な平衡状態に達するに十分な時間加熱すること) したのち, 低温に急激に焼入れる方法** 冷却速度が十分高く, 点欠陥が表面の他のシンク (消滅場所)[*3] に移動する余裕がない場合には, 異常に高い濃度の点欠陥が低温まで持ちきたされる (事実上凍結される).
2. **高エネルギー粒子を照射する方法** 十分に高い運動エネルギーをもつ粒子は, 結晶内の平衡位置から原子をはじき出すことができる. 例えば, 原子炉内で 0.1 MeV 以上のエネルギーをもつ高速中性子が原子炉材料に当たるとこのことが起こる. 理想的にはこの過程は定常状態で自己修復過程になる. このような照射損傷を特に受けやすい材料ではボイドスウェリング (空隙膨張) が起こる. すなわち, 空孔/自己格子間原子型の点欠陥が大量に作られるため, 材料内に実質的な体積変化 (増加) が生じる. 2 章で述べたように, 非常に多くのエネルギー粒子が当たると, はじめは結晶だった物質が非結晶に変わることもある.
3. **イオン打ち込み法** (implantation) 高速イオンを材料に打ち込み表面の近傍に埋め込む方法. 特に, この方法を結晶性材料に適用すると, 空孔, 自己格子間原子, 意図的に添加した不純物原子などの点欠陥が大量に形成される. これらの欠陥のあるものは必要ならばイオン打ち込み後に焼鈍処理を施すことにより取り除くことができる (5.1.4 参照). イオン打ち込み法は半導体の製造過程でドーパント原子の薄い層を導入するのに有効な技法である.
4. **冷間加工** (cold working) 固相拡散の影響が無視しうるような低温 (絶対温度融点の 4 割以下) で結晶を不可逆的に形成する方法. 冷間加工によって, 高濃度の転位のみならず, 相当な数の空孔や自己格子間原子が導入される.

---

*3 表面とは別に転位や粒界など空孔よりも高次元の結晶欠陥が消滅場所となりうる. これらの場所は点欠陥のソース (発生源) としても作用する. 例えば, 結晶の加熱に伴う空孔の熱平衡濃度の増加はこれらのソースの活動による.

5.1.3 分子結晶における点欠陥

分子結晶では，上で述べた原子結晶内の点欠陥の他にも，様ざまな点欠陥が存在しうる．例えば，パラジクロロナフタレン（防虫剤の原材料となる白色固体）のように分子サイズの大きな結晶では，点欠陥の生成エネルギーがかなり高いため，空孔や自己格子間原子は存在しにくい．しかし，分子が大きいと内部の配座の自由度が増すため，個々の分子はその平衡位置を保ちつつ，単結合（1重結合）のまわりの回転を利用して様ざまな形態をとることができる（配座異性体という）．分子内の回転エネルギー障壁の大きさや，結晶内の自由な空間の大きさと分子間結合の強さに応じて，ある特定の欠陥の形成エンタルピーと配座エントロピーとのつり合いが決まり，その結果，温度依存型の分子形状分布が決まる．

長い鎖状分子からなる結晶において重要な低エネルギー欠陥を点**ディスピレーション**（point dispiration）[*4] という．点ディスピレーションは配座欠陥の一種で，主鎖のまわりで次々と回転が起こり，結果として分子の一部分で格子の部分的な並進と回

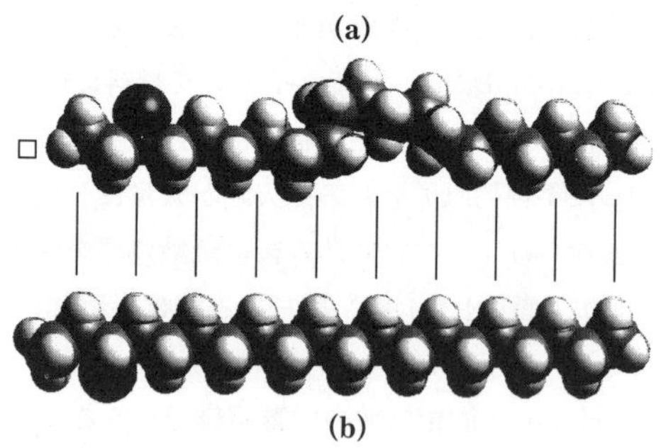

図5.4 (a)線状の炭化水素分子鎖中に形成されたディスピレーションと呼ばれる配座欠陥．ディスピレーションは回転対称にも並進対称にも存在する欠陥である．ディスピレーションとともに空孔ができることに注意（左端部の□印）．(b)欠陥のない全トランス型のエイコサン $C_{20}H_{42}$ 分子鎖の構造模式図．

*4 らせん状の（すなわち回転成分と並進成分からなる）変位によって生じる欠陥をディスピレーションという．回転成分が0なら転位であり，並進成分が0なら回位となる(5.2参照)．らせん状の変位が単一分子で起こるとき，一種の点欠陥が生じる．

転が生じる（図 5.4(a)）．ディスピレーションの運動により，分子の素片が移動し，その結果ディスピレーションは分子鎖方向に沿って繰り返し距離の 1/2 だけ動く．すなわちディスピレーションが通過すると，この分子素片は 180°回転し，かつ $c/2$ だけ並進する．**エイコサン**（eicosane）分子 $C_{20}H_{42}$ は，低温では普通図 5.4(b)に示すような直線状の全トランス型配座（2_1 らせん対称のらせん構造）をもつ．ここでは炭素の主鎖は単一平面内にある．3 個の連続したトランス型炭素結合 C—C—C—C を記号 t で表す．温度が上昇すると，C—C 結合のまわりで回転が生じるため，結合状態が混ざり合って，例えば図 5.4(a)に示すような単一平面から逸脱した分子構造となる．この特異な低エネルギーの構造単位 C—C—C—C は線状の炭化水素では融点 T_m 以下の温度で容易に現れ，ゴーシュ状態と呼ばれる（記号 g で表す）．ゴーシュ状態は回転の向きの違いにより g^+ と g^- の 2 つに区別される（図 1.14）．エイコサンのような長い分子の中にゴーシュ状態がとぎれとぎれに存在すると，分子形状も結晶格子を保つのに必要な直線状でなくなるため，全体として線状を維持するために回転状態 (g^+, g^-) を組み合わさざるを得なくなる．t と g が…$tttg^+tg^-ttt$…のように配列することでこの低エネルギー点欠陥を近似的に表すことができる．この欠陥の存在により主鎖の全長はやや短くなるが，主鎖の直線性は維持され，欠陥から離れたところでは CH_2 単位が主鎖に沿って完全に結晶の一部を構成する（Reneker and Mazur 1988）．

図 5.4 において以下の 4 点に注意したい．

1. 縦線は分子の両端部が正規の位置にあることを示す標識の役目をしている（ただし，図 5.4(a)では左端部が右側へずれている）．局在化されたディスピレーションから離れた場所では分子の配列構造が完全なため，この欠陥は 0 次元であり，したがって欠陥部以外では完全結晶なみの対称性が保たれる．
2. 図 5.4(a)，(b)の中の黒い球は各分子の対応する部位（すなわち左端から 3 つめの C 原子）を表している．ディスピレーションを含む分子の左半分が右半分に対して回転していることに注意されたい．左半分の回転と右側へのずれによってディスピレーションから離れたところでの格子の完全性が保証されているのである．
3. 図 5.4(a)において分子が軸方向に沿って局部的に圧縮されている中心部分をディスピレーションという．分子鎖が軸方向に収縮するため，ディスピレーションによって運ばれる余分の CH_2 ユニットを補う必要から，左端部に空格子点が生成する．この種の欠陥は通常，結晶の表面や（例えば主鎖の端部のような）性質の異なる別の欠陥のところに生成してから，結晶の内部に移動する．このように，ディスピレーションの生成は自己格子間原子と空孔が同時に生成してできるFrenkel型欠陥とよく似ている（5.1.6参照）．

4. 数個のC—C結合のまわりで大角回転と小角回転が次々に起こると，ディスピレーションは主鎖に沿って移動する．数10個の—CH_2—ユニットからなる炭化水素結晶において，主鎖軸方向の拡散を支配しているのはディスピレーション運動である．

分子量の非常に大きな丸っこい分子では，配座異性体の生成頻度がきわめて高い．配座欠陥は基本的に分子に補捉されており，結晶格子内を長距離にわたって移動できないからである．

5.1.4 点欠陥の移動度

点欠陥は高温で移動できるようになる．点欠陥の移動速度は，平衡濃度と同様に，次のアレニウス則に従う．

$$\text{速度} \propto \exp\left(-\frac{\Delta h_{\mathrm{m}}}{kT}\right) \tag{5.12}$$

ここで，Δh_{m} は点欠陥の移動の**エンタルピー**である．このように点欠陥の移動速度は温度に非常に強く依存する．

自己格子間原子の生成エンタルピーは，空孔のそれより大きいのに対して，自己格子間原子の移動エンタルピーは空孔のそれよりずっと小さい．すなわち自己格子間原子は空孔よりはるかに動きやすい．自己格子間原子が非常に動きやすいのは，まわりの原子やイオンがさほど大きく再配列しなくてもすむからである．すなわち自己格子間原子のまわりの格子はすでに十分にゆがんでいるので，ほんの少し調整するのみで格子間原子を動かすことができる．逆に空孔が移動するためには，隣接する1個の原子が比較的狭い空間を通り抜けしなければならないので，活性化エネルギー障壁も大きくなる．

点欠陥が結晶内を移動できることの影響は様ざまな形で現れる．合金固体中での原子拡散は空孔が隣接原子と位置交換することにより起こる．結晶内で空孔が移動した行跡を格子に規制された酔歩という（2.3参照）．濃度勾配を含む多成分結晶では，空孔の酔歩によって成分の混合が起こる．イオン結晶では，空孔も格子間原子も電荷をもっている（5.1.6参照）．イオン結晶を電場におくと，帯電した欠陥は電場に誘起された力を受けて酔歩とは別の運動をし，この非酔歩成分によって**イオン伝導**が生じる．イオン結晶を固体化学センサーや固体電解質に利用できるのはこの性質によっている（Chiang *et al*. 1977, pp. 234-236）．

点欠陥は結晶の高温塑性変形においても一定の役割を果たす．5.2.1 で述べるように，転位の様ざまな運動メカニズムによって塑性変形が可能となる．そのようなメカニズムの中には点欠陥の生成と移動を含むものがあり，高温塑性変形に大きく寄与して結晶の高温変形抵抗を下げるはたらきをする．材料に望みの形状とミクロ組織を付与するために，高温変形を援用した様ざまな製造プロセスが行われている．これらを**熱間加工**（hot-working）と呼んでいる．

5.1.5 固 溶 体

2 種類以上の元素が混ざりあった固体または液体を**合金**（alloy）という．非常に希薄な合金では，微量成分の原子を合金中の一種の点欠陥と見なせる．合金の多い方の成分を**溶媒**（solvent），少ない方の成分を**溶質**（solute）という．溶質原子が溶媒原子の格子点上にない場合，結晶は**侵入型固溶体**（interstitial solid solution）という．溶質原子が溶媒原子の格子点上にある場合は**置換型固溶体**（substitutional solid solution）という．これらを示したのが図 5.5 である．2 つの固溶体は金属合金でもセラミックス合金でもよく見出される．ポリマー結晶では，1 個の分子が丸ごと母結晶中の一連の厖大な数のサイトに置き換わり，何百という単位格子にわたる．ポリマーアロイでは，長い鎖状分子が混ざり合って**混合液体アロイ**（miscible liquid alloy）を形成する．

高濃度合金では，溶質原子間の相互作用によって規則構造が生じる．しばしばその規則構造は溶質原子の短範囲の空間相関のみからなり，対分布関数により特徴づけられる（2.1.5 参照）．相互作用によって急激な相転移が起こる場合もある．例えば原子数が等しい Cu-Au 合金（18 K 金に相当）では，**規則-不規則変態**（order-disorder transition）として知られる相転移が起こる．高温で安定な構造は空間群 $Fm\bar{3}m$ を有し，原子は $4a$ サイトを占める．Cu-Au 合金の場合，683 K 以上の高温において，Cu 原子も Au 原子も図 5.6(a)，(b)に示すように $4a$ サイトをランダムに占める．すなわち，どの格子点でも Au 原子の存在確率は 50%であり，Cu 原子の存在確率も 50%である．他方，683 K 以下の温度では，図 5.6(c)に示すように Cu 原子と Au 原子の優先サイトがそれぞれ $1a(0,0,0)$，$1d(\frac{1}{2},\frac{1}{2},\frac{1}{2})$ と決まっており，空

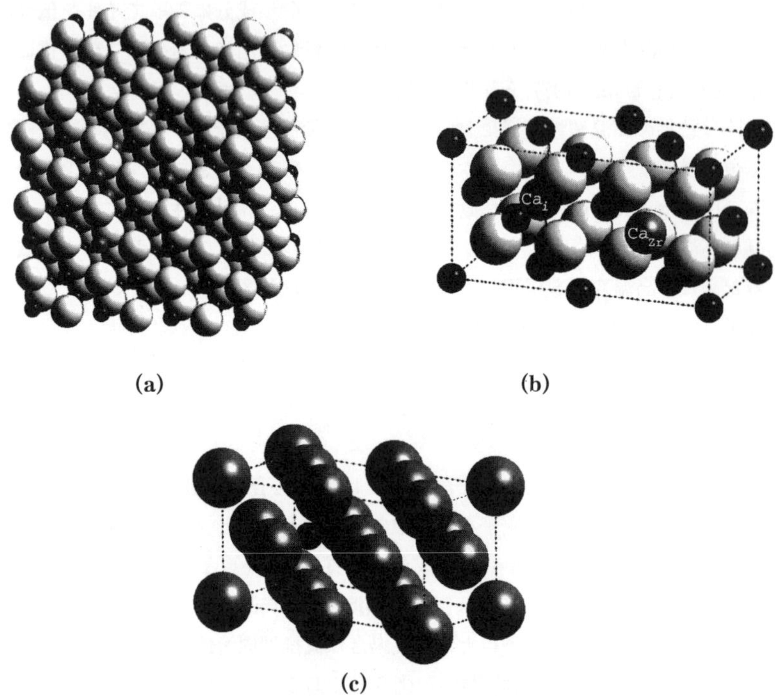

図 5.5 置換型固溶体と侵入型固溶体．(a) MgO 中の NiO によるカチオン置換型固溶体．MgO は岩塩構造を有し，図ではいくつかの N^{2+} イオン（灰色の小球）が Mg^{2+} イオン（黒い小球）と置きかわっている．(b) ホタル石構造の ZrO_2 に CaO を加えると，置換型および侵入型のカチオン点欠陥ができる（Ca^{2+}，灰色の球）．侵入型のカチオンは fcc ブラベー格子の 8 面体サイトを占める．(c) fcc 構造の γ-Fe 中の侵入型 N 原子（黒い小球）．左側の単位格子の中央部にある 8 面体サイトを占める．

間群 $P4/mmm$ なる基本正方構造をとる[*5]．高温の安定相（立方晶）を**不規則固溶体**（disordered solid solution），低温の安定相（正方晶）を**規則固溶体**（ordered solid solution）という．いうまでもなく，この規則-不規則転移に伴って対称性も変化する．不規則相のブラベー格子は fcc であり，この構造は回転対称性の 423 軸組合せに

*5 図 5.6 (c) で規則配列した原子の正方対称性は (001) 面は Cu または Au のみを含み，(010) 面と (100) 面は Cu と Au を半々ずつ含むことに注意すれば理解できる．

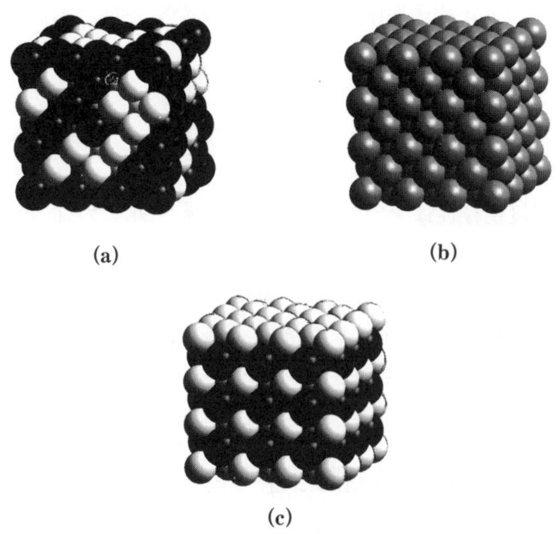

図 5.6 （a）Cu-50 at%Au 合金における不規則置換型固溶体．Cu 原子も Au 原子も fcc 格子の $4a$ サイトをランダムに占めている．（b）不規則な Cu-50 at%Au 固溶体の各原子の組成を平均化したもの．すなわち半分が Cu，半分が Au とみなせるような平均原子を灰色の球で示している．（a）の表記も（b）の表記も不規則固溶体の $Fm\bar{3}w$ 空間群をうまく表している．（c）化合物 CuAu の低温での規則構造（空間群 $P4/mmm$）．Cu 原子も Au 原子も [001] 軸に沿って層状に偏析している．

基づいている．低温の規則相は単純な正方ブラベー格子を有し，422 軸組合せに基づいている．相転移に伴う対称性の変化の中でとくに注意すべきは，高温相（fcc）にある $(a/2)[0\frac{1}{2}\,\frac{1}{2}]$ および $(a/2)[\frac{1}{2}0\frac{1}{2}]$ なる並進対称性が低温相（正方晶）にはないことである．この例において，随所で点欠陥による局部的な対称性の破綻が起こる結果，全体的な対称性も崩され，新しい相が生成する．

CuAu の低温相や他の多くの規則固溶体では，部分的な規則状態（すなわち置換型点欠陥を含む）が見出され，対称性の相異なる不規則固溶体から規則固溶体への相転移のキャラクタリゼーションに興味がもたれる．規則配列の完全度を特徴づけるものとして**長距離規則パラメータ** η を用いると，$\eta=1$ は完全規則固溶体合金，$\eta=0$ はランダム配列した不規則固溶体を意味する．図 5.6(c)に示される CuAu 構造の場合，η は Au 原子の $1a$ サイトの平均存在確率 x_{1a} と $1d$ サイトの平均存在確率 x_{1d} の差として定義される．

$$\eta = x_{1a} - x_{1d} \tag{5.13}$$

この定義に従えば，図 5.6(c)の完全規則構造では $\eta=1$，図 5.6(a)の不規則構造では $\eta=0$ という期待通りの結果が得られる．

CuAu の η の温度依存性はすでに述べた液晶のネマチック-イソトロピック転移（図 4.4）と定性的に類似の挙動を示し，η も S も転移点で不連続に変化する．このように，CuAu の規則-不規則転移は 1 次相転移である．規則-不規則転移を示す置換型固溶体の中には，例えば β-CuZn や FeAl のように，より高次の相転移（転移点で η が連続的に 0 になる）を示すものもある．

5.1.6　イオン結晶中の点欠陥

イオン結晶中の点欠陥は通常電荷をもつ．完全結晶の正味の電荷はいうまでもなく 0 である．**カチオン**は 1 個以上の電子を失っているので，正味に正の電荷をもっている．**アニオン**は 1 個以上の電子を取り込んでいるので正味に負の電荷をもつ[*6]．図

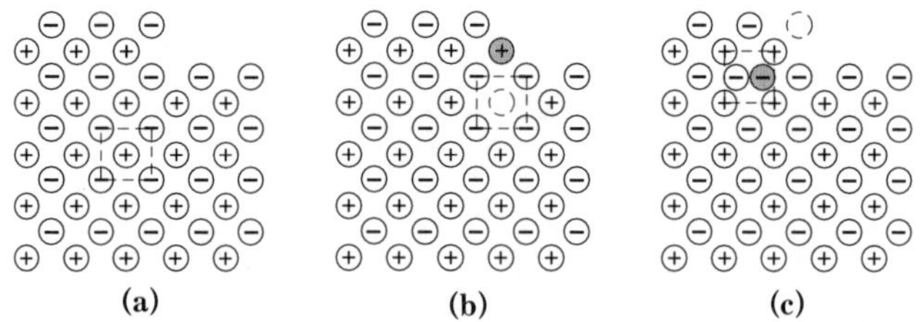

図 5.7　2 次元イオン結晶．(a)は表面ステップ，(b)カチオン空孔，(c)はアニオン格子間原子を含む．点欠陥 1 個を含む単位格子のもつ正味の電荷はその欠陥のもつ電荷に等しい．完全結晶の単位格子を(a)に示した．その正味の電荷は 0 である．(b)のカチオン空孔も(c)のアニオン格子間原子も -1 の正味電荷をもつ．

*6　マイケル・ファラデーは 1834 年に，「行く」を意味するギリシア語から ion という用語を考案した．イオン伝導度の測定結果から，彼はイオンには 2 種類あることを確信し，一方には“近づくもの”の意の anion を，他方には“遠ざかるもの”の意の cation を命名した．

5.7(a)からわかるように，イオン結晶の単位格子の正味の電荷は0である．**カチオン空孔**は結晶内部のカチオンを表面へ移すことによって作られ（図5.7(b)），負に帯電している（ただし，カチオンから取り去られた電子は空孔のそばにとどまるものと仮定している）．このように，イオン結晶中の点欠陥に電荷が発生することは，欠陥を含む単位格子内の正味の電荷を数えることにより理解できる(図5.7(b))．しかし，点欠陥を含んではいてもイオン結晶全体としては電気的に中性である．つまり，正に帯電した点欠陥の電荷の総和と負に帯電した点欠陥の電荷の総和は相等しい．

Kröger-Vink 表記

イオン結晶中の点欠陥をうまく表記する方法がKrögerとVinkにより考案された(Chiang *et al*. 1997, pp. 110–111)．それによると，点欠陥は1組の記号X^Z_Yにより表すことができる．ここに，X，Y，Zは以下のような意味をもつ．

X：問題の場所を占めるものの種類を表す．空孔ならV，元素ならその元素記号．

Y：Xが占める場所の種類を表す．格子間位置ならi，元素が正規の格子点を占めるならその元素記号．

Z：場所Yに本来あるべきイオンの電荷とXのイオンとの差．電荷の差が正なら『$^{\bullet}$』，負なら『$'$』，0なら『^{x}』．

この約束に従えば，KCl中のカチオン空孔はV'_K，**アニオン空孔**は$V^{\bullet}_{Cl}$と表せる．またUO_2中のアニオン格子間原子はO''_iとなる．イオン結晶中の空孔は，空席となっている場所の種類（すなわちアニオンかカチオンか）を特定することによって名づけられ，格子間原子はその位置を占めるイオンの種類（すなわちアニオンかカチオンか）によって特定される．UO_2においてカチオンサイトにあるカチオンはU^x_Uと表記される．

Schottky 欠陥と Frenkel 欠陥

点欠陥を含むイオン結晶中の電荷を中性(0)に保つためには，異符号電荷をもつ点欠陥が共存しなくてはならない．電荷が0となる2つの理想的なケースがSchottky欠陥とFrenkel欠陥である．

Schottky 欠陥（Schottky defect）は電荷の相等しいアニオンとカチオンからなる．KClのような1価のイオン結晶では，Schottky欠陥は1対のカチオン空孔V'_Kとアニオン空孔$V^{\bullet}_{Cl}$からなる．これらの点欠陥は異符号の電荷をもつため，互いに静電的引力で引きつけ合い，これが結合エネルギーや温度依存型の“**結合度**（degree of association)”の起源となっている（Chiang *et al*. 1997, pp. 146-148）．TiO_2 中のカチオンは4価であり，Schottky 欠陥は1個のカチオン空孔 V_{Ti}'''' と2個のアニオン空孔 $V_O^{\cdot\cdot}$ からなる（Schottky 欠陥の電気的中性と以下に述べるサイトバランスを保つために2個のアニオン空孔が必要となる）．

Frenkel 欠陥（Frenkel defect）は，1個のイオンがその正規のサイトから近傍の格子間位置に移動して，**Frenkel 対**を形成したときに生じる．例えば Li_2O 中の**カチオン Frenkel 対**は，1個のカチオン空孔 V_{Li}' と1個のカチオン格子間原子 $Li_i^{\cdot}$ からなる．また，ZnO 中の**アニオン Frenkel 対**は，1個のアニオン空孔 $V_O^{\cdot\cdot}$ と，1個のアニオン格子間原子 O_i'' とからなる．

イオン結晶中の点欠陥にかかわる様ざまなプロセスと現象を理解するには，点欠陥の生成過程を化学反応として表すのが有効である．例えば AgBr 中のカチオン Frenkel 対の生成反応は次式で表される．

$$Ag_{Ag}^{x} \longleftrightarrow Ag_i^{\cdot} + V_{Ag}' \tag{5.14}$$

ここに，Ag_{Ag}^{x} は正規のサイトにある正規の電荷をもつ Ag イオンを表す．

α-Al_2O_3 中の Schottky 欠陥の生成反応は次式で表される．

$$0 \longleftrightarrow 2\,V_{Al}''' + 3V_O^{\cdot\cdot} \tag{5.15}$$

ここに，左辺の0は，Al_2O_3 の構造単位1個が結晶内部に5個の空格子点を作るために結晶表面に移動することを意味する．

式(5.14)や式(5.15)のような欠陥の反応において電荷と質量が保存されなければならない．上式左辺の電荷の総和が右辺の電荷の総和に等しいとき電荷は保存される．質量保存の条件から，どの元素についてもイオン（または原子）の総数が両辺で等しくなければならない（なお空孔の質量は0である）．さらにこれらの反応の前後で，結晶全体のサイト数が不変でなくてはならない．すなわち，化学量論的に正しい割合でサイトが形成されなくてはならない．式(5.15)で，2個のカチオン空孔に対して3つのアニオン空孔が形成されるのはこのためである．

電荷をもつ Schottky 欠陥や Frenkel 欠陥の平衡濃度は電荷をもたない点欠陥の平衡濃度と同様の手法で求めることができるが，欠陥の対（α-Al_2O_3 中の Schottky 欠陥の場合は3つ以上）の形成を考慮する必要がある．例えばカチオンとアニオンのようなイオン対の生成エンタルピーを Δh_f とすると，対の平衡濃度は次式で与えられる．

$$x_{pairs} = \exp\left(\frac{\Delta s_V}{2k}\right)\exp\left(-\frac{\Delta h_f}{2kT}\right) \approx \exp\left(-\frac{\Delta h_f}{2kT}\right) \tag{5.16}$$

表5.3はいくつかのイオン結晶中の欠陥対の生成エンタルピーをまとめたものである．

イオン結晶に存在する点欠陥の組み合わせを決めるもう1つの要因は不純物の種類と濃度であるが，これについては後述する．純粋なイオン結晶中の点欠陥を**内因性欠陥**（intrinsic defects）という．可能な内因性欠陥が2種類以上あるとき，一般的には生成エンタルピー最小のものが支配的となる．例えば，CaF_2 の場合 Δh_f のより小さなアニオン Frenkel 欠陥がカチオン Frenkel 対や Schottky 欠陥よりも形成されやすい．

アルカリハライドなどある種のイオン結晶は帯溶融精製法[*7]により十分に高純度化することができる．この方法は物質の一端から他端まで局部溶解ゾーンを非常にゆっくりと掃過することにより行われる．溶融部が再凝固する際に不純物が溶液中に吐き出されるので，掃過を数回繰り返すことにより，不純物は他端部に掃き寄せられる．このようにして高純度化された物質を用いて，内因性欠陥の研究を行うことができる．KCl や NaCl 結晶では Schottky 欠陥が支配的となる．また，ハロゲン化銀では，カチオン Ag^+ は十分に小さく，ハロゲンイオンの間の格子間位置に収まるので，Schottky 欠陥よりもカチオン Frenkel 欠陥の方が多量に生成される．酸化物は融点が高く，したがって帯溶融精製法が適用しにくい．酸化物においては，不純物レベルが 50 ppm 以下に減少することはまれで，この種の不純物に由来する欠陥，すなわち**外因性欠陥**（extrinsic defects）は融点近くにおいても，最も多い欠陥となり得る．融点が高く，欠陥形成エンタルピーの低い超高純度の酸化物では内因性の Schottky 欠陥や Frenkel 欠陥が観察される（表5.3）．

不純物が関与する欠陥

母格子を構成するイオンと原子価の異なる不純物がイオン結晶に混入すると，様ざまな点欠陥が形成される．簡単な例が，アルカリハライド KCl 中に形成される微量の $CaCl_2$ である．もし十分な数の空孔アニオンサイトが形成されれば，塩化物アニオンはそのアニオンサイトに完全に収まる．この場合，1単位の $CaCl_2$ が生成するには，2単位の KCl が結晶内部から表面に移動し，2組のアニオン空孔-カチオン空孔対を作る必要がある．Ca^{2+} が K^+ と置き換わるものと仮定すれば，可能性の高い不

*7 W. G. Pfann による帯溶融精製法の発明（1951）は，半導体材料の高純度化の歴史において画期的であった．これにより，極微量のドーパント元素の制御が可能になったからである．

表5.3 イオン結晶における Schottky 欠陥および Frenkel 欠陥の生成エンタルピー.

化合物	反応	生成エンタルピー Δh_f (eV)
AgBr	$Ag_{Ag}^{x} \longleftrightarrow Ag_i^{\cdot} + V_{Ag}'$	1.1
α-Al_2O_3	$0 \longleftrightarrow 2V_{Al}''' + 3V_O^{\cdot\cdot}$	26
BaO	$0 \longleftrightarrow V_{Ba}'' + V_O^{\cdot\cdot}$	3.4
BeO	$0 \longleftrightarrow V_{Be}'' + V_O^{\cdot\cdot}$	6
CaF_2	$F_F^{x} \longleftrightarrow V_F^{\cdot} + F_i'$	2.3-2.8
	$Ca_{Ca}^{x} \longleftrightarrow Ca_i^{\cdot\cdot} + V_{Ca}''$	7
	$0 \longleftrightarrow V_{Ca}'' + 2V_F^{\cdot}$	5.5
CaO	$0 \longleftrightarrow V_{Ca}'' + V_O^{\cdot\cdot}$	6
CsCl	$0 \longleftrightarrow V_{Ca}' + V_{Cl}^{\cdot}$	1.9
FeO	$0 \longleftrightarrow V_{Fe}'' + V_O^{\cdot\cdot}$	6.5
KCl	$0 \longleftrightarrow V_K' + V_{Cl}^{\cdot}$	2.6
LiF	$0 \longleftrightarrow V_{Li}' + V_F^{\cdot}$	2.4-2.7
Li_2O	$Li_{Li}^{x} \longleftrightarrow Li_i^{\cdot} + V_{Li}'$	2.3
$MgAl_2O_4$	$0 \longleftrightarrow V_{Mg}'' + 2V_{Al}''' + 4V_O^{\cdot\cdot}$	29
MgO	$0 \longleftrightarrow V_{Mg}'' + V_O^{\cdot\cdot}$	7.7
MnO	$0 \longleftrightarrow V_{Mn}'' + V_O^{\cdot\cdot}$	4.6
NaCl	$0 \longleftrightarrow V_{Na}' + V_{Cl}^{\cdot}$	2.2-2.4
TiO_2	$O_O^{x} \longleftrightarrow V_O^{\cdot\cdot} + O_i''$	8.7
	$Ti_{Ti}^{x} \longleftrightarrow Ti_i^{\cdot\cdot\cdot\cdot} + V_{Ti}''''$	12
	$0 \longleftrightarrow V_{Ti}'''' + 2V_O^{\cdot\cdot}$	5.2
UO_2	$O_O^{x} \longleftrightarrow V_O^{\cdot\cdot} + O_i''$	3.0
	$U_U^{x} \longleftrightarrow U_i^{\cdot\cdot\cdot\cdot} + V_U''''$	9.5
	$0 \longleftrightarrow V_U'''' + 2V_O^{\cdot\cdot}$	6.4
ZnO	$O_O^{x} \longleftrightarrow O_i'' + V_O^{\cdot\cdot}$	2.5

出典：Chiang *et al*. 1997, p. 109.

純物取り込み反応は次のようである.

$$CaCl_2 \xleftrightarrow{2KCl} Ca_K^{\cdot} + V_K' + 2Cl_{Cl}^{x} \tag{5.17}$$

母結晶中の2対のアニオンとカチオンが表面に移動したことを示すために，反応記号の上部に2 KCl と書いた．他方 Ca^{2+} イオンが I サイト（格子間原子位置）を占める場合，不純物取り込み反応は次のようになる.

$$CaCl_2 \xleftrightarrow{2KCl} Ca_i^{\cdot\cdot} + V_K' + 2Cl_{Cl}^{x} \tag{5.18}$$

式(5.17)と式(5.18)で2個の塩化物イオンを収容するために2個のアニオンが生成していることに注意したい．サイトバランスの要請から2個のカチオンサイトも同時に形成される．

様ざまな不純物取り込み反応を識別するのにしばしば役に立つのが，不純物量と密度の関係を示す実験データである．例えばイットリア（Y_2O_3）中にジルコニア（ZrO_2）が混入する場合を考えよう．比較的単純な2つのケースを考える．第1は Zr^{4+} がすべてYサイトを占め，電荷の中性を保つためアニオン点欠陥が生成する場合である．サイトバランスの要請から，2個のYサイトと3個のOサイトが形成される．この2個のYサイト（カチオンサイト）を完全に埋めるために2個の ZrO_2 が使われる．

$$2ZrO_2 \xleftrightarrow{Y_2O_3} 2Zr_Y^{\cdot} + 3O_O^x + O_i'' \qquad (5.19)$$

収まるべき4個のOイオンのうち3個はできたばかりのVサイト（空格子点位置）を占め，残りの1個はIサイトを占める．

第2はOイオンがすべてOサイトに達してそこを占有し，いくつかのイオン欠陥を残す場合で，次式で表される．

$$3ZrO_2 \xleftrightarrow{2Y_2O_3} 6O_O^x + 3Zr_Y^{\cdot} + V_Y''' \qquad (5.20)$$

Y_2O_3 の密度は ZrO_2 の添加量が増すにつれて増加することが実験で観測されている．Zrの原子番号は40，原子量91.2 g/mol，Yの原子番号は39，原子量は88.9 g/mol である．また Zr^{4+} と Y^{3+} のイオン半径はそれぞれ0.72 Åと0.90 Åである．したがって，Y空孔やO空孔がこれ以上形成されなければ，YサイトにZrが入ることにより密度はわずかながら増加するだろう．密度増加が観察されたという事実は，式(5.19)のようにO格子間原子が形成されたことを意味する．もし式(5.20)の反応が起これば母格子内にVサイトが形成されるので，密度は減少するはずだからである．

母格子中に不純物イオンが取り込まれる方法はいろいろある．上述の例は比較的単純な場合である．不純物イオンが収まる場所は，ある場所の局部的電荷のみならず，イオンを剛体球とする幾何学的拘束を考慮することにより予測できる．しかし，実験によってはサイト占有方法を決められない場合もある．

例題 17

フッ化カルシウム（CaF_2）にフッ化イットリウム（YF_3）を添加すると次の反応に従って取り込まれることが実験的に知られている．

$$YF_3 \xleftrightarrow{CaF_2} Y_{Ca}^{\cdot} + 2F_F + F_i'$$

CaF_2 結晶が1個の YF_3 を取り込む様子を図示せよ．なお CaF_2 の空間群は $Fm\bar{3}m$，Ca^{2+} のサイトは $4a(0, 0, 0)$，F^- のサイトは $8c(\frac{1}{4}, \frac{1}{4}, \frac{1}{4}$ および $\frac{1}{4}, \frac{1}{4}, \frac{3}{4})$ である．

解 答

イオン結晶中の不純物がどの位置を占めるかを決めるのは，母格子を構成するイオンとイオンの間の空隙の大きさ，および不純物イオンの寸法と電荷である．CaF_2 結晶の場合，より小さなカチオン Ca^{2+} が空間群 $Fm\bar{3}m$ のサイト $4a(0, 0, 0)$ を占める．大きなアニオン F^- は正4面体サイト $8c(\frac{1}{4}, \frac{1}{4}, \frac{1}{4}$ および $\frac{1}{4}, \frac{1}{4}, \frac{3}{4})$ を占める．

不純物添加によって生じる欠陥は，置換型のカチオン欠陥とI型のアニオンである．Iの入りやすい最大の空隙は8面体位置 (例えば $\frac{1}{2}, 0, 0$)，Wyckoff サイト $4b$ にある．これらの欠陥を含む CaF_2 の単位格子2個分を示したものが図 EP 17 である．2つの欠陥は互いに符号が異なるので静電的引力によって隣接サイトを占めやすい．

図 EP17 CaF_2 中での YF_3 の置換．2個の CaF_2 単位格子の構造を示す．黒色の Y^{3+} カチオンは，2個の単位格子に挟まれた面の中心にある置換型カチオンサイトを占め，余分の F^- アニオンは右側の単位格子の中心にある正8面体Iサイトを占める．

式(5.17)～式(5.20)が示しているように，不純物の取り込みによって点欠陥が生成し，その数は不純物濃度に直接依存する．この種の欠陥は外因性欠陥と呼ばれ，低温における主要な点欠陥となる（十分に低い温度では，微量の不純物でも熱平衡濃度

(x_v, x_i)を上まわる数の欠陥を生み出す）．0 K 以外の温度では，結晶の平衡構造の一部としての内因性点欠陥が混合エントロピー最大の条件から導かれることを学んだ．十分に低い温度では，外因性欠陥が点欠陥の数を決め，その下限は不純物濃度のみによって決まる．

KCl 中の Schottky 欠陥についてこの挙動をアレニウスプロットしたものが図 5.8 である．ただし，Schottky 対の生成エンタルピーは 0.26 eV と仮定している．KCl は 1043 K で溶ける．内因性欠陥が支配的な高温域（低 $1/T$ 域）での欠陥濃度は式(5.6)で与えられ，図 5.8 では負の勾配をもつ直線として描かれている．この直線は Schottky 欠陥対の濃度（すなわちカチオン空孔とアニオン空孔の濃度）に等しい．KCl 中の $CaCl_2$ 濃度が 0.1 ppm とし，式(5.17)に従って $CaCl_2$ が取り込まれるとすると，不純物混入によって生じるカチオン空孔の濃度は温度に依存しないので，図 5.8 のように水平な直線となる．2 つの直線の交点である 937 K 未満では外因性のカ

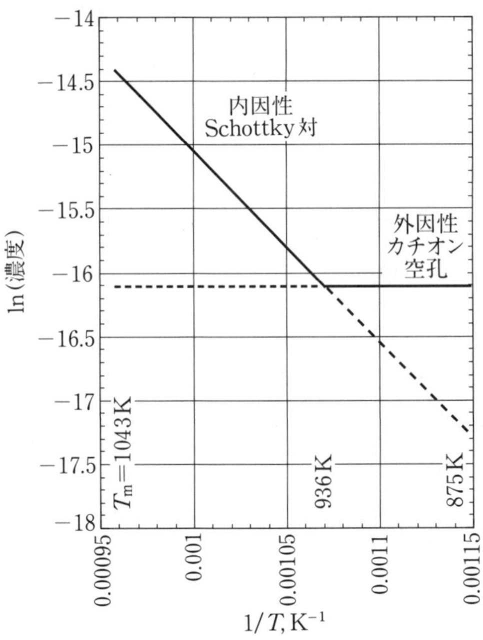

図 5.8 内因性点欠陥および外因性点欠陥の濃度のアレニウスプロット．試料は 0.1 ppm の $CaCl_2$ を含む KCl.

チオン空孔が支配的で，その温度は不純物量により決まる.

5.2 線 欠 陥

線欠陥とは，原子が規則配列した媒質中を貫通する1つの曲面に沿って局在化された欠陥をいう．とくに重要な線欠陥は2つある．**転位**（dislocation）は結晶の並進に関わる欠陥であり，**回位**（disclination）は液晶の回転に関わる欠陥である．転位は大部分の結晶と一部の液晶中に存在し，回位はすべての液晶でよく認められる．特別に注意深く調整した試料では転位も回位も存在しない．線欠陥はバルク体の非平衡な欠陥だからである.

数学者 Volterra は，線欠陥の存在が知られるはるか以前に，その弾性的性質を調

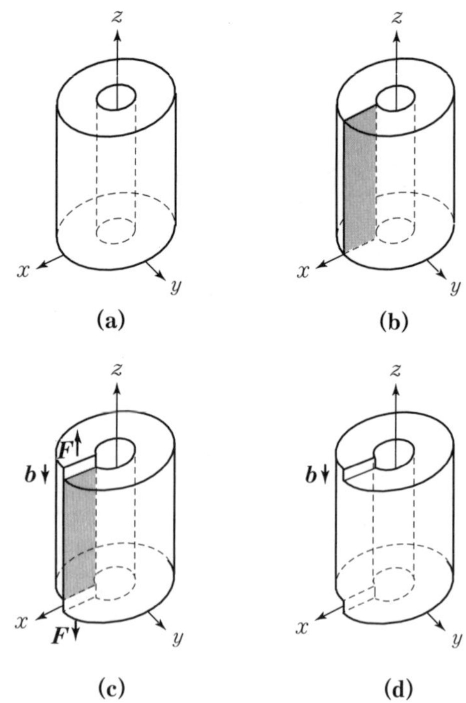

図 5.9 弾性媒質中に線欠陥を導入するための Volterra の方法．線欠陥は円柱の z 軸に沿って形成される.

べている．

Volterraの興味の対象は，円柱状の連続弾性体（すなわち，原子的反応のものも含めていかなる内部構造ももたないとみなした弾性媒質）の一部に切れ目を入れ，変形してから再びのりづけしたときに生じる数学的特異性にあった．Volterraの線欠陥生成プロセスが興味深いのは，①規則配列した媒質中に存在する線欠陥の内部構造の物理的イメージを喚起すること，②線欠陥を生成するに必要な物理的な力を直観的に把握するのに有益なこと，③規則配列した媒質中に線欠陥が存在するとそれに起因した弾性的エネルギーが蓄えられること，などの理由による．

図5.9に，種々の線欠陥を生成するためのVolterraの方法を示す．線欠陥は，中心部分をくりぬいた円柱の中心にある（図5.9(a)）．線欠陥の弾性場に関する数学理論によると，中空部分の半径は非常に小さいが，特異性を排除するために0ではない．実在の結晶や液晶では，この欠陥の中心部（コアまたは芯）の原子構造や分子構造の詳細はとりわけ興味深い．この円柱の外周部から中心線に向けて切れ目を入れる（図5.9(b)ではx-z面が切れ目になっている）．切断面の一方を他方に対して並進もしくは回転させる*8．最後に，ずらす前の結晶の対称性が保たれるように切断面を再結合する（図5.9(d)）．一般にこの操作を行うにはあらかじめ切断面に材料をつけ加えるか，切断面から物質を取り除くことが必要になる）．

このようにして形成される種々の線欠陥は，切り口に沿う物質の並進軸または回転軸との方位関係によって分類することができる．並進は一般に図5.9の軸(x, y, z)に平行に行われ，その結果，円柱は図5.10に示すような形状となる．これらの図を調べると，転位には2つの極限的構造があることがわかる．図5.10(a)，(b)は転位線に沿って余分な物質を挿入する場合で，**刃状転位**（edge dislocation）という．図5.10(c)は切断面に沿って物質を円柱軸方向にずらした場合で，**らせん転位**（screw dislocation）という．刃状転位は物質に切れ目を入れ，新たにできた2つの表面を転位線に垂直になる方向にずらすことにより形成される（図5.10(a)，(b)）．結晶内転位によって並進対称性が局部的に乱される（5.4参照）．ただし，転位のごく近傍を除けば結晶の対称性は維持される．

同様にして，典型的な回位は，Volterraモデルにおいてx，yまたはz軸のまわりに物質を回転することにより生成される（図5.11）．くさび型回位（wedge dis-

*8 図5.9(c)に即して具体的に説明すると，矢印で示す力の作用により，切れ目の右側の面はz方向に$-b/2$だけずれ，左側の面は$+b/2$だけずれるので，全体としてはbだけずれる．

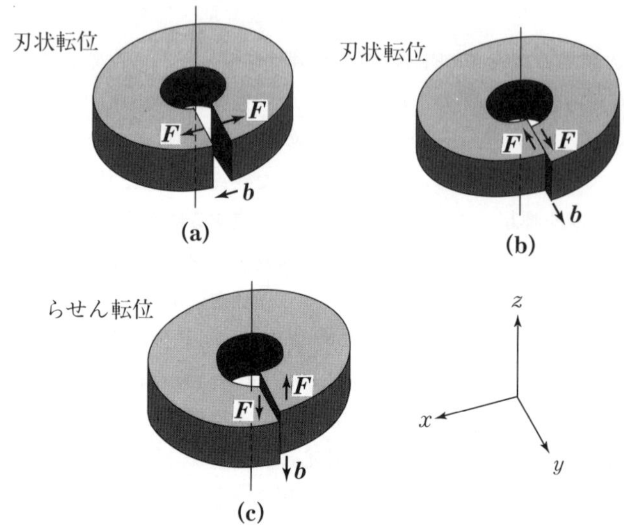

図 5.10　弾性媒質中に転位を導入するための Volterra の方法．転移芯は z 軸にある．(a) と (b) の転位は構造的には等価な刃状転位である．(c) はらせん転位．(a)(b)(c) の各転位を作るための変位はそれぞれ x，y，z 軸に平行である．

clination）は図 5.11(a) のように切れ目に新しく生じた 2 つの表面を回位線軸のまわりに回転することによって作られる（この場合，回転によって生じる空隙を余分な材料で埋め合わさなくてはならないことに注意）．**ねじれ型回位**（twist disclination）は 2 つの切断面の回転軸が回位線と垂直なものをいう．図 5.11(b)，(c) に示される 2 つのねじれ型回位は等価である．回位の存在によって，回転対称性が局部的に乱される．回位が存在すると結晶の弾性ひずみエネルギーが異常に増すため，事実上すべての結晶は回位を含まない．弾性率のずっと小さい液晶では方位変化（回転やねじれ）に要するエネルギーは少ないので，回位は多数存在する．しかし，転位にせよ回位にせよエントロピー消費がエントロピー利得を上回るので ($\Delta F>0$)，これらの線欠陥はバルク相では熱力学的に非平衡な欠陥である．

5.2.1　転　　位

1954 年，L. Bragg 卿らの研究グループは転位の 2 次元構造を視覚化するために

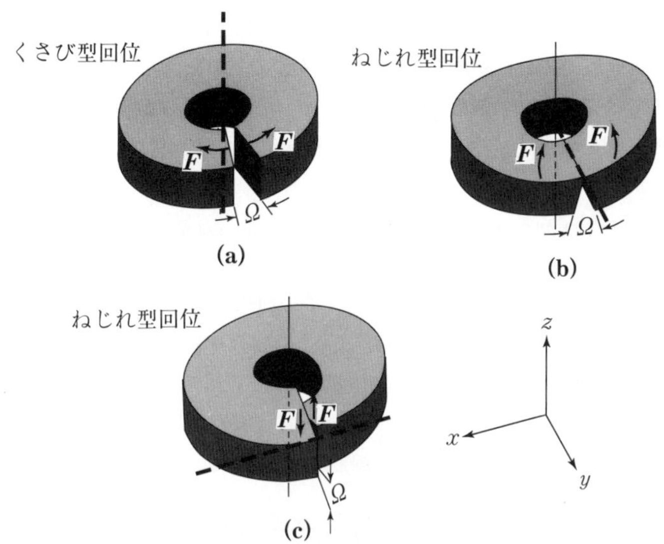

図 5.11 弾性媒質中に回位を導入するための Volterra の方法．回位は z 軸にある．(a)くさび型回位．(b)，(c)互いに等価なねじれ型回位．(a)(b)(c)における回転軸はそれぞれ z，y，x，軸に平行（太い破線で示してある）．

「泡模型」という巧妙な方法を考案した[*9]．装置は単純で，石けん水を満たした平たい容器の水面に直径約 1 mm の一様な泡を発生できるようにしたものである．表面張力の作用によって，泡と泡の間には，結晶内の原子の場合とよく似た長範囲の引力相互作用と短範囲の斥力相互作用がはたらく．その結果，泡同士が集合して最密充塡構造（すなわち交角 120° の菱形）の単層結晶を形成する．この 2 次元泡模型にはしばしば 1 次元欠陥や 0 次元欠陥が存在する．これらの欠陥は泡をかき混ぜることにより容易に形成される．図 5.12 は泡模型の写真で，多数の結晶欠陥を見ることができる．1 本線と 2 本線に挟まれた部分の欠陥は特に興味深い．よく見ると，この部分が「余分な泡列」の終端になっていることがわかる．この構造は 3 次元結晶中の刃状転位を

*9 Bragg, Lomer, Nye が監修した映画「泡模型を用いた金属構造の実験」(1954) は今や材料科学の古典で，転位その他の結晶欠陥の構造と振舞いを学ぶためのすぐれた入門教材である．フィルムにはすべり，交差すべり，上昇運動など転位の様ざまな運動が収められている．この映画はどの大学図書館でも見られるのでぜひ一度鑑賞することを勧める．

2次元で模したものとなっている*10．図5.12は，転位のもつ2つの重要な性質を示している．第1はこの欠陥が局在化されていることであり，第2は欠陥のコアから離れたところでは完全結晶の対称操作が保たれていることである（完全結晶における並進対称性と$6mm$点群対称性は図5.12の刃状転位のコア部分では破綻していることに注意されたい）．

単純結晶内の原子レベルでの転位の構造は，単純立方格子（空間群は$Pm\bar{3}m$．原子1個はWyckoffサイト$1a$を占める）の剛体球-スティックモデルにより調べることができる．図5.13は刃状転位の例で，原子の理想的な位置からのずれは，転位線のところで最大になることに注意されたい．この部分を**転位コア**（dislocation core）という．コアから離れるほど原子の理想位置からのずれは減少する．転位の位置はコアを中心として定義される．コアは線状だから，転位は線欠陥である．図5.13(a)では，結晶の手前の面から奥の面まで直線DCに沿って転位が横たわっている．この刃

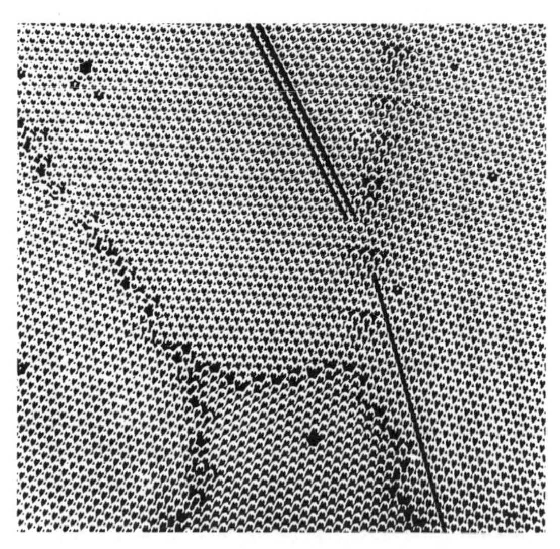

図5.12 欠陥を含む結晶の2次元泡模型．太い2本線と1本線の間にある欠陥は泡の「余分な半列」に由来する刃状転位である（この様子は1本線に沿って写真を斜めに傾けてみるとよくわかる）(Smith 1981)．

*10 3次元結晶中の転位は1次元（線状）の欠陥である．図5.12の結晶は2次元なので，存在できるのは刃状転位のみである．2次元模型では刃状転位は0次元欠陥（すなわち点欠陥）である．

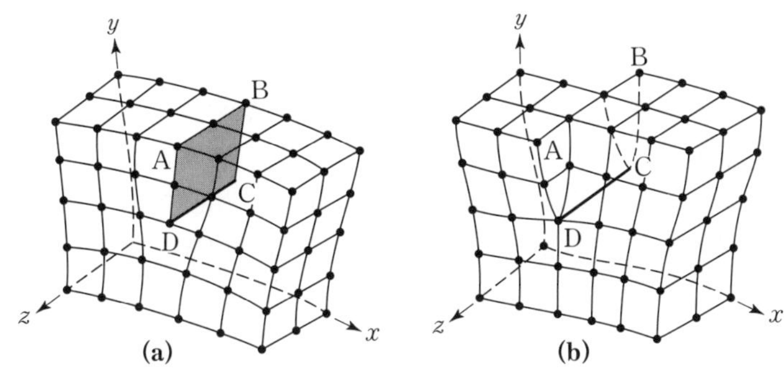

図 5.13 単純立方構造における転位（剛体球-スティック・モデル）（a）刃状転位，（b）らせん転位（Hull and Bacon 1984, p. 18）.

状転位に付随して，コアから上に向かって「余分な半原子面」ABCD が拡がっている．

らせん転位の場合も原子の変位は転位線のところに集中していることがわかる（図 5.13(b)）．ここで，前述のらせん転位の Volterra モデル（図 5.10(c)）が大変役に立つ．らせん転位を導入するために，まず結晶に切れ目を入れ，次いで転位になるであろう線に沿って，単純立方格子の格子定数分だけ切り口の面を互いにずらす．格子間隔 1 つ分の変位を与えてから切り口を再びつなぎ合わせると，転位コアのごく近傍を除いて完全結晶の対称性を回復することができる（変位量は格子間隔の整数倍でもよいが，弾性エネルギーはずっと増える）．図 5.13(b)において，らせん転位は手前の結晶面から裏側の結晶面まで直線 DC に沿って貫通している．これら 2 つの面に現れたステップは転位導入のもとになった原子の変位の結果である．「らせん転位」の名称は，この転位の導入によって，転位に垂直な原子面がコアのまわりに連続したらせん面のようにつながっていることに由来する．図で，(001)面上の特定の経路に沿って転位線の周囲をまわると，決してもとの位置には戻らず，z 軸方向に前進することに注意したい．

転位の証明

結晶の内部構造を研究する手段として電子顕微鏡が登場するまで，転位の存在を実験的に証明する主な手段は，単結晶を 1 軸変形したとき表面に現れる**すべり帯**（slip band）の観察であった．すべり帯を観察するためには，変形する前に結晶表面をよく研磨する必要がある．変形後，試料の表面に多数のミクロなステップができているのが見られる．図5.14はこのようにしてできるすべり帯を模式的に示したものである．通常，すべり帯は最も大きなせん断応力がはたらく面に平行である．すでに述べたように応力は力をその作用面積で除したものに等しく，2階のテンソルである(3.3.2参照)．せん断応力が作用するのは，力が面に平行な成分をもつときである．1軸引張または圧縮試験において，最大せん断応力面は引張軸または圧縮軸とほぼ45°をなす．

すべり帯を精査すると，結晶の塑性変形は原子の充塡率の高い面，いいかえれば面間隔の大きい原子面で起こることがわかる．結晶の対称性から，この条件を満たす面（等価な面）は一般に数個ある．実際に活性化されるすべり面は，このうち分解せん断応力が最大の面である．すべり帯の生成自体は塑性変形の転位機構を証明するものではない．すべり帯は完全結晶内の最密充塡面で起こるせん断過程の結果かもしれないからである．しかし，以下の単純な解析が示すように完全結晶の理論強度は実在結晶の強度よりはるかに大きく，実在結晶の塑性変形は転位の関与なしには起こりえないことになる．

1次元の原子間力モデルを使って，3次元完全結晶の**理論的せん断強度**を見積もる

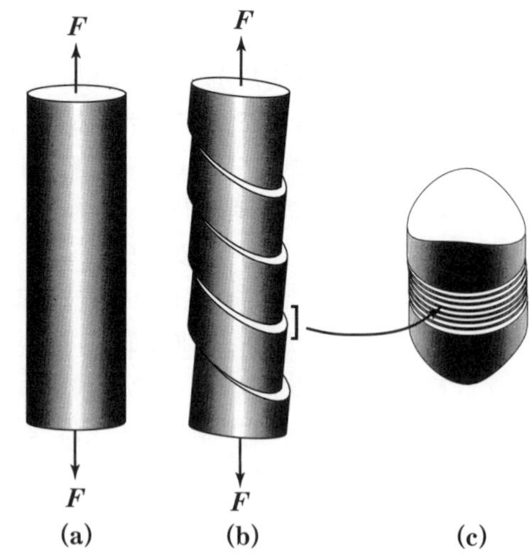

図5.14　単結晶の最大せん断応力面に沿って起こる局部変形の模式図．(a)引張荷重をうける単結晶．(b)外力が降伏応力を越えるとすべり帯が発生する．結晶ブロックが互いにずれる．(c)(b)のすべり帯を拡大したもの．すべりは間隔が狭く平行な多数のすべり面状で起こる．このすべりステップの集合体をすべり帯という．

ことができる．最密充塡結晶内のある原子が，隣接する原子面に対して**鞍点**（saddle point）を乗り越えていっせいに移動する様子を示したのが図 5.15 である．原子寸法を d とすると，図のようなせん断変位に関する原子間ポテンシャルエネルギーは変位 x の周期関数（周期 d）でなくてはならない．原子 1 個あたりのポテンシャルエネルギー U は次のような 3 角関数で近似できる．

$$U(x)=U_0+U_1\cos\left(\frac{2\pi x}{d}+\pi\right) \tag{5.21}$$

ここで，U_0 と U_1 は定数，x は図 5.15(b)の水平方向の相対変位である．このポテンシャルエネルギーは図 5.15(a)と(c)で最小となる（すなわち，$x=nd$ で n は整数である）．

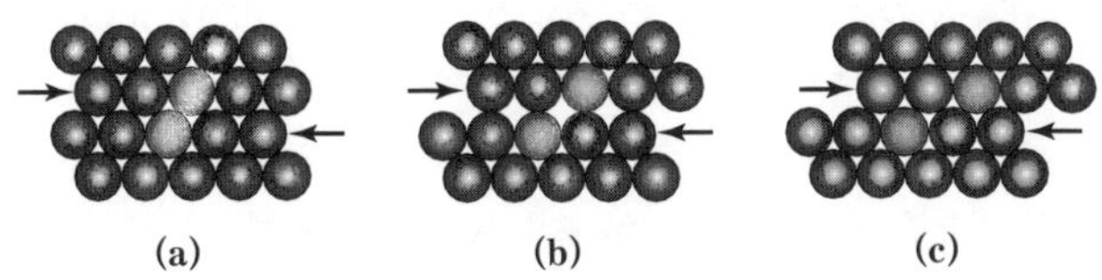

図 5.15 完全結晶におけるせん断変位の過程．(a)完全結晶，(b)せん断の中間状態，(c)1 原子間距離だけ変位した後の結晶．薄い灰色の原子はマーカー用．せん断が起こると，すべり面の両側で最近接原子が変わる．

図 5.15 の(a)から(b)まで変位させるのに必要なせん断応力 τ は次式で与えられる．

$$\tau(x)=-N_{\mathrm{A}}\frac{\mathrm{d}U}{\mathrm{d}x}=\frac{2\pi N_{\mathrm{A}}U_1}{d}\sin\left(\frac{2\pi x}{d}\right) \tag{5.22}$$

N_{A} はせん断面内の単位面積あたりの原子数である．τ は $x=0$ と $x=d/2$ で 0 となるが，前者は安定平衡であり，後者は不安定平衡であることに注意しよう．τ は $x=d/4$ において次の最大値をとる．

$$\tau_{\max}=\frac{2\pi N_{\mathrm{A}}U_1}{d} \tag{5.23}$$

定数 U_1 は，せん断ひずみ γ が小さいときに τ と γ との間になりたつ線形則，すなわち**フックの法則**から見積もることができる．

$$\tau=\mu\gamma \tag{5.24}$$

ここに，μ は**剛性率**（shear modulus），$\gamma=x/d_{hkl}$（d_{hkl} は面間距離）である．$\tau_{\max}$ の理論値を見積もるためには $Fm\bar{3}m$ 完全結晶の (111)面，$[1\bar{1}0]$方向のすべりの幾何

学を用いればよい*11．この結晶における(111)面間隔は $d_{111}=2d/\sqrt{6}$ であるから $\gamma=x/d_{111}=\sqrt{6}x/2d$．また，図3.71より $N_A=2\sqrt{3}/3d^2$．ここで，

$$\mu=\lim_{\gamma\to 0}\left(\frac{d\tau}{d\gamma}\right) \tag{5.25}$$

であることに注意すれば（式(5.24)の $\mu=\tau/\gamma$ でも可），

$$U_1=\frac{3\sqrt{2}d^3\mu}{16\pi^2} \tag{5.26}$$

よって式(5.23)より

$$\tau_{\max}=\frac{\sqrt{6}\mu}{4\pi}\approx\frac{\mu}{5} \tag{5.27}$$

より厳密な解析を行うと $\tau_{\max}$ として $\mu/15$ が得られる．この転位を含まない理想結晶の $\tau_{\max}$ を，実在結晶の実測値と比べてみよう．$\mu=4.5\times10^4$MPa の Cu の理論値は 3×10^3MPa である．これに対して十分焼鈍された Cu の実測値は約0.3 MPa，すなわち理論値の1/10000でしかない．今日ではこの不一致の原因ははっきりしている．すなわち細心の注意を払って育成した結晶にも無視できない数の転位が存在し，これらは理論値よりずっと低い応力の下で運動し，塑性変形をひき起こすことができるからである．

$\tau_{\max}$ の実験値が理論値よりはるかに低いことに気づいた Taylor と Polanyi と Orowan は，同じ1934年に，しかしそれぞれ独立に，何らかの結晶欠陥（彼らはこれを dislocation と呼んだ）が塑性変形に関与しているに違いないと考えた．転位のこの役割が明確に実証されたのは，回折コントラスト理論の適用によって TEM の結像原理が明らかになった1950年代の中ごろのことである．

非常に薄い結晶内の転位が TEM 内で結像されるのは，原子変位とそれに起因した弾性ひずみエネルギーがコア近傍に局在化していることによる．試料の膜厚は電子線が試料を透過できるほど十分薄くなければならず（例えば0.5 μm 以下），その結果，記録媒体（フィルムまたは CCD カメラ）上に転位線の投影図が映される．コアのごく近傍の原子面が強い回折条件を満たすよう試料の方位を調整する．このようにして転位コアを表す3次元曲線の投影として黒い像が生じる．図5.16(a)は塑性変形した NiAl 単結晶内の転位の TEM 像で，断片的な転位が多数認められる．図5.16(b)は薄膜中の3本の転位の3次元的配置およびそのスクリーン上への投影図を示す．図5.16(a)で使われている結像法（明視野法）では，転位像の幅は10 nm 程

*11　$Fm\bar{3}m$ 結晶の幾何学はここで述べたものよりやや複雑である（5.3.4参照）．

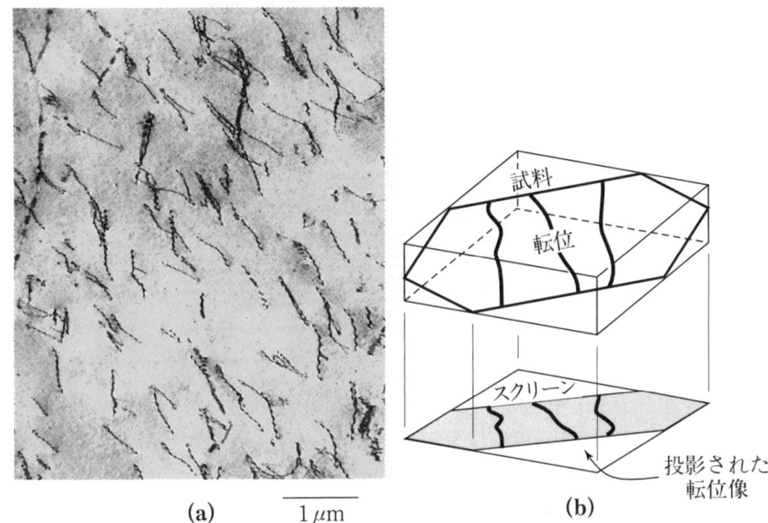

図 5.16　(a) 変形した NiAl 単結晶中の転位の TEM 写真（黒い線，Y. Liu の好意による）．(b) 薄膜試料中の 3 本の転位が TEM 像としてどのように見えるかを示した模式図．3 本とも同一の結晶面（すべり面）上にのっていることに注意．

度で，この物質の格子定数（約 3.6 Å＝0.36 nm）よりはるかに大きい．

転位はスメクチック液晶の中にも存在する．液晶を構成する各層内の分子配列は層の法線に垂直な方向では連続であるから，層間隔の整数倍のバーガースベクトルをもつ転位のみが存在できる．スメクチック A 液晶における刃状転位の例を図 5.17 に示す．バーガースベクトルは層間隔（この場合 15 nm）に等しい．

転位のキャラクタリゼーション：接線ベクトルとバーガースベクトル

転位の幾何学は**単位接線ベクトル** $\hat{\boldsymbol{t}}$ と**バーガースベクトル** $\boldsymbol{b}$ によって定義される．転位線は曲がっていることが多いので，ベクトル $\hat{\boldsymbol{t}}$ も一般に場所により変化する．ベクトル $\hat{\boldsymbol{t}}$ の向きは任意である（つまり前向きでも後ろ向きでもかまわない）が，いったん $\hat{\boldsymbol{t}}$ の向きが決まると $\boldsymbol{b}$ の向きも決まる．

バーガースベクトル $\boldsymbol{b}$ は**バーガース回路**に基づいて定義される．バーガース回路とバーガースベクトルの定義は教科書によってまちまちである．ここではいわゆる ***SF***/RH の方法（起点から終点に向かって時計まわり）を用いて $\boldsymbol{b}$ を以下のように

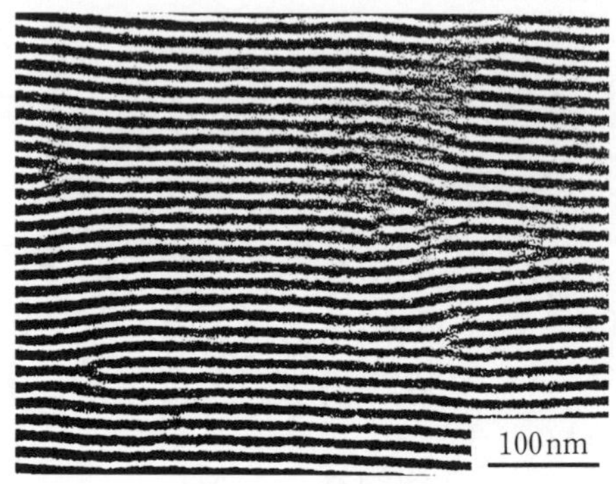

図 5.17 スメクチック A 型液晶 A/B ジブロック共重合体中の刃状転位．バーガースベクトルは約 15 nm，転位線は紙面に垂直（R. Albalak の好意による）．

定義する．

1. 転位の接線ベクトルの向きを任意に決める．
2. 転位を含む結晶内の格子点の列をたどることによって，右まわり回路を作る．このとき，回路が転位コアを囲むようにすると，完全結晶内に閉じた回路ができるだろう．すなわち，右手親指を $\hat{\boldsymbol{t}}$ と平行にとり，回路を他の指で示される方向にとる．一般に，回路は向かい合う辺の長さが等しい長方形にとるのが便利である（後述の例参照）．この回路の始点と終点をそれぞれ S，F とすれば，ベクトル $\boldsymbol{SF}$ がバーガースベクトルである．

これを単純立方構造における刃状転位に適用してみよう．図 5.18 で x 軸と y 軸は紙面上にあり，z 軸は紙面と交わっている（$\hat{\boldsymbol{x}}\times\hat{\boldsymbol{y}}=\hat{\boldsymbol{z}}$ の関係にあるので，この座標系は右手系である．なお，$\hat{\boldsymbol{x}}$，$\hat{\boldsymbol{y}}$，$\hat{\boldsymbol{z}}$ はそれぞれ x，y，z 方向の単位ベクトルである）．ここで，$\hat{\boldsymbol{t}}=\hat{\boldsymbol{z}}$ ととる．次いで転位コアを取り囲む回路を t 方向にみて右まわりにとる．図では格子点 S を出発し，上へ格子点 3 つ，左へ 5 つ，下へ 3 つ，右へ 5 つ進むと F が終点となる（この回路は完全結晶中でちょうど閉じるようにとられていることに注意）．ベクトル $\boldsymbol{SF}$ がバーガースベクトルである．よって，a を格子定数とすると，$\boldsymbol{b}=a\hat{\boldsymbol{x}}$ である．今の場合 $\hat{\boldsymbol{t}}$ と $\boldsymbol{b}$ は直交するから，ベクトル $\hat{\boldsymbol{t}}\times\boldsymbol{b}=\hat{\boldsymbol{z}}\times a\hat{\boldsymbol{x}}=a\hat{\boldsymbol{y}}$ は余分な半原子面に平行である．$\hat{\boldsymbol{t}}=-\hat{\boldsymbol{z}}$ ととれば，同様の操作により $\boldsymbol{b}=-a\hat{\boldsymbol{x}}$ が得られる．つまり，$\hat{\boldsymbol{t}}$ も $\boldsymbol{b}$ も符合が変わる．いいかえれば，$\hat{\boldsymbol{t}}$ の向きのいかんによらず，$\hat{\boldsymbol{t}}\times\boldsymbol{b}$ は余分な半原子面に平行となる．

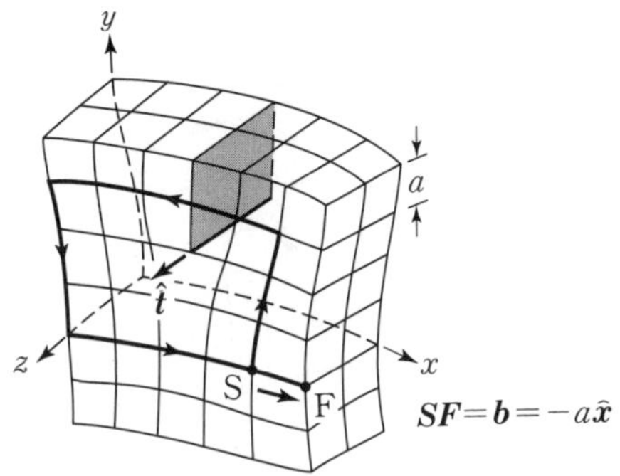

図 5.18 同一原子よりなる単純立方結晶中のバーガースベクトルの決定法．完全結晶中で閉じる右まわりの回路を転位のまわりに描く（起点 S，終点 F）．このときに生じるずれを閉じるためのベクトル $\boldsymbol{SF}$ がバーガースベクトル $\boldsymbol{b}$ である．刃状転位の場合，$\boldsymbol{b}$ と $\hat{\boldsymbol{t}}$ は直交する（Hull and Bacon 1984, p. 18）．

$\boldsymbol{SF}$/RH 法は単純立方格子中のらせん転位に対しても適用できる．図 5.19 で転位は z 軸に平行である．コアのまわりに，1 辺が $5a$ の正方形回路を右まわりにとると，閉じるためのベクトルは $\boldsymbol{SF}=-a\hat{\boldsymbol{z}}$ となる．よって，このらせん転位のバーガースベクトルは $\boldsymbol{b}=-a\hat{\boldsymbol{z}}$ である．この転位は左まわりのらせん転位[*12] であり，$\boldsymbol{b}$ と $\hat{\boldsymbol{t}}$ は反平行であることに注意されたい．

以上の定義から，転位には次のような性質があることがわかる．

1. バーガースベクトルは保存される．すなわち，どの転位も，接線ベクトルの向きによらず一定のバーガースベクトルを有する．
2. 転位は結晶の内部に終端をもつことはできない．すなわち，転位は粒界や自由表面で終わるか，他の転位と結合するか，自分自身と結合して**転位ループ**を作るか，のいずれかである．
3. 純粋な**刃状転位**の $\boldsymbol{b}$ は転位線上のどの点でも接線ベクトル $\hat{\boldsymbol{t}}$ に垂直である．ベクトル $\hat{\boldsymbol{t}}\times\boldsymbol{b}$ は刃状転位の余分な半原子面に平行である．

---

*12　右手のらせん転位のコアのまわりの原子面のらせん形は，最も身近な順ねじのらせん形と同じ形態をしている．順ねじは時計方向にまわすと前方へ進み，よりぴったりする．らせん軸方向から眺めると，順ねじの筋に沿った時計まわりの回路は，らせん軸に平行な変位成分を生じる（観測者から遠ざかる方向に）．らせん転位を反対方向から眺めても状況は変わらない．

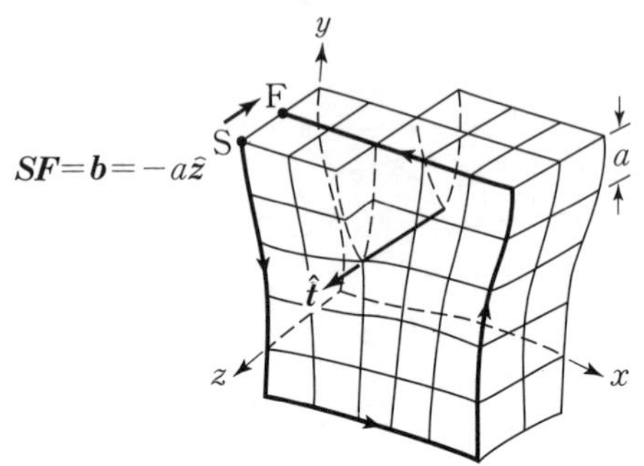

図 5.19　***SF***/RH 法によるらせん転位のバーガースベクトルの決定法．らせん転位の場合，$\boldsymbol{b}$ と $\hat{\boldsymbol{t}}$ は平行か反平行である．図の転位は左手らせん転位である（Hull and Bacon 1984, p. 18）．

4. 純粋ならせん転位の $\boldsymbol{b}$ は転位線上のどの点でも $\hat{\boldsymbol{t}}$ に平行または反平行である．右手らせん転位では $\boldsymbol{b}$ と $\hat{\boldsymbol{t}}$ は平行であり，左手らせん転位では $\boldsymbol{b}$ と $\hat{\boldsymbol{t}}$ は反平行である．
5. 純粋な刃状転位でも純粋ならせん転位でもない転位を**混合転位**（mixed dislocation）という．ベクトル $\boldsymbol{b}$ の $\hat{\boldsymbol{t}}$ に平行な成分 $\boldsymbol{b}_s$ を**らせん成分**といい，次式で与えられる．

$$\boldsymbol{b}_s=(\boldsymbol{b}\cdot\hat{\boldsymbol{t}})\hat{\boldsymbol{t}}$$

$\boldsymbol{b}$ の $\hat{\boldsymbol{t}}$ に垂直な成分 $\boldsymbol{b}_e$ を**刃状成分**といい，次式で与えられる．

$$\boldsymbol{b}_e=\boldsymbol{b}-\boldsymbol{b}_s$$

6. $\hat{\boldsymbol{t}}$ の向きが変わると $\boldsymbol{b}$ の向きも変わる．$\hat{\boldsymbol{t}}$ と $\boldsymbol{b}$ が正しく定義されていれば上の2式はベクトルの向きにかかわりなく成立する．

転位密度 ρ は，転位を含む結晶の重要なパラメータである．転位は1次元欠陥であるから，転位密度は単位体積の物質内に含まれる転位の全長として定義される．よってρの単位は（長さ)$^{-2}$ である．転位線が結晶内でランダムに配向している場合，転位密度は代表的なミクロ構造の単位面積を貫通する平均の転位数に等しい．なお，転位の**平均間隔** Λ は，ほぼ $1/\sqrt{\rho}$ に等しい．

転位のすべり運動と上昇運動

塑性変形した結晶の表面にできるすべり帯の観察や，TEM 内での転位の直接観察によって，ある種の転位は特定の結晶面上をそこに作用するせん断応力の大きさに応じて，たやすくかつ速やかに動くことができることが知られている．この種の運動を**すべり**（**slip**）という（同義語として **glide** が使われることもある．ただし，これは結晶学の glide symmetry operation（映進対称操作）とは無関係である）．すべりによって平面上を容易に運動できる転位を**可動転位**（glissile dislocation）という．すべり運動の困難な転位を**不動転位**（sessile dislocation）という．

転位は局部的な $\hat{\boldsymbol{t}}$ と全体的な $\boldsymbol{b}$ で特徴づけられているので，原理的には $\hat{\boldsymbol{t}}$ と $\boldsymbol{b}$ をともに含む任意の面ですべることができる．実際，中心間力ポテンシャルをもつ単元素固体では，転位は原子充塡密度の高い面で最も動きやすい傾向にある．長い分子鎖からなるポリマー結晶では，転位は面同士がファンデルワールス結合のみによって結ばれているような面の上をすべり，面法線方向に共有結合の分子鎖が存在するような面では強い共有結合を断ち切らねばならないので転位はすべりにくくなる．

図 5.20(a)は，矢印方向の**せん断応力**[*13] の作用により結晶の左端 AB に直線的な転位が導入される様子を示す．転位は結晶内部を右方へ移動し DC で止まっている．転位が AB から DC まで通過することによって，結晶は面 ABCD を境にしてずれるが，他の部分はずれない．いいかえれば，転位線 DC は結晶のすべった部分と，まだすべっていない部分の境界線である．転位が左端の表面から AB まで移動したことは，左端に**ステップ**ができることにより証明される．図 5.20(b)は同じく結晶に参照格子を重ね合わせたもので，結晶内部に余分な半原子面が形成される様子をよく理解することができる．図には，転位のコアを表すのに一般的に用いられる記号 ⊥ も記されている．***SF***/RH 法によれば，この純粋な刃状転位について，$\hat{\boldsymbol{t}}=\hat{\boldsymbol{z}}$，$\boldsymbol{b}=a\hat{\boldsymbol{x}}$ と定義することができる．

同じせん断応力 τ_{yx} の作用により，結晶内にらせん転位が生成し，すべり運動する場合もある（図 5.21）．この場合，せん断すべりの方向は転位線に平行である．図 5.20 と同様に，転位は EF に沿って結晶内に入り HG まで動く．結晶は領域 EFGH にわたってせん断を生じ，この場合も転位線 HG はすべった部分とまだすべっていない部分との境界にある．結晶の左右の表面にできる階段は転位が内部に進むにつれ次第に長くなる．***SF***/RH 法によれば，この転位の場合 $\hat{\boldsymbol{t}}=\hat{\boldsymbol{x}}$，$\boldsymbol{b}=a\hat{\boldsymbol{x}}$ であり，純粋な右らせん転位である．

---

*13 せん断応力 τ_{yx} とは，ベクトル $\hat{\boldsymbol{y}}$ に垂直な面の単位面積にはたらく $\hat{\boldsymbol{x}}$ 方向の応力をいう．この応力とつり合うように，$-\hat{\boldsymbol{y}}$ に垂直な面に $-\hat{\boldsymbol{x}}$ 方向の力もはたらく．結晶に作用する正味のモーメントが 0 となるために必要な別のせん断応力 τ_{yx} は図には示していない．

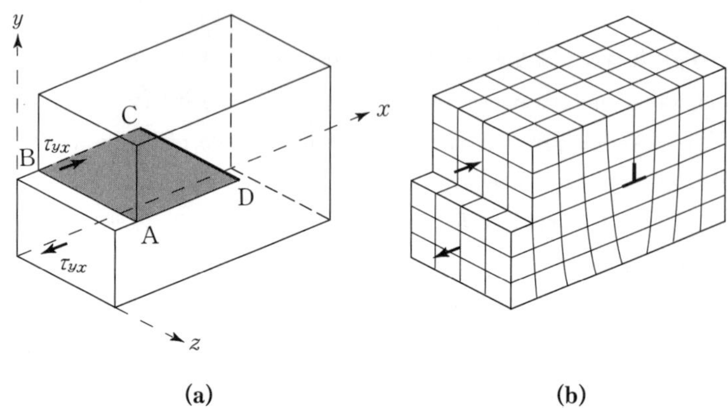

図 5.20　刃状転位の運動による単結晶変形の模式図．(a)せん断応力 τ_{yx} の作用により，左端 AB で刃状転位が導入され，DC の位置まで運動したところ．(b)図に格子を重ねると，この転位が刃状転位であることがよくわかる．

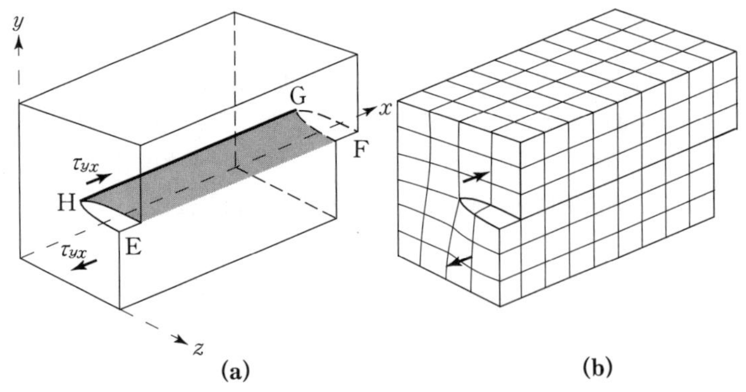

図 5.21　らせん転位の運動による単結晶変形の模式図．(a)せん断応力 τ_{yx} の作用により，EF に沿ってらせん転位が導入され，HG の位置まで移動したところ．(b)図に格子を重ねると，この転位がらせん転位であることがよくわかる．

図 5.20 と図 5.21 には，外部せん断応力，転位線，せん断方向，純粋刃状転位および純粋らせん転位の運動方向が描かれている．これによると刃状転位はせん断方向と平行に動き，らせん転位は垂直に動く．いずれの場合も，外部せん断応力の作用によ

って，せん断方向に $b \equiv |\boldsymbol{b}|$ なるせん断変位が生じる．特に注意したいのは，せん断応力 τ_{yx} の作用によって生じるせん断変位は転位の種類（刃状転位か，らせん転位か）にはよらないことである．図 5.20 の刃状転位と図 5.21 のらせん転位が結晶をすべり抜けたあとに左右の表面に残るステップはまったく同じものである．

転位のすべり運動を**保存運動**（conservative motion）という．転位のすべり運動は原子の微小変位（一般に格子定数に等しい）からなりたっており．ある原子のずれは隣接原子のずれと連動しているからである．他方，転位の**非保存運動**（nonconservative motion）とは点欠陥が拡散によりコアに入ったりコアから出ていくことによる運動をいう．この過程は純粋な刃状転位について例示すると最もわかりやすい．図 5.22(a)に 2 次元単純正方格子中の刃状転位を示す．3 次元結晶では，コアは余分な半原子面の端部に沿って（紙面に垂直に）横たわる．図 5.22(b)は，余分な半原子面の端部から 1 個の空孔が放出される様子を示している．転位コア近くの原子（図 5.22 ではうすい網かけを施した原子）は余分な半原子面の端部へジャンプし，半原子面を 1 原子分だけ下方（$-y$ 方向）に拡げることができる．その結果，コア近傍に 1 個の空孔が残る．この空孔はコアから自由に動くことができ（図 5.22(c)），例えば，表面ステップのような**シンク**に到達し，消滅する（図 5.22(d)）．以上の過程は結果として，表面から原子 1 個を取り去り，転位のコアまで運ぶことに等しい．

3 次元的な結晶内の転位線のコアのあちこちで図 5.22 に示すような過程が繰り返し起こると，余分な半原子面は実質的に成長し，コアは下方へ移動する．この種の転位運動を**上昇**（climb）という．上昇は，余分な半原子面への空孔の吸収によっても起こり得る．この場合，転位は空孔のシンクとしてはたらき，空孔がコアで吸収されるにつれて，余分な半原子面は収縮する．

図 5.22 の過程が多数の同符合転位のところで同時に起こると，結晶は x 軸方向にわずかに長くなる．この過程は付加応力 σ_{xx} によってひき起される．原子は上部表面から刃状転位のコアへ向かって移動する．このようにして，σ_{xx} を緩和するために結晶は x 方向に伸びると同時に，y 方向と z 方向には収縮し，体積は一定に保たれる．上昇運動は点欠陥の移動を伴うので，上昇速度は温度に強く依存する（5.14 参照）．転位の上昇は結晶の高温クリープの主要な機構である．

転位ループ

閉曲線をなす転位を転位ループという．転位とバーガースベクトルとは 1 対 1 関係

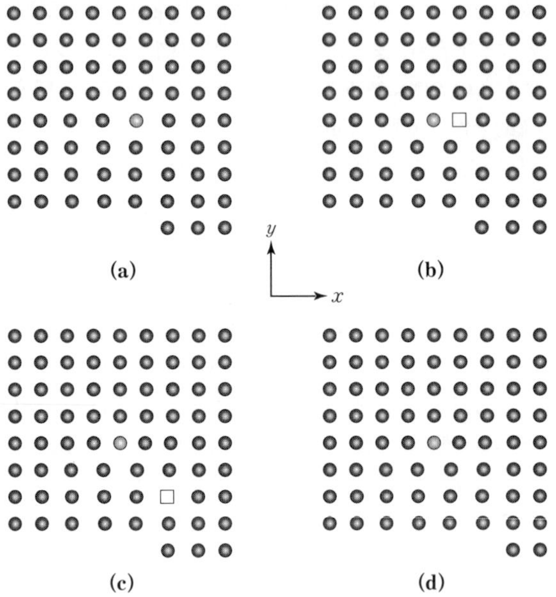

図 5.22 空孔の放出による刃状転位の降下型上昇運動．(a)の白丸原子が転位の余分な半原子面の下端部まで移動すると，その後に(b)のような空孔が残る．(c)空孔は転位芯から拡散して離れ，(d)ついには表面ステップに消える．

にあるから，ループのどの場所でもバーガースベクトルは不変である．転位がループを形成するためには，接線ベクトルが変化しなくてはならない．転位ループの詳細な幾何学は，バーガースベクトルと転位コアが描く空間曲線によって決まる．最も一般的なループの場合，ループの描く空間曲線の形状は任意であり，ループの性格は混合転位である．平面状のループの場合，$\boldsymbol{b}$ とループを含む面との関係によって2つの特別なケースが考えられる．**可動転位ループ**（glissile dislocation loop）と**不動転位ループ**（Frank loop）がそれである．以下，これについて述べる．

平面上の転位ループの接線ベクトルは単一の平面に拘束されている．転位のすべり面は $\boldsymbol{b}$ と $\hat{\boldsymbol{t}}$ を同時に含む面だから，平面状のループは $\boldsymbol{b}$ がループ面内にあればすべることができる．図5.23にこの種の転位ループを模式的に示す．ループは x-z 面上

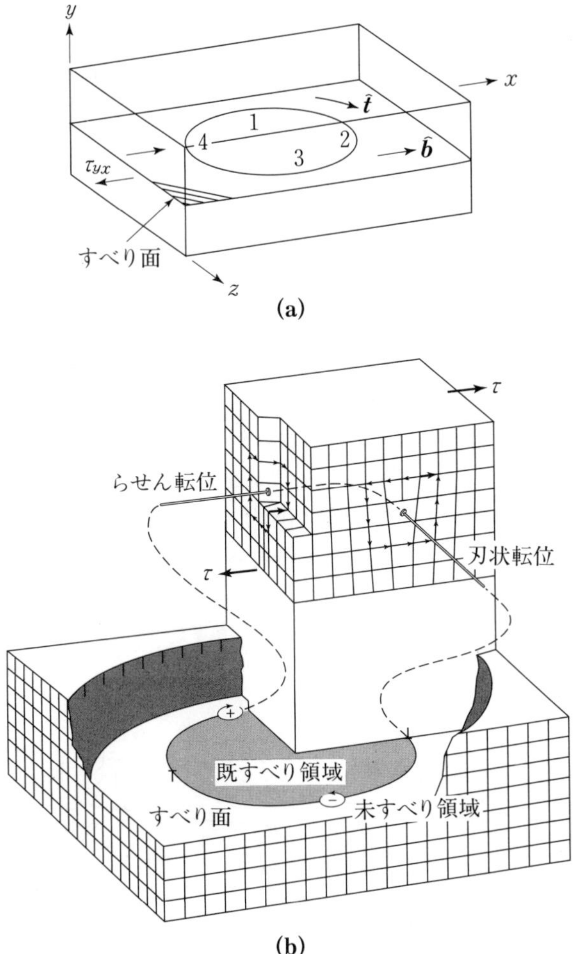

図 5.23 単結晶中のバーガースベクトル $\boldsymbol{b}=b\boldsymbol{x}$ なる可動転位ループの模式図．点1と3の部分は純粋ならせん転位，点2と4の部分は純粋な刃状転位である．これらの中間の部分は混合転位である．(b)単純立方格子 ($Pm\bar{3}m$) を用いて，図(a)の点1と2の間で転位の性格が変化する様子を示したもの（Hayden *et al*. 1965, p. 65)．

にある．$\boldsymbol{b}=b\hat{\boldsymbol{x}}$ とし，$\hat{\boldsymbol{t}}$ をループを $-y$ 方向にみて時計まわりの方向にとる．ここでループの点1から4までの転位の性格を考えてみよう．

図5.23の点1において，$\boldsymbol{b}/\!/\hat{\boldsymbol{t}}$ なのでこの部分の転位は純粋な右手らせん転位である．点2では $\hat{\boldsymbol{t}}=\hat{\boldsymbol{z}}$ すなわち $\boldsymbol{b}\perp\hat{\boldsymbol{t}}$ だから，純粋な刃状転位である．さらに $\hat{\boldsymbol{t}}\times\boldsymbol{b}=b\hat{\boldsymbol{y}}$ より，余分な半原子面は上方に拡がっていることがわかる．よって点2の部分の転位は正の刃状転位といえる．点3では $\boldsymbol{b}/\!/-\hat{\boldsymbol{t}}$（反平行）だから転位は純粋な左手らせん転位である．点4では，$\hat{\boldsymbol{t}}=-\hat{\boldsymbol{z}}$ すなわち $\hat{\boldsymbol{t}}\times\boldsymbol{b}=-b\hat{\boldsymbol{y}}$ だから，転位は余分な半原子面が下方に拡がる負の刃状転位である*14．

次に，図5.23のループが，図中に τ_{yx} で示すせん断応力を受けたときの応答を考えよう．上述の4つの点について，図5.24をもとに検討するのが有効である．まず，点1では右手らせん転位が後方（すなわち $-\hat{\boldsymbol{z}}$ 方向）に動く（図5.24(a)）．点2では，正の刃状転位が右方向（すなわち $-\hat{\boldsymbol{x}}$ 方向）に動く（図5.24(b)）．点3では，左手らせん転位が結晶の手前の方向（すなわち $+\hat{\boldsymbol{z}}$ 方向）に向かって動く（図5.24(c)）．最後に点4では，負の刃状転位が左方向（すなわち $-\hat{\boldsymbol{x}}$ 方向）に動く（図5.24(d)）．これらの結果から，せん断応力 τ_{yx} は転位に対して外向きの力を及ぼすことがわかる．τ_{yx} がある臨界値（これを臨界分解せん断応力という）を超えると，転位は動き始め，図5.23のループは膨らむ．ループが膨らみ続けると結晶の外に抜

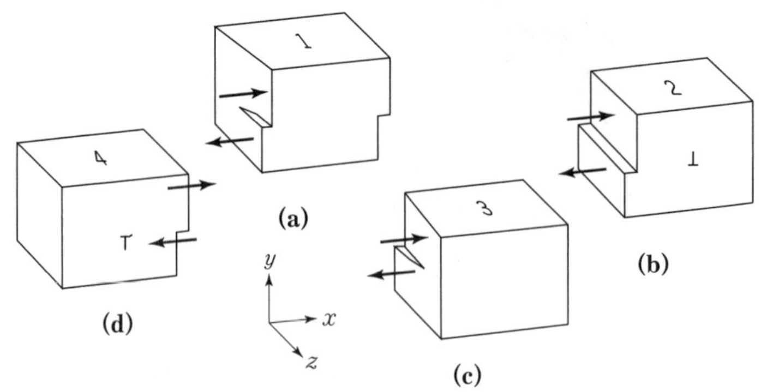

図5.24 図5.23の転位素片1〜4に作用するせん断応力 τ_{yx} と転位の性格との関係．τ_{yx} は図5.23の転位ループが拡がるように各素片に作用する．

*14 同一のすべり面にある正負の刃状転位は互いに引きつけ合う．両者がともに動けば，合体消滅し，後には完全結晶が残る．

けてしまい，左右の側面にはステップができる．転位は結晶のすべった部分とすべっていない部分の境界であることを再確認しておくのが有用である．転位に囲まれた領域の内側では，すべり面の上下で結晶は x 方向に相対的に $\boldsymbol{b}$ だけずれている．せん断応力 τ_{yx} がかかると，ループは拡がりすべった領域の面積は増加する．転位ループが関与する非常に重要な結晶の変形過程の1つが，多数の転位の**生成**で，これによって大きなひずみを生み出すことができる．この転位生成の機構については，本節の後半で述べる．

ここで，すべりによる変形は結晶内部からでも可能であることを強調しておきたい．すなわち，図5.23と図5.24において，完全に結晶の内部に含まれている小さな転位のループが拡がり，結晶から抜け出ると，向かい合う表面に高さ b なるステップができ，せん断ひずみが生じる．

Frank ループは稠密充填結晶中の点欠陥が集合することによって生成する平面的な転位ループである．例えば単一の原子からなる $Fm\bar{3}m$ 結晶を高温に保持して高濃度の熱平衡空孔を導入してから低温まで急冷すると，非平衡の過剰な空孔が凍結される．これを中間温度で短時間焼鈍すると空孔の移動が可能となり，過剰な空孔の一部は転位・粒界・表面など様ざまなシンクで消滅するが，他はクラスターを形成する．最も一般的なクラスター形状は，空孔1個分の厚さをもつ小さな円板状で，fcc 結晶から特定の最密充填面を円板状にくり抜いたものと同じである．したがって，これを余分な半原子面で囲まれた最密充填面上の領域とみなすこともできる（図5.25(a)～(c)）．つまりこの欠陥は，どの部分も純粋な刃状転位からなる転位ループである．バーガースベクトルはループを含む面に垂直である．fcc 結晶の最密充填面は $\{111\}$ であり，その面間隔は $a/\sqrt{3}=a|\langle 111\rangle|/3$ である．よって Frank の転位ループのバーガースベクトルは $\boldsymbol{b}=(a/3)\langle 111\rangle$ となる．これまで扱ってきたのは $\boldsymbol{b}$ が格子並進ベクトルに等しい**完全転位**のみであった．$\boldsymbol{b}$ が格子並進ベクトルに等しくない Frank ループのような転位を**部分転位**という．さらに，$\boldsymbol{b}$ がループの面内にないことから，Frank ループは不動転位（すべれない転位）でもある．Frank ループに可能な運動は，点欠陥を吸収または放出しながら（すなわち，非保存的な上昇によって）輪を拡げるか縮めるのみである．Frank ループは部分転位であるから，必ず2次元欠陥としての積層欠陥を伴っている（なお，部分転位と積層欠陥については5.3.4で詳しく述べる）．図5.25(d)は，焼きなました金属間化合物 NiAl 単結晶の透過電子顕微鏡写真で，異常に大きな数個の Frank ループが同心円状に並んでいるのが観察される．この写真は (100) 面上のループを [100] 方向から見たものである．

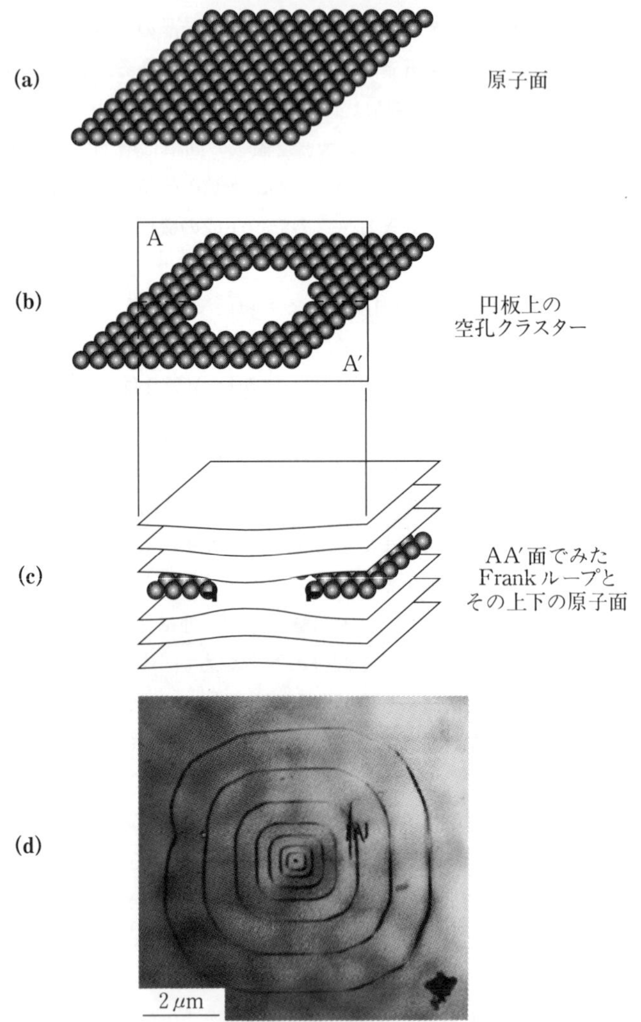

図 5.25 単結晶における Frank 転位ループの模式図．(a)単一原子面．(b)原子面中央部から少数の原子を円板状に取り除いたところ．AA′ は円板状空隙の中心を通り，原子面に垂直な面．(c)(b)の原子面の上下に3枚ずつ原子面を重ね，面 AA′ で切り取ったときの断面．転位ループの半分が見えている．(d)焼鈍した NiAl 単結晶の TEM 像，空孔の凝集により形成された同心円状の異常に大きな Frank 転位ループが見える(Y. Liu の好意による)．

NiAl 結晶のもつ立方対称性に起因して，ループは正方形に近い角ばった形状をしていることに注意されたい．

Frank ループは，過剰な格子間原子の凝集によっても作られる．この場合，ループは最密充填面の間に挿入された円板状の余分な原子面の周縁部に形成できる．この種の Frank ループは，高速粒子の照射により大量の格子間原子を導入した結晶中に形成されやすい．

すべり系

上で学んだように，転位は理想強度よりずっと低い応力で結晶中を動く．転位は，原理的には，接線ベクトル $\hat{\boldsymbol{t}}$ とバーガースベクトル $\boldsymbol{b}$ を同時に含む任意の面ですべることができる．しかし，実際には，転位が最もすべりやすい面は，原子の充填密度が高く，したがって面間隔の大きな面（例えば fcc 結晶なら {111} 面）であることが実験的にも理論的にも示されている．転位がすべり運動をすると，すべり面をはさんで一方の結晶が他方に対してずれることにより，バーガースベクトル $\boldsymbol{b}$ に等しい相対変位が生じる．このとき，材料がずれる方向（つまり $\boldsymbol{b}$ に平行な方向）を**すべり方向**という．最もすべりの起こりやすい方向は，原子間距離が最も小さい最密充填方向である．1 本の転位が通過したあとに生じる結晶の変位はバーガースベクトルの大きさに等しい．完全転位の場合，これは格子定数の整数倍に等しい（通常は 1 倍）．

すべり面とすべり方向によって**すべり系**（slip system）が決まる．最も優先度の高いすべり系は最密充填面と最密充填方向の組合せである．例えば，fcc 結晶では，{111} 面と $(a/2)\langle 1\bar{1}0\rangle$ 方向がこのすべり系である（転位が動けるためには，特定の方向が特定の {111} 面上にのっていなくてはならない）．表 5.4 は身近な結晶におけるすべり系をまとめたものである．表において複数のすべり系がある場合は，上段の方が優先的である（Mg なら {0001}）．すべり方向はほとんど例外なく最短の格子並進ベクトルの方向に一致することに注意したい（なお，5.3.4 に述べたように，部分転位の並進ベクトルはさらに短い）．表 5.4 には，各結晶で可能なすべり系の数も示してある．fcc 結晶では，等価なすべり方向とすべり面をまとめて表す記号を用いて，$(a/2)\langle 1\bar{1}0\rangle\{111\}$ のように一般的に表示することができる（3.2.2 参照）．なお，ここで $\langle 1\bar{1}0\rangle$ とあえて負号をつけたのは，すべり方向はすべり面内になくてはならないことを強調するためである．すべり系の総数を決めるためには，fcc 結晶の {111} 面は (111)，$(11\bar{1})$，$(1\bar{1}1)$, $(1\bar{1}\bar{1})$ の 4 つあり，各面には 3 つの異なる ⟨110⟩ 方向（例え

表 5.4 種々の結晶で観察される優先的すべり系.

材料	空間群	すべり面	すべり方向 $\boldsymbol{b}$	すべり系の数 (面×方向)
Cu	$Fm\bar{3}m$	{111}	$(a/2)\ \langle 1\bar{1}0\rangle$	4×3=12
W	$Im\bar{3}m$	{110}	$(a/2)\ \langle \bar{1}11\rangle$	6×2=12
		{211}	$(a/2)\ \langle \bar{1}11\rangle$	12×1=12
		{321}	$(a/2)\ \langle \bar{1}11\rangle$	24×1=24
Mg	$P6_3/mmc$	{0001}	$(a/3)\ \langle 11\bar{2}0\rangle$	1×3=3
		$\{10\bar{1}0\}$	$(a/3)\ \langle 11\bar{2}0\rangle$	3×1=3
		$\{10\bar{1}0\}$	$(a/3)\ \langle 11\bar{2}0\rangle$	6×1=6
NaCl	$Fm\bar{3}m$	{110}	$(a/2)\ \langle 1\bar{1}0\rangle$	6×1=6
		{001}	$(a/2)\ \langle 1\bar{1}0\rangle$	6×1=6
Al_2O_3	$R\bar{3}c$	{0001}	$(a/3)\ \langle 11\bar{2}0\rangle$	1×3=3
		{1010}	$(a/3)\ \langle 11\bar{2}0\rangle$	3×1=3
CsCl	$Pm\bar{3}m$	{110}	$a\ \langle 001\rangle$	6×1=6
ポリエチレン	$Pnam$	(100)	$c\ \langle 001\rangle$	1×1=1
		{110}	$c\ \langle 001\rangle$	2×1=2
		(010)	$c\ \langle 001\rangle$	1×1=1

出典：Eisenstadt 1971.

ば $(1\bar{1}\bar{1})$ なら [110], [101], $[01\bar{1}]$) があることに留意すればよい[*15]. したがって，fcc 結晶における $(a/2)\langle 1\bar{1}0\rangle\{111\}$ 型の等価なすべり系は全部で 12 個ある.

転位がすべり運動の途中で第 2 相粒子のような障害物に出合うと，障害物を避けるためすべり面を変えることがある．その一例が**交差すべり**（cross slip）である（図 5.26(a)). 転位がすべれるのは $\hat{\boldsymbol{t}}$ と $\boldsymbol{b}$ を同時に含む面に限られるから，交差すべりが可能なのはらせん転位のみである[*16]. 障害物が多いとき，すべり系の多い結晶の方がすべり系の少ない結晶よりも容易に変形し，らせん転位を含む結晶の方が刃状転位を含む結晶よりも容易に変形する.

刃状転位は交差すべりができないため，らせん転位に比べて一般に動きにくい．先に述べたように，障害物を避けるために刃状転位が行う非保存運動を上昇という．上昇は高温で起こる．高温では空孔（ときには格子間原子も）がコアまで移動し，転位

*15 ここでは $[hkl]$ と $[\bar{h}\bar{k}\bar{l}]$, (hkl) と $(\bar{h}\bar{k}\bar{l})$ を区別しない.

*16 互いに平行でない 2 枚の平面が共有する方向は両者の交線方向だけであり，転位が両面ですべるためには $\hat{\boldsymbol{t}}$ と $\boldsymbol{b}$ も両面上になければならない．よって $\hat{\boldsymbol{t}}$ と $\boldsymbol{b}$ は両面の交線に平行，したがって互いに平行でなくてはならない.

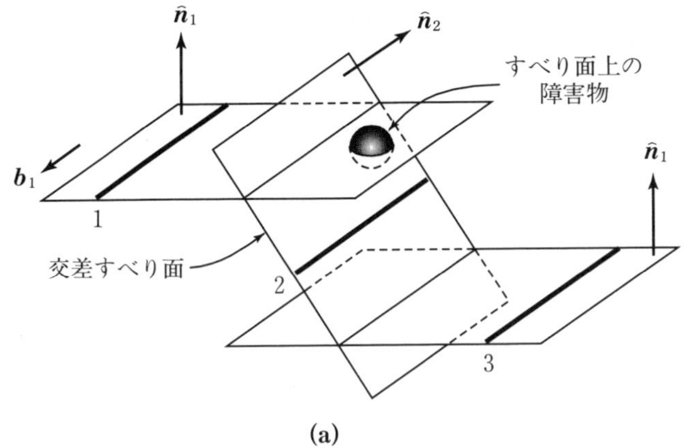

(a)

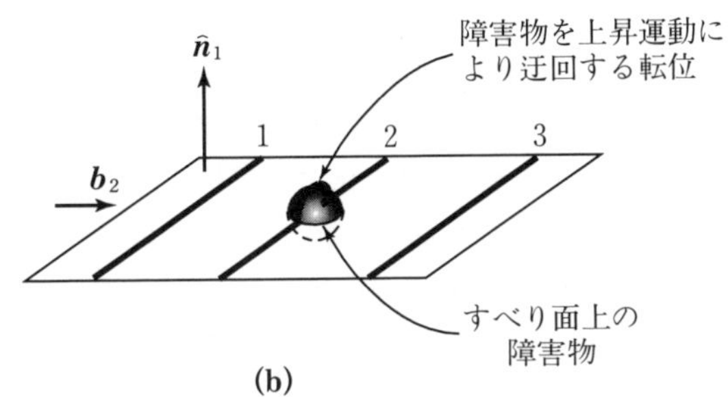

(b)

図 5. 26 らせん転位と刃状転位が障害物を迂回する機構．転位が左から右へ運動する様子を数字 1，2，3 で示してある．(a) らせん転位は第 2 相粒子を避けるため，すべり系を（$\hat{n}_1$, b_1）から（$\hat{n}_2$, b_1）に変えることができる．(b) 刃状転位が第 2 相粒子を避けるには，その一部を上昇運動によりすべり面から離脱させる必要がある．

がすべり面に垂直に運動するのを助けるからである．刃状転位の一部が上昇によってもとのすべり面から十分にはなれたすべり面まで移動すると，その転位は障害物を迂回してすべり続けることができる．図 5.26(b) はこの様子を示したものである．上昇によって転位の全長が増すことに注意しよう．

転位にはたらく分解せん断応力

転位には結晶内の特定の面で特定の方向にすべりやすい性質があるため，単結晶を

1軸引張したときの転位の応答は，試料と応力付加方向との幾何学的関係に強く影響される．さらに，外力を適当なすべり面の適当なすべり方向に分解すると，転位の振舞いは物質に固有の力学的性質を表すことになる（ここでは，与えられた実験条件（応力，ひずみ速度，温度）のもとでの主な変形機構は転位のすべり運動であると仮定している）．

結晶を1軸変形したときの応答を調べる標準的な方法は，**分解せん断応力**（resolved shear stress）と**分解せん断ひずみ**（resolved shear strain）の関係をプロットすることである．図5.27に1軸引張における幾何学を示す．断面積 A の円柱状試料の軸方向（z 方向）に力 F が作用しているから，応力は $\sigma_{zz}=F/A$ である．すべり面法線 $\hat{\boldsymbol{n}}$ およびせん断すべり方向 $\boldsymbol{b}$ が試料軸となす角度はそれぞれ ϕ，λ である．分解せん断応力は τ_{rss} は F の $\boldsymbol{b}$ 方向成分 F_{r} をすべり面の面積 A' で除したものである．よって，

$$\tau_{\mathrm{rss}}=\frac{F_{\mathrm{r}}}{A'}=\frac{F\cos\lambda}{A/\cos\phi}=\sigma_{zz}\cos\lambda\cos\phi \tag{5.28}$$

式(5.28)を **Schmidの法則**という．この法則は，外力とすべり系の幾何学と転位のすべり運動に関与する有効な分解せん断応力との望ましい関係を与えている．

転位がすべり始めるときの分解せん断応力の値を臨界分解せん断応力(τ_{crss})といい，これは実験の幾何学によらない結晶固有の特性とみなすことができる（ただし，活動すべり系は1種類のみとする）．実際の試料では試料軸との交角を異にする様ざ

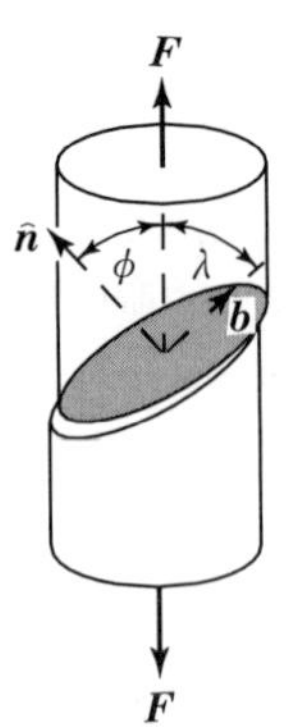

図5.27 単結晶の1軸引張試験の模式図．円柱状試料の横断面積は A．λ は引張軸 $\boldsymbol{F}$ とすべり方向 $\boldsymbol{b}$ のなす角，ϕ は引張軸とすべり面法線 $\boldsymbol{n}$ のなす角．$\boldsymbol{n}$，$\boldsymbol{F}$，$\boldsymbol{b}$ は一般には同一平面上にないこと，したがって，$\phi+\lambda\neq 90^\circ$ であることに注意．

まなすべり面とすべり方向の組合せ（すなわちすべり系）が存在するだろう．作用力 F を増していくと，最も大きな **Schmid 因子** $\cos\lambda\cos\phi$ をもつすべり系の転位が最初にすべり始める．Schmid 因子の最大値は 0.5 で，これは $\lambda=\phi=45°$ のときに相当する．

例題 18

軸方位［321］，直径 5 mm の丸棒状アルミニウム単結晶を引張ったところ荷重 39 N で塑性変形し始めた．アルミニウムの臨界分解せん断応力を求めよ．

解 答

fcc 結晶の 12 のすべり系について，角度 λ，ϕ および Schmid 因子を計算すれば表 EP 18 のようになる．一例としてすべり系 $(a/2)[1\bar{1}0](111)$ を考えよう．ϕ は引張軸（試験軸)[321] とすべり面法線 [111] とのなす角であるから，ベクトルの内積公式から，

表 EP 18 fcc 結晶 12 のすべり系の角度 λ，ϕ および Schmid 因子．

すべり系	λ（deg）	ϕ（deg）	Schmid 因子 $\cos\lambda\cos\phi$
$(a/2)$ $[1\bar{1}0]$ (111)	79.11	22.21	0.1749
$(a/2)$ $[10\bar{1}]$ (111)	67.79	22.21	0.3499
$(a/2)$ $[01\bar{1}]$ (111)	79.11	22.21	0.1749
$(a/2)$ $[011]$ $(11\bar{1})$	55.46	51.89	0.3499
$(a/2)$ $[101]$ $(11\bar{1})$	40.89	51.89	0.4665
$(a/2)$ $[1\bar{1}0]$ $(11\bar{1})$	79.11	51.89	0.1167
$(a/2)$ $[110]$ $(1\bar{1}1)$	19.11	72.02	0.2916
$(a/2)$ $[10\bar{1}]$ $(1\bar{1}1)$	67.79	72.02	0.1167
$(a/2)$ $[011]$ $(1\bar{1}1)$	55.46	72.02	0.1749
$(a/2)$ $[01\bar{1}]$ $(1\bar{1}\bar{1})$	79.11	90	0
$(a/2)$ $[101]$ $(1\bar{1}\bar{1})$	40.89	90	0
$(a/2)$ $[110]$ $(1\bar{1}\bar{1})$	19.11	90	0

$$\cos\phi=([321]\cdot[111])/\sqrt{14\times3}$$

$$\therefore\phi=22.21°$$

他方，λ は試料軸［321］とすべり方向［$1\bar{1}0$］との交角であるから，ベクトルの内積公式より

$$\cos\lambda=[(321]\cdot[1\bar{1}0]/\sqrt{14\times2}$$

$$\therefore\lambda=79.11°$$

よって Schmid 因子は $\cos\lambda\cos\phi=0.1749$ となる．

同じ計算を残る 11 のすべり系について行うと，Schmid 因子最大のすべり系は $(a/2)[101][11\bar{1}]$ であることがわかる．つまり 1 軸試験で最初に活動するのがこのすべり系である．このすべり系の Schmid 因子は 0.4665 である．

これを式(5.28)に用いれば臨界分解せん断応力が求まる．アルミニウム単結晶が塑性変形を開始する公称応力 σ_{zz} は

$$\sigma_{zz}=\frac{F}{A}=\frac{39\ \mathrm{N}}{\pi(5\ \mathrm{mm})^2/4}=2.0\ \mathrm{MPa}$$

上述のように最初に活動するすべり系の Schmid 因子は 0.4665 だから，式(5.28)より $\tau_{crss}=(2.0\ \mathrm{MPa})(0.4665)=0.93\ \mathrm{MPa}$．図 5.27 からも，表 EP 18 の計算結果からも明らかなように，λ と ϕ の和は必ずしも 90° にはならない．

与えられた負荷条件のもとで，立方構造結晶のどのすべり系が最初に活動するかを判別する最も簡便な方法は，標準ステレオ 3 角形を利用する方法である．まず，空間群 $Fm\bar{3}m$ なる fcc 結晶が [321] 方向に引張力を受けているとしよう．すべり系は $(a/2)\langle 1\bar{1}0\rangle\{111\}$ であると仮定する．まず，引張軸をステレオ投影図上に記す(図 5.28)．[321] は [100]，[111]，[110] を頂点とする 3 角形の内部にある．すべり面は 4 つの {111} 面のうち引張軸との交角が 2 番目に小さな面，すなわち引張軸を含む 3 角形の頂点をなす {111} 極を除いて，引張軸に最も近い {111} 極である．よって [321] 引張の場合，$(11\bar{1})$ がすべり面となる(図 5.28)．同様に，すべり方向は，引張軸との交角が 2 番目に小さな ⟨110⟩ 方向，すなわち，引張軸を含む 3 角形の頂点をなす ⟨110⟩ 極を除いて引張軸に最も近い ⟨110⟩ である．[321] 引張の場合，[101] がすべり方向となる(図 5.28)．以上より，第 1 の活動すべり系は $(a/2)[101](11\bar{1})$ となる．[321] を含む 3 角形内のどこに引張軸があっても，最初に活動するのはこのすべり系である．同様にして，軸方位 [231] の結晶は $(a/2)[011](11\bar{1})$ すべり系で変形し始める．この手法を用いれば，bcc 結晶で最初に活動するすべり系は $(a/2)\langle 111\rangle\{1\bar{1}0\}$ であることがわかる．分解せん断応力最大のすべり系を求める場合，この方法は表 EP 18 のように Schmid 因子を比べる方法よりずっと簡便である．

標準ステレオ 3 角形の 3 辺は鏡映面対称の中心であるから，これらの辺上に fcc 結晶 $(Fm\bar{3}m)$ の引張軸がある場合，2 つのすべり系で Schmid 因子が等しくなる．これを引張ると，2 つのすべり系が同時に活動する．

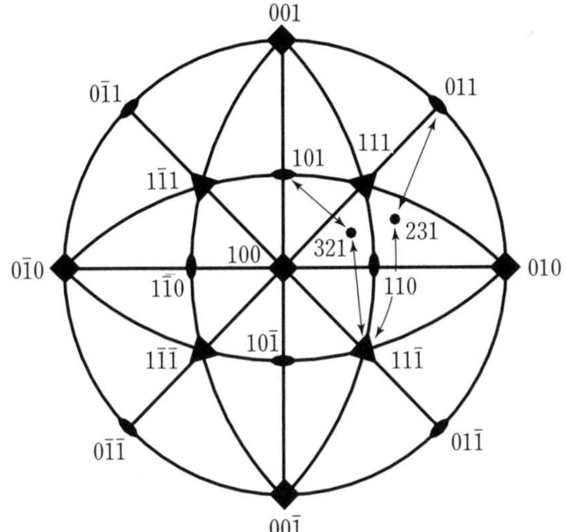

図 5.28 立方晶における種々の方位のステレオ投影図．例えば，引張軸方位 [321] なる結晶の活動すべり面は (11$\bar{1}$)，すべり方向は [101] と予想される．

転位の弾性エネルギー

転位を含む結晶中の応力とひずみの空間的分布は弾性論を用いて計算することができる．等方弾性体中の 1 本のまっすぐならせん転位の場合がもっとも簡単である．線形弾性論によれば，応力場，ひずみ場とも転位コアで無限大に発散し，コアからの距離 r に反比例して減少する．転位運動と結晶の塑性変形を引き起こしているのはこの内部弾性場と外部応力との相互作用である．

転位の弾性場のもつ重要な性質の 1 つが，転位の**弾性エネルギー**である．中心軸に沿ってまっすぐならせん軸が存在する半径 R の円柱状結晶の単位長さあたりの弾性エネルギーは，次式で与えられる．

$$E = E_{\mathrm{el}} + E_{\mathrm{core}} = \frac{1}{2}\int_{r_0}^{R} \frac{\mu b^2}{2\pi r}\mathrm{d}r + E_{\mathrm{core}} = \frac{\mu b^2}{4\pi}\ln\left(\frac{R}{r_0}\right) + E_{\mathrm{core}} \tag{5.29}$$

ここに，μ は剛性率，b はバーガースベクトルの大きさ，r_0 は転位の**コア半径**，E_{core} はコア領域 $(0 \leqq r \leqq r_0)$ に貯えられる単位長さあたりの弾性エネルギーである．コア半径は非常に小さく，一般におよそ $4b$ である．コア内部での原子の変位はきわめて大きいため，物質が弾性的に振舞うと考えるのは非現実的である．弾性エネルギーの大半はコアの外側の領域に由来する．R，r_0，E_{core} に妥当な値を用いると，転位の単位長さあたりのエネルギーは次式でよく近似できる．

$$E = \alpha\mu b^2 \tag{5.30}$$

ここに，α=0.1～0.5．式(5.30)は転位反応に伴うエネルギー変化を見積る際に有効である．

結晶の強化機構

転位を含む結晶の力学的強度を決めているのは，物理的には転位運動に対する抵抗（障害）である．上述のように，転位は外力の作用により動く（例えば引張変形，圧縮変形，せん断変形における分解せん断応力）．重要なのは転位は外力のみならず他の転位や欠陥からも影響を受けることである．コアの内部では原子の位置がずれているので，転位のまわりには必ず弾性応力場がある．結晶内に他の転位や粒界や第2相粒子のような欠陥が多数存在すると，それらの弾性応力場との相互作用によって，転位を動かすのに必要な外力が増加する（すなわち，結晶欠陥の存在によって臨界分解せん断応力が増加する）．様ざまな**結晶強化機構**の背景になっているのが，この種の弾性的相互作用である．これは，構造と性質の間に密接な関係があること，したがって物質のミクロ構造をうまく制御することによって物性を大幅に改善できることを示

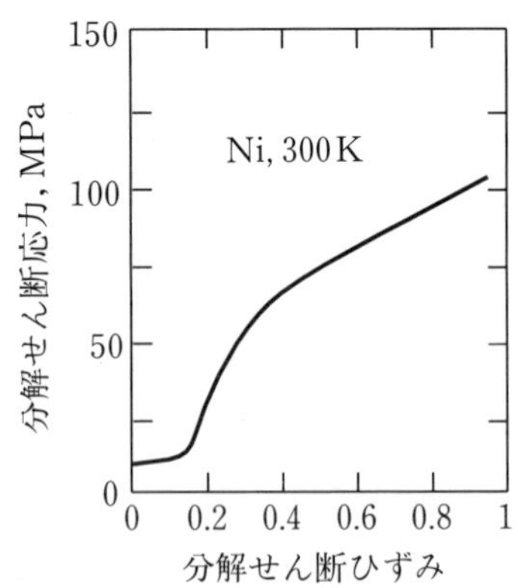

図 5.29 高純度 Ni 単結晶の 300 K における分解せん断応力-分解せん断ひずみ曲線．塑性変形が始まる応力（すなわち約 8 MPa）がこの試料の臨界分解せん断応力である．加工硬化によって変形応力が単調に増加していることに注意（Haasen 1958 のデータによる）．

すよい例である．

材料強度を調べる方法はいろいろある．転位機構の観点から最も効率的な試験は単結晶の1軸引張または1軸圧縮変形である（図5.27）．力-変位データと試料軸の結晶方位に関する情報を用いて，分解せん断応力と分解せん断ひずみ（すなわちすべり方向のせん断ひずみ）のグラフが得られる．図5.29はNi単結晶の300 Kにおける分解せん断応力-分解せん断ひずみ曲線を示す．

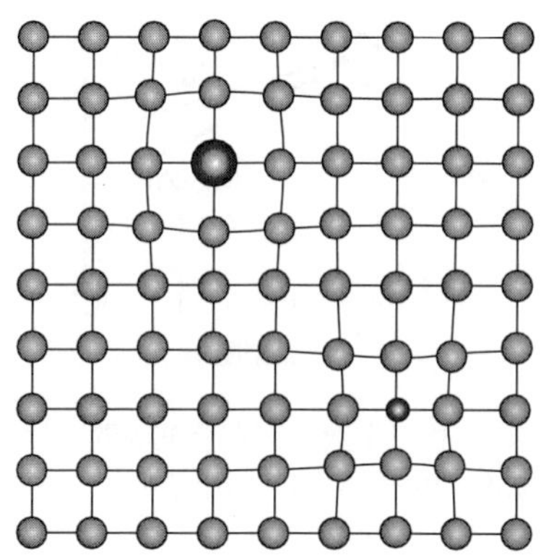

図5.30　母相の原子と大きさの異なる不純物原子のまわりに生じる局在化した変位場に起因して，溶質原子と転位との間に弾性的相互作用が生じる．

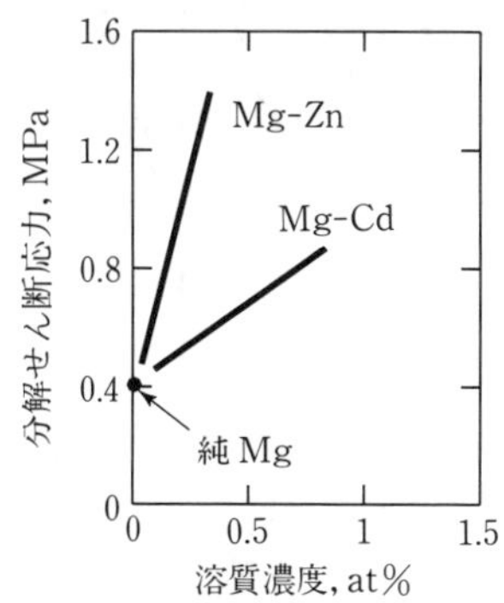

図5.31　室温におけるマグネシウムの固溶強化（Honeycombe 1968, p. 160に引用されているE. D. Levine *et al*. 1959のデータによる）．

置換型固溶体において，溶媒原子と大きさの異なる溶質原子のまわりには弾性応力場が生じるため，溶質原子と転位の間に弾性的相互作用が生じる．これが**固溶強化**

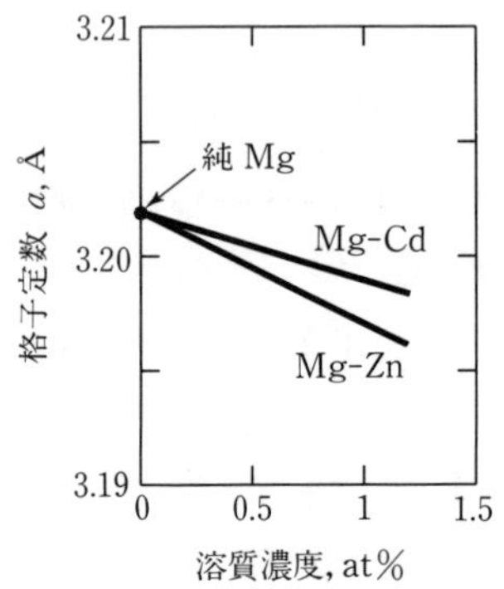

図 5.32　マグネシウムの格子定数と溶質濃度の間には Vegard の法則がなりたつ（Honeycombe 1968, p. 160 に引用されている Busk 1950 のデータによる）．

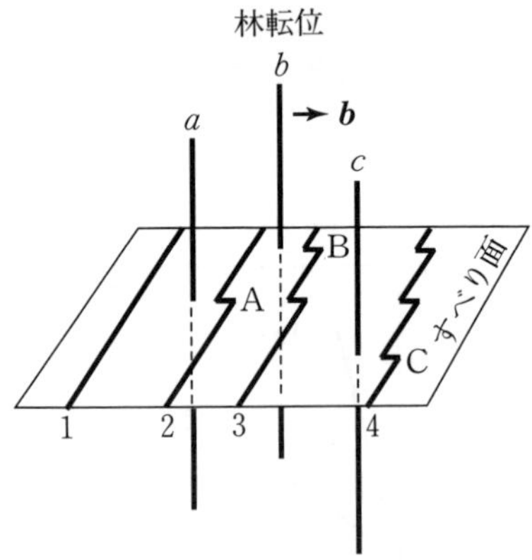

図 5.33　すべり転位が 1 → 2 → 3 → 4 と前進したときの林転位 a, b, c との相互作用．林転位と交差するたびにそのバーガースベクトルに平行な屈曲部（ジョグ）がすべり転位上に形成される．すなわち転位 2 は転位 a との交差によりジョグ A を，転位 4 は転位 a, b, c と交差して 3 つのジョグを含み，このうち C は転位 C との交差による最後のジョグである (Honeycombe 1968, p. 131 を書きかえ)．

(solid solution strengthening) の原理である．この強化機構によって，合金の臨界分解せん断応力は，とくに溶質濃度の低い範囲で溶質濃度とともに急増する．

図 5.31 と図 5.32 は Mg の固溶強化を示すデータである．Mg は hcp 構造で，原子半径は 1.59 Å である．Cd と Zn も hcp 構造で原子半径はそれぞれ 1.49 Å，1.33 Å である．Mg-Cd 合金と Mg-Zn 合金の格子定数は溶質濃度と直線関係にある（この直線関係を **Vegard の法則**という）．2 つの図からわかるように，溶媒原子と溶質原子の原子半径の差が大きいほど，転位と溶質原子の相互作用が強く，固溶強化も大きい．

転位同士の間にも弾性的相互作用が生じる．このことを視覚的に理解するのに好適なのが Bragg の泡模型映画で，これには引力相互作用も斥力相互作用も収められている（p. 275，脚注 9）．すべり面上にある転位とすべり面と交わる転位（これを**林転位**という）との間にも別種の相互作用がはたらく（図 5.33）．すべり転位が林転位と切り合いしても易動度がほとんど変わらないことがある．しかし，一般にはすべり転位と林転位が切り合うと，易動度は両者とも大幅に低下する．その結果，結晶の強度は変形が進むにつれて上昇する．これを**加工硬化**（work hardening）または**ひずみ強化**という．塑性ひずみとともに変形応力が増加する様子は，図 5.29 に示した Ni 単結晶の応力-ひずみ曲線からも容易にわかる*17．せん断応力-せん断ひずみ曲線の傾き $d\tau/d\gamma$ が**加工硬化率**である．図 5.29 にみられるように，単結晶の変形中に加工硬化率は大きく変化する．これが変形の転位機構の変化と関係があることはこれまでの研究でわかっている（Honeycombe 1968）．

第 2 相粒子も転位運動の障害になる．強化機構の詳細は粒子と母相の界面の性質ととりわけ界面の**整合性**（結晶面と方向の連続性）に依存する（5.3.4 参照）．強度を支配する 2 つの重要な因子は粒子間隔 Λ と粒界の体積率である．非常に微細な整合粒子と転位との相互作用を模式的に示したものが図 5.34(a) である．外力を受けると転位は粒子と粒子の間に張り出し，整合粒子にはたらく応力がある臨界値を越えると，粒子は転位によってせん断される．粒子 1 と粒子 2 を通る横断面から眺めた図（図 5.34(a)，下図）において，粒子 1 は転位のバーガースベクトルに等しい量のせん断変位を生じている．粒子寸法が大きく，かつ非整合であるならば，上記とは別種の変形機構が関与しうる．図 5.34(b) は，転位が粒子のまわりにループを残しながら粒子と粒子の間をうまくすり抜ける様子を示している．粒子のまわりに残されるこ

*17 応力-ひずみ曲線は，真応力-真ひずみでプロットすると常に単調増加するが，公称応力-公称ひずみでプロットすると最大値を示す．これは材料の不安定性に基づく局部変形とその結果としての試料断面の局部収縮（これを「くびれ」という）によるものである．

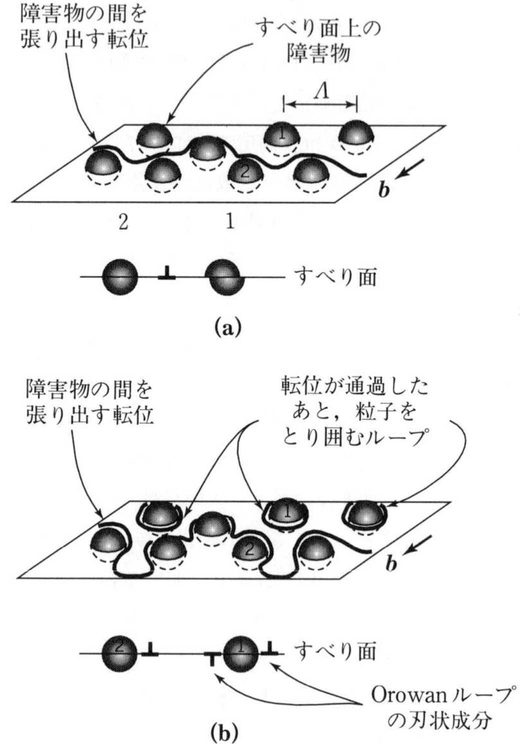

図 5.34　2相合金における転位と粒子の相互作用．粒子を含むすべり面上を手前に向かって転位が移動する様子．外力を受けると転位は粒子と粒子の間に張り出す．図では粒子1を切り進んでいるが2とはまだ出会っていない．Λ は平均の粒子間隔．側面図には転位の透過後の粒子1の形状を誇張して描いてある．(b)粒子と粒子の間隔が大きいところを転位が通り抜ける際，粒子のまわりに転位ループを残す．側面図からわかるように，粒子1はせん断されておらず，転位ループに囲まれている．

の種のループを **Orowan ループ**（Orowan loop）という．Orowan ループが生成すると後続の転位は粒子の間を通り抜けにくくなる．これも加工硬化の一因である．

粒子強化された金属の強度は，一般に粒子間隔が狭いほど，また粒子体積率が大きいほど高い．低温ほど固溶限が減少する合金では，熱処理によって過飽和状態の母相から非常に微細な第2相粒子を析出させることができる場合がある．この種の合金を**析出強化**合金という．粒子の寸法は析出処理の濃度と時間によって決まる．析出強化

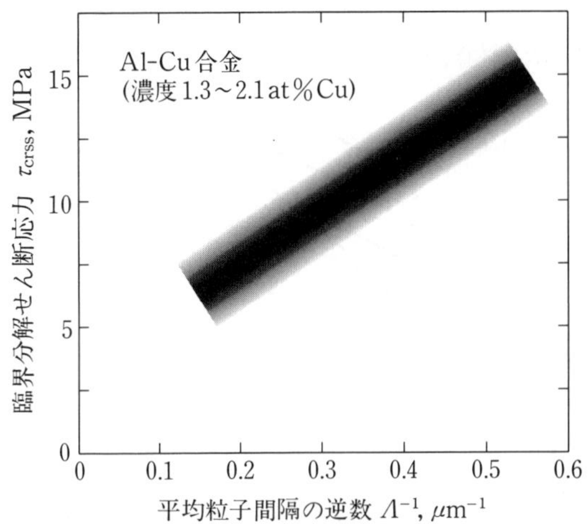

図 5.35 平衡相 θ ($CuAl_2$) を含む Al-(1.3～2.1) at%Cu 合金単結晶の臨界分解せん断応力の粒子間隔依存性 (Dew-Hughes and Robertson 1960, p. 152).

合金の代表例は 4.5 mass%以下の Cu を含む Al-Cu 合金である．図 5.35 に強度と粒子間隔の関係を示す．

互いに方位の異なる 2 つの結晶の間の境界を粒界という (5.3.4 参照)．粒界は転位がある結晶粒からとなりの結晶粒へ通り抜けるのを効果的に阻止するが，その理由は，粒界近傍に応力場が存在すること，粒界ですべり面の連続性が断たれること，活動すべり系の分解せん断応力が各結晶粒内で異なること，にある．結晶粒径が小さいほどすべり面の単位面積あたりの障害の数は多くなるので，多結晶材料の強度は，結晶粒径が小さいほど高くなる*[18]．この現象を**粒界強化**という．アルミニウム多結晶の応力-ひずみ曲線を 2，3 の単結晶のそれと比較したものが図 5.36 である．

転位の生成

結晶成長中には，かなり多数の転位が材料内に導入されるのが普通である．完全結晶の成長に必要な原子や分子の厳密に周期的な配列は，めったに実現されない．マク

---

*18 上昇などの拡散過程が関与する高温変形では，結晶粒径の小さな多結晶の方が結晶粒径の大きなものよりかえって弱くなる．

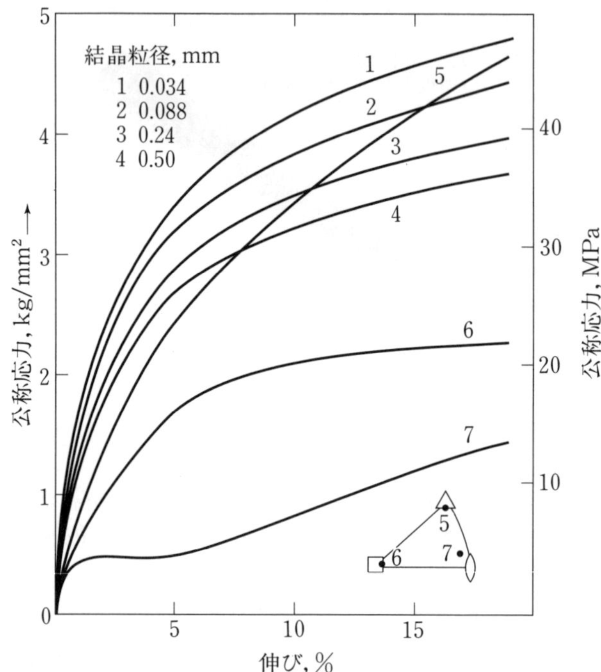

図 5.36　曲線 1〜4 はアルミニウム多結晶の応力-ひずみ曲線に及ぼす粒径の影響．曲線 5〜7 はアルミニウム単結晶の応力-ひずみ曲線に及ぼす引張軸方位の影響（Honeycombe 1968, p. 235）．

ロな結晶を構成する原子や分子の数が厖大となるためである．したがって，たとえ単結晶の育成中でも，原子や分子の積み重ねの間に生じる「まちがい」によって，大量の転位が導入されることは明白である．

低温で気相から結晶成長させる場合には，らせん転位が結晶成長を促進するのに大きな役割を果たす．図 5.37 は，らせん転位のコアのまわりのらせん状の原子面を描いたもので，これによりコア近傍の結晶表面には転位に由来するステップができる．この表面ステップは，新しい原子が凝集するためのきわめて有望なサイトであることがわかる．転位は結晶内部にも存在するから，この種のステップが原子を集めることによって消耗することは決してない．その代わりにステップは，結晶が成長するにつれて，コアのまわりを1層ずつ回転していく．これも，らせん転位のらせん的な特徴を理解する別の方法である．この転位がいったん結晶中にできると，結晶が成長する

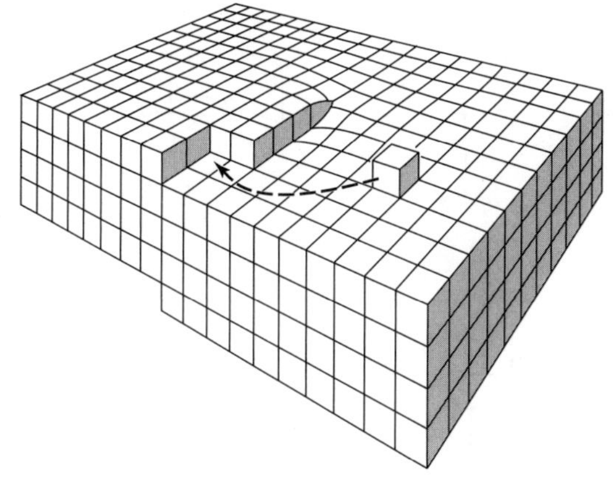

図 5.37　らせん転位の終端部付近の結晶表面．らせん転位に由来する表面ステップは結晶成長中に原子が付着するための優先サイトになる（Read 1953, p. 144）．

につれて，転位も伸びていく．新しい層が表面に加わるにつれて，転位線は長さを増すからである．1本の転位が結晶中をすべり抜けてもせん断方向に b なる変位しか生じないが，大量の転位がすべり運動すると，結晶は巨視的に変形する．前述のように，単結晶を変形すると，表面に明瞭なせん断帯が現れる．どのせん断帯も活動すべり面に平行であり，結晶の一方が他方に対してずれたために生じた巨視的な段差である（図 5.14）．これらの事実は，結晶のあちこちで局在化した**転位源**が活動したことを意味する．外力が分解せん断応力に近づくと，これらの転位源から次々と転位が生まれ，すべり面に沿って結晶内をすべり抜ける．

結晶内で転位のループを生成する機構はいろいろ提案されているが，最も良く知られているのが **Frank-Read 源**である．この転位源が活動するためには，すべり転位の素片の両端部が林転位や第 2 相粒子のような障害物や，他の面上にある不動転位との交点によりピン止めされていることが必要である（図 5.38(a)）．具体例を示すため，図 5.38 のような座標系をとり，$\boldsymbol{b}=a\hat{\boldsymbol{x}}$，$\hat{\boldsymbol{t}}=\hat{\boldsymbol{z}}$ なる転位を考える．この転位は刃状転位である．図 5.38(b)は結晶に外力 τ_{yx} が作用している様子を示す．

すべり転位は 2 点で止められているので円弧状に張り出す．弾性論によれば，円弧の曲率半径は τ_{yx} に反比例し，τ_{yx} が大きいほど小さい．よって，円弧にかかる応力が最大となるのは円弧が半円になるときである（図 5.38(c)）．円弧が半円より大き

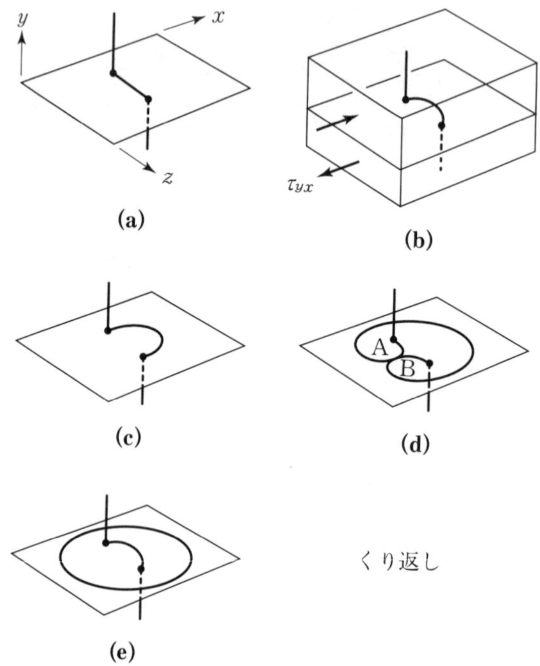

図 5.38　(a)すべり面上にある転位素片と2個の障害物．転位は障害物をせん断することができないため，両端部は障害物にピン止めされたままである．(b)外力が作用すると転位は張り出す．(c)転位にかかる応力が最大となるのは，転位が半円形のときである．(d)大きく張り出した転位同士が接触し，ループになる瞬間．(e)接触後に新たに形成された素片とループ．ループは成長し，結晶から抜け出して，同じプロセスを繰り返す．

くなると曲率半径は増加するので，結局，半円形のときに不安定平衡に達する．この過程で重要なのは，張り出した転位が裏側に戻って図 5.38(d)のように A 点と B 点で互いに出会うときである．図から明らかなように，転位の素片の性格は A 点では左手らせん，B 点では右手らせんである．異符号転位素片の間には，弾性的相互作用により引力がはたらく．その結果，素片同士は接触した瞬間に消滅し，2 つのピン止め点を結ぶ転位素片と，それを取り巻くように 1 つの転位ループが形成される（図 5.38(e)）．この新しいループは可動転位であるから，内部の転位素片を半円まで張り出すに十分な応力を受けている間はすべり面内で膨らみ続けるだろう．この一連の過程は，τ_{yx} がある程度高い水準にある限り繰り返される．その結果，同一のすべり面内に大量の可動転位が放出される．変形した結晶の表面に明瞭なすべり帯が観察されるのはこの機構がはたらくためである（図 5.14）.

転位は，高温で育成された結晶中にも熱応力の作用によって導入される．例えば，結晶を融点から冷却する際に表面と内部との間に生じる温度勾配によって，熱膨張量の差に起因した内部応力が発生する．この内部応力は，Frank-Read 源のような転位源をはたらかせるのに十分な大きさに達する．これとよく似た機構が基板上に育成された薄膜でもはたらく．すなわち，薄膜結晶と基板の格子定数および熱膨張係数が異なると，薄膜蒸着後の温度変化によって内部応力が生じる．内部応力が十分大きければ，これを緩和しようとして，薄膜と基板の界面に沿って転位が放出されるのである．この種の界面転位は，半導体産業ではとくに重要である．格子定数と熱膨張係数の差によって，キャリアの寿命と移動度に望ましくない影響が生じるからである．

柱状液晶中の転位

いうまでもなく，転位は液晶系でも生じる（図 5.17）．結晶内の欠陥について展開

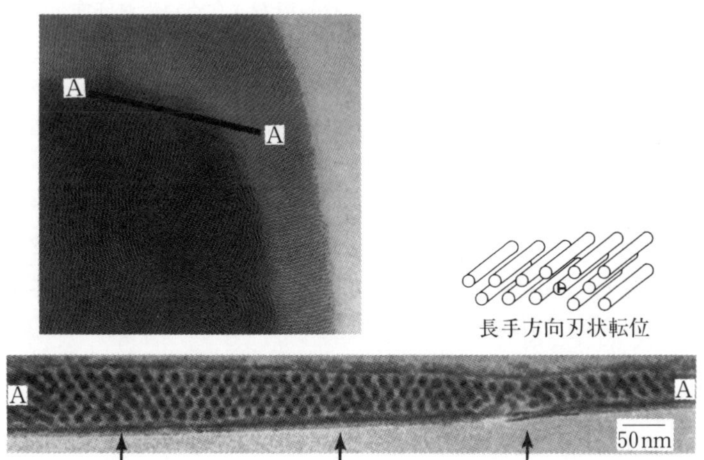

図 5.39 （a）円柱状の PI を含む PS-PI ブロック共重合体薄膜を膜に垂直な方向から TEM 観察したもの．PI の円柱軸は薄膜の面内にある．薄膜表面に見えるテラスは，薄膜内で PI 円柱の数が増していることに起因する．（b）写真（a）の切断面 AA を膜に平行に TEM 観察したもの．3 本の矢印は長手方向刃状転位の位置を示す（L. Radzilowski の好意による）.

した考え方が液晶にもあてはまることを示すために，不連続なテラスパターンを有するジブロック共重合体の薄膜の構造を考えよう（図5.39(a)）．このようなステップができるのは，薄膜が基本構造の層からなっていることによっている．柱状構造に関しては，円柱が薄膜の面内に含まれる傾向がある．線欠陥は膜の厚さが変わる箇所にできる．この場合，円柱軸 $\hat{\boldsymbol{a}}$ とバーガースベクトル $\boldsymbol{b}$ および接線ベクトル $\hat{\boldsymbol{t}}$ との関係によって，縦方向刃状転位と横方向刃状転位の2種類の転位が形成される．図5.39(b)にテラスパターンの平面図と縦方向刃状転位の断面図を示す．

5.2.2 回 位

回位は液晶の分子ダイレクタ場における線欠陥である．回位と転位の間にはいくつかの類似点がある．両者とも媒質の対称性を乱す線欠陥であること，終端部が表面に抜けるか他の回位と交わるか閉じたループを形成するかしなければならないこと，などがそれである．液晶中の回位についてみれば，コアのまわりの回転変位場は，液晶の長範囲回転対称性と合致するものでなくてはならない．回位の厳密な性質は特定の液晶相に依存する[*19]．ここで，ネマチック液晶が $D_{\infty h}$ なる点群対称性をもつことを思い出そう．するとダイレクタ軸のまわりでは分子のあらゆる回転が可能であるが，回転はダイレクタ軸に垂直な面内にある無限個の2回対称軸と，ダイレクタ軸に平行な無限個の鏡面と，ダイレクタに垂直な1個の鏡面を維持しなくてはならない．このため，生成しうる回位線の種類は大きく制約される．

F. C. Frank は1958年に，ネマチック液晶中に存在できる回位のダイレクタ場を求めた．くさび型回位のいくつかの例を図5.40に示す．各回位はダイレクタ場の中に固有のゆがみとそれに起因した弾性的応力を生じる．回位は構造が大きくゆがんだコア領域と，それを取り囲む領域とからなり，後者ではコアから離れるにつれて弾性ひずみが徐々に減少し，ついには0となる．対応する弾性応力は長範囲に及ぶため，回位は他の回位や，外部表面や，磁場・電場・流れ場と相互作用する．磁場や電場などの外部場におかれると，ダイレクタはある優先方位に沿って再配列する傾向がある．回位が動くと，ダイレクタ場は回転する．液晶物質を焼鈍すると，回位の運動とそれにつづく異符号回位同士の消滅が起こり，回位の集合組織は粗大化して，ついには回

---

*19 本書は入門書なので，ネマチック相中の欠陥のみを考えている．他の3つの液晶構造における回位については Kléman (1983) の優れた本に述べられている．

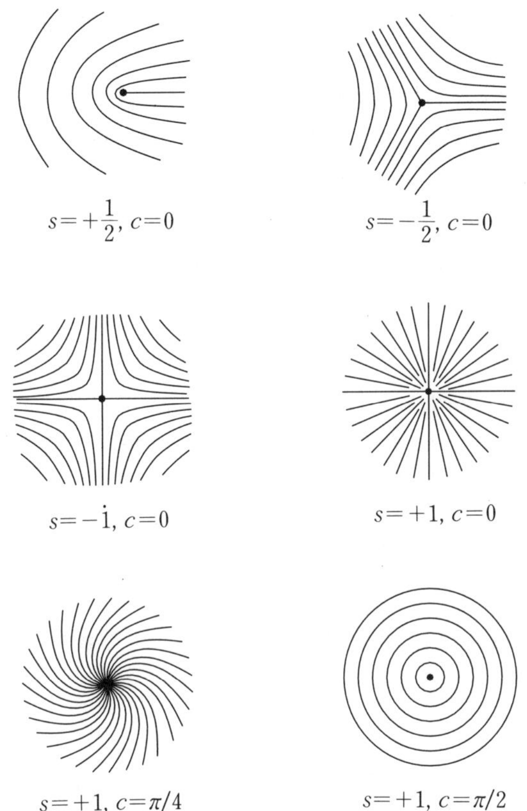

図 5.40　種々の強度 s をもつくさび型回位（本文参照）．回位線は紙面に垂直．定数 c は欠陥中心を起点とする水平線に対してダイレクタがとる方位を表す．

位のない単一ドメインの液晶となる（4 章参照）．オプトエレクトロニクス機器の多くは回位フリーの液晶より作られているので，その性質を確保するためにも回位の制御は重要である．

すでに述べたように，結晶では，バーガースベクトル $\boldsymbol{b}$ なる転位の性質を特定するために，バーガース回路を用いてずれの大きさと方向を決定する．他方，液晶では，**Frank-Nabarro 回路**によって回位のダイレクタの回転角と向きを規定するスカラー量 s を求め，回位の性質を決定する．図 5.41 はネマチック液晶におけるくさび型回位のコア近傍のダイレクタ場を例示したものである．図中の細線がダイレクタ場の局部的な配向を示している．回位線は，各図の中央部にある特異点（黒丸）を通り，紙面を垂直に貫いている．**回位の強さ** s を決めるには，回位のコアを囲む閉回路（Frank–Nabarro 回路）を1周し，同時にダイレクタ場の配向を周回すればよい．コアを中心とするベクトル $\boldsymbol{r}$ と水平線とのなす角を $\phi(\boldsymbol{r})$ とする（図5.41）．パラメータ θ は正の水平軸から反時計まわりに測ったベクトル $\boldsymbol{r}$ までの角度である．回位の強さ s は，回位を取り囲む閉回路におけるダイレクタ再配向の全角度を規格化したものとして定義される．すなわち，

$$s=\frac{1}{2\pi}\oint\frac{\mathrm{d}\phi}{\mathrm{d}\theta}\mathrm{d}\theta=\frac{\phi_{\mathrm{total}}}{2\pi} \tag{5.31}$$

ここに，ϕ_{total} は Frank–Nabarro 回路に沿って1まわりしたときのダイレクタの回転角である．回位の符号は，ダイレクタの回転向きが回転 θ の向きと同じときに+，逆のときに−ととる．図5.41で，θ が0から増加するにつれ，ϕ も0から増加し，Frank–Nabarro 回路の1つの旋回点上で $+\pi$ に達する．こうして，この回位の s は $s=+1/2$，他方，図5.41(b)では，θ が増すと ϕ は減少するので，$s=-1/2$ となる．

半径 R の円柱の中心線上にある回位の単位長さあたりの弾性エネルギーは次式で与えられる．

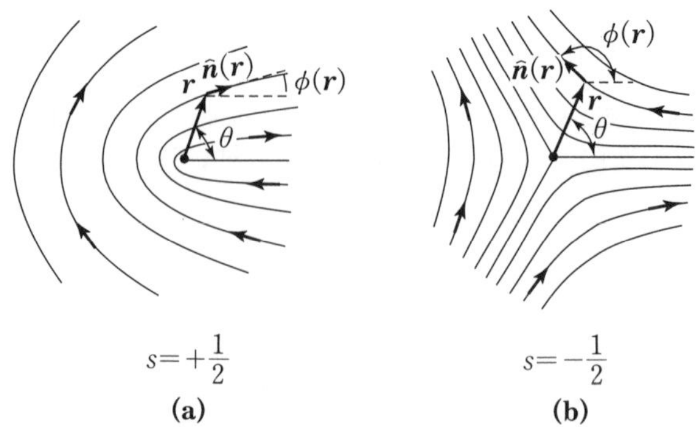

図5.41　ネマチック液晶中の $s=\pm1/2$ なるくさび型回位のダイレクタ場 $\hat{\boldsymbol{n}}(\boldsymbol{r})$．回位線は紙面に垂直．$s$ が正のとき，Frank–Nabarro 回路の進行方向はダイレクタの回転方向に一致する．ダイレクタ場の矢印は，角 θ の変化に伴う線素片の回転の向きを読者が視覚化しやすいようにつけたもの．

$$E=2\pi\bar{K}s^2\ln\left(\frac{R}{r_c}\right)+E_{core} \tag{5.32}$$

ここに，$\bar{K}$ は平均弾性定数，s は回位の強さ，r_c はコア半径，E_{core} はコアのエネルギーである．コアの大きさは分子寸法程度で，その内部は均一な液体からなるとみなされることが多い．回位の式(5.32) は転位の式(5.29) とよく似ていることに注意されたい．弾性定数 $\bar{K}$ および欠陥強さ s はそれぞれ剛性率 μ とバーガースベクトルの大きさ b に対応する．

強さ s_1 および s_2 なる 2 本の平行な回位の間にはたらく力 $\boldsymbol{f}_{12}$ は，間隔を $\boldsymbol{r}_{12}$ とすれば次式で与えられる．

$$\boldsymbol{f}_{12}=-2\pi\bar{K}s_1s_2\frac{\boldsymbol{r}_{12}}{(\boldsymbol{r}_{12})^2} \tag{5.33}$$

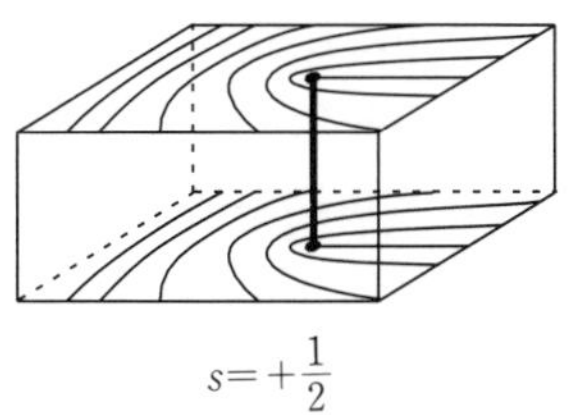

$s=+\frac{1}{2}$

図 5.42 均一な表面アンカーをもつ薄い液晶中のダイレクタ場．強度 $s=+1/2$ なる回位線が示されている．

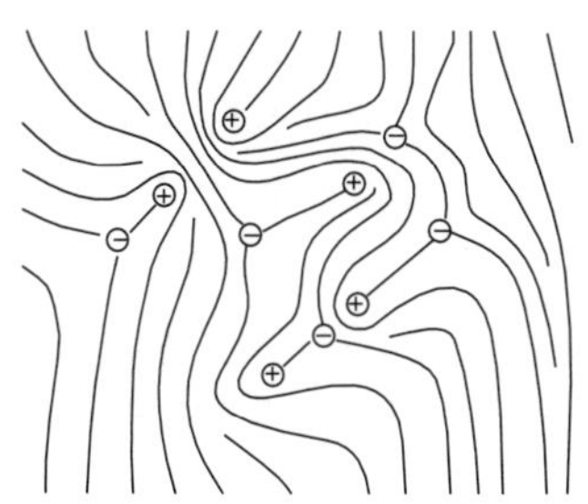

図 5.43 典型的なシュリーレンダイレクタパターン．紙面に垂直な 5 本ずつの+1/2 型回位および−1/2 型回位をそれぞれ⊕，⊖で示してある．回位コアを除いてダイレクタパターンは連続である．

2つの回位の強さが同じで符号が逆の場合，$\boldsymbol{f}_{12}$ は引力となり，回位は結合し消滅する．

液晶が2枚のガラス板の間に薄い膜として存在する場合，回位はガラス表面の間を垂直方向に貫通することが多い，図5.42にこの種の回位の透視図を示す．

典型的なネマチック液晶は多数の回位を含むため，複雑なダイレクタ場が生じる．図5.43は強さ $s=\pm 1/2$ なる回位のまわりのダイレクタ場を回位線の方向から見たものの模式図である．この種のダイレクタ模様をシュリーレン組織という．このように，回位を含む液晶相は，変わりやすいダイレクタ組織を有する（4.3参照）．

回位は弾性ひずみエネルギーおよびコアの蓄積エネルギーという余分なエネルギーをもつ．このため，自発的に再配列することによってこのエネルギーを下げようとする．例えば，1つの孤立した回位ループはその曲率の中心に向かって移動することにより長さを減らすことができる．図5.44(a)はこの様子を17秒間のコマ撮り写真で示したもので，分子量の小さな液晶中にある $|s|=1/2$ なる強さの平面状の回位ループが収縮し，消滅する過程がよく理解できる．ループの合体による回位長さの連続的な減少が回位を動かす駆動力となる．これとはいくぶん異なるプロセスを30秒ごとのコマ撮り写真で示したものが図5.44(b)である．まず曲率の小さい2本の異符号の回位の素片が引力相互作用によって接触する．次いで，接触点のコア領域が消滅し，新たに生成した曲率の大きな回位素片は，長さを減じるために互いに急速に離れる．

回位を観察するのは比較的容易である．回位近傍の光学的性質が乱されるからである．加熱ステージのついた透過偏光顕微鏡が液晶の構造を同定するための標準的な手段である（4章，6章参照）．ネマチック液晶中の回位はその独得なシュリーレン組織により識別できる．膜が厚い場合，回位線は曲がるか，両端が片方の表面に抜けるか，あるいは閉じたループを形成することが多い．ループを含む試料を偏光顕微鏡で観察すると，回位は水に漂う糸のように見える．交差式偏光板を取り付けた光学顕微鏡で観察すると，光学的に消衰した領域が黒いブラシのように回位から放射しているのが見える．この黒い領域の平均的なダイレクタは，アナライザまたは偏光板のいずれかと直交している．このため，種々の回位線が黒いブラシとつながって見える（図4.16(a)参照）．4つの黒いブラシが出会う場所が回位のコアである．この特別な例では，回位の強さは $s=\pm 1$ である．ここでアナライザと偏光板を回転すると，ブラシは回転するが回位は動かない．アナライザ，偏光板の回転方向とブラシの回転方向は，正の回位では同じだが，負の回位では反対である．

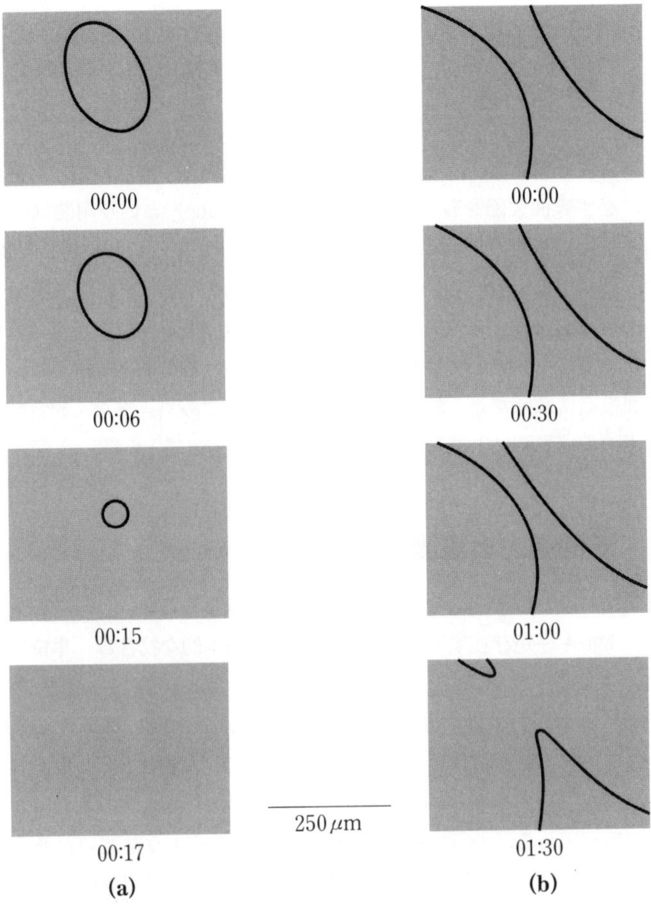

図 5.44 (a)$|s|=1/2$ 回位ループの収縮過程．17 s 後にループは完全消滅し，モノドメインが残る．(b)2 つの大きな回位ループの一部が相互作用する過程．回位同士の相互作用力が線張力を上まわるため，異符号の回位素片部分が合体し消滅する．残された 2 つの回位は曲率が大きいため，線張力の作用により互いに離れつつ短くなる．時間の単位は s（Y. Zhang の好意による）．

5.3 表面欠陥

すべての物質は有限であり，周囲の物質と自由表面あるいは他の相との界面で接しているので，必ず表面欠陥を有している．**表面**（surface）という用語は一般にある物質と気相もしくは真空との間にある外部境界を意味する．これに対し**界面**（interface）とは，凝縮相同士の間の内部境界（例えば固-液界面）をいう．表面と界面の幾何学は，一般に物質のミクロ構造のもつ重要な特徴である．材料特性は表面や界面の配置や性質によって物質の特性が決まることが多いからである（例えば，摩耗挙動や触媒は表面構造に敏感だし，粒界強化は粒径に敏感である．また，複合材料の性質は，構造要素の相境界特性と 3 次元的配置の双方に依存する）．

5.3.1 表面張力と表面自由エネルギー

表面や界面における原子間結合は，内部のそれと異なるため，これらの欠陥に由来した余分のエネルギーが存在する．表面欠陥の最も基本的な物性は，**単位面積あたりの表面自由エネルギー** γ である．**表面張力**（surface tension）という概念は γ と密接に関連する．表面張力 f は，界面の周縁に沿って，界面内にはたらく単位長さあたりの力である．等方的な流体の場合，γ と f は単位も大きさも等しい．

界面は物理的な力を生むから，熱力学第 1 法則と第 2 法則を組み合わせた式には γ を含む仕事の項が現れる，液-液界面の面積が変化しうるような開いた系を作ることができる（図 5.45 参照）．この系は 2 つの液相 α，β と右端の可動壁からなり，質量および熱の保存器と結ばれている（すなわち，温度 T と化学ポテンシャル μ_i は一定である）．α-β 界面の面積 A は，壁を右へ動かすことにより変化する．この間に，熱と物質は系に入るか，系から出ていく．系の内部エネルギーの変化量は次式で与えられる．

$$\mathrm{d}E = T\mathrm{d}S - P\mathrm{d}V + \sum_i \mu_i \mathrm{d}N_i + \gamma \mathrm{d}A \tag{5.34}$$

ここに，T は温度，P は圧力，V は体積，μ_i は i なる種の 1 モルあたりの化学ポテンシャル，N_i は種 i のモル数，A は界面の面積，$\gamma\mathrm{d}A$ は新たな表面を作るために表面張力に抗してなされる仕事，である．様ざまな変数，S，V，N_i，A を含む式

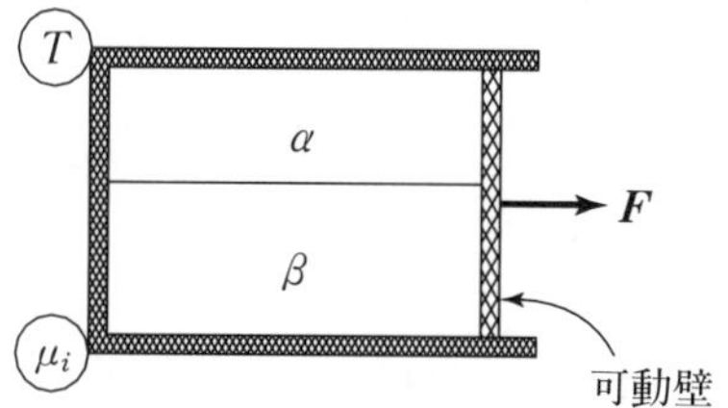

図 5.45　α/β 界面の面積が可変な開いた熱力学系Ⓣとμ_iは，界面の面積が変わっても温度と化学ポテンシャルを一定に保つための熱保存器と物質保存器を意味する．

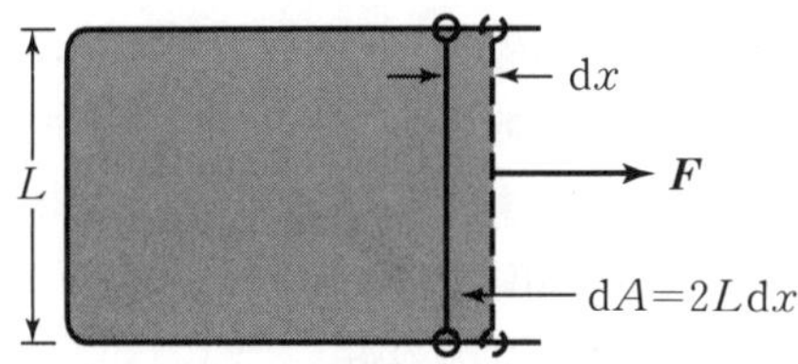

図 5.46　石けん膜の表面張力を測定するための理想化された実験．表面張力 f/L と過剰な表面自由エネルギー γ の値は等しい．

(5.34) より，γ は次のように定義できる．

$$\gamma \equiv \left.\frac{\mathrm{d}E}{\mathrm{d}A}\right|_{S,V,N_i} \tag{5.35}$$

ここに，γ は新たに単位面積の表面または界面を作る際のエネルギー変化である．平衡相からなる熱力学系では，γ は本質的に正の量である．Gibbs はその独創的な論文の中で，上式こそ界面単位面積あたりの過剰な自由エネルギーとしての γ を正しく定義していることを明示した．

液-液界面の f と γ が等価にあることは，簡単な仮想変位によって理解することができる．すなわち，図 5.46 に示すように，スライド可能なワイヤのついたワイヤフレームが石けん膜を支えている．面積 $\mathrm{d}A$ なる新しい表面を作るための仕事を計測することができる．この仕事は表面張力に由来する力 F に抗してなされ，次式で表される．

$$\mathrm{d}W = \gamma \mathrm{d}A = F\mathrm{d}x \tag{5.36}$$

$\mathrm{d}A = 2L\mathrm{d}x$（石けん膜の両面を考えている）を用いれば，

$$\gamma=\frac{F}{2L} \tag{5.37}$$

表面張力 f は膜の表と裏からスライドワイヤに垂直に作用し，F とつり合う．よって，$F=2fL$．これを上式に代入すれば，

$$\gamma=f \tag{5.38}$$

式(5.38)は，表面（または界面）単位面積あたりの過剰自由エネルギーと表面の周縁に垂直にはたらく単位長さあたりの力（表面張力）が等価であることを示している．表面張力の作用により，界面は収縮して（面積を減らして）系の自由エネルギーを下げようとする．

Neumannの原理によれば，等方的な流体の界面特性は等方的である．これに対して，液晶や結晶の界面特性は非等方的で，界面の熱力学は上述のものよりいくらか複雑である．例えば，結晶の単位面積あたりの表面自由エネルギーが面方位に依存する場合，体積一定の結晶の表面自由エネルギーを最小にする形状は球状ではなく，特定の結晶面で構成される多面体（**Wulffの形状**）となる．過剰の自由エネルギー関数

$$\Omega^{\mathrm{s}}=\sum_{hkl}\gamma_{hkl}A_{hkl} \tag{5.39}$$

は体積一定の条件で，Wulffの形状のときに最小となる．この式の右辺は，各ファセット面(hkl)について $\gamma\times A$ の総和をとることを意味している．したがって，問題は与えられた(hkl)面の組合せについて Ω^{s} が最小となるように面積 A_{hkl} の組合せを見出すことに帰着する．すなわち，Wulffの形状とは，体積一定の結晶の全表面エネルギーが最小となるような多面体をいう．表面エネルギーの小さな低指数面(hkl)が最大のファセットになる．ただし，いうまでもなく，結晶の形状は少なくも点群対称性を維持しなくてはならない．

表面自由エネルギーが等方的でないことによって起こるもう1つの現象が，**表面トルク**(surface torque)の発生である．表面トルクとは，エネルギーの高い非平衡の表面方位を，よりエネルギーの低い方位に回転させる力をいう．しかし，たとえ表面自由エネルギーは等方的でなくても，表面を収縮させるように働く面内力(表面張力)の大きさは，前述の等方的液体の場合と同様に，表面自由エネルギーγの大きさに等しい．

物質科学では，表面自由エネルギーを $\mathrm{mJ/m^2}$ の単位で示すことが多い（ただし，数値的にはcgs単位のdynes/cmと同一である）．例えば常温常圧における空気-水の界面エネルギーは $\gamma=73\ \mathrm{mJ/m^2}$ である．γ は物質により大きく異なる．金属が1000 $\mathrm{mJ/m^2}$ 程度の高い γ をもつのに対し，ポリマーの γ は $30\ \mathrm{mJ/m^2}$ 程度にとどまる．

テフロンという別名でよく知られているポリ4フッ化エチレン（PTFE）は，γ が 18 mJ/m² ととくに低いため，こげつき防止用の表面被覆に用いられる．液体ヘリウムは温度 3 K で異常に低い γ（0.24 mJ/m²）を有する．このため，速やかに表面を覆ったり，容器の壁を登ってしまうなどの驚くべき性質を示す．種々の物質の表面自由エネルギーを比べたものが図 5.47 である．

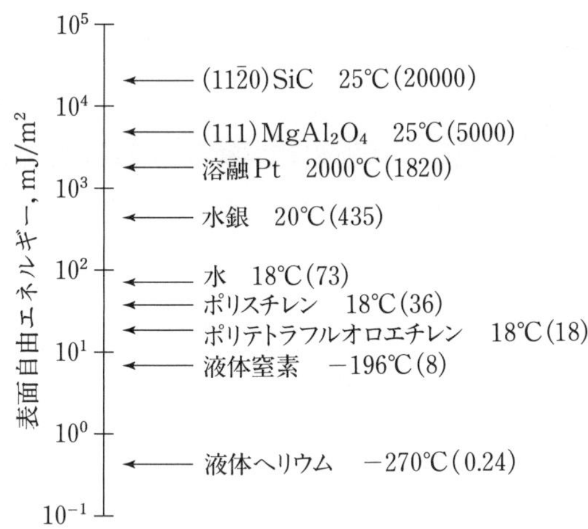

図 5.47 いくつかの物質の表面自由エネルギー γ を対数グラフで比較したもの（かっこ中の数学は γ の絶対値，mJ/m²）.

5.3.2 結晶粒構造の幾何学

石けん泡の配列は長い間物質科学者を魅了してきた．その理由は2つある．第1の理由は，泡の配列が多結晶材料における粒界の配列と幾何学的にもトポロジー的にもよく似ているからであり，第2の理由は観察が容易だからである．間隔の小さな2枚の平行なガラス板に挟まれた石けん泡は，多結晶の2次元結晶粒構造を模したものとなる．図 5.48 はこれを示す写真である．集積回路内の金属配線のような薄い結晶膜を焼鈍すると，写真と類似のミクロ構造がはるかに小さなスケールで生成される．

泡が集合してできる3次元配列の構造は，多結晶における3次元的な結晶粒構造とよく似ている．いずれも互いに隣接する多面体の集合体からなるからである．多結晶の3次元結晶粒構造は，3次元的な結晶粒（個々の粒は単結晶である），2次元的な粒

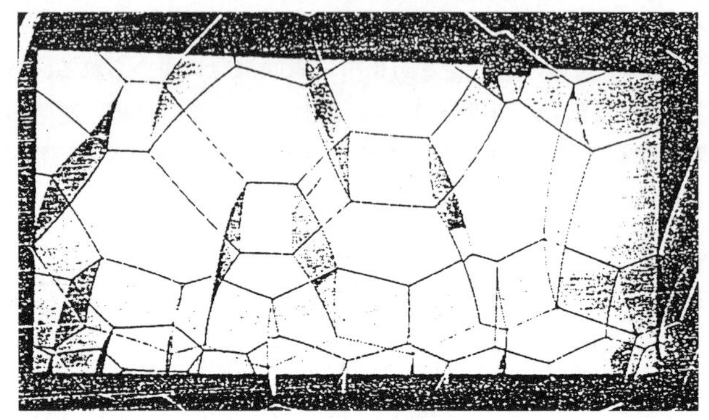

図 5.48 2枚のガラス板に挟まれた石けん泡，膜が120°で交わることに注意．

界（2つの粒が接する面），1次元的なエッジ（3つの粒が出合う線），および0次元的な粒の頂点（4つの粒が出合う点）からなっている．表面張力は，面と面およびエッジとエッジの間に特定の角度をもたらし，ミクロ構造に影響を及ぼす（5.3.3参照）．

多結晶中の粒（すなわち個々の結晶）は多面体形状をしている．fcc型に最密充填された球の集合体（配位数＝12）を一様に圧縮して空洞部分を消滅させると，各粒は菱12面体に変形する[*20]．しかし，正12面体のとなり合う面同士あるいはとなり合うエッジ同士がなす角は，表面張力のつり合い条件から要請される角度とは一致しない．両者が一致する形状が1つある．Kelvin卿が発見した**α14面体**（α-tetrakaidecahedron）である．この多面体は6個の正方形と8個の正6角形からなり，前者は{100}面，後者は{111}面である．この形状はbcc格子のVoronoi多面体である．表面張力の要件を満たすため，α14面体の各面はわずかに湾曲している．この多面体を並べて，空間を隙間なく満たすことができる．正8面体の6個の頂点を切り落とすことによりこれとよく似た多面体が得られるが各面は平面である．図5.49はこの種の14面体により空間を隙間なく充填できる様子を示す．

1994年までは，「体積が一定で空間を隙間なく充填でき，しかも界面の面積が最小となる多面体はKelvinのα14面体である」というのが学界の定説であった．しか

*20 12面体は12個の同じ面からなる正則固体（正多面体）である．なお，菱12面体では，すべての面が菱形である．

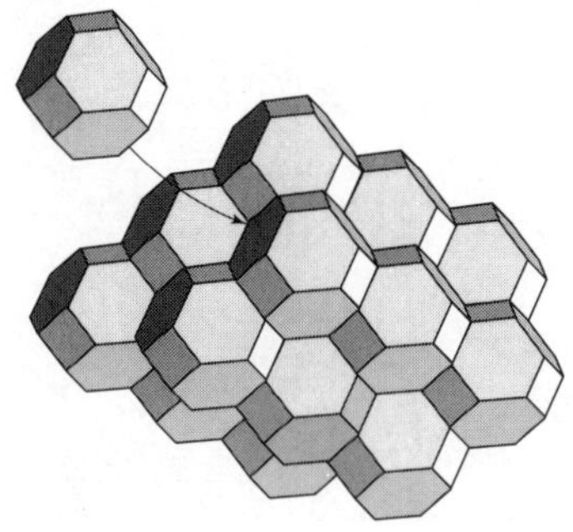

図 5.49 正 8 面体の頂点を切り落として 14 面体にすれば空間を隙間なく充塡できる．結晶粒組織を理想化したもの．

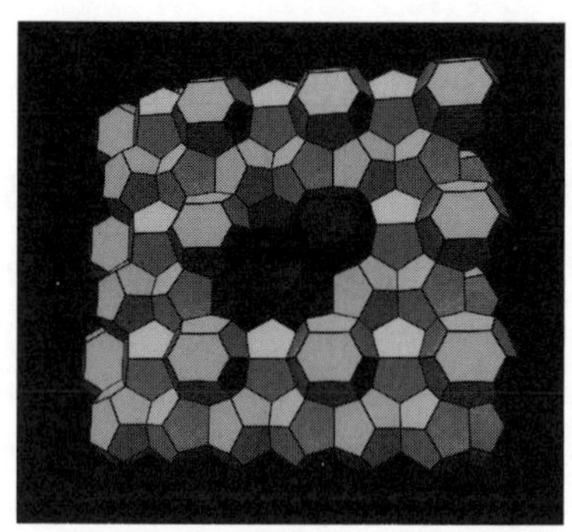

図 5.50 Kelvin 卿の 14 面体よりも小さな表面積をもつものとして Weaire と Phelan により見出された 12 面体と 14 面体による空間充塡法（The Geometry Center, University of Minnesota の好意による）．

し，Weaire と Phelan（1994）は，α14 面体よりわずかに（0.3%）界面の面積が小さい粒構造を 14 面体と 12 面体とにより構成できることを見出した．14 面体は 12 個の 5 角形と 2 個の 6 角形よりなり，12 面体は 12 個の 5 角形で囲まれる．図 5.50 はこの構造を示したものである．

β-黄銅の多結晶では個々の結晶粒（bcc 構造の固溶体）の形状を実際に見ることができる．この材料を約 400°C で砕くと**粒界破壊**が生じるので，個々の粒を調べることができるのである．図 5.51 は，このようにして分離された結晶粒のいくつかを示し

図 5.51　β-黄銅多結晶の構成粒をばらばらにしたもの(Smith 1981, p. 21).

ている．これらを調べることにより，各粒は大きさが異なるため不規則な多面体であるが，平均的には約 14 個の面よりなっていることがわかる．

5.3.3　界面ジャンクションにおけるつり合い

結晶粒，粒界，エッジの配置を視覚化する簡単な方法は，正 4 面体の 4 つの頂点と中心を結ぶことである（図 5.52）．図の中心点は 4 個の結晶粒が出会う角である．4 本の太い実線は，3 つの粒が出会うエッジを表し，エッジとエッジで挟まれた面が粒界である．なお正 4 面体の 4 つの外部表面は，各結晶粒の内部の場所を示しているに過ぎない．

ここで，3 つの粒がエッジに沿って出会う **3 重線**（junction）でのつり合いを考えよう（図 5.53）．α 相の粒界の単位面積あたりの自由エネルギーを $\gamma_{\alpha\alpha}$ とする．粒界の過剰自由エネルギーは等方的であり（すなわち結晶粒方位に依存せず），どの α/α 粒界も等しい表面張力をもつと仮定する．式(5.38)より，3 重線には 3 つの粒界から同じ大きさの表面張力がつり合わねばならない．図 5.53 で 2 面角を 2θ とすると，表面張力がつり合うには

$$\gamma_{\alpha\alpha}=2\gamma_{\alpha\alpha}\cos\theta \tag{5.40}$$

のとき，すなわち $2\theta=120°$ のときである．この結果は図 5.48 の実験結果で確かめることができる．

図 5.52 では，4 つのエッジと 6 つの粒界が 1 つの角で出会っている．

粒界の過剰自由エネルギーがすべて相等しくかつ等方的であるならば，対称性か

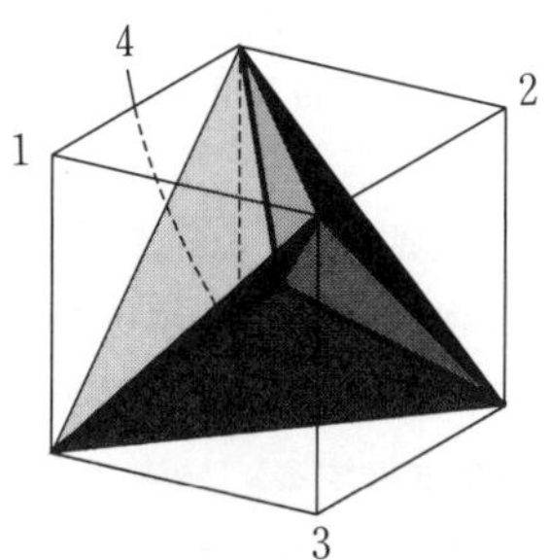

図 5.52 4 結晶粒ジャンクション．4 つのエッジが粒の頂点に集まっている．正 4 面体は立方体に内包されており，番号を付けた立方体の 4 つの頂点は別々の粒の内部にある．

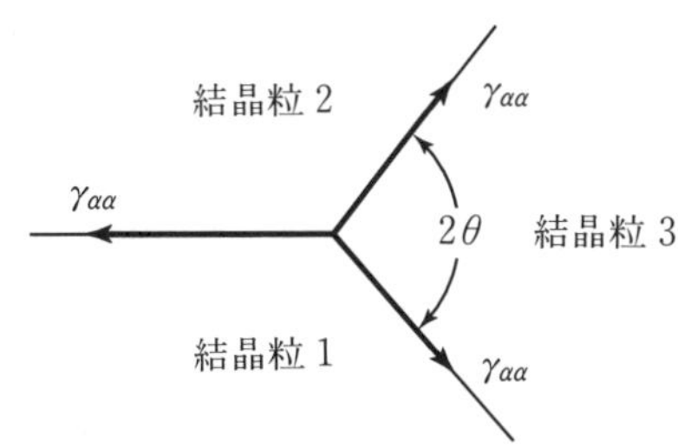

図 5.53 3 結晶粒ジャンクションをエッジ方向（すなわち紙面に垂直な方向）から見たもの．どの表面張力もエッジと垂直方向に作用する．

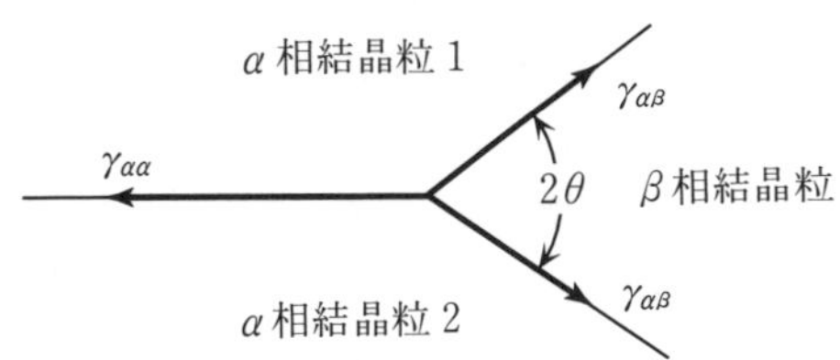

図 5.54 2 相合金中の 3 結晶粒ジャンクションをエッジ方向から見たもの（1 つの粒界（$\alpha\alpha$）と 2 つの異相境界（$\alpha\beta, \beta\alpha$）とのジャンクションは紙面に垂直である）．

ら，4つのエッジのなす角も互いに等しい．この角は正4面体の中心と4つの頂点を結ぶ線のなす角に等しく，したがって4つの⟨111⟩方向のなす角＝109.47°に等しい．

$(\alpha+\beta)$の2相合金では，α/α粒界，β/β粒界，α/β異相界面という3種類の界面が存在しうる．α/β異相界面の過剰自由エネルギーを$\gamma_{\alpha\beta}$とする．一般に，$\gamma_{\alpha\alpha}$，$\gamma_{\beta\beta}$，$\gamma_{\alpha\beta}$の値は異なる．このことが$(\alpha+\beta)$多結晶相の形態に及ぼす影響を考えてみよう．なお，主構成相をα，副構成相をβとする．

多くの場合，β相はα/α粒界に不連続な粒子として優先的に生成しようとする．β粒が粒界に生成するとα/β界面を新たに加えるものの，α/α粒界を取り除くので，系全体の界面自由エネルギーを減らすことができるからである．β相の形状は，界面ジャンクションで表面張力とつり合わなければならないという条件から，2つのα相と1つのβ相に挟まれた2面の平衡角度が決まる（図5.54）．界面自由エネルギーは等方的であると仮定すれば，式(5.40)との類推から，表面張力のつり合い条件として次式を得る．

$$\gamma_{\alpha\alpha}=2\gamma_{\alpha\beta}\cos\theta \tag{5.41}$$

右辺の異相界面エネルギー$\gamma_{\alpha\beta}$は任意の大きさをもつ本質的に正の量である．そこで，$\gamma_{\alpha\alpha}/\gamma_{\alpha\beta}$値が2つの極端な場合について式(5.41)の意味を考える．第1の極限$\gamma_{\alpha\alpha}/\gamma_{\alpha\beta}\ll1$の場合，$\cos\theta\approx0$だから$2\theta=180°$．粒界の過剰自由エネルギー$\gamma_{\alpha\alpha}$は界面エネルギー$\gamma_{\alpha\beta}$に比べて無視できるので，$\beta$粒は単位体積あたりの表面積が最小となるような形状すなわち球形（$\theta=90°$）をとる．第2の極限$\gamma_{\alpha\alpha}/\gamma_{\alpha\beta}\to2$の場合，2面角$2\theta$は0に近づくので，$\beta$相は$\alpha/\alpha$の粒界に沿って拡がる．なお$\gamma_{\alpha\alpha}/\gamma_{\alpha\beta}\geqq2$の場合，$\alpha/\alpha$粒界を2つの$\alpha/\beta$異相界面と1枚の$\beta$相薄膜でおきかえた方がエネルギー的には有利となる（**完全なぬれ**）．液体が固体に対して完全にぬれる性質は，はんだ付けのような接合技術のみならず，多孔質材料に液体を浸透させる必要がある様ざまな材料プロセスにおいても有用である（例えば，セラミック繊維強化金属基複合材料は，セラミック繊維のプリフォームに溶融金属を浸み込ませる方法で作られる）．

式(5.41)の2面角2θは，2相多結晶のミクロ構造における相の配置を決める重要なパラメータである．図5.55は粒界エッジおよびコーナーの様相が2面角2θの大きさによって変わることを示している．図5.55(a)左は3つの粒が出会うエッジを，右は下側に第4の粒が加わってできるコーナーを示す（図5.52参照）．図5.55(b)～(d)は種々の2θをもつ第2相が存在する場合である．$2\theta=0$のとき，第2相は粒界に完全にぬれる（図5.55(b)）．いいかえれば，第1相の粒は第2相によって完全

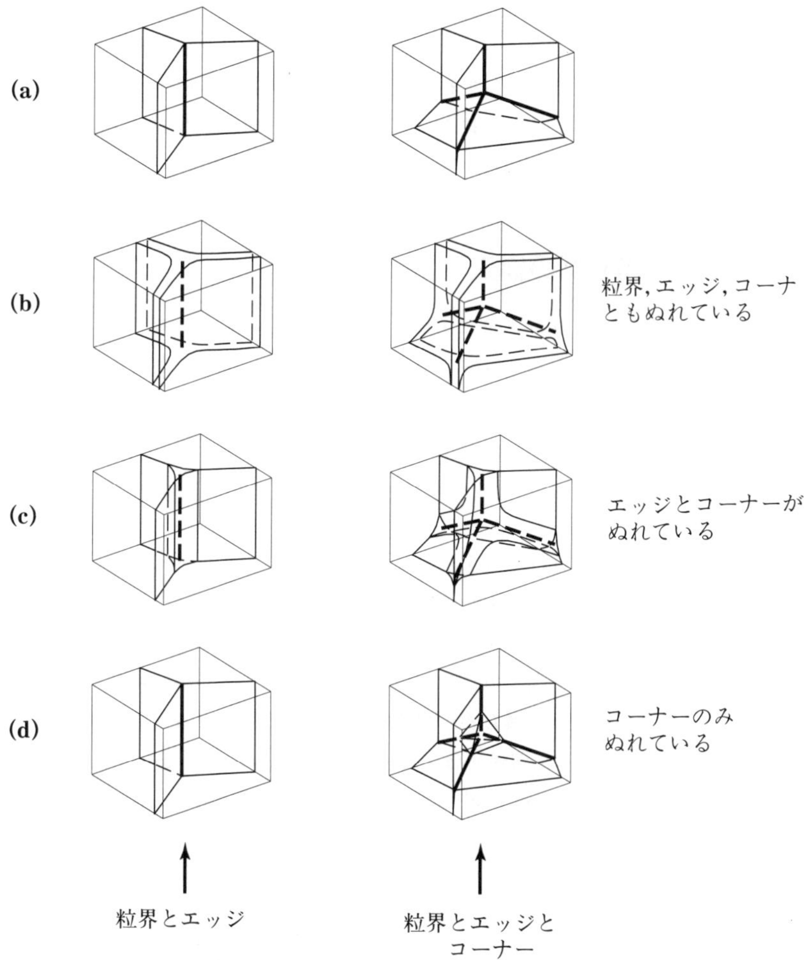

図 5.55 2相材料のミクロ構造と接触角の関係．(a)左は単相 (α) 材料中のエッジ，右はコーナー．(b)α/α の粒界，エッジ，コーナーは接触角 θ が小さければ，β 相と完全にぬれる．(c)$0<2\theta<60°$ のとき，粒のエッジとコーナーが β 相によってぬれる．(d) $60°<\theta<120°$ のとき，α 相の粒コーナーのみが β 相によりぬれる．

に覆われる[†1]. 60°<2θ<120°のとき，第2相は粒のコーナーのみを覆い，不連続な粒子としてコーナーに存在する（図5.55(d)）. 2θ>120°のとき，第2相は多結晶粒のどの部分ともぬれない．第2相はこのように結晶粒の特殊な場所を占めるだけでなく，第2相粒子として粒内に存在することもある．この種の考察がとくに有用となるのは，析出反応のような相変態において第2相が**不均一核生成**する場合である(Ragone 1995 b および6.5参照).

5.3.4 結晶界面の構造

次に，結晶性材料における界面のうちとくに重要なものについて，原子レベルでの記述を試みよう．この種の表面欠陥としては，積層欠陥，低角粒界，半導体のヘテロ接合などがある．液晶中の再配向壁の分子構造を調べると，この表面欠陥は磁性材料における磁壁によく似ていることがわかる.

積層欠陥

積層欠陥とは，並進対称性を乱す変位ベクトルによってずらされた結晶と結晶の界面をいう．積層欠陥は結晶成長中や塑性変形によっても生じる.

剛体球を結晶構造に稠密充塡する方法については3.4で述べた．球を平面に隙間なく詰め込んで得られる層を積み重ねる方法は無限にある．この層には，くぼみが2種類あるからである．そのうち最も簡単な積層法によって得られる構造がfccとhcpであることも学んだ．fccの積層順序はABCABC…であり，hcpのそれはABAB…である．この理想的な積層順序は，結晶成長中の攪乱，転位運動による変形，過剰な点欠陥の凝縮などによって乱される.

例えばfcc格子では，ABC**B**CABCABC…という順序になりうる．これはfcc格子における**積層欠陥**の一例である．積層欠陥は面状の欠陥で，通常は単一の原子面に限定される．この場合，欠陥は「失われたA層」からなっている，と考えることもできる．このように，原子面が抜けることによってできる積層欠陥を**イントリンシック積層欠陥**（intrinsic stacking fanlt）という．これに対して，ABC**B**ABCABC…のように余分な原子面の挿入によってできる積層欠陥を**イクストリンシック積層欠陥**

---

†1 訳者注 0<2θ<60°のとき，第2相はエッジ部分とぬれて，3次元的ネットワークを形成する（図5.55(c)）.

(extrinsic stacking fanlt) という．fcc 結晶中で空孔の凝集によってできる Frank の部分転位ループはイントリンシック積層欠陥を囲んでいる．空孔ではなく格子間原子が凝集するとイクストリンシック積層欠陥ができる．

イントリンシック積層欠陥は，単一原子からなる結晶を塑性変形させたときに，**部分転位**の運動によって生成される．fcc 結晶の刃状転位のコア構造を考えると，バーガースベクトルは $(a/2)\langle 110\rangle$ タイプのベクトルである．図 5.56(a) は (111) 面に平行な 2 つの層 A，B における原子配列と，転位コア部分にできる「チャンネル」

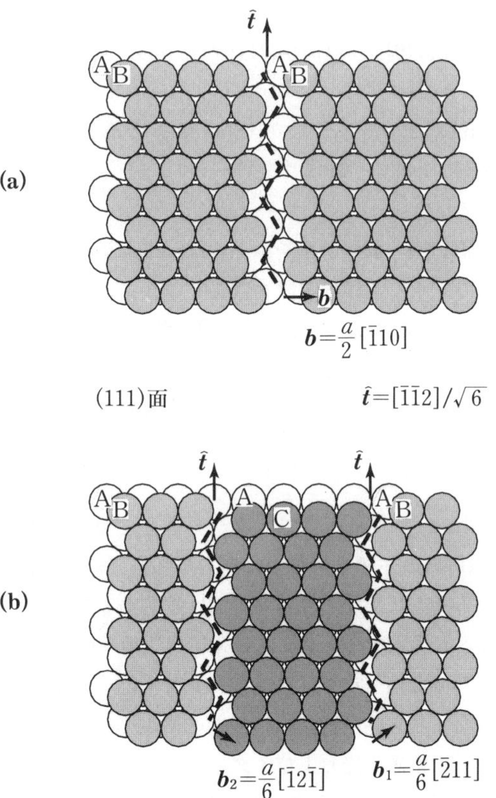

図 5.56 単一原子よりなる fcc 結晶中の刃状転位の芯付近．図は (111) 面に垂直に見たもので，転位は黒い原子団の間を図の上下方向に走っている．(b) fcc 結晶中の刃状転位が Schockley 部分転位に分かれたあとの領域．2 本の部分転位に挟まれた中央部分は A 層と C 層がとなり合っていることからイントリンシック積層欠陥である．

を示す．$\hat{\boldsymbol{t}}=(1/\sqrt{6})[\bar{1}\bar{1}2]$ ととれば，$\boldsymbol{b}=(a/2)[\bar{1}10]$ となる．網かけで示される B 層の原子を $\boldsymbol{b}$ 方向にずらす場合，ずれ $\boldsymbol{b}=(a/2)[\bar{1}10]$ はまず，$\boldsymbol{b}_1=(a/6)[\bar{2}11]$ に沿って，次いで $\boldsymbol{b}_2=(a/6)[\bar{1}2\bar{1}]$ に沿って 2 段階に起こる．かくして，上の (111) 面上の原子列は下の (111) 面上の原子と原子の谷間を移動する．

5.2.1 で述べたように，転位の弾性ひずみエネルギーは $|\boldsymbol{b}|^2$ に比例する．したがって，転位の分解反応

$$\boldsymbol{b} \longrightarrow \boldsymbol{b}_1+\boldsymbol{b}_2 \tag{5.42}$$

すなわち，

$$(a/2)[\bar{1}10] \longrightarrow (a/6)[\bar{2}11]+(a/6)[\bar{1}2\bar{1}] \tag{5.43}$$

において，エネルギーは減少する．$b^2>b_1^2+b_2^2$ だからである．以上はよく fcc 格子において 1 つの完全転位が 2 つの部分転位（Shockley の部分転位）に分解する例である．図 5.56 に分解した後のコア領域の様子を示す．完全転位がかなり広いコア領域をもつのに対して，2 つの部分転位のコアは狭く，したがって全ひずみエネルギーも低い．すべり面に垂直方向の積層順序を考えることにより，部分転位に挟まれた中央の帯状領域がイントリンシック積層欠陥を含んでいることがわかる（左右の薄い灰色の原子は B 位置にあるのに対し，部分転位の間の濃い灰色の原子は C 位置にあることに注意）．後続の最密充塡層が加わると，各層内での原子位置の緩和によって，チャンネルの幅はより狭くなり，ついには原子が等間隔で並ぶ完全な層に統合される．

逆位相境界

原子が長範囲にわたり規則配列している合金結晶では，**逆位相境界**（antiphase boundary, APB）と呼ばれる整合界面が存在しうる．これは，結晶の対称性を維持するのに必要なベクトルとは異なるベクトルだけ並進することにより生じる界面である．逆位相境界は特殊な積層欠陥といえる．逆境界位相を作るのに必要な並進ベクトルは，完全結晶の非等価な格子点を結ぶベクトルに等しい．これに対して，積層欠陥の並進ベクトルは，必ずしも完全結晶の格子点を結ぶベクトルではない（fcc 構造におけるイントリンシック積層欠陥およびイクストリンシック積層欠陥に関わる並進ベクトルは $(a/6)\langle 211\rangle$ であったことを思い出そう）．

図 5.57(a)に金属間化合物 Fe_3Al の規則構造の透視図を示す．この構造の空間群は $Fm\bar{3}m$ で，各原子は次の位置を占める．

Al　サイト $4a$　0, 0, 0

Fe　サイト $4b$　1/2, 1/2, 1/2

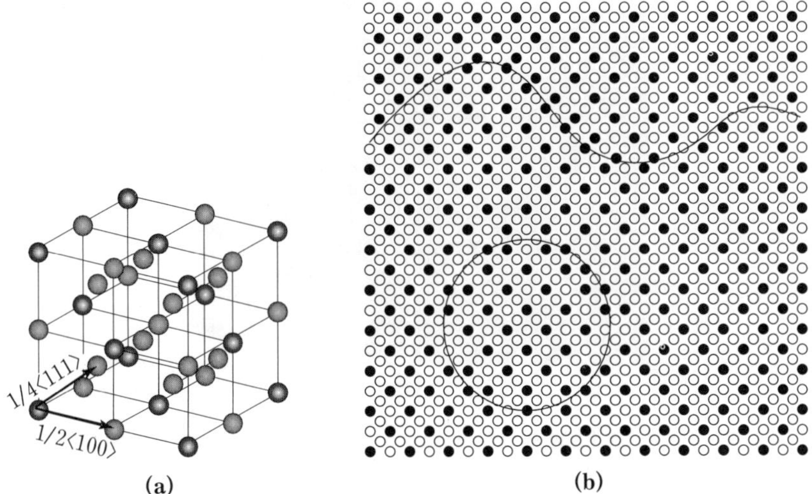

図 5.57 (a)Fe_3Alの単位格子．(b)2 つの APB を含む Fe_3Al 結晶の 2 次元投影図．[001] 方向から見たもの．APB は図中の細い曲線に沿っている．3 次元結晶では，APB は 2 次曲面になる．

Fe サイト $8c$ 1/4, 1/4, 1/4 3/4, 3/4, 3/4

Al 原子は fcc 格子点を占め，Fe 原子は正 8 面体位置と正 4 面体位置のすべてを占める．この構造では，Al–Al 結合は第 3 近接位置の間の結合である．

逆位相境界を含む Fe_3Al 結晶の模式図を図 5.57(b)に示す．この 2 次元の図は結晶を [001] 方向に投影してみたものである．2 種類の異なる逆位相境界が認められる．波状境界の変位ベクトルは $(a/4)\langle 111\rangle$ である（逆位相境界を挟んで Al–Al の最近接ボンドがいくつかあることに注意)．他方，円形の逆位相境界の変位ベクトルは $(a/2)\langle 100\rangle$ である（境界を挟んで，第 2 近接位置にある Al–Al ボンドがいくつか認められる)．これらのシフトベクトルはどれも空間群 $Fm\bar{3}m$ の並進ベクトルではないため，シフトによって結晶欠陥が生じるのである．

図 5.58 は，逆位相境界を含む Fe_3Al 結晶薄膜の TEM 像を示す．この材料では，逆位相境界の過剰自由エネルギーは等方的であるから，逆位相境界は滑らかな曲面状となる．図には 3 つの境界のジャンクションも見られる．これらは異なるシフトベクトルをもつ境界の直線状ジャンクションである．

面状の逆位相境界は金属間化合物を塑性変形させた際に，転位の運動によって生成

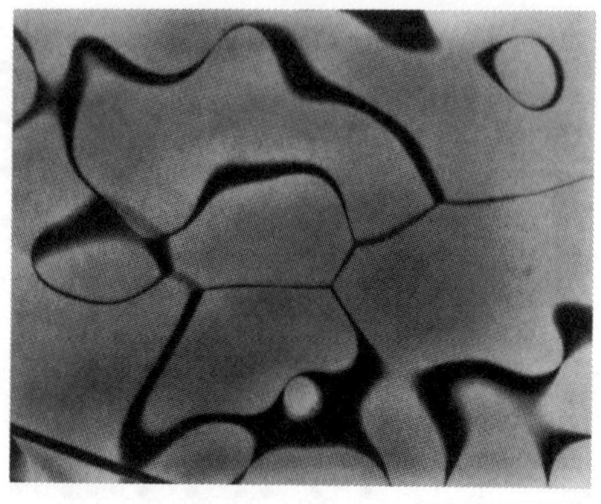

図 5.58　Fe_3Al の TEM 写真．黒い線が APB．APB の見かけの幅は局部的な APB 法線と入射ビームとの交角に依存する．

される．Fe_3Al を例にとれば，最短の格子並進ベクトルは $(a/2)\langle 111\rangle$ であるから，これが完全転位のバーガースベクトルになる．しかし，この材料では $(a/2)\langle 111\rangle$ タイプのバーガースベクトルをもつ部分転位もすべりにより生成される．転位の弾性エネルギーは b^2 に比例するから，

$$(a/2)[101] \longrightarrow (a/4)[111]+(a/4)[1\bar{1}1]$$

なる分解反応が起こりうる．生成転位の一方がすべり運動すると，その行跡には平面状の逆位相境界ができる．2本の部分転位が近接したまま対として運動すると，一方の転位は逆位相境界を作り，他方はそれを消滅させる．2本の部分転位とそれをつなぐ逆位相境界という構成は，単結晶 fcc 結晶における Shockley の部分転位の構成と酷似している（図 5.56(b)参照）．欠陥領域の幅（すなわち2本の部分転位の幅）は単位面積あたりの欠陥エネルギーが高いほど狭い．分解した単位の交差すべりは，部分転位の幅が狭いほど容易となるので，Fe_3Al や他の金属化合物の機械的性質は一般に逆位相境界エネルギーに敏感である．

粒　　界

方位の異なる結晶が出会う界面を粒界という．粒界は単相の界面であり，両側の結晶は方位以外はまったく同一である．

粒界の幾何学の記述は**双結晶**（すなわち平面状の粒界を含む2結晶粒体）の理想的

作製方法を考えることから始まる．まず，単結晶を2分割する．次いで回転軸と回転角を決め，一方の結晶を他方の結晶に対して回転する．回転軸を特定するためには，単位ベクトルを決めなければならず，これには2つの数が必要である．第3の数が回転角を与える．次に，粒界面を決めなければならず，このためにさらに2つの変数が必要となる（単位ベクトルを指定することにより，粒界面への法線が決まる）．2つ

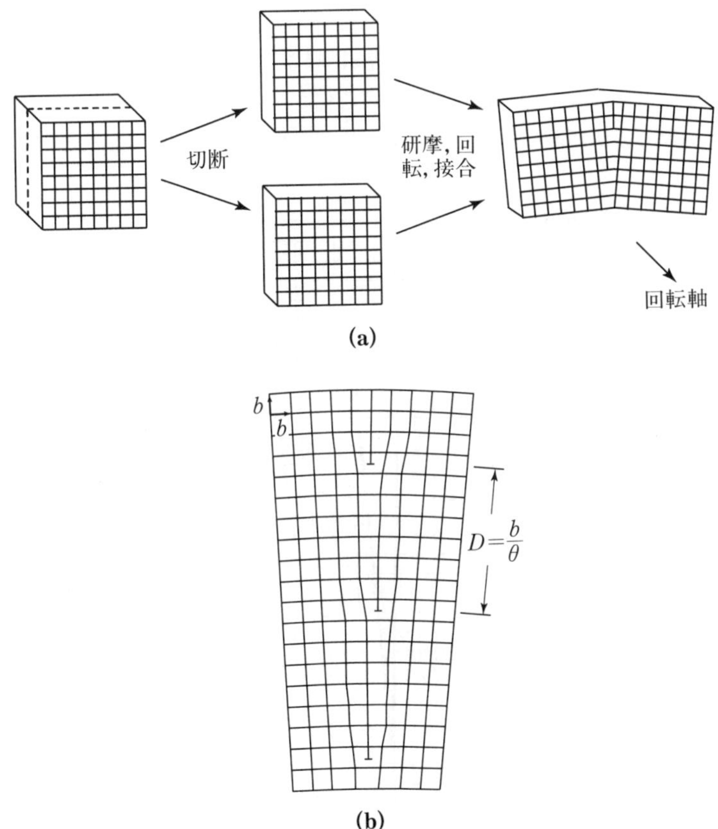

図 5.59 (a)単純立方結晶中に対称傾角粒界を作る方法．2つの結晶の間には紙面法線のまわりに回転角 θ なる方位差がある．粒界法線は紙面内にある．(b)低角粒界の拡大図．粒界は間隔 $D=b/\theta$ なる平行な刃状転位よりなる．θ は方位差，b はバーガースベクトルの大きさ（Read 1953, p. 157）．

の結晶を切断して，この粒界面に沿って研磨してから，面と面を向かい合わせれば粒界ができる．このように，粒界の本性を特定するためには，少なくも5個の変数が必要となる（例えば，結晶と結晶を剛体並進させる場合，さらに別の変数が加わり変数は全部で8個まで増える可能性がある）．

傾角粒界（tilt boundary）と**ねじれ粒界**（twist boundary）の構造はとくに簡単である．方位差があまり大きくないとき，これらの粒界は転位の比較的単純な周期配列からなると考えることができる．

粒界面内のある軸のまわりに2つの結晶を回転させることにより導入されるのが傾角粒界である．図5.59(a)に傾角粒界の理想化された作成方法を示す．すなわち，結晶を2分割し，切断面に垂直な軸のまわりに，各々を反対方向に $\theta/2$ ずつ回転す

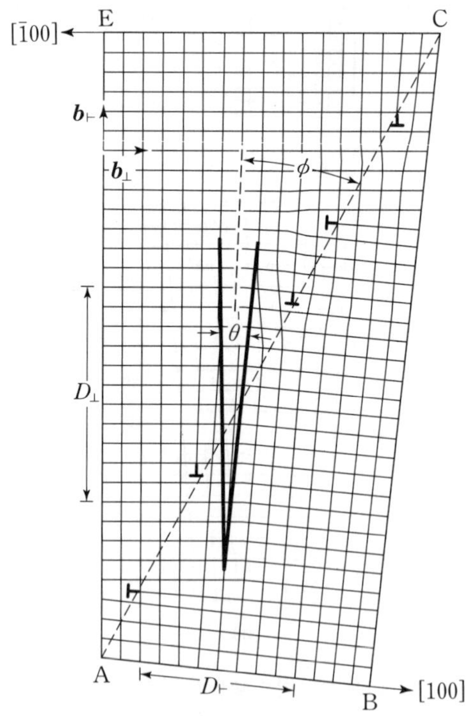

図5.60　単純立方格子における非対称傾角粒界．粒界は2組の平行な刃状転位よりなる．方位差は θ，粒界面はACにある．ϕ は対称傾角粒界からのずれ角度（Read 1953, p. 175）．

る．両結晶の端面の1つを研磨し，粒界面を作ってから，2つを接合する．

粒界面が2つの結晶の回転角の2等分面になっているような粒界を**対称傾角粒界**という．回転角 θ が小さいとき（$\theta<20°$），対称傾角粒界は粒界面内で等間隔に並んだ1組の平行な刃状転位からなる．対称傾角粒界の粒界面は，ほぼ2つの結晶の鏡映対称面に相当する．図5.57(b)は対称傾角粒界を模式的に示したものである．転位の間隔 D と方位差 θ およびバーガースベクトルの大きさ b との間に次の関係がなりたつ．

$$D=\frac{b}{\theta} \tag{5.44}$$

非対称傾角粒界は，互いに平行でバーガースベクトルが直交するような2組の刃状転位よりなる．第2の刃状転位群を導入することにより，粒界面は境界対称面からずれる．図5.60に非対称傾角粒界を示す．図5.59と同様に，θ は粒界の方位差である．図5.60の第2の角 ϕ は対称方位からの粒界面のずれの角度を表す．

小角非対称傾角粒界における2組の刃状転位の間隔はそれぞれ次式で与えられる．

$$D_{\perp}=\frac{b_{\perp}}{\theta\cos\phi} \quad D_{\vdash}=\frac{b_{\vdash}}{\theta\sin\phi} \tag{5.45}$$

ねじれ粒界とは，粒界面に垂直な軸まわりに隣接する粒を回転することにより導入される．図5.61はねじれ粒界を作るための理想的なプロセスを示す．単結晶を2つのブロックに分断し，切り口に垂直な軸のまわりにブロックの一方を他方に対して回転する．右側の図は，手前の結晶ごしに両ブロックの回転の様子を示したものである．2つの結晶が中心点の近くで非常によく対応し，この点から遠ざかるほど，ずれが増すことに注目されたい．

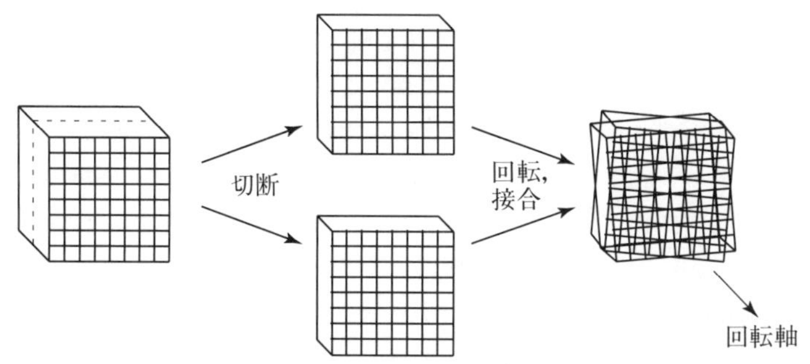

図5.61 単純立方結晶中にねじれ粒界を作る方法．2つの結晶は界面法線のまわりに角度 θ だけねじれている．

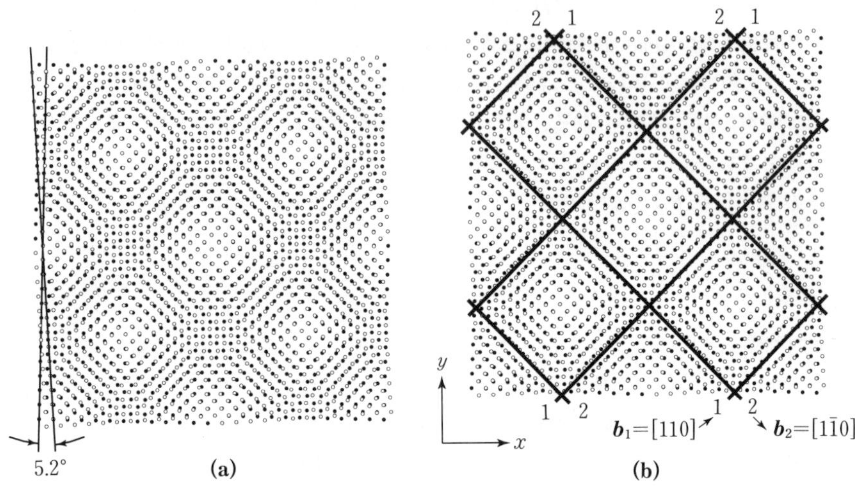

図 5.62　単純立方晶中の (100) ねじれ粒界の原子配置を粒界に垂直な方向から透視したもの．手前の結晶(○印)は裏側の結晶(●印)に対して [001] 軸まわりに 5.2°回転している．粒界面は (001)．(a)結晶の一方を他方に対して丸ごと回転して得られる双結晶．(b)この粒界は互いに直交する [110]，[1$\bar{1}$0] 方向に沿って配列する 2 組の平行ならせん転位群（図中の実線）よりなる．実際の結晶では，原子の位置が緩和されるので，らせん転位のコアは図よりさらに局在化し原子のマッチング領域も拡がる．

図 5.62(a)は，単純立方晶の (001)面に平行なねじれ粒界を示す．図で粒界面は紙面に平行である．白丸は手前側の結晶粒で，中心軸のまわりに反時計方向に 2.6°回転している．黒丸は裏側の結晶粒で，中心軸のまわりに時計方向に 2.6° 回転している．得られた構造は図 5.61 の双結晶における原子の位置を描いたものになっている．図 5.62 を原子間距離より大きなスケールで眺めれば，結晶の重なりのよい領域が周期的なパターンを構成すること，およびこのように対応のよい領域の間に [110] 方向および [1$\bar{1}$0] 方向に沿って対応のよくない帯状の領域が存在すること，に注意されたい．隣接原子間の相互作用ポテンシャルを用いて，コンピュータシュミレーションでこの構造を緩和させると，原子のずれの大きな所はらせん転位となり，ずれが小さく対応のよい領域は粒界上に広がる．結果として，この立方晶双結晶の (001)面粒界の構造は，2 組の直交するらせん転位群から構成される（図 5.62(b)）．らせん転位ネットワークの幾何学は双結晶の対称性に依存する．立方晶を (001)面で接合した

場合にはらせん転位は正方格子をつくる．

方位差 θ の小さい隣接粒で挟まれた界面を**小角粒界**(low angle boundary)という．図 5.59 と図 5.60 に示したように，小傾角粒界は平行な刃状転位の列からなる．また，小角ねじれ粒界は交差するらせん転位列からなる．任意の方位をもつ小角粒界は傾角成分とねじれ粒界成分からなる．多くの小角粒界はこのように比較的単純な構造をもつ．

大角粒界（high angle boundary）を転位モデルで記述するのは，小角粒界の場合ほど有効ではない．大量の転位を密に詰め込まねばならず，その結果格子が大きくゆがんで一義的に記述できなくなるからである．図 5.63 はこの種の界面の一例で，α-Al_2O_3 の大傾角粒界を高分解能電子顕微鏡で観察したものである．大角粒界の構造を記述するには，次の 2 つの概念を新たに導入するのが有効である．第 1 に結晶の周期構造に起因して，特定の粒界方位差のときに，粒界での原子の対応がきわめてよくなる．対応性がよいのは，この方位差のときに高密度の**対応格子点**が存在するからである（Bollman 1970, p. 143 ff）．この種の粒界は単位面積あたりの界面自由エネルギーがことのほか低い．大角粒界のもう 1 つの有効なモデルは，モデル粒界の TEM 観察で得られた，粒界領域の原子構造は少数の特定の多面体の配列で構成される，という事実に基づいている．これを粒界構造に関する**構造単位モデル**という（Sutton and Balluffi 1995）．これらの粒界モデルを裏づけるための研究が数多くなされている．これには，TEM, XRD, コンピュータシミュレーションなどの手段が用いられる．

粒界領域には，正規のサイトからずれた原子が存在するので，転位やアモルファス物質や不純物や第 2 相などは優先的に粒界に偏析する．セラミックスやポリマーの粒界は，原子の局部的対応がよくない領域からなるのではなく，薄い非結晶層からなる

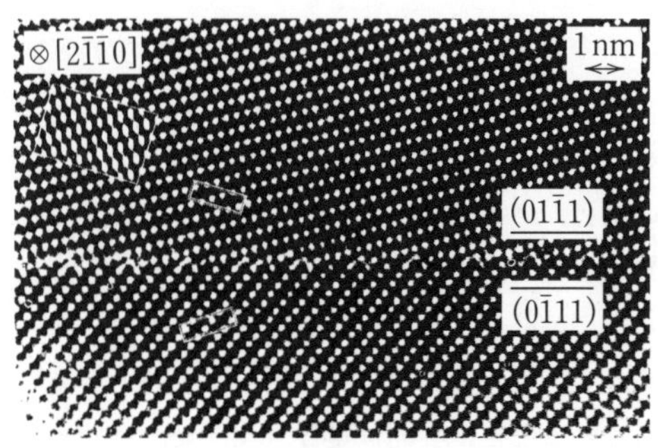

図 5.63 アルミナ Al_2O_3 中の高角粒界の TEM 像．この特殊な粒界は共通軸 [2$\bar{1}\bar{1}$0]，方位差 35.2° なる傾角粒界である（Kleebe 1993, p. 365）．

ことが多い．セラミックスの粒界の化学組成は，しばしばそれを挟む結晶粒の化学組成とは異なる．他方，ポリマーではアタクチック分子と**枝分かれ分子**（branched molecule）は**球晶**（spherulite）に挟まれた粒界部分に偏析する．材料の力学的性質や輸送特性は，このようなアモルファス粒界領域の存在の影響を強く受ける．反応焼結により作られた Si_3N_4 におけるアモルファス領域の例を図 5.64 に示す．この材料は，粒界面およびエッジでの薄いアモルファス層の形成を促す Y_2O_3 のような焼結助剤を用いて処理されたものである．

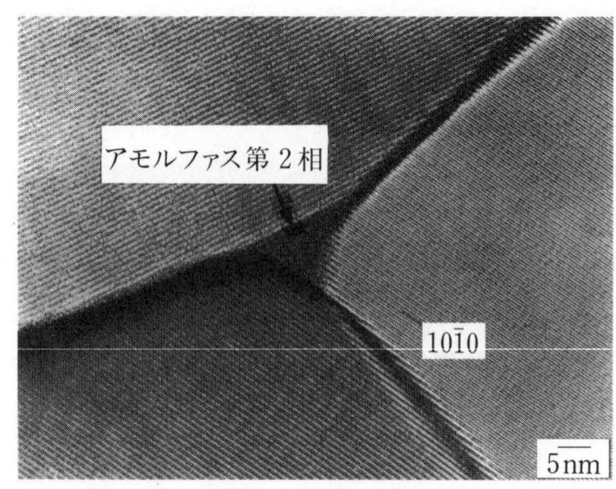

図 5.64　反応焼結した Si_3N_4 中の粒エッジの高分解能 TEM 像．エッジはぬれ性のよいアモルファス相で満たされている（Kleebe 1993, p. 365）．

異相境界

多相材料において 2 つの相を隔てる 2 次元の界面を異相境界という．結晶粒界の隔てる粒と粒が同一の組成・結晶構造・格子をもつのに対して，異相境界が隔てる相同士は組成も構造も異なるため，異相境界の構造は粒界のそれよりもはるかに複雑である．両側の相が結晶の場合，各々の構造も格子定数も異なる．このため，格子面と方向が完全に対応する異相境界を見出すのは難しい．

界面の両側の相がともに結晶でよく似た構造を有する場合，両者の原子面と原子方向が界面でよく一致することも珍しくない．界面で原子同士が 1 対 1 で対応し，原子面と原子方向が連続しているとき，界面は**整合**（coherent）であるという．整合界面は固相析出反応の初期段階で，析出相と母相固溶体の結晶構造が酷似し，かつ格子定数が近い場合にしばしば見られる．例えば，Cu–2 mass%Co 合金を 1150 K から焼入れて，1025 K で時効させると，Cu に富む母相（$Fm\bar{3}m$，$4a$ サイトが占有される不規則固溶体）から Co に富む立方体状の微小な粒子（$Fm\bar{3}m$，$4a$ サイトが占有された不規則固溶体）が析出する（Servi and Turnbull, 1966）．析出粒子の寸法が小さいとき，母相と析出相の {001}面と ⟨100⟩方向は界面で完全に一致する．整合界面の模式図を図 5.65(a)に示す．

共存する 2 相の格子定数は異なることが多いので，整合粒子の析出に伴って一般に，弾性ひずみ場が発生する．整合粒子の寸法が大きいとき，近傍の転位を取り込んで格子定数の差を補うことで粒子の弾性ひずみエネルギーを減らし，結果として自由エネルギーを低減することができる（図 5.65(b)）．この種の異相境界を**半整合界面**という．半整合な粒子からひずみエネルギーを取り除くのに最も有効なのが，界面内にバーガースベクトルをもつ刃状転位である．特定の方位関係をもたない異相界面を

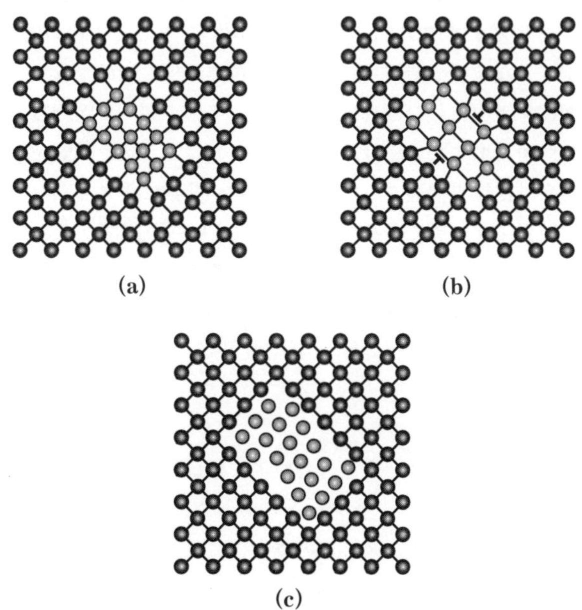

図 5.65 (a)整合な異相界面：原子面と方向が 1 対 1 に対応する．粒子と母相の格子定数の差に由来する格子ひずみが生じていることに注意．(b)半整合界面：界面に散在する刃状転位が弾性ひずみエネルギーを解放している．(c)非整合界面：格子定数の差が大きいため，面も方向も一致しない．

非整合界面（incoherent interface）という．その一例を図5.65(c)に示す*21．

異相界面の単位面積あたりの自由エネルギーは整合界面で最も低く，半整合界面で中程度，非整合界面で最大となる．

ブロック共重合体における粒界

最も簡単な粒界構造はラメラブロック共重合体のそれであろう．ラメラブロック共重合体はスメクチックA型の液晶であることを思い出そう．ラメラドメインの形成は均一状態からの核生成，成長によって起こり，ラメラ同士の衝突によって傾角粒界もねじり粒界もできる．図5.66(a)～(c)に種々の傾角粒界の模式図とそれに対応するTEM像を示す．液晶材料のため，粒界構造は1組の転位によって決まるのではなく，むしろ傾斜角に依存する．傾斜角が小さいとき（$<15°$），層は粒界を介して曲がるだけである．傾斜角が中程度のとき，層は粒界部分で特異なΩ形に発達する．さらに傾斜角が $\pi/2$ 程度まで増すと，T形の粒界が生じ，そこで1組の層が終端をもつ．

このように様ざまな粒界構造が生じるのは，粒界を挟んでのマッチング条件を満たしつつ界面の面積を最小にしなければならない，という要件に起因している．ほぼ対称な傾角粒界の傾角を増すためには，界面中心におけるラメラ間隔を増すことが必要である．この結果，Ω粒界構造をもたらす．傾角が非常に大きく，かつ対称性もよい場合，ラメラは粒界でマッチできない（図5.66(d)参照）．マッチさせることのできる唯一の方法が，ラメラの一部を粒界で終わらせることによって刃状転位を生成することである（図5.66(d)の領域C2を参照）．$\theta=90°$ で非対称角 $\phi=\theta/2$ のとき，完全なターミネーションが起こる（純粋なT型粒界）．

磁気ドメイン壁

結晶性の固体が相手のないスピンを含む原子または分子からなる場合（例えば遷移金属），スピンの組合せは，スピンとスピンのカップリングに起因する様ざまな規則配列を示すことができる．普通，スピンの集合体に及ぼす温度と外部場の影響を調べているので，下部の原子構造は不変とみなせる．高温ではスピンは熱エネルギーによりランダムに配向しているとみなせる．磁場 $\boldsymbol{H}$ が作用すると，スピンは再配列して磁場強さに比例した磁化を生じる．磁場なしでは磁気モーメントを生じないような高

*21　今日では，結晶と結晶の界面は，系の自由エネルギーを低減するために，ほとんど例外なく何らかの特殊方位をとるものと考えられている．構成相の結晶構造が大きく異なっても，このような特殊方位は可能である（Dhamen 1982）．

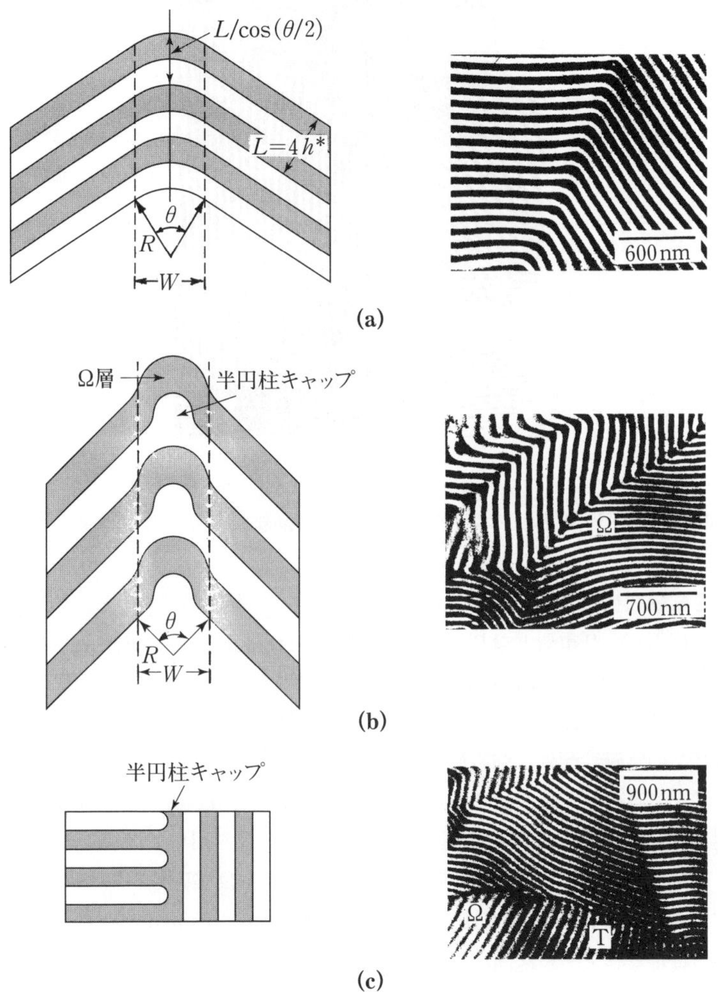

図 5.66 ブロック共重合体における傾角粒界の構造．ポリスチレン・ポリブタジエン・ラメラブロック共重合体における 3 種類の粒界の同定．左が模式図，右が TEM 像．(a)シェブロン傾角粒界．ラメラが粒界部分で連続的に湾曲している．(b)Ω 傾角粒界．ラメラの一方が粒界の中央部に半円柱状のキャップを形成し，他方はこの突起を Ω 状の層で覆う．(c)T 形傾角粒界．この種の粒界ではラメラの連続性は保たれない（Gido and Thomas 1994, pp. 6138-6143）．

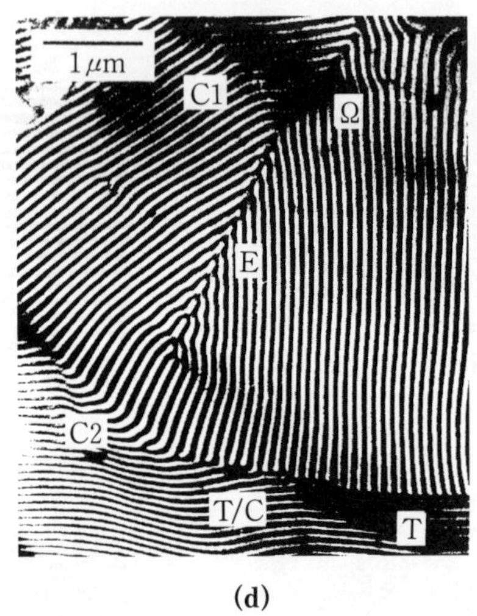

(d)

図 5.66(続)　(d)層状のブロック共重合体多結晶試料に見られる種々の傾角粒界.

温状態を**常磁性**状態（paramagnetic state）という．温度が下がると，スピンとスピンの相互作用がより重要となり，**強磁性**配列（ferromagnetic ordering）もしくは**反強磁性**配列（antiferromagnetic ordering）が出現する．スピンの配列状態は他にもあるが（herical, ferrimagnetic など），ここでは割愛する．図 5.67(a)～(c)にそれぞれスピンの常磁性配列，強磁性配列，反強磁性配列を示す．ダイレクタとは異なり磁気スピンが真のベクトル量であること（つまり $\hat{\boldsymbol{n}} \neq -\hat{\boldsymbol{n}}$）に注意すれば，前章で液晶の規則化に関連して展開した配向規則パラメータ S を用いてスピン配列を記述することができる（4.2.2 参照）．結晶性の強磁性材料や反強磁性材料でも表面欠陥や界面欠陥が生じる．**磁気異方性**（magnetocrystalline anisotropy）すなわち，特定の方位に磁化されやすい傾向，があるためである．対称性に由来して低エネルギーの磁化方位がいくつか存在するため，外部磁場が作用しなければ，エネルギーが同じで方位の異なるスピンドメインが生じる．単一ドメインの間の境界は**ドメイン壁**（domain wall）と呼ばれる表面欠陥であり，ドメイン壁の内部でスピンはその方位を変える．このためドメイン壁は**配向壁**とも呼ばれる．ドメイン壁は界面自由エネルギーをもつ．

一般にドメイン壁には**ブロッホ壁**（Bloch wall）と**ネール壁**（Néel wall）の2種類がある．ブロッホ壁は視覚化が最も容易である．図 5.68 は，スピンがその優先配

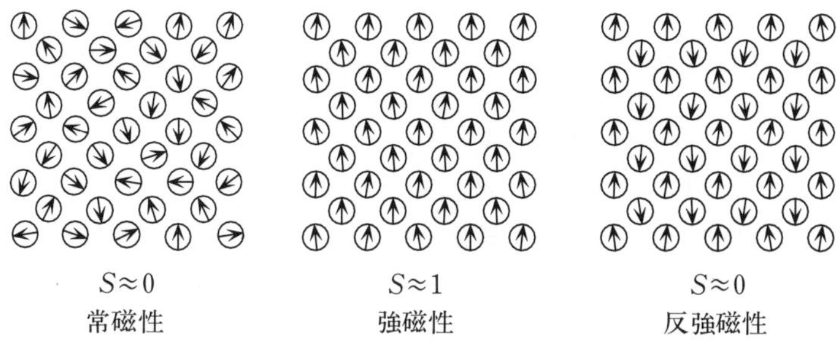

図 5.67　異なるスピン規則度パラメータ S をもつ 2 次元正方格子におけるスピン配列の様子．高温で安定なのは不規則な常磁性相．低温ではスピン配列が平行な強磁性相と反平行な反強磁性相が安定．

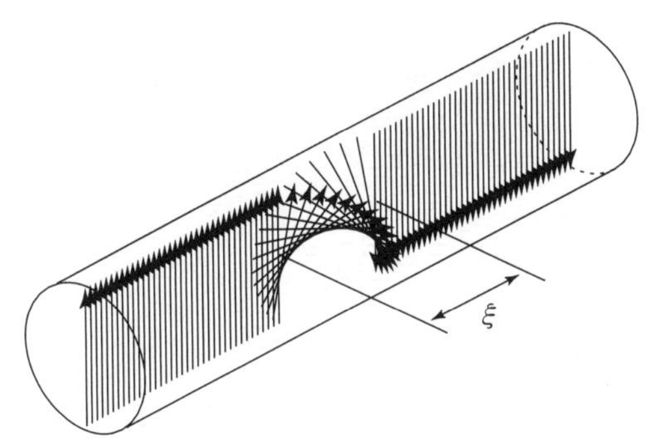

図 5.68　強磁性結晶におけるスピン壁．ブロッホ壁の透視図．磁壁を横切る際にスピンの向きが角度 π だけねじれる．

列方位と垂直に，幅 ξ にわたって角度 π だけねじれ再配列する様子を透視法で示したものである．他方，ネール壁はスピンまたはダイレクタがベンドまたはスプレー運動により角度 π だけ傾斜再配列することにより生じる（図 5.69(a)および(b)）．このネールベンド壁とネールスプレー壁も磁場中に置かれた液晶で発生する．

液晶における壁

配列の規則性を乱す表面欠陥は液晶内にも存在する．実際，磁場中に置かれたネマチック液晶では，きわめてよく似たツイスト壁，スプレー壁とベンド壁が生じる．液晶内のこの種のツイスト壁において，壁を横切りながら角度 π だけ再配列するのがダイレクタである．

壁の幅 ξ は特定の物性に依存する．例えば，液晶では ξ は次のように表せる．

$$\xi=\sqrt{\frac{\bar{K}}{\chi_{\mathrm{a}}H^2}} \tag{5.46}$$

ここに，$\bar{K}$ は液晶中の平均 Frank 弾性定数，χ_{a} は反磁化率 ($\chi_{\mathrm{a}}=\chi_{33}-\chi_{11}$) である．$\xi$ の大きさは，壁の近くにある分子の弾性ひずみエネルギー（これは再配列を広い範囲に分散させ，Frank 弾性定数の平均値 $\bar{K}$ と関係する），磁場の強さ H および χ_{a} の大きさ（分子を整列させ，壁の領域を狭めるはたらきがある）の大小関係で決まる．H を一定として壁の幅を計測することにより液晶の弾性定数が直接求められる．

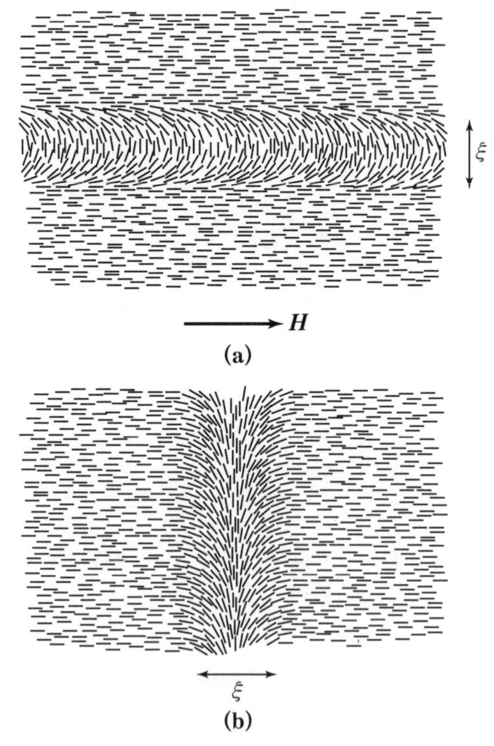

図 5.69　液晶におけるダイレクタ壁．(a) 2 次元ネールベンド壁．ベンド壁は磁場印加方向と平行．壁から離れた所ではダイレクタ場は磁場と平行．(b) 2 次元ネールスプレー壁．壁は磁場方向と垂直．いずれの場合も壁の幅は ξ．ネール壁は一種の傾角粒界である．

液晶のダイレクタ場は，ダイレクタの特異点にあたる回位部分を除けばメゾ相の全域で連続的に変化する（5.2.2 参照）．ダイレクタはブロッホ壁とネール壁を横切る際に連続的に向きを変える．ダイレクタ壁は外部磁場の作用で液晶が再配列するときに起こる．例えば，完全な単磁区構造をもち，磁化率がダイレクタ場方向および分子軸方向で最大となるような（したがって正の反磁化異方性をもつ）液晶を考えよう．磁場と平均ダイレクタが直交するとき，分子は磁場方向に再配列してエネルギーを下げようとする．もし，隣接する 2 つの領域が逆向きに回転するならば，ダイレクタの方位が角度 π だけ変化する薄い不均質領域は 2 つの均質なドメインの間に限定される．壁は外表面もしくは回位で終わるか，閉曲面を形成しなくてはならない．

磁気スピンの規則化と液晶系における規則化の主な違いは，磁気スピンがベクトルであるのに対しダイレクタはスカラーである，という点にある．このため，強い磁場をかけると，ブロッホ壁は磁場方向のスピンを含むドメインが，逆向きスピンのドメインを食いながら成長するように移動する．しかし，液晶相中の平面状のブロッホ壁に対しては，正味の力は働かない．磁場に平行なダイレクタと反平行なダイレクタが等価となるためである．平面状ブロッホ壁の場合と同様に，外部磁場は強磁性材料中での平面状ネール壁の移動を誘発するが，液晶中ではネール壁に正味の力ははたらかない．平面状のブロッホ壁もネール壁も界面エネルギーをもち，複数の壁がある場合もしくは壁が湾曲している場合には，壁の面積したがってエネルギーを低減させるような力がはたらく．

5.4　欠陥と対称性の破綻

すでに見たように，大きさが無限大で完全な結晶もしくは液晶単一ドメインのもつ対称性は，ある種の欠陥により点状，線状あるいは面状に局部的に破られる．規則化した媒質における様ざまな対称性により，生成しうる欠陥の種類は大きな制約を受ける．欠陥は原子や分子の局部的配列をゆがめるが，媒質のマクロな規則性は物質の点群対称性および空間群対称性と矛盾しないように保たれる．規則構造をもつ媒質の対称性は相変態によっても丸ごと壊される．この種の相変態は，温度，応力，磁場強さ，電場強さなど様ざまな影響因子によって誘発される．これらの因子は，媒質の構成単位を空間群と結晶学的な点群（したがって物理的性質）が異なる新しい相に丸ごと再配列させることができる．

参考文献

Balluffi, R. W., "In Pursuit of the Lattice Vacancy," *MRS Bull. 16*(2), 23–28, 1991.

Bollmann, W., *Crystal Defects and Crystalline Imperfections*, Springer-Verlag, Berlin, 1970.

Bragg, L., Lomer, W. M., and Nye, J. F., *Experiments with the Bubble Model of a Metal Structure* [Motion Picture], 1954.

Chiang, Y.-M., Birnie, D. P. III, and Kingery, W. D., *Physical Ceramics*, Wiley, New York, 1997.

Dahmen, U., "Orientation Relationships in Precipitate Systems," *Acta Metal. 30*, 63–73, 1982.

Dew-Hughes, D., and Robertson, W. D., "Dispersed Particle Hardening of Aluminum–Copper Alloy Single Crystals," *Acta Metal. 8*, 147–155, 1960.

Eisenstadt, M. M., *Introduction to Mechanical Properties of Materials*, Macmillan, New York, 1971.

Frank, F. C., "On the Theory of Liquid Crystals," *Disc. Farad. Soc. 25*, 19–28, 1958.

Gibbs, J. W., "On the Equilibrium of Heterogeneous Substances," *Trans. Conn. Acad. 3*, 439, 1878; *Collected Works—I*, Yale University Press, New Haven, CT, 219.

Gido, S. P., and Thomas, E. L., "Lamellar Diblock Copolymer Grain Boundary Morphology: Tilt Boundaries," *Macromolecules 27*, 6137–6144, 1994.

Haasen, P., "Plastic Deformation of Nickel Single Crystals at Low Temperatures," *Phil. Mag. 3*, 384–418, 1958.

Hayden, H. W., Moffatt, W. G., and Wulff, J., *The Structure and Properties of Materials: Vol. III, Mechanical Behavior*, Wiley, New York, 1965.

Honeycombe, R. W. K., *The Plastic Deformation of Metals,* Edward Arnold, London, 1968.

Hull, D., and Bacon, D. J., *Introduction to Dislocations*, 3rd ed., Pergamon, New York, 1984.

Kleebe, H.-J., *Composite Interfaces 1*, 365, 1993.

Kléman, M., *Points, Lines and Walls*, Wiley, New York, 1983.

Orowan, E., "Zur Kristallplastizität. I. Tieftemperaturplastizität und Beckersche Formel," *Z. Phys. 89*, 605–613, 1934a.

Orowan, E., "Zur Kristallplastizität. II. Die dynamische Affassung der Kristallplastizität," *Z. Phys. 89*, 634–659, 1934b.

Polanyi, M., "Über eine Art Gitterstörung, die einen Kristall plastich machen Könnte," *Z Phys. 89*, 660–664, 1934.

Ragone, D. V., *Thermodynamics of Materials*, Vol. I, Wiley, New York, 1995a.

Ragone, D. V., *Thermodynamics of Materials*, Vol. II, Wiley, New York, 1995b.

Read, W. T., *Dislocations in Crystals*, McGraw-Hill, New York, 1953.

Reneker, D. H., and Mazur, J., "Small Defects in Crystalline Polyethelene," *Polymer 29*, 3–13, 1988.

Servi, I. S., and Turnbull, D., "Thermodynamics and Kinetics of Precipitation in the Copper–Cobalt System," *Acta Metal. 14*, 161–169, 1966.

Simmons, R. O., and Balluffi, R. W., "Measurement of Equilibrium Vacancy Concentrations in Aluminum," *Phys. Rev. 117*, 52–61, 1960.

Smith, C. S., *A Search for Structure*, MIT Press, Cambridge, MA, 1981.

Sutton, A., and Balluffi, R. W., *Interfaces in Crystalline Materials*, Oxford University Press, Oxford, 1995.

Taylor, G. I., "The Mechanism of Plastic Deformation of Crystals. Part I.—Theoretical," *Proc. Roy. Soc. A145*, 362–387, 1934a.

Taylor, G. I., "The Mechanism of Plastic Deformation of Crystals. Part II.—Comparison with Observations," *Proc. Roy. Soc. A145*, 388–404, 1934b.

Weaire, D., and Phelan, R., "A Counter Example to Kelvin's Conjecture on Minimal Surfaces," *Phil. Mag. Lett. 69*, 107–110, 1994.

Wollenberger, H. J., "Point Defects," in *Physical Metallurgy*, R. W. Cahn and P. Haasen, eds., North-Holland Physics Publishing, Amsterdam, 1983.

さらに勉強するために

Harris, W., "Disclinations," *Sci. Am. 237*(6), 130–145, 1977.

Hirth, J. P., and Lothe, J., *Theory of Dislocations*, 2nd Ed., Wiley-Interscience, New York, 1982.

Kelly, A., and Groves, G. W., *Crystallography and Crystal Defects*, Addison-Wesley, Reading, MA, 1970.

Kingery, W. D., Bowen, H. K., and Uhlmann, D. R., *Introduction to Ceramics*, 2nd Ed., Wiley, New York, 1976.

Moffatt, W. G., Pearsall, G. W., and Wulff, J., *The Structure and Properties of Materials: Vol. I, Structure*, Wiley, New York, 1965.

Reed-Hill, R. E., and Abbaschian, R., *Physical Metallurgy Principles*, 3rd Ed., PWS-Kent, Boston, MA, 1992.

Reneker, D. H., "Dispirations, Disclinations, Dislocations and Chain Twist in Polyethylene Crystal Polymers," *Polymer 24*, 1387–1400, 1983.

Volterra, V. *Annals Scientifique Ecole Normale Superior*, *24*, 401–517, 1907.

演習問題

5.1　ある結晶が 1200 K で熱平衡状態にある．空孔の平衡濃度を 10 倍に増やすには温度をさらに何 K 上げる必要があるか．ただし，空孔の形成エンタルピーを 1.5 eV とする．

5.2　ある結晶が図のような 2 種類の構造を取りうるとする．

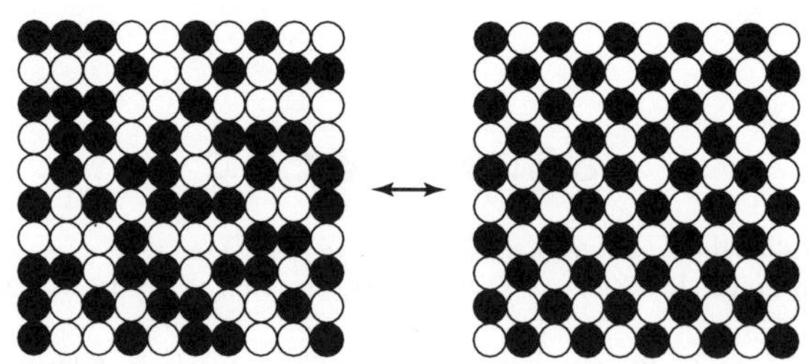

（**a**）　各構造の特徴を説明せよ．
（**b**）　両構造に共通の特徴を述べよ．
（**c**）　両構造の相違点を述べよ．

5.3　表 5.2 のデータを用いて次の物質の空孔生成エンタルピーを求めよ．
（**a**）　Ta（bcc 構造，融点 3269 K）
（**b**）　Pt（fcc 構造，融点 2042 K）
（**c**）　In（hcp 構造，融点 429 K）

5.4　Kröger-Vink 表記法を用いて，図 5.5(a)および(b)に示される点欠陥の生成反応式を書け．

5.5　アルミナ Al_2O_3 中へのマグネシア MgO の取り込みによる固溶体の生成過程を考える．
（**a**）　Kröger-Vink 表記法により欠陥取り込み反応式を 2 つ書け．ただし，Mg^{2+} カチオンが Al^{3+} と置き換わるものとし，ある種のカチオン格子間侵入が起こるものと仮定する．
（**b**）　設問(a)の 2 つの反応のうちどちらかが実際に起こるかを決めるために，密度測定をどのように利用すべきかを説明せよ．

5.6
（**a**）　Bi_2O_3 に CdO を加えると無視できない数のアニオン空孔が生じる．この事実に見合う欠陥生成反応を示せ．

（b） スピネル $MgAl_2O_4$ にアルミナ Al_2O_3 を加えるとカチオン空孔が生じる．この過程に関わる欠陥生成反応を示せ．

（c） CaF_2 に YF_3 を加えると，YF_3 量とともに密度が著しく増加することが知られている．この過程を説明しうる不純物取り込み反応を示せ．

5.7

（a） 下図は，NaCl 構造を有する CaO の構造を (100) 面でみたものである．図には 5 つの点欠陥が記されている．各欠陥についての Kröger-Vink 記号を示せ．

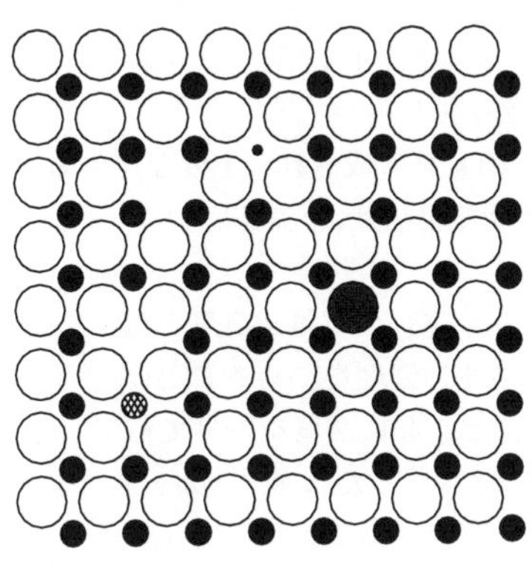

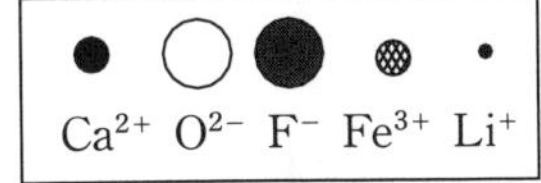

（b） 図中の Fe^{3+} イオンについて考える．他の 4 つの欠陥のうちこの不純物と静電的に引きつけ合い，十分な低温で複合体を作るものはどれか．

（c） 図中に Schottky 欠陥や Frenkel 欠陥があれば記せ．

（d） 図の結晶の電荷は中性か．

5.8 ウラニア UO_2 は原子炉用の燃料である．UO_2 はフッ化カルシウム（蛍石，CaF_2）構造を有し，空間群は $Fm\bar{3}m$，格子定数は a=5.46 Å，U^{4+} イオンは $4a$ サイト，O^{2-} イオンは $8c$ サイトを占める．UO_2 に関する次のデータを用いて，以下の設問に答えよ．

〈データ〉

・カチオン（U^{4+}）の Frenkel 欠陥対の生成エンタルピー＝9.5 eV．

・アニオン（O^{2-}）の Frenkel 欠陥対の生成エンタルピー＝3.0 eV．

・Schottky 対の生成エンタルピー＝6.4 eV．

・カチオン（U^{4+}）の半径＝1.00 Å．

・アニオン（O^{2-}）の半径＝1.38 Å

（a）カチオン Frenkel 欠陥対，アニオン Frenkel 欠陥対，Schottky 欠陥を構成する点欠陥の記号を Kröger-Vink 表記を用いて示せ．

（b）空間群 $Fm\bar{3}m$ について学んだことを援用して（国際図表を参照してもよい），UO_2 単位格子に Frenkel 欠陥となりうる等価な位置を特定せよ．UO_2 の各イオンを剛体球とみなした場合，格子間位置に入るイオンの最大寸法はいくらか．

（c）UO_2 のアニオン Frenkel 欠陥対とカチオン Frenkel 欠陥対の形成エンタルピーのデータには大きな開きがある．この差をもたらす重要な因子は何か．

（d）UO_2 は CaO（カチオン半径 1.12 Å）をかなり多量に固溶する．CaO を UO_2 に加えるとどんな点欠陥を生じるか．

（e）CaO をドープした UO_2 に形成される主要な点欠陥の種類を決めている要因は何かを高温と低温に分けて説明せよ．設問（a）～（d）の該当箇所を利用してよい．

（f）読者が指導教授から「UO_2 の電気伝導度と温度の関係を実測することにより 10^{-9} という極微量のアニオン濃度を決めることができる」といわれたとしよう．読者が実測したところ，どんなに温度を下げてもアニオン濃度は 10^{-4} 以下にならないことがわかった．続けて行ったスペクトル分析により，サンプルにはいくらかの Ca が含まれていた．この事実に基づいて上述の異常な測定結果を説明せよ．

5.9　次の図は転位の剛体球-スティックモデルである．

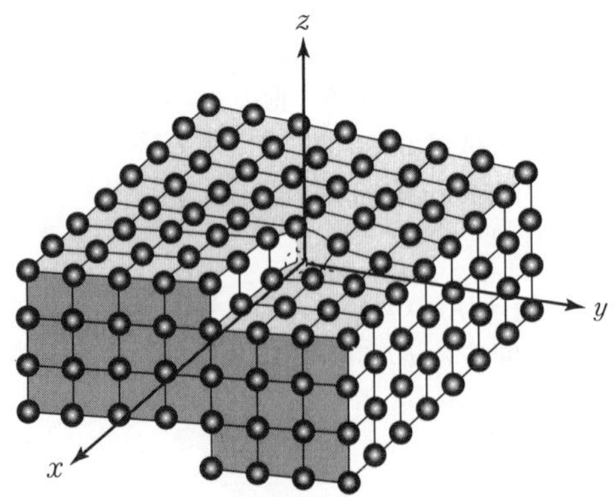

（a）接線ベクトルの向きを決め，***SF***/RH 法によってこの転位のバーガースベクトルを求めよ．

（**b**）　この転位の種類は何か．

（**c**）　この転位を x-z 面上で $-x$ 方向にすべらせるには，結晶にどんなせん断応力を加えればよいか．

5.10　1 種類の原子からなる単純立方構造（空間群 $Fm\bar{3}m$，占有サイト $1a$）の結晶中に転位 1 と 2 がある．両転位のバーガースベクトルと接線ベクトルがそれぞれ

$$\boldsymbol{b}_1 = a[010], \quad \hat{\boldsymbol{t}}_1 = [0\bar{1}0] \quad (\text{転位 } 1)$$

$$\boldsymbol{b}_2 = a[010], \quad \hat{\boldsymbol{t}}_2 = [00\bar{1}] \quad (\text{転位 } 2)$$

であるとして，以下の問いに答えよ．

（**a**）　両転位の性格は刃状からせんか．

（**b**）　転位を含む結晶格子の模式図を，座標系を適当に選んで描け．

（**c**）　転位のすべり面はどれか（すべり面が一義的に決まらない場合，すべり面にどんな拘束がはたらいているか）．

5.11　Ni 結晶（fcc）のとなり合う (111) の間に円板状の単原子層を挿入することにより円形の転位ループが生成されたとする．

（**a**）　接線ベクトルの向きを決め，***SF***/RH 法を用いてこの転位のバーガースベクトルを求めよ．バーガースベクトルの大きさを Ni の格子数で表し，$\boldsymbol{b}$ の方向を決めよ．

（**b**）　この転位の種類は何か．

5.12　ある fcc 結晶が転位の $(a/2)[101](11\bar{1})$ すべり運動により変形しているとする．

（**a**）　この転位が交差すべりすることができるためには，$(11\bar{1})$ 面上でどの方向に向いている必要があるか．

（**b**）　その場合，どの面に交差すべりが起こるか．

（**c**）　すべり系 $(a/2)[101](11\bar{1})$ の転位が純粋な刃状転位であるためには，どの方向を向いているべきか．

（**d**）　すべり系 $(a/2)[101](11\bar{1})$ の転位が $\hat{\boldsymbol{t}} = [1\bar{1}0]/\sqrt{2}$ なる接線ベクトルをもっている．この転位のバーガースベクトルを刃状成分とらせん成分に分けよ．

5.13　異なるすべり面上を運動する 2 本の転位が出会って，新たに第 3 の転位が生成する反応を考える．この反応において，反応ベクトルのバーガースベクトルの和は生成転位のバーガースベクトルに等しい．すなわち，

$$\boldsymbol{b}_1 + \boldsymbol{b}_2 \rightarrow \boldsymbol{b}_3$$

この種の反応は fcc 結晶のすべり系 $\langle 110\rangle\{111\}$ で可能である．具体例を挙げれば，次のようなバーガースベクトルをもつ 2 本の平行な転位の間にこの反応が起こる．

$$\boldsymbol{b}_1=(a/2)[011]\quad \text{すべり面}(\bar{1}\bar{1}\bar{1})\cdots\text{転位 1}$$
$$\boldsymbol{b}_2=(a/2)[101]\quad \text{すべり面}(111)\cdots\text{転位 2}$$

（**a**）　生成転位のバーガースベクトル $\boldsymbol{b}_3$ を求めよ．

（**b**）　転位 1 および 2 が互いに平行なとき，接線ベクトル $\hat{\boldsymbol{t}}$ は何か．

（**c**）　生成転位のすべり面法線ベクトルを求めよ．

（**d**）　fcc 結晶中でこの種の転位反応が起こることにより，すべりは起こりやすくなるか，起こりにくくなるか．説明せよ．

5.14　Ni 単結晶の $(11\bar{1})$ 面上にバーガースベクトル $\boldsymbol{b}=(a/2)[101]$ なる完全刃状転位がある．Ni は fcc 構造で格子定数は $a=3.6$ Å である．

（**a**）　この転位は可動か不動か．理由とともに説明せよ．

（**b**）　この転位のバーガースベクトルの大きさを求めよ．

（**c**）　刃状転位が次の反応に従って 2 本の Shockley 部分転位に分かれることができるのはなぜか．

$$(a/2)[101]\rightarrow(a/6)[112]+(a/6)[2\bar{1}1]$$

（**d**）　弾性論によれば，設問（c）の 2 本の転位は互いに反発し合い，その斥力の大きさは単位長さあたり次式で与えられる．

$$f=\frac{\mu(\boldsymbol{b}_2-\boldsymbol{b}_3)}{2\pi d}$$

ただし，d は転位の間隔，$\boldsymbol{b}_2$ と $\boldsymbol{b}_3$ は生成転位のバーガースベクトルである．

Ni の弾性率を $\mu=7.6\times10^{10}\mathrm{N/m^2}$ とし，2 本の部分転位を結ぶイントリンシック積層欠陥の単位面積あたりの過剰自由エネルギーを $\gamma=128\ \mathrm{J/m^2}$ として，平衡間隔 d を求めよ．

5.15　fcc 結晶の (111) 面上にある 1 本の完全転位は次の反応によって 2 本の Shockley 部分転位に分かれる．

$$(a/2)[1\bar{1}0]\rightarrow(a/6)[1\bar{2}1]+(a/6)[2\bar{1}\bar{1}]$$

（**a**）　まっすぐな転位の単位長さあたりの弾性エネルギーは $b^2=\boldsymbol{b}\cdot\boldsymbol{b}$ に比例する．常識の反応はエネルギー的に有利であることを示せ．

（**b**）　2 本の反応生成転位が「部分転位」と呼ばれる理由を説明せよ．

（**c**）　上記の完全転位が交差すべりすることのできるほかの {111} 面を特定せよ．

（**d**）　設問（a）で 2 本の部分転位のなす角度はいくらか．

（**e**）　積層欠陥のエネルギーはこの分解反応にどんな影響を及ぼすか．

5.16　金属間化合物 NiAl は CsCl 構造をもち，空間群は $Pm\bar{3}m$ で Ni 原子は $1a$ サイト，Al 原子は $1b$ サイトを占める．格子定数は $a=0.29$ nm である．

（**a**）　この結晶構造において最短の格子変態は何か．

（**b**） この構造で規定される完全転位のバーガースベクトルは何か．

（**c**） NiAl 結晶の活動すべり系は何か．

（**d**） NiAl ではどんな部分転位が観察されるはずか．理由を付して説明せよ．

（**e**） 前問で部分転位にどんな積層欠陥が生成されるか．

5.17 fcc 単結晶で Schmid 因子が最大値 0.5 となるような引張軸方位の単位ベクトル $\hat{\boldsymbol{n}}=[uvw]$ を求めよ．ただし，すべり系は $(a/2)[101](11\bar{1})$ とする．

5.18

（**a**） 符号を異にする 1 対の半整数回位欠陥（回位ダイポール）のまわりのダイレクタ場をスケッチせよ．

（**b**） 4 つの半整数回位欠陥（2 つは +1/2 で他の 2 つは −1/2）からなる特に安定な配列を Lehmann クラスター（下図）という．設問（a）でスケッチしたダイポールと次に示す 4 極子（quadrapole）とではダイレクタ場の長範囲ひずみにどのような違いがあるかを説明せよ．

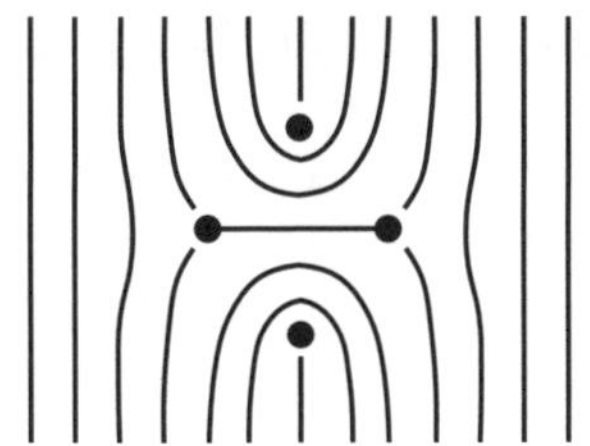

5.19 次の原子間力顕微鏡（AFM）写真は，ある液晶ポリマー中の回位欠陥に特有の模様を示す．各種の欠陥を同定せよ．

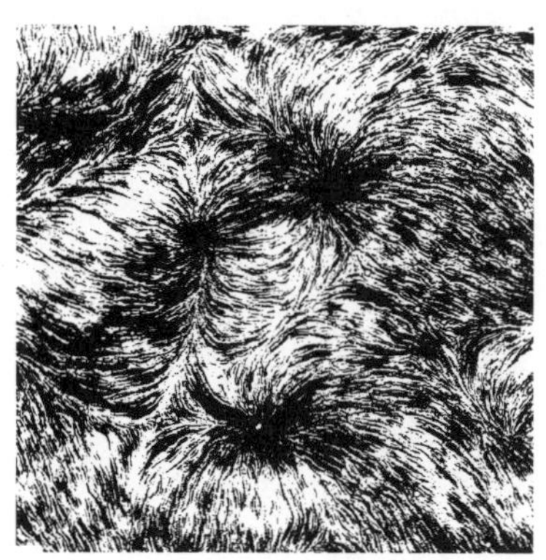

5.20　組成が同一の準結晶と結晶では，前者の方が一般に硬い理由を構造に基づいて説明せよ．

5.21　下の写真（J. Gunther の好意による）は傾角粒界の泡模型である．実測と計算を行って，理論式 $D=b/\theta$ がよく成立することを示せ．

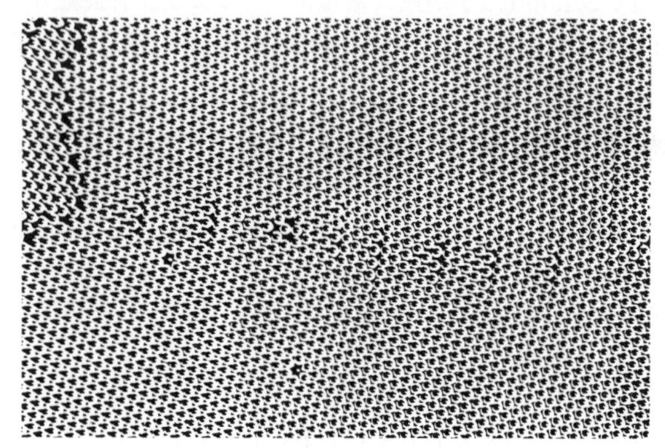

5.22　Au 単結晶を Ni 単結晶の (100)面を研磨してから接合した．Au と Ni の格子定数はそれぞれ 4.0Å，3.6Å であり，ともに fcc($Fm\bar{3}m$) 空間群をもつ．格子定数の不一致が半整合界面に帰着すると仮定して，界面に生成される転位の種類とその間隔を特定せよ．

5.23　3次元多結晶配列における結晶粒の多結晶構造を視覚化する簡便な方法として，コーヒーカップや梱包材用の発泡ポリスチレンを利用する方法がある．これを注意深く1つ1つの粒にこわすことにより，多面体の形態を同定することができる．実際にこれを試み，粒の形状をスケッチせよ．

第6章

ミクロ構造

この最終章では，ナノスケールからマクロスケールにわたる構造因子をさらに加えることにより物質の構造に関する考え方を統一してみよう．粒径，方位，表面ファセット，濃度勾配，第2相といった構造因子は，各種欠陥の3次元配置とともに，物質のミクロ構造を構成する．

前章までにアモルファス，結晶，液晶に関するいくつかの理想化された構造モデルを述べた．アモルファス物質の構造については，自己排除的酔歩モデル，連続ネットワークモデル，フラクタルモデル，剛体球ランダム最密充塡モデルなどが提案された．結晶性物質では，無限に大きな完全結晶を正確に記述できる点群および空間群の考え方を展開した．液晶については理想化されたモデルとしてディレクタモノドメインを用いた．どのモデルにおいても，構造は場所によらず一様である．原子レベルでの規則性を除けば，よりマクロなスケールでの構造上の特徴はない．しかし，実際の工業材料の構造を正しく記述するには，さらに多くの記述因子を用いる必要がある．5章で点欠陥，線欠陥，表面欠陥に関する構造モデルを展開し，工業材料でのそれらの存在確率について述べた．

ポリアトミックアンサンブルよりはかなり大きいが，肉眼で識別できるほど大きくない構造がミクロ構造を構成していると考えられる．例えば，多結晶の粒界やエッジやコーナーの配置がミクロ構造の要素であるように（図5.49），ネマチック液晶中の回位の配置も構造の要素である（図4.16，図5.43）．

物質のミクロ構造は，長さの尺度は異なるが互いに共有するような構造的特徴からなる．ミクロ構造の記述子は重要である．物質の物理的性質はあらゆるレベルの構造に依存するからである．第2相のような不均質性はその様ざまな配置を通してミクロ構造の多様性に寄与する．ミクロ構造の構成要素の性質に異方性がある場合，その配列方向を制御することによって材料特性をさらに最適化することが可能となる．この種の組織制御は，材料の製造工程で例えば塑性流動や温度勾配を付与するなどの方法により実現できる．このように，不均質で異方性が強く，広い寸法範囲にわたる複雑な組織構成要素の例を自然界に多数見ることができる（皮膚，骨，木材など）．実際，この種の有機体は，今のところ未開発だが非常に精密な工程を経て作られた工学的に最適の構造を有するもの，と見ることができる．身近な工業材料の中には，結晶の単位格子に相当する 10^{-9}m という**ナノ構造**から，部品やデバイスの外寸に相当する1

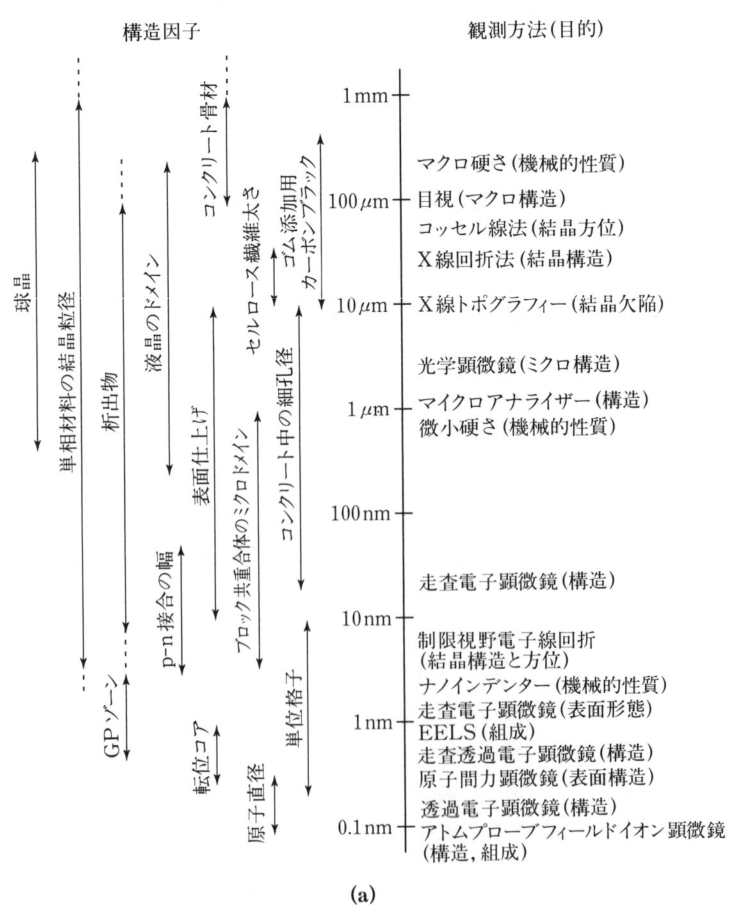

図 6.1　（a）材料の構造因子と観察方法の分解能との尺度関係（Allen and Bever 1986, p. 4700）．

m というマクロ構造まで，実に 9 桁という広い範囲にわたる構造因子に配慮して設計されているものも多い．

本章では前章までに学んだいろいろな概念に加えて，ミクロ構造とかかわるさらに別の概念や記述子を紹介する．最後に革新的な製造方法によってミクロ構造を劇的に制御し，性能を著しく改善できる 2 つの事例について調べる．

6.1　構造の階層

物質における構造の形成過程は**構造の階層性**（structural hierarchy）という考え方と密接にかかわっている．ここでいう階層とは長さの尺度の 1 つである．種々の構造単位が集まって物質を形づくる場合，個々の構造単位にはない集合体としての新しい側面が生じる．この種の階層は物質の構造によく現れる．物質の構造単位の配列の乱れによって別種の構造が生まれる．温度やひずみといったプロセスパラメータに勾配がある場合にも，様ざまな大きさをもつ構造のバリエーションが生じる．

物質における構造の階層は非常に広い寸法範囲にわたるため，種々の寸法レベルで組成や構造を調べるには，分解能の異なる実験技術を用いなければならない．物質によく現れる構造の寸法を種々の観察技法の分解能とともに比較したものが図 6.1(a)

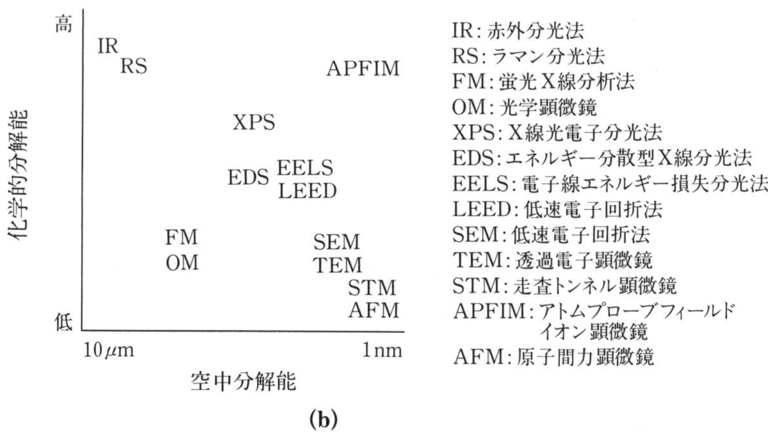

図 6.1(続)　(b)材料科学で用いられる種々の分析技法の空間分解能と化学的分解能の関係（C. G. Zimba による）．

である．構造の情報とは別に局部的な化学組成を知ることのできる分析技術も重要な解析手段である．実際，分析技術の空間的，化学的分解能は最近飛躍的に進歩している（図6.1(b)）．

構造階層性は構造と材料特性の関係を考える際に重要な役割を演じる．例えば，多結晶材料の塑性変形挙動は，原子間ポテンシャル，転位の移動度，粒界構造（粒界は転位源とも転位運動の障害ともなるほか，粒界すべりのサイトともなりうる），表面構造などの様ざまな因子に依存する．

6.1.1 金属鍛造材における構造の階層

図6.2は金属鍛造材における階層構造を模式的に示したものである．階層の最低部には寸法約1 nm（10^{-9}m）の単位格子があり，このレベルでは金属原子が集まって結晶格子を形成している．転位は1本ずつ独立した転位として存在することもあるし，**鍛造**中に形成されるネットワーク状の絡み合いとして存在することもある（6.2.1参照）．転位組織の特徴をよく表す寸法因子は平均転位間隔で，転位密度をρとすると$\rho^{-1/2}$で近似され，**絡み合い転位**（tangle）はミクロン（10^{-6}m）オーダーの大きさをもつ**セル**（cell）を形成する．粒界は隣接する結晶粒を分ける．50 μm(5×10^{-5}m)の大きさの単結晶粒が集まって多結晶を構成する．多結晶の粒径は肉眼でも識別できるほどに大きくなることがあり，1 mm（10^{-3}m）を上回ることもありうる．鍛造材自体の寸法は10 cmにすぎないが，構造の階層は約8桁もの広い範囲にわたる．

多結晶材料の用語について2，3のコメントを加えておく．まず，**結晶**とは，1つの空間群で表される単一の均一相から構成される領域をいう．**単結晶**とは，有限の大きさをもつサンプル物質のことで，点欠陥，転位，積層欠陥など種々の欠陥を含みうる．単結晶の表面にはその点群対称性に起因したファセットが形成されることがある．**粒**という用語はさらに一般的である．粒とは，材料内の1つの結晶性領域をいい，平均的には一様な方位をもつが，時には転位，空孔，格子間原子のみならず結晶構造の異なる第2相を析出物として含むことがある．つまり，2相材料の粒は，単一の方位をもつ主相と，その内部に含まれる整合または非整合な第2相粒子からなる．例えば，複雑な形状と内部冷却溝を有するタービンブレードはニッケル基スーパーアロイで作られるが，この合金は整合または半整合な析出物を含む**単一の結晶粒**よりなっている（6.3.1参照）．

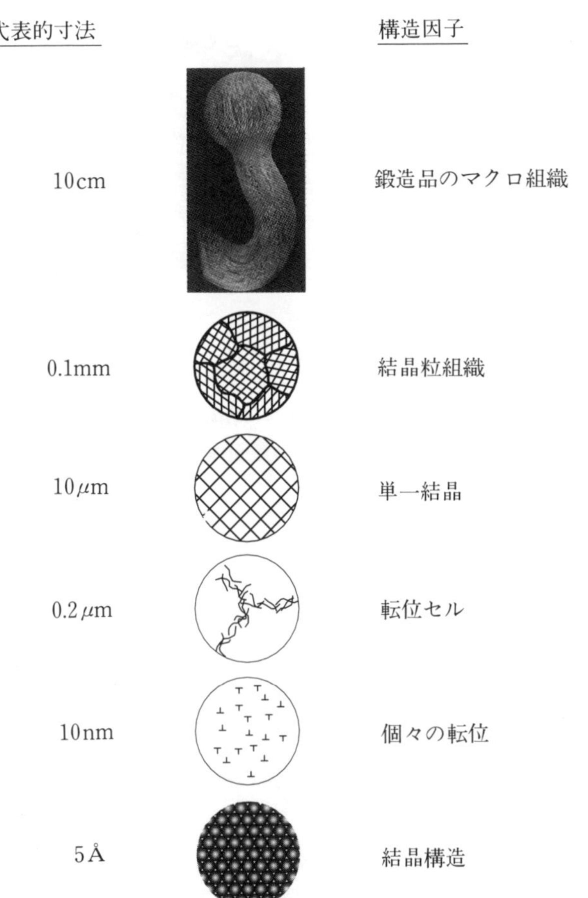

図 6.2 金属鍛造品における構造の階層性（American Society for Materials 1988, vol. 14, p. 367）.

6.1.2 半結晶性ポリマーにおける構造階層性

溶融状態のポリエチレン分子の構造は，径路が非常に複雑な酔歩に似ている（図 6.3(a)，図 2.15(a)，図 2.16(a)参照）．その寸法は分子鎖の一端から他端までの根平均 2 乗 $\langle R_n^2\rangle^{1/2}$ により次のように表される．

$$\langle R_n^2\rangle^{1/2}=n^{1/2}l \qquad (2.11)$$

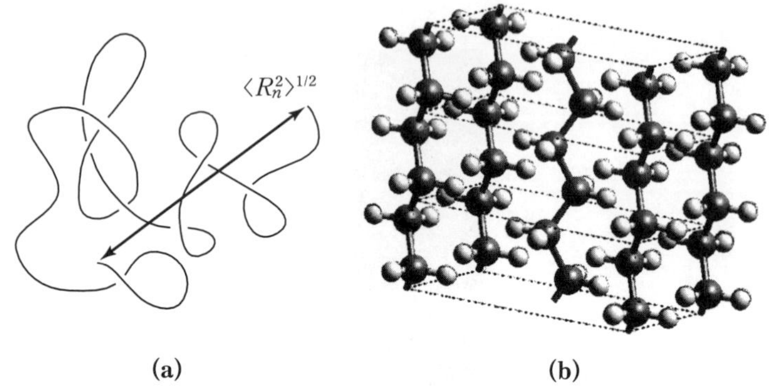

図 6.3 (a)分子が絡み合ったポリマー溶融体におけるランダム・コイル構造模式図. (b)ポリエチレン結晶の菱面体構造単位格子を3つつなげたものの透視図.

ここに, n はエチレンモノマーの数, l はモノマーの長さである. よって, ポリエチレン溶融体はたった数個の記述子によってうまく表すことができ, 均一であるために, ミクロ構造の記述子は不要である. しかし, 分子鎖の規則構造のゆえに, ポリエチレンは融点以下に温度を下げると結晶化する (ただし, 分子鎖は枝分かれが少なく, したがって線状であるとし, 冷却速度も高すぎないとする). ポリエチレンの結晶構造は斜方晶で空間群は $Pna2_1$ である. この炭化水素分子鎖のエネルギーが最小となるのは, 平面的で, C—C 結合がすべてトランス型のときである. この分子鎖は図 6.3(b)に示すような単位格子を構成する (図 3.41 も参照). 単位格子あたりの原子数はわずか 12 個 (C が 4 個, H が 8 個) である. このため 10000 個もの $-\!\!(CH_2-CH_2)\!\!-$ モノマーの繰り返し (1.2×10^5 個の原子) からなる個々の分子鎖は多数の単位格子を貫いている. 溶融状態ですでに存在している絡み合いにより, 分子鎖は完全に伸長した全トランス型の構造をとることが容易でなく, 結晶化は妨げられる. その結果, 結晶と結晶の間に非結晶の領域が残る. かくして, 代表的な結晶性ポリマーも実は**半結晶性**である.

結晶化度 (degree of crystanity) χ は半結晶性ポリマーのミクロ構造の重要な記述子であり, 弾性率, 硬さ, クリープ抵抗, 強度などの重要な性質に影響を及ぼす. χ を決定する簡便な方法は, 密度 ρ を計測し, これを結晶の密度 (ρ_c), アモルファスの密度 (ρ_a) と比較することで, 次式より求められる.

$$\chi=\frac{\rho-\rho_a}{\rho_c-\rho_a} \tag{6.1}$$

半結晶性ポリマーの代表的な χ 値は結晶化の度合にもよるが 20〜80%の範囲にある．

結晶性ポリマーの単位格子より大きな基本的構造単位は**ラメラ**である．これは**分子鎖の折りたたみ**（chain folding）によって生じる間隔の狭い（約 100Å）層状構造である（図 6.4(a)）．ラメラの横方向（分子鎖方向）の長さは層の間隔よりはるかに

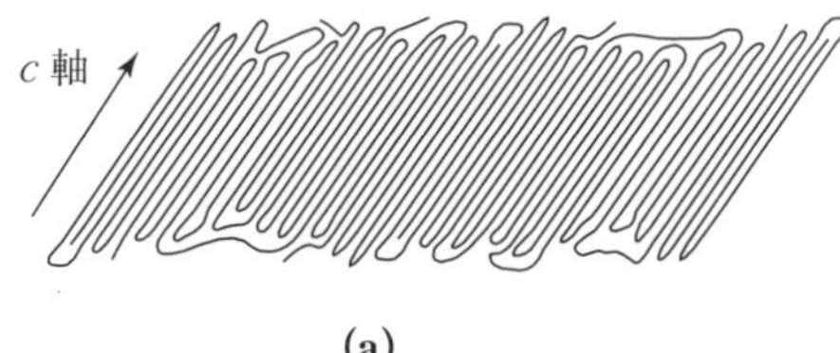

(a)

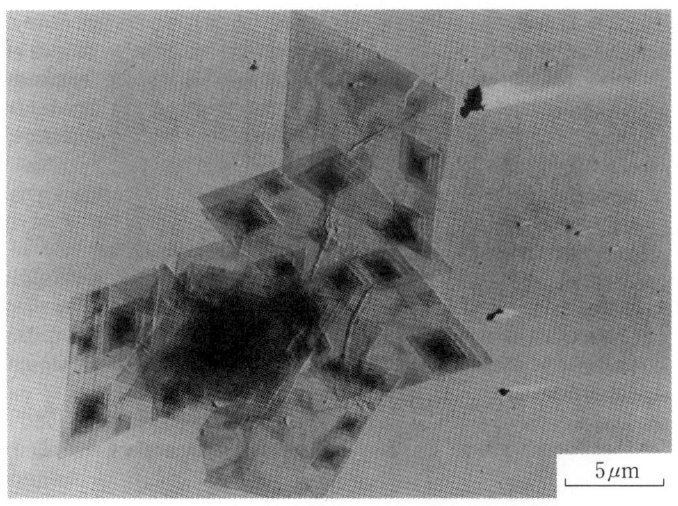

(b)

図 6.4　(a)ポリマー結晶における分子鎖の折りたたみ．ポリマー分子鎖の全長は結晶の厚さよりはるかに大きいので，個々の分子鎖は幾重にも折り重なる必要がある．(b)溶液からの成長法によるポリエチレン分子の折りたたみ結晶．規則的な面と菱形の結晶に注意（Bassett 1981, p. 41）．

大きく，数 μm に達することが多い．個々のラメラを観察するために希薄溶液からポリマー結晶を析出させる方法がある．図 6.4(b)は希薄溶液の冷却により得られたポリエチレン結晶の透過電子顕微鏡写真である．核生成の頻度が低いため，比較的少数の結晶が個別に成長する．結晶化の終了後，溶媒を蒸発させ，個々の結晶を透過電子顕微鏡で観察すればよい．薄片状の菱形をした結晶が認められる．

ポリマー融液では，結晶化は不連続な核から始まり，半径方向に対称に進行する．ラメラは枝分かれし，ねじれて，しばしば直径数 10〜数 100 μm にも達する球晶と呼ばれる大きな物体を形成する（図 6.5）．絡み合いの著しい溶融状態から結晶化が起こるとラメラとラメラの間にトポロジカルな接合が形成される．球晶の内部には，きわめてポリマー的なミクロ構造の特徴が多数現れる．結晶性のラメラを起点とし，ラメラとラメラの間のアモルファス領域まで伸びる分子鎖の終端部を**シリア**（cilia）という．アモルファス領域でランダムなコイル構造を形づくっている分子鎖の内部をゆるいループという．2 つのラメラの間のアモルファス領域を横切る内部の断片を**タイ分子**（tie molecule）という．タイ分子は，アモルファス領域を挟んでとなり合うラメラ結晶とラメラ結晶を直接つなぐ役目を果たしている点でとくに重要である．

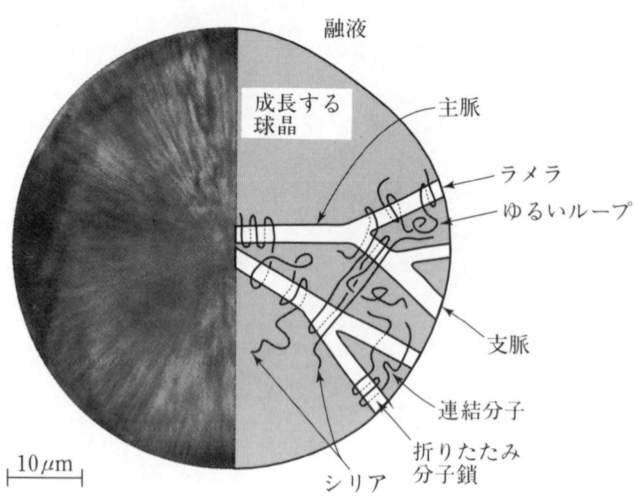

図 6.5 球晶における構造の階層性．左半分は酸化ポリエチレン融液から成長した球晶の一部の偏光顕微鏡写真．右半分は分子レベルでのミクロ構造の特徴を示す高倍率の模式図．

ラメラそのものは図 6.5 に示すように**主脈**と**支脈**よりなる．ラメラは局部的に周期性をもつ 1 次元の積層を形成する．この種の積層の内部では，結晶領域からアモルファス領域へ，次いでアモルファス領域から結晶領域へと移るたびに密度が規則的に変化する．**長周期** L とはラメラの積層内の最小の繰り返し厚さをいう．L は結晶部分の厚さ l_c とアモルファス部分の厚さ l_a の和に等しい．よって，結晶化度は次のように近似できる．

$$\chi \cong \frac{l_c}{l_c + l_a} = \frac{l_c}{L} \tag{6.2}$$

l_c および L の平均値はそれぞれ広角 X 線散乱法および X 線小角散乱法によって測定できる．

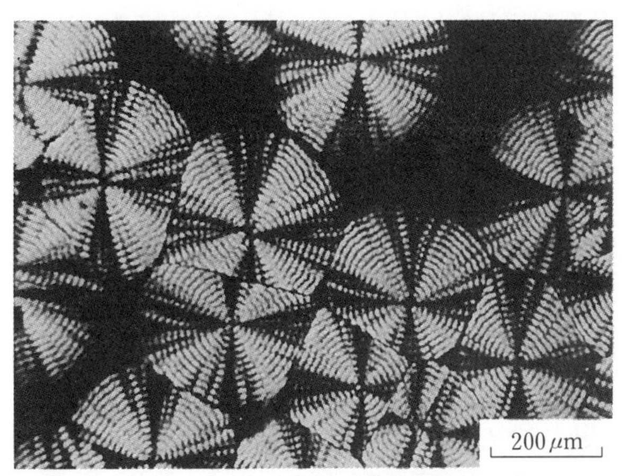

図 6.6 酸化ポリプロピレンの過冷した融液から成長しつつある球晶の偏光顕微鏡写真．いくつかの分子はぶつかり合って，多結晶金属の場合とよく似た境界，エッジ，コーナーを形成する（Schultz 1977, p. 149）．

半結晶性ポリマーのミクロ構造は多数の多面体形状の領域からなり，多結晶金属やセラミックスの結晶粒と同様に，球晶境界，エッジおよびコーナーを含む．結晶粒と類似のこのような多面体領域を球晶という．図 6.6 は酸化ポリプロピレン中の多数の球晶を示す透過偏光顕微鏡写真である．黒い十字模様と細かな同心円状の模様は，光学的な異方性を有し半結晶性のラメラからなる球晶と偏光との相互作用によって生じる．この種の大規模なラメラおよび球晶構造は光を著しく散乱するため，代表的な半結晶性のポリマーを透光性にする．球晶の平均寸法を実測する方法として，光学顕微鏡および小角光線散乱法がある．

6.2 特殊なプロセスによって導入されるミクロ構造

材料科学の分野を表すのに，構造，特性，製造，性能を4隅に配置した正4面体が用いられる（図1.1）．この配列はこれら4つの分野の間の相関関係を強調したものである．このうち構造と性質の関係がとりわけ重要である．ミクロ構造を制御し，特性と性能の最適化を実現できるのは製造（プロセッシング）によるからである．この節では，特定のプロセス技術と関わりの深い結晶性材料中の特殊なミクロ構造について紹介する．

6.2.1 変形により導入されるミクロ構造

加工プロセスとミクロ構造

単結晶では物性値に強い異方性がある場合でも，多結晶では多数のランダムに配向した粒からなるため物性は等方的となる．**集合組織**が存在するのは多結晶の粒が特定の**優先配向**をもつときである．集合組織をもつ材料の性質は方位に依存する．単結晶で異方性が見られるような材料特性を評価する際，集合組織をもつ材料がとくに重要となる．60 Hz の変圧器のコア積層材としてのソフトな強磁性 Fe-Si 合金板や，高剛性かつ高強度材としての液晶ポリマー繊維をはじめ多くの例では，材料に最良の性能をもたせるため，特殊なプロセスを経て慎重に集合組織が付与される．

強い集合組織を得るためによく用いる手段の1つが**塑性加工法**である．例えば，大量の塑性変形によって結晶粒の主軸方向や液晶のドメイン方向が変化する．この時に起こる再配向は単結晶試料の1軸変形を考えることにより容易に理解することができる（図6.7参照）．引張変形では，すべり方向（すなわち $\boldsymbol{b}$）が引張軸方向に回転する（図6.7(a)）．また，圧縮変形ではすべり面法線が圧縮軸方向に回転する（図6.7(b)）．

金属，セラミックス，ポリマーなどの材料を成形するための変形プロセスはいろいろある．図6.8にそのうちの8つについて例示した．鍛造と圧延は**直接圧縮加工**によ

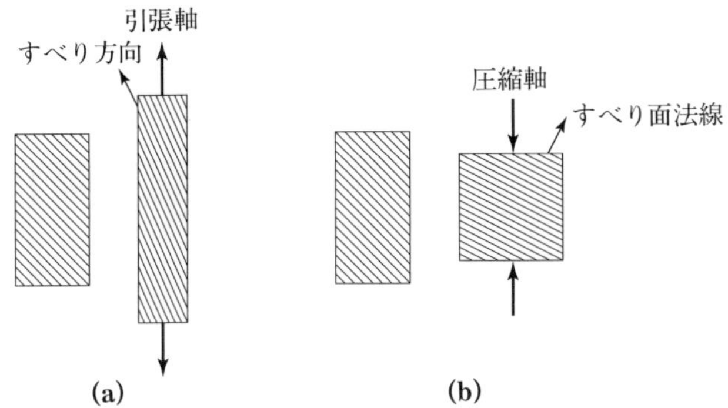

図 6.7 単結晶の 1 軸変形の前後におけるすべり面方位の変化．(a)引張変形の場合．すべり方向が引張軸に向かって回転する．(b)圧縮変形の場合，すべり面法線が圧縮軸に向かって回転する．

るもので，力は材料の表面に垂直に作用し，塑性流動は主として圧縮軸と垂直な方向に生じる．線引きと押出しは**間接圧縮加工**の例で，材料には引張力がかかるが，金型からの拘束により大きな圧縮力も作用する．転位のすべり運動によって変形が進行する結晶性材料では，いろいろなすべり系にはたらく分解せん断応力の大きさが重要な物理量となる．

塑性変形した多結晶材料のミクロ構造

多結晶材料の塑性変形は，おびただしい数の転位の生成と運動によって起こる．転位の生成や運動はランダムに起こるわけではなく，例えば，転位は特定の結晶学的面上で特定の方向に運動する（5.2.1 参照）．圧延や線引きのような大歪加工では，転位は均一に分布することなくクラスター化して明瞭なセル構造をとる．セルとセルの境界は多数の絡み合い転位からなり，セル壁と呼ばれる（図 6.2 参照）．塑性ひずみが増すとセル寸法は減少する．1 つの結晶粒内でとなり合うセルの方位差はきわめて小さく，通常 1° 以下である．図 6.9 に室温変形した鉄中の転位セル壁と低角粒界を示す．いわゆる**下部組織**（substructure）とは個々の結晶粒内に形成される組織化された転位配列をいう．

等軸粒からなる多結晶を塑性加工すると，粒の形状が**異方的**になる．例えば圧延加工では，結晶粒は圧延面内で平坦化し，圧延方向に長く伸びる（これをパンケーキ組

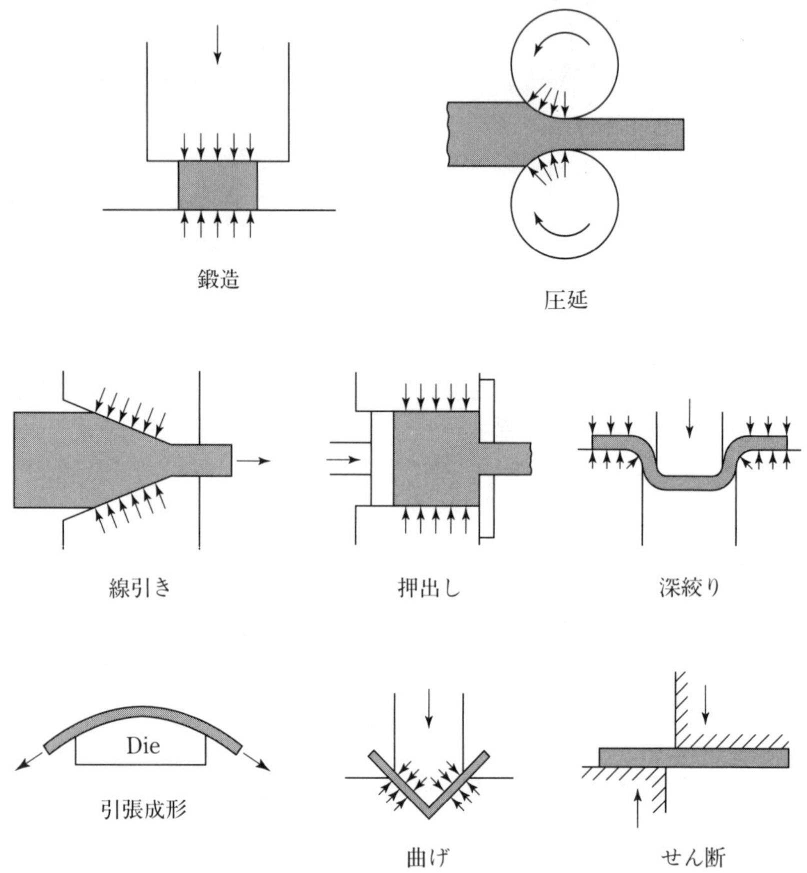

図 6.8　様ざまな塑性加工法．網掛け部分が被成形体（Dieter 1986, p. 504）．

織ともいう．図 6.10(a)，(b)参照)．これとよく似た形状変化が粒内の下部組織でも起こり，図 6.10(c)の TEM 合成写真が示すように，転位セルは偏平となっている．線引き加工や押出し加工によっても結晶粒やセルが加工方向に伸びる．

多結晶の塑性変形によって，粒形状と粒の配向が変化する．前述のように単結晶の1軸変形では，この方位変化を容易に予測することができる．多結晶では各結晶粒ごとに方位が異なるため，各すべり系にはたらく分解せん断応力の大きさも結晶粒ごと

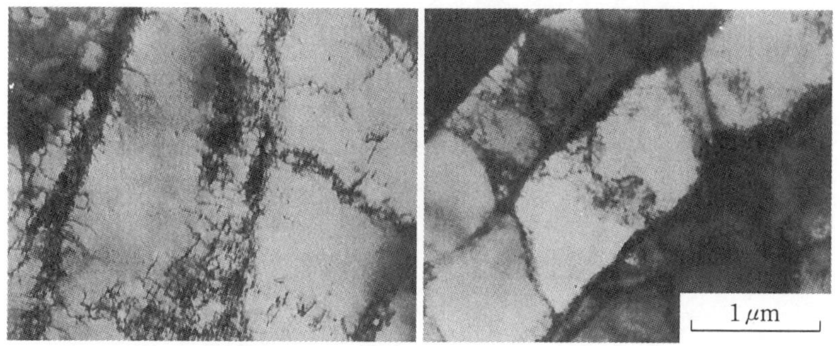

図 6.9　Fe の室温変形により形成される転位セル構造．(a)ひずみ 9%．(b)ひずみ 20%（American Society for Materials 1988, vol. 9, p. 685）．

に異なる．それゆえ，塑性変形は不均質である．その結果，個々の粒は孤立した単結晶としてではなく，粒の集合体の一部として変形するので，ある粒内の変形はそれを取り囲む隣接粒の変形によって拘束される．このような隣接粒内の相互作用を**調和拘束**（compatibility constraint）という．このため，純金属のように単純な多結晶材料においても，大歪変形後の粒の方位を予測するのは一般に困難である（Barrett and Massalski 1966, pp. 564-565）．

集合組織のキャラクタリゼーション：X 線極点図

結晶粒の優先方位（集合組織）は X 線回折技法を用いて決定することができる．ランダムな方位の微細結晶粒からなる多結晶では，回折面ごとに決まる種々の Bragg 角の位置に円錐状に強い回折斑点が現れる．その結果，同心円状の回折パターンが得られる．逆にもし結晶粒に優先方位があれば，同心円ではなく，特定方位に集約された円弧を描く．この強度円弧法は，材料内の面や方向の優先方向を表す **X 線極点図**を作成するのに利用することができる．極点図（pole figure）とは，塑性加工の方向に対して，特定の方位がどのような関係にあるかを示すステレオ投影図である．極点図は変形された材料中で，例えば（111）のような特定の極が多数集中している方位を示している．

図 6.11 は Cu-3 wt%Zn 合金圧延板に関する（111)極点図である．圧延方向に関して参照軸が記入されている．中心は板面法線の方位であり，RD および TD はそれぞれ圧延方向および板面内で圧延方向に垂直な方向を示している（図 6.10(a)）．圧延

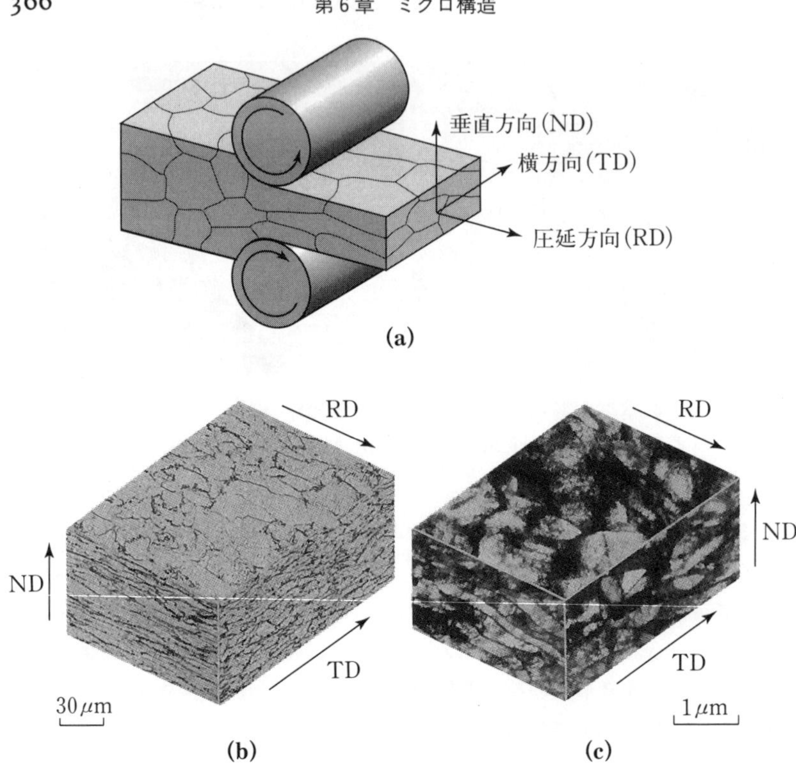

図 6.10 (a)圧延によりもたらされる結晶粒の偏平化.(b)圧下率65%の冷間圧延を施した低炭素鋼の結晶粒形状(光学顕微鏡写真).(c)圧延鋼中の転位セルの形状異方性を示す透過電子顕微鏡写真(American Society for Materials 1973, vol. 7 p. 220).

では伸びの大半は圧延方向に生じる.

圧延工程では,特定の結晶面が優先的に板面と平行になり,特定の方向が圧延方向(材料の流動方向)と平行に配向する.$Fm\bar{3}m$ 型金属の一般的な集合組織は $\{112\}\langle 11\bar{1}\rangle$ である.すなわち,各結晶粒の $\{112\}$ 面の1つが板面と平行となり,$\langle 111\rangle$ 方向の1つが圧延方向と平行に配向する傾向がある.$Fm\bar{3}m$ 型金属に多いもう1つの集合組織は $\{110\}\langle 1\bar{1}2\rangle$ である.他方,$Im\bar{3}m$ 型金属でよくみられる集合組織は $\{100\}\langle 011\rangle$ である.

図6.11に示されるCu-3 wt%Zn合金の圧延集合組織は非常に複雑だが,これは

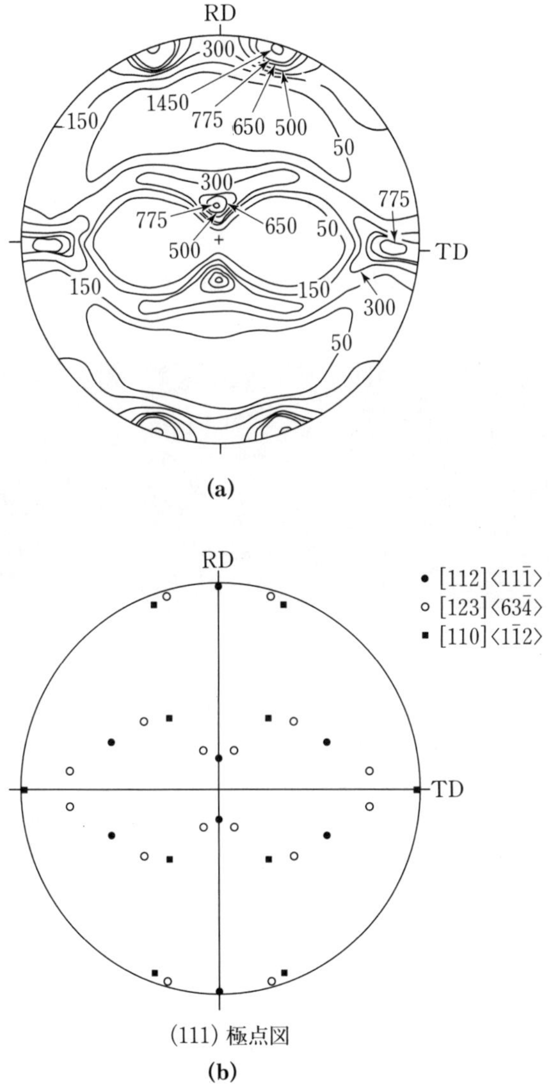

図 6.11 (a)Cu-3 wt%Zn 合金圧延板における{111}極の等強度線を示すX線極点図．数字は各等強度線の相対強度．(b)Cu-3 wt%Zn 合金圧延板にみられる3つの集合組織に関する理想的{111}極の位置（American Society for Metals 1986, vol. 10, p. 360）．

$\{112\}\langle 11\bar{1}\rangle$, $\{123\}\langle 63\bar{4}\rangle$, $\{110\}\langle 1\bar{1}2\rangle$ という3つの集合組織からなるためである．図6.11(b)は完全に配向した粒について (111) 極点図に対する各集合組織の寄与を示している．図6.11(b)における {111} 極の理想位置と図6.11(a)における実測データのよい一致に注目されたい．

大歪の線引き加工を行うと，一般に線と平行に特定の結晶方位が並び，集合組織も線の軸のまわりに1軸的（点群は $C_{\infty v}$）である．bcc（$Im\bar{3}m$）金属では，通常 ⟨110⟩ 方向が線軸に平行となる．他方，fcc（$Fm\bar{3}m$）金属では，⟨111⟩ 集合組織と ⟨100⟩ 集合組織の両方が見出されるが，積層欠陥エネルギーが小さい場合には ⟨100⟩ 集合組織がより顕著となる．

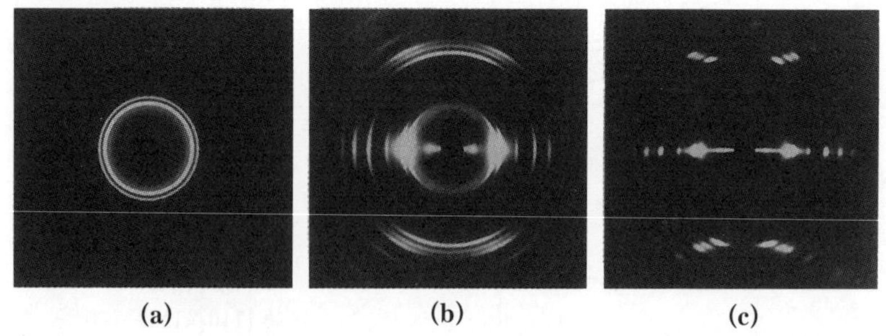

図6.12 (a)特定の方位をもたない半結晶性ポリエチレンの広角X線回折パターン．連続した回折リングが見える．(b)1200%の変形を与えたポリエチレン．[001] 分子鎖が押出し方向（上下方向）に平行な集合組織を形成する．(c)3600%の変形を与えたポリエチレンのブラッグ反射．分子鎖が押出し方向に強く配向している．回折リングがほとんど斑点となっていることから，結晶に近い分子配向であることがわかる．試料(a)の物性は等方的だが，試料(b)(c)のそれは1軸的である（Adams 1984, p. 154)．

綿やウールのような天然のバイオポリマーは，その成長様式に起因して繊維質である．他方，半結晶性の合成ポリマーは溶解スピニング（図4.20参照）や溶融紡糸法や半結晶性材料の引抜き法により意図的に繊維（織物やロープ）に加工されることが多い．図6.12(a)〜(c)は，半結晶性ポリエチレンの固相押出しによって配向性の強い1軸集合組織が発達する様子を示す．引抜きされたポリエチレン繊維では，共有結合した [001] 分子鎖が繊維軸と平行になるため，この方向に非常に高い引張弾性率を示す．

6.2.2　変態ミクロ構造

系が熱力学的状態から大きくずれると相変態が起こりやすい．例えば，安定な均一固溶体を低温まで急冷すると，過飽和状態となるため2相に分離する．変態生成物の形態は変態の機構によって決まる．種々の機構のうち最も変態速度の高い機構が観察される．変態の機構および速度は様ざまな因子の影響を受ける．変態温度における系の熱力学的安定性，変態のための駆動力，変態の開始に必要な特殊なサイト（「不均一核生成サイト」）の数，構成相の移動度などがそれである．

系が熱力学的に準安定か不安定かによって，基本的に異なる2つの変態機構が起こる．まず，系が**準安定**な場合，変態は物質内部の不連続なサイトで始まる．これを**核生成**（nucleation）という．核生成支配の変態では，最終的なミクロ構造の形態は成長速度に影響を及ぼす因子（結晶学的異方性など）だけでなく核生成サイトの空間分布にも依存する．他方，系が不安定な場合，化学組成や構造が局所的にごくわずかにゆらぎ，成長することによって変態が進行する．この種の変態の一例が**スピノーダル分解**（spinodal decomposition）である．スピノーダル分解が起こると，周期的で互いに結び合った2相構造が形成されるが，分解がとまらないと粗大化して相互関係のない2相構造となる．

変態の種類によって組織の形態は様ざまである．以下では，2つの変態すなわち凝固および過飽和固溶体からの析出によって生じるミクロ構造に限定して詳述する．

凝固組織

多くの材料はどこかで溶融状態で加工される．例えば，金属の大半は溶融状態で精錬され，合金化され，凝固される．凝固は何らかの**核生成サイト**で始まるが，溶融金属と容器（すなわち**鋳型**）の界面が核生成サイトになることが多い．溶融金属は鋳型の壁から熱を奪われるので凝固は鋳型表面で始まり，溶湯内部に進行してゆき，最後に中央部が固まって，固体の**インゴット**が得られる．平衡凝固温度（すなわち融点）T_m以下に過冷された融液では，融液の内部，例えば融液と**固体介在物**の界面でも凝固が始まる．

純金属の凝固組織は比較的簡単で，融液から個々の粒の核生成と成長を考えることにより理解できる．図6.13は高純度アルミニウムのインゴットの横断面に見られる代表的なミクロ構造を示す．図6.13(a)は**柱状晶**と呼ばれる組織で，鋳型壁で核生成した粒が，熱流の方向に沿って鋳物の中心部へ向かって成長したことを示す．結晶粒は比較的大きく，したがってこの鋳物の降伏強さはかなり低い（図5.36）．

融液に**微細化剤**を添加することにより，微細な結晶粒を得ることができる（図6.13(a)〜(c))．アルミニウムとアルミニウム合金の場合，融液にチタンとボロンを加えると，非常に微細な TiB_2 粒子が形成され，これが固体のまま溶けたアルミニウム合金中に分散する．融液を凝固点以下に冷却すると，TiB_2 粒子がアルミニウム結晶の不均一核生成サイトとしてはたらく．得られる結晶粒は，微細化剤を用いない場合よりもはるかに細かく，したがって機械的性質も大幅に改善される．微細化剤を添加した合金のミクロ構造には柱状晶がないことに注意されたい．すなわち，各粒は，どの方向にもほぼ同一の寸法をもつ（これを**等軸粒組織**（equiaxed grain struc-

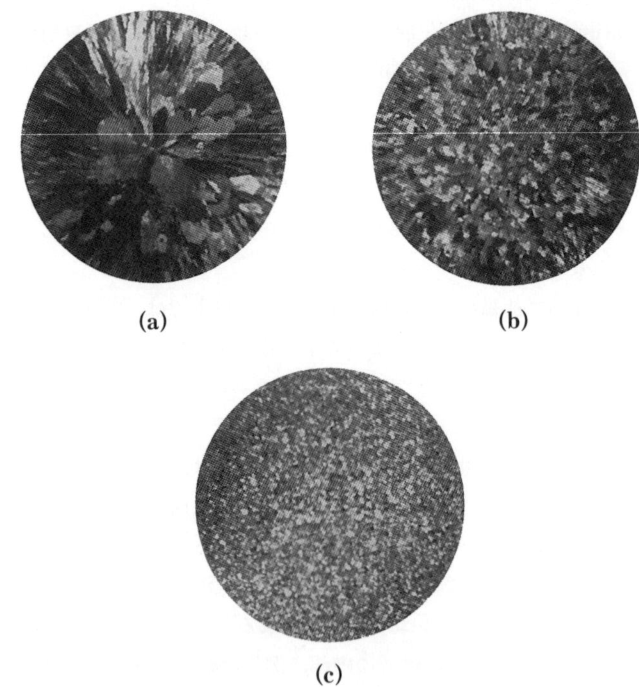

図6.13　アルミニウムの凝固組織．(a)鋳型と接する角周部から内部へ成長した柱状晶．(b)，(c)融液中に不溶性の微粒子を導入することにより不均一核形成が助長されるので，微細で等軸的な結晶粒組織を得ることができる（等倍率写真）．

ture）という）.

特別な例外を除き凝固途中の固液界面では，固体と液体の組成が異なる．合金の凝固組織はこの影響を強く受ける．このことは，例えばCu-O系2元平衡状態図を調べればよく理解できる（図6.14参照）．Cu-6 at%O合金の融液は，約1180°Cで凝固し始める．この温度で，融液は固体のCu_2Oと平衡状態にあり，最初に形成される固体はCu_2Oである．温度が低下するとより多くのCu_2Oが生成するため，残った融液中の酸素濃度は減少する．このようにして融液は共晶温度1066°Cで凝固する．

合金の凝固中にしばしば発達するミクロ構造が**デンドライト組織**（dendritic structure）である．デンドライトとは熱流の方向に沿って結晶が鋳型の壁から融液に向かって生成してできるもみの木状の結晶をいう（図6.15）．デンドライト結晶成長は固液界面での**形状不安定性**に起因して生じる．形状不安定性があると，はじめ平面的な界面にわずかな乱れが生じても凹凸の激しい樹枝状の形態に変わることができる．合金の凝固では凝固中に生じる濃度勾配が界面の形状不安定性を助長する．図6.14に示されるような合金系では，最初に固まるデンドライト中心部の溶質濃度は，となり合うデンドライトコアの中間で最後に固まる融液中の溶質濃度よりも低い．融液が平

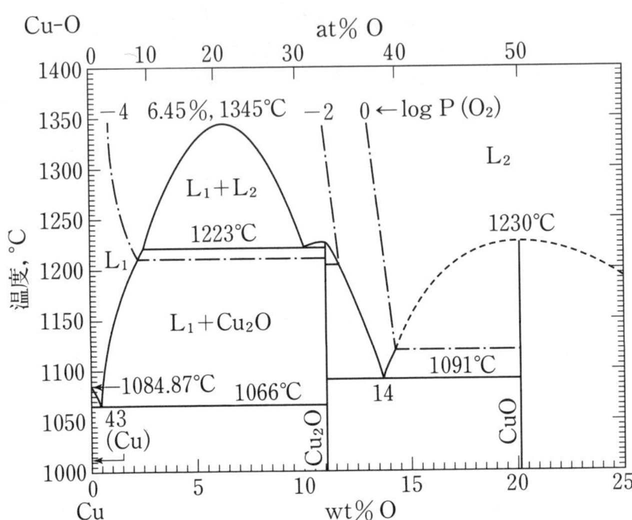

図6.14 Cu-O合金の平衡状態図．Cu-6 at%O合金を共晶温度1066°Cまで冷却すると，共晶融液（2 at%O）とCu_2O相（33 at%O）が共存することがわかる（ASM International 1992, vol. 3, pp. 2•174）．

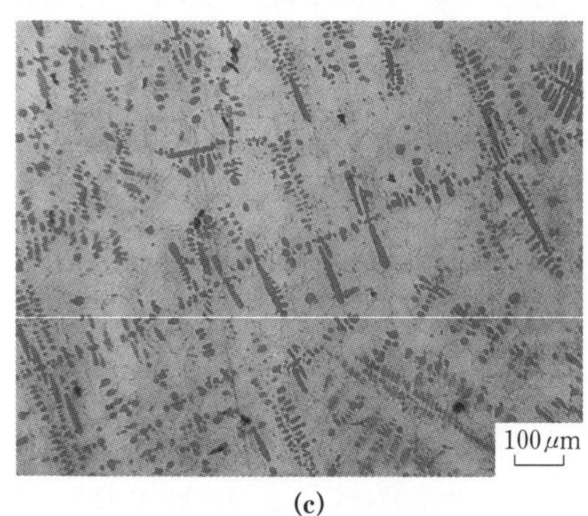

(c)

図 6.15　鋳物の外周部に形成される（a）柱状デンドライトおよび（b）等軸デンドライトの模式図．溶湯の流れと再溶解によって樹枝の断片が外周部から引きはがされたときに等軸デンドライトができる．（c）Cu-6 at% O 合金中の Cu_2O デンドライトの光学顕微鏡写真．

衡凝固点以下に**過冷**（undercooling）されれば，デンドライトは純粋な単成分材料の凝固においても生じる．

図 6.15（c）に Cu-6 at%O 合金中に形成された Cu_2O デンドライトを示す．合金のデンドライト凝固においては，固体内の物質輸送よりも凝固の方が速やかなので，平衡状態図では低温で単相固体が安定であっても，デンドライトミクロ組織は不均一な組織よりなっている．結晶性材料のデンドライト組織は規則化されたフラクタルとみなすこともできる．繰り返し枝分かれ構造からわかるように，デンドライト組織は微視的にも巨視的にも自己相似性があるからである．

凝固した合金の結晶粒径はデンドライトの間隔よりずっと大きいことが多い．したがって，どの粒にも多数のデンドライトが含まれ，しかも互いに平行に並ぶことが多い．このことが可能となるのはデンドライトを取り囲み互いにつながっている融液が最後に固まるからである．この部分が多数のデンドライトを含む1個の連結した結晶として凝固するならば，得られる組織はデンドライトの寸法よりかなり大きな粒径を有する．図6.16において，粒界はデンドライトの方位が急変する線として現れる．

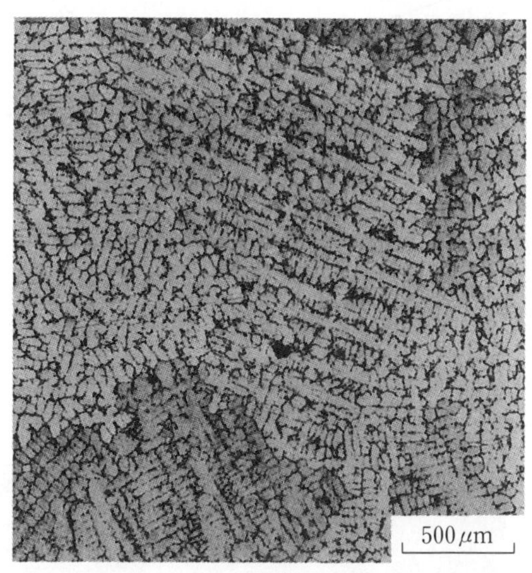

図6.16 Pb–55 wt%Sb 合金におけるデンドライト組織の光学顕微鏡写真．個々の粒の内部ではデンドライトの方位は一定である（American Society for Metals 1985, vol. 9, p. 421）．

合金の平衡状態図には，液相と2つの固相とが共存する共晶点が現れることが多い．図6.17(a)から，鉛フリーはんだの基本となる Bi–Sn 合金は Bi 濃度 57 wt%，温度 139℃に共晶点をもつことがわかる．共晶凝固においては，均一な濃度の合金融液から組成を異にする2つの相が結晶化する．固液界面が前進する間，2つの固相間に必要な濃度差を生み出すために，溶質原子は固液界面と平行に拡散しなくてはならない．その結果，2種類の薄い相が交互に重なるラメラ組織($\alpha/\beta/\alpha/\beta/\alpha/\beta\cdots\cdots$)となる．Bi–Sn 共晶合金の凝固組織を図6.17(b)に示す．ラメラ間隔λは共晶組織に関する重要な記述子である．共晶組成において，固相同士は互いに特定の結晶方位関係を保ちながら成長することが多く，その結果エネルギーの低いα/β界面が生じる．

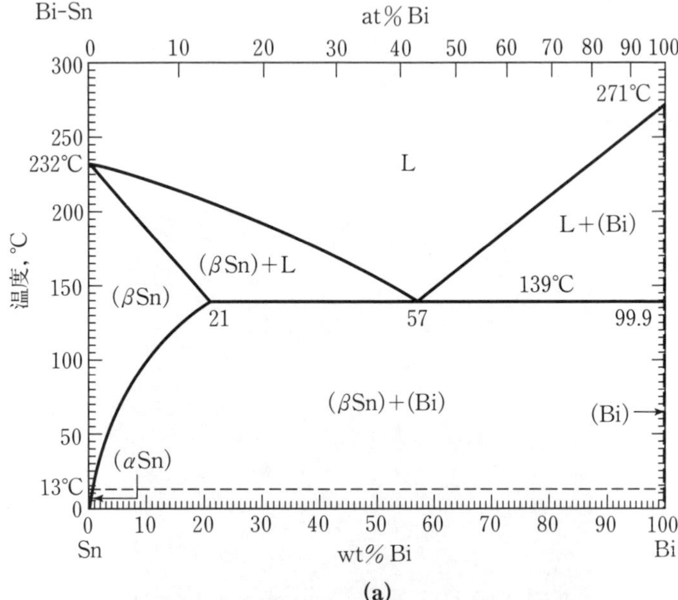

(a)

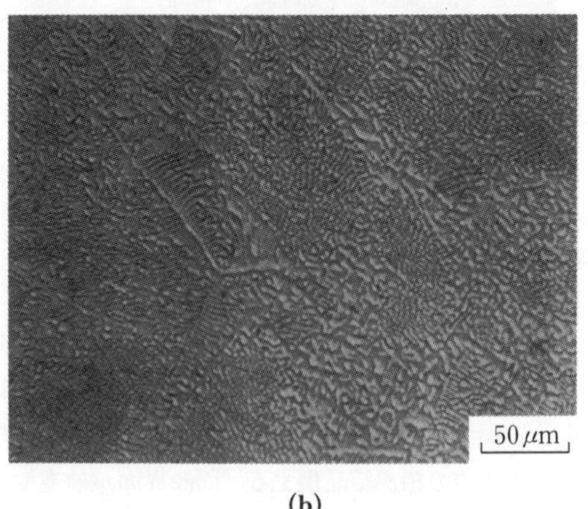

(b)

図 6.17 (a)Bi-Sn 合金状態図には共晶点がある(ASM International 1992, vol. 3, p. 2·106).(b)Bi-Sn 共晶合金の凝固組織.

固相-固相変態によるミクロ構造

核生成-成長型の相変態に起因したミクロ構造の2，3の例を示すことから始めよう．

図6.18(a)は単相の多結晶チタン合金の冷却過程で発達した2相構造の光学顕微鏡写真である．白く見える粗大な粒子は，高温から冷却される際に粒のエッジやコーナーで生成し成長した不連続な結晶粒である．このような分散形態をとるのは，白い相が粒のエッジやコーナーとよくぬれあうためである（図5.55)．図6.18(b)の変態

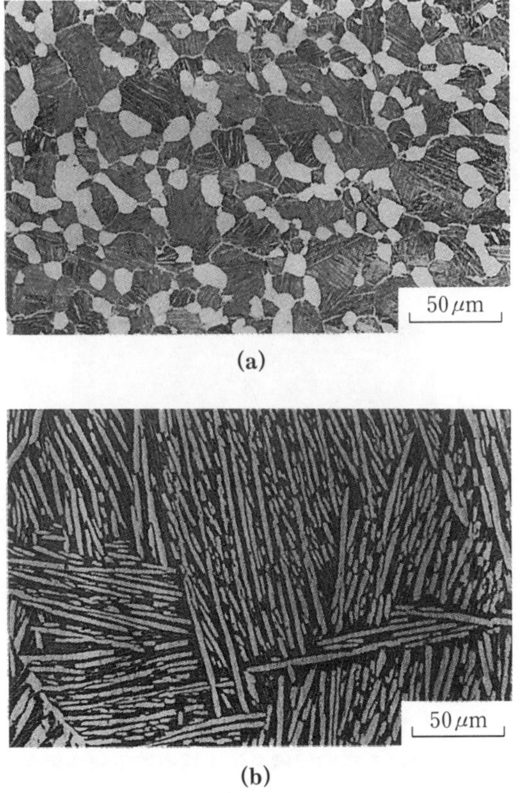

図6.18 Ti-8 wt%Al-1 wt%Mo-1 wt%V 合金の2相構造の光学顕微鏡写真（American Society for Materials 1988, vol. 9, p. 464)．

生成物は形態がまったく異なり，核生成はチタン合金の粒界で始まり，結晶粒内へ向けて成長している．変態生成物は板状である．この場合，個々の生成相が1つの結晶粒内を完全に横断することがある．各粒内において，板状の相が平行に析出しているのは，母相と生成相の間に優先的な方位関係があることを示している．

(a)

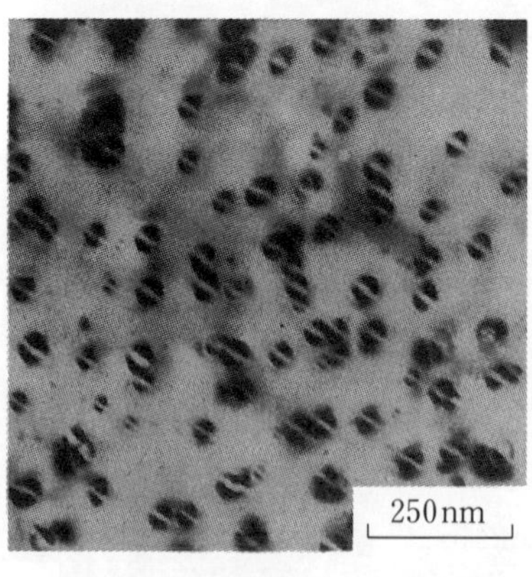

(b)

図6.19　2相合金における変態組織を示す透過電子顕微鏡明視野像．(a) Ni基超合金における立方体形状の析出物．(b)「コーヒー豆」のような黒い第2相はCu-Co合金中の小さな球状析出物である（American Society for Materials 1973, vol. 8, p. 179)．

図 6.19(a)は Ni 基超合金（スーパーアロイ）の結晶粒内部に形成された不連続な析出物を示す透過電子顕微鏡写真である．これらの析出粒子は立方体形状を有する．図 6.19(b)は **Cu-Co 合金**中の析出物である．この系では，析出物は母相と整合で，球状である．コーヒー豆のようなコントラストになるのは析出物近傍で母相と析出相の格子定数の差に由来する局部的な格子歪が発生するためである．

共析分解（eutectoid decomposition）した合金のミクロ構造は一般にラメラ構造をとる．共析変態においては，単相の γ が 2 つの相 α，β に分解する．古典的な例が Fe-0.77 wt%C 合金で，侵入型固溶体の**オーステナイト**（γ 相，立方晶，空間群 $Fm\bar{3}m$）が**フェライト**（α 相，立方晶，空間群 $Im\bar{3}m$）と**セメンタイト**（Fe_3C，斜方晶，空間群 $Pnma$）の混合物に変態する．変態生成物（$\alpha+Fe_3C$）は**パーライト**と呼ばれ，その成長は前進するオーステナイト/パーライト界面での C 原子の再配列によって起こる（図 6.20(a)参照）．共晶凝固の場合と同様に，得られるミクロ構造は 2 つの相が互いに平行で，重なり合う層状構造によりなる．研磨と腐食を施した試料を顕微鏡で観察すると，異相界面は平行な線として見える（図 6.20(b)）．

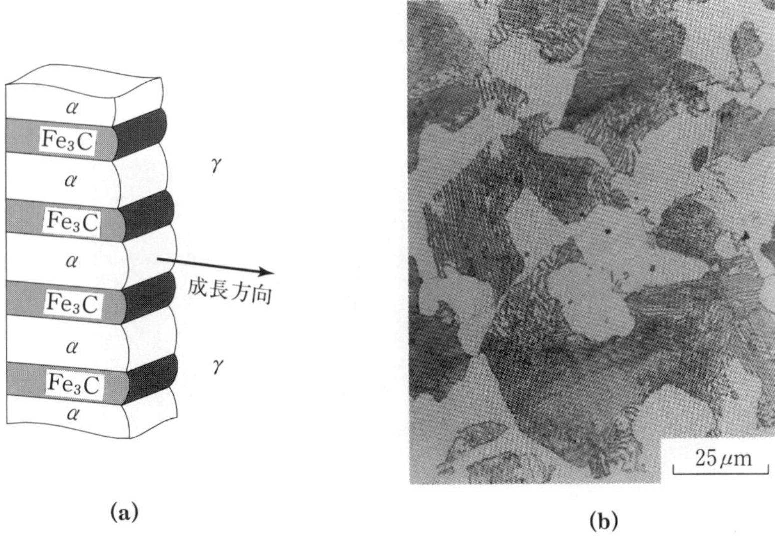

図 6.20 (a)パーライト/オーステナイト界面の模式図．図解するために，層状に重なった α 相と Fe_3C 相も示してある．(b)徐冷した亜共析鋼（Fe-0.45 wt%C）の光学顕微鏡写真．白い部分が初析フェライト，縞模様部分がパーライト．

本節を終える前に，**固溶体**が濃度変化に関し熱力学的に不安定になった場合に形成される変態生成物について簡単な検討を加える．このような条件では，新しい相の核形成は不要となり，全域にわたって同時に新相が発達する．相変態はスピノーダル分解によって起こり，2相組織となる．この場合，不安定な固溶体から生成される2相の体積率が同等であると，2相は互いに非常に入り組んだ構造となる．図6.21(a)は体積率が相等しい2相にスピノーダル分解する場合のシミュレーション結果を示す．

液相から液相へのスピノーダル分解の代表的組織を図6.21(b)に示す．この写真

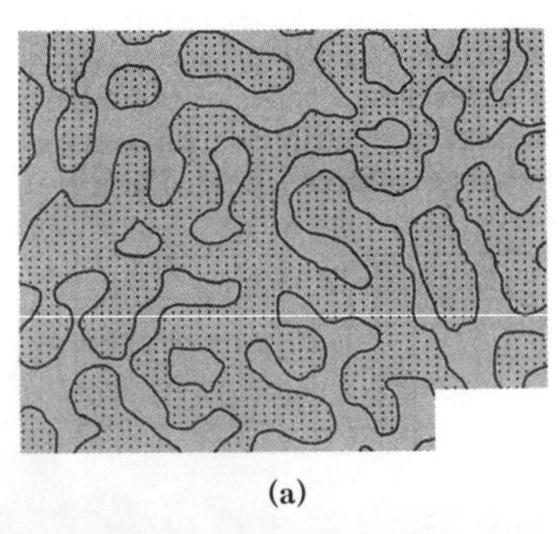

(a)

(b)

図6.21 (a)等方材料におけるスピノーダル分解組織のシミュレーション図．両相とも高い連結性を有していることに注意．多孔質バイコールガラスでは図の白い部分がポアにあたる．(b)スピノーダル分解したほうけい酸ガラスのレプリカ試料の透過電子顕微鏡写真（Cahn 1965, p. 176)．

は，**バイコールガラス**（主要成分：$SiO_2$75 wt%，$B_2O_3$20 wt%，Na_2O 5 wt%）の製造過程で生じたミクロ構造である．バイコール法では純シリカを原料とするよりもはるかに低い温度でシリカガラスを評価できるように，ソーダほうけい酸ガラスを用いる．まず，不均一なほうけい酸ガラスの融液を焼入れたのち 800～900 K で熱処理する．このときガラスはスピノーダル分解して互いに絡み合う 2 つの連続相に分かれる．ほぼ純粋な SiO_2 相と B_2O_3 リッチな B_2O_3-Na_2O 相の 2 相が粗大化する前に試料を急冷する．次いで，酸を用いて B_2O_3-Na_2O 相を溶かし出すと純 SiO_2 の多孔質ネットワークが残る．さらに，これを 1400 K 程度の高温で固化収縮させると 2000 K 以上の軟化温度をもつ透明なガラスが得られる．一般にスピノーダル分解した材料は非常に微細な組成のゆらぎを示し，そのため非常に高い強度をもつ．例えば，Cu-Ni-Sn 合金はスピノーダル分解によって硬化させてからコンピュータのコネクタのようなはめ込み式電気接点部品に使われている．

複合材料のミクロ構造

今日の設計者は複数の際立った物性（強度，靱性，耐食性など）を同時に備えた製品を志向する．この種の多機能材料が純物質で構成されることはまれで，複数の材料をきわめて巧妙に組み合わせたものが多い．**複合材料**（composite）とは，まったく異なる材料から構成される完成度の高い物体をいう．複合材料の開発で基本的な役割を果たしているのが材料科学者である．複合材料の設計に欠かせないあらゆる材料の

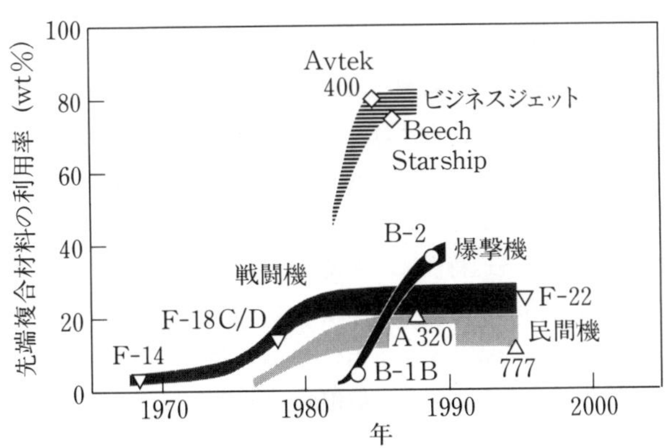

図 6.22 航空機の機体重量に占める複合材料の割合は年々増している（T. Benson-Tolle 氏の好意による）．

幅広い知識があり，かつ原子レベル構造およびミクロ構造に通じているのは彼らだけだからである．工業材料の中で複合材料がますます重要となっていることは，航空機の機体重量に占める複合材料の割合を見れば明らかである（図 6.22）．例えば，1970年には F-14 機のわずか 4%にすぎなかった複合材料が，1985 年には小型ジェット機 Avtek 400 の約 80%を占めるまでになっている．

複合材料を製造する主な理由は，諸性質を意のままに調整できるからである．例えば，2 つの材料からなる複合材料は，構成相の体積率と弾性率と配列方向によって決まる非等方的な弾性率を示す．したがって，最も大きな応力が作用すると考えられる方向で剛性が最大となるような複合材料を作ることもできる．

複合材料には粒子強化型，積層型，繊維強化型がある．カーボンブラック強化ゴムは粒子強化型複合材料の好例である．強化用の粒子（充填材とも呼ばれる）には，アルミナ Al_2O_3，炭酸カルシウム $CaCO_3$，シリカガラス球，酸化鉄，雲母，酸化チタン TiO_2，炭化タングステン WC などがある．積層複合材料の好例として，マイクロ波基板に用いられるチタン酸ストロンチウムをテフロン樹脂（PTFE）と複合化したものがある．

先端繊維強化複合材料は繊維の幾何学的パターンの制御が容易なためとくに設計しやすい．繊維は高い強度と剛性を保証し，母材は繊維を固定するとともに荷重を繊維に伝える役目を果たす．繊維はまた（高強度繊維の欠点である）圧縮強度に大きな影響を及ぼし，複合材料の耐食性を左右する．代表的な繊維の原料はガラス，ボロン，ケブラー，炭素である．また，代表的な母材としてはエポキシ樹脂，フェノール樹脂，ポリエステル樹脂がある．今日の先端繊維強化複合材料は様ざまなクラスの材料からなっている．特に**金属基複合材料**（metal matrix composite, MMC）は未強化の合金の性能をはるかにしのぐ．例えば，SiC 繊維をランダム配向させたチタン合金は軽量で抜群の剛性と耐摩耗性と靭性を兼ねそなえ，耐熱温度（700°C）は，未強化チタン合金のそれを約 150°Cも上まわる．

複合材料の機械的性質や輸送特性は，連続部の体積率と幾何学に強く依存する．複合材料の強化相は**孤立部体積率**と**連続部体積率**に分類できる（図 6.23）．孤立部体積率は連続的ネットワークを形成せず，母相の広い範囲にわたらない．他方，連続部体積率は連続的なネットワークを形成し，母相の広い範囲にわたる．粒子でも体積率が十分に大きければ，母相の全域にわたって連続的につながることができる．等軸的な粒子を母相中にランダム配置する場合，32%という低い体積率でも連続的な相となりうる（図 6.24 参照）．

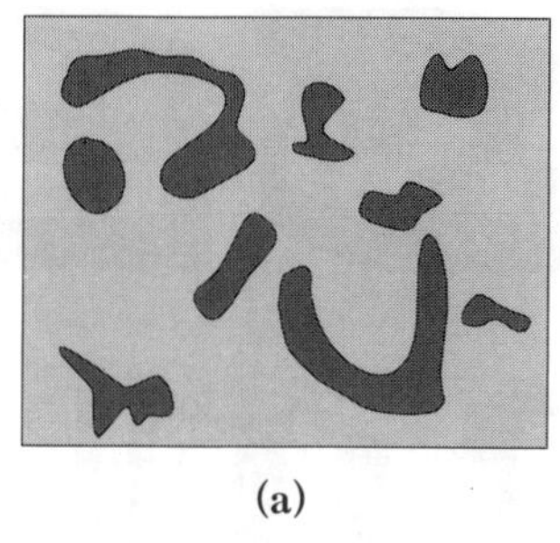

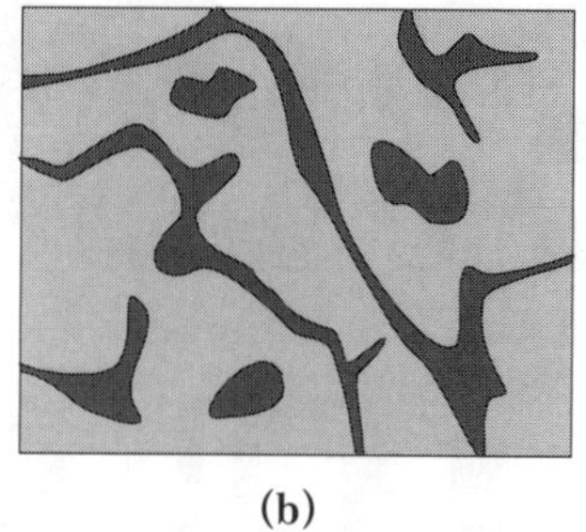

図 6.23　複合材料における構成相の位相．(a)成分1の連続した母相中に成分2が孤立して分散する場合．(b)成分2は孤立し，かつ連続的な場合．

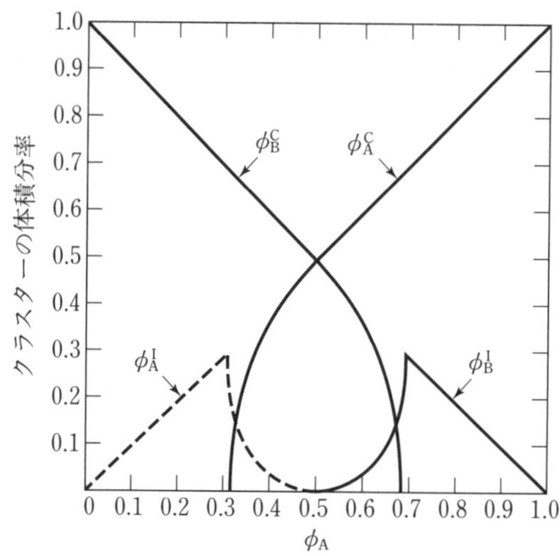

図 6.24　成分AとBをランダムに立方配置したときの孤立クラスターの体積率 ϕ_i^I，連続クラスターの体積率 ϕ_i^C と成分 i の体積率 ϕ_i との関係．ランダム配向複合材料は，成分A（またはB）の体積率に応じた量だけ立方体状の粒子を充填することにより得られる（Sax and Ottino 1983, p. 167）．

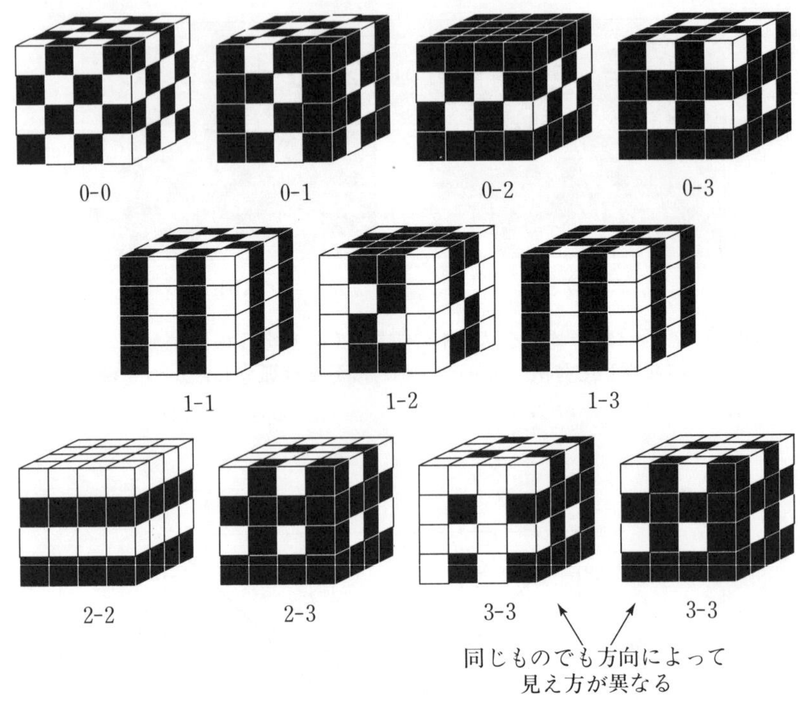

図 6.25　規則構造をもつ 2 成分系複合材料における 10 種類の構成相配列パターン．白い部分が成分 A，黒い部分が成分 B，記号 X-Y の X と Y はそれぞれ成分 A と成分 B の連結度を示す．例えば 1-3 は成分 A が 1 次元連続で成分 B が 3 次元連続であることを示す（Newnham *et al*. 1978, p. 526)．

強化相と母相の広がり方が 1 方向，2 方向もしくは 3 方向のいずれかであるかによって両者は 1 次元，2 次元，もしくは 3 次元的に連続的となりうる．2 つの成分が規則配列した複合材料の場合，連結性を分類する簡便な方法が Newnham により提示されている（図 6.25 参照)．

それによると，2 成分系の粒子強化複合材料の**連結性**は 0-3，繊維強化複合材料の連結性は 1-3 となる．母相も強化相も 3 次元の連結性を有すること（3-3）はきわめてまれである．6.2.2 で述べたスピノーダル分解したほうけい酸ガラスは不規則な 3-3 型の複合材料といえる．ABA トリブロック共重合体の 2 重ジャイロイド構造は，規則化した 3-3-3 型複合材料の一例である（図 4.18 参照)．2 重ジャイロイド構造をとる材料では，2 種類の A ブロックがわずかな間隔で互いにからみ合いながら迷路のようなネットワークを構成する（A ブロックの全体積率の半分ずつを両ネットワークが分かち合い，B ブロックは母相の役目を果たす）．この構造は立方晶系であり，2 重ジャイロイドの空間群は $Ia\bar{3}d$ である．図 6.26 はポリスチレン濃度 34 wt%のポリ（スチレン-イソプレン-スチレン）トリブロック共重合体の応力-ひずみ曲線を示す．図の 2 種類のネットワークは高剛性のアモルファスポリスチレンである．3 次元ポリスチレンネットワーク構造に起因して，この材料は，ポリスチレンが円柱状（1-3 構造）のトリブロックに比べ優れた引張弾性率と降伏強さと靭性を示す．

航空宇宙分野でとくに要求される材料の物理的性質は，強度と剛性である．しかし，構造物の重量も重要であるので，種々の材料間で比較する場合には，密度で除した物性値（すなわち**比特性**）を用いるのが有効である．例えば，**比強度**（specific strength）は密度で規格化した強度であり，**比弾性率**（specific modulus）は密度で規格化した弾性率をいう．図 6.27 は種々の高性能繊維の比引張強さと比弾性率の関係を示し，表 6.1 は材料選定に必要なデータをまとめたものである．炭素繊維は鋼よりも比強度で 2 倍，比弾性率で 13 倍も優れている．

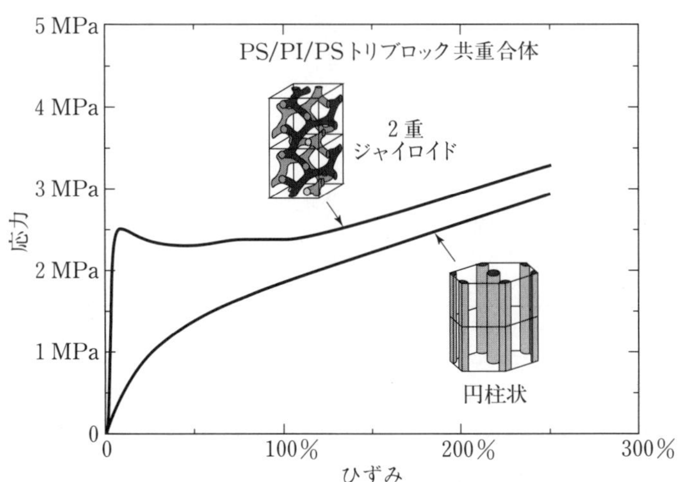

図 6.26 トリブロック共重合体の応力-ひずみ曲線．3-3 配位の 2 重ジャイロイド構造複合材料は 1-3 配位の 1 方向強化複合材料よりも機械的性質に優れる．いずれのトリブロック共重合体も，母相は等軸結晶粒からなり，強化相は異方性構造よりなる（灰色の相がアモルファスポリスチレン）．

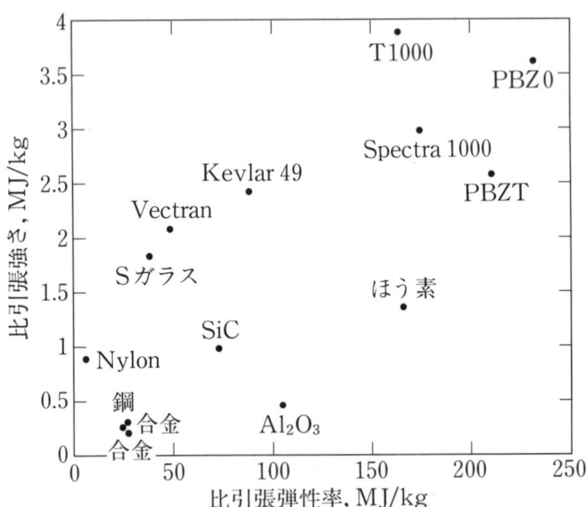

図 6.27 種々の繊維における比強度と比弾性率の関係.

表 6.1 複合材料の構成材の機械的性質.

材料	軸方向弾性率 (GPa)	軸方向強度 (GPa)	破壊ひずみ (%)	密度 (g/cm^3)
鋼	200	4.2	2.1	7.8
PBZO[a]	400	4.2	1.3	1.6
炭素	720	2.2	0.3	2.2
SiO_2 ガラス	80	4.5	4.5	2.4
SiC	450	3.4	0.1	3.2
エポキシ	2.8-4.2	0.6	3-6	1.2
Ti	115	1.9	15-20	4.7

[a] ポリ(パラフェニレンベンゾビスオキサゾール)

1方向に繊維が配列した（1-3連結型の）複合材料の幾何学はとくに簡単である．繊維は母相中に埋め込まれ，互いに平行に配列している．この**複合材料の弾性率** E_c は繊維の配向と負荷方向との角度に依存する．繊維と垂直および平行に負荷した場合の弾性率はそれぞれ以下のように表せる．

$$\frac{1}{E_c^S}=\frac{\phi_1}{E_1}+\frac{\phi_2}{E_2} \quad (\text{垂直}) \tag{6.3}$$

$$E_c^P=\phi_1 E_1+\phi_2 E_2 \quad (\text{平行}) \tag{6.4}$$

ここに，ϕ_1 と E_1 は材料 1 の体積率と弾性率，ϕ_2 と E_2 は材料 2 の体積率と弾性率である．複合材料の弾性異方性は E_c^P/E_c^S で評価される．

6.3 ミクロ構造に関するケーススタディ

この節では，十分に制御されたミクロ構造をもつ材料を設計し，製造することにより，所望の性能を確保する方法について 2 つのケーススタディを行う．これらのケーススタディでこれまでに学んだ概念を援用する．

6.3.1 ニッケル基超合金

ニッケル基超合金（スーパーアロイ）は合金化学および単結晶製造技術（Gell and Duhl 1986）の両面で長足の進歩を遂げた 2 相強化合金で，航空機エンジンや発電プラント用の高温ガスタービンの過熱部を構成する部材として用いられている．タービンブレードは内部にガス冷却孔を含む複雑な形状をしており，軸方向の遠心力や空気による曲げ力を受けるだけでなく，優れた耐酸化性と耐硫化性が必要な腐食環境にさらされる．

超合金は高温強度と**クリープ抵抗**に優れることで知られる．**クリープ**（creep）とは一定荷重下でごくゆっくりと進行する変形をいう．合金では，$0.6\,T_m$ 以上の高温でクリープが重要となる．ニッケル基超合金のクリープ抵抗を支配する 2 つの機構は**転位クリープ**と**粒界すべり**である．

転位クリープ（dislocation creep）は文字通り転位の運動により生じる．ニッケル基超合金は転位を動きにくくするために 2 相強化されている．そのミクロ構造は金属間化合物 γ'（化学量論組成は $Ni_3(Al, Ti)$）の立方体状の析出物と Ni リッチな Ni-Cr 固溶体の母相（γ）からなる．母相（γ 相）の空間群は $Fm\bar{3}m$ である．他方，析出相（γ'）のそれは $Pm\bar{3}m$ で，(Al, Ti) 原子は母相空間群の $4a$ サイトを占めている（図 6.28）．

Ni 基超合金の代表的組織を図 6.29 に示す．γ' 立方体の各面は γ 相の $\{100\}$ 面に平行で，γ' の体積率は約 70％である．γ/γ' 界面は整合であることが多い（図 5.65 参照）．γ 相と γ' 相の格子定数が異なるため，整合な γ' 粒子はひずみ場をもつ（図 5.65(a)）．このひずみ場が転位と相互作用をするので転位の運動を妨げる．このよ

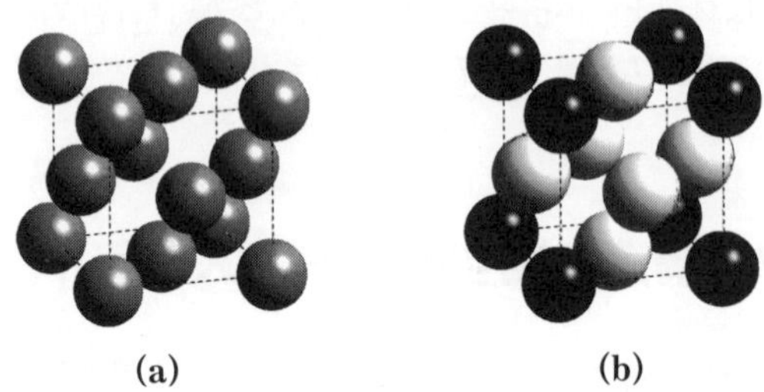

図 6.28　γ 相と γ' 相の結晶構造．(a)均質な不規則相 γ の空間群は $Fm\bar{3}m$ で，合金原子はランダムに $4a$ サイトを占める．(b)規則相 γ' の空間群は $Pm\bar{3}m$ で，Al 原子と Ti 原子がサイト $1a$ を，Ni 原子はサイト $3c$ を占める．

図 6.29　超合金 René N 4 のミクロ構造．母相 γ の中に立方体状の析出相 γ' が見える．写真で黒く見える部分が母相．

うに，整合析出物は一般に合金を強化するのに役立つ．ある種の超合金では，2 つの相の格子定数の差がさらに大きく，γ/γ' 界面は半整合となるため，界面転位を導入してひずみエネルギーを解放する（図 5.65(b)）．

不規則な γ 相（空間群 $Fm\bar{3}m$）は通常の $\langle 1\bar{1}0\rangle\{111\}$ すべり系における転位の運

動によって変形する．しかし，母相の並進ベクトル $(a/2)\langle 1\bar{1}0\rangle$ は析出相 γ' の並進ベクトルと一致しないので，母相中の転位が γ' 相中に侵入するのは容易でない．これらの理由により，超合金の転位運動は γ' と γ' の間のせまい母相（γ 相チャンネル）に限定されることが多い．このチャンネルの幅は，図 6.29 に見られるように，約 100 nm ときわめて小さい．多数の γ' 相によって $\{111\}$ 面上の自由な運動を妨げられるため，γ 相チャンネル内の転位は上昇運動をしなければならず，必然的に速度は遅くなる．超合金が優れた転位クリープ抵抗を有するのはこの理由による．

第 2 のクリープ機構は粒界すべりである．粒界すべりとは，隣接する結晶粒が，粒界面に平行なせん断応力の作用により，粒界に沿って相対的にずれる現象をいう．高温では粒界すべりが活発となるため，粗大結晶粒材料に比べて微細結晶粒材料のクリープ抵抗は低い．これは結晶粒が微細になるほど粒界部分に存在する原子の数が増すからである．

粒界はまた別の形で高温変形に寄与する．粒界は点欠陥の発生源とも消滅場所ともなりうるので，多結晶中の転位が応力下で上昇運動するのに必要な点欠陥を速やかに供給できる．粒界で空孔が合体して小さな空洞（ボイド）となる現象は粒界**キャビテーション**（cavitation）と呼ばれ，最終的には**延性破壊**による全面破断にいたる．

粒界は超合金の性能を左右する決定的な要因となるため，結晶粒組織を制御し，最終的には粒界をまったく含まない材料の製造プロセスを開発する努力が 1960 年代になされた（この間の経過は Gell and Duhl（1986）の文献に詳しい）．超合金タービンブレードの鋳造材の製造に使われたのが**指向性凝固法**（directional solidification）である．当初はブレードの軸に平行な粒界のみを含むような組織に制御されたが，引張応力はブレードの軸方向で最大となり，この軸を含む面にはせん断応力が作用しない．最終的には，形状が複雑で内部に冷却孔を含み単一の結晶からなるタービンブレードを作るために，いわゆる単結晶プロセスが開発された．このタービンブレードはブラベー格子の異なる 2 つの相からなる合金なので，これを単結晶と呼ぶのは厳密には誤りである．しかし，2 相は互いに整合であるため，事実上単結晶とみなしてよい．

今日用いられている超合金単結晶の製造方法を図 6.30 に示す．炉内の水冷チルブロックの上面に置かれたタービンブレードのセラミック鋳型に溶湯を注ぐ．円柱形の「スタータブロック」がチルブロックおよび溶湯と接している．チルと溶けた合金本体との間にコルク抜きによく似たらせん状の「単結晶セレクタ」がある．この鋳型を炉から引き下げると凝固が始まる．スタータブロックから上方に数個の結晶が成長す

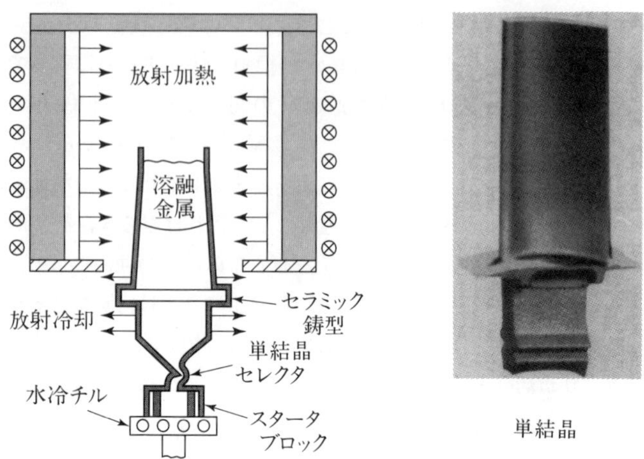

図 6.30 指向性凝固法による単結晶超合金の育成方法（Gell and Duhl 1986, p. 41）.

るが，⟨100⟩ に近い方位の結晶粒のみが速やかに成長する．セレクタの幅が狭い上，結晶成長速度に異方性があるため，⟨100⟩ に近い方位をもつ1個の結晶粒のみがセレクタを通過するのである．種結晶が1つに絞られたことで，ブレードの残りの部分も単結晶になる．

単結晶超合金の構造の階層性を示したものが図 6.31 である．最も低い倍率では単結晶超合金に特徴的な樹枝状のデンドライト組織が認められる．⟨100⟩ 方向に成長したタービンブレードの先端部分にはデンドライト組織が明瞭に観察され，その間隔は約 0.5 mm である（図 6.31(a)）．X 線回折によれば，このデンドライト相は γ' である．より高い倍率では，図 6.31(b)にみるように，デンドライトの枝と枝の間には γ 相と γ' 相が共存するが，これは溶質原子に富む溶液がより低い温度で凝固する際に生じる共晶反応に起因する．この領域を走査電子顕微鏡（SEM）でさらに拡大して観察したものが図 6.31(c)である．母相 γ の中に立方体状の γ' 粒子が見える．この領域を透過電子顕微鏡（TEM）で観察するとミクロ構造のさらに細かい部分がわかる（図 6.31(d)）．立方体の γ' 相の大きさは 0.3〜0.6 μm である．γ' 相と γ' 相は厚さ 0.1 μm 以下の薄い γ 相で隔てられている．TEM の倍率を上げると，図 6.31(d)で黒い線に見えるものが転位であることがわかる．図には示していないが，さらに細かくみれば各相の単位格子も識別できるだろう．これには最新型の高分解能

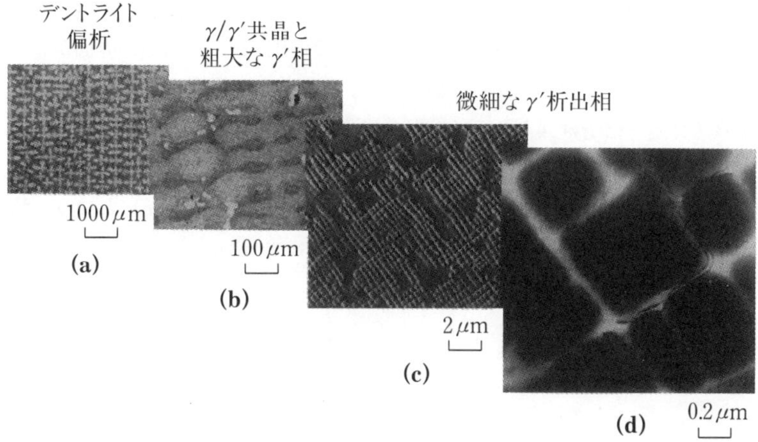

図 6.31 Ni 基超合金単結晶における構造の階層性．写真(a)と(d)では倍率に 5000 倍の差がある（Gell and Duhl 1986, p. 41）．

TEM または電界イオン顕微鏡（FIM）による観察が必要となる．FIM を用いると個々の空孔や，条件さえよければ個々の原子を見ることができる．

最後に，超合金の機械的性質がミクロ構造と密接に関連することを示してこのケーススタディを締めくくろう．図 6.32 は引張クリープ寿命に及ぼす γ′ 相サイズの影響を示す．温度はこの種の材料の稼動温度の上限に近い 1255 K である．γ′ 相が約 300 nm のときにクリープ寿命が最大となることがわかる．5.2.1 で述べたように，転位が γ′ 粒子を迂回する機構としては γ′ 粒子を避けるための転位の上昇運動，転位によ

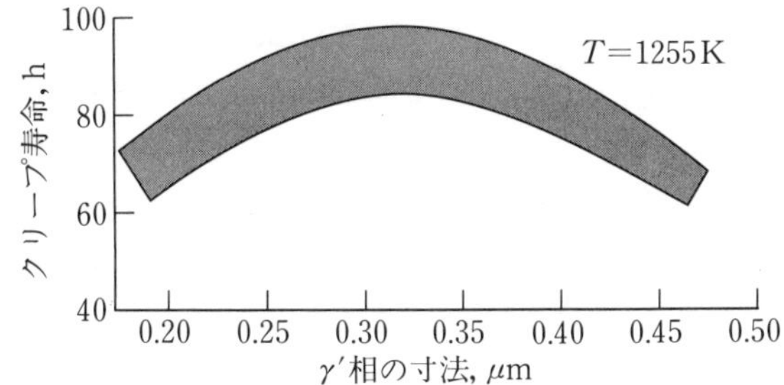

図 6.32 Ni 基超合金のクリープ寿命と γ′ 粒子径の関係（Gell and Duhl 1986, p. 47）．

る γ' 粒子のせん断，γ' 粒子間の転位の張り出しとそれに続く粒子のまわりのループ形成，などがある（図5.26，図5.34(a)，(b)参照）．粒子と母相の界面が整合であるときに支配的となるのがせん断機構である．しかしNi基超合金においては，粒子と母相のブラベー格子は異なり，γ 母相の並進ベクトル $(a/2)\langle 110\rangle$ は γ' 相の並進ベクトルと一致しない．このため γ' 相はほとんど例外なく $(a/2)\langle 110\rangle$ 転位対の運動によってせん断される．この種の対転位を**超転位**（superdislocation）という．超転位のバーガースベクトルの和は γ' 相の並進ベクトルに等しい．

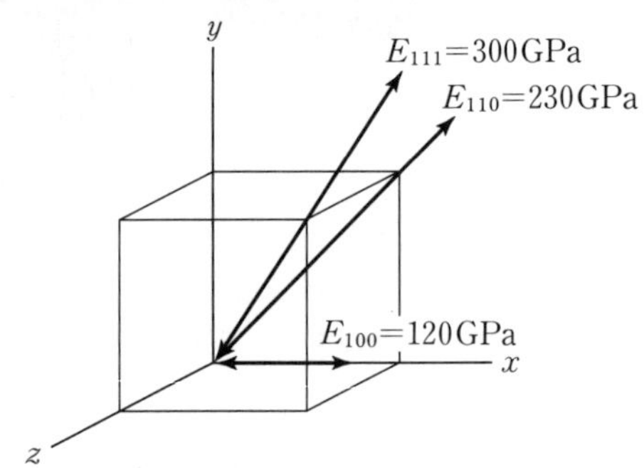

図6.33 超合金単結晶における弾性率の異方性．

図6.33は超合金単結晶のヤング率の異方性を示す．種結晶の方位を制御することにより（すなわち，特殊な方位のスタータブロックを用いることにより），タービンブレードの軸方位を望みの方位にあらかじめ調整することができる．通常，$\langle 111\rangle$ 方位で強度もクリープ寿命も最大となる．

航空機エンジンの場合，例えば離着陸時のパワーアップによりタービンブレードのまわりのガス流温度が急激に上昇し，ブレード自体の温度も内部に比べ前縁部で急速に変化する．急速な温度上昇はブレードの前縁部に軸方向の圧縮応力を生み，急速な温度低下は引張応力を生む．この繰り返し応力によってブレードは**熱疲労**損傷を受ける．航空機エンジンの寿命を決めているのは多くの場合この熱疲労機構である．ブレード内の温度差によって生じる熱応力の大きさはブレードの縁に平行な方向（軸方向）の弾性率に比例する．図6.33に見るように，超合金のヤング率は $\langle 100\rangle$ 方向で最小となるから，この方向に結晶成長させたブレードが最も優れた熱疲労抵抗を有する．ブレード軸方位を強度がより高い $\langle 111\rangle$ ではなく $\langle 100\rangle$ に制御するのはこの理由によっている．

6.3.2　炭素繊維強化樹脂積層板

繊維強化複合材料は複合材料の最も重要なものの1つである．構成要素は弾性率と強度に優れる炭素などの繊維と，エポキシのような熱硬化性樹脂である．複合材料は通常次の方法のいずれかで作られる．

① フィラメントワインディング法

② 含浸済みラミネート法

フィラメントワインディング法とは，溶けた樹脂を連続繊維に浸み込ませ，これを例えば円筒形の型に巻きつける方法である．他方，含浸済み**ラミネート法**とは，あらかじめ樹脂を含浸させ，部分的に硬化させておいた多層繊維板（これを**プリプレグ**という）を積み重ねる方法である．プリプレグ内の繊維の配向は1方向のもの（テープ）と布状に紡いだもの（織布）とがある．テープも織布も適当な寸法に裁断して重ね合わせ複雑な形状に作り上げることができる．最終的には，最適の特性を発揮するよう様ざまな方向に繊維を積層したものが得られる．複合材料製造の成否は繊維の幾何学的な配向のみならず，樹脂を程よく硬化させる技術にかかっている．1本1本の繊維の周囲や繊維板と繊維板の間にボイドのない連続で一様な母相が得られるよう，はじめに樹脂に熱と圧力を加えて適度の流動性をもたせる．最後に高温，高圧で保持することにより，架橋反応を促し樹脂を硬化させる．

テニスラケット，スキーポール，ゴルフクラブシャフトなどはグラファイト繊維強化エポキシ複合材料の身近な例である．これらの材料では，エポキシのような非結晶性の熱硬化性樹脂が靱性に富む母相を構成し，その中に結晶性の繊維が埋め込まれている．**エポキシ樹脂**は，エポキシグループ同士の直接カップリング反応，もしくはアロマティックヒドロキシルやアリファティックヒドロキシルを介したカップリング反応により，ネットワークを構成することができる．

身近なエポキシの1つがビスフェノールAのジグリシジルエーテルで次の構造をもつ．

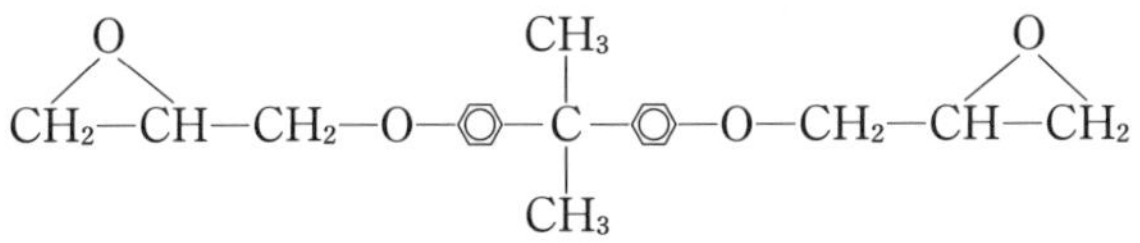

$$\overset{\mathrm{O}}{\overbrace{\mathrm{CH_2{-}CH}}}\mathrm{{-}CH_2{-}O{-}}\bigcirc\mathrm{{-}}\underset{\mathrm{CH_3}}{\overset{\mathrm{CH_3}}{\mathrm{C}}}\mathrm{{-}}\bigcirc\mathrm{{-}O{-}CH_2{-}}\overset{\mathrm{O}}{\overbrace{\mathrm{CH{-}CH_2}}}$$

代表的な硬化剤はエチレンジアミンのような多官能性アミンである．

$$NH_2-CH_2-CH_2-NH_2$$

アミンとエポキシ基との反応は次のように表せる．

$$NH_2-R_1-NH_2 + \overset{\overset{O}{\diagup\ \diagdown}}{CH_2-CH}-R_2-\overset{\overset{O}{\diagup\ \diagdown}}{CH-CH_2}$$

$$\rightarrow NH_2-R_1-\underset{}{\overset{H'}{\overset{|}{N}}}-CH_2-\underset{\underset{OH}{|}}{CH}-R_2-\overset{\overset{O}{\diagup\ \diagdown}}{CH-CH_2}$$

この反応は1次アミンとエポキシ基との反応により進行することもできるし，′で示した2次アミンとヒドロキシル基との反応で進行することもできる．よって，どのモノマーについても理論的な官能性は4となり，架橋密度の高い3次元分子ネットワークが形成される．母相の性質は用いるエポキシとアミンの性質によって決まる．官能基の数が，各モノマーの中央部分（R_1+R_2）の長さおよび組成とともに，母相の架橋密度，したがって弾性率を決めている．成形時の収縮を避け，かつ部材に正確な仕上げ方法を与えるためには，反応後の架橋ポリマーの密度が反応前の前駆体モノマーの密度とほとんど変わらないような反応を起こさせることが必要である．さらに，母相から繊維への荷重伝達が十分となるためには，母相と繊維の界面のせん断強度が高くなくてはならない．このためしばしば繊維に表面処理を施し，母相との接着強度の改善を図っている．プリプレグを作る際，架橋反応を部分的に起こさせてから急冷（クエンチ）によって停止させる．次にラミネートを積層するまでの間，プリプレグは低温で保管する．

炭素繊維の製造では，ポリアクリロニトリル（PAN）のような繊維前駆体をまず1300℃に加熱して炭化させ，次いで2800℃で加熱して黒鉛化する（図6.34参照）．その目的は炭素原子が規則配列した結晶構造を発達させることにある．結晶化することで，炭素と炭素の共有結合によって非常に高い弾性率と強度をもち，かつ高温での使用にも耐えられる構造となるからである．このプロセスを行うため，線状のPANの分子鎖を熱可塑的に加工して方向性の強い繊維とし，次いでこれを無酸素雰囲気中で焼成して炭素に変える．炭素繊維の基本構造は2次元の黒鉛シートである．このような炭素原子の2次元ハニカムネットワークが積み重なっていわゆる**乱層構造**層を形成する（図6.35）．この構造が乱層と呼ばれるのは，各黒鉛板の間に並進対称性も回転対称性も存在しないからである．黒鉛の性質は非常に異方性が強いので，炭素繊維

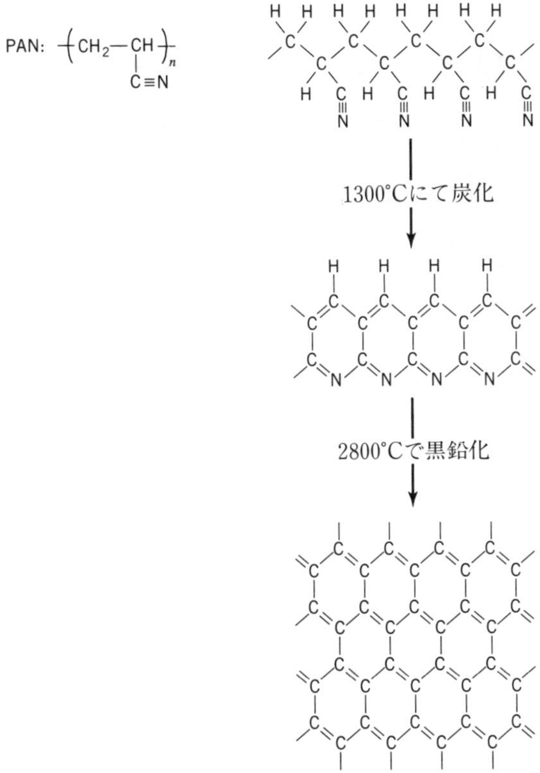

PAN: $-(CH_2-CH(C\equiv N))_n-$

1300°Cにて炭化

2800°Cで黒鉛化

図 6.34　分子鎖を 1 方向にそろえた PAN 繊維を焼成すると炭素が黒鉛化してシート構造をとる．これにより高性能の炭素繊維が得られる．

を作ることによって，繊維の軸方向と平行に配向した黒鉛面で非常に高い弾性率が得られるという利点がある．炭素繊維の代表的な太さは 10 μm オーダーであり，プリプレグ全体に占めるその体積率は約 60% である．

炭素繊維-エポキシ系プリプレグテープの機械的性質の強い異方性を均衡させるために，複合材料の部材を設計する際にラミネート構造が採用されている．図 6.36 に 0/90/0/90/0 なる 5 層のラミネート構造を示す．これにより面内特性の異方性はほぼ解消される．平坦なラミネートは通常 $(2n+1)$ 層からなる．奇数番目の層同士が鏡映対称の関係にあるので，板の反りは防がれる．部材に所望の特性をもたせるために，用途によってはラミネートの設計は非常に複雑になりうる．ラミネートの積み上げ方

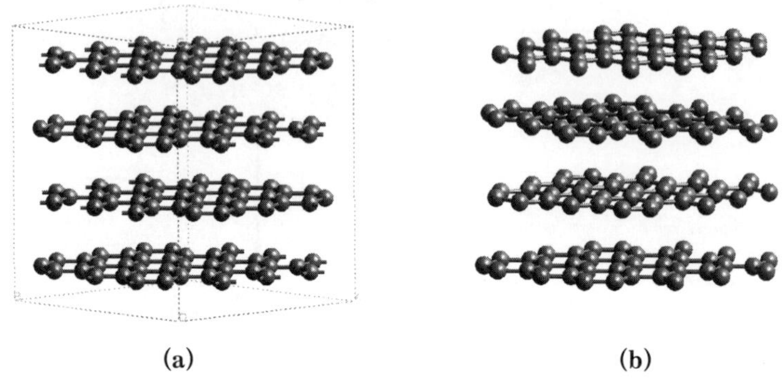

図 6.35　黒鉛(a)と乱層黒鉛(b)の構造．(a)では炭素の原子面が上下で完全に重なり合うのに対し，(b)では原子面内の並進対称性も，原子面に垂直な軸のまわりの回転対称性ももたない．

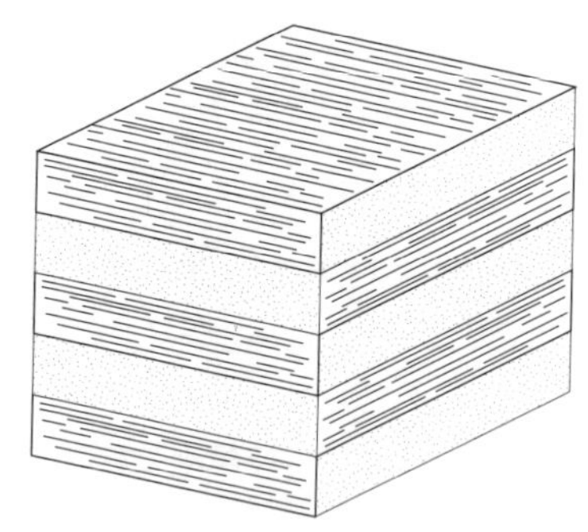

図 6.36　積層順序 0°，90°，0°，90°，0° なる5層の炭素繊維-エポキシ系ラミネート複合材料．細線はエポキシ樹脂に埋め込まれた炭素繊維を示す．

は設計の自由度が大きいため，構造技術者は，推定される荷重を考慮して部材の複雑な応力-ひずみ解析を行い，部材に必要なぎりぎりの力学的要件を材料技術者に提供することができる．また，設計者はこうして仕上げられた材料をできるだけ有効に使って最小限の量で性能要件を満たし，コストと重量の軽減につなげることができる．

6.4 将来への展望

材料科学の分野における幅広い初等的知識を習得した読者が次になすべきことは，さらなるケーススタディを行って第1章「物質の構造ロードマップ」に示した多くのルートをたどり，伸ばすことである（図1.16）．例えば，非常に複雑な材料の構造と組成を完全に記述することを可能にするおびただしい数の実験方法を学ぶことである．構造同定の技法としては，X線回折法，電子線回折法，中性子散乱法などの間接的方法のみならず，透過電子顕微鏡法，走査電子顕微鏡法，走査プローブ顕微鏡法（走査トンネル顕微鏡法，原子間力顕微鏡法を含む），光学顕微鏡法（反射法，透過法，偏光法）といった直接観察の方法がある．より進んだ装置や技術が絶えず開発されているので，材料科学者や材料技術者が材料の局部的構造や組成を精査できる可能性は年々高まっている．シンクロトロンX線照射装置などの最新装置の多くは国立研究機関に導入されており，そこでは何億円もする高価な研究設備を使って，平衡状態（すなわち T，p および成分数が一定）にある静的な構造の同定のみならず，最近関心が高まっている成形中の構造変化の追跡が行われている．

ほとんどの材料は厳密にいえば非平衡なミクロ構造を示す．しかし，ミクロ構造は著しい準安定状態になって，材料の使用中は事実上不変のままでいることも可能である．中間的な構造の状態は，平衡状態から平衡状態への相変態を支配する特定の律速機構を反映している．実際には，非平衡構造の多くは相変態の途中で意図的に「凍結」される．その方がより優れた物理的性質が得られるからである．バイコールガラスのスピノーダル構造はその一例である（6.2.2参照）．興味ある読者は，相変態や材料加工に関するより進んだ授業に出て，ミクロ構造制御に関する非常に刺激的な勉強を続けるとよい．実際，材料加工のさしあたりの目標を非平衡構造の最適化に置くことが多い．対称性と物理的性質の関係を扱う上級コースでも，構造と性質の関係について立ち入った観察を行うだろう．

生物学分野における構造理解のための活発な努力と挑戦に触れないと公平さを欠くだろう．ここでは，2，3の生体材料について述べておく（1.2.2と3.2.1参照）．歯や骨からコルク，コラーゲン，DNAにいたるまで，非常に興味ある組織が多い．実際，**生体模倣材料科学**（biomimetic materials science）という新しい学問分野では，例えばアワビの貝殻がきわめて優れた靭性を示すように，自然を模倣することによっ

(a)

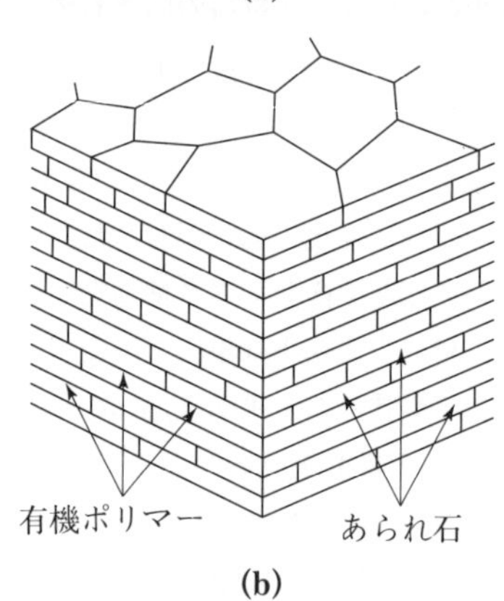

(b)

図 6.37 (a)巨大分子の薄い層で隔てられた板状 $CaCO_3$ の透過電子顕微鏡写真．このバイオセラミック・ナノコンポジットはアワビの貝殻の構成材料である．(b)アワビの貝殻があられ石の結晶と有機ポリマーの層状組織よりなることを示す模式図 (Bear *et al.* 1992, p. 64)．

て高性能の人工材料を作る試みがなされている．構造の研究者たちは，実際この種の貝殻が，たん白質と多糖類が 250 nm おきに交互に配列したあられ石 ($CaCO_3$) の薄片からなる一種のバイオセラミック・ナノコンポジットであることを知っている (図 6.37)．材料科学の分野において，**生体材料** (biomaterials) という伸びざかりの新分野はきわめて重要である．数年のうちに大きく前進しそうな分野として，人工心臓のような人工臓器用材料や，**組織再生工学**（tissue engineering）用のバイオポリマー製成長素地の生産がある．生体材料研究が人類にヘルスケアや生活の質（QOL）の向上をもたらすことは間違いないだろう．今後解き明かされるであろう新しいパターンや構造とその機能との関係は大いに知的興味をそそる．DNA の 2 重らせん構造の発見者 Francis Crick は次のように語る．「機能を知りたければ，構造を調べなさい」．

これまで物質の構造の特定の面については多くの優れたテキストが書かれている．以下に，本章の参考文献のほか，さらに勉強するのに役立つ文献を掲げる．

参考文献

Adams, W. W., "An Electron Microscopy and X-Ray Scattering Investigation of the Deformation Morphology of Solid State Extruded Fibers and Melt Drawn Films of Polyethylene," Ph.D. Thesis, University of Massachusetts, Amherst, MA, 1984.

Allen, S. M., and Bever, M. B., "Structure of Materials," *Encyclopedia of Materials Science and Engineering*, Pergamon, Oxford, p. 4700, 1986.

American Society for Materials, *Metals Handbook*, 8th and 9th eds., ASM International, Materials Park, OH, 1973 and 1988.

Baer, F., Hiltner, A., and Morgan, R., "Biological and Synthetic Hierarchical Composites," *Physics Today*, p. 64, Oct. 1992.

Barrett, C. S., and Massalski, T. B., *Structure of Metals*, McGraw-Hill, New York, 1966.

Bassett, D. C., *Principles of Polymer Morphology*, Cambridge University Press, Cambridge, UK, 1981.

Cahn, J. W., "Phase Separation by Spinodal Decomposition in Isotropic Systems," *J. Chem. Phys. 42*, 93–99, 1965.

Dieter, G. E., *Mechanical Metallurgy*, 3rd ed., McGraw-Hill, New York, 1986.

Gell, M., and Duhl, D. N., "The Development of Single Crystal Superalloy Turbine Blades," in *Advanced High-Temperature Alloys*, ASM International, Materials Park, OH, 1986, p. 41.

Newnham, R. E., Skinner, D. P., and Cross, L. E., "Connectivity and Piezoelectric and Pyroelectric Composites," *Materials Research Bulletin 13*, 525–536, 1978.

Reed-Hill, R. E., and Abbaschian, R., *Physical Metallurgy Principles*, 3rd ed., PWS-Kent, Boston, 1992.

Sax, J. E., and Ottino, J. M., "Modeling of Transport of Small Molecules in Polymer Blends: Application of Effective Medium Theory," *Polym. Eng. Sci. 23*, 165–176, 1983.

Schultz, J. M., ed., *Properties of Solid Polymeric Materials*, Academic Press, New York, 1977.

さらに勉強するために

生体の構造

Pearce, P., *Structure in Nature is a Strategy for Design*, MIT Press, Cambridge, MA, 1978.

Thompson, D. W., *On Growth and Form*, 2nd ed., Cambridge University Press, London, 1952.

Watson, J. D., *The Double Helix: A Personal Account of the Discovery of the Structure of DNA*, Weidenfeld and Nicolson, London, 1981.

セラミックス

Chiang, Y.-M., Birnie, D. P., and Kingery, W. D., *Physical Ceramics: Principles for Ceramic Science and Engineering*, Wiley, New York, 1997.

化学結合

Pauling, L., *The Nature of the Chemical Bond and the Structure of Molecules and Crystals; An Introduction to Modern Structural Chemistry*, 3rd ed., Cornell University Press, Ithaca, NY, 1960.

結　晶

Buerger, M. J., *Introduction to Crystal Geometry*, McGraw-Hill, New York, 1971.

Nye, J. F., *Physical Properties of Crystals: Their Representation by Tensors and Matrices*, Oxford University Press, London, 1985.

回　折

Bragg, W. L., *The Development of X-Ray Analysis*, Dover, New York, 1992.

Glusker, J. P., and Trueblood, K. N., *Crystal Structure Analysis: A Primer*, 2nd ed., Oxford University Press, New York, 1985.

Hukins, D. W. L., *X-Ray Diffraction by Disordered and Ordered Systems: Covering X-Ray Diffraction by Gases, Liquids, and Solids and Indicating How the Theory of Diffraction by These Different States of Matter is Related and How It Can be Used to Solve Structural Problems*, Pergamon, Oxford, 1981.

工業材料

Ashby, M. F., and Jones, D. R. H., *Engineering Materials 1: An Introduction to their Properties and Applications*, 2nd ed., Butterworth-Heinemann, Oxford, 1996.

Ashby, M. F., and Jones, D. R. H., *Engineering Materials 2: An Introduction to Microstructures, Processing & Design*, 2nd ed., Butterworth-Heinemann, Oxford, 1998.

構造欠陥

Hull, D., and Bacon, D. J., *An Introduction To Dislocations*, 3rd ed., Pergamon, Oxford, 1984.

液　晶

de Gennes, P.-G., and Prost, J., *The Physics of Liquid Crystals*, 2nd ed., Oxford University Press, London, 1993.

Demus, D., and Richter, L., *Textures of Liquid Crystals*, 2nd ed., Deutscher Verlag für Grundstoffindustrie, Leipzig, 1980.

金　属

Barrett, C. S., and Massalski, T. B., *Structure of Metals*, McGraw-Hill, New York, 1966.

Cottrell, A. H., *Theoretical Structural Metallurgy*, 2nd ed., Edward Arnold, London, 1962.

顕 微 鏡

Cosslett, V. E., *Modern Microscopy: or, Seeing the Very Small*, Cornell University Press, Ithaca, NY, 1966.

Watt, I. M., *The Principles and Practice of Electron Microscopy*, 2nd ed., Cambridge University Press, Cambridge, UK, 1997.

非 結 晶

Zallen, R., *The Physics of Amorphous Solids*, Wiley, New York, 1983.

Ziman, J. M., *Models of Disorder; The Theoretical Physics of Homogeneously Disordered Systems*, Cambridge University Press, Cambridge, 1979.

ポリマー

Elias, H.-G., *Mega Molecules: Tales of Adhesives, Bread, Diamonds, Eggs, Fibers, Foams, Gelatin, Leather, Meat, Plastics, Resists, Rubber, and Cabbages and Kings*, Springer-Verlag, Berlin, 1987.

Young, R., and Lovell, P., *Introduction to Polymers*, 2nd ed., Chapman & Hall, London, 1991.

対 称 性

Stewart, I., and Golubitsky, M., *Fearful Symmetry: Is God a Geometer?* Blackwell, Oxford, 1992.

全 般

Brophy, J. H., Rose, R. M., and Wulff, J., *The Structure and Properties of Materials, Vol. II: Thermodynamics of Structure*, Wiley, New York, 1964.

Guinier, A., *The Structure of Matter: From the Blue Sky to Liquid Crystals* (trans. W. J. Duffin), Edward Arnold, New York, 1992.

Hayden, H. W., Moffatt, W. G., and Wulff, J., *The Structure and Properties of Materials, Vol. III: Mechanical Behavior*, Wiley, New York, 1964.

Hildebrandt, S., and Tromba, A., *Mathematics and Optimal Form*, Scientific American Books, New York, 1985.

Holden, A., *The Nature of Solids*, Columbia University Press, New York, 1968.

Mandelbrot, B., *The Fractal Geometry of Nature*, W. H. Freeman, San Francisco, 1983.

Moffatt, W. G., Pearsall, G. W., and Wulff, J., *The Structure and Properties of Materials, Vol. I: Structure*, Wiley, New York, 1964.

Pease, L. F., Rose, R. M., and Wulff, J., *The Structure and Properties of Materials, Vol. IV: Electronic Properties*, Wiley, New York, 1964.

Smith, C. S., *A Search for Structure*, MIT Press, Cambridge, 1981.

演 習 問 題

6.1　Encyclopedia of Materials Science and Engineering のような文献を参照して，図 6.1(a)，(b)に示すミクロ構造解析法とミクロ化学分析法の中からそれぞれ 1 つを選び，要点を 250 語程度で述べよ．

6.2　(**a**)　図に示すアルミニウム多結晶試料について，平均結晶粒径（単位 mm）と ASTM 粒径番号 G を求めよ．ただし，

$G=-10.00+6.64\log P_{\mathrm{L}}$

P_{L} は図中に任意に引いた標線 1 cm あたりの粒界との交点数（標線として円を用いると便利である）．

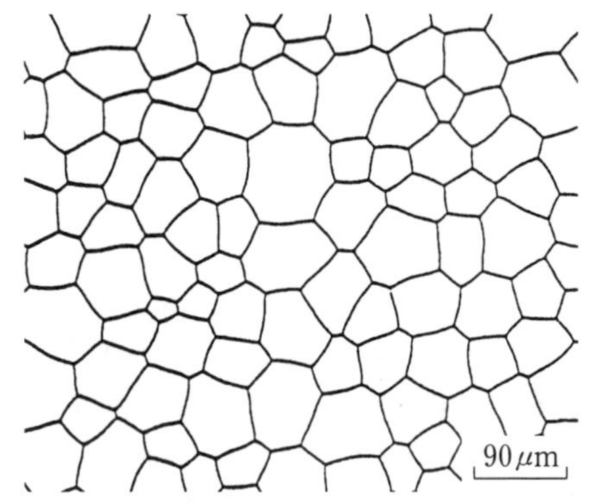

(**b**)　この組織は等軸結晶粒組織といえるか．それはなぜか．

6.3　多結晶における集合組織とは，個々の結晶粒方位に優先方位があることをいう．多結晶に強い集合組織を導入する方法の 1 つに，塑性変形による方法があり，この場合，優先方位はしばしば結晶のすべり系と関係づけられる．$Fm\bar{3}m$ 型結晶のすべり系が $(a/2)\langle 1\bar{1}0\rangle\{111\}$ であること，および塑性ひずみが非常に大きいときの結晶幾何学を考慮して，次の 2 つの塑性加工によって $Fm\bar{3}m$ 型多結晶合金に導入される集合組織を特定せよ．

(**a**)　線引き加工．

(**b**)　平坦な金型による鍛造加工．

各々の方法で加工した後の集合組織を $\langle 1\bar{1}0\rangle$ 極点図および $\langle 111\rangle$ 極点図にステレオ投影せよ．ただし，負荷方向は投影の中心にあるものとする（注：この投影図は負荷方向に対する多結晶の優先方位を示すはずである）．

6.4

（**a**）　半結晶性ポリスチレンの構造の階層性を述べよ（注：基本的な形態記述子を特定し，それぞれに長さスケールを付すこと）.

（**b**）「スペクトラ1000」は高強度，高弾性率のポリスチレン繊維である．これをゲル-スピニング法により製造する工程について文献調査し，図6.27のデータを説明するのに適した形態学モデルを述べよ．

6.5　ポリスチレン（PS）とポリブタジエン（PB）を組み合わせてPS/PBジブロック共重合体を作ることができる．右図はこの材料の化学的特徴と構造的特徴を示したものである．

（**a**）　PS/PBブロック共重合体は一種の規則化した2成分系のミクロコンポジットとみなせる．この例を用いて，構造の階層性の考え方を説明せよ．

（**b**）　以下の用語に最もよく対応するのは図の中のどの階層か．

（1）　1-3ミクロコンポジット

（2）　酔歩

（3）　集合組織

（4）　自己組織化

6.6　Al-Cu合金母相とSiO_2ガラス繊維からなる複合材料がある．それぞれの物性値は次の通りである．（i）SiO_2繊維：直径5 μm，長さ1000 μm，体積率10%，配向ランダム．（ii）Al-Cu母相：平均寸法50 μmの等軸結晶粒内部にCuリッチな円板状析出物（直径5 nm，厚さ1.2 nm）を含む．Alはfcc構造で，格子定数は0.4 nm，Cuリッチな析出物もfcc構造で，格子定数はAlとほぼ同じである．析出物は，面法線が母相の$\langle 111 \rangle_{Al}$と平行になるように配向し，母相との界面は整合である．

（**a**）　以上の情報に基づいて，原子レベル（単位格子）から複合材料全体（1辺が10 cmの立方体）レベルまで，構造を階層的に描け．各々の構造の特徴を述べるとともに，空間的なスケールと幾何学的関係を示せ．

（**b**）　SiO_2相の連続性は何次元か．また，Al母相についてはどうか．

6.7　3次元的な等方性を有する複合材料が必要となることが多い．一般的にこの要件を満たすのが粒子強化複合材料である．

（**a**）　大量のガラス繊維を溶融ポリマーと混ぜ合わせ，これを射出成形する方法では等方的な複合材料が得にくい．なぜか．

（**b**）　短く切りきざんだガラス繊維と熱可塑性樹脂を原料として等方的な複合材料を作る方法をいくつかあげ，説明せよ．

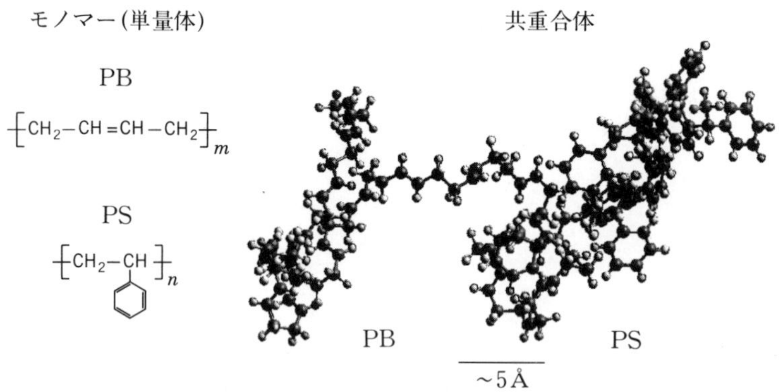

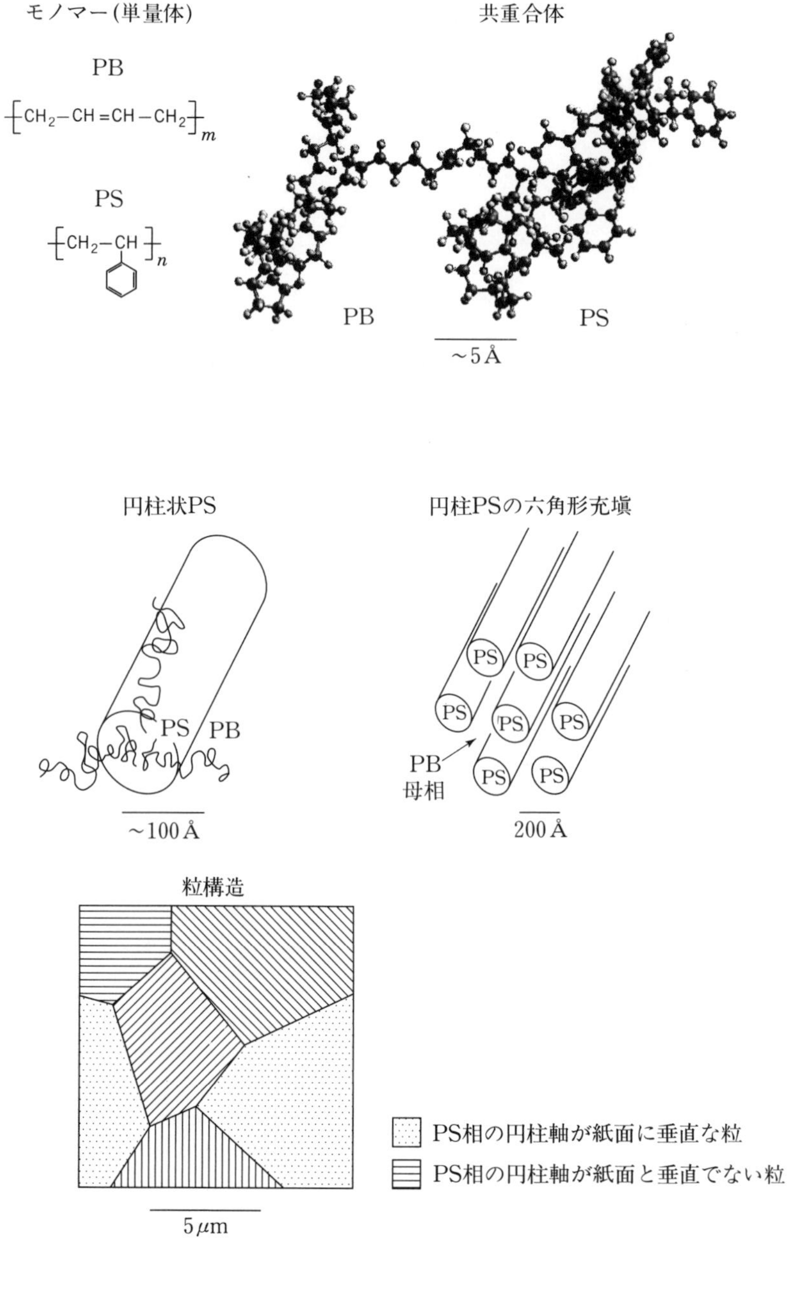

円柱状PS

PS　PB

~100Å

円柱PSの六角形充填

PS PS PS PS PS PS PS

PB
母相

200Å

粒構造

5μm

PS相の円柱軸が紙面に垂直な粒

PS相の円柱軸が紙面と垂直でない粒

付録 A

17 の面群

出典：The International Tables of Crystallography, Volume A : Space-Group Symmetry, 第 4 版 (1996).

***p* 1** **1** **Oblique**

No. 1 ***p* 1**

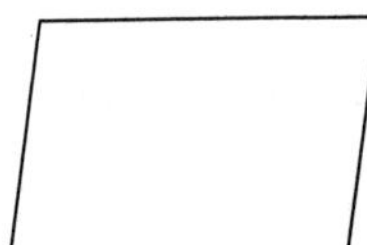

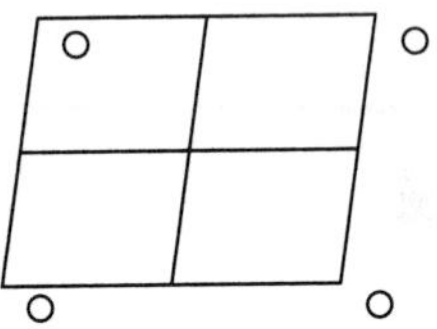

Origin arbitrary

Asymmetric unit $0 \le x \le 1$; $0 \le y \le 1$

Positions

Multiplicity, Wyckoff letter, Site symmetry			Coordinates	Reflection conditions
				General:
1	*a*	1	(1) x, y	no conditions

p 2 **2** **Oblique**

No. 2 **p 2**

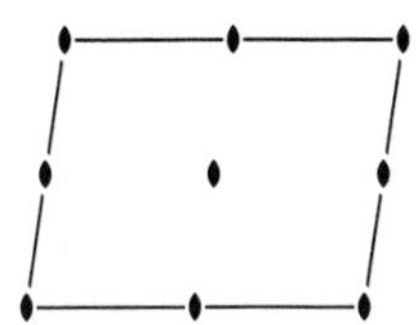

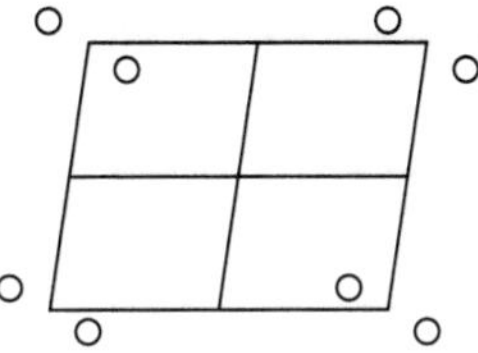

Origin at 2

Asymmetric unit $0 \leq x \leq \frac{1}{2}$; $0 \leq y \leq 1$

Positions

Multiplicity, Wyckoff letter, Site symmetry			Coordinates		Reflection conditions
					General:
2	e	1	(1) x, y	(2) $\bar{x}, \bar{y}$	no conditions
					Special: no extra conditions
1	d	2	$\frac{1}{2}, \frac{1}{2}$		
1	c	2	$\frac{1}{2}, 0$		
1	b	2	$0, \frac{1}{2}$		
1	a	2	$0, 0$		

p m　　**m**　　**Rectangular**

No. 3　　**p 1 m 1**

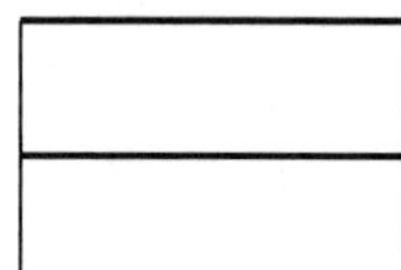

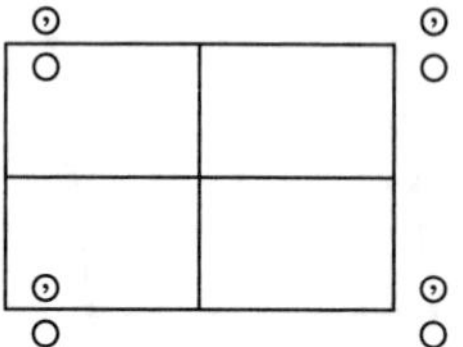

Origin　on *m*

Asymmetric unit　$0 \le x \le \frac{1}{2}$;　$0 \le y \le 1$

Positions

Multiplicity, Wyckoff letter, Site symmetry			Coordinates	Reflection conditions
2	*c*	1	(1) x, y　(2) $\bar{x}, y$	General: no conditions
				Special: no extra conditions
1	*b*	*.m.*	$\frac{1}{2}, y$	
1	*a*	*.m.*	$0, y$	

p g ***m*** **Rectangular**

No. 4 ***p* 1 *g* 1**

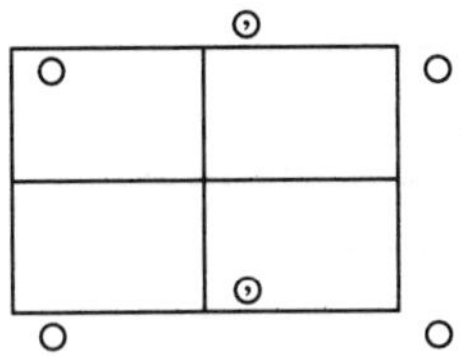

Origin on g

Asymmetric unit $0 \le x \le \frac{1}{2}$; $0 \le y \le 1$

Positions

Multiplicity, Wyckoff letter, Site symmetry	Coordinates	Reflection conditions
		General:
2 *a* 1	(1) x, y (2) $\bar{x}, y + \frac{1}{2}$	$0k$: $k = 2n$

_c m_ **_m_** **Rectangular**

No. 5 **_c 1 m 1_**

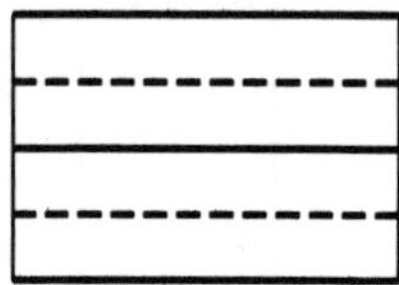

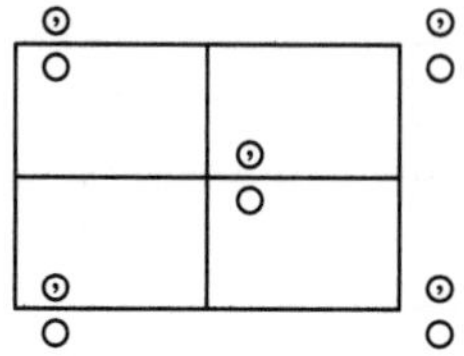

Origin on *m*

Asymmetric unit $0 \leq x \leq \frac{1}{2}$; $0 \leq y \leq \frac{1}{2}$

Positions

Multiplicity, Wyckoff letter, Site symmetry	Coordinates	Reflection conditions
	(0, 0) + ($\frac{1}{2}$, $\frac{1}{2}$) +	
		General:
4 *b* 1	(1) x, y (2) $\bar{x}, y$	*hk*: $h + k = 2n$
		*h*0: $h = 2n$
		0*k*: $k = 2n$
		Special: no extra conditions
2 *a* .*m* .	$0, y$	

p 2 *m m*　　2 *m m*　　Rectangular

No. 6　　*p* 2 *m m*

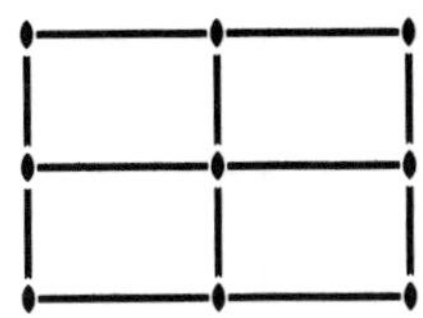

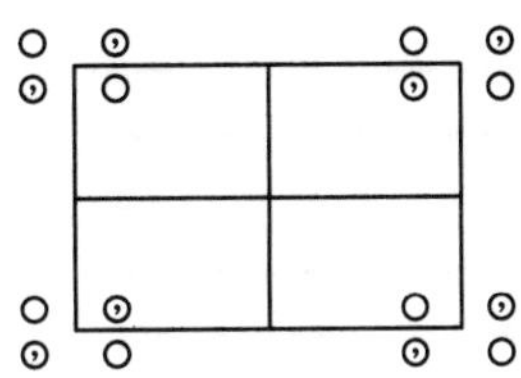

Origin　at 2*m m*

Asymmetric unit　$0 \le x \le \frac{1}{2}$;　$0 \le y \le \frac{1}{2}$

Positions

Multiplicity, Wyckoff letter, Site symmetry			Coordinates	Reflection conditions
4	*i*	1	(1) x, y　(2) $\bar{x}, \bar{y}$　(3) $\bar{x}, y$　(4) $x, \bar{y}$	General: no conditions
				Special: no extra conditions
2	*h*	.*m* .	$\frac{1}{2}, y$　$\frac{1}{2}, \bar{y}$	
2	*g*	.*m* .	$0, y$　$0, \bar{y}$	
2	*f*	. .*m*	$x, \frac{1}{2}$　$\bar{x}, \frac{1}{2}$	
2	*e*	. .*m*	$x, 0$　$\bar{x}, 0$	
1	*d*	2*m m*	$\frac{1}{2}, \frac{1}{2}$	
1	*c*	2*m m*	$\frac{1}{2}, 0$	
1	*b*	2*m m*	$0, \frac{1}{2}$	
1	*a*	2*m m*	$0, 0$	

p* 2 *m g **2 *m m*** **Rectangular**

No. 7 ***p* 2 *m g***

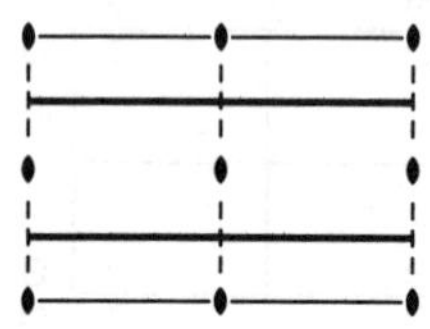

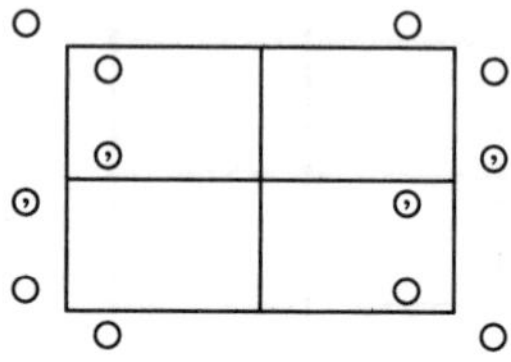

Origin at 2 1 *g*

Asymmetric unit $0 \le x < \frac{1}{4}$; $0 \le y \le 1$

Positions

Multiplicity, Wyckoff letter, Site symmetry			Coordinates	Reflection conditions
				General:
4	*d*	1	(1) x, y (2) $\bar{x}, \bar{y}$ (3) $\bar{x}+\frac{1}{2}, y$ (4) $x+\frac{1}{2}, \bar{y}$	$h0$: $h = 2n$
				Special: as above, plus
2	*c*	.*m* .	$\frac{1}{4}, y$ $\frac{3}{4}, \bar{y}$	no extra conditions
2	*b*	2 . .	$0, \frac{1}{2}$ $\frac{1}{2}, \frac{1}{2}$	hk: $h = 2n$
2	*a*	2 . .	$0, 0$ $\frac{1}{2}, 0$	hk: $h = 2n$

p* 2 *g g **2 *m m*** **Rectangular**

No. 8 ***p* 2 *g g***

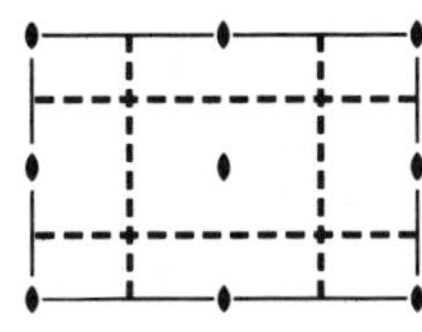

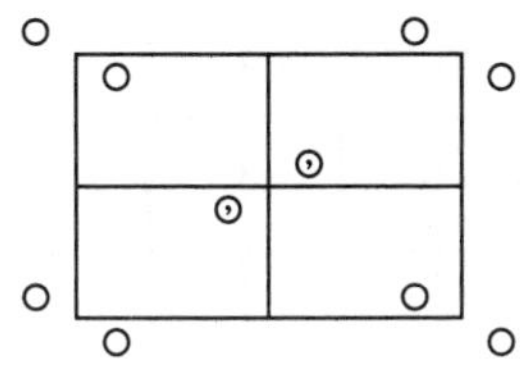

Origin at 2

Asymmetric unit $0 \leq x \leq \frac{1}{2}$; $0 \leq y \leq \frac{1}{2}$

Positions

Multiplicity, Wyckoff letter, Site symmetry			Coordinates	Reflection conditions
				General:
4	*c*	1	(1) x, y (2) $\bar{x}, \bar{y}$ (3) $\bar{x}+\frac{1}{2}, y+\frac{1}{2}$ (4) $x+\frac{1}{2}, \bar{y}+\frac{1}{2}$	$h0$: $h = 2n$ $0k$: $k = 2n$
				Special: as above, plus
2	*b*	2 . .	$\frac{1}{2}, 0$ $0, \frac{1}{2}$	hk: $h + k = 2n$
2	*a*	2 . .	$0, 0$ $\frac{1}{2}, \frac{1}{2}$	hk: $h + k = 2n$

c 2 m m **2 m m** **Rectangular**

No. 9 **c 2 m m**

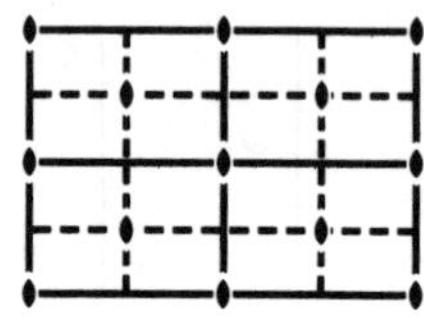

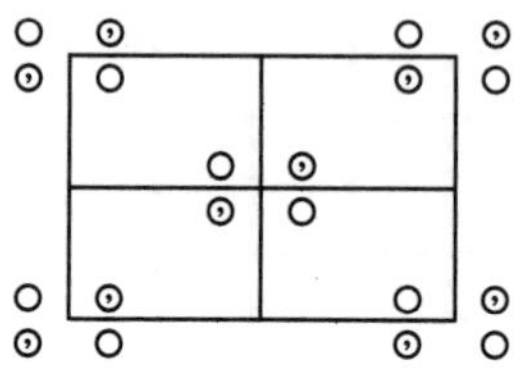

Origin at $2mm$

Asymmetric unit $0 \le x \le \frac{1}{4}$; $0 \le y \le \frac{1}{2}$

Positions

Multiplicity, Wyckoff letter, Site symmetry			Coordinates (0, 0) + $(\frac{1}{2}, \frac{1}{2})$ +	Reflection conditions
				General:
8	*f*	1	(1) x, y (2) $\bar{x}, \bar{y}$ (3) $\bar{x}, y$ (4) $x, \bar{y}$	hk: $h + k = 2n$ $h0$: $h = 2n$ $0k$: $k = 2n$
				Special: as above, plus
4	*e*	$.m.$	$0, y$ $0, \bar{y}$	no extra conditions
4	*d*	$..m$	$x, 0$ $\bar{x}, 0$	no extra conditions
4	*c*	$2..$	$\frac{1}{4}, \frac{1}{4}$ $\frac{3}{4}, \frac{1}{4}$	hk: $h = 2n$
2	*b*	$2mm$	$0, \frac{1}{2}$	no extra conditions
2	*a*	$2mm$	$0, 0$	no extra conditions

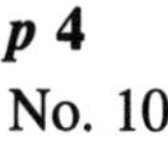

$p4$ | **4** | **Square**

No. 10 | **$p4$**

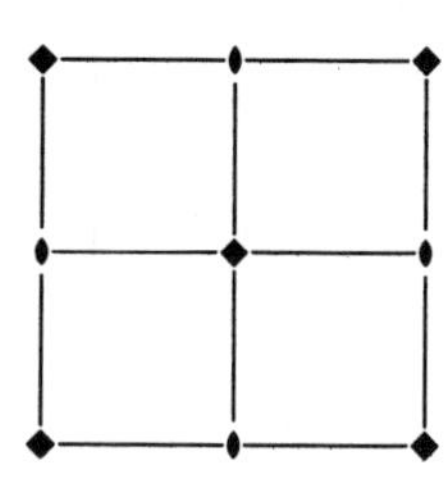

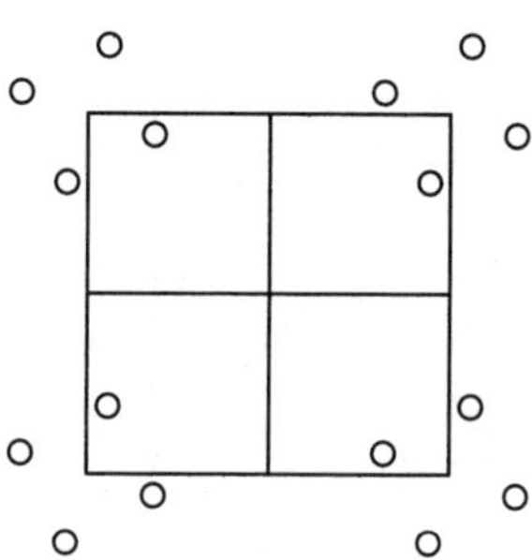

Origin at 4

Asymmetric unit $0 \leq x \leq \frac{1}{2}$; $0 \leq y \leq \frac{1}{2}$

Positions

Multiplicity, Wyckoff letter, Site symmetry			Coordinates	Reflection conditions
				General:
4	*d*	1	(1) x, y (2) $\bar{x}, \bar{y}$ (3) $\bar{y}, x$ (4) $y, \bar{x}$	no conditions
				Special:
2	*c*	2 . .	$\frac{1}{2}, 0$ $0, \frac{1}{2}$	*hk*: $h + k = 2n$
1	*b*	4 . .	$\frac{1}{2}, \frac{1}{2}$	no extra conditions
1	*a*	4 . .	$0, 0$	no extra conditions

p 4 *m m*　　4 *m m*　　Square

No. 11　　*p* 4 *m m*

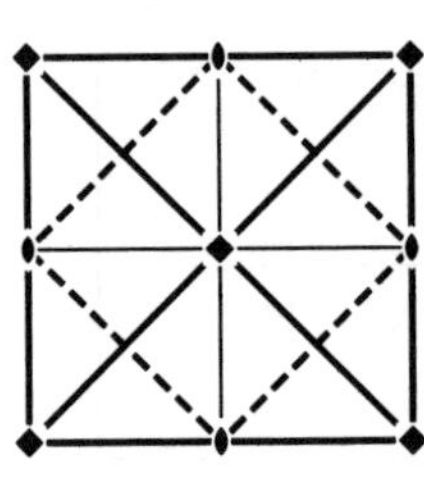

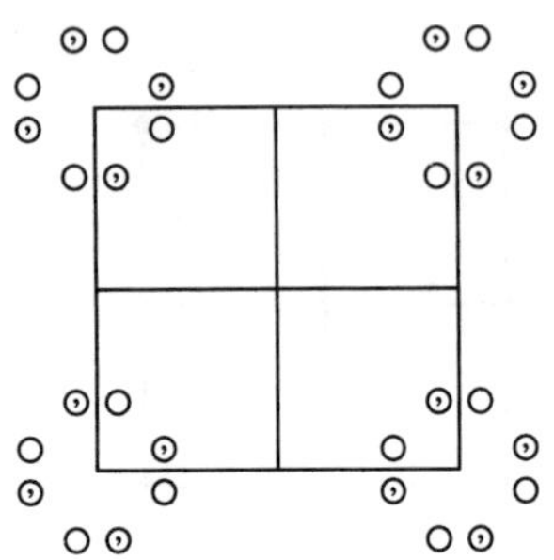

Origin　at 4*m m*

Asymmetric unit　$0 \le x \le \frac{1}{2}$;　$0 \le y \le \frac{1}{2}$;　$x \le y$

Positions

Multiplicity, Wyckoff letter, Site symmetry			Coordinates	Reflection conditions
				General:
8	*g*	1	(1) x, y　(2) $\bar{x}, \bar{y}$　(3) $\bar{y}, x$　(4) $y, \bar{x}$ (5) $\bar{x}, y$　(6) $x, \bar{y}$　(7) y, x　(8) $\bar{y}, \bar{x}$	no conditions
				Special:
4	*f*	. . *m*	x, x　$\bar{x}, \bar{x}$　$\bar{x}, x$　$x, \bar{x}$	no extra conditions
4	*e*	. *m* .	$x, \frac{1}{2}$　$\bar{x}, \frac{1}{2}$　$\frac{1}{2}, x$　$\frac{1}{2}, \bar{x}$	no extra conditions
4	*d*	. *m* .	$x, 0$　$\bar{x}, 0$　$0, x$　$0, \bar{x}$	no extra conditions
2	*c*	2*m m* .	$\frac{1}{2}, 0$　$0, \frac{1}{2}$	hk: $h + k = 2n$
1	*b*	4*m m*	$\frac{1}{2}, \frac{1}{2}$	no extra conditions
1	*a*	4*m m*	$0, 0$	no extra conditions

_p_ 4 _g m_ **4 _m m_** **Square**

No. 12 **_p_ 4 _g m_**

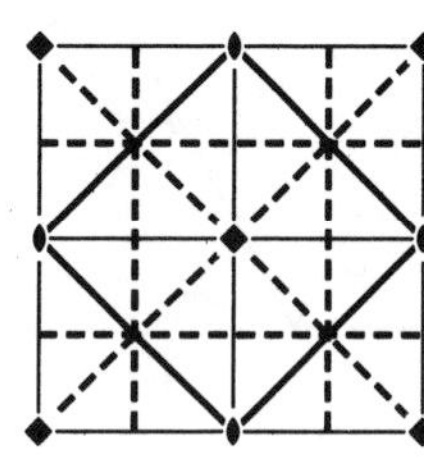

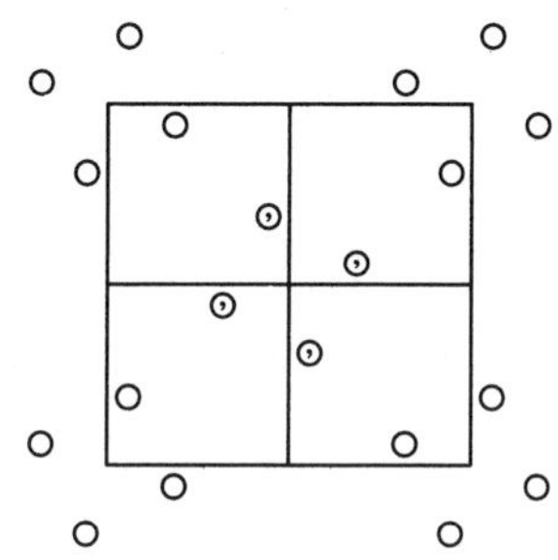

Origin at 4 1g

Asymmetric unit $0 \le x \le \frac{1}{2}$;　$0 \le y \le \frac{1}{2}$;　$y \le \frac{1}{2} - x$

Positions

Multiplicity, Wyckoff letter, Site symmetry			Coordinates		Reflection conditions
					General:
8	d	1	(1) x, y	(2) $\bar{x}, \bar{y}$	$h0$: $h = 2n$
			(3) $\bar{y}, x$	(4) $y, \bar{x}$	$0k$: $k = 2n$
			(5) $\bar{x} + \frac{1}{2}, y + \frac{1}{2}$	(6) $x + \frac{1}{2}, \bar{y} + \frac{1}{2}$	
			(7) $y + \frac{1}{2}, x + \frac{1}{2}$	(8) $\bar{y} + \frac{1}{2}, \bar{x} + \frac{1}{2}$	
					Special: as above, plus
4	c	$. . m$	$x, x + \frac{1}{2}$　$\bar{x}, \bar{x} + \frac{1}{2}$	$\bar{x} + \frac{1}{2}, x$　$x + \frac{1}{2}, \bar{x}$	no extra conditions
2	b	$2 . m m$	$\frac{1}{2}, 0$　$0, \frac{1}{2}$		hk: $h + k = 2n$
2	a	$4 . .$	$0, 0$　$\frac{1}{2}, \frac{1}{2}$		hk: $h + k = 2n$

***p* 3** **3** **Hexagonal**

No. 13 ***p* 3**

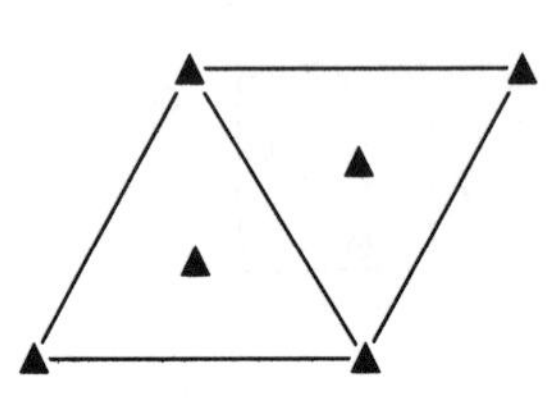

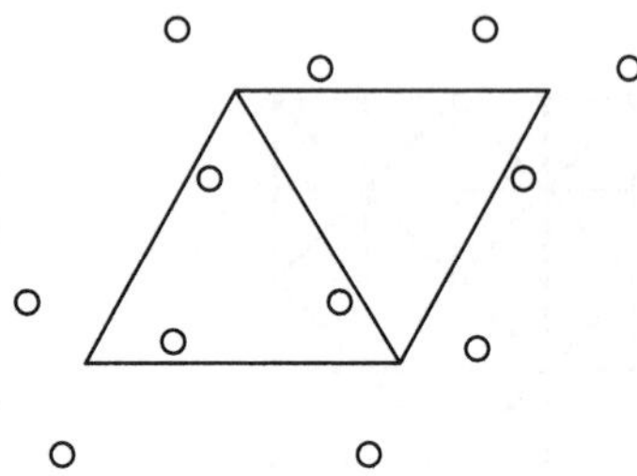

Origin at 3

Asymmetric unit $0 \leq x \leq \frac{2}{3}$; $0 \leq y \leq \frac{2}{3}$; $x \leq (1+y)/2$; $y \leq \min(1-x, (1+x)/2)$

Vertices $0, 0$ $\frac{1}{2}, 0$ $\frac{2}{3}, \frac{1}{3}$ $\frac{1}{3}, \frac{2}{3}$ $0, \frac{1}{2}$

Positions

Multiplicity, Wyckoff letter, Site symmetry			Coordinates	Reflection conditions
				General:
3	*d*	1	(1) x, y (2) $\bar{y}, x-y$ (3) $\bar{x}+y, \bar{x}$	no conditions
				Special: no extra conditions
1	*c*	3 . .	$\frac{2}{3}, \frac{1}{3}$	
1	*b*	3 . .	$\frac{1}{3}, \frac{2}{3}$	
1	*a*	3 . .	$0, 0$	

$p\,3\,m\,1$　$3\,m$　Hexagonal

No. 14　$p\,3\,m\,1$

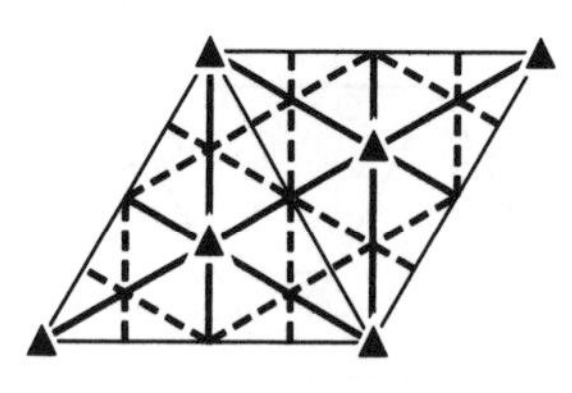

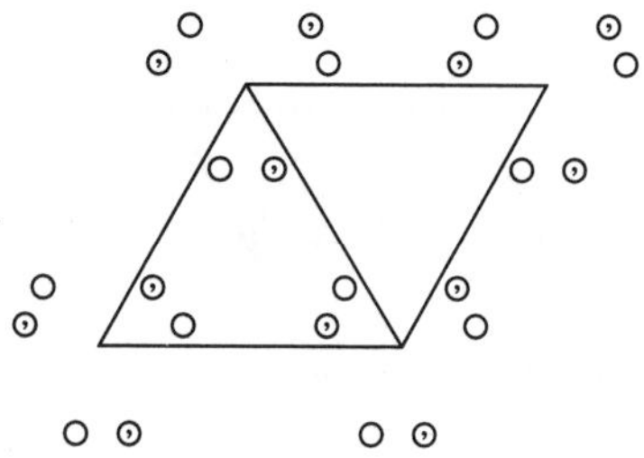

Origin at $3\,m\,1$

Asymmetric unit $0 \le x \le \frac{2}{3}$;　$0 \le y \le \frac{2}{3}$;　$x \le 2y$;　$y \le \min(1 - x, 2x)$

Vertices $0, 0$　$\frac{2}{3}, \frac{1}{3}$　$\frac{1}{3}, \frac{2}{3}$

Positions

Multiplicity, Wyckoff letter, Site symmetry			Coordinates	Reflection conditions
				General:
6	*e*	1	(1) x, y　(2) $\bar{y}, x-y$　(3) $\bar{x}+y, \bar{x}$ (4) $\bar{y}, \bar{x}$　(5) $\bar{x}+y, y$　(6) $x, x-y$	no conditions
				Special: no extra conditions
3	d	$.m.$	$x, \bar{x}$　$x, 2x$　$2\bar{x}, \bar{x}$	
1	*c*	$3m.$	$\frac{2}{3}, \frac{1}{3}$	
1	*b*	$3m.$	$\frac{1}{3}, \frac{2}{3}$	
1	*a*	$3m.$	$0, 0$	

p 3 1 *m* 3 *m* Hexagonal

No. 15 *p* 3 1 *m*

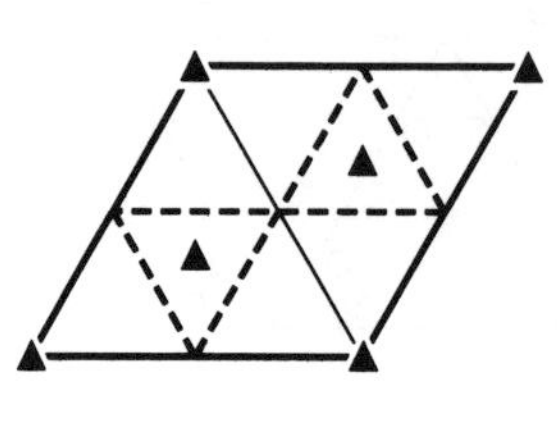

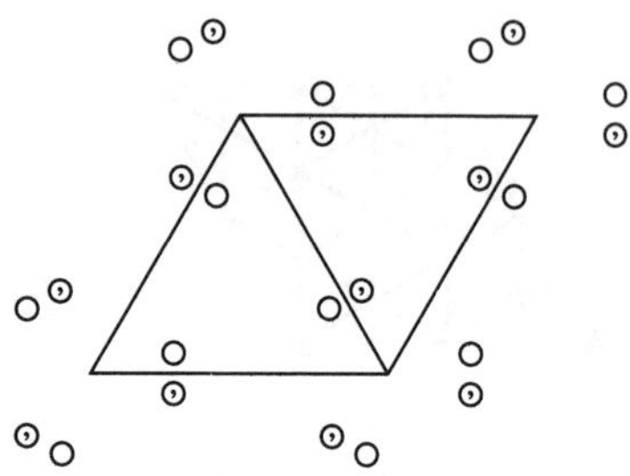

Origin at 3 1 *m*

Asymmetric unit $0 \leq x \leq \frac{2}{3}$; $0 \leq y \leq \frac{1}{2}$; $x \leq (1+y)/2$; $y \leq \min(1-x, x)$

Vertices 0, 0 $\frac{1}{2}$, 0 $\frac{2}{3}, \frac{1}{3}$ $\frac{1}{2}, \frac{1}{2}$

Positions

Multiplicity, Wyckoff letter, Site symmetry			Coordinates	Reflection conditions
				General:
6	*d*	1	(1) x, y (2) $\bar{y}, x-y$ (3) $\bar{x}+y, \bar{x}$ (4) y, x (5) $x-y, \bar{y}$ (6) $\bar{x}, \bar{x}+y$	no conditions
				Special: no extra conditions
3	*c*	. .*m*	$x, 0$ $0, x$ $\bar{x}, \bar{x}$	
2	*b*	3 . .	$\frac{1}{3}, \frac{2}{3}$ $\frac{2}{3}, \frac{1}{3}$	
1	*a*	3 .*m*	0, 0	

$p\,6$ **6** **Hexagonal**

No. 16 **$p\,6$**

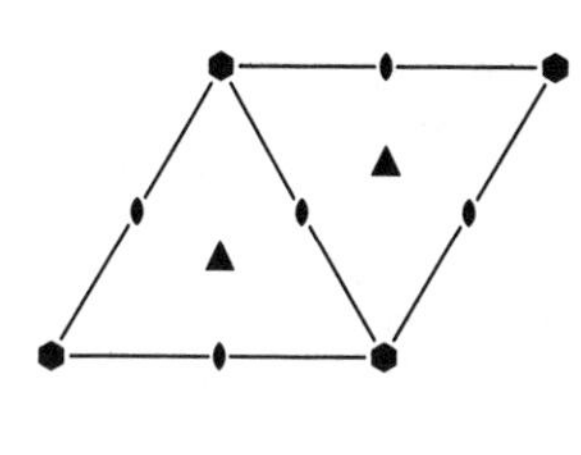

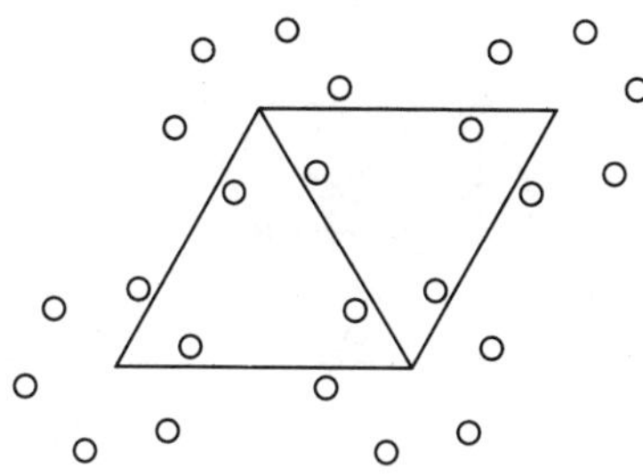

Origin at 6

Asymmetric unit $0 \le x \le \frac{2}{3}$; $0 \le y \le \frac{1}{2}$; $x \le (1+y)/2$; $y \le \min(1-x, x)$

Vertices $0, 0$ $\frac{1}{2}, 0$ $\frac{2}{3}, \frac{1}{3}$ $\frac{1}{2}, \frac{1}{2}$

Positions

Multiplicity, Wyckoff letter, Site symmetry			Coordinates	Reflection conditions
				General:
6	*d*	1	(1) x, y (2) $\bar{y}, x-y$ (3) $\bar{x}+y, \bar{x}$ (4) $\bar{x}, \bar{y}$ (5) $y, \bar{x}+y$ (6) $x-y, x$	no conditions
				Special: no extra conditions
3	*c*	2 . .	$\frac{1}{2}, 0$ $0, \frac{1}{2}$ $\frac{1}{2}, \frac{1}{2}$	
2	*b*	3 . .	$\frac{1}{3}, \frac{2}{3}$ $\frac{2}{3}, \frac{1}{3}$	
1	*a*	6 . .	$0, 0$	

p* 6 *m m **6 *m m*** **Hexagonal**

No. 17 ***p* 6 *m m***

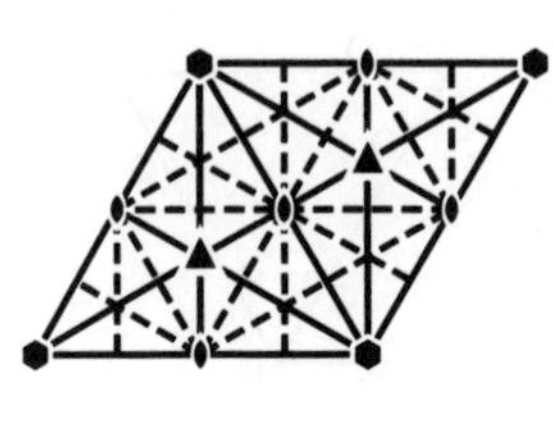

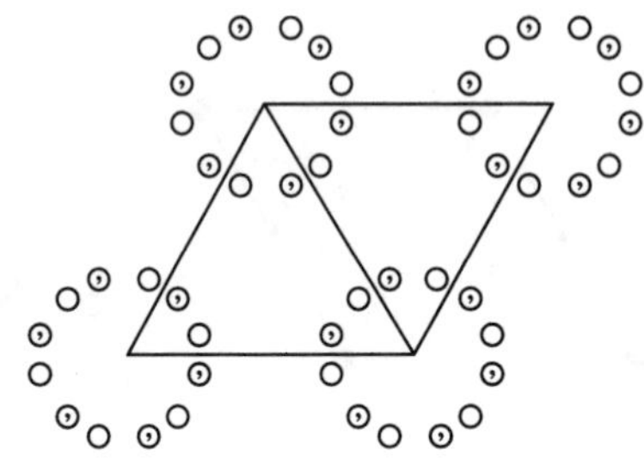

Origin at 6*m m*

Asymmetric unit $0 \le x \le \frac{2}{3}$; $0 \le y \le \frac{1}{3}$; $x \le (1 + y)/2$; $y \le x/2$

Vertices 0, 0 $\frac{1}{2}$, 0 $\frac{2}{3}, \frac{1}{3}$

Positions

Multiplicity, Wyckoff letter, Site symmetry			Coordinates	Reflection conditions
				General:
12	*f*	1	(1) x, y (2) $\bar{y}, x - y$ (3) $\bar{x} + y, \bar{x}$ (4) $\bar{x}, \bar{y}$ (5) $y, \bar{x} + y$ (6) $x - y, x$ (7) $\bar{y}, \bar{x}$ (8) $\bar{x} + y, y$ (9) $x, x - y$ (10) y, x (11) $x - y, \bar{y}$ (12) $\bar{x}, \bar{x} + y$	no conditions
				Special: no extra conditions
6	*e*	.*m* .	$x, \bar{x}$ $x, 2x$ $2\bar{x}, \bar{x}$ $\bar{x}, x$ $\bar{x}, 2\bar{x}$ $2x, x$	
6	*d*	. .*m*	$x, 0$ $0, x$ $\bar{x}, \bar{x}$ $\bar{x}, 0$ $0, \bar{x}$ x, x	
3	*c*	2*m m*	$\frac{1}{2}, 0$ $0, \frac{1}{2}$ $\frac{1}{2}, \frac{1}{2}$	
2	*b*	3*m* .	$\frac{1}{3}, \frac{2}{3}$ $\frac{2}{3}, \frac{1}{3}$	
1	*a*	6*m m*	0, 0	

付録 B

空間群（抜粋）

出典：The International Tables of Crystallography, Volume A: Space-Group Symmetry, 第 4 版（1996）.

P* 4/*m m m　　**D^1_{4h}**　　**4/*m m m***　　**Tetragonal**

No. 123　　***P* 4/*m* 2/*m* 2/*m***

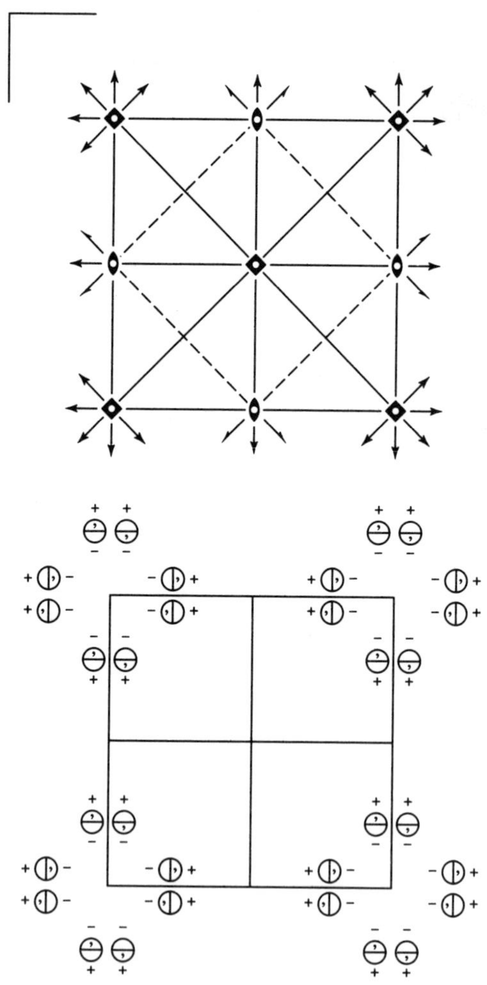

Origin　at centre (4/*m m m*)

Asymmetric unit　$0 \le x \le \frac{1}{2}$;　$0 \le y \le \frac{1}{2}$;　$0 \le z \le \frac{1}{2}$;　$x \le y$

No. 123　*P* 4/*m m m*　CONTINUED

Positions

Multiplicity, Wyckoff letter, Site symmetry			Coordinates				Reflection conditions
							General:
16	*u*	1	(1) x, y, z	(2) $\bar{x}, \bar{y}, z$	(3) $\bar{y}, x, z$	(4) $y, \bar{x}, z$	no conditions
			(5) $\bar{x}, y, \bar{z}$	(6) $x, \bar{y}, \bar{z}$	(7) $y, x, \bar{z}$	(8) $\bar{y}, \bar{x}, \bar{z}$	
			(9) $\bar{x}, \bar{y}, \bar{z}$	(10) $x, y, \bar{z}$	(11) $y, \bar{x}, \bar{z}$	(12) $\bar{y}, x, \bar{z}$	
			(13) $x, \bar{y}, z$	(14) $\bar{x}, y, z$	(15) $\bar{y}, \bar{x}, z$	(16) y, x, z	
							Special:
8	*t*	.*m* .	$x, \frac{1}{2}, z$	$\bar{x}, \frac{1}{2}, z$	$\frac{1}{2}, x, z$	$\frac{1}{2}, \bar{x}, z$	no extra conditions
			$\bar{x}, \frac{1}{2}, \bar{z}$	$x, \frac{1}{2}, \bar{z}$	$\frac{1}{2}, x, \bar{z}$	$\frac{1}{2}, \bar{x}, \bar{z}$	
8	*s*	.*m* .	$x, 0, z$	$\bar{x}, 0, z$	$0, x, z$	$0, \bar{x}, z$	no extra conditions
			$\bar{x}, 0, \bar{z}$	$x, 0, \bar{z}$	$0, x, \bar{z}$	$0, \bar{x}, \bar{z}$	
8	*r*	. .*m*	x, x, z	$\bar{x}, \bar{x}, z$	$\bar{x}, x, z$	$x, \bar{x}, z$	no extra conditions
			$\bar{x}, x, \bar{z}$	$x, \bar{x}, \bar{z}$	$x, x, \bar{z}$	$\bar{x}, \bar{x}, \bar{z}$	
8	*q*	*m* . .	$x, y, \frac{1}{2}$	$\bar{x}, \bar{y}, \frac{1}{2}$	$\bar{y}, x, \frac{1}{2}$	$y, \bar{x}, \frac{1}{2}$	no extra conditions
			$\bar{x}, y, \frac{1}{2}$	$x, \bar{y}, \frac{1}{2}$	$y, x, \frac{1}{2}$	$\bar{y}, \bar{x}, \frac{1}{2}$	
8	*p*	*m* . .	$x, y, 0$	$\bar{x}, \bar{y}, 0$	$\bar{y}, x, 0$	$y, \bar{x}, 0$	no extra conditions
			$\bar{x}, y, 0$	$x, \bar{y}, 0$	$y, x, 0$	$\bar{y}, \bar{x}, 0$	
4	*o*	*m* 2*m* .	$x, \frac{1}{2}, \frac{1}{2}$	$\bar{x}, \frac{1}{2}, \frac{1}{2}$	$\frac{1}{2}, x, \frac{1}{2}$	$\frac{1}{2}, \bar{x}, \frac{1}{2}$	no extra conditions
4	*n*	*m* 2*m* .	$x, \frac{1}{2}, 0$	$\bar{x}, \frac{1}{2}, 0$	$\frac{1}{2}, x, 0$	$\frac{1}{2}, \bar{x}, 0$	no extra conditions
4	*m*	*m* 2*m* .	$x, 0, \frac{1}{2}$	$\bar{x}, 0, \frac{1}{2}$	$0, x, \frac{1}{2}$	$0, \bar{x}, \frac{1}{2}$	no extra conditions
4	*l*	*m* 2*m* .	$x, 0, 0$	$\bar{x}, 0, 0$	$0, x, 0$	$0, \bar{x}, 0$	no extra conditions
4	*k*	*m* . 2*m*	$x, x, \frac{1}{2}$	$\bar{x}, \bar{x}, \frac{1}{2}$	$\bar{x}, x, \frac{1}{2}$	$x, \bar{x}, \frac{1}{2}$	no extra conditions
4	*j*	*m* . 2*m*	$x, x, 0$	$\bar{x}, \bar{x}, 0$	$\bar{x}, x, 0$	$x, \bar{x}, 0$	no extra conditions
4	*i*	2*m m* .	$0, \frac{1}{2}, z$	$\frac{1}{2}, 0, z$	$0, \frac{1}{2}, \bar{z}$	$\frac{1}{2}, 0, \bar{z}$	$hkl: h + k = 2n$
2	*h*	4*m m*	$\frac{1}{2}, \frac{1}{2}, z$	$\frac{1}{2}, \frac{1}{2}, \bar{z}$			no extra conditions
2	*g*	4*m m*	$0, 0, z$	$0, 0, \bar{z}$			no extra conditions
2	*f*	*m m m* .	$0, \frac{1}{2}, 0$	$\frac{1}{2}, 0, 0$			$hkl: h + k = 2n$
2	*e*	*m m m* .	$0, \frac{1}{2}, \frac{1}{2}$	$\frac{1}{2}, 0, \frac{1}{2}$			$hkl: h + k = 2n$
1	*d*	4/*m m m*	$\frac{1}{2}, \frac{1}{2}, \frac{1}{2}$				no extra conditions
1	*c*	4/*m m m*	$\frac{1}{2}, \frac{1}{2}, 0$				no extra conditions
1	*b*	4/*m m m*	$0, 0, \frac{1}{2}$				no extra conditions
1	*a*	4/*m m m*	$0, 0, 0$				no extra conditions

I 4_1/*a m d*　　D_{4h}^{19}　　4/*m m m*　**Tetragonal**

No. 141　　*I* 4_1/*a* 2/*m* 2/*d*

ORIGIN CHOICE 1

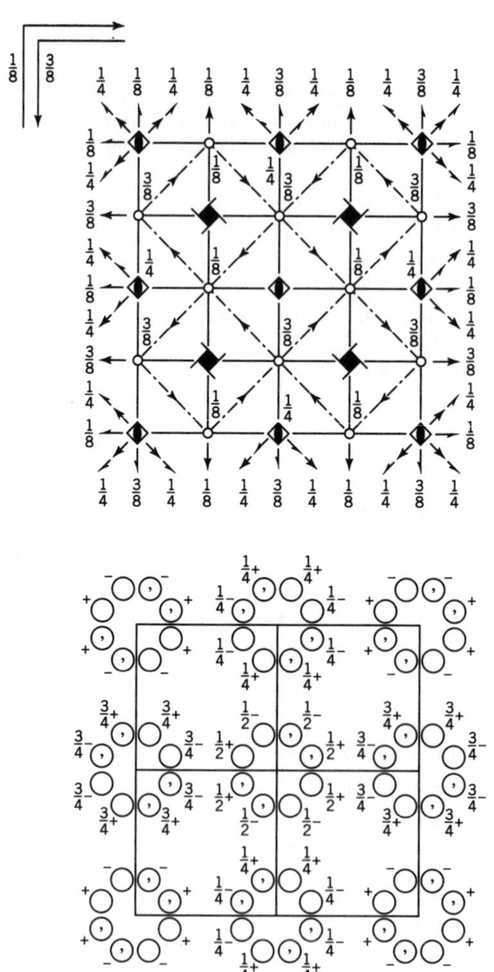

Origin　at $\bar{4}m2$, at $0, \frac{1}{4}, -\frac{1}{8}$ from centre $(2/m)$

Asymmetric unit　$0 \leq x \leq \frac{1}{2}$;　$0 \leq y \leq \frac{1}{2}$;　$0 \leq z \leq \frac{1}{8}$

No. 141　$I\,4_1/a\,m\,d$　CONTINUED

Positions

Multiplicity, Wyckoff letter, Site symmetry	Coordinates	Reflection conditions
	$(0,0,0)+\quad(\frac{1}{2},\frac{1}{2},\frac{1}{2})+$	
		General:
32 i 1	(1) x, y, z　(2) $\bar{x}+\frac{1}{2}, \bar{y}+\frac{1}{2}, z+\frac{1}{2}$	$hkl: h+k+l=2n$
	(3) $\bar{y}, x+\frac{1}{2}, z+\frac{1}{4}$　(4) $y+\frac{1}{2}, \bar{x}, z+\frac{3}{4}$	$hk0: h, k=2n$
	(5) $\bar{x}+\frac{1}{2}, y, \bar{z}+\frac{3}{4}$　(6) $x, \bar{y}+\frac{1}{2}, \bar{z}+\frac{1}{4}$	$0kl: k+l=2n$
	(7) $y+\frac{1}{2}, x+\frac{1}{2}, \bar{z}+\frac{1}{2}$　(8) $\bar{y}, \bar{x}, \bar{z}$	$hhl: 2h+l=4n$
	(9) $\bar{x}, \bar{y}+\frac{1}{2}, \bar{z}+\frac{1}{4}$　(10) $x+\frac{1}{2}, y, \bar{z}+\frac{3}{4}$	$00l: l=4n$
	(11) $y, \bar{x}, \bar{z}$　(12) $\bar{y}+\frac{1}{2}, x+\frac{1}{2}, \bar{z}+\frac{1}{2}$	$h00: h=2n$
	(13) $x+\frac{1}{2}, \bar{y}+\frac{1}{2}, z+\frac{1}{2}$　(14) $\bar{x}, y, z$	$h\bar{h}0: h=2n$
	(15) $\bar{y}+\frac{1}{2}, \bar{x}, z+\frac{3}{4}$　(16) $y, x+\frac{1}{2}, z+\frac{1}{4}$	
		Special: as above, plus
16 h $.m.$	$0, y, z$　$\frac{1}{2}, \bar{y}+\frac{1}{2}, z+\frac{1}{2}$　$\bar{y}, \frac{1}{2}, z+\frac{1}{4}$　$y+\frac{1}{2}, 0, z+\frac{3}{4}$ $\frac{1}{2}, y, \bar{z}+\frac{3}{4}$　$0, \bar{y}+\frac{1}{2}, \bar{z}+\frac{1}{4}$　$y+\frac{1}{2}, \frac{1}{2}, \bar{z}+\frac{1}{2}$　$\bar{y}, 0, \bar{z}$	no extra conditions
16 g $..2$	$x, x, 0$　$\bar{x}+\frac{1}{2}, \bar{x}+\frac{1}{2}, \frac{1}{2}$　$\bar{x}, x+\frac{1}{2}, \frac{1}{4}$　$x+\frac{1}{2}, \bar{x}, \frac{3}{4}$ $\bar{x}, \bar{x}+\frac{1}{2}, \frac{1}{4}$　$x+\frac{1}{2}, x, \frac{3}{4}$　$x, \bar{x}, 0$　$\bar{x}+\frac{1}{2}, x+\frac{1}{2}, \frac{1}{2}$	$hkl: l=2n+1$ or $2h+l=4n$
16 f $.2.$	$x, \frac{1}{4}, \frac{1}{8}$　$\bar{x}+\frac{1}{2}, \frac{1}{4}, \frac{5}{8}$　$\frac{3}{4}, x+\frac{1}{2}, \frac{3}{8}$　$\frac{3}{4}, \bar{x}, \frac{7}{8}$ $\bar{x}, \frac{1}{4}, \frac{1}{8}$　$x+\frac{1}{2}, \frac{1}{4}, \frac{5}{8}$　$\frac{1}{4}, \bar{x}, \frac{7}{8}$　$\frac{1}{4}, x+\frac{1}{2}, \frac{3}{8}$	$hkl: l=2n+1$ or $h=2n$
8 e $2mm.$	$0, 0, z$　$0, \frac{1}{2}, z+\frac{1}{4}$　$\frac{1}{2}, 0, \bar{z}+\frac{3}{4}$　$\frac{1}{2}, \frac{1}{2}, \bar{z}+\frac{1}{2}$	$hkl: l=2n+1$ or $2h+l=4n$
8 d $.2/m.$	$0, \frac{1}{4}, \frac{5}{8}$　$\frac{1}{2}, \frac{1}{4}, \frac{1}{8}$　$\frac{3}{4}, \frac{1}{2}, \frac{7}{8}$　$\frac{3}{4}, 0, \frac{3}{8}$	$hkl: l=2n+1$ or $h, k=2n$, $h+k+l=4n$
8 c $.2/m.$	$0, \frac{1}{4}, \frac{1}{8}$　$\frac{1}{2}, \frac{1}{4}, \frac{5}{8}$　$\frac{3}{4}, \frac{1}{2}, \frac{3}{8}$　$\frac{3}{4}, 0, \frac{7}{8}$	
4 b $\bar{4}m2$	$0, 0, \frac{1}{2}$　$0, \frac{1}{2}, \frac{3}{4}$	$hkl: l=2n+1$ or $2h+l=4n$
4 a $\bar{4}m2$	$0, 0, 0$　$0, \frac{1}{2}, \frac{1}{4}$	

$P\,6_3/m\,m\,c$　　**D_{6h}^4**　　**$6/m\,m\,m$**　**Hexagonal**

No. 194　　**$P\,6_3/m\,2/m\,2/c$**

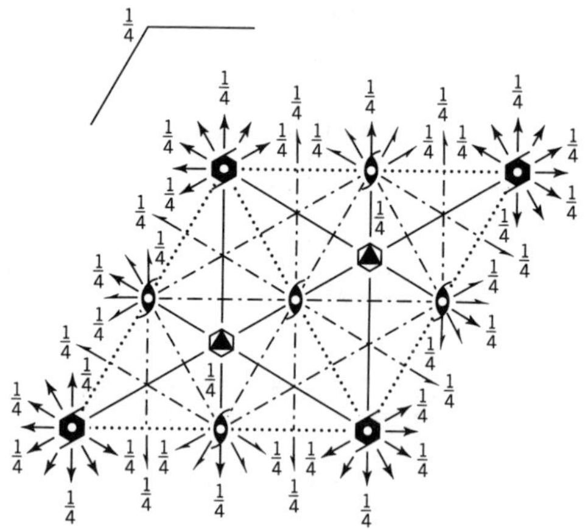

For $\bar{1}$ and $\bar{6}$ see $P6_3/m$ (No. 176)

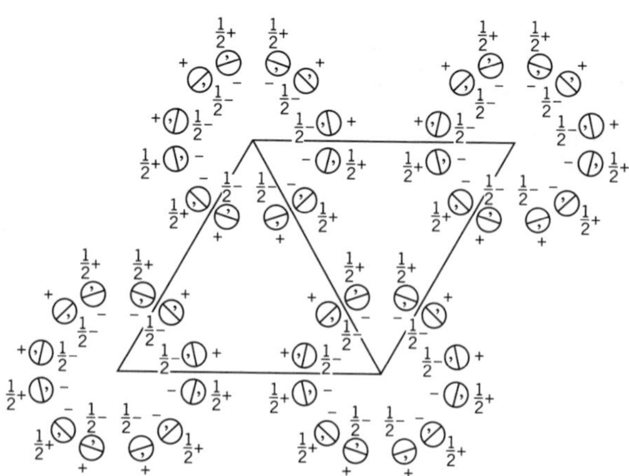

Origin at centre ($\bar{3}m\,1$) at $\bar{3}\;2/m\;c$

Asymmetric unit $0 \le x \le \frac{2}{3}$; $0 \le y \le \frac{2}{3}$; $0 \le z \le \frac{1}{4}$; $x \le 2y$; $y \le \min(1-x, 2x)$

Vertices $0, 0, 0$ $\frac{2}{3}, \frac{1}{3}, 0$ $\frac{1}{3}, \frac{2}{3}, 0$
$0, 0, \frac{1}{4}$ $\frac{2}{3}, \frac{1}{3}, \frac{1}{4}$ $\frac{1}{3}, \frac{2}{3}, \frac{1}{4}$

No. 194　$P\,6_3/m\,m\,c$　CONTINUED

Positions

Multiplicity, Wyckoff letter, Site symmetry			Coordinates	Reflection conditions
				General:
24	l	1	(1) x, y, z　(2) $\bar{y}, x-y, z$　(3) $\bar{x}+y, \bar{x}, z$ (4) $\bar{x}, \bar{y}, z+\frac{1}{2}$　(5) $y, \bar{x}+y, z+\frac{1}{2}$　(6) $x-y, x, z+\frac{1}{2}$ (7) $y, x, \bar{z}$　(8) $x-y, \bar{y}, \bar{z}$　(9) $\bar{x}, \bar{x}+y, \bar{z}$ (10) $\bar{y}, \bar{x}, \bar{z}+\frac{1}{2}$　(11) $\bar{x}+y, y, \bar{z}+\frac{1}{2}$　(12) $x, x-y, \bar{z}+\frac{1}{2}$ (13) $\bar{x}, \bar{y}, \bar{z}$　(14) $y, \bar{x}+y, \bar{z}$　(15) $x-y, x, \bar{z}$ (16) $x, y, \bar{z}+\frac{1}{2}$　(17) $\bar{y}, x-y, \bar{z}+\frac{1}{2}$　(18) $\bar{x}+y, \bar{x}, \bar{z}+\frac{1}{2}$ (19) $\bar{y}, \bar{x}, z$　(20) $\bar{x}+y, y, z$　(21) $x, x-y, z$ (22) $y, x, z+\frac{1}{2}$　(23) $x-y, \bar{y}, z+\frac{1}{2}$　(24) $\bar{x}, \bar{x}+y, z+\frac{1}{2}$	$hh\overline{2h}l: l=2n$ $000l: l=2n$
				Special: as above, plus
12	k	. m .	$x, 2x, z$　$2\bar{x}, \bar{x}, z$　$x, \bar{x}, z$　$\bar{x}, 2\bar{x}, z+\frac{1}{2}$ $2x, x, z+\frac{1}{2}$　$\bar{x}, x, z+\frac{1}{2}$　$2x, x, \bar{z}$　$\bar{x}, 2\bar{x}, \bar{z}$ $\bar{x}, x, \bar{z}$　$2\bar{x}, \bar{x}, \bar{z}+\frac{1}{2}$　$x, 2x, \bar{z}+\frac{1}{2}$　$x, \bar{x}, \bar{z}+\frac{1}{2}$	no extra conditions
12	j	m . .	$x, y, \frac{1}{4}$　$\bar{y}, x-y, \frac{1}{4}$　$\bar{x}+y, \bar{x}, \frac{1}{4}$　$\bar{x}, \bar{y}, \frac{3}{4}$　$y, \bar{x}+y, \frac{3}{4}$　$x-y, x, \frac{3}{4}$ $y, x, \frac{3}{4}$　$x-y, \bar{y}, \frac{3}{4}$　$\bar{x}, \bar{x}+y, \frac{3}{4}$　$\bar{y}, \bar{x}, \frac{1}{4}$　$\bar{x}+y, y, \frac{1}{4}$　$x, x-y, \frac{1}{4}$	no extra conditions
12	i	. 2 .	$x, 0, 0$　$0, x, 0$　$\bar{x}, \bar{x}, 0$　$\bar{x}, 0, \frac{1}{2}$　$0, \bar{x}, \frac{1}{2}$　$x, x, \frac{1}{2}$ $\bar{x}, 0, 0$　$0, \bar{x}, 0$　$x, x, 0$　$x, 0, \frac{1}{2}$　$0, x, \frac{1}{2}$　$\bar{x}, \bar{x}, \frac{1}{2}$	$hkil: l=2n$
6	h	$m\,m\,2$	$x, 2x, \frac{1}{4}$　$2\bar{x}, \bar{x}, \frac{1}{4}$　$x, \bar{x}, \frac{1}{4}$　$\bar{x}, 2\bar{x}, \frac{3}{4}$　$2x, x, \frac{3}{4}$　$\bar{x}, x, \frac{3}{4}$	no extra conditions
6	g	. $2/m$.	$\frac{1}{2}, 0, 0$　$0, \frac{1}{2}, 0$　$\frac{1}{2}, \frac{1}{2}, 0$　$\frac{1}{2}, 0, \frac{1}{2}$　$0, \frac{1}{2}, \frac{1}{2}$　$\frac{1}{2}, \frac{1}{2}, \frac{1}{2}$	$hkil: l=2n$
4	f	$3m$.	$\frac{1}{3}, \frac{2}{3}, z$　$\frac{2}{3}, \frac{1}{3}, z+\frac{1}{2}$　$\frac{2}{3}, \frac{1}{3}, \bar{z}$　$\frac{1}{3}, \frac{2}{3}, \bar{z}+\frac{1}{2}$	$hkil: l=2n$ or $h-k=3n+1$ or $h-k=3n+2$
4	e	$3m$.	$0, 0, z$　$0, 0, z+\frac{1}{2}$　$0, 0, \bar{z}$　$0, 0, \bar{z}+\frac{1}{2}$	$hkil: l=2n$
2	d	$\bar{6}m\,2$	$\frac{1}{3}, \frac{2}{3}, \frac{3}{4}$　$\frac{2}{3}, \frac{1}{3}, \frac{1}{4}$	$hkil: l=2n$ or $h-k=3n+1$ or $h-k=3n+2$ (for d and c)
2	c	$\bar{6}m\,2$	$\frac{1}{3}, \frac{2}{3}, \frac{1}{4}$　$\frac{2}{3}, \frac{1}{3}, \frac{3}{4}$	
2	b	$\bar{6}m\,2$	$0, 0, \frac{1}{4}$　$0, 0, \frac{3}{4}$	$hkil: l=2n$
2	a	$\bar{3}m$.	$0, 0, 0$　$0, 0, \frac{1}{2}$	$hkil: l=2n$

$F\bar{4}3m$ T_d^2 **$\bar{4}3m$ Cubic**

No. 216 **$F\bar{4}3m$**

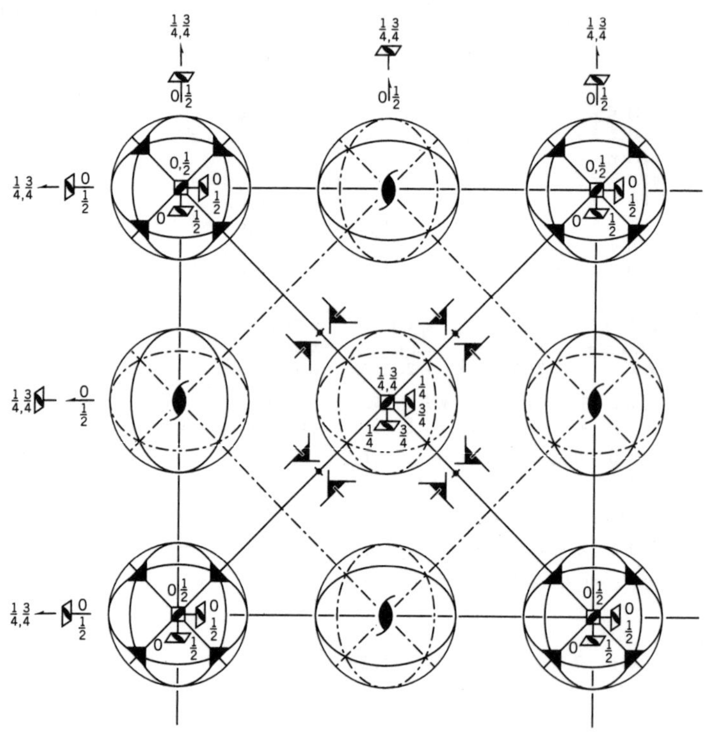

Upper left quadrant only

Origin at $\bar{4}\,3m$

Asymmetric unit $0 \leq x \leq \frac{1}{2}$; $0 \leq y \leq \frac{1}{4}$; $-\frac{1}{4} \leq z \leq \frac{1}{4}$; $y \leq \min(x, \frac{1}{2} - x)$; $-y \leq z \leq y$

Vertices $0, 0, 0$ $\frac{1}{2}, 0, 0$ $\frac{1}{4}, \frac{1}{4}, \frac{1}{4}$ $\frac{1}{4}, \frac{1}{4}, -\frac{1}{4}$

No. 216 $F\bar{4}3m$ CONTINUED

Positions

Multiplicity, Wyckoff letter, Site symmetry			Coordinates						Reflection conditions
			$(0,0,0)+$	$(0,\frac{1}{2},\frac{1}{2})+$	$(\frac{1}{2},0,\frac{1}{2})+$	$(\frac{1}{2},\frac{1}{2},0)+$			h, k, l permutable
									General:
96	i	1	(1) x,y,z	(2) $\bar{x},\bar{y},z$	(3) $\bar{x},y,\bar{z}$	(4) $x,\bar{y},\bar{z}$			$hkl: h+k, h+l, k+l=2n$
			(5) z,x,y	(6) $z,\bar{x},\bar{y}$	(7) $\bar{z},\bar{x},y$	(8) $\bar{z},x,\bar{y}$			$0kl: k,l=2n$
			(9) y,z,x	(10) $\bar{y},z,\bar{x}$	(11) $y,\bar{z},\bar{x}$	(12) $\bar{y},\bar{z},x$			$hhl: h+l=2n$
			(13) y,x,z	(14) $\bar{y},\bar{x},z$	(15) $y,\bar{x},\bar{z}$	(16) $\bar{y},x,\bar{z}$			$h00: h=2n$
			(17) x,z,y	(18) $\bar{x},z,\bar{y}$	(19) $\bar{x},\bar{z},y$	(20) $x,\bar{z},\bar{y}$			
			(21) z,y,x	(22) $z,\bar{y},\bar{x}$	(23) $\bar{z},y,\bar{x}$	(24) $\bar{z},\bar{y},x$			
									Special: no extra conditions
48	h	$..m$	x,x,z	$\bar{x},\bar{x},z$	$\bar{x},x,\bar{z}$	$x,\bar{x},\bar{z}$	z,x,x	$z,\bar{x},\bar{x}$	
			$\bar{z},\bar{x},x$	$\bar{z},x,\bar{x}$	x,z,x	$\bar{x},z,\bar{x}$	$x,\bar{z},\bar{x}$	$\bar{x},\bar{z},x$	
24	g	$2.mm$	$x,\frac{1}{4},\frac{1}{4}$	$\bar{x},\frac{3}{4},\frac{1}{4}$	$\frac{1}{4},x,\frac{1}{4}$	$\frac{1}{4},\bar{x},\frac{3}{4}$	$\frac{1}{4},\frac{1}{4},x$	$\frac{3}{4},\frac{1}{4},\bar{x}$	
24	f	$2.mm$	$x,0,0$	$\bar{x},0,0$	$0,x,0$	$0,\bar{x},0$	$0,0,x$	$0,0,\bar{x}$	
16	e	$.3m$	x,x,x	$\bar{x},\bar{x},x$	$\bar{x},x,\bar{x}$	$x,\bar{x},\bar{x}$			
4	d	$\bar{4}3m$	$\frac{3}{4},\frac{3}{4},\frac{3}{4}$						
4	c	$\bar{4}3m$	$\frac{1}{4},\frac{1}{4},\frac{1}{4}$						
4	b	$\bar{4}3m$	$\frac{1}{2},\frac{1}{2},\frac{1}{2}$						
4	a	$\bar{4}3m$	$0,0,0$						

$Pm3m$ O_h^2 **$m\bar{3}m$ Cubic**

No. 221 **$P\,4/m\,\bar{3}\,2/m$**

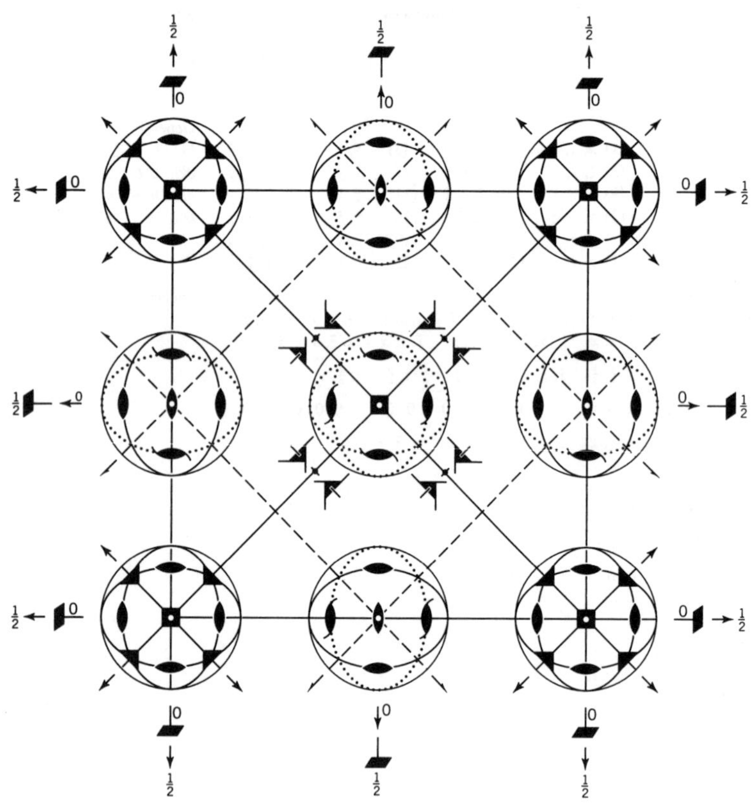

Origin at centre ($m\bar{3}m$)

Asymmetric unit $0 \le x \le \frac{1}{2}$; $0 \le y \le \frac{1}{2}$; $0 \le z \le \frac{1}{2}$; $y \le x$; $z \le y$

Vertices $0, 0, 0$ $\frac{1}{2}, 0, 0$ $\frac{1}{2}, \frac{1}{2}, 0$ $\frac{1}{2}, \frac{1}{2}, \frac{1}{2}$

No. 221 ***Pm*$\bar{3}$*m*** CONTINUED

Positions

Multiplicity, Wyckoff letter, Site symmetry			Coordinates						Reflection conditions
									h, k, l permutable
									General:
48	*n*	1	(1) x, y, z	(2) $\bar{x}, \bar{y}, z$	(3) $\bar{x}, y, \bar{z}$	(4) $x, \bar{y}, \bar{z}$			no conditions
			(5) z, x, y	(6) $z, \bar{x}, \bar{y}$	(7) $\bar{z}, \bar{x}, y$	(8) $\bar{z}, x, \bar{y}$			
			(9) y, z, x	(10) $\bar{y}, z, \bar{x}$	(11) $y, \bar{z}, \bar{x}$	(12) $\bar{y}, \bar{z}, x$			
			(13) $y, x, \bar{z}$	(14) $\bar{y}, \bar{x}, \bar{z}$	(15) $y, \bar{x}, z$	(16) $\bar{y}, x, z$			
			(17) $x, z, \bar{y}$	(18) $\bar{x}, z, y$	(19) $\bar{x}, \bar{z}, \bar{y}$	(20) $x, \bar{z}, y$			
			(21) $z, y, \bar{x}$	(22) $z, \bar{y}, x$	(23) $\bar{z}, y, x$	(24) $\bar{z}, \bar{y}, \bar{x}$			
			(25) $\bar{x}, \bar{y}, \bar{z}$	(26) $x, y, \bar{z}$	(27) $x, \bar{y}, z$	(28) $\bar{x}, y, z$			
			(29) $\bar{z}, \bar{x}, \bar{y}$	(30) $\bar{z}, x, y$	(31) $z, x, \bar{y}$	(32) $z, \bar{x}, y$			
			(33) $\bar{y}, \bar{z}, \bar{x}$	(34) $y, \bar{z}, x$	(35) $\bar{y}, z,$,x	(36) $y, z, \bar{x}$			
			(37) $\bar{y}, \bar{x}, z$	(38) y, x, z	(39) $\bar{y}, x, \bar{z}$	(40) $y, \bar{x}, \bar{z}$			
			(41) $\bar{x}, \bar{z}, y$	(42) $x, \bar{z}, \bar{y}$	(43) x, z, y	(44) $\bar{x}, z, \bar{y}$			
			(45) $\bar{z}, \bar{y}, x$	(46) $\bar{z}, y, \bar{x}$	(47) $z, \bar{y}, \bar{x}$	(48) z, y, z			
									Special: no extra conditions
24	*m*	. .*m*	x, x, z	$\bar{x}, \bar{x}, z$	$\bar{x}, x, \bar{z}$	$x, \bar{x}, \bar{z}$	z, x, x	$z, \bar{x}, \bar{x}$	
			$\bar{z}, \bar{x}, x$	$\bar{z}, x, \bar{x}$	x, z, x	$\bar{x}, z, \bar{x}$	$x, \bar{z}, \bar{x}$	$\bar{x}, \bar{z}, x$	
			$x, x, \bar{z}$	$\bar{x}, \bar{x}, \bar{z}$	$x, \bar{x}, z$	$\bar{x}, x, z$	$x, z, \bar{x}$	$\bar{x}, z, x$	
			$\bar{x}, \bar{z}, \bar{x}$	$x, \bar{z}, x$	$z, x, \bar{x}$	$z, \bar{x}, x$	$\bar{z}, x, x$	$\bar{z}, \bar{x}, \bar{x}$	
24	*l*	*m* . .	$\frac{1}{2}, y, z$	$\frac{1}{2}, \bar{y}, z$	$\frac{1}{2}, y, \bar{z}$	$\frac{1}{2}, \bar{y}, \bar{z}$	$z, \frac{1}{2}, y$	$z, \frac{1}{2}, \bar{y}$	
			$\bar{z}, \frac{1}{2}, y$	$\bar{z}, \frac{1}{2}, \bar{y}$	$y, z, \frac{1}{2}$	$\bar{y}, z, \frac{1}{2}$	$y, \bar{z}, \frac{1}{2}$	$\bar{y}, \bar{z}, \frac{1}{2}$	
			$y, \frac{1}{2}, \bar{z}$	$\bar{y}, \frac{1}{2}, \bar{z}$	$y, \frac{1}{2}, z$	$\bar{y}, \frac{1}{2}, z$	$\frac{1}{2}, z, \bar{y}$	$\frac{1}{2}, z, y$	
			$\frac{1}{2}, \bar{z}, \bar{y}$	$\frac{1}{2}, \bar{z}, y$	$z, y, \frac{1}{2}$	$z, \bar{y}, \frac{1}{2}$	$\bar{z}, y, \frac{1}{2}$	$\bar{z}, \bar{y}, \frac{1}{2}$	
24	*k*	*m* . .	$0, y, z$	$0, \bar{y}, z$	$0, y, \bar{z}$	$0, \bar{y}, \bar{z}$	$z, 0, y$	$z, 0, \bar{y}$	
			$\bar{z}, 0, y$	$\bar{z}, 0, \bar{y}$	$y, z, 0$	$\bar{y}, z, 0$	$y, \bar{z}, 0$	$\bar{y}, \bar{z}, 0$	
			$y, 0, \bar{z}$	$\bar{y}, 0, \bar{z}$	$y, 0, z$	$\bar{y}, 0, z$	$0, z, \bar{y}$	$0, z, y$	
			$0, \bar{z}, \bar{y}$	$0, \bar{z}, y$	$z, y, 0$	$z, \bar{y}, 0$	$\bar{z}, y, 0$	$\bar{z}, \bar{y}, 0$	
12	*j*	*m* .*m* 2	$\frac{1}{2}, y, y$	$\frac{1}{2}, \bar{y}, y$	$\frac{1}{2}, y, \bar{y}$	$\frac{1}{2}, \bar{y}, \bar{y}$	$y, \frac{1}{2}, y$	$y, \frac{1}{2}, \bar{y}$	
			$\bar{y}, \frac{1}{2}, y$	$\bar{y}, \frac{1}{2}, \bar{y}$	$y, y, \frac{1}{2}$	$\bar{y}, y, \frac{1}{2}$	$y, \bar{y}, \frac{1}{2}$	$\bar{y}, \bar{y}, \frac{1}{2}$	
12	*i*	*m* .*m* 2	$0, y, y$	$0, \bar{y}, y$	$0, y, \bar{y}$	$0, \bar{y}, \bar{y}$	$y, 0, y$	$y, 0, \bar{y}$	
			$\bar{y}, 0, y$	$\bar{y}, 0, \bar{y}$	$y, y, 0$	$\bar{y}, y, 0$	$y, \bar{y}, 0$	$\bar{y}, \bar{y}, 0$	
12	*h*	*m m* 2 . .	$x, \frac{1}{2}, 0$	$\bar{x}, \frac{1}{2}, 0$	$0, x, \frac{1}{2}$	$0, \bar{x}, \frac{1}{2}$	$\frac{1}{2}, 0, x$	$\frac{1}{2}, 0, \bar{x}$	
			$\frac{1}{2}, x, 0$	$\frac{1}{2}, \bar{x}, 0$	$x, 0, \frac{1}{2}$	$\bar{x}, 0, \frac{1}{2}$	$0, \frac{1}{2}, \bar{x}$	$0, \frac{1}{2}, x$	
8	*g*	. 3*m*	x, x, x	$\bar{x}, \bar{x}, x$	$\bar{x}, x, \bar{x}$	$x, \bar{x}, \bar{x}$			
			$x, x, \bar{x}$	$\bar{x}, \bar{x}, \bar{x}$	$x, \bar{x}, x$	$\bar{x}, x, x$			
6	*f*	4*m* .*m*	$x, \frac{1}{2}, \frac{1}{2}$	$\bar{x}, \frac{1}{2}, \frac{1}{2}$	$\frac{1}{2}, x, \frac{1}{2}$	$\frac{1}{2}, \bar{x}, \frac{1}{2}$	$\frac{1}{2}, \frac{1}{2}, x$	$\frac{1}{2}, \frac{1}{2}, \bar{x}$	
6	*e*	4*m* .*m*	$x, 0, 0$	$\bar{x}, 0, 0$	$0, x, 0$	$0, \bar{x}, 0$	$0, 0, x$	$0, 0, \bar{x}$	
3	*d*	4/*m m* .*m*	$\frac{1}{2}, 0, 0$	$0, \frac{1}{2}, 0$	$0, 0, \frac{1}{2}$				
3	*c*	4/*m m* .*m*	$0, \frac{1}{2}, \frac{1}{2}$	$\frac{1}{2}, 0, \frac{1}{2}$	$\frac{1}{2}, \frac{1}{2}, 0$				
1	*b*	*m* $\bar{3}$*m*	$\frac{1}{2}, \frac{1}{2}, \frac{1}{2}$						
1	*a*	*m* $\bar{3}$*m*	$0, 0, 0$						

$P\,m\,\bar{3}\,n$ | **O_h^3** | **m $\bar{3}$ *m*　Cubic**

No. 223 | **$P\,4_2/m\,\bar{3}\,2/n$**

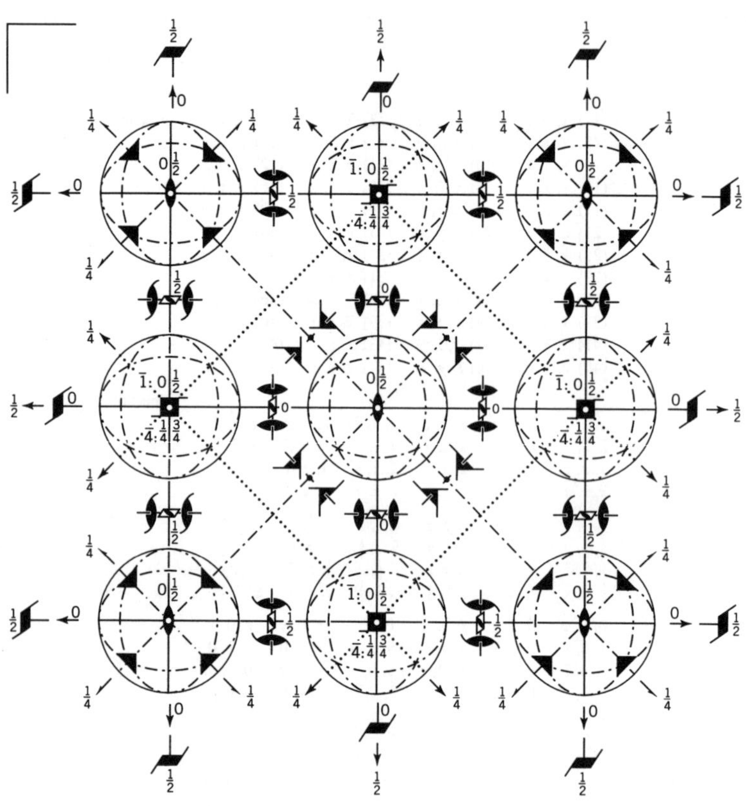

Origin　at centre (m $\bar{3}$)

Asymmetric unit　$0 \le x \le \frac{1}{2}$;　$0 \le y \le \frac{1}{2}$;　$0 \le z \le \frac{1}{4}$;　$z \le \min(x, \frac{1}{2} - x, y, \frac{1}{2} - y)$

Vertices　0, 0, 0　$\frac{1}{2}$, 0, 0　$\frac{1}{2}$, $\frac{1}{2}$, 0　0, $\frac{1}{2}$, 0　$\frac{1}{4}$, $\frac{1}{4}$, $\frac{1}{4}$

No. 223　$Pm\bar{3}n$　CONTINUED

Positions

Multiplicity, Wyckoff letter, Site symmetry	Coordinates				Reflection conditions
					h, k, l permutable
					General:
48 l 1	(1) x, y, z	(2) $\bar{x}, \bar{y}, z$	(3) $\bar{x}, y, \bar{z}$		$hhl: l = 2n$
	(4) $x, \bar{y}, \bar{z}$	(5) z, x, y	(6) $z, \bar{x}, \bar{y}$		$h00: h = 2n$
	(7) $\bar{z}, \bar{x}, y$	(8) $\bar{z}, x, \bar{y}$	(9) y, z, x		
	(10) $\bar{y}, z, \bar{x}$	(11) $y, \bar{z}, \bar{x}$	(12) $\bar{y}, \bar{z}, x$		
	(13) $y+\frac{1}{2}, x+\frac{1}{2}, \bar{z}+\frac{1}{2}$	(14) $\bar{y}+\frac{1}{2}, \bar{x}+\frac{1}{2}, \bar{z}+\frac{1}{2}$	(15) $y+\frac{1}{2}, \bar{x}+\frac{1}{2}, z+\frac{1}{2}$		
	(16) $\bar{y}+\frac{1}{2}, x+\frac{1}{2}, z+\frac{1}{2}$	(17) $x+\frac{1}{2}, z+\frac{1}{2}, \bar{y}+\frac{1}{2}$	(18) $\bar{x}+\frac{1}{2}, z+\frac{1}{2}, y+\frac{1}{2}$		
	(19) $\bar{x}+\frac{1}{2}, \bar{z}+\frac{1}{2}, \bar{y}+\frac{1}{2}$	(20) $x+\frac{1}{2}, \bar{z}+\frac{1}{2}, y+\frac{1}{2}$	(21) $z+\frac{1}{2}, y+\frac{1}{2}, \bar{x}+\frac{1}{2}$		
	(22) $z+\frac{1}{2}, \bar{y}+\frac{1}{2}, x+\frac{1}{2}$	(23) $\bar{z}+\frac{1}{2}, y+\frac{1}{2}, x+\frac{1}{2}$	(24) $\bar{z}+\frac{1}{2}, \bar{y}+\frac{1}{2}, \bar{x}+\frac{1}{2}$		
	(25) $\bar{x}, \bar{y}, \bar{z}$	(26) $x, y, \bar{z}$	(27) $x, \bar{y}, z$		
	(28) $\bar{x}, y, z$	(29) $\bar{z}, \bar{x}, \bar{y}$	(30) $\bar{z}, x, y$		
	(31) $z, x, \bar{y}$	(32) $z, \bar{x}, y$	(33) $\bar{y}, \bar{z}, \bar{x}$		
	(34) $y, \bar{z}, x$	(35) $\bar{y}, z, x$	(36) $y, z, \bar{x}$		
	(37) $\bar{y}+\frac{1}{2}, \bar{x}+\frac{1}{2}, z+\frac{1}{2}$	(38) $y+\frac{1}{2}, x+\frac{1}{2}, z+\frac{1}{2}$	(39) $\bar{y}+\frac{1}{2}, x+\frac{1}{2}, \bar{z}+\frac{1}{2}$		
	(40) $y+\frac{1}{2}, \bar{x}+\frac{1}{2}, \bar{z}+\frac{1}{2}$	(41) $\bar{x}+\frac{1}{2}, \bar{z}+\frac{1}{2}, y+\frac{1}{2}$	(42) $x+\frac{1}{2}, \bar{z}+\frac{1}{2}, \bar{y}+\frac{1}{2}$		
	(43) $x+\frac{1}{2}, z+\frac{1}{2}, y+\frac{1}{2}$	(44) $\bar{x}+\frac{1}{2}, z+\frac{1}{2}, \bar{y}+\frac{1}{2}$	(45) $\bar{z}+\frac{1}{2}, \bar{y}+\frac{1}{2}, x+\frac{1}{2}$		
	(46) $\bar{z}+\frac{1}{2}, y+\frac{1}{2}, \bar{x}+\frac{1}{2}$	(47) $z+\frac{1}{2}, \bar{y}+\frac{1}{2}, \bar{x}+\frac{1}{2}$	(48) $z+\frac{1}{2}, y+\frac{1}{2}, x+\frac{1}{2}$		
					Special: as above, plus
24 k $m..$	$0, y, z$	$0, \bar{y}, z$	$0, y, \bar{z}$	$0, \bar{y}, \bar{z}$	no extra conditions
	$z, 0, y$	$z, 0, \bar{y}$	$\bar{z}, 0, y$	$\bar{z}, 0, \bar{y}$	
	$y, z, 0$	$\bar{y}, z, 0$	$y, \bar{z}, 0$	$\bar{y}, \bar{z}, 0$	
	$y+\frac{1}{2}, \frac{1}{2}, \bar{z}+\frac{1}{2}$	$\bar{y}+\frac{1}{2}, \frac{1}{2}, \bar{z}+\frac{1}{2}$	$y+\frac{1}{2}, \frac{1}{2}, z+\frac{1}{2}$	$\bar{y}+\frac{1}{2}, \frac{1}{2}, z+\frac{1}{2}$	
	$\frac{1}{2}, z+\frac{1}{2}, \bar{y}+\frac{1}{2}$	$\frac{1}{2}, z+\frac{1}{2}, y+\frac{1}{2}$	$\frac{1}{2}, \bar{z}+\frac{1}{2}, \bar{y}+\frac{1}{2}$	$\frac{1}{2}, \bar{z}+\frac{1}{2}, y+\frac{1}{2}$	
	$z+\frac{1}{2}, y+\frac{1}{2}, \frac{1}{2}$	$z+\frac{1}{2}, \bar{y}+\frac{1}{2}, \frac{1}{2}$	$\bar{z}+\frac{1}{2}, y+\frac{1}{2}, \frac{1}{2}$	$\bar{z}+\frac{1}{2}, \bar{y}+\frac{1}{2}, \frac{1}{2}$	
24 j $..2$	$\frac{1}{4}, y, y+\frac{1}{2}$	$\frac{3}{4}, \bar{y}, y+\frac{1}{2}$	$\frac{3}{4}, y, \bar{y}+\frac{1}{2}$	$\frac{1}{4}, \bar{y}, \bar{y}+\frac{1}{2}$	$hkl: h = 2n$
	$y+\frac{1}{2}, \frac{1}{4}, y$	$y+\frac{1}{2}, \frac{3}{4}, \bar{y}$	$\bar{y}+\frac{1}{2}, \frac{3}{4}, y$	$\bar{y}+\frac{1}{2}, \frac{1}{4}, \bar{y}$	
	$y, y+\frac{1}{2}, \frac{1}{4}$	$\bar{y}, y+\frac{1}{2}, \frac{3}{4}$	$y, \bar{y}+\frac{1}{2}, \frac{3}{4}$	$\bar{y}, \bar{y}+\frac{1}{2}, \frac{1}{4}$	
	$\frac{3}{4}, \bar{y}, \bar{y}+\frac{1}{2}$	$\frac{1}{4}, y, \bar{y}+\frac{1}{2}$	$\frac{1}{4}, \bar{y}, y+\frac{1}{2}$	$\frac{3}{4}, y, y+\frac{1}{2}$	
	$\bar{y}+\frac{1}{2}, \frac{3}{4}, \bar{y}$	$\bar{y}+\frac{1}{2}, \frac{1}{4}, y$	$y+\frac{1}{2}, \frac{1}{4}, \bar{y}$	$y+\frac{1}{2}, \frac{3}{4}, y$	
	$\bar{y}, \bar{y}+\frac{1}{2}, \frac{3}{4}$	$y, \bar{y}+\frac{1}{2}, \frac{1}{4}$	$\bar{y}, y+\frac{1}{2}, \frac{1}{4}$	$y, y+\frac{1}{2}, \frac{3}{4}$	
16 i $.3.$	x, x, x	$\bar{x}, \bar{x}, x$			$hkl: h+k+l = 2n$
	$\bar{x}, x, \bar{x}$	$x, \bar{x}, \bar{x}$			
	$x+\frac{1}{2}, x+\frac{1}{2}, \bar{x}+\frac{1}{2}$	$\bar{x}+\frac{1}{2}, \bar{x}+\frac{1}{2}, \bar{x}+\frac{1}{2}$			
	$x+\frac{1}{2}, \bar{x}+\frac{1}{2}, x+\frac{1}{2}$	$\bar{x}+\frac{1}{2}, x+\frac{1}{2}, x+\frac{1}{2}$			
	$\bar{x}, \bar{x}, \bar{x}$	$x, x, \bar{x}$			
	$x, \bar{x}, x$	$\bar{x}, x, x$			
	$\bar{x}+\frac{1}{2}, \bar{x}+\frac{1}{2}, x+\frac{1}{2}$	$x+\frac{1}{2}, x+\frac{1}{2}, x+\frac{1}{2}$			
	$\bar{x}+\frac{1}{2}, x+\frac{1}{2}, \bar{x}+\frac{1}{2}$	$x+\frac{1}{2}, \bar{x}+\frac{1}{2}, \bar{x}+\frac{1}{2}$			
12 h $mm2..$	$x, \frac{1}{2}, 0$	$\bar{x}, \frac{1}{2}, 0$	$0, x, \frac{1}{2}$	$0, \bar{x}, \frac{1}{2}$	$hkl: h = 2n$
	$\frac{1}{2}, 0, x$	$\frac{1}{2}, 0, \bar{x}$	$0, x+\frac{1}{2}, \frac{1}{2}$	$0, \bar{x}+\frac{1}{2}, \frac{1}{2}$	
	$x+\frac{1}{2}, \frac{1}{2}, 0$	$\bar{x}+\frac{1}{2}, \frac{1}{2}, 0$	$\frac{1}{2}, 0, \bar{x}+\frac{1}{2}$	$\frac{1}{2}, 0, x+\frac{1}{2}$	
12 g $mm2..$	$x, 0, \frac{1}{2}$	$\bar{x}, 0, \frac{1}{2}$	$\frac{1}{2}, x, 0$	$\frac{1}{2}, \bar{x}, 0$	$hkl: h = 2n$
	$0, \frac{1}{2}, x$	$0, \frac{1}{2}, \bar{x}$	$\frac{1}{2}, x+\frac{1}{2}, 0$	$\frac{1}{2}, \bar{x}+\frac{1}{2}, 0$	
	$x+\frac{1}{2}, 0, \frac{1}{2}$	$\bar{x}+\frac{1}{2}, 0, \frac{1}{2}$	$0, \frac{1}{2}, \bar{x}+\frac{1}{2}$	$0, \frac{1}{2}, x+\frac{1}{2}$	

No. 223 $\boldsymbol{P\,m\,\bar{3}\,n}$ CONTINUED

Positions

Multiplicity, Wyckoff letter, Site symmetry			Coordinates						Reflection conditions
12	f	$m\,m\,2\,.\,.$	$x, 0, 0$	$\bar{x}, 0, 0$	$0, x, 0$	$0, \bar{x}, 0$			$hkl: h+k+l=2n$
			$0, 0, x$	$0, 0, \bar{x}$	$\frac{1}{2}, x+\frac{1}{2}, \frac{1}{2}$	$\frac{1}{2}, \bar{x}+\frac{1}{2}, \frac{1}{2}$			
			$x+\frac{1}{2}, \frac{1}{2}, \frac{1}{2}$	$\bar{x}+\frac{1}{2}, \frac{1}{2}, \frac{1}{2}$	$\frac{1}{2}, \frac{1}{2}, \bar{x}+\frac{1}{2}$	$\frac{1}{2}, \frac{1}{2}, x+\frac{1}{2}$			
8	e	$.\,3\,2$	$\frac{1}{4}, \frac{1}{4}, \frac{1}{4}$	$\frac{3}{4}, \frac{3}{4}, \frac{1}{4}$	$\frac{3}{4}, \frac{1}{4}, \frac{3}{4}$	$\frac{1}{4}, \frac{3}{4}, \frac{3}{4}$			$hkl: h, k, l=2n$
			$\frac{3}{4}, \frac{3}{4}, \frac{3}{4}$	$\frac{1}{4}, \frac{1}{4}, \frac{3}{4}$	$\frac{1}{4}, \frac{3}{4}, \frac{1}{4}$	$\frac{3}{4}, \frac{1}{4}, \frac{1}{4}$			
6	d	$\bar{4}m\,.\,2$	$\frac{1}{4}, \frac{1}{2}, 0$	$\frac{3}{4}, \frac{1}{2}, 0$	$0, \frac{1}{4}, \frac{1}{2}$	$0, \frac{3}{4}, \frac{1}{2}$	$\frac{1}{2}, 0, \frac{1}{4}$	$\frac{1}{2}, 0, \frac{3}{4}$	} $hkl: h+k+l=2n$ or $h=2n+1$, $k=4n$, and $l=4n+2$
6	c	$\bar{4}m\,.\,2$	$\frac{1}{4}, 0, \frac{1}{2}$	$\frac{3}{4}, 0, \frac{1}{2}$	$\frac{1}{2}, \frac{1}{4}, 0$	$\frac{1}{2}, \frac{3}{4}, 0$	$0, \frac{1}{2}, \frac{1}{4}$	$0, \frac{1}{2}, \frac{3}{4}$	}
6	b	$m\,m\,m\,.\,.$	$0, \frac{1}{2}, \frac{1}{2}$	$\frac{1}{2}, 0, \frac{1}{2}$	$\frac{1}{2}, \frac{1}{2}, 0$	$0, \frac{1}{2}, 0$	$\frac{1}{2}, 0, 0$	$0, 0, \frac{1}{2}$	$hkl: h+k+l=2n$
2	a	$m\,\bar{3}\,.$	$0, 0, 0$	$\frac{1}{2}, \frac{1}{2}, \frac{1}{2}$					$hkl: h+k+l=2n$

P n* $\bar{3}$ *m	O_h^4	***m* $\bar{3}$ *m***
No. 224	***P* 4₂/*n* $\bar{3}$ 2/*m***	**Cubic**

ORIGIN CHOICE 1

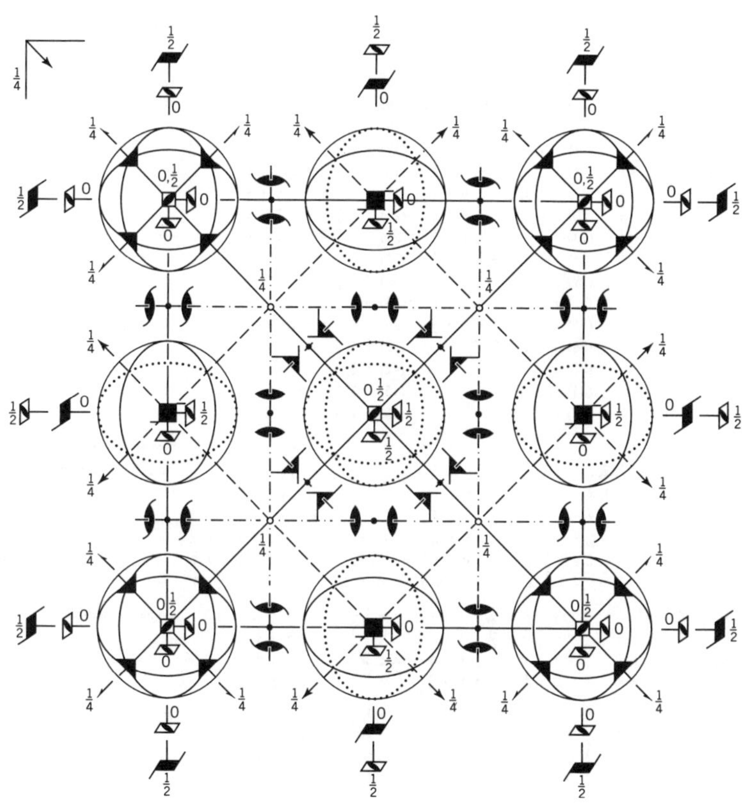

Origin at $\bar{4}\,3m$, at $-\frac{1}{4}, -\frac{1}{4}, -\frac{1}{4}$ from centre ($\bar{3}m$)

Asymmetric unit $0 \le x \le \frac{1}{2}$; $0 \le y \le \frac{1}{2}$; $-\frac{1}{4} \le z \le \frac{1}{4}$; $y \le x$;
$\max(x - \frac{1}{2}, -y) \le z \le \min(\frac{1}{2} - x, y)$

Vertices $0, 0, 0$ $\frac{1}{2}, 0, 0$ $\frac{1}{2}, \frac{1}{2}, 0$ $\frac{1}{4}, \frac{1}{4}, \frac{1}{4}$ $\frac{1}{4}, \frac{1}{4}, -\frac{1}{4}$

No. 224 $Pn\bar{3}m$ CONTINUED

Positions

Multiplicity, Wyckoff letter, Site symmetry	Coordinates						Reflection conditions
							h, k, l permutable
							General:
48 l 1	(1) x, y, z	(2) $\bar{x}, \bar{y}, z$	(3) $\bar{x}, y, \bar{z}$				$0kl : k + l = 2n$
	(4) $x, \bar{y}, \bar{z}$	(5) z, x, y	(6) $z, \bar{x}, \bar{y}$				$h00 : h = 2n$
	(7) $\bar{z}, \bar{x}, y$	(8) $\bar{z}, x, \bar{y}$	(9) y, z, x				
	(10) $\bar{y}, z, \bar{x}$	(11) $y, \bar{z}, \bar{x}$	(12) $\bar{y}, \bar{z}, x$				
	(13) $y + \frac{1}{2}, x + \frac{1}{2}, \bar{z} + \frac{1}{2}$	(14) $\bar{y} + \frac{1}{2}, \bar{x} + \frac{1}{2}, \bar{z} + \frac{1}{2}$	(15) $y + \frac{1}{2}, \bar{x} + \frac{1}{2}, z + \frac{1}{2}$				
	(16) $\bar{y} + \frac{1}{2}, x + \frac{1}{2}, z + \frac{1}{2}$	(17) $x + \frac{1}{2}, z + \frac{1}{2}, \bar{y} + \frac{1}{2}$	(18) $\bar{x} + \frac{1}{2}, z + \frac{1}{2}, y + \frac{1}{2}$				
	(19) $\bar{x} + \frac{1}{2}, \bar{z} + \frac{1}{2}, \bar{y} + \frac{1}{2}$	(20) $x + \frac{1}{2}, \bar{z} + \frac{1}{2}, y + \frac{1}{2}$	(21) $z + \frac{1}{2}, y + \frac{1}{2}, \bar{x} + \frac{1}{2}$				
	(22) $z + \frac{1}{2}, \bar{y} + \frac{1}{2}, x + \frac{1}{2}$	(23) $\bar{z} + \frac{1}{2}, y + \frac{1}{2}, x + \frac{1}{2}$	(24) $\bar{z} + \frac{1}{2}, \bar{y} + \frac{1}{2}, \bar{x} + \frac{1}{2}$				
	(25) $\bar{x} + \frac{1}{2}, \bar{y} + \frac{1}{2}, \bar{z} + \frac{1}{2}$	(26) $x + \frac{1}{2}, y + \frac{1}{2}, \bar{z} + \frac{1}{2}$	(27) $x + \frac{1}{2}, \bar{y} + \frac{1}{2}, z + \frac{1}{2}$				
	(28) $\bar{x} + \frac{1}{2}, y + \frac{1}{2}, z + \frac{1}{2}$	(29) $\bar{z} + \frac{1}{2}, \bar{x} + \frac{1}{2}, \bar{y} + \frac{1}{2}$	(30) $\bar{z} + \frac{1}{2}, x + \frac{1}{2}, y + \frac{1}{2}$				
	(31) $z + \frac{1}{2}, x + \frac{1}{2}, \bar{y} + \frac{1}{2}$	(32) $z + \frac{1}{2}, \bar{x} + \frac{1}{2}, y + \frac{1}{2}$	(33) $\bar{y} + \frac{1}{2}, \bar{z} + \frac{1}{2}, \bar{x} + \frac{1}{2}$				
	(34) $y + \frac{1}{2}, \bar{z} + \frac{1}{2}, x + \frac{1}{2}$	(35) $\bar{y} + \frac{1}{2}, z + \frac{1}{2}, x + \frac{1}{2}$	(36) $y + \frac{1}{2}, z + \frac{1}{2}, \bar{x} + \frac{1}{2}$				
	(37) $\bar{y}, \bar{x}, z$	(38) y, x, z	(39) $\bar{y}, x, \bar{z}$				
	(40) $y, \bar{x}, \bar{z}$	(41) $\bar{x}, \bar{z}, y$	(42) $x, \bar{z}, \bar{y}$				
	(43) x, z, y	(44) $\bar{x}, z, \bar{y}$	(45) $\bar{z}, \bar{y}, x$				
	(46) $\bar{z}, y, \bar{x}$	(47) $z, \bar{y}, \bar{x}$	(48) z, y, x				
							Special: as above, plus
24 k $..m$	x, x, z	$\bar{x}, \bar{x}, z$	$\bar{x}, x, \bar{z}$	$x, \bar{x}, \bar{z}$			no extra conditions
	z, x, x	$z, \bar{x}, \bar{x}$	$\bar{z}, \bar{x}, x$	$\bar{z}, x, \bar{x}$			
	x, z, x	$\bar{x}, z, \bar{x}$	$x, \bar{z}, \bar{x}$	$\bar{x}, \bar{z}, x$			
	$x + \frac{1}{2}, x + \frac{1}{2}, \bar{z} + \frac{1}{2}$	$\bar{x} + \frac{1}{2}, \bar{x} + \frac{1}{2}, \bar{z} + \frac{1}{2}$	$x + \frac{1}{2}, \bar{x} + \frac{1}{2}, z + \frac{1}{2}$	$\bar{x} + \frac{1}{2}, x + \frac{1}{2}, z + \frac{1}{2}$			
	$x + \frac{1}{2}, z + \frac{1}{2}, \bar{x} + \frac{1}{2}$	$\bar{x} + \frac{1}{2}, z + \frac{1}{2}, x + \frac{1}{2}$	$\bar{x} + \frac{1}{2}, \bar{z} + \frac{1}{2}, \bar{x} + \frac{1}{2}$	$x + \frac{1}{2}, \bar{z} + \frac{1}{2}, x + \frac{1}{2}$			
	$z + \frac{1}{2}, x + \frac{1}{2}, \bar{x} + \frac{1}{2}$	$z + \frac{1}{2}, \bar{x} + \frac{1}{2}, x + \frac{1}{2}$	$\bar{z} + \frac{1}{2}, x + \frac{1}{2}, x + \frac{1}{2}$	$\bar{z} + \frac{1}{2}, \bar{x} + \frac{1}{2}, \bar{x} + \frac{1}{2}$			
24 j $..2$	$\frac{1}{4}, y, y + \frac{1}{2}$	$\frac{3}{4}, \bar{y}, y + \frac{1}{2}$	$\frac{3}{4}, y, \bar{y} + \frac{1}{2}$	$\frac{1}{4}, \bar{y}, \bar{y} + \frac{1}{2}$	$y + \frac{1}{2}, \frac{1}{4}, y$	$y + \frac{1}{2}, \frac{3}{4}, \bar{y}$	no extra conditions
	$\bar{y} + \frac{1}{2}, \frac{3}{4}, y$	$\bar{y} + \frac{1}{2}, \frac{1}{4}, \bar{y}$	$y, y + \frac{1}{2}, \frac{1}{4}$	$\bar{y}, y + \frac{1}{2}, \frac{3}{4}$	$y, \bar{y} + \frac{1}{2}, \frac{3}{4}$	$\bar{y}, \bar{y} + \frac{1}{2}, \frac{1}{4}$	
	$\frac{1}{4}, \bar{y} + \frac{1}{2}, \bar{y}$	$\frac{3}{4}, y + \frac{1}{2}, \bar{y}$	$\frac{3}{4}, \bar{y} + \frac{1}{2}, y$	$\frac{1}{4}, y + \frac{1}{2}, y$	$\bar{y}, \frac{1}{4}, \bar{y} + \frac{1}{2}$	$\bar{y}, \frac{3}{4}, y + \frac{1}{2}$	
	$y, \frac{3}{4}, \bar{y} + \frac{1}{2}$	$y, \frac{1}{4}, y + \frac{1}{2}$	$\bar{y} + \frac{1}{2}, \bar{y}, \frac{1}{4}$	$y + \frac{1}{2}, \bar{y}, \frac{3}{4}$	$\bar{y} + \frac{1}{2}, y, \frac{3}{4}$	$y + \frac{1}{2}, y, \frac{1}{4}$	
24 i $..2$	$\frac{1}{4}, y, \bar{y} + \frac{1}{2}$	$\frac{3}{4}, \bar{y}, \bar{y} + \frac{1}{2}$	$\frac{3}{4}, y, y + \frac{1}{2}$	$\frac{1}{4}, \bar{y}, y + \frac{1}{2}$	$\bar{y} + \frac{1}{2}, \frac{1}{4}, y$	$\bar{y} + \frac{1}{2}, \frac{3}{4}, \bar{y}$	no extra conditions
	$y + \frac{1}{2}, \frac{3}{4}, y$	$y + \frac{1}{2}, \frac{1}{4}, \bar{y}$	$y, \bar{y} + \frac{1}{2}, \frac{1}{4}$	$\bar{y}, \bar{y} + \frac{1}{2}, \frac{3}{4}$	$y, y + \frac{1}{2}, \frac{3}{4}$	$\bar{y}, y + \frac{1}{2}, \frac{1}{4}$	
	$\frac{1}{4}, \bar{y} + \frac{1}{2}, y$	$\frac{3}{4}, y + \frac{1}{2}, y$	$\frac{3}{4}, \bar{y} + \frac{1}{2}, \bar{y}$	$\frac{1}{4}, y + \frac{1}{2}, \bar{y}$	$y, \frac{1}{4}, \bar{y} + \frac{1}{2}$	$y, \frac{3}{4}, y + \frac{1}{2}$	
	$\bar{y}, \frac{3}{4}, \bar{y} + \frac{1}{2}$	$\bar{y}, \frac{1}{4}, y + \frac{1}{2}$	$\bar{y} + \frac{1}{2}, y, \frac{1}{4}$	$y + \frac{1}{2}, y, \frac{3}{4}$	$\bar{y} + \frac{1}{2}, \bar{y}, \frac{3}{4}$	$y + \frac{1}{2}, \bar{y}, \frac{1}{4}$	
24 h $2..$	$x, 0, \frac{1}{2}$	$\bar{x}, 0, \frac{1}{2}$	$\frac{1}{2}, x, 0$	$\frac{1}{2}, \bar{x}, 0$	$0, \frac{1}{2}, x$	$0, \frac{1}{2}, \bar{x}$	$hkl : h + k + l = 2n$
	$\frac{1}{2}, x + \frac{1}{2}, 0$	$\frac{1}{2}, \bar{x} + \frac{1}{2}, 0$	$x + \frac{1}{2}, 0, \frac{1}{2}$	$\bar{x} + \frac{1}{2}, 0, \frac{1}{2}$	$0, \frac{1}{2}, \bar{x} + \frac{1}{2}$	$0, \frac{1}{2}, x + \frac{1}{2}$	
	$\bar{x} + \frac{1}{2}, \frac{1}{2}, 0$	$x + \frac{1}{2}, \frac{1}{2}, 0$	$0, \bar{x} + \frac{1}{2}, \frac{1}{2}$	$0, x + \frac{1}{2}, \frac{1}{2}$	$\frac{1}{2}, 0, \bar{x} + \frac{1}{2}$	$\frac{1}{2}, 0, x + \frac{1}{2}$	
	$0, \bar{x}, \frac{1}{2}$	$0, x, \frac{1}{2}$	$\bar{x}, \frac{1}{2}, 0$	$x, \frac{1}{2}, 0$	$\frac{1}{2}, 0, x$	$\frac{1}{2}, 0, \bar{x}$	
12 g $2.mm$	$x, 0, 0$	$\bar{x}, 0, 0$	$0, x, 0$	$0, \bar{x}, 0$	$0, 0, x$	$0, 0, \bar{x}$	$hkl : h + k + l = 2n$
	$\frac{1}{2}, x + \frac{1}{2}, \frac{1}{2}$	$\frac{1}{2}, \bar{x} + \frac{1}{2}, \frac{1}{2}$	$x + \frac{1}{2}, \frac{1}{2}, \frac{1}{2}$	$\bar{x} + \frac{1}{2}, \frac{1}{2}, \frac{1}{2}$	$\frac{1}{2}, \frac{1}{2}, \bar{x} + \frac{1}{2}$	$\frac{1}{2}, \frac{1}{2}, x + \frac{1}{2}$	
12 f 2.22	$\frac{1}{4}, 0, \frac{1}{2}$	$\frac{3}{4}, 0, \frac{1}{2}$	$\frac{1}{2}, \frac{1}{4}, 0$	$\frac{1}{2}, \frac{3}{4}, 0$	$0, \frac{1}{2}, \frac{1}{4}$	$0, \frac{1}{2}, \frac{3}{4}$	$hkl : h + k + l = 2n$
	$\frac{1}{4}, \frac{1}{2}, 0$	$\frac{3}{4}, \frac{1}{2}, 0$	$0, \frac{1}{4}, \frac{1}{2}$	$0, \frac{3}{4}, \frac{1}{2}$	$\frac{1}{2}, 0, \frac{1}{4}$	$\frac{1}{2}, 0, \frac{3}{4}$	
8 e $.3m$	x, x, x	$\bar{x}, \bar{x}, x$	$\bar{x}, x, \bar{x}$	$x, \bar{x}, \bar{x}$			no extra conditions
	$x + \frac{1}{2}, x + \frac{1}{2}, \bar{x} + \frac{1}{2}$	$\bar{x} + \frac{1}{2}, \bar{x} + \frac{1}{2}, \bar{x} + \frac{1}{2}$	$x + \frac{1}{2}, \bar{x} + \frac{1}{2}, x + \frac{1}{2}$	$\bar{x} + \frac{1}{2}, x + \frac{1}{2}, x + \frac{1}{2}$			

No. 224 $Pn\bar{3}m$ CONTINUED

Positions

Multiplicity, Wyckoff letter, Site symmetry			Coordinates	Reflection conditions
6	*d*	$\bar{4}2.m$	$0,\frac{1}{2},\frac{1}{2}$ $\quad \frac{1}{2},0,\frac{1}{2}$ $\quad \frac{1}{2},\frac{1}{2},0$ $\quad 0,\frac{1}{2},0$ $\quad \frac{1}{2},0,0$ $\quad 0,0,\frac{1}{2}$	$hkl: h+k+l=2n$
4	*c*	$.\bar{3}m$	$\frac{3}{4},\frac{3}{4},\frac{3}{4}$ $\quad \frac{1}{4},\frac{1}{4},\frac{3}{4}$ $\quad \frac{1}{4},\frac{3}{4},\frac{1}{4}$ $\quad \frac{3}{4},\frac{1}{4},\frac{1}{4}$	$hkl: h+k, h+l, k+l=2n$
4	*b*	$.\bar{3}m$	$\frac{1}{4},\frac{1}{4},\frac{1}{4}$ $\quad \frac{3}{4},\frac{3}{4},\frac{1}{4}$ $\quad \frac{3}{4},\frac{1}{4},\frac{3}{4}$ $\quad \frac{1}{4},\frac{3}{4},\frac{3}{4}$	$hkl: h+k, h+l, k+l=2n$
2	*a*	$\bar{4}3m$	$0,0,0$ $\quad \frac{1}{2},\frac{1}{2},\frac{1}{2}$	$hkl: h+k+l=2n$

$Fm\bar{3}m$ O_h^5 **$m\bar{3}m$ Cubic**

No. 225 **$F\,4/m\,\bar{3}\,2/m$**

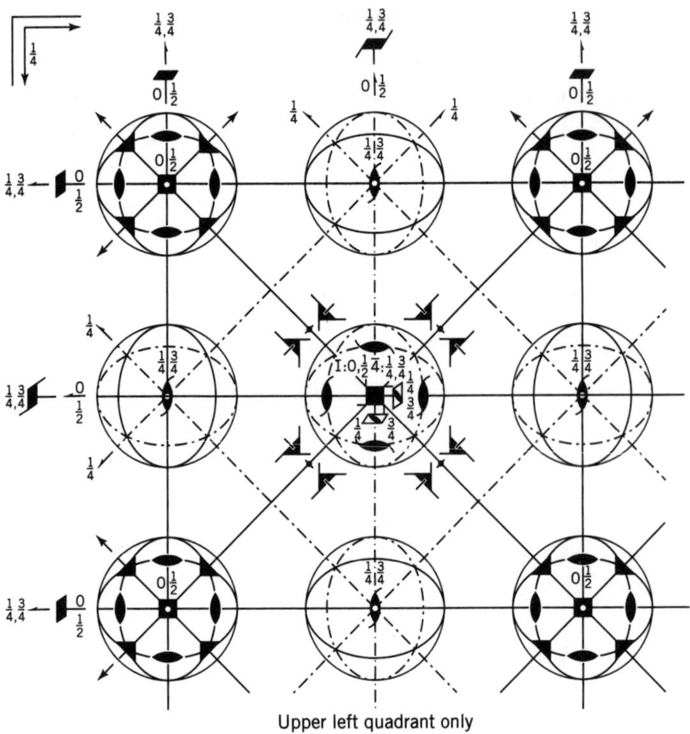

Upper left quadrant only

Origin at centre ($m\bar{3}m$)

Asymmetric unit $0 \le x \le \frac{1}{2}$; $0 \le y \le \frac{1}{4}$; $0 \le z \le \frac{1}{4}$; $y \le \min(x, \frac{1}{2} - x)$; $z \le y$

Vertices $0, 0, 0$ $\frac{1}{2}, 0, 0$ $\frac{1}{4}, \frac{1}{4}, 0$ $\frac{1}{4}, \frac{1}{4}, \frac{1}{4}$

No. 225　$Fm\bar{3}m$　CONTINUED

Positions

Multiplicity, Wyckoff letter, Site symmetry			Coordinates						Reflection conditions
			$(0, 0, 0)+$	$(0, \frac{1}{2}, \frac{1}{2})+$	$(\frac{1}{2}, 0, \frac{1}{2})+$	$(\frac{1}{2}, \frac{1}{2}, 0)+$			h, k, l permutable
									General:
192	*l*	1	(1) x, y, z	(2) $\bar{x}, \bar{y}, z$	(3) $\bar{x}, y, \bar{z}$	(4) $x, \bar{y}, \bar{z}$			$hkl: h+k, h+l, k+l = 2n$
			(5) z, x, y	(6) $z, \bar{x}, \bar{y}$	(7) $\bar{z}, \bar{x}, y$	(8) $\bar{z}, x, \bar{y}$			$0kl: k, l = 2n$
			(9) y, z, x	(10) $\bar{y}, z, \bar{x}$	(11) $y, \bar{z}, \bar{x}$	(12) $\bar{y}, \bar{z}, x$			$hhl: h+l = 2n$
			(13) $y, x, \bar{z}$	(14) $\bar{y}, \bar{x}, \bar{z}$	(15) $y, \bar{x}, z$	(16) $\bar{y}, x, z$			$h00: h = 2n$
			(17) $x, z, \bar{y}$	(18) $\bar{x}, z, y$	(19) $\bar{x}, \bar{z}, \bar{y}$	(20) $x, \bar{z}, y$			
			(21) $z, y, \bar{x}$	(22) $z, \bar{y}, x$	(23) $\bar{z}, y, x$	(24) $\bar{z}, \bar{y}, \bar{x}$			
			(25) $\bar{x}, \bar{y}, \bar{z}$	(26) $x, y, \bar{z}$	(27) $x, \bar{y}, z$	(28) $\bar{x}, y, z$			
			(29) $\bar{z}, \bar{x}, \bar{y}$	(30) $\bar{z}, x, y$	(31) $z, x, \bar{y}$	(32) $z, \bar{x}, y$			
			(33) $\bar{y}, \bar{z}, \bar{x}$	(34) $y, \bar{z}, x$	(35) $\bar{y}, z, x$	(36) $y, z, \bar{x}$			
			(37) $\bar{y}, \bar{x}, z$	(38) y, x, z	(39) $\bar{y}, x, \bar{z}$	(40) $y, \bar{x}, \bar{z}$			
			(41) $\bar{x}, \bar{z}, y$	(42) $x, \bar{z}, \bar{y}$	(43) x, z, y	(44) $\bar{x}, z, \bar{y}$			
			(45) $\bar{z}, \bar{y}, x$	(46) $\bar{z}, y, \bar{x}$	(47) $z, \bar{y}, \bar{x}$	(48) z, y, x			
									Special: as above, plus
96	*k*	$..m$	x, x, z	$\bar{x}, \bar{x}, z$	$\bar{x}, x, \bar{z}$	$x, \bar{x}, \bar{z}$	z, x, x	$z, \bar{x}, \bar{x}$	no extra conditions
			$\bar{z}, \bar{x}, x$	$\bar{z}, x, \bar{x}$	x, z, x	$\bar{x}, z, \bar{x}$	$x, \bar{z}, \bar{x}$	$\bar{x}, \bar{z}, x$	
			$x, x, \bar{z}$	$\bar{x}, \bar{x}, \bar{z}$	$x, \bar{x}, z$	$\bar{x}, x, z$	$x, z, \bar{x}$	$\bar{x}, z, x$	
			$\bar{x}, \bar{z}, \bar{x}$	$x, \bar{z}, x$	$z, x, \bar{x}$	$z, \bar{x}, x$	$\bar{z}, x, x$	$\bar{z}, \bar{x}, \bar{x}$	
96	*j*	$m..$	$0, y, z$	$0, \bar{y}, z$	$0, y\ \bar{z}$	$0, \bar{y}, \bar{z}$	$z, 0, y$	$z, 0, \bar{y}$	no extra conditions
			$\bar{z}, 0, y$	$\bar{z}, 0, \bar{y}$	$y, z, 0$	$\bar{y}, z, 0$	$y, \bar{z}, 0$	$\bar{y}, \bar{z}, 0$	
			$y, 0, \bar{z}$	$\bar{y}, 0, \bar{z}$	$y, 0, z$	$\bar{y}, 0, z$	$0, z, \bar{y}$	$0, z, y$	
			$0, \bar{z}, \bar{y}$	$0, \bar{z}, y$	$z, y, 0$	$z, \bar{y}, 0$	$\bar{z}, y, 0$	$\bar{z}, \bar{y}, 0$	
48	*i*	$m.m2$	$\frac{1}{2}, y, y$	$\frac{1}{2}, \bar{y}, y$	$\frac{1}{2}, y, \bar{y}$	$\frac{1}{2}, \bar{y}, \bar{y}$	$y, \frac{1}{2}, y$	$y, \frac{1}{2}, \bar{y}$	no extra conditions
			$\bar{y}, \frac{1}{2}, y$	$\bar{y}, \frac{1}{2}, \bar{y}$	$y, y, \frac{1}{2}$	$\bar{y}, y, \frac{1}{2}$	$y, \bar{y}, \frac{1}{2}$	$\bar{y}, \bar{y}, \frac{1}{2}$	
48	*h*	$m.m2$	$0, y, y$	$0, \bar{y}, y$	$0, y, \bar{y}$	$0, \bar{y}, \bar{y}$	$y, 0, y$	$y, 0, \bar{y}$	no extra conditions
			$\bar{y}, 0, y$	$\bar{y}, 0, \bar{y}$	$y, y, 0$	$\bar{y}, y, 0$	$y, \bar{y}, 0$	$\bar{y}, \bar{y}, 0$	
48	g	$2.mm$	$x, \frac{1}{4}, \frac{1}{4}$	$\bar{x}, \frac{3}{4}, \frac{1}{4}$	$\frac{1}{4}, x, \frac{1}{4}$	$\frac{1}{4}, \bar{x}, \frac{3}{4}$	$\frac{1}{4}, \frac{1}{4}, x$	$\frac{3}{4}, \frac{1}{4}, \bar{x}$	$hkl: h = 2n$
			$\frac{1}{4}, x, \frac{3}{4}$	$\frac{3}{4}, \bar{x}, \frac{3}{4}$	$x, \frac{1}{4}, \frac{3}{4}$	$\bar{x}, \frac{1}{4}, \frac{1}{4}$	$\frac{1}{4}, \frac{1}{4}, \bar{x}$	$\frac{1}{4}, \frac{3}{4}, x$	
32	*f*	$.3m$	x, x, x	$\bar{x}, \bar{x}, x$	$\bar{x}, x, \bar{x}$	$x, \bar{x}, \bar{x}$			no extra conditions
			$x, x, \bar{x}$	$\bar{x}, \bar{x}, \bar{x}$	$x, \bar{x}, x$	$\bar{x}, x, x$			
24	*e*	$4m.m$	$x, 0, 0$	$\bar{x}, 0, 0$	$0, x, 0$	$0, \bar{x}, 0$	$0, 0, x$	$0, 0, \bar{x}$	no extra conditions
24	*d*	$m.mm$	$0, \frac{1}{4}, \frac{1}{4}$	$0, \frac{3}{4}, \frac{1}{4}$	$\frac{1}{4}, 0, \frac{1}{4}$	$\frac{1}{4}, 0, \frac{3}{4}$	$\frac{1}{4}, \frac{1}{4}, 0$	$\frac{3}{4}, \frac{1}{4}, 0$	$hkl: h = 2n$
8	*c*	$\bar{4}3m$	$\frac{1}{4}, \frac{1}{4}, \frac{1}{4}$	$\frac{1}{4}, \frac{1}{4}, \frac{3}{4}$					$hkl: h = 2n$
4	*b*	$m\bar{3}m$	$\frac{1}{2}, \frac{1}{2}, \frac{1}{2}$						no extra conditions
4	*a*	$m\bar{3}m$	$0, 0, 0$						no extra conditions

F d* $\overline{3}$ *m　　***O_h^7***　　***m* $\overline{3}$ *m*　Cubic**

No. 227　　***F* 4_1/*d* $\overline{3}$ 2/*m***

ORIGIN CHOICE 1

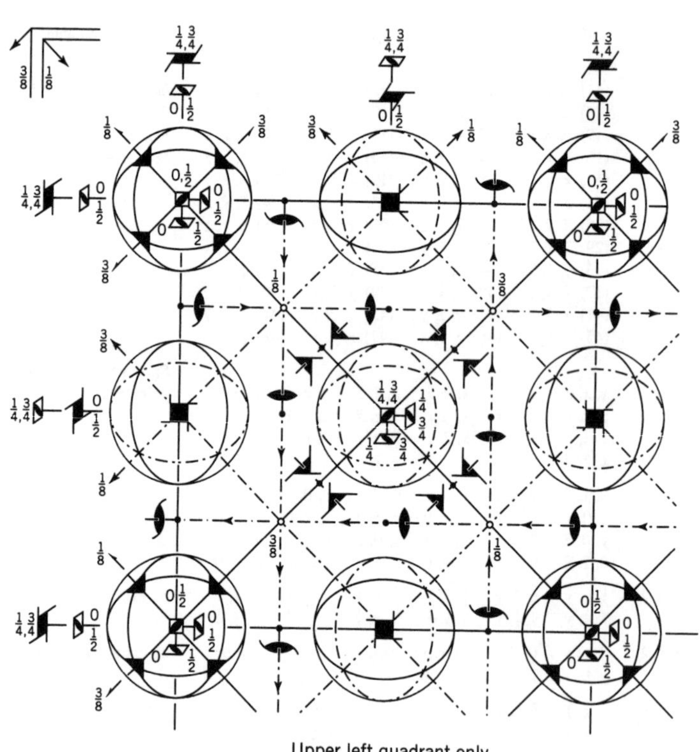

Upper left quadrant only

Origin　at $\overline{4}$ 3*m*, at $-\frac{1}{8}, -\frac{1}{8}, -\frac{1}{8}$ from centre ($\overline{3}$ *m*)

Asymmetric unit　$0 \le x \le \frac{1}{2}$;　$0 \le y \le \frac{1}{8}$;　$-\frac{1}{8} \le z \le \frac{1}{8}$;　$y \le \min(\frac{1}{2} - x, x)$;　$-y \le z \le y$

Vertices　0, 0, 0　$\frac{1}{2}$, 0, 0　$\frac{3}{8}, \frac{1}{8}, \frac{1}{8}$　$\frac{1}{8}, \frac{1}{8}, \frac{1}{8}$　$\frac{3}{8}, \frac{1}{8}, -\frac{1}{8}$　$\frac{1}{8}, \frac{1}{8}, -\frac{1}{8}$

No. 227 $Fd\bar{3}m$ CONTINUED

Positions

Multiplicity, Wyckoff letter, Site symmetry — Coordinates — Reflection conditions

$(0, 0, 0)+$ $(0, \frac{1}{2}, \frac{1}{2})+$ $(\frac{1}{2}, 0, \frac{1}{2})+$ $(\frac{1}{2}, \frac{1}{2}, 0)+$ — h, k, l permutable

192 *i* 1

(1) x, y, z	(2) $\bar{x}, \bar{y}+\frac{1}{2}, z+\frac{1}{2}$	(3) $\bar{x}+\frac{1}{2}, y+\frac{1}{2}, \bar{z}$
(4) $x+\frac{1}{2}, \bar{y}, \bar{z}+\frac{1}{2}$	(5) z, x, y	(6) $z+\frac{1}{2}, \bar{x}, \bar{y}+\frac{1}{2}$
(7) $\bar{z}, \bar{x}+\frac{1}{2}, y+\frac{1}{2}$	(8) $\bar{z}+\frac{1}{2}, x+\frac{1}{2}, \bar{y}$	(9) y, z, x
(10) $\bar{y}+\frac{1}{2}, z+\frac{1}{2}, \bar{x}$	(11) $y+\frac{1}{2}, \bar{z}, \bar{x}+\frac{1}{2}$	(12) $\bar{y}, \bar{z}+\frac{1}{2}, x+\frac{1}{2}$
(13) $y+\frac{3}{4}, x+\frac{1}{4}, \bar{z}+\frac{3}{4}$	(14) $\bar{y}+\frac{1}{4}, \bar{x}+\frac{1}{4}, \bar{z}+\frac{1}{4}$	(15) $y+\frac{1}{4}, \bar{x}+\frac{3}{4}, z+\frac{3}{4}$
(16) $\bar{y}+\frac{3}{4}, x+\frac{3}{4}, z+\frac{1}{4}$	(17) $x+\frac{3}{4}, z+\frac{1}{4}, \bar{y}+\frac{3}{4}$	(18) $\bar{x}+\frac{3}{4}, z+\frac{3}{4}, y+\frac{1}{4}$
(19) $\bar{x}+\frac{1}{4}, \bar{z}+\frac{1}{4}, \bar{y}+\frac{1}{4}$	(20) $x+\frac{1}{4}, \bar{z}+\frac{3}{4}, y+\frac{3}{4}$	(21) $z+\frac{3}{4}, y+\frac{1}{4}, \bar{x}+\frac{3}{4}$
(22) $z+\frac{1}{4}, \bar{y}+\frac{3}{4}, x+\frac{3}{4}$	(23) $\bar{z}+\frac{3}{4}, y+\frac{3}{4}, x+\frac{1}{4}$	(24) $\bar{z}+\frac{1}{4}, \bar{y}+\frac{1}{4}, \bar{x}+\frac{1}{4}$
(25) $\bar{x}+\frac{1}{4}, \bar{y}+\frac{1}{4}, \bar{z}+\frac{1}{4}$	(26) $x+\frac{1}{4}, y+\frac{3}{4}, \bar{z}+\frac{3}{4}$	(27) $x+\frac{3}{4}, \bar{y}+\frac{3}{4}, z+\frac{1}{4}$
(28) $\bar{x}+\frac{3}{4}, y+\frac{1}{4}, z+\frac{3}{4}$	(29) $\bar{z}+\frac{1}{4}, \bar{x}+\frac{1}{4}, \bar{y}+\frac{1}{4}$	(30) $\bar{z}+\frac{3}{4}, x+\frac{1}{4}, y+\frac{3}{4}$
(31) $z+\frac{1}{4}, x+\frac{3}{4}, \bar{y}+\frac{3}{4}$	(32) $z+\frac{3}{4}, \bar{x}+\frac{3}{4}, y+\frac{1}{4}$	(33) $\bar{y}+\frac{1}{4}, \bar{z}+\frac{1}{4}, \bar{x}+\frac{1}{4}$
(34) $y+\frac{3}{4}, \bar{z}+\frac{3}{4}, x+\frac{1}{4}$	(35) $\bar{y}+\frac{3}{4}, z+\frac{1}{4}, x+\frac{3}{4}$	(36) $y+\frac{1}{4}, z+\frac{3}{4}, \bar{x}+\frac{3}{4}$
(37) $\bar{y}+\frac{1}{2}, \bar{x}, z+\frac{1}{2}$	(38) y, x, z	(39) $\bar{y}, x+\frac{1}{2}, \bar{z}+\frac{1}{2}$
(40) $y+\frac{1}{2}, \bar{x}+\frac{1}{2}, \bar{z}$	(41) $\bar{x}+\frac{1}{2}, \bar{z}, y+\frac{1}{2}$	(42) $x+\frac{1}{2}, \bar{z}+\frac{1}{2}, \bar{y}$
(43) x, z, y	(44) $\bar{x}, z+\frac{1}{2}, \bar{y}+\frac{1}{2}$	(45) $\bar{z}+\frac{1}{2}, \bar{y}, x+\frac{1}{2}$
(46) $\bar{z}, y+\frac{1}{2}, \bar{x}+\frac{1}{2}$	(47) $z+\frac{1}{2}, \bar{y}+\frac{1}{2}, \bar{x}$	(48) z, y, x

General:
$hkl: h+k=2n$ and $h+l, k+l=2n$
$0kl: k+l=4n$ and $k, l=2n$
$hhl: h+l=2n$
$h00: h=4n$

Special: as above, plus

96 *h* ..2

$\frac{1}{8}, y, \bar{y}+\frac{1}{4}$	$\frac{7}{8}, \bar{y}+\frac{1}{2}, \bar{y}+\frac{3}{4}$	$\frac{3}{8}, y+\frac{1}{2}, y+\frac{3}{4}$	$\frac{5}{8}, \bar{y}, y+\frac{1}{4}$
$\bar{y}+\frac{1}{4}, \frac{1}{8}, y$	$\bar{y}+\frac{3}{4}, \frac{7}{8}, \bar{y}+\frac{1}{2}$	$y+\frac{3}{4}, \frac{3}{8}, y+\frac{1}{2}$	$y+\frac{1}{4}, \frac{5}{8}, \bar{y}$
$y, \bar{y}+\frac{1}{4}, \frac{1}{8}$	$\bar{y}+\frac{1}{2}, \bar{y}+\frac{3}{4}, \frac{7}{8}$	$y+\frac{1}{2}, y+\frac{3}{4}, \frac{3}{8}$	$\bar{y}, y+\frac{1}{4}, \frac{5}{8}$
$\frac{1}{8}, \bar{y}+\frac{1}{4}, y$	$\frac{3}{8}, y+\frac{3}{4}, y+\frac{1}{2}$	$\frac{7}{8}, \bar{y}+\frac{3}{4}, \bar{y}+\frac{1}{2}$	$\frac{5}{8}, y+\frac{1}{4}, \bar{y}$
$y, \frac{1}{8}, \bar{y}+\frac{1}{4}$	$y+\frac{1}{2}, \frac{3}{8}, y+\frac{3}{4}$	$\bar{y}+\frac{1}{2}, \frac{7}{8}, \bar{y}+\frac{3}{4}$	$\bar{y}, \frac{5}{8}, y+\frac{1}{4}$
$\bar{y}+\frac{1}{4}, y, \frac{1}{8}$	$y+\frac{3}{4}, y+\frac{1}{2}, \frac{3}{8}$	$\bar{y}+\frac{3}{4}, \bar{y}+\frac{1}{2}, \frac{7}{8}$	$y+\frac{1}{4}, \bar{y}, \frac{5}{8}$

no extra conditions

96 *g* ..m

x, x, z	$\bar{x}, \bar{x}+\frac{1}{2}, z+\frac{1}{2}$	$\bar{x}+\frac{1}{2}, x+\frac{1}{2}, \bar{z}$	$x+\frac{1}{2}, \bar{x}, \bar{z}+\frac{1}{2}$
z, x, x	$z+\frac{1}{2}, \bar{x}, \bar{x}+\frac{1}{2}$	$\bar{z}, \bar{x}+\frac{1}{2}, x+\frac{1}{2}$	$\bar{z}+\frac{1}{2}, x+\frac{1}{2}, \bar{x}$
x, z, x	$\bar{x}+\frac{1}{2}, z+\frac{1}{2}, \bar{x}$	$x+\frac{1}{2}, \bar{z}, \bar{x}+\frac{1}{2}$	$\bar{x}, \bar{z}+\frac{1}{2}, x+\frac{1}{2}$
$x+\frac{3}{4}, x+\frac{1}{4}, \bar{z}+\frac{3}{4}$	$\bar{x}+\frac{1}{4}, \bar{x}+\frac{1}{4}, \bar{z}+\frac{1}{4}$	$x+\frac{1}{4}, \bar{x}+\frac{3}{4}, z+\frac{3}{4}$	$\bar{x}+\frac{3}{4}, x+\frac{3}{4}, z+\frac{1}{4}$
$x+\frac{3}{4}, z+\frac{1}{4}, \bar{x}+\frac{3}{4}$	$\bar{x}+\frac{3}{4}, z+\frac{3}{4}, x+\frac{1}{4}$	$\bar{x}+\frac{1}{4}, \bar{z}+\frac{1}{4}, \bar{x}+\frac{1}{4}$	$x+\frac{1}{4}, \bar{z}+\frac{3}{4}, x+\frac{3}{4}$
$z+\frac{3}{4}, x+\frac{1}{4}, \bar{x}+\frac{3}{4}$	$z+\frac{1}{4}, \bar{x}+\frac{3}{4}, x+\frac{3}{4}$	$\bar{z}+\frac{3}{4}, x+\frac{3}{4}, x+\frac{1}{4}$	$\bar{z}+\frac{1}{4}, \bar{x}+\frac{1}{4}, \bar{x}+\frac{1}{4}$

no extra conditions

48 *f* 2.mm

$x, 0, 0$	$\bar{x}, \frac{1}{2}, \frac{1}{2}$	$0, x, 0$	$\frac{1}{2}, \bar{x}, \frac{1}{2}$	$0, 0, x$	$\frac{1}{2}, \frac{1}{2}, \bar{x}$
$\frac{3}{4}, x+\frac{1}{4}, \frac{3}{4}$	$\frac{1}{4}, \bar{x}+\frac{1}{4}, \frac{1}{4}$	$x+\frac{3}{4}, \frac{1}{4}, \frac{3}{4}$	$\bar{x}+\frac{3}{4}, \frac{3}{4}, \frac{1}{4}$	$\frac{3}{4}, \frac{1}{4}, \bar{x}+\frac{3}{4}$	$\frac{1}{4}, \frac{3}{4}, x+\frac{3}{4}$

$hkl: h=2n+1$ or $h+k+l=4n$

32 *e* .3m

x, x, x	$\bar{x}, \bar{x}+\frac{1}{2}, x+\frac{1}{2}$
$\bar{x}+\frac{1}{2}, x+\frac{1}{2}, \bar{x}$	$x+\frac{1}{2}, \bar{x}, \bar{x}+\frac{1}{2}$
$x+\frac{3}{4}, x+\frac{1}{4}, \bar{x}+\frac{3}{4}$	$\bar{x}+\frac{1}{4}, \bar{x}+\frac{1}{4}, \bar{x}+\frac{1}{4}$
$x+\frac{1}{4}, \bar{x}+\frac{3}{4}, x+\frac{3}{4}$	$\bar{x}+\frac{3}{4}, x+\frac{3}{4}, x+\frac{1}{4}$

no extra conditions

16 *d* .$\bar{3}$m　$\frac{5}{8}, \frac{5}{8}, \frac{5}{8}$　$\frac{3}{8}, \frac{7}{8}, \frac{1}{8}$　$\frac{7}{8}, \frac{1}{8}, \frac{3}{8}$　$\frac{1}{8}, \frac{3}{8}, \frac{7}{8}$

16 *c* .$\bar{3}$m　$\frac{1}{8}, \frac{1}{8}, \frac{1}{8}$　$\frac{7}{8}, \frac{3}{8}, \frac{5}{8}$　$\frac{3}{8}, \frac{5}{8}, \frac{7}{8}$　$\frac{5}{8}, \frac{7}{8}, \frac{3}{8}$

} $hkl: h=2n+1$ or $h, k, l=4n+2$ or $h, k, l=4n$

8 *b* $\bar{4}$3m　$\frac{1}{2}, \frac{1}{2}, \frac{1}{2}$　$\frac{1}{4}, \frac{3}{4}, \frac{1}{4}$

8 *a* $\bar{4}$3m　$0, 0, 0$　$\frac{3}{4}, \frac{1}{4}, \frac{3}{4}$

} $hkl: h=2n+1$ or $h+k+l=4n$

I m* $\bar{3}$ *m　　O_h^9　　***m* $\bar{3}$ *m*　Cubic**

No. 229　　***I* 4/*m* $\bar{3}$ 2/*m***

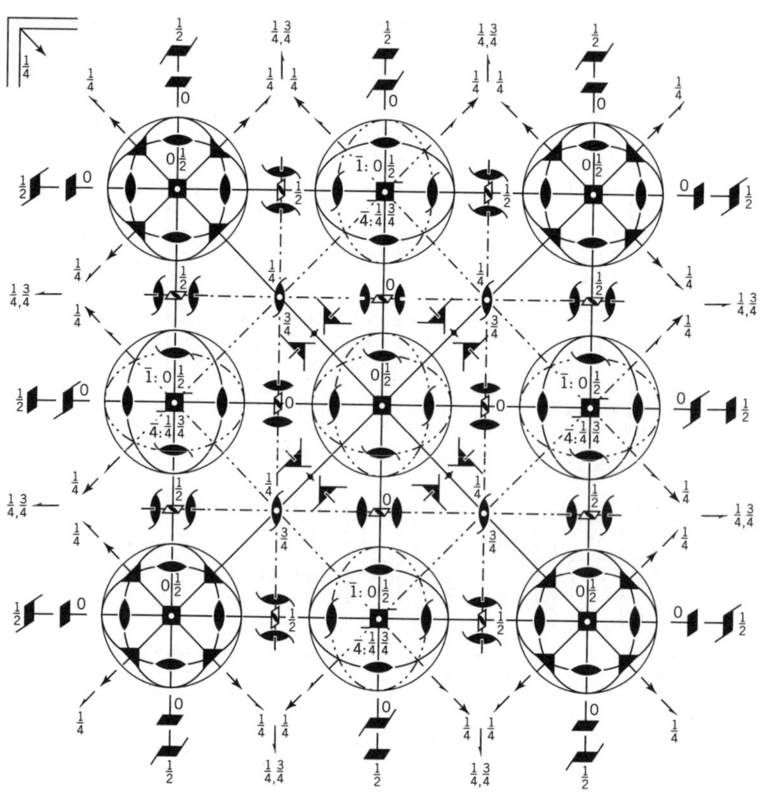

Origin　at centre ($m\,\bar{3}\,m$)

Asymmetric unit　$0 \le x < \frac{1}{2}$;　$0 \le y \le \frac{1}{2}$;　$0 \le z \le \frac{1}{4}$;　$y \le x$;　$z \le \min(\frac{1}{2} - x, y)$

Vertices　0, 0, 0　$\frac{1}{2}$, 0, 0　$\frac{1}{2}$, $\frac{1}{2}$, 0　$\frac{1}{4}$, $\frac{1}{4}$, $\frac{1}{4}$

No. 229 $Im\bar{3}m$ CONTINUED

Positions

Multiplicity, Wyckoff letter, Site symmetry			Coordinates						Reflection conditions
			$(0, 0, 0)+$	$(\frac{1}{2}, \frac{1}{2}, \frac{1}{2})+$					h, k, l permutable
									General:
96	l	1	(1) x, y, z	(2) $\bar{x}, \bar{y}, z$	(3) $\bar{x}, y, \bar{z}$	(4) $x, \bar{y}, \bar{z}$			$hkl: h+k+l=2n$
			(5) z, x, y	(6) $z, \bar{x}, \bar{y}$	(7) $\bar{z}, \bar{x}, y$	(8) $\bar{z}, x, \bar{y}$			$0kl: k+l=2n$
			(9) y, z, x	(10) $\bar{y}, z, \bar{x}$	(11) $y, \bar{z}, \bar{x}$	(12) $\bar{y}, \bar{z}, x$			$hhl: l=2n$
			(13) $y, x, \bar{z}$	(14) $\bar{y}, \bar{x}, \bar{z}$	(15) $y, \bar{x}, z$	(16) $\bar{y}, x, z$			$h00: h=2n$
			(17) $x, z, \bar{y}$	(18) $\bar{x}, z, y$	(19) $\bar{x}, \bar{z}, \bar{y}$	(20) $x, \bar{z}, y$			
			(21) $z, y, \bar{x}$	(22) $z, \bar{y}, x$	(23) $\bar{z}, y, x$	(24) $\bar{z}, \bar{y}, \bar{x}$			
			(25) $\bar{x}, \bar{y}, \bar{z}$	(26) $x, y, \bar{z}$	(27) $x, \bar{y}, z$	(28) $\bar{x}, y, z$			
			(20) $\bar{z}, \bar{x}, \bar{y}$	(30) $\bar{z}, x, y$	(31) $z, x, \bar{y}$	(32) $z, \bar{x}, y$			
			(33) $\bar{y}, \bar{z}, \bar{x}$	(34) $y, \bar{z}, x$	(35) $\bar{y}, z, x$	(36) $y, z, \bar{x}$			
			(37) $\bar{y}, \bar{x}, z$	(38) y, x, z	(39) $\bar{y}, x, \bar{z}$	(40) $y, \bar{x}, \bar{z}$			
			(41) $\bar{x}, \bar{z}, y$	(42) $x, \bar{z}, \bar{y}$	(43) x, z, y	(44) $\bar{x}, z, \bar{y}$			
			(45) $\bar{z}, \bar{y}, x$	(46) $\bar{z}, y, \bar{x}$	(47) $z, \bar{y}, \bar{x}$	(48) z, y, x			
									Special: as above, plus
48	k	$..m$	x, x, z	$\bar{x}, \bar{x}, z$	$\bar{x}, x, \bar{z}$	$x, \bar{x}, \bar{z}$	z, x, x	$z, \bar{x}, \bar{x}$	no extra conditions
			$\bar{z}, \bar{x}, x$	$\bar{z}, x, \bar{x}$	x, z, x	$\bar{x}, z, \bar{x}$	$x, \bar{z}, \bar{x}$	$\bar{x}, \bar{z}, x$	
			$x, x, \bar{z}$	$\bar{x}, \bar{x}, \bar{z}$	$x, \bar{x}, z$	$\bar{x}, x, z$	$x, z, \bar{x}$	$\bar{x}, z, x$	
			$\bar{x}, \bar{z}, \bar{x}$	$x, \bar{z}, x$	$z, x, \bar{x}$	$z, \bar{x}, x$	$\bar{z}, x, x$	$\bar{z}, \bar{x}, \bar{x}$	
48	j	$m..$	$0, y, z$	$0, \bar{y}, z$	$0, y, \bar{z}$	$0, \bar{y}, \bar{z}$	$z, 0, y$	$z, 0, \bar{y}$	no extra conditions
			$\bar{z}, 0, y$	$\bar{z}, 0, \bar{y}$	$y, z, 0$	$\bar{y}, z, 0$	$y, \bar{z}, 0$	$\bar{y}, \bar{z}, 0$	
			$y, 0, \bar{z}$	$\bar{y}, 0, \bar{z}$	$y, 0, z$	$\bar{y}, 0, z$	$0, z, \bar{y}$	$0, z, y$	
			$0, \bar{z}, \bar{y}$	$0, \bar{z}, y$	$z, y, 0$	$z, \bar{y}, 0$	$\bar{z}, y, 0$	$\bar{z}, \bar{y}, 0$	
48	i	$..2$	$\frac{1}{4}, y, \bar{y}+\frac{1}{2}$	$\frac{3}{4}, \bar{y}, \bar{y}+\frac{1}{2}$	$\frac{3}{4}, y, y+\frac{1}{2}$	$\frac{1}{4}, \bar{y}, y+\frac{1}{2}$			no extra conditions
			$\bar{y}+\frac{1}{2}, \frac{1}{4}, y$	$\bar{y}+\frac{1}{2}, \frac{3}{4}, \bar{y}$	$y+\frac{1}{2}, \frac{3}{4}, y$	$y+\frac{1}{2}, \frac{1}{4}, \bar{y}$			
			$y, \bar{y}+\frac{1}{2}, \frac{1}{4}$	$\bar{y}, \bar{y}+\frac{1}{2}, \frac{3}{4}$	$y, y+\frac{1}{2}, \frac{3}{4}$	$\bar{y}, y+\frac{1}{2}, \frac{1}{4}$			
			$\frac{3}{4}, \bar{y}, y+\frac{1}{2}$	$\frac{1}{4}, y, y+\frac{1}{2}$	$\frac{1}{4}, \bar{y}, \bar{y}+\frac{1}{2}$	$\frac{3}{4}, y, \bar{y}+\frac{1}{2}$			
			$y+\frac{1}{2}, \frac{3}{4}, \bar{y}$	$y+\frac{1}{2}, \frac{1}{4}, y$	$\bar{y}+\frac{1}{2}, \frac{1}{4}, \bar{y}$	$\bar{y}+\frac{1}{2}, \frac{3}{4}, y$			
			$\bar{y}, y+\frac{1}{2}, \frac{3}{4}$	$y, y+\frac{1}{2}, \frac{1}{4}$	$\bar{y}, \bar{y}+\frac{1}{2}, \frac{1}{4}$	$y, \bar{y}+\frac{1}{2}, \frac{3}{4}$			
24	h	$m.m2$	$0, y, y$	$0, \bar{y}, y$	$0, y, \bar{y}$	$0, \bar{y}, \bar{y}$	$y, 0, y$	$y, 0, \bar{y}$	no extra conditions
			$\bar{y}, 0, y$	$\bar{y}, 0, \bar{y}$	$y, y, 0$	$\bar{y}, y, 0$	$y, \bar{y}, 0$	$\bar{y}, \bar{y}, 0$	
24	g	$mm2..$	$x, 0, \frac{1}{2}$	$\bar{x}, 0, \frac{1}{2}$	$\frac{1}{2}, x, 0$	$\frac{1}{2}, \bar{x}, 0$	$0, \frac{1}{2}, x$	$0, \frac{1}{2}, \bar{x}$	no extra conditions
			$0, x, \frac{1}{2}$	$0, \bar{x}, \frac{1}{2}$	$x, \frac{1}{2}, 0$	$\bar{x}, \frac{1}{2}, 0$	$\frac{1}{2}, 0, \bar{x}$	$\frac{1}{2}, 0, x$	
16	f	$.3m$	x, x, x	$\bar{x}, \bar{x}, x$	$\bar{x}, x, \bar{x}$	$x, \bar{x}, \bar{x}$			no extra conditions
			$x, x, \bar{x}$	$\bar{x}, \bar{x}, \bar{x}$	$x, \bar{x}, x$	$\bar{x}, x, x$			
12	e	$4m.m$	$x, 0, 0$	$\bar{x}, 0, 0$	$0, x, 0$	$0, \bar{x}, 0$	$0, 0, x$	$0, 0, \bar{x}$	no extra conditions
12	d	$\bar{4}m.2$	$\frac{1}{4}, 0, \frac{1}{2}$	$\frac{3}{4}, 0, \frac{1}{2}$	$\frac{1}{2}, \frac{1}{4}, 0$	$\frac{1}{2}, \frac{3}{4}, 0$	$0, \frac{1}{2}, \frac{1}{4}$	$0, \frac{1}{2}, \frac{3}{4}$	no extra conditions
8	c	$.\bar{3}m$	$\frac{1}{4}, \frac{1}{4}, \frac{1}{4}$	$\frac{3}{4}, \frac{3}{4}, \frac{1}{4}$	$\frac{3}{4}, \frac{1}{4}, \frac{3}{4}$	$\frac{1}{4}, \frac{3}{4}, \frac{3}{4}$			$hkl: k, l=2n$
6	b	$4/mm.m$	$0, \frac{1}{2}, \frac{1}{2}$	$\frac{1}{2}, 0, \frac{1}{2}$	$\frac{1}{2}, \frac{1}{2}, 0$				no extra conditions
2	a	$m\bar{3}m$	$0, 0, 0$						no extra conditions

付録 C

元素の結晶構造と格子定数（抜粋）

元素	空間群	a, Å	b, Å	c, Åまたは軸間角
Ac	$Fm\bar{3}m$	5.311		
Ag	$Fm\bar{3}m$	4.086		
Al	$Fm\bar{3}m$	4.050		
Am，α	$P6_3/mmc$	3.468		11.240
As	$R\bar{3}m$	4.132		$\alpha=54°13'$
Au	$Fm\bar{3}m$	4.079		
Ba	$Im\bar{3}m$	5.013		
Be，α	$P6_3/mmc$	2.286		3.584
Bi	$R\bar{3}m$	4.736		$\alpha=57°23'$
C，ダイヤモンド	$Fd\bar{3}m$	3.567		
C，黒鉛	$P6_3/mmc$	2.461		6.708
Ca，α	$Fm\bar{3}m$	5.589		
Cd	$P6_3/mmc$	2.979		5.617
Ce	$Fm\bar{3}m$	5.160		
Co，α	$P6_3/mmc$	2.507		4.070
Co，β	$Fm\bar{3}m$	3.544		
Cr	$Im\bar{3}m$	2.885		
Cs	$Im\bar{3}m$	6.080		
Cu	$Fm\bar{3}m$	3.615		
Dy，α	$P6_3/mmc$	3.590		5.648
Er，α	$P6_3/mmc$	3.559		5.588
Eu	$Im\bar{3}m$	4.582		
Fe，α	$Im\bar{3}m$	2.867		
Fe，δ	$Im\bar{3}m$	2.932		
Fe，γ	$Fm\bar{3}m$	3.647		
Ga	$Cmca$	4.523	7.661	4.524
Gd，α	$P6_3/mmc$	3.636		5.783
Ge	$Fd\bar{3}m$	5.658		
Hf，α	$P6_3/mmc$	3.195		5.051
Hg	$R\bar{3}m$	3.005		$\alpha=70°53'$
Ho，α	$P6_3/mmc$	3.577		5.616
Ir	$Fm\bar{3}m$	3.839		
K	$Im\bar{3}m$	5.247		
La，α	$P6_3/mmc$	3.770		12.131
Li	$Im\bar{3}m$	3.510		
Lu	$P6_3/mmc$	3.503		5.551
Mg	$P6_3/mmc$	3.210		5.211
Mn，α	$I\bar{4}3m$	8.914		
Mo	$Im\bar{3}m$	3.147		
Na	$Im\bar{3}m$	4.291		
Nb	$Im\bar{3}m$	3.307		

元素	空間群	a, Å	b, Å	c, Åまたは軸間角
Nd, α	$P6_3/mmc$	3.658		11.800
Ni	$Fm\bar{3}m$	3.524		
Os	$P6_3/mmc$	2.735		4.319
Pa	$I4/mmm$	3.925		3.238
Pb	$Fm\bar{3}m$	4.950		
Pd	$Fm\bar{3}m$	3.891		
Po, α	$Pm\bar{3}m$	3.345		
Pr, α	$P6_3/mmc$	3.673		11.836
Pt	$Fm\bar{3}m$	3.924		
Rb	$Im\bar{3}m$	5.70		
Re	$P6_3/mmc$	2.760		4.458
Rh	$Fm\bar{3}m$	3.805		
Ru	$P6_3/mmc$	2.706		4.282
Sb	$R\bar{3}m$	4.507		$\alpha=57°11'$
Sc, α	$P6_3/mmc$	3.309		5.274
Se, γ	$P3_1 21$	4.366		4.959
Si	$Fd\bar{3}m$	5.431		
Sm, α	$R\bar{3}m$	8.996		$\alpha=23°22'$
Sn, α（灰色）	$Fd\bar{3}m$	6.489		
Sn, β（白色）	$I4_1/amd$	5.832		3.182
Sr, α	$Fm\bar{3}m$	6.085		
Ta	$Im\bar{3}m$	3.298		
Tb, α	$P6_3/mmc$	3.601		5.694
Tc	$P6_3/mmc$	2.735		4.388
Te	$P3_1 21$	4.457		5.927
Th, α	$Fm\bar{3}m$	5.085		
Ti, α	$P6_3/mmc$	2.951		4.684
Ti, β	$Im\bar{3}m$	3.307		
Tl, α	$P6_3/mmc$	3.457		5.525
Tm, α	$P6_3/mmc$	3.538		5.555
U, α	$Cmcm$	2.854	5.870	4.955
U, β	$P4_2/mnm$	10.759		5.656
U, γ	$Im\bar{3}m$	3.524		
V	$Im\bar{3}m$	3.023		
W	$Im\bar{3}m$	3.165		
Y	$P6_3/mmc$	3.648		5.731
Yb	$Fm\bar{3}m$	5.486		
Zn	$P6_3/mmc$	2.665		4.947
Zr, α	$P6_3/mmc$	3.231		5.148
Zr, β	$Im\bar{3}m$	3.609		

出典：Cullity, B. D., *Elements of X-Ray Diffraction* 第2版, Addison Wesley, Reading, MA (1978), pp. 506-507 ; *Metals Handbook, Desk Edition*, American Society for Metals, Materials Park, OH (1985), pp. 2・2-2・14.

付録 D

演習問題解答

第 1 章

1.1

（**a**） 本物のペニー硬貨と短く切ったリンギーニ（薄い棒状のパスタ）のかけらを用いる．

A_A^{Gas} は 10^{-4} 程度と，きわめて小さい．したがって箱の中に硬貨が1個あればよい．A_A^{Liq}（図は1辺9.1 cmの正方形の箱に入れたペニー硬貨を縮尺したもの．液体構造としては比較的低密度である）．

ペニー硬貨の直径は約1.9 cmなので面積は $\pi d^2/4=2.8\ \mathrm{cm}^2$．

箱の中に20.5個の硬貨があるから，$A_A^{Liq}=(20.5)2.8/(9.1)^2\cong 0.70$．

2次元モデルの A_A^{Liq} は3次元RCPSモデルのそれ（$V_V=0.63$）より大きくなる．

2次元における A_A^{Liq} の妥当な値は0.6〜0.8である．

液体での最近接原子の数は場所によって異なるので，統計的にサンプリングしなくてはならない．硬貨の NN を算出するためにボロノイ構造を用いるとよい．この例では $NN=7$ である．接点の数はもっと少なく，図では3である．多数のボロノイ多角形を作れば，NN の分布が得られるだろう．これより，液体の平均の NN は6を上まわるはずである．このことは直感に反するようにもみえる．理由を考えよ．

A_A^{XL}—ボロノイ多角形（Wigner-Seitz格子）を利用する（下図）．

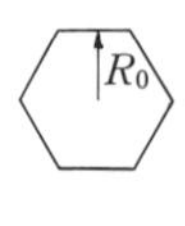

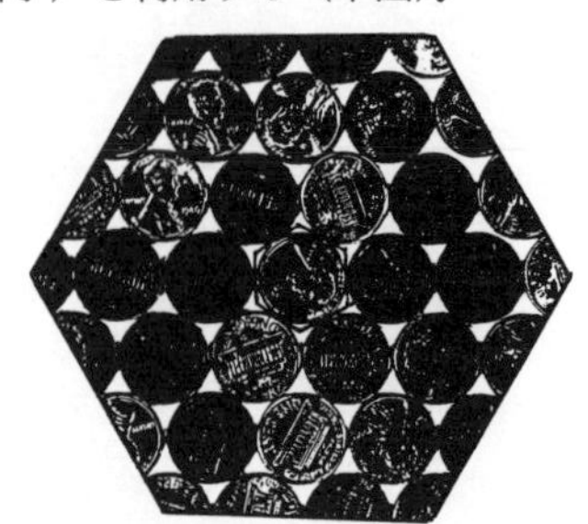

硬貨の面積　$A_{\text{penny}}=\pi R_0^2$

正6角形の面積　$A_{\text{hex}}=\frac{1}{2}\cdot b\cdot h\cdot(12)$

$$=\frac{1}{2}\frac{R_0}{\sqrt{3}}\cdot R_0(12)=\frac{6R_0^2}{\sqrt{3}}$$

面積率　$A_A^{XL}=\frac{\pi R_0^2}{6R_0^2/\sqrt{3}}=\frac{\sqrt{3}\,\pi}{6}=0.905$

円板の2次元充塡($A_A^{XL}=0.905$)は3次元($V_V^{XL}=0.7405$)よりも効率的に行われる．

（**b**）　この場合も$A_A^{Gas}\approx 10^{-4}$

液体は2つの状態をとり得る．棒状分子（リンギーニ）がランダム配列した等方的な液体と，優先配列した異方的な液体である．等方的液体では各棒状分子の排除体積が大きいので，非常に隙間の多い構造となる（下左図）．

$A_T^{Box}=8\text{ cm}\times 8\text{ cm}$

リンギーニ≅22個

$A_{\text{linguini}}=2.8\text{ cm}\times 0.2\text{ cm}=0.56\text{ cm}^2$

$\therefore A_A^{Liq}=(22)(0.56)/64=0.2$

異方的液体はより充塡率が高い．棒状分子が軸方向に整列するからである．

$A_T^{Box}=7\times 3.5=24.5\text{ cm}^2$

リンギーニ≅30個

$\therefore A_A^{Liq}=(30)(0.56)/24.5=0.7$

なお，結晶については明らかに$A_A^{XL}=1.0$となる（ただし，等しい長さの棒を隙間なく配置すればの話である）．

1. 2

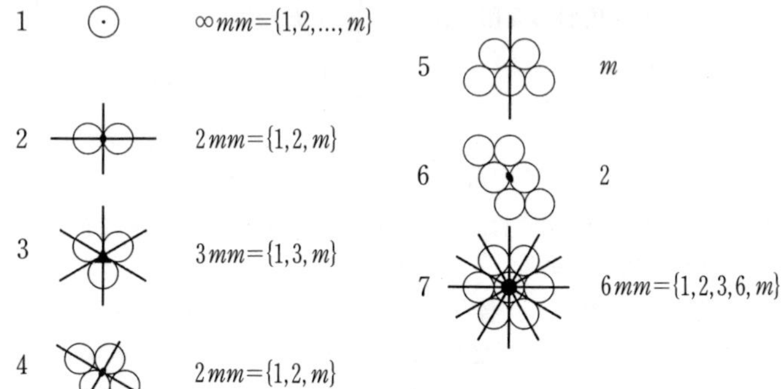

1. 3

$n=3$	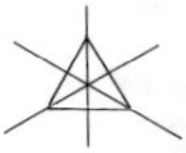	3 回軸 3 つの鏡映線 (1 種類)	一般的な結論： 正 n 角形は，n 回軸と n 個の鏡映線をもつ． 注意：辺数 n が偶数の正多角形には 2 種類の鏡映線がある．
$n=4$	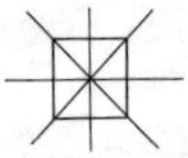	4 回軸 4 つの鏡映線 (2 種類)	
$n=5$	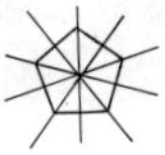	5 回軸 5 つの鏡映線 (1 種類)	
$n=6$	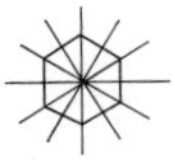	6 回軸 6 つの鏡映線 (2 種類)	
$n=7$		7 回軸 7 つの鏡映線 (1 種類)	
$n=8$	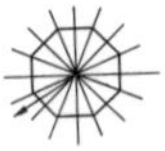	8 回軸 8 つの鏡映線 (2 種類)	

1.4

下図の通り．

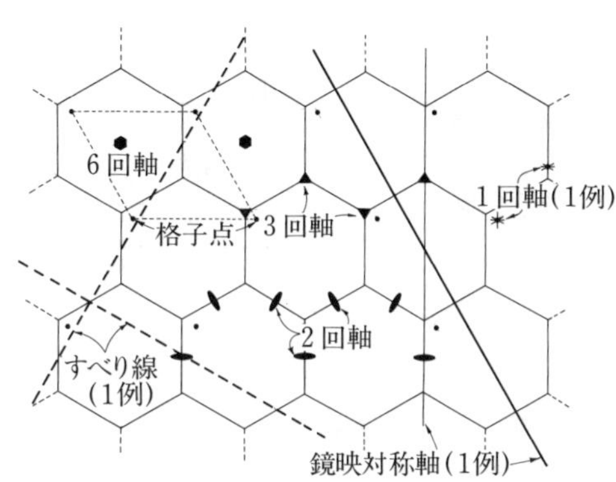

1.5

点 P で直交する 2 本の鏡映線 m_1，m_2 を考える．$F(x, y)=C$ で定義される非対称物体は次のように鏡映される（下図参照）．

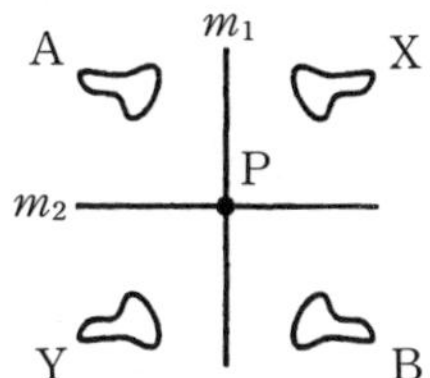

$F(x, y)=C \xrightarrow{m_1} F(-x, y)=C$　　（図の X が A に移動）

注意：A と B は 2 回対称の関係にある．

$F(x, y)=C \xrightarrow{m_2} F(x, -y)=C$　　（図の X が B に移動）

m_2 はまた以下のように A を移動する．

$F(-x, y)=C \xrightarrow{m_2} F(-x, -y)=C$　　（図の A が Y に移動）

m_1 も B を次のように移動する．

$F(x, -y)=C \xrightarrow{m_1} F(-x, -y)=C$　　（図の B が Y に移動）

直交する鏡映面が存在するとき，X と Y は次のような関係にある．

$F(x, y)=C \longrightarrow F(-x, -y)=C$

また A と B も次の関係にある．

$F(-x, y)=C \longrightarrow F(x, -y)=C$

これは点 P のまわりの 2 回回転対称と等価である．

1.6

例えば，次の3つがある．

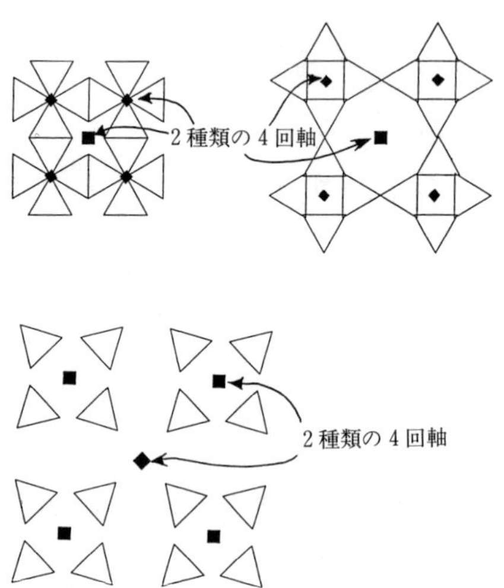

1.7

水素原子から塩素原子へ電子が完全に移動したと考える．

結合長さ$=1.27\times10^{-10}$m$=d$，電荷$=1.6\times10^{-19}$C$=q$とすると

$p=$ダイポールの強さ$=q\cdot d$

$p=1.27\times10^{-10}\times1.6\times10^{-19}\text{C}\cdot\text{m}=2.03\times10^{-29}\text{C}\cdot\text{m}$

実験値3.57×10^{-30}C·mは，電荷の完全移動に基づく上記の計算値のわずか18%にとどまる．このことから，H-Cl結合はイオン-共有性で電荷が部分的に移動していることがわかる．

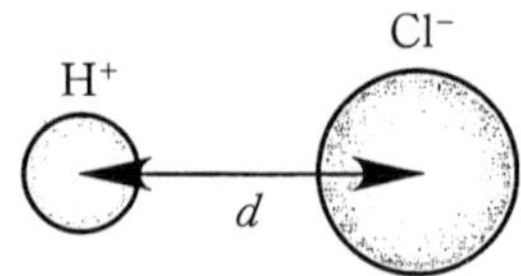

1.8

図1.11は水分子の正4面体構造を示している．2つのO-H構造の結合角は109°28′である．正味のダイポールp_{net}は2つのダイポールのベクトル合成である．

$p_{\text{net}}=6.0\times10^{-30}\text{C}\cdot\text{m}$

電荷の完全移動を仮定すると，

$$p_{\mathrm{net}}=2\times 1.6\times 10^{-19}\mathrm{C}\times d\times \cos(109°28'/2)$$

したがって

$$d=\frac{6.0\times 10^{-30}\mathrm{C\cdot m}}{2\times 1.6\times 10^{-19}\mathrm{C}\times 0.577}=3.24\times 10^{-11}\ \mathrm{m}$$

または $d=0.324$ Å

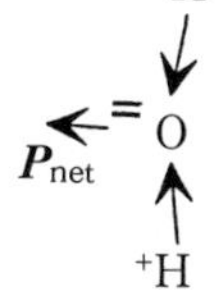

電荷の完全移動（完全イオン性）を仮定したために，この値はきわめて小さい．

1.9

表1.2より結合長さは

C-C　$l=1.54$ Å

C=C　$l=1.33$ Å　（注意：双方の原子核が共有する電子が増えている）

ベンゼン　$l=1.39$ Å

ベンゼンの構造は炭素の6員環構造からなる．下左図に示すように炭素原子は互いに結合している．炭素は4価なので，炭素は隣同士でさらに結合を形成する必要がある．分子の対称性から炭素はどこでも等価でなければならない．それゆえ下右図のような共鳴構造（すなわち，各炭素原子が両隣の炭素原子と時間的に50%ずつ結合する構造）が現れる．

炭素-炭素結合の化学的性質と長さは単結合と2重結合の間になる．

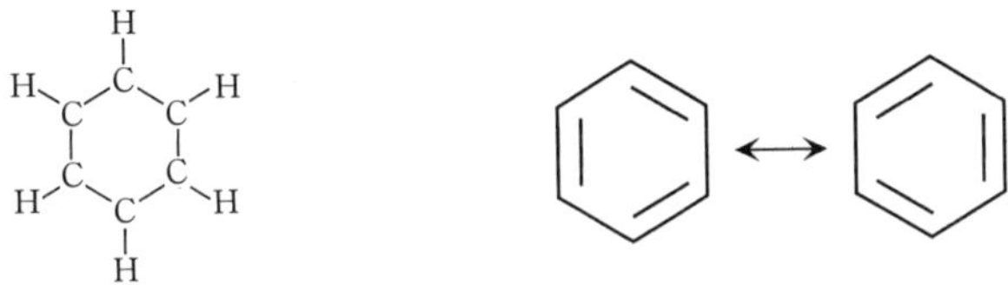

1.10

Na^+ イオンと Cl^- イオンが NaCl 結晶中で〈100〉方向に接触している剛体球モデルを仮定する．図はその様子をイオンの大きさ比で描いたものである．〈100〉に沿ったアニオン/カチオン接触とアニオン/アニオン接触の欠如に注意せよ．

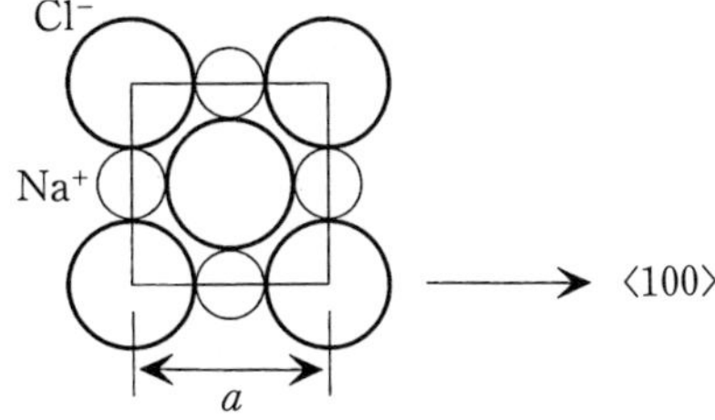

剛体球モデルを仮定しているので，格子定数 a は次のようにイオン半径で決まる．

$$a=2R_{\mathrm{Na^+}}+2R_{\mathrm{Cl^-}}$$

カチオンとアニオンのイオン半径はそれぞれ 0.98 Å と 1.81 Å である．よって，

$$a=2R_{\mathrm{Na^+}}+2R_{\mathrm{Cl^-}}=2(0.98+1.81)\,\text{Å}=5.58\,\text{Å}$$

この値は実測値 5.64 Å に非常に近い．NaCl はほとんどがイオン結合からなることがわかる．

1.11

（**a**） 個々の p 軌道はダンベル型である．有限な物体には多数の対称性があるので，それを特定するための座標系が必要となる．まず原点に反転中心がある．z 軸に沿って ∞ 回転軸がある．原点を通り xy 面に平行な鏡映面がある．原点を通り z 軸に垂直な 2 回軸が無限個ある．z 軸と交わる鉛直な鏡映面も無限個ある．

（**b**） p_x，p_y，p_z の組合せ対称．原点での反転中心，x，y，z 軸に沿った 4 回軸と 2 回軸，原点を通り xy，xz，yz 面に平行な鏡映面，4 回軸に 45° で交わる鏡映面，⟨111⟩ 方向に沿った 3 回軸，⟨110⟩ 方向に沿った 2 回軸がある．この対称性の組合せは立方晶の点群対称である $m\bar{3}m$ である（図 3.58 を見よ）．

1.12

誘電率 ε の媒質中で距離 r_{12} だけ離れている 2 つの電荷の間の相互作用エネルギー $U(r_{12})$ は次の式で与えられる．

$$U(r_{12})=\frac{q_1 q_2}{\varepsilon r_{12}}$$

それゆえイオンの相互作用は水中で $1/\varepsilon=1/81$ だけ減少する．

1.13

ポリエチレンテレフタレート（PET）

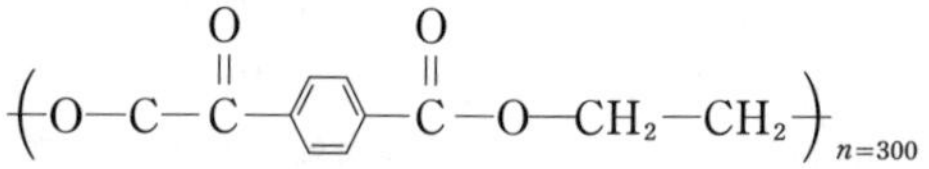

$$\left(\mathrm{O-C-\overset{\overset{\displaystyle O}{\|}}{C}-C_6H_4-\overset{\overset{\displaystyle O}{\|}}{C}-O-CH_2-CH_2}\right)_{n=300}$$

このモノマーは 10 個の回転異性体をもつ．分子に沿って各異性体は互いに独立であるから，異性体の総数は 10^{300} という厖大なものになる．

第 2 章

2.1

(**a**) 図 2.23(a)は並進対称をもち，SRO および LRO で完全な結晶である．2 回軸，3 回軸，6 回軸および鏡映対称を有している．○は 2 配位で●は 3 配位である．構造は固定角と固定長をもっている．この構造は A_2B_3 の化学量論組成をもつ．図 2.23(b)は並進対称をもたないので非結晶状態である．この構造は恒等対称しかもち得ない．○は 2 配位で黒円は 3 配位である．構造は分布した結合角と長さをもっている．配位数は守られているので，短距離的には構造を有する．この構造もまた A_2B_3 の化学量論組成をもつ．

(**b**) SRO，配位数，化学量論組成（A_2B_3）が同じである．

(**c**) ①図(b)では並進対称，鏡映対称，恒等対称がないこと，②結合長さと結合角が図(a)では一定だが，図(b)では一定でないこと．

2.2

ガラス転移温度が混合則に従うとすると，以下の式が得られる．

$$T_g \approx (\text{wt \% A})(T_g{}^{A}) + (\text{wt \% B})(T_g{}^{B})$$

ポリスチレンの T_g が 105°C＝378 K でポリブタジエンの T_g が−60°C＝213 K として混合された T_g は 60°C＝333 K である．混合則より

$$333\ \text{K} \approx (x)(378\ \text{K}) + (1-x)(213\ \text{K})$$

ここで，x はポリスチレンの重量分率である．x について解くと以下の値が得られる．

$x = 120/165 = 72.7\%$　ポリスチレン

$1 - x = 27.3\%$　ポリブタジエン

2.3

(**a**) 下図に示すように，fcc 結晶中の剛体球は ⟨110⟩ 方向に沿って互いに接触している．

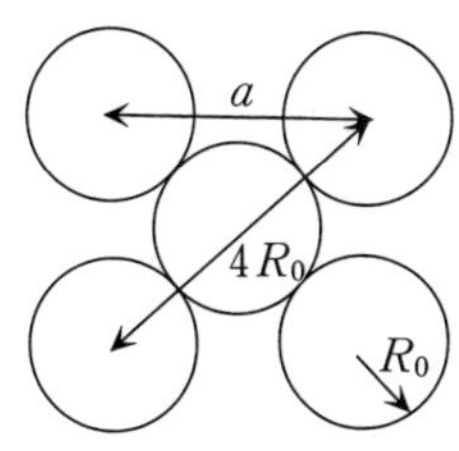

これより，

$$a=4R_0/\sqrt{2} \qquad \therefore \quad R_0=\sqrt{2}\,a/4=1.92\,\text{Å}$$

（**b**） 充塡率は気体の体積に占める剛体球の体積の比率である．STP重量が1.784 gのアルゴンの原子量39.95 g/molから，1リットルあたりに存在するアルゴン原子は $(1.784/39.95)(6.024\times10^{23})=2.69\times10^{22}$ である．剛体球が占める体積は

$$2.69\times10^{22}\frac{4\pi}{3}(1.92\times10^{-10}\,\text{m})^3=7.98\times10^{-7}\,\text{m}^3$$

となり，充塡率は以下のように算出される．

$$V_\text{v}=\frac{7.98\times10^{-7}\,\text{m}^3}{(0.1\,\text{m})^3}=7.98\times10^{-4}$$

（**c**） アルゴン1.40 gは $(1.40/39.95)(6.024\times10^{23})=2.11\times10^{22}$ の原子からなる．この剛体球が占める体積は

$$2.11\times10^{22}\frac{4\pi}{3}(1.92\times10^{-10}\,\text{m})^3=6.26\times10^{-7}\,\text{m}^3$$

となり，充塡率は次のようになる．

$$V_\text{v}=\frac{6.26\times10^{-7}\,\text{m}^3}{(0.01\,\text{m})^3}=6.26\times10^{-1}=62.6\%$$

この充塡率はRCPSモデルの0.638に近い．

2.4

（**a**） ガラス転移温度はアモルファス物質のダイナミクスが大きく変わる温度である．T_g 以上では，低粘性液体の中で分子が比較的自由に動ける．熱エネルギーが結合の相互作用エネルギーを上まわる．T_g 以下では熱エネルギーが結合を切ることができず，物質はガラス状態となり高い粘性と非流動性を示す．自由体積は臨界値を下まわり，分子運動は極端に制限される．本質的に構造はそれほど変わらないが，密度はわずかに高くなる．

2.5

平均数密度 $\bar{\rho}$ と数密度不安定性が2つの基本的な表記方法である．

$\bar{\rho}=128/64=2$•粒子/単位箱

単位箱をいくつか選ぶことにより，局部的な数密度不安定性が得られる．

不安定性は $\Sigma(\rho-\bar{\rho})/N$ で定義される．ここで N は箱の数である．

$N_1=64,\ A_1=1 \qquad \dfrac{\Sigma(\rho-\bar{\rho})^2}{N_1}=\dfrac{40}{64}$

$N_2=16,\ A_2=4 \qquad \dfrac{\Sigma(\rho-\bar{\rho})^2}{N_2}=\dfrac{10}{16}$

$N_3=4,\ A_3=16 \qquad \dfrac{\Sigma(\rho-\bar{\rho})^2}{N_3}=0!$

注意：ρ の不安定性は箱の面積が増えると急激に大きくなる．

		単位箱の数								
		1	2	3	4	5	6	7	8	
	1	0	2	2	1	1	2	2	2	
7 9	2	2	3	3	3	2	2	3	2	7 9
7 9	3	1	2	1	3	2	3	0	3	9 7
	4	3	3	3	0	2	2	3	1	
	5	3	2	2	2	1	2	3	2	
8 8	6	1	2	2	2	3	2	2	1	8 8
7 9	7	2	2	3	2	2	3	2	1	8 8
	8	1	2	2	2	1	2	3	2	

他の基本構造表記として2体分布関数 $g(r)$ を挙げる．
箱を用いて，原点を中心にとり $g(r)$ を次のように定義する．

$$g(r)=\frac{N(r\text{ だけ離れた箱のなかにある粒子数})}{A(\text{調べた箱の数})\,\bar{\rho}}$$

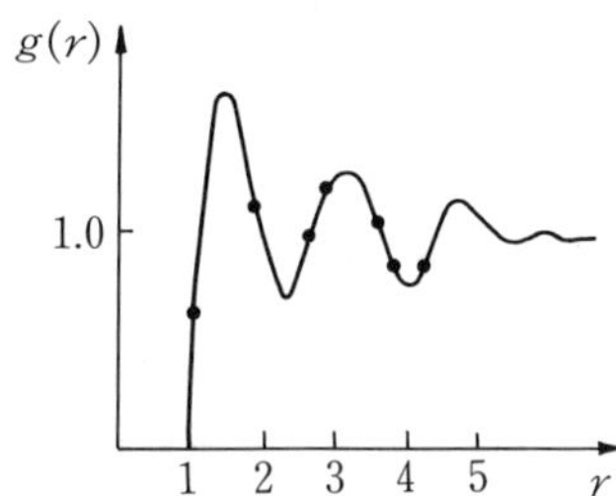

$g(r)$ の概算はきわめて大まかである．dr は r によって変化するので，箱の大きさで制限するとあまり精度がでない．

他の表記方法として充填率 $A_A=\dfrac{\sum A_{\text{particle}}}{A_{\text{box}}}$ がある．

粒子の直径を $D_p=\sim(1/4)L$ とする．ここで L は単位箱の辺の長さで，$L=1$ とする．

これは2次元としては相当低い密度だが，気体ではない．

$$A_p=\pi\left(\frac{D_p}{2}\right)^2=\frac{\pi}{64},\quad \text{したがって}\quad A_A=\frac{128(\pi/64)}{64}=\frac{\pi}{32}\sim 0.10!$$

2.6

（**a**） 拡大図では，円の大きさは17 mmである．最近接距離はわずかに大きく19 mmである．第2近接距離は円がおおよそ6配位である領域での値とする．だいたい32 mmとなる．

（**b**） 10 cm角の正方形の中に31個の円の中心が入る．したがって，$\langle\rho\rangle=0.3$

cm^{-2} となる．

（**c**）図は 7 つの円の間の距離で 35 mm を 1 mm 間隔で表現した．点は原子中心を示す．数値は中心間距離（mm）である．

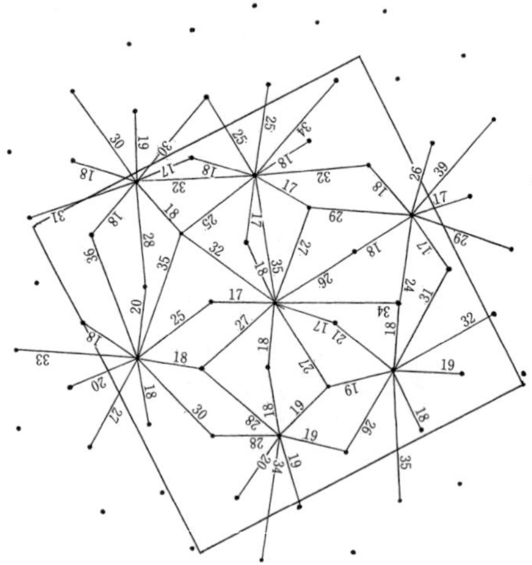

距離																			
1.7	1.8	1.9	2	2.1	2.2	2.3	2.4	2.5	2.6	2.7	2.8	2.9	3	3.1	3.2	3.3	3.4	3.5	
1	1	1	1	1			1	1	1	1	1	1	1	1	1	1	1	1	
1	1	1	1						1	1	1	1	1	1	1		1	1	
1	1	1	1							1					1		1	1	
1	1	1	1							1									
1	1	1	1																
	1	1																	
	1	1																	
	1																		
	1																		
	1																		
	1																		
	1																		
1	12	7	5	1	0	0	1	1	2	4	2	2	2	2	3	1	3	3	合計

（**d**）2 体分布関数は式(2.4)の 2 次元アナログより計算した（例題 3 を参考にせよ）．計算結果をプロットした．2 体分布関数の条件は $dr=0.1$ cm，$\langle\rho\rangle=0.31$ cm^{-2} である．

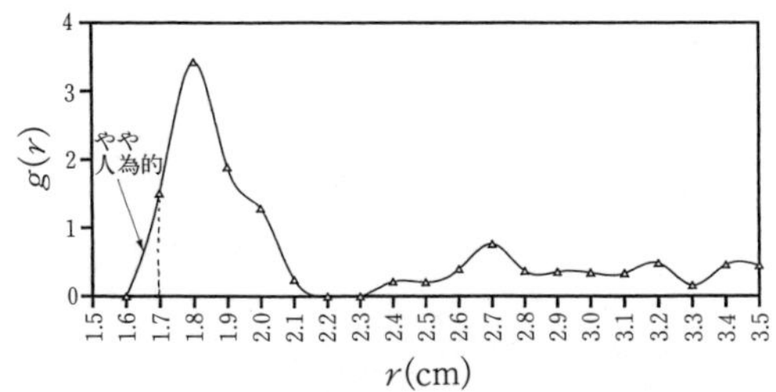

（**e**） 18 mm におけるピークに注意せよ．これが最近接距離に一致する．第２近接距離を示すのには，サンプル数が十分でない．

（**f**） 以下の図に示すように，構造の微小領域はボロノイ構造で表現できる．6つの格子だけを示してある．これらの平均面数は6である．

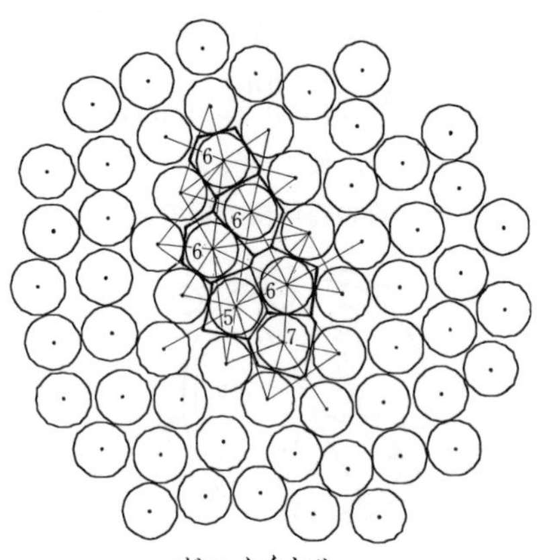

ボロノイセル

2.7

（**a**） 剛体球の直径 $2R_0$ は $g(r)$ がちょうどたちあがるところである．この場合3Åである．

（**b**） これは $g(r)$ の第２ピークで液体 Ar の原子の第２近接距離に一致する．

（**c**） SRO は $g(r)$ のゆれが落ちつく場所 $g(r)\to 1$ まで続く．これが距離 ξ で，この場合 $\xi=15$ Åである．

2.8

自由体積：結晶の枠内で考えれば，これは最密度充填構造であるから，V_f(または A_f) はゼロとなる．いいかえると，この系にはこれ以上の原子をつめることはできないので，これ以上の「自由体積」はない．

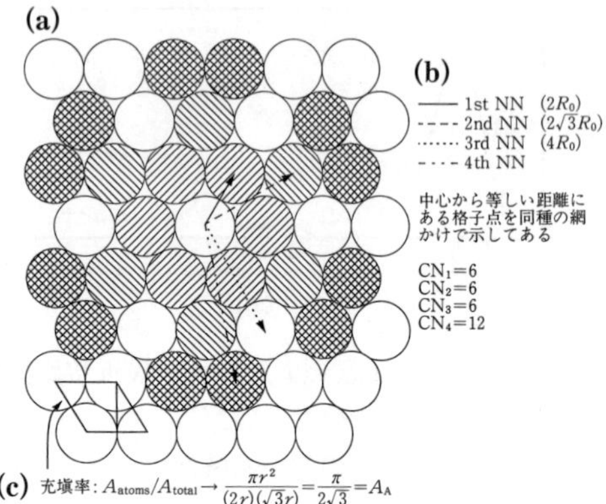

2. 9

（**a**）　2体分布関数は次の式で定義できる．

$$g(r)=\frac{1}{\langle\rho\rangle}\frac{\mathrm{d}n(r,\,r+\mathrm{d}r)}{\mathrm{d}\nu(r,\,r+\mathrm{d}r)}$$

ここで，$\mathrm{d}n(r,\,r+\mathrm{d}r)$ は球殻の体積 $4\,\pi r^2\mathrm{d}r$ に存在する球の中心の数である．$\langle\rho\rangle$ は球の平均数密度である．物質の総体積で球の数を除することで得られる．

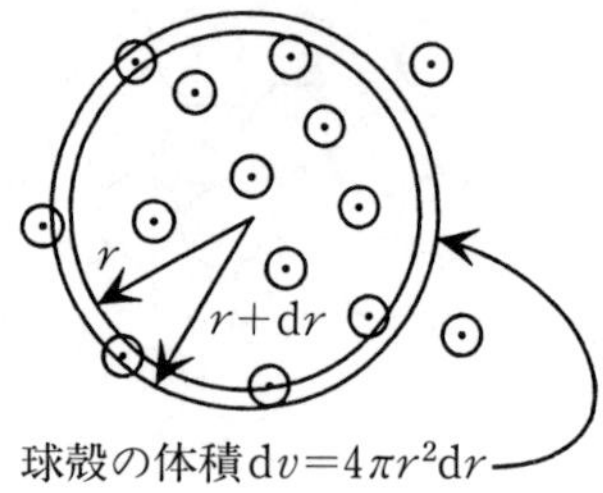

（**b**）　図(a)は $\xi=2$ Å の気体の PDF である．
図(b)は $\xi=8$ Å の液体の PDF である．
図(c)は $\xi=\infty$ の結晶の PDF である（または ξ は結晶サイズで制限されている）．

2. 10

それぞれで調査せよ．

2. 11

（**a**）　N－2@14 ＝ 28
H－10@1 ＝ 10　　　　$C_{14}N_2O_2H_{10}$
O－2@16 ＝ 32

C −14@12=168

よってモノマー1モルあたりの質量は 238 g

(**b**) $n=\dfrac{\text{分子の全質量}}{\text{モノマー1モル分の質量}}=\dfrac{140000\ \text{g/mol}}{238\ \text{g/mol}}=588$

ポリマー中のモノマーの数は重合度と呼ばれる.

(**c**) 剛直ロッドの端から端までの距離=L

$L=n(d_{\text{mer}})$

$d_{\text{mer}}=4(\text{C}-\text{N})+4\,\dot{l}+2(\text{C}-\text{C})$

↑

C=C

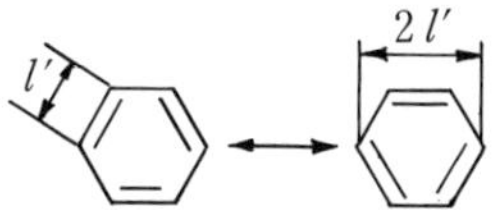

$\dot{l}=\frac{1}{2}[(\text{C}-\text{C})+(\text{C}=\text{C})]=\frac{1}{2}(1.54+1.33)=1.435\ \text{Å}$

$d_{\text{mer}}=4(1.47)+4(1.435)+2(1.54)=14.7$

5.88 5.74 3.08

$L=(588)(14.7)=8.644\ \text{Å}$ あるいは,約 0.85 μm

(**d**) 結晶化を防止する方法のいかんによらず,この物質の組成は $C_{14}N_2O_2H_{10}$ に保たれねばならない.非結晶構造を形成する方法として,以下の3つが考えられる.

(i) クエンチング.これは結晶化を阻止するのによく利用される.しかし,ケブラーにはまったく役立たない.ケブラーは,それ自体がすでに良好な配向規則性をもつリオトロピック液晶から製造されるため,クエンチングしても配向性の高い結晶が得られるからである.

(ii) 周期的な充塡を阻止するのが得策である.メタモノマーやオルトモノマーを用いて,重合反応中に分子鎖にキンクを導入することができる.キンクを含んだ分子鎖を充塡しても周期配列は得られないのである.非パラモノマーを数%加えるだけで結晶化を阻止できる.

通常のケブラー:

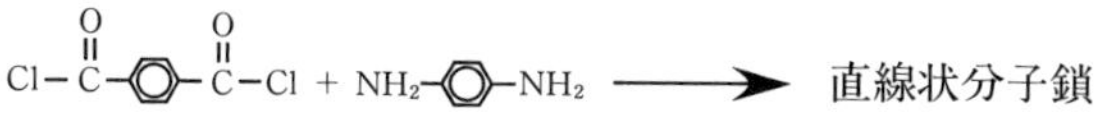

$\text{Cl}-\overset{\text{O}}{\overset{\|}{\text{C}}}-\text{C}_6\text{H}_4-\overset{\text{O}}{\overset{\|}{\text{C}}}-\text{Cl}+\text{NH}_2-\text{C}_6\text{H}_4-\text{NH}_2\longrightarrow$ 直線状分子鎖

キンクを含むケブラー

$\text{Cl}-\overset{\text{O}}{\overset{\|}{\text{C}}}-\text{C}_6\text{H}_4-\overset{\text{O}}{\overset{\|}{\text{C}}}-\text{Cl}+\text{NH}_2-\text{C}_6\text{H}_4-\text{NH}_2+$

(メタ置換 $\text{Cl}-\text{C}=\text{O}$ / $\text{C}(=\text{O})-\text{Cl}$ ベンゼン) + (メタ置換 NH_2 / NH_2 ベンゼン) ⟶ キンクを含むケブラー

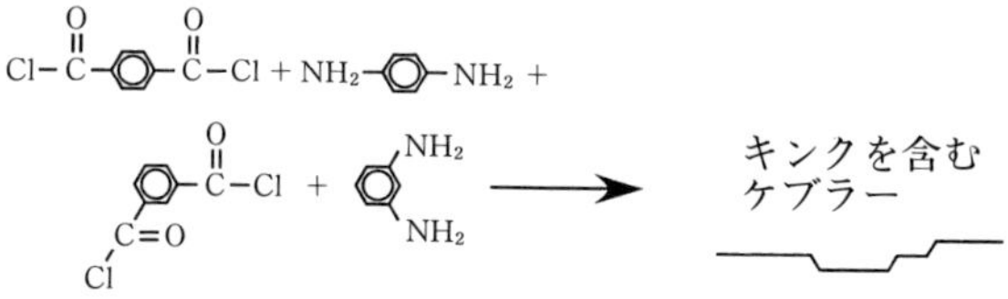

(iii) 高エネルギー電子あるいはイオンビーム照射．このような技術は分子断片の消失や新たな共有結合の形成や破壊によって結晶性を崩す．

2. 12

(**a**) 状態1：非結晶ポリマーを T_g 以上に加熱すると，溶けてねばいポリマーとなる．鎖は自己回避型の酔歩配置をとり，高密度のもつれと SRO に対応する半径依存型の 2 体分布関数が得られる．十分な自由体積がないと分子は動くことができない．

状態2：T_g 以上で熱間成形した直後は分子鎖が流動方向に引き伸ばされているが，分子のもつれ合いは残る．分子は延伸された自己回避型酔歩構造をとり，配向性が強いものの非結晶性である．2 体分布関数 $g(r, \theta, \phi)$ は強い角度依存性を示し，構造は SRO となる．

状態3：冷却速度が早いため，分子配列はほぼ状態 2 と同じ．ただし，この場合温度は T_g 以下であるから，この物質は溶融ガラスではなく固体ガラスである．この物質はガラスではあるが，なお規則度の高い配列構造を有している．溶融状態に比べて自由体積が小さいため，どろっとした融液ではなく，固体のガラスとなる．

(**b**) 状態 3 の物質が T_g より高い温度に加熱されると拡張されたポリマー鎖がランダムコイル構造に戻る．そして形状はもとに戻る．

2. 13

(**a**) オイラーの式

多面体	F	E	V	
立方体	6	12	8	
四面体	4	6	4	$\Rightarrow F+V=E+2$
八面体	8	12	6	

(**b**)

右図	$F=12$	$V=20$	$E=30$	$\Rightarrow F+V=E+2$
左図	$F=12$	$V=20$	$E=30$	

オイラーの式を思い出す簡単な方法は，E，F，V の値を憶えている 2，3 の多面体について調べてみることである．

2. 14

空孔が正方格子上を酔歩するものと仮定すると根平均 2 乗距離は

$$\langle R_n{}^2\rangle^{1/2}=\sqrt{n}\,l$$

ここで，l はジャンプ距離で，この場合，格子定数 a に等しい．したがって

$$n=\langle R_n{}^2\rangle^{1/2}/a^2=(10^{-7}\mathrm{m})^2/(4\times10^{-10}\mathrm{m})^2=\frac{10^6}{16}=62500$$

2. 15

（**a**） 柔軟な鎖状のポリマー分子がランダムコイル形態をとると仮定すれば，末端から末端までの根平均 2 乗距離は，歩長 l，歩数 n の酔歩の距離によってよく近似できる．

$$\langle R_n{}^2\rangle^{1/2}=\sqrt{n}\,l=\sqrt{10^4}\times 0.6\ \mathrm{nm}=60\ \mathrm{nm}$$

（**b**） ブラウン運動などのランダムプロセスにより拡散する粒子の根平均 2 乗距離は

$$\langle R^2(t)\rangle^{1/2}=\sqrt{6\,Dt}$$

ここで，D は拡散係数，t は拡散時間．D と t に数値を入れると

$$\langle R^2(t)\rangle^{1/2}=\sqrt{6\times 10^2\frac{\text{Å}^2}{\mathrm{s}}\times\frac{1\ \mathrm{nm}^2}{10^2\,\text{Å}^2}\times 10^2\ \mathrm{s}}=\sqrt{600}\ \mathrm{nm}=24.5\ \mathrm{nm}$$

2. 16

（**a**） C-C 結合距離は 1.54 Å＝0.154 nm である．したがって，まっすぐに伸びたポリエチレンのおよその長さは 0.154 nm×40000≈6000 nm＝6 μm となる．これは分子が完全に直線的であると仮定した場合の結果だが，実際には交角 109° のジグザグ構造をとるので，分子の全長はこれより短く，上記の値に補正因子 cos(35.5°) を乗じたものとなる．

（**b**） ポリエチレンの溶融体では，分子はランダムコイル構造を有する．長さ l，ステップ数 n なる酔歩による平均の移動距離に等しいから，

$$\langle R_n{}^2\rangle^{1/2}=\sqrt{n}\,l=0.154\ \mathrm{nm}\times\sqrt{40000}=308\ \mathrm{nm}$$

このように，ランダムコイル構造と直線構造とでは，分子長さに大きな差がある．

2. 17

（**a**）

1	PETE	ポリエチレンテレフタレート
2	HDPE	高密度ポリエチレン
3	V	ポリ塩化ビニル
4	LDPE	低密度ポリエチレン
5	PP	ポリプロピレン
6	PS	ポリスチレン
7	他	他のプラスチック

（**b**） 熱可塑性樹脂はリサイクル可能である．理由は，T_g および T_m 以上に加熱すると軟化し，望みの形状に成形し直すことができるからである．熱硬化性樹脂はリサイクル不能である．理由は，共有結合の 3 次元ネットワーク構造をもつので軟化できないからである．加熱しても溶けることなく劣化するだけである．熱硬化性樹脂を

含めすべてのプラスチックは燃料として使える．

2. 18

（**a**） ストイキオメトリー（化学量論組成）は A_2O_3 で以下のようになる．

各酸素は 2 つの A と結合している．繰り返し単位としてのモチーフは 1 A と 3/2 O からなる．化学量論組成式は常に整数でなければならないから，

$$A_1O_{1.5}\times 2 = A_2O_3$$

● ＝Aイオン

○ ＝酸化物イオン

化学式 A_2O_3

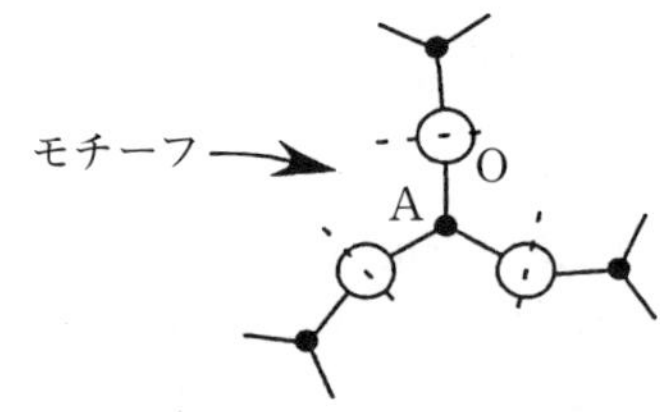

（**b**） 3 個 1 組の O を結ぶと図のように多数の 3 角形が描ける．3 つの頂点の向きは平面内で基本的にランダムである．

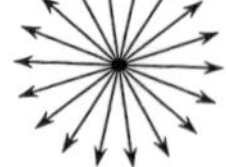

頂点の向き

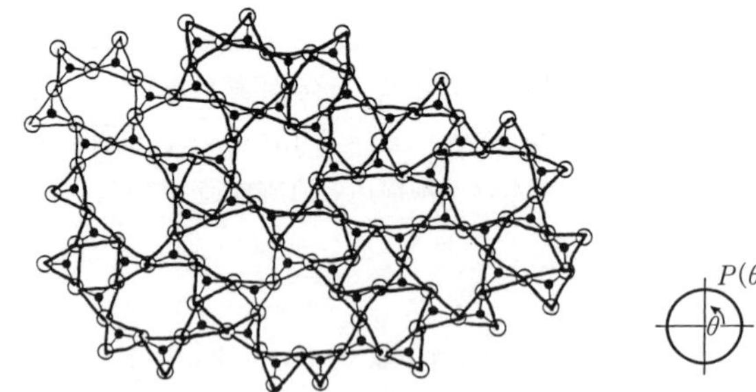

これを極座標にプロットし直すと
右図のような均一分布がえられる

$P(\theta)$ θ

（**c**） 原子 A は一定の結合距離 $l_{A\text{-}O}$ で 3 つの酸素と結合している．各 O は 2 つの A と距離 $l_{A\text{-}O}$ で結合している．O-A-O 結合角は 120° を中心に分布する．A-O-A 結合角は 180° を中心に分布する．

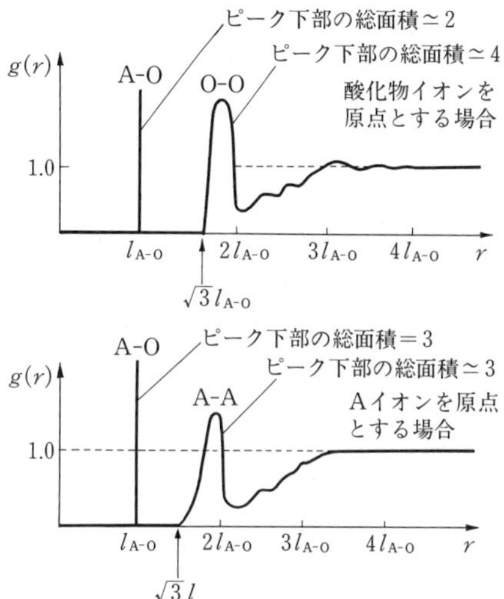

（**d**） 両図とも $l_{A\text{-}O}$ に $g(r)$ の鋭いピークが現れる．また $\sqrt{3}\,l_{A\text{-}O}$ と $2\,l_{A\text{-}O}$ の間に幅広いピークが確認できる．O プロット（上図）のこの2番目のピークは O-O 相互作用に起因し，A プロットの2番目のピークは A-A 相互作用に起因する．大きい r にも A-O，A-A，O-O ピークが見られる．しかし，これが重なり合って速やかに $g(r)$ の平衡値に近づく．

2. 19

SiO_2 の組成を有するすべてシリカガラスにおいて，シリコン原子は配位数4，酸素原子は配位数2をとるのに対して，少量の Si_3N_4 を含む SiO_2 ガラスでは窒素原子は配位数3を有する．このように窒素原子は酸素と置換した位置でより多い配位数をもつことになる．配位数の増加は連続的なランダムネットワーク中の結合を増やすことになり，ガラス転移温度を上昇させる．

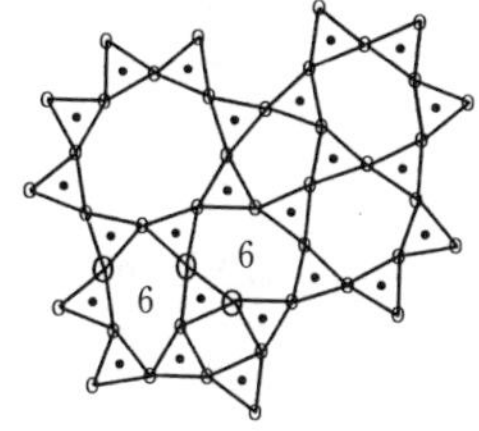

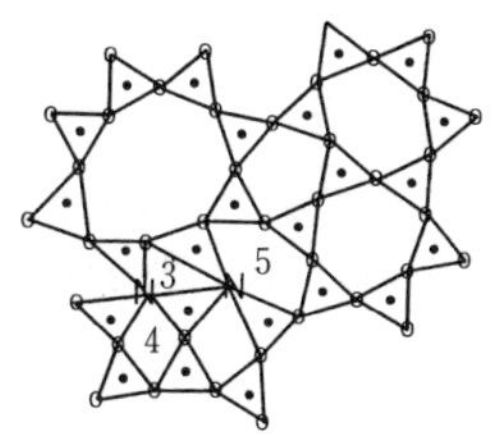

左図はシリカガラスの構造模式図である．黒丸を含む3角形は4面体ユニットである（丸は紙面の上方を向いた酸素原子の結合を示している）．この概念図において4面体は頂点で結合している．

Si_3N_4 で修飾された構造を考えると，窒化シリコンを考える上での一助となることがわかる．1つの可能性は SiO_2 から3つの構造単位を取り除き，その場所に Si_3N_4 の構造で置換する方法である．そうすると6つの酸素原子が取り除かれ，4つの窒素原子が挿入されることになる．そうすることで4面体構造に新たな結合が生じる．その様子を右図に示す．左図との違いは酸素が3つ取り除かれていること（左図のOと表記した部位），2つの窒素が加えられていること（右図でNと表記されている）である．構造のおおよそは変わっていない．しかしながら窒素の周辺で結合が増えている．構造をしっかり吟味すると，ネットワーク修飾は4面体の2つの6員環が3員環，4員環，5員環1つずつと交換することがわかる（図ではその3つの環を数字で示している）．変化した構造の解釈は，ガラス中の窒素組成が大きくなったことによるネットワーク中の結合増加とすることができる．

2. 20

（**a**）

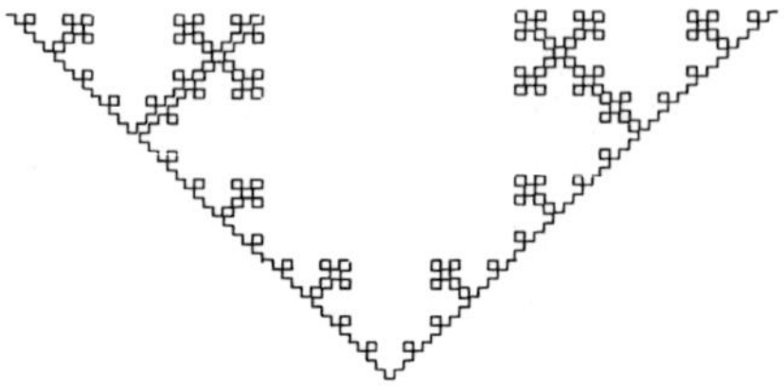

（**b**）　通常のフラクタルの直線セグメントの長さ R が1となるようにとる．物体の最初の3次を調査して，以下の表を得る．

	1次	2次	3次
次数	1	2	3
線次数 R	3	9	27
質　量 M	5	25	125

フラクタル直径 D は $\propto R^D$

図に描いたパターンでは $5^n \propto (3^n)^D = 3^{nD}$

結果より，$n \ln 5 \propto nD \ln 3$　または　$D = (\ln 5)/(\ln 3) = 1.465$

ここで n は空間次数2より小さい．それゆえ物体はフラクタルである．

2. 21

(**a**)　以下の表の通り．

	1 次	2 次	3 次
次　数	1	2	2
直線次数 R	2	4	8
質　量 M	3	9	27
網かけの面積割合 A_A	3/4	9/16	27/64

(**b**)

フラクタル物体の単位 3 角形の辺の長さ R を 1 ととり，構造単位が取り去られる (白 3 角形) まで質量 M を 1 とする．1 次から 3 次のフラクタルについて以下の表の結果が得られる．

図と表の結果より，n 次のフラクタル物質の網かけ面積の割合は $(3/4)^n$ となる．

フラクタル次数 D は $M \propto R^D$

図に描いたパターンでは $3^n \propto (2^n)^D = 2^{nD}$

結果より，$n \ln 3 \propto nD \ln 2$　または　$D = (\ln 3)/(\ln 2) = 1.585$

ここで n は空間次数 2 より小さい．それゆえ物体はフラクタルである．

2. 22

フラクタル物体の単位正方形の辺の長さ R を 1 ととり，構造単位が取り去られる (白正方形) まで質量 M を 1 とする．1 次から 2 次のフラクタルについて以下の表の結果が得られる．

	1 次	2 次
次　数	1	2
直線次数 R	3	9
質　量 M	5	25
網かけの面積割合 A_A	5/9	25/81

(**a**)　フラクタル次数 D は $M \propto R^D$

図に描いたパターンでは $M \propto 5^n$ および $R \propto 3^n$

$$5^n \propto (3^n)^D = 3^{nD}$$

結果より，$n \ln 5 \propto nD \ln 3$　または　$D = (\ln 5)/(\ln 3) = 1.46$

ここで n は空間次数 2 より小さい．それゆえ物体はフラクタルである．

（**b**）図と表の結果より，n 次のフラクタル物質の網かけ面積の割合は $(5/9)^n$ となる．

2. 23

（**a**）すべてのフラクタル物質はディレイショナル対称をもつ．

（**b**）$M=R^D$，ここで M は質量，R は特性長，D はフラクタル次元である．

（**c**）鏡映面が物体を横切る．どのような次数の物体でも点群対称 m をもつ．

（**d**）単位線長さあたりの質量を 1 ととる．

$$n=1:\quad M=4,\quad R=3$$
$$n=2:\quad M=16,\quad R=9$$
$$n=n:\quad M=4^n,\quad R=3^n$$

すると $M=R^D \Rightarrow 4^n=3^{nD}$，および $\ln 4^n=\ln 3^{nD}$，したがって $n \ln 4=nD \ln 3$，および $D=\dfrac{\ln 4}{\ln 3}=1.26.$

2. 24

注意：2 体分布関数はどのようなときにでも適応可能である．（c）や（e）の系でも原子がどのように振舞うか表現するために，または特別な相互作用を表現するために，PDF に違いが現れる．（b）や（d）の系では，PDF は構造単位間の距離に関する情報を有する．

（**a**）アモルファスシリコン—CRN：Si 原子は配位数 4 で原子は最密充填にない．そのため RCPS モデルは適当でない．

（**b**）アモルファスセレン—RW，F：Se 原子は配位数 2 で長鎖構造をもつ．酔歩モデルが適用できる．CRN は配位数が 3 以上でないので，適用できない．

（**c**）アモルファスセレンに 3 モルの Ge がネットワーク修飾剤として加えられた—CRN-RW 混合：Ge 原子は配位数 4 をもつようになる．Ge 結合剤の間で，Se 鎖は酔歩構造をもつことになる．

（**d**）アモルファスポリスチレン—RW，F：ポリスチレン，長鎖ポリマーは酔歩構造をもつ．T_g 以上では，ポリマー鎖は自由に動く．

（**e**）アモルファス $Pd_{0.4}Ni_{0.4}P_{0.2}$—RCPS，VP：金属結合系，充填剛体球における方向性のない結合，ボロノイ多角形によって平均最近接数がわかる．

（**f**）アモルファスシリカ煤—F：シリカ煤はフラクタルモデルで表現することのできるクラスターに集合している．集合体の大きさは質量に応じて増える．成長は拡散律速にあるクラスター集合体により行われる．

2. 25

As_2Se_3 はアモルファスカルコゲナイドネットワーク構造である．構造は配位数 2 のセレンと配位数 3 のひ素からなる連続ランダムネットワークである．ひ素はネットワーク形成剤で Se の結晶化を阻止する．As_2Se_3 は可視光程度のエネルギーギャップをもち，薄膜光導電体として使われる．

スチレン-ブタジエンは共重合体はアモルファスでランダム構造をもち，直線構造が自己疎外型酔歩で成り立っている．物質は室温でゴム弾性を有し，カーボンブラックを紙に固定する役割をもつ．

カーボンブラックは 100 Å 程度の大きさの微粒子である．粒子の集合体が不規則フラクタルを形成する．拡散律速にあるクラスター集合体は絶縁性プラスチックの導電性フィラーとして添加され，フラクタル構造を形成する．

セルロースは半結晶性ポリマーである．木材より得られる天然の生物ポリマーである．この巨大分子は剛直なバックボーンを有し，拡張型鎖構造を形成し，80% 程度にも及ぶ結晶化度を示す．紙は木材パルプのセルロースマイクロファイバーをマット状にランダムに織り込んだものである．ファイバーの長さは 100 μm で直径は 1 μm 以下である．高いアスペクト比をもつ．

2. 26

下記の通り．

（1） 液体アルゴン →（C） ボロノイ多面体
（2） 枝分かれフレキシブルポリマー →（A） フラクタルモデル
（3） 溶融石英 →（B） 連続ランダムネットワークモデル

第3章

3. 1

結晶の特徴は並進対称である．物質が結晶であるために必要な条件である．

3. 2

a，b，γ の条件により次のような図形となる．

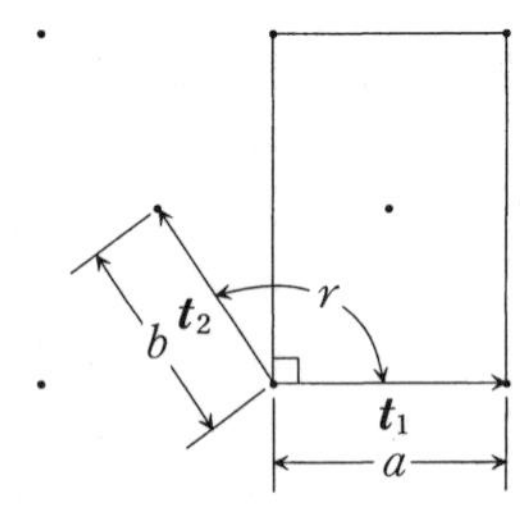

長方格子の面心に格子点をもつために

$$b\cos(180-\gamma)=a/2$$
$$-b\cos\gamma=a/2$$
$$\cos\gamma=-a/2b$$

例えば，$a=b$ なら $\gamma=120°$ となる．

3. 3

5つの面格子について以下に示した．高い対称性をもつ格子点を白丸で示した．同じ対称性をもつ非等価点がある格子に存在する．

平行4辺格子　最も高い対称は2である．
正方格子　最も高い対称は $4mm$ である．
120° 菱面格子　最も高い対称は $6mm$ である．
長方格子　最も高い対称は $2mm$ である．
面心長方格子　最も高い対称は $2mm$ である．

平行4辺格子　正方格子　120° 菱面格子　長方格子　面心長方格子

3.4

単位格子の中の等価点の数はサイトの乗数と同じ数になる．2 つの面群が基本格子をもつ．他の 2 つの面群が面心長方格子が格子内に 2 つの格子点を有する．これらの 2 つの面群では等価点の数は 2 つに分けられる．

2 次元面群記号 正式表記	 略式表記	等価点の数	基本格子の等価点
*p*1	*p*1	1	1
*p*211	*p*2	2	2
*p*1*m*1	*pm*	2	2
*p*1*g*1	*pg*	2	2
*c*1*m*1	*cm*	4	2
*p*3	*p*3	3	3
*p*2*mm*	*pmm*	4	4
*p*2*mg*	*pmg*	4	4
*p*2*gg*	*pgg*	4	4
*c*2*mm*	*cmm*	8	4
*p*4	*p*4	4	4
*p*3*m*1	*p*3*m*1	6	6
*p*31*m*	*p*31*m*	6	6
*p*6	*p*6	6	6
*p*4*mm*	*p*4*m*	8	8
*p*4*gm*	*p*4*g*	8	8
*p*6*mm*	*p*6*m*	12	12

3.5

(**a**),(**b**)　図を参照のこと．配列は 4 回軸をもっていない．A 原子の垂直方向

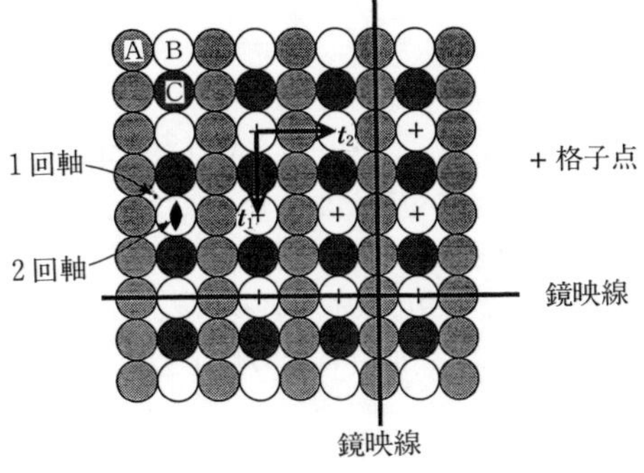

の連続性が 4 回軸対称を破壊している．

（**c**） 格子が基本格子であるので，格子点は 1 つである．

（**d**） 基本格子において，2 つの A 原子，1 つの B 原子，1 つの C 原子がある．

（**e**） 図を参照のこと．対称要素として，1，2，m，さらに並進対称がある．配列は映進対称をもっていない．

（**f**） もっとも高い対称は $2mm$ である．面群は長方格子である．γ は 90° で a と b は異なる．この配列では a と b は等しくなっているが，必ずしもその必要はない．

3.6

（**a**） 図の通り．

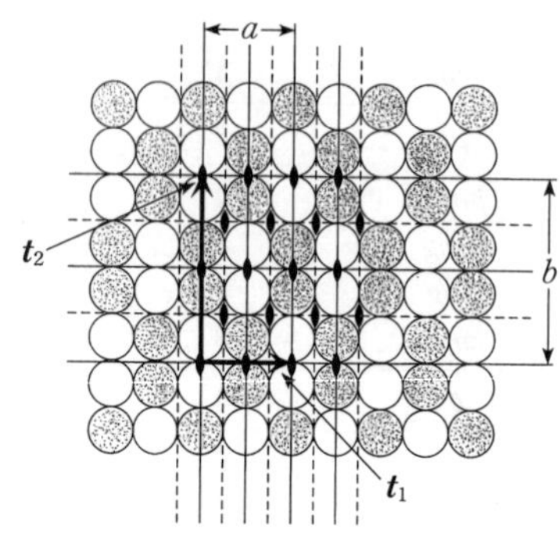

（**b**） 面群は $c2mm$ (No. 9) である．

（**c**） 基本ベクトル $\boldsymbol{t}_1$ と $\boldsymbol{t}_2$ を描き入れてある．それにより単位格子の格子定数は $a<b$ であることがわかる．

A 原子は Wyckoff サイト $4e$ で $y=1/8$

B 原子は Wyckoff サイト $4e$ で $y=3/8$

格子中に全部で 8 つの原子を含む．

3.7

（**a**），（**c**） 次図の通り．

（**b**） 面群は No. 11，$p4mm$ である．

（**d**） 原点が図に示す通りに与えられれば，A 原子が $4d$ サイトの $x=1/4$ の位置と B 原子が $4e$ サイトの $x=1/4$ の位置にあることになる．原点が 4 つの B 原子の間にきても Wyckoff サイトには変化がない．

（**e**） それぞれの種類ごとに 4 つの原子がある．

（**f**） 配列が 4 回軸を含むので，面群は正方格子である．単位格子を図中に示した．

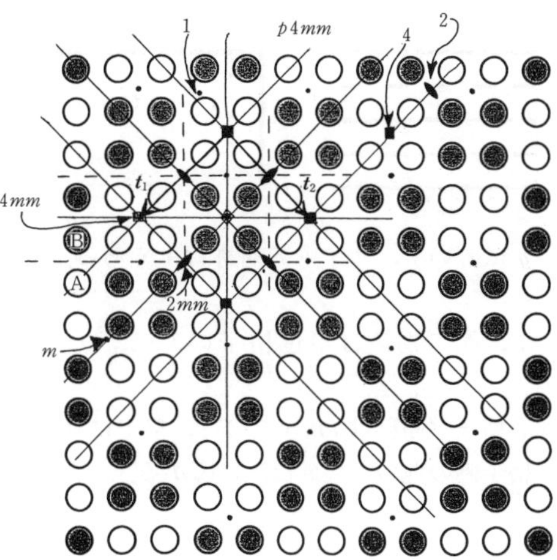

3. 8

（**a**）　図を参照のこと．

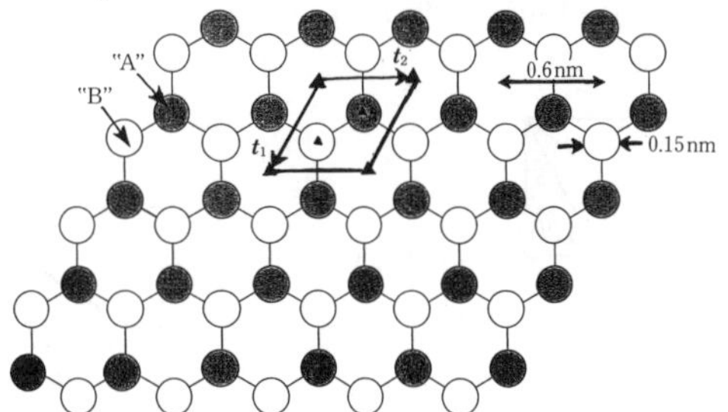

（**b**）　両方とも配位数 3 をとる．

（**c**）　式の通り．

$$a\left(\frac{1}{2}\right)\left(\frac{1}{\sqrt{3}}\right)=\frac{1}{2}(\text{A-B 距離})$$

$$\frac{0.6\ \text{nm}}{\sqrt{3}}=0.346\ \text{nm}$$

（**d**）　この構造は 120° 菱面格子をもつ．

（**e**）　構造は 120° 菱面格子をもちつづけるが，面群は $p6mm$ となる．同じ原子に占められることにより，$p6mm$ を構成する対称要素が導かれる．変更された構造において，原子は Wyckoff サイト $2b$ (座標 1/3，2/3 と 2/3，1/3) に入る．

3. 9

（**a**），（**e**）　図に示した通り．

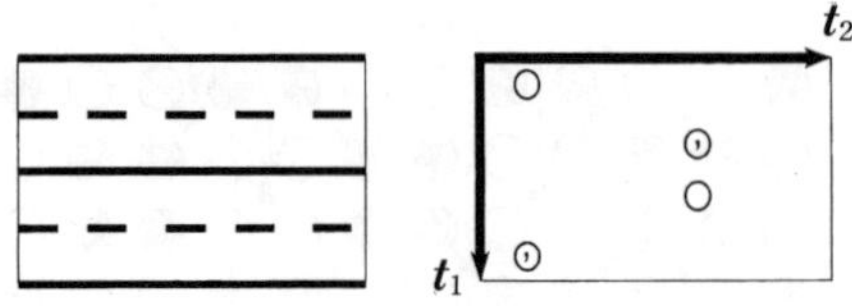

（**b**）一般座標 x, y において，サイトの対称は1である．点1/2，1/4はサイト対称 m をもつ．

（**c**）x, y に加えて，他の物体は単位格子の $1-x$, y; $1/2-x$, $y+1/2$; $1/2+x$, $y+1/2$ に現れる．

（**d**）単位格子は面心格子（面群は cm）なので，格子には2つの格子点がある．一般位置にある物体は格子内の他の3つの位置に広がる．したがって4つの等価点があることになる．

3.10

正方格子は1辺が $a=5.6$ Åの正方形の面をもち，直交する3番目の軸は長さ $c=3.13$ Åをもつ．これより $\theta=\tan^{-1} 5.60/3.13=60.8°$．

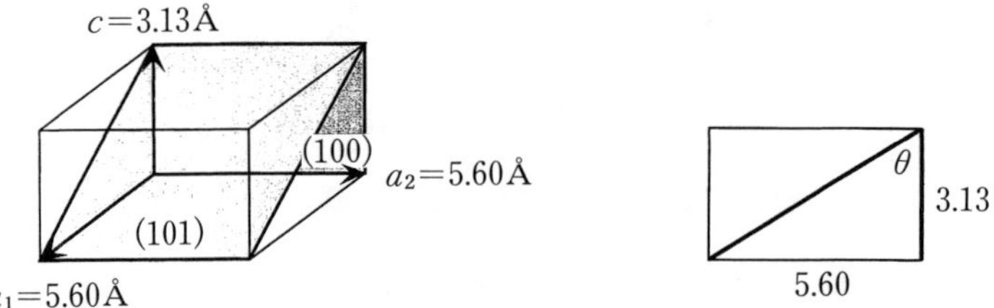

3.11

（注意：この問題は，{110} ファセットで囲まれる立方晶の {110} 面の辺に沿った方向が2つの群にわかれることに触れている．実際に，晶癖のある結晶に存在する {110} 面を与える方向には1つの群がある．問題は最後の文章をよく読むとよりわかりやすくなる．2つのファセットが出会うことで得られる方向の群のミラー指数は何になるだろうか？）

もしすべての {110} 面が結晶に存在するなら，ファセットのある結晶が結晶の点群をあらわすような形態を保つ．この場合，$4/m\ \bar{3}\ 2/m$ である．6つの方位の異なる等価な {110} 面がある．(110), $(1\bar{1}0)$, (101), $(10\bar{1})$, (011) と $(01\bar{1})$ である．したがって，面に対して12の垂直方位が存在することになる．12のファセットをもつともいえる．

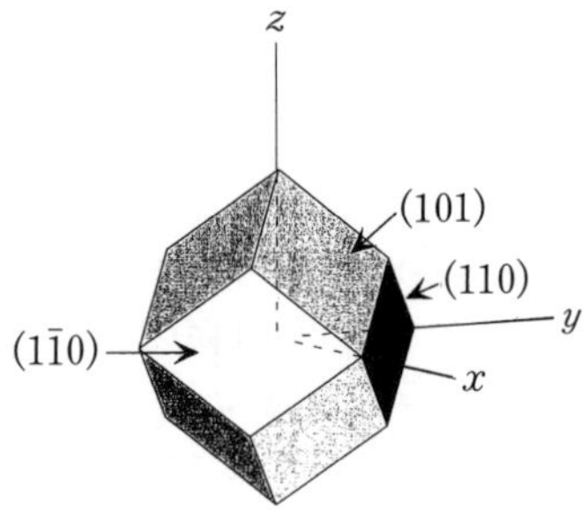

平衡形は正12面体である．ミラー指数は12面体の3つの面について書き入れておいた．3つの座標軸は12面体を貫通しており，面は正方形になる．隣り合う2つのファセットにより形成されるすべての辺は⟨111⟩群である．(110) と (101) 面でできる辺は

$$[110]\times[101]=\begin{vmatrix} \hat{i} & \hat{j} & \hat{k} \\ 1 & 1 & 0 \\ 1 & 0 & 1 \end{vmatrix}=(1\cdot1-0\cdot0)\,\hat{i}-(1\cdot1-0\cdot1)\,\hat{j}+(1\cdot0-1\cdot1)\hat{k}$$

$$=\hat{i}-\hat{j}-\hat{k}=[1\bar{1}\bar{1}]$$

同様な計算は他の面の作る辺においても行うことができる．12面体では⟨111⟩群を形成する．

3. 12

(**a**)，(**b**) 図の通り．

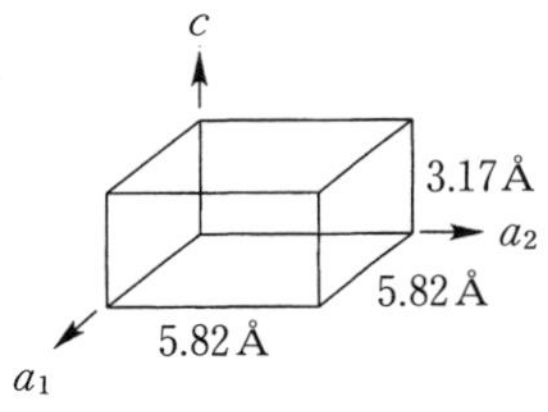

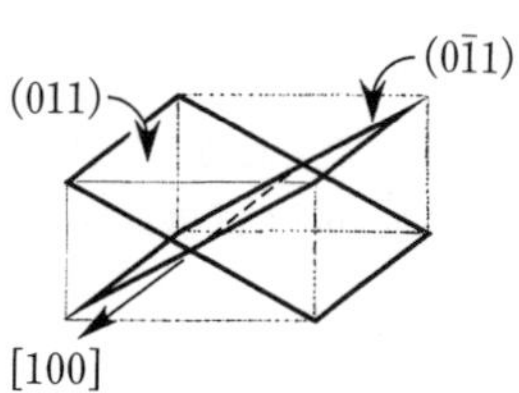

(**c**) (011) と (01$\bar{1}$) 面に共通する方位は [100] である．

(**d**)

$$[011]=a\hat{j}+c\hat{k} \text{ および } |[011]|=\sqrt{a^2+c^2}$$

$$[0\bar{1}1]=-a\hat{j}+c\hat{k} \text{ および } |[0\bar{1}1]|=\sqrt{a^2+c^2}$$

$$[011]\cdot[0\bar{1}1]=|[011]|\,|[0\bar{1}1]|\cos\phi=(a^2+c^2)\cos\phi$$

$$\text{および}\quad [011]\cdot[0\bar{1}1]=-a^2+c^2$$

$$\text{したがって}\quad \cos\phi=\frac{-a^2+c^2}{a^2+c^2}=-0.542$$

$$\phi=123°$$

3.13

（**a**）3軸系では $\boldsymbol{a}_1$，$\boldsymbol{a}_2$，$\boldsymbol{c}$ の基本ベクトルを使用する．[100] 方向とは長さが a で $\boldsymbol{a}_1$ に沿った方向になる．4軸系では，3番目の基本ベクトル $\boldsymbol{a}_3$ を図のように導入する．このとき指数は $h+k+i+l=0$ になるように選ぶ．図に示すように $[2\bar{1}\bar{1}0]$ ベクトルの要素をプロットすると $\boldsymbol{a}_1$ に沿う長さは $3a$ となる．したがって [100] は $(1/3)[2\bar{1}\bar{1}0]$ となる．

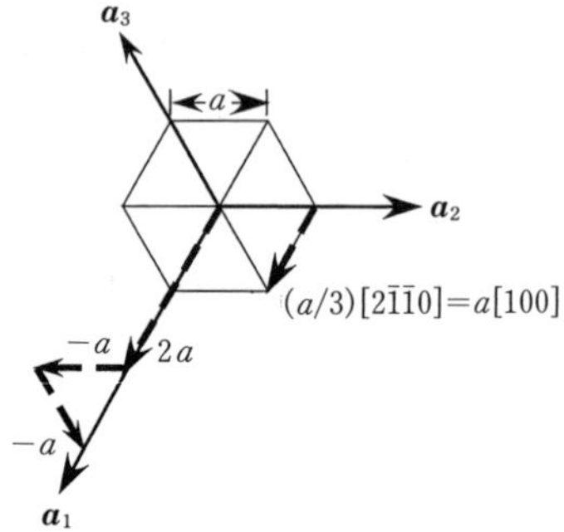

（**b**）構造の投影の対称性を得るために，下図の6角形の中に描かれている．図中の軸は(**a**)の図の中の軸に向かって配向している．3つの対称的な方位は(**a**)での結果を変えると簡単に得られる．ミラー指数の逆数が4軸系の中の面の交線を与えることに注意して $\{2\bar{1}\bar{1}0\}$ 面を位置させることができる．したがって，$(2\bar{1}\bar{1}0)$ 面は 1/2，−1，−1，∞ で交わる．原点を通るなら，その投影図は下の図のようになる．この群に属する他の面も同様に描くことができる．

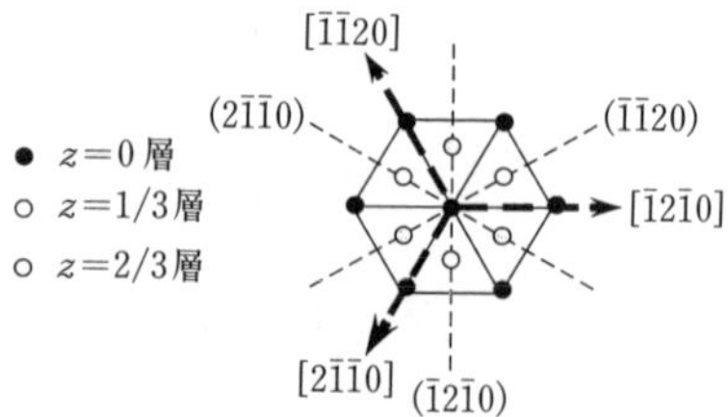

3. 14

（**a**） 立方体にはたくさんの対称要素がある．⟨100⟩ まわりの 3 つの 4 回軸，⟨111⟩ まわりの 4 つの 3 回軸，⟨110⟩ まわりの 6 つの 2 回軸と多数の鏡映面と反転中心などである．4 回軸と 3 回軸のために，点群は 234 軸の合成となる．鏡映対称をもつ点群はただ 1 つで，そのシェーンフリース記号は $4/m\ \bar{3}\ 2/m(O_h)$ となる．

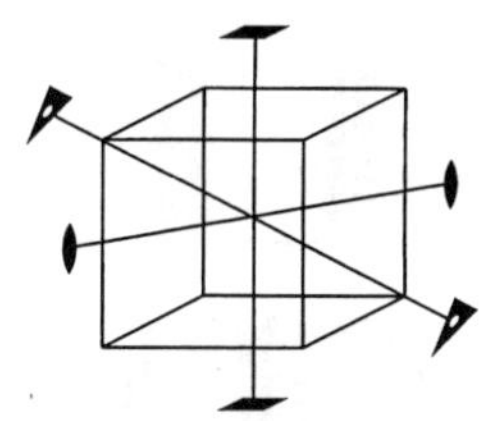

（**b**） 4 面体を描き，その対称性を調べる簡単な方法は，立方体の透視図を利用することである（左図）．4 面体の 6 つの辺をアルファベットで示した．

4 面体は立方体の中に作ることができるので，1 組もしくは 2 組の軸合成 233 あるいは 234 が描けることがわかる．透視図（左図）を鉛直軸に沿ってながめると次のことがわかる（中図）．

この物体は 4 回軸をもたない．そのため 233 軸合成を基本としている．立方体の辺に沿った対称性は $\bar{4}\equiv\tilde{4}$ で，この対称性に含まれる点群は $\bar{4}3m=T_d$ となる．なお，一般的な 4 面体には反転中心がないことに注意すること（右図）．

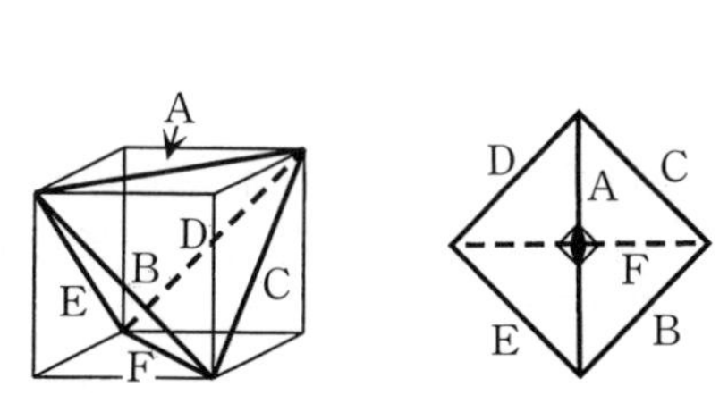

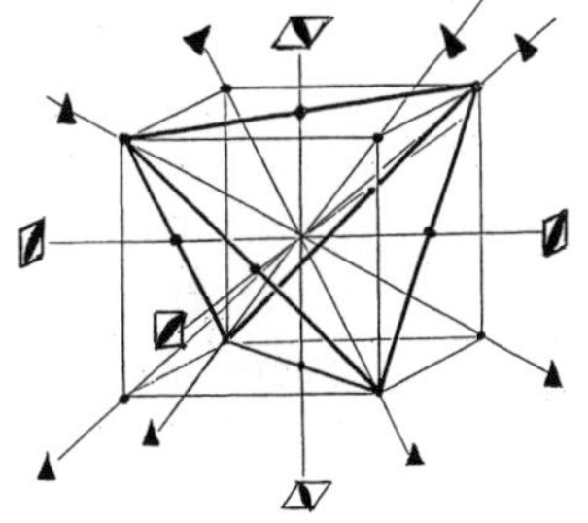

（**c**） エタン分子の他の表記法を下図に示す．C-C 結合に沿った分子の対称性は $\bar{3}$

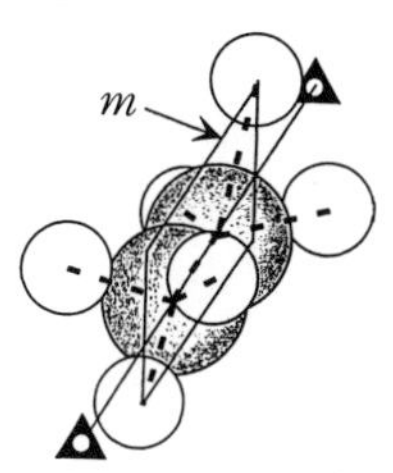

である．加えて分子は $\bar{3}$ 軸に平行に鏡映対称を示す．このことから，構造は $\bar{3}m$ あるいは $4/m\ \bar{3}\ 2/m$ のいずれかになる．エタン分子には 4 回軸がないので，答は $\bar{3}m$ となる．図 3.58 をよく見ると，点群 $\bar{3}m$ は軸合成 322 を基本としており，$\bar{3}$ 軸の垂直な 2 回軸が鏡映面とともに存在することがわかる．

3. 15

（**a**）　$2\,mm$

（**b**）　m

（**c**）　$\bar{3}$

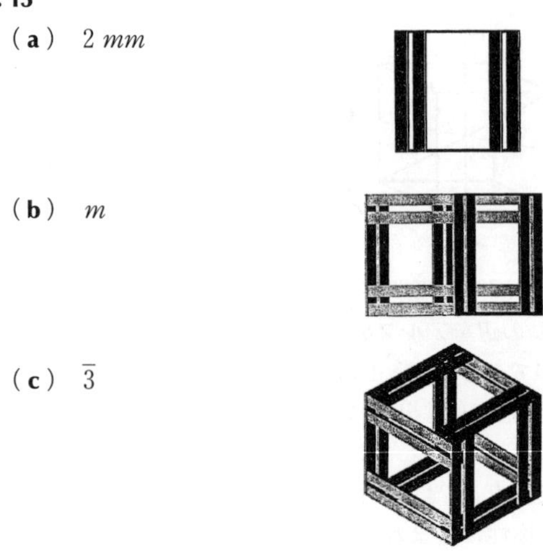

（**d**）　$m\bar{3}$

3. 16

C_5H_{12}：横から見ると，W の文字に似ている．分子は鏡映面と 2 回軸をもつことがわかる．これら 2 つの対称要素が存在する場合，2 番目の鏡映面は最初の鏡映面に対して垂直でなければならない．また 2 回軸もなければならない．よって点群は $2\,mm$ になる．注意深く見ると，反転中心がないことがわかる．

C_6H_{14}：この分子には反転中心がある．横から見た図より，この分子は紙面に垂直な 2 回軸に沿ってジグザグ構造を有していることがわかる．紙面の面内に鏡映面があることもわかる．これ以上の対称要素はないことから，点群は $2/m$ である．

3. 17

等価点の数	点群							
1	1							
2	2	m	$\bar{1}$					
3	3							
4	$\bar{4}$	222	$2\,mm$	$\frac{2}{m}$	4			
6	32	6	$3m$	$\frac{3}{m}=\bar{6}$	$\bar{3}$			
8	$\bar{4}2m$	$\frac{2}{m}\frac{2}{m}\frac{2}{m}$	422	$4\,mm$	$\frac{4}{m}$			
12	$\frac{2}{m}\bar{3}$	$\frac{6}{m}\frac{2}{m}\frac{2}{m}$	23	622	$\bar{3}\frac{2}{m}$	$6\,mm$	$\frac{6}{m}$	$\bar{6}2m$
16	$\frac{4}{m}\frac{2}{m}\frac{2}{m}$							
24	$\bar{4}3m$	432						
48	$\frac{4}{m}\bar{3}\frac{2}{m}$							

3. 18

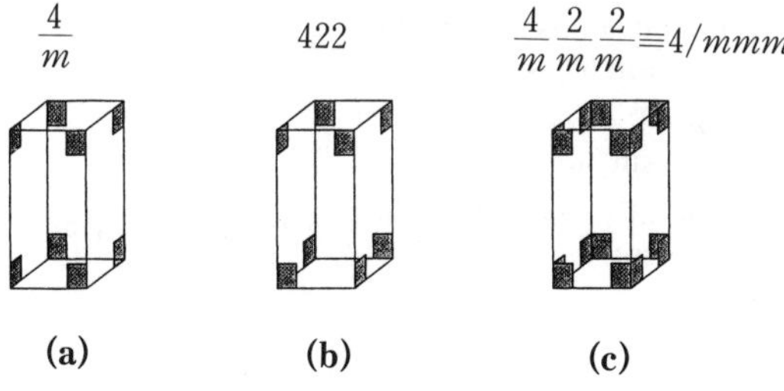

3.19

mmm は $2/m\ 2/m\ 2/m$ の省略形である．

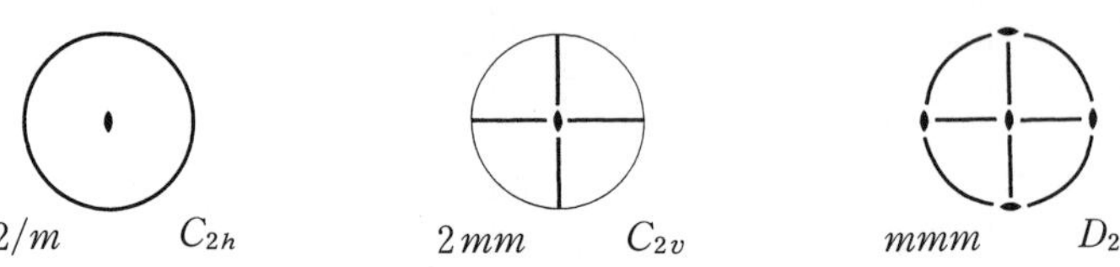

3.20

（**a**） バッキーボールは 12 個の 5 角形と 20 個の 6 角形からなり，60 個もの頂点を有する．3 回軸は 6 角形の中心を通るので，計 10 本となる．5 回軸は 5 角形の中心を通り 6 本ある．2 回軸はそれぞれの辺すなわち（C-C 結合）の中点を通る．辺は隣り合う多角形に共通で，その数は多面体のもつファセットの総数の半分となる．よって，(12 角形×5 ファセット＋20×6 ファセット)/2＝90．2 回軸の数は C-C 結合の数の半分であるから，45 となる．

（**b**） 235 の複合軸だから，

A_α は 2 回軸で $\alpha=\pi$，$\alpha/2=90°$

B_β は 3 回軸で $\beta=2\,\pi/3$，$\beta/2=60°$

C_γ は 5 回軸で $\alpha=2\,\pi/5$，$\gamma/2=36°$

よって，オイラーの式は次のようになる．

$$\cos u=\frac{\cos 90°+\cos 60°\cos 36°}{\sin 60°\sin 36°}=0.795 \Rightarrow u=37.4°$$

$$\cos v=\frac{\cos 60°+\cos 36°\cos 90°}{\sin 36°\sin 90°}=0.851 \Rightarrow u=31.7°$$

$$\cos w=\frac{\cos 36°+\cos 90°\cos 60°}{\sin 90°\sin 60°}=0.934 \Rightarrow u=20.9°$$

（**c**） 各自調べよ．

3.21

(注) これは点群 432 をもつ立方結晶に関する問題である．

（**a**），（**c**） 次図（左図）の通り．

（**b**） ステレオ投影図は右図のようになる．

投影面は (010) である．この面は図では水平に描かれている．[132] は左上奥のオクタント（8 分儀）の球面と点 $Q\left(\frac{1}{\sqrt{14}}, \frac{3}{\sqrt{14}}, \frac{2}{\sqrt{14}}\right)$ で交わる．

直線 PQ は基本円の面と点 S で交わる．

S の座標は直線 PQ を $x(t)$，$y(t)$，$z(t)$ とパラメータ表示し，$y(t_0)=0$ より t_0 を求

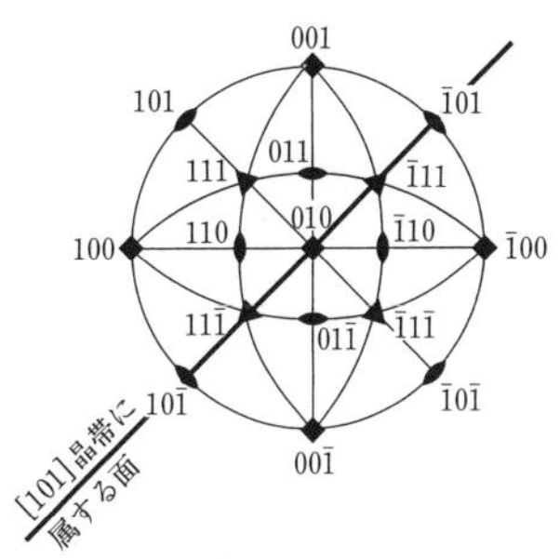

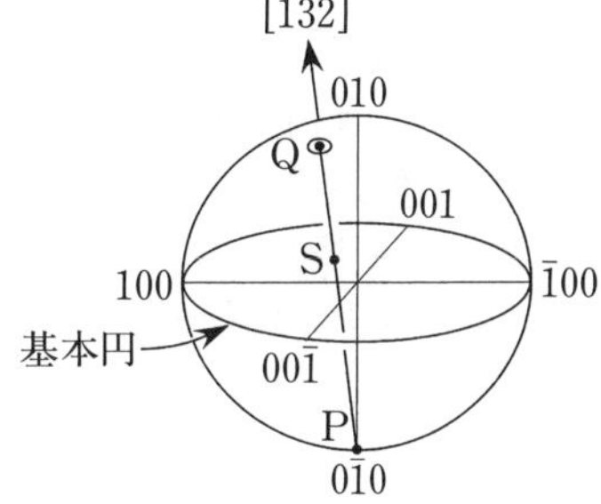

め，$x(t_0)$ と $z(t_0)$ を求めればよい．

直線 PQ は $(0, -1, 0)$ と $\left(\frac{1}{\sqrt{14}}, \frac{3}{\sqrt{14}}, \frac{2}{\sqrt{14}}\right)$ を結んでいるから，

$$x = t(1/\sqrt{14}),\quad y+1 = t\left(\frac{3}{\sqrt{14}}+1\right),\quad z = t\left(\frac{2}{\sqrt{14}}\right)$$

$y=0$ での t は

$$\frac{1}{1+\frac{3}{\sqrt{14}}} \equiv t \quad \therefore t_s = \frac{\sqrt{14}}{\sqrt{14}+3}$$

それゆえ

$$x_s = \frac{1}{\sqrt{14}+3} = 0.15$$

$$z_s = \frac{2}{\sqrt{14}+3} = 0.30$$

3. 22

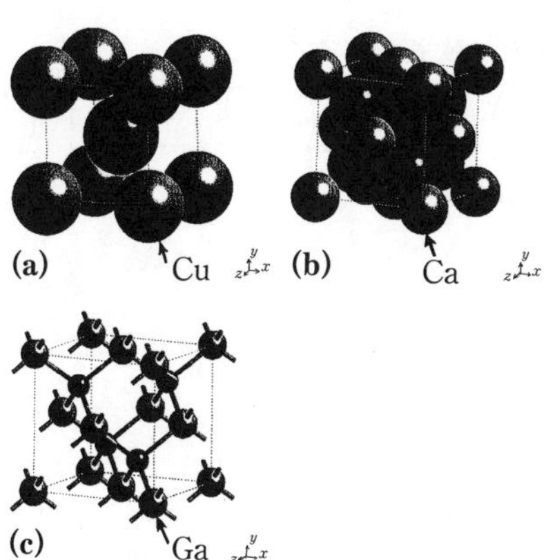

3.23

(**a**) 1と$\overline{1}$またはC_1とC_i

(**b**) $Pm\overline{3}m$ 基本格子＝1

$I4_1/amd$ 体心格子＝2

$C\ 2/c$ 底心格子＝2

(**c**) $F\ 4/m\,\overline{3}\ 2/m$がより高い

(**d**) 単斜晶

3.24

(**a**) 単純六方格子

(**b**) 1つ

(**c**) 622

(**d**) $2a$サイトのNi，$2d$（または$2c$）サイトのAs

(**e**) 2 Ni，2 As

(**f**) 6個のNiがAsとととともに三方晶のプリズムを形成する．

(**g**) Ni-As結合距離を格子定数aとcで表すことができる．Ni原子はAsに対して三方晶プリズムを形成する．その様子を図に示す．

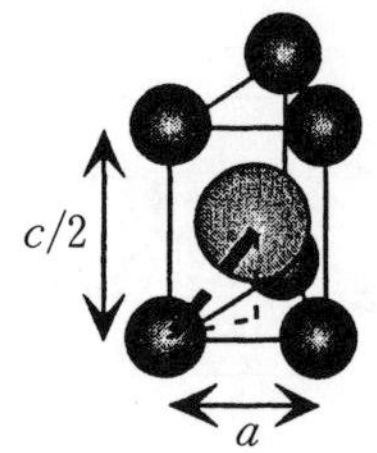

図からNi-As結合距離Lは次式で与えられる．

$$L^2=\left[\left(\frac{a}{2}\cos 30°\right)^2+\left(\frac{c}{4}\right)^2\right]=\left[\left(\frac{a}{2}\frac{\sqrt{3}}{2}\right)^2+\left(\frac{c}{4}\right)^2\right]=\left(\frac{3a^2+4c^2}{16}\right)$$

したがって，$L=\sqrt{3a^2+4c^2}/4$

3.25

(**a**) 422

(**b**) 0，0，0の位置のHg　　1 aサイトHg

0，0，1/2の位置のCu　　1 bサイトCu

1/2，1/2，0の位置のO　　1 cサイトO

0，1/2，1/2と1/2，0，1/2の位置のO　　$2e$サイトのO

0，0，0.21と0，0，0.79の位置のO　　$2g$サイトのOでz=0.21

1/2, 1/2, 0.21 と 1/2, 1/2, 0.79 の位置の Ba　$2h$ サイトの Ba で z=0.21

（**c**）　Hg, Cu, $O_{1+2+2}Ba_2$ または　$HgBa_2CuO_5$

（**d**）

A の映進は (110) 面にあり，$\tau=\pm a/2[1\bar{1}0]$ である．

B の映進は $(1\bar{1}0)$ 面にあり，$\tau=\pm a/2\{110\}$ である．

$|\tau|=\sqrt{2}/2=2.74$ Å

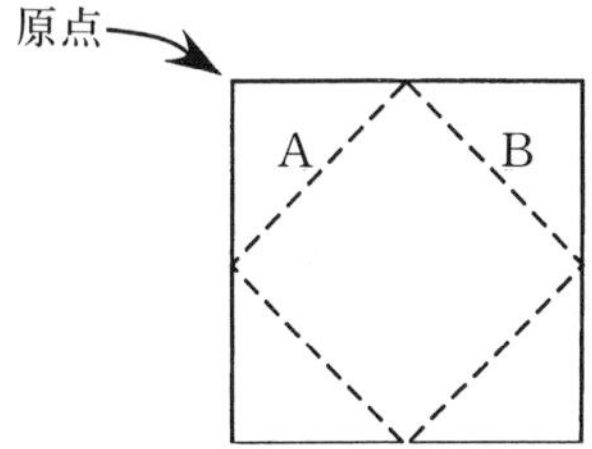

3. 26

（**a**），（**b**）hcp にしても fcc にしても同じ大きさの剛体球が最密充塡した構造が基本になっている．図 3.75 は 2 つの隣接した最密充塡した層を描いており，8 面体および 4 面体配置について説明している．局所構造では，hcp 構造は 2 種類の構造を有する．

（**b**）　fcc では格子間位置は 8 面体 $m\bar{3}m$ および 4 面体 $\bar{4}3m$ からなる点群を有する．hcp 構造の空間群は $P6_3/m\ 2/m\ 2/c$ であるから，この空間群では点対称 $m\bar{3}m$ および $\bar{4}3m$ はありえない．hcp 構造の格子間位置の周囲は 8 面体あるいは 4 面体になる．c/a 比が理想的な値に近いと，格子間位置の周囲の多面体は正 8 角形あるいは正 4 面体に近づく．マグネシウム結晶のような hcp 構造は原子が 2 c サイト（あるいは $2d$ サイト）を占有する．$2c$ が占有されると，$2a$ サイトは 8 面体配置になり，$4e$ サイトは 4 面体配置になる．$2a$ は点群 $\bar{3}m$ である．また $4e$ サイトでは点群 $3m$ が得られる．$4e$ サイトにおける z 座標は c/a で変化する．c/a が $\sqrt{8/3}$ の理想的な値になると，z=1/8 となる．

3. 27

（**a**）　次図（左図）の通り．

（**b**）　次図（右図）の通り．

（**c**）　黒鉛構造での最近接距離は右図中に矢印で示してある．構造より

$$d\cos 30°=a/2$$

$$d=a/\sqrt{3}=1.42\ \text{Å}$$

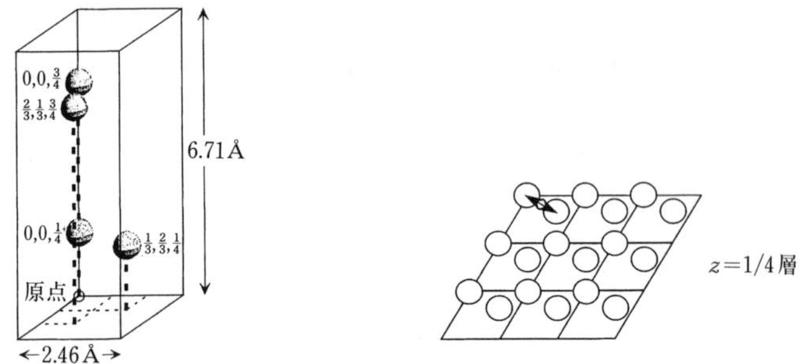

（**d**）　$2a$ の原点は反転中心である．しかし黒鉛中の炭素原子は反転中心の位置にはない．炭素原子は sp^2 結合をもっており，これは反転中心を生まない．そこで，炭素原子は $\bar{6}m2$ の点群を示す．

（**e**）　空間群は単純格子であるから，1 つの格子点を有する．

（**f**）　空間群より，622 が得られる．

（**g**）　7 つの対称要素が示される．428 ページの空間群ダイヤグラムで解説されている．

（**h**）　記号 c は結晶の c 軸に平行なシフトベクトルをもつ映進軸を示す．シフトベクトルは国際図表の空間群ダイヤグラムで垂直になる．図 3.68 ではこの配向を示している．映進面は点線で示される．428 ページの上の図では，映進が原点を通過していることが示されている．

3. 28

（**a**）　例題 3.13 よりすずの導電率は

$$\sigma_{ij}=\begin{pmatrix}10 & 0 & 0\\ 0 & 10 & 0\\ 0 & 0 & 7\end{pmatrix}\times 10^6\,(\Omega\cdot\mathrm{m})^{-1}$$

それゆえ曲面式は

$$10x_1^2+10x_2^2+7x_3^2=1\ \Omega\cdot\mathrm{m}$$

である．

（**b**）　表現 2 次曲面は，x_1，x_2，x_3 軸方向の半軸長さがそれぞれ

$$1/\sqrt{10},\ 1/\sqrt{10},\ 1/\sqrt{7}$$

なる回転楕円体で，x_3 軸方向にわずかにのびている．これを短惰球という．

導電率の方位依存性は曲面この表現 2 次曲面で示される．すなわち，導電率は x_1-x_2 面で最小となり，面内での向きにはよらない．x_3 軸方向で最大になる．

（**c**）　Neumann の原理によれば，結晶の特性は少なくとも点群と同程度の点群対

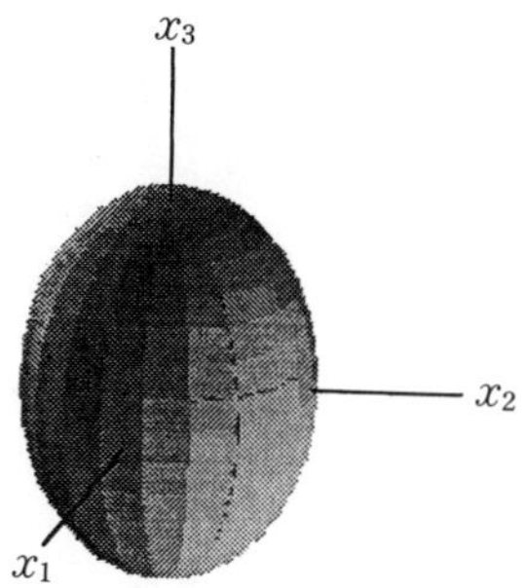

称性をもつ．すずの点群対称は $I4/mmm = I\,4/m\ 2/m\ 2/m$，また表現2次曲面のそれは $I4/mmm = I\,4/m\ 2/m\ 2/m$ であり，これは副群として結晶対称性を含んでいる．したがって導電率は Neumann の原理をみたす．

3. 29

（**a**）
$$h_1 = 355\frac{\mathrm{J}}{\mathrm{m\cdot sec\cdot K}}\left(\frac{\mathrm{d}T}{\mathrm{d}x_1}\right)$$
$$h_2 = 355\frac{\mathrm{J}}{\mathrm{m\cdot sec\cdot K}}\left(\frac{\mathrm{d}T}{\mathrm{d}x_2}\right)$$
$$h_3 = 89\frac{\mathrm{J}}{\mathrm{m\cdot sec\cdot K}}\left(\frac{\mathrm{d}T}{\mathrm{d}x_3}\right)$$

（**b**）（**a**）の式は熱流が x_3 軸（すなわち黒鉛の c 軸）に沿って最小になることを示す．それゆえ，薄膜の c 軸は膜面に対して垂直でなければならない．

（**c**）問題の表面は表現2次曲面であり，半軸長さが k_{11}，k_{22}，k_{33} の楕円体である．黒鉛では $k_{11} = k_{22}$ だから，表現2次曲面は回転楕円体（すなわち x_3 軸に垂直な切り口が円）となる．さらに，$k_{33} < k_{11} = k_{22}$ だから，表面は球をつぶしたような形になる．

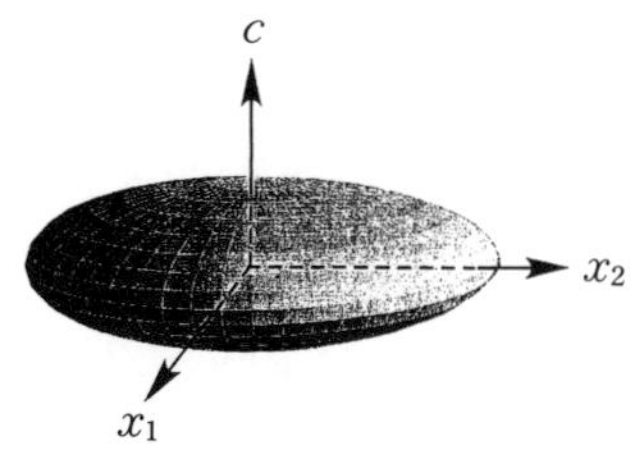

（**d**）Neumann の原理によると，表現2次曲面は結晶の空間群がよって立つ点群対称性と同一かそれ以上の対称性を有する．黒鉛は点群 $6/mmm$ をもつ．∞/mmm をもつため，Neumann の原理を満足する．

（**e**） 導電率は強い sp^2 結合が存在する底面内でもっとも高い．また，底面に垂直な方向（すなわち，炭素原子のシートが広い間隔で積み重なっている方向）でもっとも低い．

第 4 章

4. 1

（**a**）液晶内の分子は形状異方性をもつ（一般には柱状と板状）.

（**b**）リオトロピック液晶の相変化は，メソゲンの濃度の変化によって生じる．サーモトロピック液晶の相変化は，メソゲンを含む溶液の温度変化によって生じる．いずれの場合も，液晶状態は形状異方性をもつ分子の充塡要件に由来しており，適当な条件でメソゲンが平行に並ぶのもそのためである．

4. 2

スメクチック相にはいくつかの変種がある．下図はスメクチック A 相．

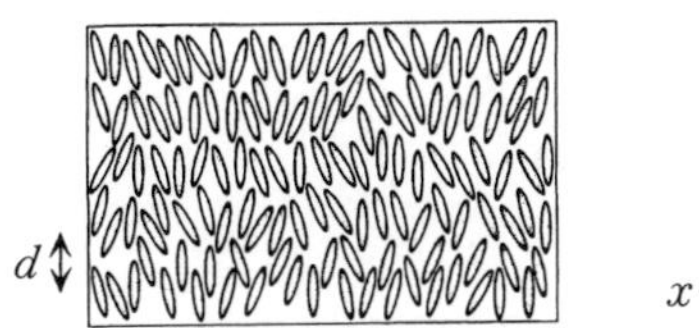

スメクチック A 相には次のような対称性がある．

（i）z 軸に沿った周期 d の 1 次元並進規則性．

（ii）各層の中央部および各層の間，すなわち n を整数として，nd および $(n+1/2)d$ の位置に z 軸と平行な鏡映面．

（iii）z 軸およびディレクタに沿って ∞ 回対称軸．nd および $(n+1/2)d$ に z 軸と垂直な無限個の 2 回軸．

（iv）2 回軸と ∞ 回軸の交点に反転中心．

（v）スメクチック A 相の点対称は $D_{\infty h}$ である．

このスメクチック液晶の形態上の特徴と構造パラメータは以下の通り．

（i）最も基本的な量はスメクチック相を形成する特定の分子である．その一例をステアリン酸について示したのが図 4.12(a)である．

（ii）分子したがって局部的ディレクタは，平均的には層の法線（すなわち z 軸）方向に配列する．この配向分布は関数 $P(\theta)$で表すことができる．ここで θ は z 軸からの分子のずれの角度，P は角度 θ に分子が存在する確率である．

（iii）スメクチック液晶の特徴は，層と垂直な方向に 1 次元の並進規則性をもつことである．これは分布関数 $P(z)(-d/2 \leqq z \leqq d/2)$で特定できる．ここで，$P$ の値は z 軸に投影された分子の質量中心の数に比例する．

4.3

（**a**）

	LRO	SRO	配向規則性
結晶	Yes	Yes	Yes
液晶	Yes*/No	Yes	Yes
ガラス	No	Yes	No
液体	No	Yes	No

* 非対称な構造単位の性質による

（**b**） 結晶：LRO，SRO—任意の結晶性化合物．例えば α-Fe は bcc.
液晶：LRO—スメクチックの分子層に垂直な1次元の位置規則性，コレスチック液晶のらせん軸に平行な1次元の位置規則性.

液晶：SRO—ビフェニル　C_7H_{15}—⌬—⌬—C≡N

ガラス：SRO—T_g 以下のシリカガラス.

液体：SRO をもつ−0℃以上の H_2O.

4.4

モチーフは非等軸的分子を表すため短い線で示してある．右端の図でモチーフはランダムに配列しており，並進対称性をもたない．これは非結晶状態である．左から2番目の図は高い規則性をもつ配向である．モチーフの軸はたて方向に整列している．加えてこのたて方向のモチーフの層は周期性をもつ．したがって，この図は1次元の周期をもつ．この並進対称性により，この状態は1種の結晶といえる．しかし，各層の内部に並進対称性がないので，この物質は非結晶性と思われる．

左端の図は1種の液晶を，右端の図は均質な液体を示している．均質な液体と液晶の関係は，図の右から左に向かって規則度が増すことから理解することができる．

4.5

T_i は並進の自由度が i であることを示す．

R_j は回転の自由度が j であることを示す．

T_0，R_0：モチーフの位置と配向は一定．例：相互作用する線状分子からなる2次元結晶．相互作用により分子軸まわりの回転は許されない．

T_0，R_1：モチーフの位置は一定だが，1つの分子軸のまわりに回転可能．例：相互作用する線状分子からなる2次元結晶．分子の相対位置は不変だが，分子軸まわりの回転は自由である（串刺しの豚肉，時計の針）．

T_0，R_2：モチーフの位置は一定だが，2つの分子軸のまわりに回転可能．例：相互作用する分子からなる2次元結晶．分子はある平面上に拘束されるが軸まわりの回転は自由．また，平面内の分子配向も自由（眼球，畑に植えたとうもろこし）．

T_0，R_3：モチーフの位置は一定だが，配向は自由．例：等軸的な形状をもち，相互作用が弱く，したがって配向が自由な分子からなる 2 次元結晶．

T_1，R_0：モチーフの位置は直線または曲線に沿って動けるが，方位は一定．例：相互的な位置関係は不変だが線上を動くことができるような分子の 1 次元配列（エレベータ，ローラーコースター）．

T_1，R_1：モチーフの位置は直線（または曲線）に沿って可動，かつ回転の自由度も 1．例：線上を自由に動け，その線のまわりに回転できる分子の 1 次元配列（ドリルプレスビット）．

T_1，R_2：モチーフの位置は直線（または曲線）に沿って可動，かつ回転の自由度が 2．例：線上を自由に動け，その線と分子軸のまわりに回転できる分子の 1 次元列配列．

T_1，R_3：モチーフの位置は直線（または曲線）に沿って可動，かつ回転の自由度が 3．例：線上を自由に動け，その線と分子軸のまわりに回転できる分子の 1 次元列配列．

T_2，R_0：モチーフの位置は 1 つの平面または曲面に固定され，方位も一定．例：相対的な位置関係不変で，相互作用の強い分子からなる 2 次元液晶．

T_2，R_1：モチーフの位置は 1 つの平面または曲面に固定され，方位は 1 つの軸のまわりに回転可能．例：長軸のまわりにのみ回転できる分子からなる 2 次元液晶（ホッケーのパック）．

T_2，R_2：モチーフの位置は 1 つの平面または曲面に固定され，方位は 2 つの軸のまわりに回転可能．例：長軸のまわりと，自身が乗っている面内で自由に回転できる分子からなる 2 次元液晶．

T_2，R_3：モチーフの位置は 1 つの平面または曲面に固定され，方位は 3 つの軸のまわりに回転可能．例：自由に回転できる分子からなる 2 次元液晶（ビリヤードの球，デスクチェア）．

T_3，R_0：モチーフの位置は 3 次元空間を自由に移動できるが，方位は一定．例：何らかの外因により配列方向が一定で回転の自由度がない分子からなる 3 次元液晶．

T_3，R_1：モチーフの位置は 3 次元空間を自由に移動でき，方位の自由度が 1．例：何らかの外因により配列方向は固定されているが，軸のまわりに自由に回転できる分子からなる 3 次元液晶（フリスビーゲームの皿）．

T_3，R_2：モチーフの位置は 3 次元空間を自由に移動でき，方位の自由度が 2．例：軸はある面に平行だが，軸のまわりに自由に回転できる分子からなる 3 次元液晶．

T_3，R_3：モチーフの位置は 3 次元空間を自由に移動でき，方位の自由度が 3．例：気体．分子は何の拘束も受けない．

4.6

左図は濃い溶液を，右図は薄い溶液を示している．この溶液はリオトロピック液晶遷移をするものと仮定する．

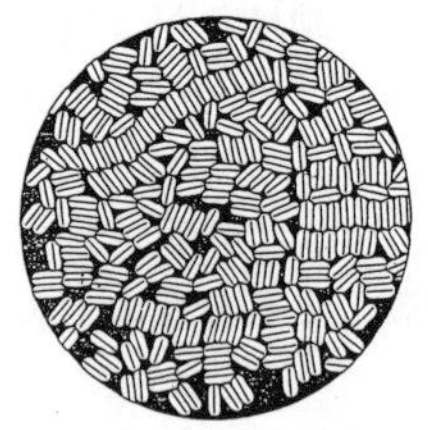

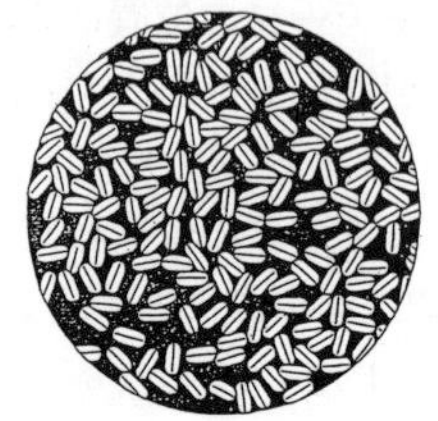

（**a**）濃い溶液では分子が局所的に平行に並ぶ．配向規則性パラメータは次式で定義される．

$$S=\left\langle\frac{(3\cos^2\theta-1)}{2}\right\rangle_v$$

ネマチック液晶の S の妥当な値は 0.6〜0.8 の範囲にある．

（**b**）濃度の十分に低い溶液は等方的であり，分子は優先配向しない．すなわち配向は不規則である．

（**c**）配向規則性パラメータは次式で定義される．

$$S=\left\langle\frac{(3\cos^2\theta-1)}{2}\right\rangle_v$$

配向分布関数 $P(\theta,\phi)$ が既知ならば，P を全球面角にわたって積分することにより $\cos^2\theta$ の平均値を計算することができる．すなわち，

$$\langle\cos^2\theta\rangle=\frac{\int_0^\pi\int_0^{2\pi}\cos^2\theta\,P(\theta,\phi)\sin\theta\,\mathrm{d}\phi\mathrm{d}\theta}{\int_0^\pi\int_0^{2\pi}P(\theta,\phi)\sin\theta\,\mathrm{d}\phi\mathrm{d}\theta}$$

ネマチック液晶の S の妥当な値は 0.6〜0.8 である．等方状態では配向規則性分布関数 $P(\theta,\phi)$は定数（c）となり次式が得られる．

$$\langle\cos^2\theta\rangle=\frac{\int_0^\pi 2\pi c\cos^2\theta\sin\theta\,\mathrm{d}\phi\mathrm{d}\theta}{\int_0^\pi 2\pi c\sin\theta\,\mathrm{d}\phi\mathrm{d}\theta}=\frac{1}{3}$$

したがって，$S=0$ となる．

4.7

（**a**）棒状分子からなる液晶溶液はすでに分子配向をもっている．分子鎖の両末端の間隔は $\langle r^2\rangle^{1/2}=nl$，ここで l はモノマーの長さ，n は重合度である．他方，柔軟なコイル状分子からなる等方的な溶液は高密度の絡み合いを含むが実質的に配向性を

もたない．よって$\langle r^2\rangle^{1/2}=\sqrt{n}\,l$となる．

両物質とも，一方向に融液を引伸ばして繊維にするので，繊維は高い結晶性をもつものと思われる．液晶では分子の絡み合いは少なく，かつ引伸ばし前にすでにある程度の優先配向を有するので，繊維はほぼ完全に結晶化しているだろう．他方，等方的な融液を引伸ばしても，融液中に潜在していた絡み合い分子に由来する非結晶領域が，長い結晶領域の間に現れるため，結晶化率は100%に満たない．

（**b**） 出発構造を以下に示す．左図はリオトロピック溶液中の配向した分子，右図はランダムコイル状分子からなる等方的溶融体である．

ファイバーに成形した後では，両構造とも結晶性が高まる．以下にその様子を示す．

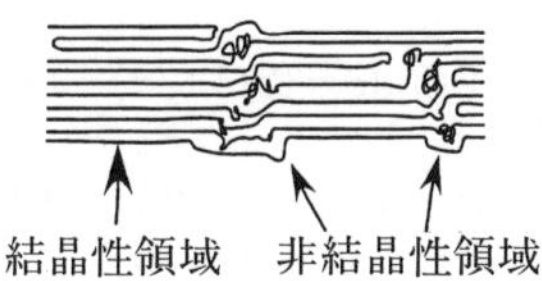

4.8

（**a**） ホメオトロピック境界条件では，メソゲンは液滴表面に対して垂直に配列するから，液滴の中心には下図のような放射状のディレクタパターンを含む欠陥が生成するものと思われる．

液滴表面に垂直に位置するメソゲンをもつネマチック液滴．中心に＋1回位型点欠陥がある．

（**b**） 一様な境界条件では，メソゲンは液滴表面に平行となり，中心に欠陥を含むような2つの配列が考えられる．同心円状配列とらせん状配列である．その様子を図に示す．

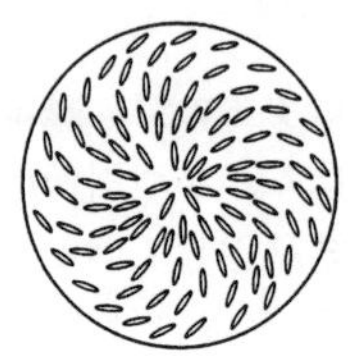
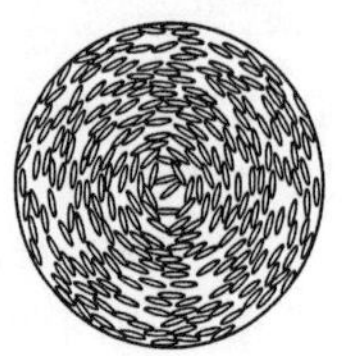

液滴表面に平行なメソゲンを含むネマチック液滴，中心に+1 回位型点欠陥がある（なお，ここでは見やすくするために分子の充填率をわざと下げている）．

4. 9

（**a**）$\langle\cos^2\theta\rangle = \dfrac{\int_0^{\pi}\int_0^{2\pi}\cos^2\theta\ P(\theta,\phi)\sin\theta\ \mathrm{d}\phi\mathrm{d}\theta}{\int_0^{\pi}\int_0^{2\pi}P(\theta,\phi)\sin\theta\ \mathrm{d}\phi\mathrm{d}\theta}$；$S_{\mathrm{N}} = \left\langle\dfrac{3\cos^2\theta-1}{2}\right\rangle$

イソトロピック相→$P(\theta,\phi)=P_0=$一定

分子：$\int_0^{\pi}\cos^2\theta\sin\theta\mathrm{d}\theta = -(1/3)\cos^3\theta|_0^{\pi} = 1/3+1/3 = 2/3$

$\int_0^{2\pi}(2/3)\mathrm{d}\phi = (2/3)(2\pi) = 4\pi/3$

分母：$\int_0^{\pi}\sin^2\theta\mathrm{d}\theta = -\cos\theta|_0^{\pi} = 1+1 = 2$

$\int_0^{2\pi}2\mathrm{d}\theta = 4\pi$

$\therefore\ \ \langle\cos^2\theta\rangle = \dfrac{4\pi}{3}\left(\dfrac{1}{4\pi}\right) = 1/3$

$S_{\mathrm{N}} = (3(1/3)-1)/2 = 0$

（**b**）ネマチック相→$P(\theta,\phi)$ は ϕ に依存しない

$$P(\theta) = \begin{cases}\cos\theta,\ 0\leqq\theta\leqq\pi/2\\ 0,\ \pi/2\leqq\theta\leqq 2\pi\end{cases}$$

分子：$\int_0^{\pi}\cos^3\theta\sin\theta\mathrm{d}\theta = -(1/4)\cos^4\theta|_0^{\pi/2} = 1/4$

$\int_0^{2\pi}(1/4)d\phi = \pi/2$

分母：$\int_0^{\pi/2}\cos\theta\sin\theta\mathrm{d}\theta = -(1/2)\cos^2\theta|_0^{\pi/2} = 1/2$

$\int_0^{\pi/2}(1/2)\mathrm{d}\phi = \pi$

$\therefore\ \ \langle\cos^2\theta\rangle = (\pi/2)(1/\pi) = 1/2$

$S_{\mathrm{N}} = \dfrac{3(1/3)-1}{2} = 1/4$

（c） 以下，各自試みよ．

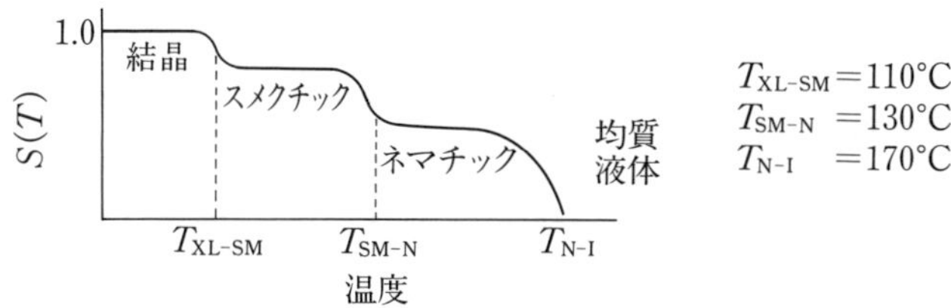

4. 10

磁気的にスイッチ動作が可能なLCDは液体に分散した小さなFe_2O_3粒子で構成され，磁場をかけることで配向する．液晶メソゲンは表面に平行に配向しようとする．ネマチック液晶の中にウイスカーを分散させると，局所的なネマチック配向に平行にウイスカーが配向する．全体的な配向はない．しかし磁場が印加されると場はウイスカーに影響を与え，すべてのウイスカーを場と平行にする．同様にウイスカーとメソゲンの境界における境界条件により，磁場によるスイッチ特性をもつメソゲンが得られる．

4. 11

ヘリカル液晶は図に示すように$n_{/\!/}\neq n_{\perp}$となるような周期変化構造をもつ．屈折率の繰り返し距離はヘリカル周期の半分である．メソゲンの配向子は配向をもたないので，左の図のようになる．

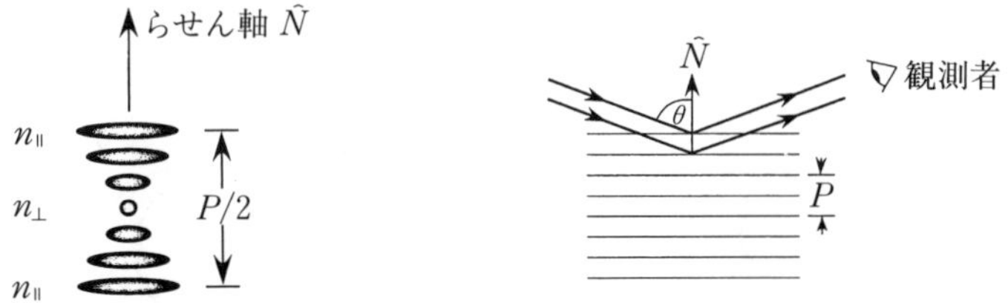

右の図は光の入射と回折の様子を示している．これはねじれネマチック液晶での例である．ヘリカルピッチ軸は膜の垂直方向である$\hat{N}$に平行である．

光散乱の物理は1次元周期結晶からのX線の干渉と類推させて述べることができる．いろいろな波長λの光が角度θで入射すると次の条件で$P/2$の距離によって分けられる．

$$n\lambda=2(P/2)\cos\theta=P\cos\theta$$

ピッチPが一定のとき，θが変化するにつれてこの液晶は特定のλの光のみを反射することがわかる．θが増加すると$\cos\theta$は減少するので，色は長波長（赤色）から短波長（青色）へ移行する．

4. 12

（**a**）　$P(z)=c$ と定数にすると，Σ_{SM} の定義により次式が得られる．

$$\Sigma_{\mathrm{SM}}=\left\langle \cos\frac{2\pi z}{a}\right\rangle=\frac{c\int_{-a/2}^{a/2}\cos(2\pi z/a)\mathrm{d}z}{c\int_{-a/2}^{a/2}\mathrm{d}z}=\frac{1}{2\pi}[\sin\pi-\sin(-\pi)]=0$$

（**b**）　質量中心分布関数は z の周期で，規則性パラメータ Σ_{SM} は 0 であってはならない．

$$\Sigma_{\mathrm{SM}}=\frac{\int_{-a/4}^{a/4}\cos^2(2\pi z/a)\mathrm{d}z}{\int_{-a/4}^{a/4}\cos(2\pi z/a)\mathrm{d}z}=\frac{\frac{1}{2}\left[\int_{-a/4}^{a/4}\cos(4\pi z/a)\mathrm{d}z+\int_{-a/4}^{a/4}\mathrm{d}z\right]}{\frac{a}{2\pi}\sin(2\pi z/a)\Big|_{-a/4}^{a/4}}=\frac{\pi}{4}$$

$$\Sigma_{\mathrm{SM}}=0.754$$

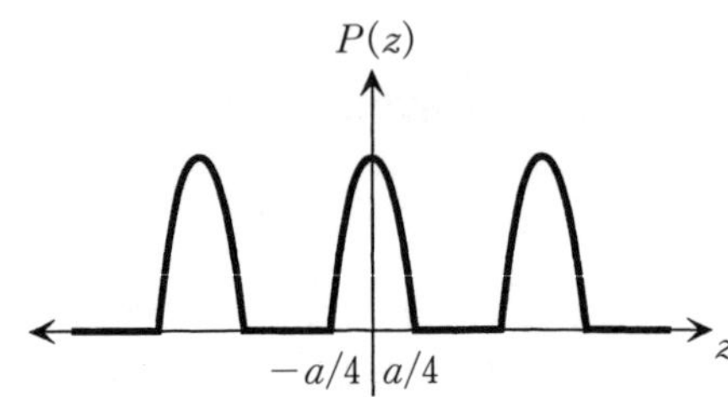

4. 13

図は重合度 $m=6$ のポリシクロヘキサンである．

2 C—C 3
1 C　　C 4
6 C—C 5

オルト C—C メタ
→ C　　C パラ
C—C

この構造は 1, 4 パラリンク構造である．ここで 1, 4 は左図のように炭素位置を示したときの数字である．位置は第 1 の炭素位置より数えて右図のような名前がついている．

ポリシクロヘキサンの液晶相は m に依存する．

$m=1$　　等方的液晶
$m=2$
⋮　　　↓
$m=6$　　液晶層

環はボートあるいはチェア構造を示す（左図）．もし巨大分子がボート構造で続くなら，液晶分子は右図のようになる．

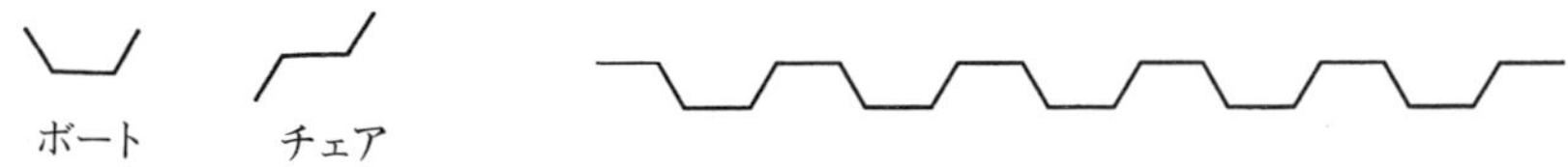

4. 14

（**a**）　すべての 3 角形が配向しているなら以下のような配列になる．平行な鏡映面だけが対称要素なら面群は No. 3，*pm* となる．

（**b**）　図 4.24 は構造の簡単な説明図である．3 角形が決まった動きをするなら，回転 3 角形の時間平均対称は 1 軸点群対称 $C_{\infty v}$ である．時間平均配列は 4 回対称で映進面と鏡映面をもつことがわかる．よって面群は No. 11，*p*4*mm* である．

4. 15

（**a**）

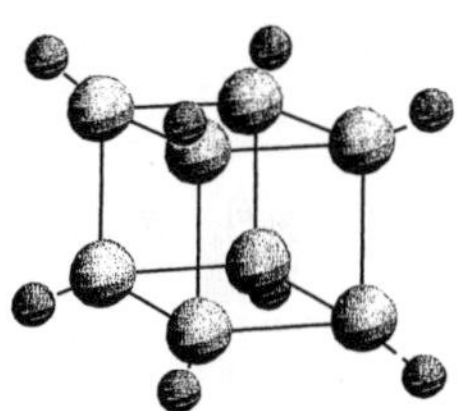

炭素原子は他の 4 つの炭素原子と結合している．これは，結合が sp^3 混成化していることを示す．sp^3 の平衡結合角は 109°47′ であるのに対し，キュバンの C–C–C 結合の角は 90° である．

（**b**）　分子の点群は $4/m\,\bar{3}\,2/m$ である．

（**c**）　キュバン分子の各辺の長を D とし，結晶性キュバンではこれが格子定数にもなると考えてよい．プラスチック結晶形では，立方体はその中心のまわりに自由に回転できる．回転の有効半径は立方体の対角線の長さの半分になる．この分子が空間群 $Pm\bar{3}m$ なる結晶を組む場合，格子定数は約 $\sqrt{3}\,D$ となる．よって単位格子の体積比は

$$\frac{V_{\text{plastic crystal}}}{V_{\text{crystal}}}=\frac{(\sqrt{3}\,a)^3}{a^3}=3\sqrt{3}$$

この値は実際の値に比べ大きい．

第5章

5.1

$$x_{\mathrm{v}}=\frac{n}{N+n}=e^{\Delta s_{\mathrm{v}}/k}e^{-\Delta h_{\mathrm{f}}/kT}$$

$$\Delta h_{\mathrm{f}}^{\mathrm{v}}=1.5\,\mathrm{eV} \qquad k=8.614\times10^{-5}\mathrm{eV/K}$$

$$\frac{x_{\mathrm{v}}(T_2)}{x_{\mathrm{v}}(1200\,\mathrm{K})}=10$$

$$e^{-(\Delta h_{\mathrm{f}}/k)(1/T_2-1/1200)}=10$$

$$\frac{-1.5}{8.614\times10^{-5}}\left(\frac{1}{T_2}-\frac{1}{1200}\right)=\ln 10=2.303$$

$$\frac{1}{T_2}-\frac{1}{1200}=-\frac{8.614\times10^{-5}(2.303)}{1.5}$$

$$\frac{1}{T_2}=\frac{1}{1200}-1.320\times10^{-4}$$

$$\Downarrow$$

$$8.33\times10^{-4}$$

$$\frac{1}{T_2}=7.010\times10^{-4}\mathrm{K}^{-1}$$

$$T_2=\underline{\underline{1426}}\,\mathrm{K} \quad \rightarrow \quad \text{温度上昇分 } 226\,\mathrm{K}$$

5.2

(**a**) 両構造とも，原子位置に並進対称性がある．つまり，両方とも結晶構造をもつ．

(**b**) 右図は完全な規則構造をもつ．すなわち，原子が1組のサイトを占め，原子が別の1組のサイトを占める．左図は，多くのサイトを本来とは異なる原子が占める構造とみなせる．いいかえれば，この構造は多数の点欠陥を含んでいる．

(**c**) 右の結晶には同一の位置を結ぶ並進対称操作が1組存在する．これに対して，左の結晶は，合金濃度（原子の数）に比例した濃さをもつ「灰色」原子からなるとみなせる．これにより，左の結晶も隣接原子の間に並進対称性をもたせられる．このように考えると，両結晶は異なる対称性をもつことにより，上の2つの図は対称性破綻の例と考えることができる．

5.3

図5.2のデータが示すように，Δh_{f} は融点 T_{m} とともに増加する．与えられたデータをよく調べ，表の各元素の結晶構造を考慮すると，空孔形成エンタルピーと融点の比の平均値 $\Delta h_{\mathrm{f}}/T_{\mathrm{m}}$ を計算することができる．表5.2の全元素についての $\Delta h_{\mathrm{f}}/T_{\mathrm{m}}$ の

平均値は 8.7×10^{-4}eV/K である．データは多くないが，hcp，fcc，bcc 元素について $\Delta h_f/T_m$ の平均値を求めると，結晶構造により異なることがわかる．すなわち，

$$\text{hcp 金属}：\Delta h_f/T_m=7.3\times10^{-4}\text{eV/K}$$
$$\text{fcc 金属}：\Delta h_f/T_m=8.5\times10^{-4}\text{eV/K}$$
$$\text{bcc 金属}：\Delta h_f/T_m=9.8\times10^{-4}\text{eV/K}$$

（**a**） Ta：$\Delta h_f=9.8\times10^{-4}\times3269=3.2\,\text{eV}$

（**b**） Pt：$\Delta h_f=8.5\times10^{-4}\times2042=1.7\,\text{eV}$

（**c**） In：$\Delta h_f=7.3\times10^{-4}\times429=0.31\,\text{eV}$

5.4

（**a**） 本文の図 5.5(a)は NiO が MgO に取り込まれてイオン置換型固溶体ができる様子を示している．これを取り込み反応式で表せば，

$$\text{NiO}\xrightarrow{\text{MgO}}\text{Ni}_{\text{Mg}}^{\times}+\text{O}_{\text{O}}^{\times}$$

すなわち，カチオン置換型欠陥が形成される．

（**b**） 図 5.5(b)は CaO が ZrO_2 に取り込まれてカチオン置換型欠陥ができる様子を示している．これを取り込み反応式で表せば

$$2\,\text{CaO}\xrightarrow{\text{ZrO}_2}\text{Ca}_{\text{Zr}}''+\text{Ca}_{\text{i}}^{\cdot\cdot}+2\,\text{O}_{\text{O}}^{\times}$$

すなわち，置換型カチオン欠陥の他に他に格子間カチオン欠陥が形成される．

5.5

（**a**） MgO が Al_2O_3 に取り込まれる方法は 2 つある．第 1 は Mg^{2+} が Al^{3+} と置き換わる場合である．

$$2\,\text{MgO}\xleftrightarrow{\text{Al}_2\text{O}_3}2\,\text{Mg}_{\text{Al}}'+2\,\text{O}_{\text{O}}^{\times}+\text{V}_{\text{O}}^{\cdot\cdot} \qquad (1)$$

この反応では，MgO 由来の全イオンが Al_2O_3 中の可能なサイトに取り込まれる．Al_2O_3 中のサイトの比は 2：3 だから，アニオンサイトが占有されずに残る．

第 2 の方法（反応）は侵入型カチオンが形成される場合である．最も確率の高いシナリオは，アニオンに不規則性がないために，3 つの MgO が加えられ，アニオンはアニオンサイトおよびカチオンに許される 2 個の置換サイトを占有する．余分のカチオンは格子間イオンとして，取り込まれる．

$$3\,\text{MgO}\xleftrightarrow{\text{Al}_2\text{O}_3}2\,\text{Mg}_{\text{Al}}'+3\,\text{O}_{\text{O}}^{\times}+\text{Mg}_{\text{i}}^{\cdot\cdot} \qquad (2)$$

（**b**） まず，関連物質の密度と原子量は以下の通り．

MgO：密度 $\rho=3.60\,\text{g/cm}^3$，Mg 原子量＝24.312 g/mol

Al_2O_3：密度 $\rho=3.80\,\text{g/cm}^3$，Al 原子量＝26.98 g/mol

反応(1)の場合，Mg が Al に置き換わると，Mg の方が Al よりも軽いことと，O アニオンが占めるべきサイトを空孔が占めることのために，密度は低下する．

反応(2)の場合，Mg が Al と置き換わると，Mg は Al よりも軽いために密度は低下する傾向がある．しかし，Mg はまた格子間位置にも侵入することと，余分な空孔子点がないことのために，密度は上昇するだろう．

5.6

（**a**） Bi_2O_3 における空孔サイトは

$$2V_{Bi}''' : 3V_O^{\cdot\cdot}$$

の割合で生成される．カチオンサイトを完全に埋めるために，2 CdO は次のように導入される．

$$2\,Cd \xrightarrow{Bi_2O_3} 2\,Cd_{Bi}' + 2\,O_O + V_O^{\cdot\cdot}$$

（**b**） $MgAl_2O_4$ における空孔サイトは

$$2\,V_{Mg}'' : 2\,V_{Al}''' : 4\,V_O^{\cdot\cdot}$$

の割合で生成され，アニオンサイトを完全に埋めるために 4 Al_2O_3 は次のように導入される．

$$4\,Al_2O_3 \xrightarrow{MgAl_2O_4} 12\,O_O + 6\,Al_{Al}^{\times} + 2\,Al_{Mg}^{\cdot} + V_{Mg}''$$

（**c**） 密度が増加するのは，密度の低下要因である空孔形成に抗するものとして，ある種のイオンが格子間位置に取り込まれるためである．可能性の高い取り込み反応の1つが次である．

$$YF_3 \xrightarrow{CaF_2} Y_{Ca}^{\cdot} + 2\,F_F + F_i''$$

5.7

（**a**） 存在する欠陥は，V_{Ca}''，$V_O^{\cdot\cdot}$，$F_O^{\cdot}$，$Fe_{Ca}^{\cdot}$，Li_{Ca}'．

（**b**） 不純物 $Fe_{Ca}^{\cdot}$ は正の電荷をもつので，負の電荷をもつ点欠陥に対し静電的引力を及ぼす．図の点欠陥のうち，負に帯電しているのはカチオン空孔，不純物 Li に関わる V_{Ca}'' および Li_{Ca}' のみである．

（**c**） Schottky 欠陥がある．電気的に中性のカチオン空孔とアニオン空孔の対($V_{Ca}''+V_O^{\cdot\cdot}$)．

（**d**） この結晶中には，同数のアニオンサイトとカチオンサイトがあるので，正味の電荷は点欠陥の電荷の総和に等しい．(a)の結果より，$-2+2+1+1-1=+1$．よってこの結晶は中性ではない．

5.8

（**a**） カチオン Frenkel 欠陥の形成反応：$U_U^{\times} \rightarrow U_i^{\cdot\cdot\cdot\cdot} + V_U''''$

アニオン Frenkel 欠陥の形成反応：$O_O^{\times} \rightarrow O_i^{\cdot\cdot} + V_O''$

Shottky 欠陥の形成反応：$O \rightarrow V_O'''' + 2\,V_O^{\cdot\cdot}$

（**b**） ホタル石は $Fm\bar{3}m$ なる空間群をもち，カチオンは 0，0，0 サイト，アニオンは正4面体サイトを占める．残るサイトのうち最大のものは0，0，1/2タイプのサイトである．この構造に関する配位多面体は正4面体であり，その角を小さいカチオンが，中心を大きいカチオンが占める．配位多面体内では，硬球は⟨111⟩に沿って接触する．例えば0，0，0のカチオンは，1/4，1/4，1/4のアニオンと接する．これより，$r_O+r_U=\sqrt{3}\,a/4$，$a=4(r_O+r_U)/\sqrt{3}=2.364$ Å．

これは問題に与えられているデータ（2.38Å）とよく一致する．最も近い8面体サイトから占有されている4面体サイトまでの距離は2.364Åだから，8面体サイトに入る最大のイオンの半径は $r_{oct}=2.364$ Å $-r_{anion}=0.984$ Å．これは問題文のカチオン半径に1.0Åとほぼ一致する．

(c) Frenkel対形成エネルギーは小さなイオンほど大きいから，寸法効果が原因ではない．別の可能性として電荷効果がある．±4の電荷をもつ欠陥と±2の欠陥をもつ電荷では，どちらが形成されやすいだろうか？　静電的エネルギーは電荷 q の2乗に比例するから，電荷の大きな欠陥の方が形成されにくい．

(d) UO_2 がCaOを取り込む場合，次式のようにアニオン空孔または，カチオン格子内原子を形成する．

$$\mathrm{Ca_O} \xrightarrow{\mathrm{UO_2}} \mathrm{Ca_U''}+\mathrm{O_O^{\times}}+\mathrm{V_O^{\cdot\cdot}}$$

$$2\,\mathrm{Ca_O} \xrightarrow{\mathrm{UO_2}} \mathrm{Ca_i^{\cdot\cdot}}+\mathrm{Ca_U''}+2\,\mathrm{O_O^{\times}}$$

第2の反応の方が起こりやすい．添加されるカチオン1個あたりの生成電荷数が少ないからである．UO_2 ではカチオンFrenkel対は形成されにくいが，カルシウムイオン格子内原子は取り込まれやすい．カルシウムイオン格子間原子はウランイオン格子間原子より電荷が小さい（前者は+2，後者は+4）ためである．

(e) 十分高い温度ではintrinsic欠陥が支配的となり，形成エンタルピー最小の欠陥（すなわち，アニオンFrenkel対）が最も多い．低温では，(d)で述べた理由により，同数のカルシウム格子間原子とカルシウム置換カチオンが存在する．

(f) UO_2 へのCa不純物の取り込みが主として

$$\mathrm{CaO} \xrightarrow{\mathrm{UO_2}} \mathrm{Ca_U''}+\mathrm{O_O^{\times}}+\mathrm{V_O^{\cdot\cdot}}$$

に従うものとすると，低温におけるアニオン空孔濃度と不純物濃度との間には直接的な関係があると考えられる．

5.9

(a) $+z$ 軸に沿って接線ベクトルをとる．次図にバーガース回路を示す．この回路はSを起点，Fを終点として，完全結晶で閉じるようにとられている．転位芯をとり囲むように回路をとれば，ベクトルFSがバーガースベクトルである．バーガース回路を接線ベクトルに関して右まわりにとることに注意．格子定数を a とすれば，$\boldsymbol{b}=+a\hat{z}$ である．

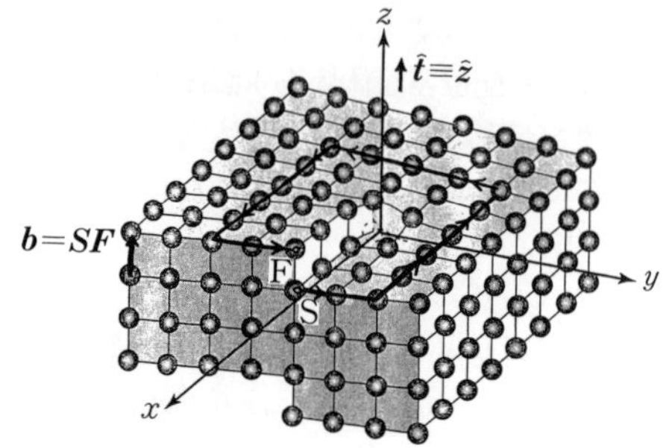

（b） $\boldsymbol{b}/\!/\hat{\boldsymbol{t}}$ だから，右手らせん転位である．

（c） 原理的には，らせん転位はそれを含む任意の面（この場合（$hk0$））で動くことができる．しかし，転位は最密充塡面で動くので，この単純立方結晶では，{100} が優先すべり面となる．よって，図の転位の場合，すべり面は (100) と (010) である．

5. 10

（a） 転位 1：接線ベクトルとバーガースベクトルが反平行なので，左手らせん転位

転位 2：接線ベクトルとバーガースベクトルが垂直なので刃状転位

（b）

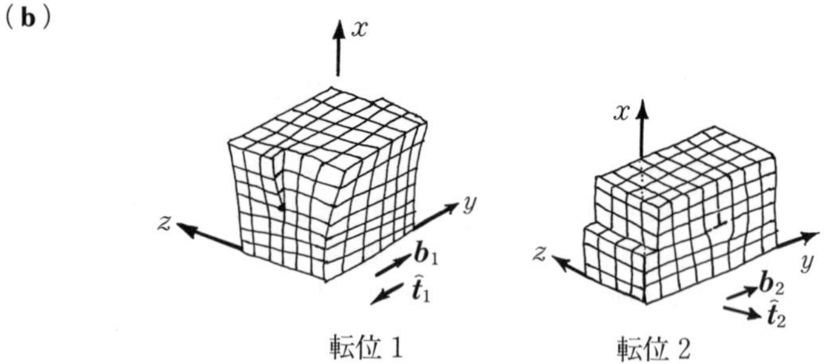

（c） すべり面は接線ベクトルとバーガースベクトルを含む面である．転位 1 では両者とも平行であるから，原理的には [010] 軸を含むすべての面ですべることができる．一般にすべり面は最密充塡面であるから，転位 1 が最もすべりやすい面は (100) と (001) である．転位 2 のすべり面は接線ベクトルとバーガースベクトルを同時に含む唯一の面 (100) である．

5. 11

（a） 転位ループの平面図と側面図を座標とともに下に示す．単位接線ベクトルは平面図では半時計回り，側面図ではループの右端で紙面の手前から奥に向かってい

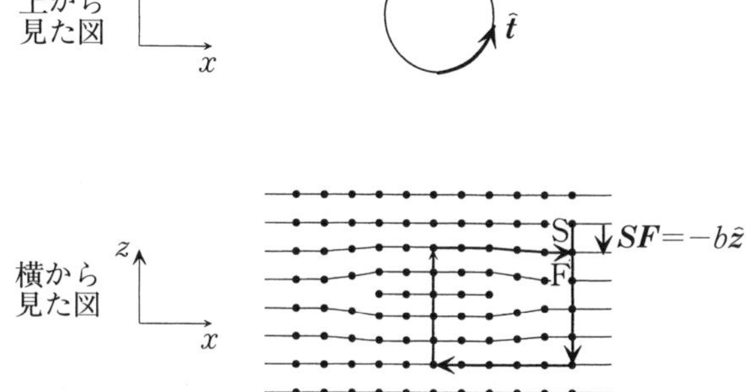

る．側面図の右半分に転位芯を囲む時計回りのバーガース回路がとられている．回路を閉じるのに必要なベクトル SF がバーガースベクトルで $-z$ 方向に向いている．バーガースベクトルの大きさは，側面図から，fcc の最密充塡面の間隔に等しい．ゆえに，

$$b=d_{111}=a/\sqrt{1^2+1^2+1^2}=a/\sqrt{3}$$

（**b**）（c）より $b\neq a$ だから，この転位は部分転位である．特記すべきはループのどの素片も純粋な刃状転位であることである．この転位を Frank の部分転位という．

5. 12

（**a**）この fcc 結晶の活動すべり系は $(a/2)[101](11\bar{1})$ である．転位が交差できるためには，純粋ならせん転位でなければならない．すなわちバーガースベクトルと接線ベクトルは平行でなくてはならない．今の場合 $b=(a/2)[101]$ であるから，接線ベクトルは [101] に平行な単位ベクトル，したがって $t=(1/\sqrt{2})[101]$.

この転位は $(11\bar{1})$ 面上にあり，したがってすべり可能である

（**b**）fcc 結晶中の可動らせん転位が交差すべりできる面は 1 つである．その面の条件は {111} ファミリーに属すること，[101] を含むことである．よって $[\pm1\pm1\pm1]\cdot[101]=0$．主すべり面 $(11\bar{1})$ 以外でこの条件を満たすのは $(1\bar{1}\bar{1})$ のみである．ゆえに交差すべり面は $(1\bar{1}\bar{1})$.

（**c**）刃状転位であるためには接線ベクトル t がバーガースベクトルと直交し，かつすべり面上になくてはならない．第 2 の条件より $\boldsymbol{t}\perp[11\bar{1}]$.

よって，

$$\boldsymbol{t}=\begin{vmatrix}\hat{\boldsymbol{i}} & \hat{\boldsymbol{j}} & \hat{\boldsymbol{k}}\\ 1 & 0 & 1\\ 1 & 1 & \bar{1}\end{vmatrix}=(-1)\hat{\boldsymbol{i}}-(-2)\hat{\boldsymbol{j}}+(1)\hat{\boldsymbol{k}}=[\bar{1}21]$$

よって単位ベクトルは $\hat{\boldsymbol{t}}=(1/\sqrt{6})[\bar{1}21]$.

（**d**）　らせん成分 b_s はバーガースベクトルの接線ベクトルに平行な成分，刃状成分 b_e は垂直な成分である．よって

$$b_s = \boldsymbol{b}\cdot\hat{\boldsymbol{t}} = (a/2)[101]\cdot[1\bar{1}0]/\sqrt{2} = a\sqrt{2}/4$$
$$\therefore b_s = \boldsymbol{b}_s\cdot\hat{\boldsymbol{t}} = a\sqrt{2}/4\cdot[1\bar{1}0]/\sqrt{2} = (a/4)[1\bar{1}0]$$
$$\boldsymbol{b}_e = \boldsymbol{b} - \boldsymbol{b}_s = (a/2)[101] - (a/4)[1\bar{1}0] = (a/4)[112]$$

$\boldsymbol{b}_s$ も $\boldsymbol{b}_e$ もすべり面上にあることに注意．

5. 13

（**a**）　$\boldsymbol{b}_e = \boldsymbol{b} - \boldsymbol{b}_s = (a/2)([110] + [\bar{1}01]) = (a/2)[011]$

（**b**）　異なるすべり面上にある転位が互いに平行であるためには，転位はすべり面の交線に平行でなくてはならない．(111) と $(1\bar{1}\bar{1})$ の交線の方向は

$$\boldsymbol{v} = [111]\times[1\bar{1}\bar{1}] = \begin{vmatrix} \hat{\boldsymbol{i}} & \hat{\boldsymbol{j}} & \hat{\boldsymbol{k}} \\ 1 & 1 & 1 \\ 1 & \bar{1} & 1 \end{vmatrix} = 0 - (-2)j + (-2)k = [02\bar{2}]$$

$\boldsymbol{v}$ は図の AB と同じ方向である．

（**c**）　すべり面の接線ベクトル $\boldsymbol{n}$ はバーガースベクトル $\boldsymbol{b}_3$ にも接線ベクトル $\hat{\boldsymbol{t}}$ にも垂直である．よって，

$$\boldsymbol{n} = \boldsymbol{t}\times\boldsymbol{b}_3 = \begin{vmatrix} \hat{\boldsymbol{i}} & \hat{\boldsymbol{j}} & \hat{\boldsymbol{k}} \\ 0 & 1 & 1 \\ 0 & 1 & 1 \end{vmatrix} = [200]$$

単位ベクトルに直せば，$\hat{\boldsymbol{h}} = [100]$．$\boldsymbol{b}_3 \perp \hat{\boldsymbol{t}}$ だから，生成した転位は純粋な刃状転位であることがわかる．

（**d**）　fcc 材料の一般的なすべり面は {111} である．他の面でのすべりはより困難であり，起こりにくい．このため，転位 $\boldsymbol{b}_3$ はいったんできると有効にピン止めされるので，さらに変形を続行することは困難である．

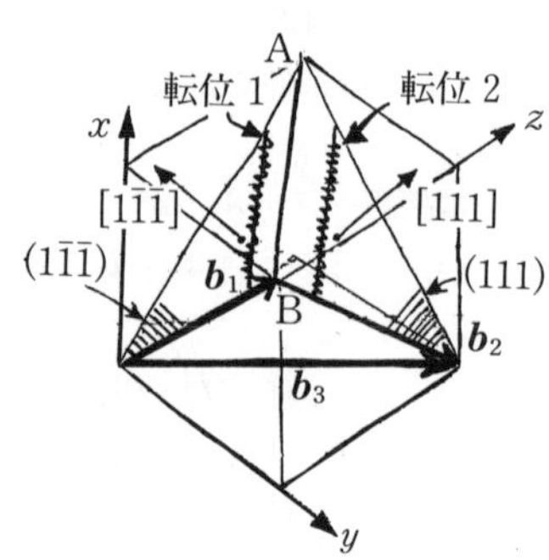

この問題は転位間の Lomer-Cottrell 反応に関する例題である．この種の転位反応

は加工硬化に寄与する．

5. 14

（**a**）　b が$(11\bar{1})$面上にあるので転位はすべることができる（立方晶では$[101]\cdot[11\bar{1}]=0$）．

（**b**）　$|\boldsymbol{b}|=(\boldsymbol{b}\cdot\boldsymbol{b})^{1/2}=(a/2)\sqrt{2}=2.55\,\text{Å}$

（**c**）　転位が分解することにより弾性エネルギーは減少する．単位長さあたりの弾性エネルギーは b^2 に比例するから，$(a/2)[101]$ 転位のエネルギー$\approx a^2/2$，$(a/6)[112]$ 転位のエネルギー$\approx a^2/6$，$(a/6)[211]$ 転位のエネルギー$\approx a^2/6$．これより反応前のエネルギー$(\approx a^2/2)>$ 反応後のエネルギー$(\approx a^2/3)$．

（**d**）　積層欠陥をはさむ 2 本の転位の間には弾性的斥力と同じ大きさの表面張力 γ が働く．

ゆえに，

$$f=\mu\frac{(\boldsymbol{b}_2\cdot\boldsymbol{b}_3)}{2\pi d}=r \text{ より } d=\frac{\mu(\boldsymbol{b}_2\cdot\boldsymbol{b}_3)}{2\pi r}$$

$$\text{ここで}(\boldsymbol{b}_2\cdot\boldsymbol{b}_3)=\frac{a^2}{36}[2-1+2]=\frac{a^2}{12}$$

$$\therefore d=\frac{\mu a^2}{24\pi r}$$

$$d=\frac{(7.6\times10^{10}\text{Nm}^{-2})(0.36\times10^{-9}\text{m})^2}{24\pi\times128\times10^{-3}\text{J/m}^2}=1.02\,\text{nm}(\approx4|\boldsymbol{b}|).$$

5. 15

（**a**）　弾性エネルギーは b^2 に比例するから

$$b_1{}^2=\frac{a^2}{4}\cdot2=\frac{a^2}{2}$$

$$b_2{}^2=b_3{}^2=\frac{a^2}{36}\cdot6=\frac{a^2}{6}$$

$\boldsymbol{b}_1\to\boldsymbol{b}_2+\boldsymbol{b}_3$ なる反応におけるエネルギー変化は

$$\frac{a^2}{2}\to\frac{a^2}{6}+\frac{a^2}{6}=\frac{a^2}{3}$$

よって，反応によりエネルギーは減少する．

（**b**）　$\boldsymbol{b}$ は並進ベクトルではない．

（**c**）　$[1\bar{1}0]\cdot[11\bar{1}]=0$ より，$(11\bar{1})$．

（**d**）　$\cos\theta=\dfrac{[1\bar{2}1]\cdot[2\bar{1}\bar{1}]}{6}=\dfrac{1}{2}\quad\therefore\theta=60^\circ$

（**e**）　部分転位の間隔は γ が低いほど増大する．

5. 16

CsCl の構造を次図に示す．

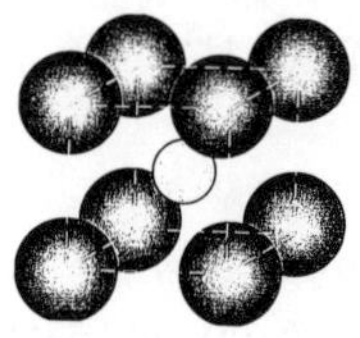

（**a**）　NiAl は単純立方構造であるから，最も短い格子並進ベクトルは $a\langle 100\rangle$.

（**b**）　完全転位のバーガースベクトルは定義により，最も短い格子並進ベクトルである．転位の単位長さあたりの弾性エネルギーは b^2 に比例するから，バーガースベクトルは最短の並進ベクトルすなわち $a\langle 100\rangle$ である．

（**c**）　金属間化合物は金属であり，主として金属結合からなるが，ある種の化合物は共有結合成分を含んでいる．NiAl では原子の角のサイトと中心サイトを占め (bcc に似ている)，最密充填面は $\{110\}$ である．これより，$\{110\}$ は NiAl のすべり面となり得る．これらの面もまた，CsCl 構造の完全転位の可能性の高いすべり方向 $\langle 100\rangle$ を含んでいる．ゆえに CsCl 構造の主要なすべり系は $a[100]\{011\}$ と表せる．

（**d**）　金属間化合物の変形は（同種原子の間隔すなわち格子密度ではなく）最短原子間距離に等しい部分転位の運動によって起こることが多い．NiAl の場合，最近接原子を結ぶベクトルは $\langle 111\rangle$ だから，この種の変位が NiAl 中の部分転位のバーガースベクトルになることが多い．NiAl の (011) 面上の完全転位は次の反応に従って分解するであろう．

$$a[100] \rightarrow \frac{a}{2}[11\bar{1}] + \frac{a}{2}[1\bar{1}1]$$

（**e**）　部分転位にはさまれた積層欠陥は逆位相境界である．その変位ベクトルが占有された非等価なサイトを結ぶベクトルだからである．

5. 17

Schmid 因子が最大値 0.5 をとるのは $\lambda=\phi=45^\circ$ のときである．これより次の連立方程式が成り立つ．

$$[uvw]\cdot\frac{[101]}{\sqrt{2}} = \cos 45^\circ = \frac{1}{\sqrt{2}}$$

$$[uvw]\cdot\frac{[11\bar{1}]}{\sqrt{3}} = \cos 45^\circ = \frac{1}{\sqrt{2}}$$

$$u^2+v^2+w^2=1$$

最後の式は単位ベクトルの条件を表す．上の式を簡略化すれば，

$$u+w=1$$

$$u+v-w-\sqrt{\frac{3}{2}}$$

$$u^2+v^2+w^2=1$$

これを解けば次の解が得られる．

$$[u, v, w]=[0.908, 0.408, 0.092]$$

（別解）

$\lambda=\phi=45^\circ$ で Schmid 因子が最大になることを知らなくても，Lagrauge の乗数を用いて，よりエレガントに答が限られる．すなわち，

$$\cos\lambda\cos\phi=[uvw]\cdot\frac{[101]}{\sqrt{2}}\cdot[uvw]\frac{[11\bar{1}]}{\sqrt{3}}<(u+w)\cdot(u+v-w)$$

を次の拘束条件の下に最大とすればよい．

$$u^2+v^2+w^2-1=0$$

$$-u+2v+w=0$$

第1式はベクトル $[uvw]$ が単位ベクトルとあるための条件．第2式はベクトル $[uvw]$ がすべり方向 [101] とすべり面法線 $[11\bar{1}]$ を結ぶ大円上になければならないこと，すなわち $[\bar{1}21]$ 晶帯に属することを規定する．上の2つの拘束条件に関する Lagrange 乗数 α，β を用いると未知数 u，v，w，α，β を含む5つの連立方程式が得られる．

$$2(1+\alpha)u+v-\beta=0$$

$$u+2\alpha v+w+2\beta=0$$

$$v-(1-\alpha)w+\beta=0$$

$$u^2+v^2+w^2-1=0$$

$$-u+2v+w=0$$

これを解けば $[u, v, w, \alpha, \beta]=[0.908, 0.408, 0.092, -1.225, 0]$．これは先の解と一致する．

5.18

（**a**） 目的は欠陥中心以外はすべてディレクタ場が連続となるように2つの半整数欠陥を結ぶことにある．下図にその一例を示す．図は2次元の投影図で，2つの回位芯に平行に見たものである．

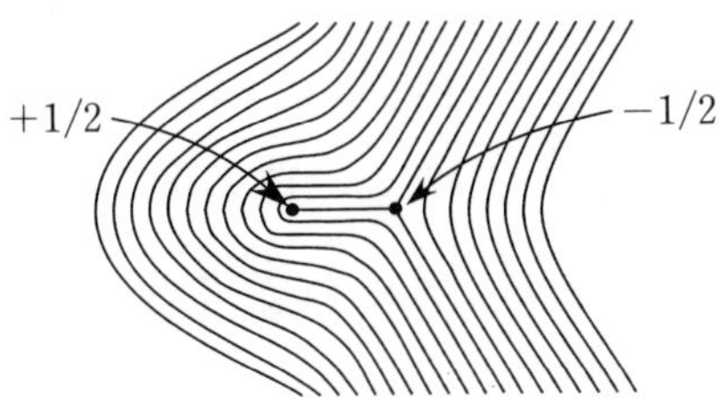

（**b**）Lehmann クラスターの図によれば，この構造には正味で 0 のダイポールは存在せず，したがって長範囲場もない．図より明らかなように，欠陥から遠く離れたディレクタ場は本質的にモノドメインである．いいかえれば，ディレクタひずみの場は局在化しており（a）の孤立したダイポールよりも小さい．

5.19

下図はディレクタパターンの基本的な等高線を示す．これに図 5.40 を援用することによりディレクタパターンの特異点を容易に決定することができる．この視野の中で欠陥強度の和は 0 となることに注意．

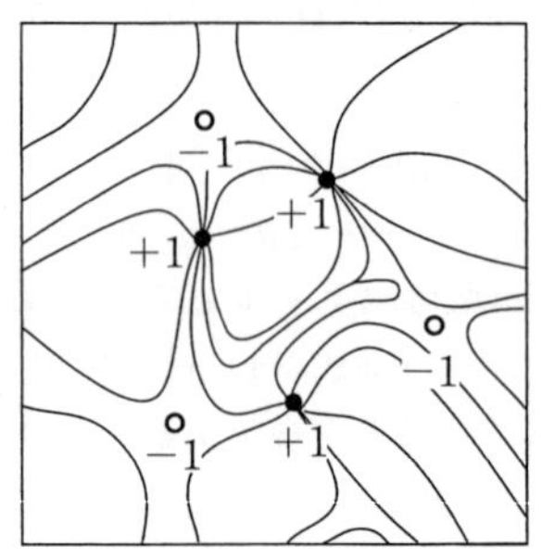

5.20

硬さは材料の塑性変形のしにくさの目安である．一般に結晶の硬さと降伏強さの間にはよい相関がある．結晶の塑性変形は多数の転位が様々な結晶粒内で生成し，運動することにより進行する．転位は並進周期性をもつ結晶内を比較的容易に動く局在化した線欠陥である．注意すべきは，完全転位のバーガースベクトルは格子並進ベクトルに等しいから，完全転位が動いた後も結晶構造は変わらないことである．準結晶は厳密には並進対称性をもたないから，完全転位は存在しない．ゆえに，準結晶中を転位が運動した後には，同じ状態の準結晶構造は残らない．線欠陥が準結晶中を動くと必然的に欠陥を含んだ領域が残され，このエネルギー消費が材料の変形抵抗，ひいては硬さを上昇させる．

5.21

刃状転位は低角傾角粒界し，対称傾角粒界の場合その間隔は $d_\perp = b/\theta$

ただし，θ は方位差，b＝泡の直径＝2 mm，$d_\perp$＝粒界面内転位の平均間隔．

$$d_\perp = \frac{8.85(\mathrm{cm})}{6} = 1.475\ \mathrm{cm} = 14.75\ \mathrm{mm}$$

$$\theta = (\text{図より})\text{約 }10^\circ,\ \text{約 }10^\circ \Rightarrow \frac{10}{360}(2\pi) = 0.1745(\mathrm{rad})$$

式 $D=b/\theta$ の妥当性チェック：$b/\theta=2/0.1745=11.46$．実測値 14.75 との一致はよいといえる．

5. 22

An と Ni はともに fcc 金属だからバーガースベクトル $\boldsymbol{b}=(a/2)\langle 110\rangle$．格子定数の差を吸収するには，界面転位は純粋刃状転位でなくてはならない．しかも，Ni/An 双結晶は共置の 4 回対称軸 [100] を共有するから，(100) 面内のミスフィット転位列もまた 4 回対称軸をもたなくてはならない．ゆえに期待される配列は図に示すように 2 組の直交する刃状転位列 $\boldsymbol{b}_1=(a/2)[011]$，$\boldsymbol{b}_2=(a/2)[01\bar{1}]$ からなるはずである．

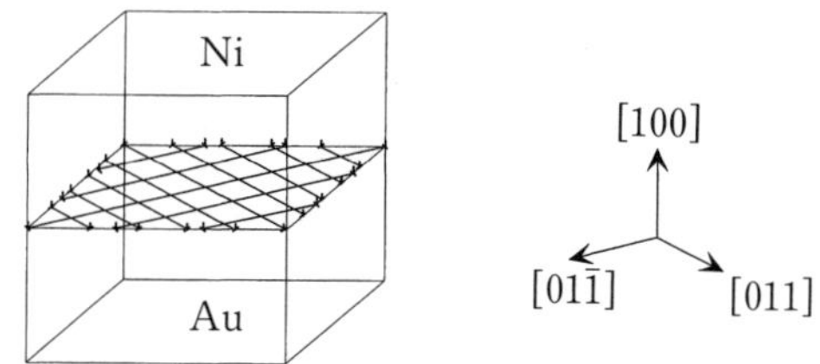

図は界面内にある 2 組の刃状転位列を示す．長範囲のミスフィット応力を除くため，格子定数のズレを Ni 結晶内に伸びる余分な半原子面によって調整しなくてはならない（Ni の方が格子定数は小さい）．格子定数の比は $a_{\mathrm{Ni}}/a_{\mathrm{Au}}=3.6\,\text{Å}/4.0\,\text{Å}=9/10$ だから，Ni の原子面 10 枚分の厚さが Au の原子面 9 枚分の厚さに等しい．したがって，Au の原子面 10 枚あたり 1 枚を抜き取れば金原子面 9 枚の積層と Ni 原子面 10 枚の積層とがぴったり一致する．よって，抜き去った半原子面の間隔は Ni 結晶中の適当な面 (hkl) の間隔の 10 倍に等しい．

この間隔では，転位は $\boldsymbol{b}=(a/2)\langle 110\rangle$ なる純粋刃状転位であるから，$|\boldsymbol{b}|=(a_{\mathrm{Ni}}/2)\sqrt{2}=1.8\sqrt{2}\,\text{Å}=2.55\,\text{Å}$.

ゆえに，ミスフィット転位の平均間隔は約 25.5 Å と推定される．

5. 23

自由記述

第 6 章

6. 1

自由記述

6. 2

（**a**） 図中の 90 μm スケール実際の長さは 10.3 mm であるから，写真の倍率は

$$10.3\times10^{-3}\mathrm{m}/90\times10^{-6}\mathrm{m}=114.$$

直径 1.5″ のテスト円を写真に重ね合わせたところ粒量との交点数が 22 あった．よって，テスト線 1 cm あたりの交点数は倍率補正を加えると

$$P_{\mathrm{L}}=\frac{22}{\pi\times1.5\ \mathrm{in}\times2.54\ \mathrm{cm/in}}\times114=211\ \mathrm{cm}^{-1}.$$

“平均結晶粒界” の目安として，平均交点間長さ $\bar{L}$ がある．

$$\bar{L}=\frac{1}{P_{\mathrm{L}}}=\frac{1}{211}\ \mathrm{cm}=4.74\times10^{-2}\mathrm{mm}$$

ASTM 粒径 G に直せば

$$G=-10.00+6.64\log P_{\mathrm{L}}=5.43$$

（**b**） 等軸的な結晶粒はどの方向にも同じ平均寸法をもつ．問題の写真を肉眼で見ただけでもほぼ等軸的であることがわかる．より定量的な解析を行うためには，1 組の平行線について P_{L} の平均値を求め，方位依存性を求めればよい．もし結晶粒が等軸的ならばこのようにして決定した P_{L} は平行線の方向に依存しないはずである．

6. 3

（**a**） 線引き加工：(p. 368) に記したように，bcc 金属では ⟨110⟩ 方向が線軸に沿い，この軸が多結晶線の無限回転対称軸になる．投影図の中心に線軸を置いて極点図を描けば，(110) 極点図中心と 60° と 90° に強いピーク（リング）が生じる．これらのピークが生じるのは [110]，[1$\bar{1}$0]，[101] の各方向が線軸とそれぞれ 0°，90°，60° をなすためである．

⟨110⟩ ファミリーのこれ以外の方向についても交角は 0°，60°，90° のいずれかであ

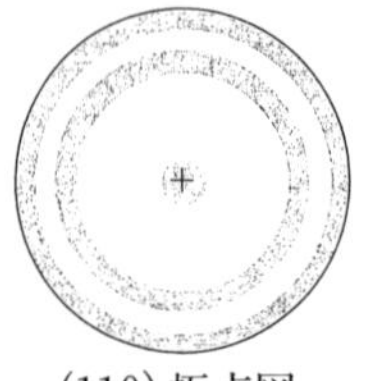
(110) 極点図

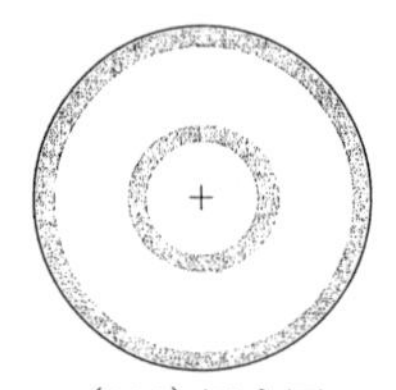
(111) 極点図

る．(111) 極点図は 35° と 90° にピークが生じる．[110] が線軸に平行ならば [111] は軸と 35° をなすからである．[1$\bar{1}$0] の交角は 90°，〈111〉ファミリーの他の方向についても 35° か 90° のいずれかである．得られる極点図を示す．

（**b**）　平面ダイスによる鍛造加工：鍛造が圧延と大きく異なるのは，平坦面法線（鍛造軸）が無限回転対称軸になることである．鍛造の集合組織面は bcc 金属の圧延における優先集合組織面に一致するものとすれば，鍛造面は {100} となる．[100] が鍛造面に垂直で，これを極点図の中心におけば，〈110〉方向が [100] となす角は 45° か 90° である．同様にして〈111〉方向は [100] と 54°7′ をなす．得られる極点図を下に示す．

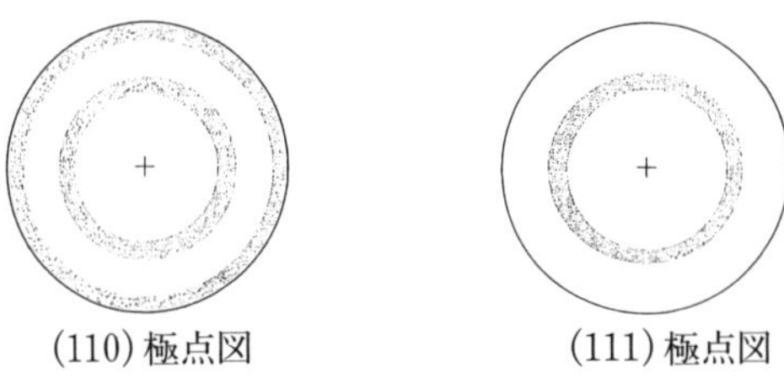
(110) 極点図　　(111) 極点図

6.4

（**a**）　ポリエチレン$\left(CH_2-CH_2 \right)_n$は立体規則性をもつ線状ポリマーで，結晶化すると菱面体形状のセルを形成する（図 6.36）．格子定数 a，b，c の大きさは数 Å である．分子鎖の折りたたみ現象により，ポリエチレン（PE）分子は層状の折りたたみ分子（ラメラ）を形成するが，分子鎖の軸とラメラの法線のなす角は小さい（図 6.4(a)，(b)）．市販ポリエチレンの代表的分子量は 50000～500000 g/mol である．ラメラの厚さは数 100 Å，幅は数 μm である．PE の長い分子鎖は結晶化前の溶融状態では複雑に絡み合っている．結晶化は核生成と成長により起こる．すなわち，最初に形成されたラメラが成長とともに放射状に球晶と呼ばれるほぼ球対称の構造を作り上げる（図 6.5）．球晶の代表的な寸法は 1～100 μm またはそれ以上の範囲にあり，結晶粒径と同様に過冷度が大きいほど小さい．融液中の分子の絡みは分子鎖の完全な結晶化を妨げ，隣りあう結晶性ラメラの間にアモルファス領域が残る．重要なことは，分子鎖の一部はタイ分子と呼ばれ，複数の結晶に取り込まれることである．タイ分子は靭性に富むアモルファス領域と剛性に富む結晶とを共有結合でつないでいるため，PE の機械的性質を改善するのに役立っている．構造はその長さの尺度が 6 桁の範囲にわたるので，階層的である．

（**b**）　自由記述

6.5

(**a**) PS/PB ダイブロックコポリマーには，次の 4 つの階層構造がある．

i) モノマー部分

ii) 共重合体分子

iii) 周期的なミクロドメイン

iv) 粒

最小の構造単位は大きさ 5Å程度の C_8H_8(A)または C_4H_6(B)なるモノマーである．

10^2～10^4 個の A が共有結合してできるブロックと．10^2～10^4 個の B が共有結合してできるブロックが共有結合で結ばれる．ブロック共重合体分子は固有の終端平均間隔 r をもち，r は $(N_A+N_B)^{1/2}l$ に比例する．ここに N_A と N_B はそれぞれブロック A とブロック B を構成するモノマー A とモノマー B の数，l はモノマー長さである．ブロックの非相溶性によりブロック A 同士またはブロック B 同士が集合して周期的なミクロドメインを形成する（25/75 なる A/B ダイブロックでは，ブロック A の円柱がブロック B の母相中に 6 角柱状につまっている）．非相溶的なブロックから離れた所ではブロックが伸長するので周期 λ は $2r$ よりやや大きい．この結果，ドメインの代表的な間隔はコポリマーの全分子量に依存して 100～1000Å の範囲にある．ミクロドメインの形成はランダム配列したドメインの核生成の成長によって起こる．ミクロドメインが成長してぶつかり合うと大きさ 1～10 μm の粒構造を形成する．

(**b**)

i) ミクロコンポジット：PB 母相中に円柱形の PS ドメインが 6 角形状につまったもの．

ii) 酔歩：自己組織化とミクロ相分離に先立って，均一な融液中で起こるダイブロック共重合体の運動

iii) 集合組織：粒内における円柱の整列および粒の方位分布．

iv) 自己組織化：共重合体を構成する各ブロックが集まること．結果として外側のブロックのコロナによって同心円状に囲まれた円柱ができる．

6.6

(**a**) 原子レベル：Al-Cu 合金母相は 2 つの結晶相を含んでいる．ともに fcc 構造である．原子レベルでの基本的な構造単位は単位胞である．2 つの相で異なるのは格子定数と化学組成のみである．問題文より，各相とも Al 中に Cu がランダムに固溶したものと思われる．下の左側の図は両相における原子の配置を示している．なお，図では Al と Cu を区別していない．シリカガラスの基本単位は 1 個の Si 原子を 4 個の O 原子がとり囲む正 4 面体である（右図）．シリカガラスではこれらの基本単位の

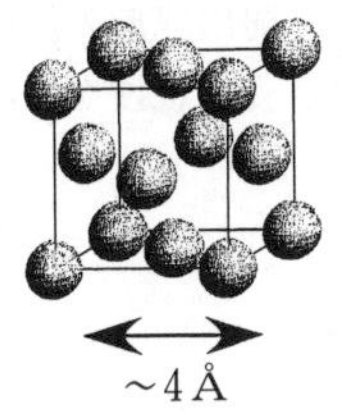

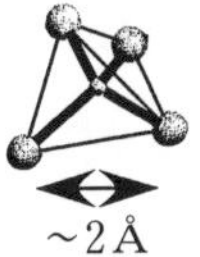

角と角がつながって，連続的でランダムなネットワークを構成する．

10 nm レベル：Al-Cu 合金母相は2相からなり，このサイズレベルでの構造上の主な特徴は形状の異方性と析出物の分布である．析出物の形状と分布およびおよそのスケールを図示すれば以下の通りである（左図）．

10 μm レベル：これはガラス繊維の寸法に相当するサイズレベルである．右図は代表的な断面構造を示す．繊維の幅がまちまちなのは，観察面と繊維との交わり方によって見かけの幅が変わるためである．繊維の面積率は体積率10%に対応すべきものである．母相の結晶粒径は約50 μm である．

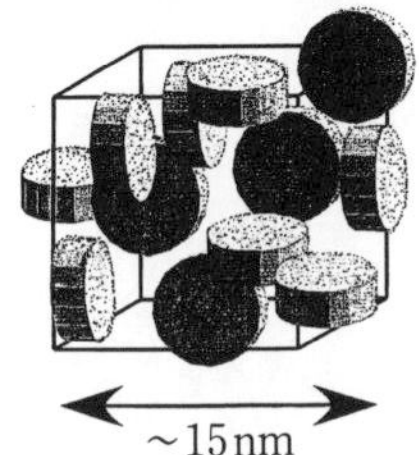

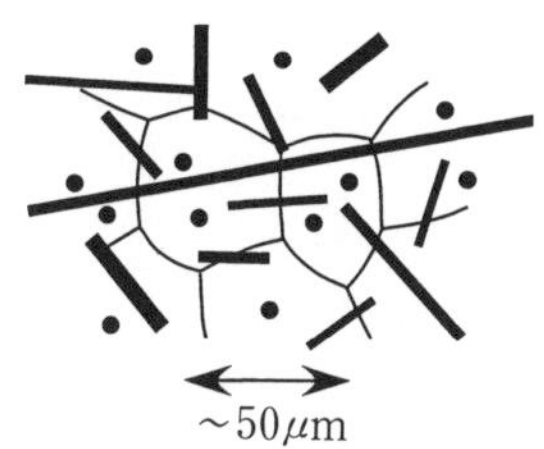

（**b**） シリカガラスは1方向に連続的な細長い繊維として存在する．これに対して，Al 合金母相は3次元的に連続である．ゆえに，この複合材料は1-3型の構造を有する．

6.7

（**a**） ガラス繊維の形状はきわめて異方性が強く，長さと太さの比は(L/D)は10～1000にもなる．ポリマーに占めるガラス繊維の体積率がおよそ10%を上回ると，リオトロピック液晶が溶媒中で剛い棒状の分子がつまった構造をとるのと同様に，繊維は自動的に平行に整列する（図4.4 b 参照）．ガラス繊維の混ざった溶融ポリマーを射出成形すると，繊維は全体として流れ場に沿って配向し，力学的異方性の強い複合材料ができる．

（**b**） 短くきざんだガラス繊維を使って等方的な複合材料を作るには，流動による繊維の整列のみならず，大きなL/D比と繊維体積率に起因する繊維整列の問題を克服しなくてはならない．L/D比と体積率を減らせば1方向に配向しにくくなるが，繊維による強化効果を犠牲にしなくてはならない．射出成形の際に，溶融ポリマーとガラス繊維の混合体の取り込み口がいくつもあるような金型を設計すれば，繊維の整列を低減できるであろう．

索　　引
(アルファベット順)

索　引

（五十音順）

さ

し

す

せ

そ

た

へ

ほ

ま

み

め

も

ゆ

よ

ら

り

れ

ろ

訳者略歴

斎藤　秀俊（さいとう　ひでとし）

1990年　長岡技術科学大学大学院工学研究科エネルギー・環境工学専攻博士課程修了

現　在　長岡技術科学大学工学部化学系教授

工学博士

大塚　正久（おおつか　まさひさ）

1966年　東京大学工学部冶金学科卒業

現　在　芝浦工業大学工学部材料工学科教授

工学博士

THE STRUCTURE OF MATERIALS

2003年9月1日　第1版　発行

訳者の了解により検印を省略いたします

物質の構造

マクロ材料からナノ材料まで

著　者　S. M. Allen

E. L. Thomas

訳　者　斎　藤　秀　俊

大　塚　正　久

発行者　内　田　　悟

印刷者　山　岡　景　仁

発行所　株式会社　**内田老鶴圃**　〒112-0012 東京都文京区大塚3丁目34番3号

電話（03）3945-6781(代)・FAX（03）3945-6782

印刷/三美印刷 K. K.・製本/榎本製本 K. K.

Published by UCHIDA ROKAKUHO PUBLISHING CO., LTD.

3-34-3 Otsuka, Bunkyo-ku, Tokyo 112-0012, Japan

U. R. No. 524-1

ISBN 4-7536-5094-4 C3050